中药材栽培实用技术问答

主编｜谢晓亮　杨太新　杨彦杰

中国健康传媒集团
中国医药科技出版社

图书在版编目（CIP）数据

中药材栽培实用技术问答 / 谢晓亮，杨太新，杨彦杰主编 . — 北京：中国医药科技出版社，2022.3

ISBN 978-7-5214-2897-1

Ⅰ . ①中…　Ⅱ . ①谢… ②杨… ③杨…　Ⅲ . ①药用植物—栽培—问答　Ⅳ . ① S567-44

中国版本图书馆 CIP 数据核字（2021）第 232274 号

美术编辑　陈君杞

版式设计　也　在

出版　**中国健康传媒集团** | 中国医药科技出版社

地址　北京市海淀区文慧园北路甲 22 号

邮编　100082

电话　发行：010-62227427　邮购：010-62236938

网址　www.cmstp.com

规格　787 × 1092 mm 1/16

印张　37 1/4

字数　933 千字

版次　2022 年 3 月第 1 版

印次　2022 年 3 月第 1 次印刷

印刷　三河市万龙印装有限公司

经销　全国各地新华书店

书号　ISBN 978-7-5214-2897-1

定价　98.00 元

获取新书信息、投稿、为图书纠错，请扫码联系我们。

编 委 会

主　编　谢晓亮　杨太新　杨彦杰

副主编　温春秀　何运转　刘灵娣　田　伟　刘敏彦
刘晓清　王华磊　陈　洁　贺献林　叩根来
李青苗　白吉庆　杜　弢　盛晋华　欧阳艳飞
甄　云

编　者（按姓氏笔画排序）

马立刚　马宝玲　马春英　王　芳　王　乾
王　婧　王　旗　王玉芹　王志伟　王泽永
王晓宇　王舜彩　牛　杰　叩　钊　吕鼎豪
仲连青　刘　杰　刘　迪　刘　铭　刘廷辉
刘国香　刘金娜　刘颖超　齐琳琳　孙艳春
杜庆潮　杜丽君　李　娜　李　敏　李龙进
李孝基　李树强　李香串　李慧杰　杨　晓
杨　萌　杨　琳　杨贵鹏　杨晓忠　吴　萍
吴秀芳　何　培　迟吉娜　张　菊　张　超
张广明　张文静　张东霞　张松林　张金霞
张建涛　张雄杰　陈玉明　陈松树　陈海荣
林永岭　郑玉光　宗建新　赵　全　赵　峰
赵　涛　赵建所　赵春颖　赵颖佳　郝建博
姜　涛　贾东升　贾和田　贾海民　高　彻
高　钦　高　速　郭　岩　郭俊霞　陶　珊
崔　栗　崔旭胜　葛淑俊　董立新　童　文
靳爱红　雷雪峰　蔡景竹　裴　林　霍　玉

前言

中药材是中医药事业传承和发展的物质基础，是国家鼓励和支持的重要战略性新兴产业，也是我国特色农业的重要组成部分，是农业结构调整、农业增效、农民增收的重要来源之一。中药材生产是中药生产的第一车间，是中药质量的源头，只有从源头上管控好中药材质量，中药的质量才有保障。目前，我国中药材人工栽培、基地建设发展迅速，新产区不断涌现，中药材生产从业人员迅速增加，大多一线生产人员缺乏栽培经验和技术，加之中药材科研基础薄弱，出现了对中药材生产实用技术的强烈需求。为此，我们组织有关专家在参考最新科研成果的基础上，深入药材基地，进行实际操作和调研，并进行多轮研讨和修改，以使本书内容通俗易懂，深入浅出，实用性强，让一线生产人员更容易理解和掌握。本书选择我国北方100种大宗、道地药材品种，针对生产上存在的问题，以品种为单元、以问答的形式编写此书，每种药材从种源、功效作用、选地整地、种子处理、种苗繁育、栽培技术、病虫害防治、采收加工等环节提出问题，并逐一进行解答，问答涵盖了整个生产过程的关键技术。本书还收录了大量精美图片，限于篇幅，以二维码的形式展现给读者。

在病虫害防治方面，鉴于目前在中药材上登记注册的农药品种很少，根据农业农村部关于“农作物病虫害绿色防控”的原则，参照欧盟和美国、加拿大等国家及我国各地目前对农药品种限用和禁用的要求，遵照《农药合理使用准则（一）》~《农药合理使用准则（十）》，以及2018年国家发布的《绿色食品 农药使用准则》的要求，在中药材实施病虫害防灾减灾和安全控害过程中，以农业和物理防治为基础，优先运用生物防治，必要时合理采用化学防治，采用化学防治时，应当符合国家有关规定。化学防治应参照瓜、果、菜、茶等农产品相同病虫害防治技术方法，选用高效低毒低残留的化学药剂，进行适期早治、安全控害减灾和绿色生产，若参照选用的农药品种与最新出台的国内外或我国各地方限用农药品种有冲突的，按照最新规定执行。

由于作者水平所限，加之中药材品种多，药用部位多，种植区域广，气候环境差异大，各地种植模式和习惯各异，书中错误和纰漏在所难免，还望读者批评指正。

编　者

2022年3月1日

目录

上篇 总论

下篇 各论

上篇 总论

第一章 产地生态环境

中药材产地生态环境包括哪些生态因子?

中药材生长环境中的各种因子均与其发生直接或间接关系，其作用可能是有利的，也可能是不利的，环境中的各种因子就是中药材的生态因子，影响着中药材的生长发育、产量和品质形成。生态因子可划分为气候因子、土壤因子、地形因子和生物因子。

气候因子包括光照强弱、日照长短、光谱成分、温度高低和变化、水的形态和数量、水分存续时间、蒸发量、空气、风速和雷电等。土壤因子包括土壤结构、有机质、地温、土壤水分、养分、土壤空气和酸碱度等。地形因子包括海拔高度、地形起伏、坡向和坡度等。生物因子通常指动物因子、植物因子和微生物因子，如中药材的间作、套种中搭配的作物，田间杂草，有益或有害的昆虫、哺乳动物、病原菌、土壤微生物及其他生物等。

如何理解生态因子与人为因子对药用植物的共同作用?

药用植物的诸多生态因子是相互联系、相互影响和彼此制约的，一个因子的变化，也会影响其他因子的变化。对药用植物生长发育的影响，往往是综合作用的结果。但是，诸多生态因子对药用植物生长发育的作用程度并不是等同的，其中光照、温度、水分、养分和空气是其生命活动不可缺少的，又称为生活因子或基本因子。生活因子以外的其他因子对药用植物也有一定的影响作用，这些作用有的直接影响药用植物本身（如杂草和病虫害），有的通过生活因子而影响药用植物的生长发育（如有机质、地形和土壤质地等）。

各种栽培措施和田间管理属于人为因子。人为活动是有目的和有意识的，因此人为因子的影响远远超过其他所有自然因子。如整枝、打杈、摘心和摘蕾等措施直接作用于药用植物，而适时播种、施肥灌水、合理密植、中耕除草和防治病虫害等措施，则是改善生活因子或生态因子，促进正常生长发育。栽培药用植物，面对的是各种各样的药用植物种类，具有不同习性的各个品种，遇到的是错综复杂和千变万化的环境条件，只有采取科学的“应变”措施，处理好药用植物与环境的相互关系，既要让药用植物适应当地的环境条件，又要使环境条件满足药用植物的需求，才能取得优质高产。

根据对温度的要求不同，药用植物分为哪 4 种类型？

温度是药用植物生长发育的重要生活因子，药用植物只能在一定的温度范围内进行正常的生长发育。了解药用植物对温度适应的范围及其与生长发育的关系，是确定种植种类、安排生产季节、夺取优质高产的重要依据。由于药用植物种类繁多，对温度的要求也各不相同。根据药用植物对温度的要求不同，将其分为耐寒药用植物、半耐寒药用植物、喜温药用植物和耐热药用植物 4 种类型。

耐寒药用植物一般能耐 -2~-1℃的低温，短期内可以忍耐 -10℃以下低温，最适同化作用温度为 15~20℃；根茎类药用植物冬季地上部分枯死，地下部分越冬能耐 0℃以下，甚至 -10℃以下低温，如人参、细辛、百合、平贝母、大黄及刺五加等。半耐寒药用植物通常能耐短时间 -2~-1℃的低温，最适同化作用温度为 17~23℃，如菘蓝、黄连、枸杞及知母等。喜温药用植物的种子萌发、幼苗生长、开花结果均要求较高的温度，最适同化作用温度为 20~30℃，花期气温低于 10~15℃则不宜授粉或落花落果，如颠茄、枳壳、川芎、金银花等。耐热药用植物的生长发育要求温度较高，最适同化作用温度 30℃左右，个别种类可在 40℃下正常生长，如槟榔、砂仁、苏木、丝瓜及罗汉果等。

根据对光照强度的要求不同，药用植物分为哪 3 种类型？

药用植物的生长发育靠光合作用提供所需的有机物质。根据药用植物对光照强度的需求不同，通常分为阳生药用植物、阴生药用植物和中间型药用植物。

阳生药用植物又称喜光或阳地药用植物，要求生长在直射阳光充足的地方，其光饱和点为全光照的 100%，光补偿点为全光照的 3%~5%，若缺乏阳光时，植株生长不良，产量低，如珊瑚菜、地黄、菊花、红花、芍药、薯蓣、枸杞、薏苡及知母等。阴生药用植物又称喜阴或阴地药用植物，不能忍受强烈的日光照射，喜欢生长在阴湿环境或树林下，光饱和点为全光照的 10%~50%，而光补偿点为全光照的 1% 以下，如人参、西洋参、三七、石斛、黄连及天南星等。中间型药用植物又称耐阴药用植物，处于阳生和阴生之间，其在全光照或稍荫蔽的环境下均能正常生长发育，一般以阳光充足条件下生长健壮，产量高，如麦冬、豆蔻、款冬、紫花地丁及柴胡等。

根据对光周期的反应不同，药用植物分为哪 3 种类型？

光周期是指一天中日出至日落的理论日照时数，影响植物的花芽分化、开花、结实、分枝习性以及某些地下器官（块茎、块根、球茎、鳞茎等）的形成。根据药用植物对光周期的反应不同，通常分为长日照药用植物、短日照药用植物和日中性药用植物。

长日照药用植物指日照长度必须大于某一临界日长（一般12~14小时以上）才能形成花芽的药用植物，如红花、当归、牛蒡、紫菀及除虫菊等。短日照药用植物指日照长度只有短于其所要求的临界日长（一般12~14小时以下）才能开花的药用植物，如紫苏、菊花、苍耳、大麻及龙胆等。日中性药用植物的花芽分化受日照长度的影响较小，只要其他条件适宜，一年四季都能开花，如曼陀罗、颠茄、地黄、蒲公英及丝瓜等。

认识和了解药用植物的光周期反应，在药用植物育种栽培中具有重要作用。在引种过程中，必须首先考虑所要引进的药用植物是否在当地的光周期诱导下能够正常地生长发育、开花结实；其次，栽培中应根据药用植物对光周期的反应确定适宜的播种期；另外，通过人工控制光周期促进或延迟开花，开展药用植物育种工作。

根据对水分的适应性，药用植物分为哪4种类型？

水是药用植物的主要组成成分，也是其生长发育必不可少的生活因子之一。根据药用植物对水分的适应能力和适应方式，可划分为旱生药用植物、湿生药用植物、中生药用植物和水生药用植物4种类型。

旱生药用植物能在干旱的气候和土壤环境中维持正常的生长发育，具有高度的抗旱能力，如芦荟、仙人掌、麻黄、骆驼刺及红花等。湿生药用植物生长在沼泽、河滩等潮湿环境中，蒸腾强度大，抗旱能力差，水分不足就会影响生长发育，以致萎蔫，如水菖蒲、水蜈蚣、毛茛、半边莲、秋海棠及蕨类等。中生药用植物对水的适应性介于旱生药用植物与湿生药用植物之间，绝大多数陆生的药用植物均属此类。水生药用植物生活在水中，根系不发达，根的吸收能力很弱，输导组织简单，但通气组织发达，如泽泻、莲、芡实、浮萍、眼子菜及金鱼藻等。

不同的药用植物和同一药用植物的不同生长发育阶段对水分的需求各异，合理灌溉和排水是保证药用植物正常生长发育和提高产量的重要措施。

药用植物生长发育必需的营养元素有哪些？

药用植物生长和产量形成需要有营养保证。药用植物生长发育所需的营养元素有C、H、O、N、P、K、Ca、Mg、S、Fe、Cl、Mn、Zn、Cu、Mo、B等，通常C、H、O、N、P、K被称为大量营养元素，Ca、Mg、S为中量营养元素，Fe、Cl、Mn、Zn、Cu、Mo、B等为微量元素。这些营养元素除来自空气和水中的C、H、O外，其他元素均需要土壤或栽培基质提供。其中药用植物对N、P、K的需求量大，而土壤或栽培基质中N、P、K的含量不足以满足药用植物生长发育需要时，必须通过施肥补充。对于某一微量元素缺乏的，施用微肥也具有提高药用植物产量和品质的作用。不同药用植物或其不同的生长发育阶段，对各种必需营养元素的需求量不同，但都遵循着营养元素的同等重要律和不可替代律。任何营养元素的缺乏均会导致植株生长障碍，表现出各种缺素症状，进而影响药用植物的正常生长发育、产量和品质的形成。

中药材生产基地选址应注意哪些问题?

中药材生产基地的选址和建设应当符合国家和地方生态环境保护要求。中药材生产基地一般应选址于传统道地产区，在非传统道地产区选址，应当具有充分文献或者科学数据证明其适宜性；种植地块应当能满足药用植物对气候、土壤、光照、水分、前茬作物、轮作等的要求。生产基地周围应当无污染源，远离市区；生产基地环境应当符合国家最新标准，并持续符合标准要求：空气符合国家《环境空气质量标准》二类区要求；土壤符合国家《土壤环境质量标准》的二级标准；灌溉水符合国家《农田灌溉水质标准》，产地初加工用水符合国家《生活饮用水卫生标准》。

第二章 种质与繁殖材料

什么是中药材种质资源？

种质资源是中药生产的源头，也是进行中药材品种改良、新品种培育及遗传工程的物质基础，种质资源包括栽培品种（类型）、野生种、近缘野生种在内的所有可利用的遗传材料。

药材种质资源在优良品质形成过程中的作用如何？

种质资源在药材优良品质形成过程中起着关键性作用，是培育优良品种的遗传物质基础，尤其是野生亲缘植物和古老的地方种是长期自然选择和人工选择的产物，具有独特的优良性状和抗御自然灾害的特性，是人类的宝贵财富和品种改良的源泉。

药用植物育种的方法及特点是什么？

药用植物育种的特色在于“高含量育种”，任何一个新品种的培育都是在原有种质资源的基础上通过选择、杂交、回交等方法修饰、加工、改良后才能符合育种目标。

药用植物育种的特点是以提高药材质量，培育优良品种为目标，筛选优良种质资源。包括遗传多样性鉴定及产量和质量的鉴定。产量和质量的鉴定包括单株生产力的鉴定、生育期的鉴定、质量鉴定（测定化学成分含量或比例的多少、药材的气味、色泽、质地、形状等）、抗病虫害性的鉴定、抗逆境性鉴定。通过以上研究筛选出高产、优质的种质资源。

选择药材种植品种应从哪几个方面考虑？

一般选择药材种植品种应从以下三个方面考虑：一是当地的生态气候条件。选择种植的品种要看是否适合当地的气候条件、土壤条件、灌溉和排水条件，以及其生长习性的特殊要求，一般应从当地道地药材品种中选择。二是药材种植的收益。影响药材收益因素较多，主要客观因素有种植成本、市场价格、种源、栽培技术等。三是销售。种植前要看是否有销售渠道或药企收购？这三个方面在种植药材前均要考虑。

中药材种子种苗有哪些要求?

种植的中药材种子种苗应当明确其基原和种质，包括种、亚种、变种或者变型、农家品种或者选育品种，物种基原应当符合法定标准。禁用人工选育的多倍体或者单倍体品种、种间杂交品种和转基因品种；如需使用非传统习惯使用的种间嫁接材料、人工诱变品种（包括物理、化学、太空诱变等）和其他生物技术选育品种等，应当提供充分的风险评估和实验数据证明新品种安全、有效和质量可控（只用于提取单体成分的中药材除外）。中药材种子种苗质量应当符合相关国家标准、行业标准、地方标准或者团体标准。

如何进行中药材种子种苗的管理?

中药材生产基地应当使用产地明确、经物种鉴定符合要求的种子种苗，防止其他种质的混杂和混入；鼓励提纯复壮种质，优先采用经国家有关部门鉴定，性状整齐、稳定、优良的新品种；从县域之外异地调运种子种苗，应当按国家要求实施检疫；采用适宜条件进行种子种苗的运输、贮藏，禁止使用运输、贮藏后质量不合格的种子种苗。

怎样鉴别中药材种子种苗质量?

中药材种子质量主要从种子纯度、净度、发芽率、含水量等方面，按照其相关国家标准、行业标准、地方标准或团体标准等项目要求鉴别；种苗质量按照其相关国家标准、行业标准、地方标准或团体标准等项目要求鉴别。

中药材种子种苗需要播前处理吗?

中药材种子种苗和农作物种子种苗一样也需要播前处理，播前处理就是为了提高种子种苗的播种质量，防治种子种苗病虫害，打破种子休眠，促进种子种苗萌芽和幼苗健壮成长。

中药材种子播前处理方法有哪些?

选种、晒种、消毒、浸种、擦伤处理、沙藏层积处理、拌种、种子包衣、药种磁场处理、蒸汽处理、催芽处理、超声波处理等方法。具体方法如下。

（1）选种 选择优良的种子是中药材取得优质高产的重要保证。隔年陈种子色泽发灰，有霉味，往往发芽率降低，甚至不发芽。选种时，应精选出色泽发亮、颗粒饱满、大小均匀一致、粒大而重、有芳香味、发育成熟、不携带虫卵病菌、生活力强的种子。数量少时可通过手工选种，数量大时可用水选或风选。

（2）晒种 播前晒种能促进某些种子中酶的活性，加速种内新陈代谢，降低种子含水量，增强种子活力，提高发芽率，并能起到杀菌消毒的作用。

（3）消毒 普通种子在播种前不必消毒，但对于一些易感染病虫害的种子，因其表面常带有各种病原菌，使其在催芽中和播种后易发生烂种或幼苗病害。如薏苡种子，采用3% 苯醚甲环唑悬浮种衣剂（参考剂量：100kg 种子用药 300ml）+ 植物诱抗剂海岛素（5% 氨基寡糖素）水剂 30ml（或 6% 24-表芸·寡糖水剂 30ml）拌种，可有效控制黑粉病的发生，兼治苗期根病类。多数中草药种子，或用 30% 噁霉灵水剂 800 倍液 +10% 苯醚甲环唑水乳剂 1000 倍液 + 海岛素（5% 氨基寡糖素）水剂 600 倍（或 0.01% 芸苔素内酯水剂 1000 倍液）处理种子，可控制多种根病，并壮生根苗、增强抗病和抗逆能力，达到苗强苗壮的效果。

（4）浸种 对于大多数较容易发芽的种子，用冷水或温水（40~50℃）或冷热水变温交替浸种 12~24 小时，不仅能使种皮软化，增强通透性，促进种子快速、整齐地萌发，而且还能杀死种子内外所带病菌，防止病害传播。在此基础上再选择相应药剂处理种子，效果更佳。

①化学药剂浸种：应根据种子的特性，选择适宜的化学药剂、适当的浓度和处理时间进行浸种。②生长素（植物诱抗剂、内源激素）浸种：常用的有植物诱抗剂海岛素（5% 氨基寡糖素）水剂、芸苔素内酯、S- 诱抗素、吲哚乙酸等。③微量元素溶液浸种：常用的微量元素有硼、锌、锰、铜、钼等。

（5）擦伤处理 即机械擦伤种皮，对于皮厚、坚硬不易透水的种子，常需擦伤种皮，增加种子通透性，如黄芪、云实、甘草等种子都可用种子与砂粒混合，进行摩擦来加速发芽，用碾米机碾撞处理，效果更好。

（6）沙藏层积处理 用沙藏法贮存种子，可使种皮的通透性增加，待翌年温度适宜时即可萌发，提高了种子的发芽率。

（7）种子包衣 种子包衣就是在药材种子外面包裹一层种衣剂。播种后吸水膨胀，种衣剂内有效成分迅速被药材种子吸收，可对药种消毒并防治苗期病、虫、鸟、鼠害，提高出苗率。

（8）药种磁场处理 药种磁场处理就是以强磁场短期作用于药材种子，以激发种子酶的活性，打破种子休眠，从而提高种子的发芽率。

（9）蒸汽处理 采用蒸汽处理药材种子，一定要保持比较稳定的温度和一定的湿度，防止种子过干或过湿，且要勤检查，经常翻动，使种子受热均匀，促进气体交换。

（10）催芽剂处理 用催芽剂处理，可打破药材种子休眠，增强种子活力，加速发芽和促进幼苗健壮生长，尤其对隔年陈种子催芽效果更明显。

（11）植物基因表达诱导剂处理 植物基因表达诱导剂系我国生态农业专家研究的无公害植物细胞激活剂。药材种子用该诱导剂浸种，或植株喷灌施用后，能集聚植物界抗冻、抗旱、耐水、耐寒、抗光、抗氧化基因于一体，使植株根深矮化、抗病抗寒、耐虫避虫、抗倒伏。

（12）超声波处理 超声波是频率高达2万赫兹以上的声波，用它对种子进行短暂处理（15秒至5分钟），具有促进发芽、加速幼苗生长、提早成熟和增产等作用。

北沙参、知母等几种中药材种子播前如何处理？

（1）北沙参 春播3~4月。春播必须在冬季将湿润种子与3倍清沙混拌，经过室外冷冻处理使胚胎发育成熟方可播种。如为秋播，一般播前15天将种子浸泡1~2小时后捞出堆成小堆，每天翻动一次，如发现堆内水分不足应适量喷水，直到种仁润透为止。

（2）知母 秋季种子成熟后，采收去净杂质、晾干保存备用。春播的在播种前15天，将种子用60℃温水浸泡4~8小时，捞出晾干外皮，再用两倍的湿润沙拌匀，在向阳温暖处挖浅窝，将种子埋于窝内，上边盖土3cm左右进行催芽。当芽萌动，种皮破裂时取出播种。

（3）黄芪 冬播种子不用处理。春、夏播的播前选择籽粒饱满、无虫蛀、不发霉的种子，先用沙摩擦种子，使种皮损伤后，再将种子倒入30~40℃水中浸泡2~4小时，待种子膨胀后，随即捞出播种。如发现仍有部分种子没膨胀时，可再以40~50℃水浸泡，待大部分膨胀后再捞出播种。

（4）白术 3月中旬至5月上旬播种，播前将种子放入25~30℃温水中浸泡24小时，促使种子吸水萌动，待胚根露白时播种。

（5）白芷 播前先搓出种皮周围的翅（不可搓伤种子），然后放到清水里浸泡6~8小时，捞出稍晾即可播种。

（6）薏苡 播前先用清水将种子浸泡一昼夜，然后烧开一锅开水倒入缸内，将浸透的种子从凉水中捞出倒入缸中搅动，烫5~8秒立即捞出，并倒在席上摊开晾干即可下种。也可将浸好的种子晾干，用3%苯醚甲环唑悬浮种衣剂（参考剂量：100kg种子用药300ml）或30%噁霉灵水剂800倍液+植物诱抗剂海岛素（5%氨基寡糖素）水剂600倍（或6% 24-表芸·寡糖水剂1000倍液）进行拌种。

（7）甘草 饱满种子用清水浸泡1~2昼夜后，用3孔径筛子选出已膨大的种子，每0.5kg加入80%硫酸拌匀（一般在15~20℃的温度下浸润2小时）。

（8）牛膝 6月至7月上旬播种，播前用20℃温水浸种12小时，捞出晾干后播种。

（9）栝楼 每年3月播种。播种时将果壳剖开，取出种子，用40~50℃的温水浸泡24小时，捞出后与湿沙混合均匀，然后放在室内20~30℃的温度下催芽，当大部分种子裂口时即可播种。

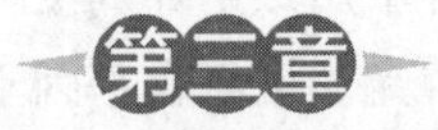

选地、整地与播种

 如何进行中药材栽培基地规划?

中药材对产品质量要求严格，且部分药材道地性很强，药材价格受市场调节波动大。因此，发展中药材栽培基地首先要因地制宜，根据各地的气候生态特点，选择适宜种植的道地药材品种，采用集约化、仿野生栽培及与农林间作、套种等多种形式，统筹安排。其次选择适销对路的药材品种，坚持以市场为导向，考虑中药材市场需求量及价格变化，进行准确市场定位，根据市场变化及时调节生产品种，以销定产，减少生产盲目性。另外，坚持社会效益、经济效益和生态效益相结合的原则，坚持以经济效益为中心，依靠先进的科学技术，实行集约化、规模化、商品化经营，同时兼顾生态效益，发挥更大的社会效益。

中药材翻耕整地有什么要求?

土壤是中药材生长发育的基本条件，中药材所需的水分、养分等因素主要或部分靠土壤供给，同时，土壤中可能有各种有害真菌、细菌、线虫以及杂草种子等，故在种植中药材前对土壤进行处理，包括清理残枝落叶和土壤耕作。通过整地改良土壤的水分、养分和通气条件，有利于土壤中微生物活动和繁殖、土壤中有机物腐殖质化，促进土壤有效养分增加，提高土壤肥力、蓄水与透水能力，也可影响近地表层的温热状况，促进药用植物根系生长发育，提高成活率，消除杂草，减轻病虫危害。

中药材的根系 50% 以上集中在 0~20cm 的范围内，80% 以上集中在 0~50cm 范围内，产量一般随耕作深度的增加而有所增加。为了充分利用表土特性，可将准备栽种的地段全部挖垦，一般耕深为 16~22cm。根茎类药材耕深需 20~25cm，最深 30~35cm，特殊品种要 90~100cm。不管深耕深度如何，都不要把大量生土翻上来。对木本中药材，除将表土深耕整平外，还要开挖定植穴，大型苗木的穴深为 60~80cm，中型苗木为 30~40cm，小型苗为 10~20cm。在一定范围内，深耕能够打破犁底层，耕地质量好。

如何进行翻耕、整地和作畦?

翻耕整地一般在春、秋季进行，以秋季翻耕为好。前作收获后及时耕地，深根中药材及地下块茎、球茎类中药材宜深耕。深耕前要施入足够的充分腐熟的有机肥，可提高土壤肥力，改良土壤性状。深耕的原则是：要使熟土在上，不乱土层，深耕后耙细、整平。

土壤整平耙细后，要根据中药材种类、生长特点、地势等作畦，目的是方便排水和灌水、田间作业等。畦的种类分为高畦、平畦和低畦三种。①高畦：畦面比畦间步道高出15~25cm，能提高土温、加厚耕层，便于排水防涝，适于多雨及地势低湿地区，尤其是栽培根及根茎类药材，多采用高畦。②平畦：畦面高度与步道相平，在四周筑成稍高于畦面的小土埂，便于浇水，且保水性能较好，出苗率高，适于地下水位低、土层深厚、排水良好的地区，河北省平原地区多采用此方法。③低畦：畦面低于步道10~15cm。在降雨少、地下水位高、容易干旱的地区或种植喜湿性中药材时采用。畦的方向多为南北向，这样接受阳光均匀。在坡地作畦，畦的方向应与坡向垂直或做成梯田，以减少坡度，减少雨水冲刷。

如何根据土壤类型选择适宜种植的药材品种？

土壤按质地可分为砂土、黏土和壤土。

（1）砂土 土壤颗粒中直径为0.01~0.03mm的土壤颗粒占50%~90%的土壤称为砂土；砂土通气透水性良好，耕作阻力小，土温变化快，保水保肥能力差，易发生干旱；适于在砂土种植的有甘草、麻黄、北沙参及仙人掌等。

（2）黏土 含直径小于0.01mm的土壤颗粒在80%以上的土壤称为黏土；黏土通气透水能力差，土壤结构致密，耕作阻力大，但保水保肥能力强，供肥慢，肥效持久、稳定；适宜在黏土上栽种的中药材不多，如泽泻等。

（3）壤土 壤土的性质介于砂土与黏土之间，是最优良的土质；壤土土质疏松，容易耕作，透水良好，又有相当强的保水保肥能力；适宜大多数中药材种植，特别是根及根茎类中药材更宜在壤土中栽培，如地黄、薯蓣、当归和丹参等。

中药材生产中如何合理轮作？

中药材生产中，在同一块地上连年种植同一种药材常导致植株生长不良，病虫害严重，产量和质量下降，根和根茎类药材尤为严重，在我国被称为连作障碍，合理轮作倒茬是提高药材产量和质量的有效途径。

轮作是在同一田地上有顺序地轮换种植不同作物的种植方式。轮作能充分利用土壤营养元素，提高肥效；减少病虫危害，克服自身排泄物的不利影响；改变田间生态条件，减少杂草危害等。中药材合理轮作应注意以下问题：薄荷、细辛、荆芥、紫苏、穿心莲等叶类、全草类药材要求土壤肥沃、需氮肥较多，应选豆科作物或其他蔬菜做前作。桔梗、柴胡、党参、紫苏、牛膝、白术等小粒种子繁殖的，播种覆土浅，易受草荒危害，应选豆茬或收获期较早的中耕作物做前茬。有些药用植物与蔬菜等均属于某些害虫的寄主范围或同类取食植物，轮作时必须错开此类茬口。如地黄与大豆、花生有相同的胞囊线虫，枸杞和马铃薯有相同的疫病，安排茬口时要特别注意。另外，还要注意轮作年限，有些药用植物轮作周期长，可单独安排轮作顺序，如地黄、人参等轮作周期 10 年左右。

中药材常用的繁殖方式有哪几种？

中药材经常采用的繁殖方式包括有性繁殖和无性繁殖两种。有性繁殖即用种子或果实作为繁殖材料，两者均是通过有性发育阶段，胚珠受精后形成种子，子房形成果实，故称为有性繁殖。无性繁殖又称营养繁殖，即根、茎、叶等营养器官作为繁殖材料，通常包括分离繁殖、扦插繁殖、压条繁殖、嫁接繁殖及离体组织培养等。

自然条件下，有的中药材适宜有性繁殖，如当归、桔梗、党参、决明子等；有的适宜无性繁殖，如菊花、天南星、川芎、地黄等；许多药材既能有性繁殖也能无性繁殖，如芍药、牡丹、枸杞、连翘、知母、百合等。离体组织培养是近代发展起来的无性繁殖技术，通过组培技术已获得试管苗的药用植物达百种以上。应根据药用植物的特点和栽培目的，选择生产中适宜的繁殖方式，每种药用植物的两种繁殖形式都将成为可能。

如何确定中药材的播种量？

播种量是指单位土地面积上所播的种子重量，决定了单位面积上药材群体的大小，也会影响到单株生产力。在确定播种量时，必须考虑气候条件、土壤肥力、品种类型、种子质量以及田间出苗率等因素的影响。一般生产实际中，播种量是以理论播量为基础，视气候、土壤、播种方式和播种技术等适当变化，出苗后视苗情间苗和定苗。理论上的播种量公式如下。

播种量（克 / 亩）=［666.7m^2/（行距 m× 株距 m）］/［每克种子粒数 × 纯净度（%）× 发芽率（%）］

如何确定中药材的播种时期？

适期播种是实现药材优质高产的重要前提条件。一般播种期依据气候条件、栽培制度、品种特性、种植方式等综合考虑。

在气候条件中，气温和地温是影响播期的主要因素，一般以当地气温或地温能满足药材种子种苗发芽要求时，作为最早播种期，如华北和西北地区，红花在地温稳定在 4℃时就可播种，而薏苡需地温稳定在 10℃才可播种。在确定具体播期时，还应充分考虑该种药材主要生育期、产品器官形成期对温度和光照的要求。另外，干旱地区的土壤水分也是影响播期的重要因素，为保证种子萌发和正常出苗，必须保证播种和出苗的土壤墒情。间作、套种栽培应根据两茬作物适宜共生期长短确定播期。一般单作方式播期较早，间作和套种播期较迟，育苗移栽的播期要早，直播的要晚。另外，药材的品种类型不同，生育特性有较大差异，播期也不一样。通常情况下，绝大多数一年生药材为春播，多年生药材可春播、秋播或夏播。

中药材的播种方式有哪几种?

中药材的播种方式有撒播、条播和穴（点）播 3 种。①撒播是农业生产中最早采用的播种方式，一般用于生长期短、营养面积小的药用植物或山地中药材种植，有的生育前期生长缓慢的药材育苗也采用撒播方式。这种方式具有经济利用土地、省工及抢时播种等优点，但不利于机械化耕作管理。②条播是广泛采用的播种方式，条播的优点是覆土深浅一致，出苗整齐，植株分布均匀，通风透光条件较好，且便于田间管理。条播可分为窄行条播、宽行条播、宽幅条播及宽、窄行条播，根据不同药材种类和种植方式而采用不同行距和幅距。③穴播适用于生长期较长、植株高大的或需要丛植栽培的药材，穴播可减少用种量，使植株分布均匀，利于在不良条件下保证苗全，也便于机械化耕作管理。对于一些珍贵稀有的，或者种子量少的药材可采用精量穴播的方法。

如何进行中药材机械化播种?

生产中很多药材采用种子繁殖，由于人工播种用工多、速度慢、质量难以保证，因此机械播种是一项省工、省时和适于规模化栽培的种植方法。目前中药材播种机械可分为手推精量播种机、小型机械化播种机和大型机械化播种机等。

手推精量播种机是一种简单实用的中药材播种机，最早是由播种玉米、小麦、花生等小型机械改装而成，后在此基础上进行了专业改进和生产，对于小粒种子如黄芩、黄芪、桔梗等可精确至亩播种量 0.3~0.5kg。播种时一人即可操作，每天可播种中药材 5~8 亩，较传统人工种植可提高效率 5~8 倍，且可提高播种质量。

小型机械化播种机是专门应用于中药材播种的小型农机，其造型精美，小巧便捷，燃料可用汽油、柴油及电力等，播种质量优良，一人即可操作。因体小轻便可适于不同类型的地块播种，每天可播种药材 15 亩以上。

大型机械化播种机适用于大面积播种中药材，类似小麦、玉米的专业播种机械，每天可播种黄芪、黄芩、桔梗、板蓝根、远志、牛膝、北沙参、白芷、甘草、防风、党参、荆芥、柴胡、射干等中药材 50 亩以上。

第四章

田间管理

中药材种植如何间苗和定苗?

间苗是田间管理中一项调控植株密度的技术措施。对于用种子直播繁殖的中药材，在生产上为确保出苗数量，其播种量一般大于所需苗数。为保持一定株距，防止幼苗过密、生长纤弱、倒伏等现象发生，出苗后需及时间除过密、长势弱和有病虫害的幼苗，称为间苗。间苗宜早不宜迟，过迟则幼苗生长过密，引起光照和养分不足，通风不良，造成植株细弱，易遭病虫危害；同时苗大根深，间苗困难且易伤害附近植株。大田直播一般间苗 2~3 次。最后一次间苗称为定苗，使中药材群体达到理想苗数。

如何进行中药田补苗?

有些中药材种子由于发芽率低或其他原因，播种后出苗少、出苗不整齐，或出苗后遭受病虫害，造成缺苗断垄，此时需要结合间苗、定苗及时补苗。补苗可从间苗中选取较健壮苗，或从苗床中选，也可播种时事先播种部分种子专供补苗用。补苗时间以雨后最好。补苗应带土，剪去部分叶片，补后酌情浇水。温度较高时补苗要用大叶片或树枝遮阳。种子、种根发芽快的也可补种。对于贵重中药材，如人参等并不进行间苗，而是精选种子，在精细整地基础上按株行距播种。

如何进行药材田中耕?

中耕是在中药材生育期间对土壤进行疏松锄划。中耕可以减少地表蒸发，改善土壤的通气性及透水性，为大量吸收降水及加强土壤微生物活动创造良好条件，促进土壤有机质分解，增加土壤肥力。中耕还能清除杂草，减少病虫害。

中耕的原则是深根者宜深，浅根者宜浅，苗期深些，以后浅些。射干、贝母、延胡索、半夏等根系分布于土壤表层，中耕宜浅；而牛膝、白芷、芍药、黄芪等主根长，入土深，中耕可适当深些。中耕深度一般是 4~6cm。中耕次数应根据当地气候、土壤和药用植物生长情况而定。苗期植株小，杂草易滋生，常灌溉或雨水多、土壤易板结的地块，应勤中耕除草，待植株枝繁叶茂后，中耕除草次数宜少，以免损伤植株。

 如何进行中药材田培土？

培土是在中药材生长中后期，将行间土壅到药材根旁的田间作业。1~2 年生草本中药材培土常结合中耕除草进行；多年生草本和木本中药材，培土一般在入冬前结合浇防冻水进行。培土有保护药用植物越冬、过夏、保护芽头等作用。培土时间视不同中药材种类而异。

 如何防除药材田间杂草？

防除杂草是中药材生产中一项艰巨的田间管理工作。防除杂草的方法很多，如精选种子、轮作倒茬、水旱轮作、合理耕作、覆膜控草、人工拔除、机械除草和化学除草等。

杂草一般出苗早，生长速度快，同时也是病虫滋生和蔓延的场所，对中药材生长极为不利，必须及时清除。清除杂草方法有人工除草、机械除草和化学除草。中药材生产中以人工除草为主，除草与中耕相结合，在中药材封行前选晴天土壤湿度小时进行，中耕深度视药材地下部分生长情况而定；幼苗阶段杂草最易滋生，土壤也易板结，中耕除草次数宜多，中耕深度宜浅；成苗阶段，枝叶生长茂密，中耕除草次数宜少，中耕深度宜深。机械除草是适宜采用的除草方式，既可以提高除草效率，也可保证药材质量安全，但针对不同药材种类的除草机械有待进一步研发和应用。化学除草不仅可以节省劳力，降低成本，还能提高生产效率，适宜规模化药材生产基地采用，但化学除草剂种类选择要慎重，要以保证中药材质量安全为前提。

 如何进行中药材田间机械除草？

很多中药材田间密度较大，人工拔除杂草费时、费工、质量差。中药材田间除草机械的应用大大减轻了劳动强度和提高了除草效率。目前，生产中应用的除草机械有单、双犁小耘锄，三犁小耘锄和大型除草机械。

①单、双犁小耘锄是一个带有一个或两个犁的小耘锄，犁的后面带有一个铁滑轮，除草的同时就把土壤进行了疏松，达到了中耕除草保墒的目的。适合于行距在 15~20cm 的中药材，如黄芪、黄芩、桔梗、牛膝等苗期除草，每人每天能除草 6~10 亩。②三犁小耘锄比单、双犁机械要大一些，适合于行距较大的药材田间除草，如知母、薏苡、菊花、芍药、木香等中药材。可以一个人操作，也适合两个人操作，一个人在前面拉犁，一个人在后面掌握，除草速度快，质量好，中耕深度较深。③大型除草机械可一机多能，机械播种时就把行间设计好，留出机械作业通道便于除草作业，一般对使用过的大型播种机在完成播种任务后，即可进行改装，把下面的播种耧换成

小耘锄，而后进行机械除草。此机械适于中药材规模化生产基地和大型农场使用。

药材田化学除草应注意哪些问题?

在中药材规范化生产中应尽量避免使用除草剂。但当药材种植面积较大，特别是一些小粒种子类的药材苗期生长缓慢，极易出现草荒，而其他杂草防除措施效果较差时，化学除草剂除草是一项高效的技术措施。

化学除草剂按照作用性质分为选择性和灭生性除草剂；按作用方式分为内吸性和触杀性除草剂；按施药对象分为土壤处理剂和茎叶处理剂；按施药方法可分为喷雾处理和土壤处理等。当前的化学除草剂多数以防除粮食作物、蔬菜、果树的田间杂草为主，专用的药材除草剂种类极少。因此，需要根据具体中药材种类，对除草剂种类、施用量及施用时期等进行试验研究和选择应用。选择的除草剂不仅对本茬中药材安全且有较好的防除杂草效果，还应对下茬种植作物无害。需要注意的是，同一除草剂的不同类型或不同产地，或同一产地不同生产时期，其药效也会因原料组成、工艺流程的差异而不同。除草剂的施用技术和施用时的气温、地温及湿度等也影响施用效果。一般晴天、气温高、湿度适宜时药效高，而阴天、多雨、气温低时药效低。因此，施用除草剂要严格掌握施药量和施用时期，并做到因地、因环境、因药材和除草剂种类而异，保证达到药材质量安全和杂草防除有效的目的。

中药材常用肥料的种类有哪些?

中药材常用肥料的种类很多，按它们的作用可分为直接肥料和间接肥料。前者可以直接提供植物所需的各种养料，后者通过改善土壤的物理、化学和生物学性质而间接影响植物的生长发育。肥料按其来源分为自然肥料（即农家肥料）和商品肥料。前者如绿肥、沤肥、厩肥等，后者如无机化肥、微生物肥料、腐殖酸类肥料等。按照肥料所含的主要养分种类，无机化肥又可分为氮肥、磷肥、钾肥、钙肥、微量元素肥料、复合肥料等。另外，按照其见效的快慢可分为速效、缓效和迟效肥料；也可按植物生长发育不同阶段对养分的要求分为种肥、追肥和基肥等。

按照施肥时间中药材施肥划分几种?

按照施肥时间的先后，通常把中药材施肥分为基肥、种肥和追肥三类。

（1）基肥　是指整地前或整地时，以及移栽定植前或秋冬季节整地时，施入土壤的肥料。一般以农家有机肥料或泥土肥为主，也可适当搭配磷、钾肥。

（2）种肥　种肥是指在播种或幼苗扦插时施用的肥料，目的是供给幼苗初期生长发育对养分的需要。微量元素肥料、腐殖酸肥料、少量的氮磷钾化肥，以及农家熏土、泥肥、草木灰等常作为种肥施用。有的地区将基肥与种肥合二为一。

（3）追肥 追肥是指植株生长发育期间施用的肥料，其目的是及时补给植株代谢旺盛时对养分的大量需要。追肥多是速效化学肥料，以便及时供应植株所需的养分。

中药材生产中施肥原则是什么？

中药材生长发育所需的营养元素有C、H、O、N、P、K、Ca、Mg、S、Fe、Cl、Mn、Zn、Cu、Mo、B等，这些营养元素除了空气中能供给一部分C、H、O外，其他元素均由土壤提供。当土壤不足以满足药材生长发育的需要时，必须通过施肥进行补充。中药材种类不同，吸收营养的种类、数量、比例等也不同，而同一种药材在不同生育时期所需营养元素的种类、数量和比例也不一样。因此，在中药材生产中应根据其营养需求特点及土壤的供肥能力，确定施肥种类、时间和数量，有效降低长期使用化肥造成的土壤退化。施肥时间应以基肥为主，追肥为辅；肥料种类应以有机肥为主，有限度地使用化学肥料，鼓励使用经国家批准的菌肥及中药材专用肥。允许施用经充分腐熟达到无害化卫生标准的农家肥，大力推广应用生物菌肥、生物有机肥，禁止施用城市生活垃圾、工业垃圾、医院垃圾和人粪便，禁止使用含有抗生素超标的农家肥。同时还应注意做到如下几点。

（1）适当灌溉 水能影响中药材对矿物质的吸收和利用，还可减少无机肥料烧伤作物的概率。土壤干旱时，施肥效果差；如果水肥配合使用，可明显提高肥效。

（2）适当深耕 播前适当深耕使土壤容纳更多水分和肥料，而且也促进根系发达，增大吸肥面积，因而能提高肥效。

（3）改善施肥方式 生产中常采用根外施肥、深层施肥等。根外施肥要注意肥料浓度、喷洒时间、方法等。深层施肥是将肥料施于中药材根系附近5~10cm土层中，肥料挥发少，肥料利用率高。

中药材常用的施肥方法有哪些？

中药材常用的施肥方法有撒施、条施、穴施、环施、冲施（浇施）和叶面喷施等。

（1）撒施 指将肥料直接抛撒到田间的施肥方法。大量的农家有机肥以及施用量大的化肥作基肥时常采用撒施的方式。可人工，也可机械，多与翻地和旋耕结合进行。

（2）条施 指在田间开沟，将肥料条状施入土内的施肥方式。常规草本中药材生长期间追施化学肥料多采用此方式。

（3）穴施 指在田间刨坑挖穴，将肥料施入穴内的施肥方式。稀植中药材的追肥常采用此方式。

（4）环施　指在植株周围环状开沟，将肥料施入沟内的施肥方式。木本中药材的施肥常采用此方式。

（5）冲施　指先将肥料溶解在水中，随浇水施入土中的施肥方式，所以又称浇施。一季收获多次的叶类药材较为适用。

（6）叶面喷施　指将肥料溶解在水中，喷洒到叶面上的施肥方式。适于中药材生长中后期微量元素肥料、大量元素肥料、腐殖酸肥料等的快速补充施用。

如何做好中药材合理施肥?

根据中药材规范化生产要求，合理施肥必须遵守施肥原则，并做好以下几方面。

（1）根据中药材的品种特性而施肥　中药材的种类和品种不同，在其生长发育不同阶段所需养分的种类和数量以及对养分的吸收强度都不同。①对于多年生的、特别是地下根茎类中药材，如白芍、大黄、党参、牛膝、牡丹等，以施用充分腐熟的有机肥为主，增施磷钾肥，配合使用其他化肥，以满足整个生长周期对养分的需要。②对于全草类中药材可适当增施氮肥；对于花、果实、种子类的中药材则应适当施磷、钾肥。在中药材不同的生长阶段施肥不同，生育前期氮肥施用量要少，浓度要低；生长中期，用量和浓度应适当增加；生育后期，磷、钾肥可促进果实早熟，种子饱满。

（2）根据土壤性质不同而施肥　砂质土壤要重视有机肥如粪肥、堆肥、绿肥等，也可以掺加黏土，增厚土层，增强土壤的保水保肥能力。追肥应少量多次施用，避免一次施用过多而流失。黏质土壤，应多施有机肥，结合加沙子、炉灰渣等，以疏松土壤，创造透水通气条件，并将速效性肥料作种肥和早期追肥，以利提苗发棵，早生快发。两合土壤，即中壤土，此类土壤兼有砂土和黏土的优点，是多数中药材栽培最理想的土壤，施肥以有机肥和无机肥相结合，根据栽培品种的各生长阶段需求合理地施用。

（3）根据天气而施肥　在低温、干燥的季节和地区，施用腐熟的有机肥，以利提高地温和保水保肥能力；肥料要早施和深施，有利充分发挥肥效。氮、磷肥及腐熟的有机肥一起做基肥、种肥和追肥施用，有利于幼苗早发，生长健壮。而在高温、多雨季节和地区，肥料分解快，植物分解能力强，不能施的过早，追肥应少量多次，以免减少养分流失。

如何进行药材田灌水?

灌水的方法很多，有沟灌、浇灌、喷灌和滴灌等，要因地制宜采用节水、省工的灌溉方式。

（1）沟灌和浇灌　是传统的地面灌溉技术。渠道畦式灌溉适用于按畦田种植的草本中药材，但灌水量较大，有破坏土壤结构、费工时的特点；渠道用防漏的水泥衬板或管道，也可用塑料软管。采用地下式输水管，不但可以避免水分途因渗漏，也不影响地面土壤耕作。

（2）喷灌 是把灌溉水喷到空中成为细小水滴再落到地面，像阵雨一样的灌溉方法。有固定式、移动式和半固定式三种。喷灌的优点是节约用水，土地不平也能均匀灌溉，可保持土壤结构，减少田间沟渠，提高土地利用率，省力高效，除供水外还可喷药、施肥、调节小气候等。喷灌的缺点是设备一次性投资较大，风大地区或风大季节不宜采用。

（3）滴灌 是一种直接供给过滤水（和肥料）到园地表层或深层的灌溉方式。它可避免将水洒散或流到垄沟或径流中，可按照要求的方式分布到土壤中供作物根系吸收。滴灌的水是由一个广大的管道网输送到每一棵或几棵作物，所润湿的土壤连成片，即可达到满足水的要求。滴灌优点比喷灌还多，可给根系连续供水，而不破坏土壤结构，土壤水分状况较稳定，更省水、省工，适于各种地势，可连接电脑，实现灌水完全自动化。

如何进行药材田排水？

当地下水位高、土壤潮湿，以及雨季雨量集中，田间有积水时，应及时清沟排水，以减少药用植物根部病害，防止烂根，改善土壤通气条件，促进植株生长。排水方式有以下几种。

（1）明沟排水 是传统的排水方法，即在地面挖敞开的沟排水，主要排地表径流。若挖得深，也可兼排过高的地下水。

（2）暗管排水 在地下埋暗管或其他材料，形成地下排水系统，将地下水降到要求的高度。井排是近十几年发展起来的，国外许多国家已应用，分为定水量和定水位两种形式。

如何进行中药材植株调整？

（1）打顶和摘蕾 打顶和摘蕾是利用药用植物生长的相关性，人为调节药用植物体内养分的重新分配，促进药用部位生长发育协调统一，从而提高中药材的产量和品质。打顶能破坏植物顶端优势，抑制地上部分生长，促进地下部分生长，或抑制主茎生长，促进分枝，多形成花、果。打顶时间应以中药材种类和栽培目的而定，一般宜早不宜迟。

药用植物在生殖生长阶段，生殖器官是第一“库”，这对以培养根及地下茎为目的的中药材来说是不利的，必须及时摘除花蕾（花薹），抑制其生殖生长，使养分输入地下器官贮藏起来，从而提高根及根茎类中药材的产量和质量。摘蕾的时间与次数取决于现蕾时间持续的长短，一般宜早不宜迟。如牛膝、玄参等在现蕾前剪掉花序和顶部；白术、云木香等的花蕾与叶片接近，不便操作，可在抽出花枝时再摘除；而地黄、丹参等花期不一致，摘蕾工作应分批进行。

打顶和摘蕾都要注意保护植株，不能损伤茎叶，牵动根部。要选晴天上午9时以后进行，不宜在有露水时进行，以免引起伤口腐烂，感染病害，影响植株生长。

（2）**整枝修剪** 修剪包括修枝和修根。如栝楼主蔓开花结果迟，侧蔓开花结果早，所以要摘除主蔓，留侧蔓，以利增产。修根只宜在少数以根入药的植物中应用，修根的目的是促进这些植物的主根生长肥大，以及符合药用品质和规格要求。如乌头除去其过多的侧根、块根，使留下的块根增长肥大，以利加工；芍药除去侧根，使主根肥大，增加产量。

（3）**支架** 栽培藤本药用植物需要设立支架，以便牵引藤蔓上架，扩大叶片受光面积，增加光合产量，并使株间空气流通，降低湿度，减少病虫害的发生。

对于株形较大的藤本药用植物如栝楼、绞股蓝等应搭设棚架，使藤蔓均匀分布在棚架上，以便多开花结果；对于株形较小的如天冬、党参、山药等，一般只需在株旁立竿牵引。生产实践证明，凡设立支架的藤本药用植物比伏地生长的产量增长一倍以上，有的高达3倍。所以，设立支架是促进藤本药用植物增产的一项重要措施。设立支架要及时，过晚则植株长大互相缠绕，不仅费工，而且对其生长不利，影响产量。设立支架要因地制宜，因陋就简，以便少占地面，节约材料，降低生产成本。

如何进行中药材人工授粉？

风媒传粉植物（如薏苡）往往由于气候、环境条件等因素不适而授粉不良，影响产量；昆虫传粉植物（如砂仁、天麻）由于传粉昆虫的减少而降低结实率。这时进行人工辅助授粉或人工授粉以提高结实率便成为增产的一项重要措施。

人工辅助授粉及人工授粉方法因药用植物种类而异。薏苡采用绳子振动植株上部，使花粉飞扬，以便于传粉。砂仁采用抹粉法（用手指抹下花粉涂入柱头孔中）和推拉法（用手指推或拉雄蕊，使花粉擦入柱头孔中）。天麻则用小镊子将花粉块夹放在柱头上。不同植物由于其生长发育的差异，各有其最适授粉时间及方法，必须正确掌握，才能取得较好的效果。

哪些药材田需要覆盖？如何覆盖？

覆盖是利用草类、树叶、秸秆、厩肥、草木灰或塑料薄膜等撒铺于畦面或植株上，覆盖可以调节土壤温度、湿度，防止杂草滋生和表土板结。

有些中药材如荆芥、紫苏、柴胡等种子细小，播种时不便覆土，或覆土较薄，土表易干燥，影响出苗。有些种子发芽时间较长，土壤湿度变化大，也影响出苗。因此，它们在播种后须随即盖草，以保持土壤湿润，防止土壤板结，促使种子早发芽，出苗齐全。浙贝母留种地在夏、秋高温季节，必须用稻草或其他秸秆覆盖，才能保墒抗旱，安全越夏。冬季，三七地上部分全部枯死，仅种芽接近土壤表面，而根部又入土不深，容易受冻，这时须在增施厩肥和培土的基础上盖草，才能保护三七种芽及根部安全越冬。覆盖对木本中药材如杜仲、厚朴、黄皮树、山茱萸等幼林生长阶段的保墒抗旱更有重要意义，这些中药材大都种植在土壤瘠薄的荒山、荒地上，水源条件差，灌溉不便，在其定植和抚育时，就地刈割杂草、树枝，铺在定植点周围，保持土壤湿润，能提高成活率，促进幼树生长发育。

覆草厚度一般为10~15cm。在林地覆盖时，避免覆盖物直接紧贴木本中药材的主干，防止干旱条件下，蟋蟀等昆虫集居在杂草或树枝内，啃食主干皮部。地膜覆盖，可达到保墒抗旱、保温防寒的目的，同时也是优质高产、高效栽培的一项重要技术措施。

哪些药材田需要遮阴？如何遮阴？

遮阴是在耐阴的中药材栽培地上设置荫棚或遮蔽物，使幼苗或植株不受直射光的照射，防止地表温度过高，减少土壤水分蒸发，保持一定的土壤湿度，以利于生长环境良好的一项措施。如西洋参、黄连、三七等喜阴湿、怕强光，如不人为创造阴湿环境条件就生长不良，甚至死亡。目前遮阴方法主要是搭设荫棚。由于阴生植物对光的反应不同，要求荫棚的遮光度也不一样。应根据中药材种类及其生长发育期的不同，调节棚内的透光度。例如黄连所需透光度一般较小，三七一般稍大；黄连幼苗期需光小，成苗期较大；三七幼苗期和成苗期所需透光度与黄连成苗期基本一致。

在林间种植黄连，可利用树冠遮阴。它可以降低生产成本，但需掌握好树冠的荫蔽度。近年利用荒山造林遮阴栽培黄连获得成功，不仅解决了过去为种植黄连乱伐林木的问题，而且提高了经济效益和生态效益，值得大力推广。

喜湿润，不耐高温、干旱及强光的半夏可不搭荫棚，而用间作玉米来代替遮阴，因为玉米株高叶大，减少了日光的直接照射，给半夏创造了一个阴湿的环境条件，有利于生长发育。

哪些药材需要防霜防冻？如何防霜防冻？

抗寒防冻是为了避免或减轻冷空气的侵袭，提高土壤温度，减少地面夜间的散热，加强近地层空气的对流，使植物免遭寒冻危害。抗寒防冻的措施很多，除选择和培育抗寒力强的优良品种外，还可采用以下措施。

（1）调节播种期 各种中药材在不同的生长发育时期，其抗寒力亦不同。一般苗期和花期抗寒力较弱。因此适当提早或推迟播种期，可使苗期或花期避过低温的危害。

（2）灌水 灌水是一项重要的防霜冻措施。根据灌水防霜冻试验，灌水地较非灌水地的温度可提高2℃以上。灌水防冻的效果与灌水时期有关。越接近霜冻日期，灌水效果越好，最好在霜冻发生前一天灌水。灌水防霜冻，必须预知天气情况和霜冻的特征。一般潮湿、无风而晴朗的夜晚或云量很少且气温低时，就有降霜的可能性。因为地面的热能迅速发散，近地面的温度急剧下降，极易结霜。所以春、秋季大雨后，必须注意。另外，由东南风转西北风的夜晚，也容易降霜。灌水防霜冻，最适于春季晚霜的预防，灌水后既能防霜，又能使植株免受春季干旱。

（3）增施磷钾肥　此法可增强植株的抗寒力。磷能促进根系生长，使根系扩大吸收面积，促进植株生长充实，提高对低温、干旱的抗性。钾能促进植株纤维素的合成，利于木质化，在生长季节后期，能促进淀粉转化为糖，提高植株的抗寒性。因此，为增强中药材幼苗的防冻能力，除在其生长前、中期加强管理外，还需在生长后期，即在降霜前一个半月内适当增施磷钾肥，促其充分木质化，以便安全越冬。

（4）覆盖　覆盖对于珍贵或植株矮小的中药材，用稻草、麦秆或其他草类将其覆盖，可以防冻。覆盖厚度应超过苗梢5cm左右，同时应采取固定措施，防止被风吹走。土壤如果太干，可在土壤结冻前灌一次防冻水。对寒冻较敏感的木本中药材，可进行包扎并结合根际培土，以防冻害。在北方，为了避免“倒春寒”危害，不宜过早除去防冻物。

中药材遭受霜冻危害后，应及时采取补救措施，如扶苗、补苗、补种和改种、加强田间管理等。木本中药材可将受冻害枯死部分剪除，促进新梢萌发，恢复树势。剪口可进行包扎，以防止水分散失和病菌侵染。

种植中药材应该如何防高温?

夏季如果出现气温超过30℃甚至高于35℃，相对湿度小于60%，连续3天以上的“干热风”气候，对中药材生产具有极大的危害性。因此，高温期的中药材应采取以下措施进行防护。

（1）改善水利灌溉设施，增强蓄水保水能力。

（2）科学管水，以水降温增湿，可在早晚充分浇水，保持湿度，大面积可采用喷灌，但排水沟应畅通，严防积水导致高温高湿，叶片腐烂枯萎。

（3）可用稻麦草等织成草帘，建棚遮阴，以利药材在生育期不受高温危害，增加产量。

（4）高温期间要勤追肥，追稀肥，切忌使用浓缩肥，以防“烧心”。

（5）施用化肥量宜小，每亩用尿素不超过13kg；硫酸铵不超过25kg；碳酸氢铵不超过35kg。有机肥一定要腐熟沤制后才可用，不可使用新鲜的人畜粪便，以防造成烧株危害。

（6）高温期禁用农药，以免气温过高，烧毁植株叶片及心芽，影响正常生长。

（7）培育耐高温、抗旱品种。

第五章 病虫害防治

中药材病虫害发生有哪些特点?

病虫害的发生、发展与流行取决于寄主、病原（虫原）及环境因素三者之间的相互关系。由于中药材本身的栽培技术、生物学特性和要求的生态条件有其特殊性，因此也决定了中药材病虫害的发生具有如下特点。

（1）单食性和寡食性害虫相对较多　由于各种药用植物本身含有特殊的化学成分，决定了某些特殊害虫喜食或趋向于在这些药用植物上产卵，因此药用植物上单食性和寡食性害虫相对较多。例如射干钻心虫、栝楼透翅蛾、白术术籽虫、金银花尺蠖、山茱萸蛀果蛾及黄芪籽蜂等，它们只食一种或几种近缘植物。

（2）地下部病害和地下害虫危害严重　许多药用植物的根、块根和鳞茎等地下部分是药用部位，极易遭受土壤中的病原菌及害虫危害，导致药材减产和品质下降，且地下部病虫害的防治难度较大。药用植物地下部病害严重的，如人参锈腐病、根腐病，贝母腐烂病，山药线虫病等；地下害虫如蝼蛄、金针虫等分布广泛，根部被害后造成伤口，也加剧了地下部病害的发生和蔓延。

（3）无性繁殖材料是病虫害初侵染的重要来源　应用营养器官（根、茎、叶）来繁殖新个体在药用植物栽培中占有很重要地位，由于这些繁殖材料基本都是药用植物的根、块根、鳞茎等地下部分，常携带病菌、虫卵，所以无性繁殖材料是病虫害初侵染的重要来源，也是病虫害传播的一个重要途径，而种子、种苗频繁调运，更加速了病虫传播蔓延。

（4）特殊栽培技术易致病害　药用植物栽培中有许多特殊要求的技术措施，如人参、当归的育苗定植，附子的修根，板蓝根的割叶、枸杞的整枝等。这些技术如处理不当，则成为病虫害传染的途径，加重病虫害的流行。

中药材病虫害综合防治策略及基本原则是什么?

中药材病虫害的综合防治策略，应从生物与环境整体观点出发，本着“预防为主、综合防治”的指导思想和安全、有效、经济、简便的原则，因地制宜，合理运用农业的、物理的、生物的、化学的方法及其他有效生态手段，把病虫危害控制在经济允许水平以下，以达到保证人畜健康和增加效益的目的。

中药材病虫害防治的基本原则：预防为主，综合防治。优先采用农业的、物理的、生物的绿色防控技术，按照病虫害的发生规律，科学应用化学防控技术。

中药材病虫害的农业防治措施有哪些?

农业防治是在农田生态系统中，利用和改进耕作栽培技术，调节病原物、害虫和寄主及环境之间的关系，创造有利于药用植物生长、不利于病虫害发生的环境条件，控制病虫害发生发展的方法。病虫害农业防治的技术措施有合理轮作、深耕细作、清洁田园、调节播期、科学施肥及选用抗病虫品种等。

(1)合理轮作 一种药用植物在同一块地上连作，就会使其病虫源在土壤中积累加重。轮作可恶化有害生物的营养条件和生存环境，或切断其生命活动过程的某一环节，还能促进有拮抗作用的微生物活动，抑制病原物的生长、繁殖。因此，合理轮作对防治病虫害和充分利用土壤肥力都是十分重要的。如浙贝母与水稻隔年轮作，分别可大大减轻根腐病和灰霉病的危害。一般同科、属或同为某些严重病虫害寄主的药用植物不能选为轮作物，如地黄、花生、珊瑚菜都有枯萎病和根线虫病，不能彼此互相轮作。一般药用植物的前作以禾本科植物为宜。

(2)深耕细作 深耕细作能促进根系的发育，使药用植物生长健壮，同时也有直接杀灭病虫的作用。很多病原菌和害虫在土内越冬，冬前深耕晒土可改变土壤理化性状，促使害虫死亡，或直接破坏害虫的越冬巢穴，或改变栖息环境，减少越冬病虫源。耕耙能直接破坏土壤中害虫巢穴，把表层内越冬的害虫翻进土层深处，使其不易羽化出土，还可把蛰伏在土壤深处的害虫及病菌翻露在地面，经日光照射、鸟兽啄食等，亦能直接消灭部分病虫。例如对土传病害发生严重的人参、西洋参等，播前耕翻晒土几次，可减少土中病原菌数量，达到防病目的。

(3)清洁田园 田间杂草和药用植物收获后的残枝落叶常是病虫隐蔽及越冬场所和来年的重要病虫来源，清洁田园，将杂草、病虫残枝和枯枝落叶进行烧毁或深埋处理，可大大减少病虫越冬基数，是防治病虫害的重要农业技术措施。

(4)调节播期 调节药用植物播种期，使其病虫的某个发育阶段错过病虫大量侵染危害的危险期，可避开病虫危害达到防治目的。如北方薏苡适期晚播，可以减轻黑粉病的发生；红花适期早播，可以避过炭疽病和红花实蝇的危害。

(5)科学施肥 科学施肥能促进药用植物生长发育，增强其抗病虫害的能力，特别是施肥种类、数量、时间、方法等都对病虫害的发生有较大影响。一般增施磷、钾肥可以增强药用植物的抗病性，偏施氮肥易造成病害发生。有机肥一定要充分腐熟，否则残存病菌及地下害虫虫卵未被杀灭，易使病虫害加重。增施生物菌肥、生物有机肥，改善土壤团粒结构，促使土壤中有机质分解成腐殖质，提高土壤肥效和肥力；增强土壤蓄水保肥、蓄能提温和通透性，促进作物健壮生长，提质增效；抗重茬，增强植株抗逆抗病性。

(6)选用抗病品种 药用植物不同类型或品种之间往往对病虫害抵抗能力有显著差异，生产中选用抗病虫品种是一项经济有效的措施。例如地黄农家品种金状元对地黄斑枯病比较敏感，而小黑英品种比较抗病。阔叶矮秆型白术苞片较长，能盖住花蕾，可抵挡白术术籽虫产卵。

中药材病虫害的物理防治措施有哪些？

根据害虫的生活习性和病虫的发生规律，利用物理因子或机械作用对有害生物生长、发育、繁殖等干扰，以防治药用植物病虫害的方法，称为物理防治法。这类防治方法可用于有害生物大量发生之前，或作为有害生物已经大量发生危害时的急救措施。如对活性不强，危害集中，或有假死性的大灰象甲、黄凤蝶幼虫等害虫，实行人工捕杀；对有趋光性的鳞翅目、鞘翅目及某些地下害虫等，利用扰火、诱蛾灯或黑光灯等诱杀；均属物理防治法。

中药材病虫害的生物防治措施有哪些？

生物防治是利用生物或其代谢产物控制有害生物种群的发生、繁殖或减轻其危害的方法，一般利用有害生物的寄生性、捕食性和病原性天敌来消灭有害生物。这些生物产物或天敌一般对有害生物选择性强，毒性大；而对高等动物毒性小，对环境污染小，一般不造成公害。药用植物病虫害的生物防治是解决药材免受农药污染的有效途径。如应用管氏肿腿蜂防治金银花天牛等蛀干性害虫，应用木霉菌制剂防治人参、西洋参等的根病等。目前，生物防治主要采用以虫治虫，微生物治虫，以菌治病，植物源药剂控制病虫害，抗生素和交叉保护作用防治病害，性诱剂和食诱剂诱杀害虫、性诱剂迷向丝干扰害虫交配降低落卵量等。

中药材病虫害化学防治应注意哪些问题？

按照药用植物病虫害的发生规律，科学应用化学防控技术是实现中药材质量安全的重要保证。病虫害防治的农药使用应当符合国家有关规定，优先选用高效、低毒生物农药品种，尽量避免使用杀虫剂和杀菌剂等化学农药；化学农药尽可能使用最低剂量，降低使用次数；禁止使用国家农业部门禁用的剧毒、高毒、高残留农药，以及限制在中药材上使用的其他农药；禁止使用壮根灵、膨大素等生长调节剂调节中药材收获器官生长。

国家禁止生产销售和使用的农药有哪些？

《中华人民共和国食品安全法》第四十九条规定：禁止将剧毒、高度农药用于蔬菜、瓜果、茶叶和中草药材等国家规定的农作物；第一百二十三条规定：违法使用剧毒、高度农药的，除依照有关法律、法规规定给予处罚外，可以由公安机关依照规定给予拘留。中华人民共和国农业部公告第2567号公布了《限制使用农药名录（2017版）》，自2017年10月1日起施行。禁止生产销售和使用的农药名单如下：六六六、滴滴涕、毒杀芬、二溴氯丙烷、杀虫脒、二溴乙烷、除草醚、艾氏剂、狄氏剂、汞制剂、砷类、铅类、敌枯双、氟乙酰胺、甘氟、毒鼠强、氟乙酸钠、毒鼠硅、甲胺磷、甲基对硫磷、对硫磷、久效磷、磷胺、苯线磷、地虫硫磷、甲基硫环磷、磷化钙、磷化镁、磷化锌、硫线磷、蝇毒磷、治螟磷、特丁硫磷、氯磺隆、福美胂、福美甲胂、胺苯磺隆单剂、甲磺隆单剂；百草枯水剂自2016年7月1日起停止在国内销售和使用；胺苯磺隆复配制剂、甲磺隆复配制剂自2017年7月1日起禁止在国内销售和使用；三氯杀螨醇自2018年10月1日起全面禁止销售和使用。

中药材上禁止使用的农药有哪些？

中华人民共和国农业部公告第2552号对硫丹、溴甲烷、乙酰甲胺磷、丁硫克百威、乐果等5种农药的管理措施规定：自2019年3月26日起，禁止含硫丹产品在农业上使用；自2019年1月1日起，禁止含溴甲烷产品在农业上使用；自2019年8月1日起，禁止乙酰甲胺磷、丁硫克百威、乐果在蔬菜、瓜果、茶叶、菌类和中草药材作物上使用。中华人民共和国农业部公告第2567号公布了《限制使用农药名录（2017版）》，自2017年10月1日起施行，在蔬菜、果树、茶树、中草药材上禁止使用的农药为：甲拌磷、甲基异柳磷、内吸磷、克百威、涕灭威、灭线磷、硫环磷、氯唑磷。由中华人民共和国农业农村部批准发布的国家农业行业标准《绿色食品 农药使用准则》（NY/T 393–2020，代替NY/T 393–2013），自2020年11月1日起正式实施，规定在AA级和A级绿色食品生产均允许使用的农药清单中，删除了（硫酸）链霉素；在A级绿色食品生产允许使用的其他农药清单中，删除了7种杀虫杀螨剂（S–氰戊菊酯、丙溴磷、毒死蜱、联苯菊酯、氯氟氰菊酯、氯菊酯和氯氰菊酯），1种杀菌剂（甲霜灵），12种除草剂（草甘膦、敌草隆、噁草酮、二氯喹啉酸、禾草丹、禾草敌、西玛津、野麦畏、乙草胺、异丙甲草胺、莠灭净和仲丁灵）及2种植物生长调节剂（多效唑和噻苯隆）。以上农药也不得在中药材上使用。

农药混合使用原则及注意哪些问题？

在中药材生产中，往往同时发生几种病虫害，或既要防治病虫，又要追肥。为了达到同时兼治几种病、虫或促进药用植物健壮生长的目的，往往就把几种农药或化肥混合使用，这样既扩大了防治对象，节省了劳动力，还能使病虫不易产生抗药性。农药混合使用一般适用以下原则：杀虫剂与杀虫剂混用，如胃毒剂与触杀剂、熏蒸剂混用，触杀剂与内吸剂、胃毒剂混用。杀菌剂与杀菌剂的混用，如保护剂与治疗剂混用，治疗真菌药剂与治疗细菌药剂的混用，治疗不同真菌病害药剂混用。杀虫剂与杀菌剂混用。杀虫剂、杀菌剂与叶面肥混用，杀虫剂、杀菌剂与除草剂混用等多种混合使用方法。各种化学性质农药之间的混配原则，如中性药剂与中性药剂，酸性药剂与酸性药剂、中性药剂与酸性药剂之间不产生化学和物理变化，可以互相混用，而酸性药剂与碱性药剂之间不能混合使用。

出现下列几种情况不能混用：乳剂兑水混合后出现上有漂浮油层，下有沉淀现象；可湿性粉剂、乳粉、浓可溶剂兑水混合后出现絮结和大量沉淀现象；微生物杀虫剂、杀菌剂不能与杀虫剂、杀菌剂混用。农药混合后使用是一个较复杂的问题，在具体操作应用时，要注意试验和观察，以免造成药害和不必要的损失。

如何辨别假劣农药?

准确判定农药产品的真假、伪劣，一般需要通过法定的农药质量检测单位，根据产品标准规定的各项技术指标及检验方法来判定。也可根据标签进行初步辨别。合格的标签应包括国家规定的全部内容：农药名称（农药通用名称、农药商品名称）、有效成分名称及含量、净含量、厂名、厂址、质量保证期、生产日期或生产批号、使用方法、使用条件、毒性标志、注意事项、中毒急救、农药登记证号、农药产品标准号、生产许可证号或生产批准证书号、农药类别颜色标志带象形图。残缺不全或不清楚的标签产品，就值得怀疑。

避免买到假劣农药，应做到以下几点：要到合法的农药经营商店购买农药。国家规定，农药经营商店，必须有政府工商部门核发的营业执照，而且在营业执照上的经营范围上必须标明可经营农药。要到诚信度高，在地方上有一定影响力的农药商店购买农药。购买农药后，一定要向经销商索要正式发票，以防出现问题后没有追究经销商责任的证据。

什么是农药的药害?

农药都具有生物活性，如对药用植物具有刺激、抑制或毒杀作用。农药对药用植物表现出的这些生物活性，凡是不符合人们希望的，影响到药材的产量或品质，就称为药害。产生药害的环节是使用农药作喷洒、拌种、浸种、土壤处理等。产生药害原因有药剂浓度过大，用量过多，使用不当或某些作物对药剂过敏。产生药害的表现有影响药用植物的生长，如发生落叶、落花、落果、叶色变黄、叶片凋零、灼伤、畸形、徒长及植株死亡等，有时还会降低药材的产量或品质。农药药害分为急性药害和慢性药害。施药后几小时到几天内即出现症状的，称急性药害；施药后，不是很快出现明显症状，仅是表现光合作用缓慢，生长发育不良，延迟结实，果实变小或不结实，籽粒不饱满，产量降低或品质变差，则称慢性药害。

施用农药过程中引起农药中毒的原因有哪些？

（1）施药人员选择不当 如选用儿童、少年、老年人、三期妇女（月经期、孕期和哺乳期）、体弱多病、患皮肤病、皮肤有破损、精神不正常、对农药过敏或中毒后尚未完全恢复健康者。

（2）不注意个人防护 配药、拌种、拌毒土时不戴橡皮手套和防毒口罩。配药不小心，药液污染皮肤，又没有及时清洗，或药液溅入眼内。人在下风配药，吸入农药过多，甚至有人用手直接拌种、拌毒土。施药时不穿长袖衣、长裤和鞋，赤足露背喷药，或用手直接播撒经高毒农药拌种的种子。

（3）喷药方法不正确 如下风喷药，或几架药械同田、同时喷药，又未按梯形前进下风侧先行，引起粉尘、雾滴污染。发生喷雾器漏水、冒水，或喷头堵塞等故障时，徒手修理，甚至用嘴吹，农药污染皮肤或经口腔入体内。连续施药时间过长，经皮肤和呼吸道进入体内的药量较多，加之人体疲劳，抵抗力减弱。施药过程中吸烟、喝水、吃东西，或是施药后未洗手、洗脸就吃东西、喝水、吸烟等。

什么是农药安全间隔期？

安全间隔期是指最后一次施药距收获的天数，也就是说喷施一定剂量农药后必须等待多少天才能采摘，故安全间隔期又名安全等待期，它是农药安全使用标准中的一部分，也是控制和降低药材中农药残留量的一项关键性措施。在执行安全间隔期的情况下所收获的农产品，其农药残留量一般将低于最高残留限量，至少不会超标。不同的农药和剂量要求有不同的安全间隔期，性质稳定的农药不易降解，其安全间隔期就长，安全间隔期的长短还与农药最高残留量值大小有关，例如拟除虫菊酯类农药虽性质稳定，但其最高残留限量值一般都较高，因而安全间隔期相对较短。

如何进行中药材土传病害的综合防治？

土传病害是病原体生活在土壤中，在条件适宜的情况下，从根部或茎基部浸染药用植物而引起的病害。土传病害发病后期，能导致药用植物大量死亡，属于毁灭性的病害。土传病害主要因为连作、施肥不当和线虫侵害引起。常见土传病害种类有：根腐病、枯萎病、蔓枯病、猝倒病、立枯病、黄萎病、青枯病等。近年来，随着复种指数提高及设施农业的单一种植，土传病害的发生越来越严重，已经严重制约了药材生产的发展。现介绍一套土传病害的综合防治方法。

（1）合理轮作 合理进行药用植物间的轮作，对预防土传病害的发生可收到事半功倍的效果。

（2）选用抗病或耐病品种 选用抗病或耐病的药材品种，可大大地减轻土传病害的危害。

（3）栽培防病 即通过改进栽培方法来达到防病的目的。如深沟高畦栽培，小水勤浇，避免大水漫灌；合理密植，改善药用植物通风透光条件，降低地面湿度；清洁田园，拔除病株，并在病株穴内撒施石灰或有益菌；避免偏施氮肥，适当增施磷、钾肥，提高药用植物抗病性。在药用植物生长中后期结合施药，喷施叶面肥 2~3 次。

（4）土壤消毒 在播种前，可用以下药剂对土壤进行消毒。①真菌性病害可用 10 亿孢子以上 / 克的枯草芽孢杆菌、蜡质芽孢杆菌、哈茨木霉菌等处理土壤，也可用植物诱抗剂海岛素（5% 氨基寡糖素）水剂 600 倍液（或 6% 24–表芸・寡糖水剂 1000 倍液）分别与 10% 苯醚甲环唑水乳剂 1000 倍液、30% 噁霉灵水剂 500~800 倍液、30% 瑞苗清（甲霜・噁霉灵）1000 倍液、5% 井岗霉素水剂 500~800 倍液、95% 噁霉灵原粉 2000 倍液混配喷（淋）施土壤再翻耕。②细菌性病害（如青枯病、软腐病）所用药剂为 88% 水合霉素可溶性粉剂 1500 倍液、3% 中生菌素可溶性粉剂 800 倍液，或用 30% 琥胶肥酸铜可湿性粉剂或 25% 络氨铜水剂 600 倍液，或 20% 噻唑锌悬浮剂 800 倍液喷（淋）施土壤。

（5）科学用药防治 在药用植物生长期，如发生以上土传病害，可选用相应的药剂进行喷雾或灌根，灌根方式除采用淋施外，还可将喷雾器的喷头取下，直接用喷雾器杆灌根。

农药用完后空瓶或包装品应如何处理？

农药使用完了，盛药的空瓶、空桶、空箱及其他包装品上一般都沾污了农药，处理不当，就可能引起中毒事故。为此，需把好以下几个环节。

严禁乱丢乱放。要严格遵守中华人民共和国农业农村部生态环境部令 2020 年第 6 号《农药包装废弃物回收处理办法》之规定。空容器或包装品随时集中、清点，由保管农药的人收藏，田间喷药后，切不可把空药瓶丢在田埂路边。统一回收利用。有些农药的包装物、工厂可以再利用，农村供销社应积极主动回收，由有关部门清洗处理，再送给农药厂。现在农药包装物越来越精致、美观，切不可因此而将其留作盛装食品、饲料、粮食等。集中焚烧。对回收利用价值不大的，要集中焚烧，不能作为生火、煮饭、烧水等的燃料。

如何认识植物源农药的开发利用？

植物源农药是用具有杀虫、杀菌、除草及生长调节等特性的植物功能部位，或提取其活性成分加工而成的药剂。种类繁多的植物次生代谢产物是潜在的化学因素，正是这些次生代谢产物抵御了多数害虫的侵扰。目前已发现的对昆虫生长有抑制、干扰作用的植物次生代谢产物大约有1100余种，这些物质不同程度地对昆虫表现出拒食、驱避、抑制生长发育及直接毒杀作用。富含这些高生理活性次生代谢产物的植物均有可能被加工成农药制剂。害虫及病原微生物对这类生物农药一般难以对其产生抗药性，这类农药也极易和其他生物措施协调，有利于综合治理措施的实施。很多的药用植物本身就含有杀虫抗菌的成分，如生产上已应用的有苦参碱制剂、蛔蒿素制剂、川楝素制剂等。总之，植物源农药是非常庞大的生物农药类群，其类型之多，性质之特殊，足以应付各类有害生物。因此，植物源农药将在植物病虫害的防治中将发挥重要作用，具有广阔的开发利用前景。

第六章 采收与初加工

中药材为什么要适期采收?

我国中药自然资源丰富，但也并非取之不尽，用之不竭。中药材要科学采收、适期采收，就是要保障其应有的药性。研究表明，中药材的采收期直接影响着药材产量、品质和收获效率。古代本草就有“药物采收不知时节，不知阴干曝干，虽有药名，终无药实，不以时采收，与朽木无殊”的论述，华北地区“三月茵陈四月蒿，五月六月当柴烧”的谚语，也说明了适期采收的重要性。因此，中药材的采收期要坚持质量优先兼顾产量的原则，参照传统采收经验和现代研究，明确合适的采收年限，确定基于物候期的适宜采收时间。

植物类药材的采收时间有哪些差异?

（1）根、根茎类 多在秋后到翌春前完成采收，即植物地上枝叶开始枯萎到翌春发芽之前采收，此时植株完成年生育周期，进入休眠期，根或根茎生长充实，地上部分生长停滞或相对缓慢，其有效成分的含量最高，营养物质贮藏较为丰富，药材质量也较好。但也有例外，柴胡、党参需在春天采收；太子参、半夏则适于夏季采收。天麻在冬季刚刚露出嫩芽时采收，商品规格称“冬麻”，此时其体重坚实品质优良；如果延误采收时间到春天苗长出地面以后再采收，商品规格称“春麻”，此时其质量较差、药用价值偏低。防风产区下雪较早，需在开春积雪融化后，土地解冻时采收为宜，过早采收，药材品质较差。因防风春天采收质量较好，桔梗秋天采收质量较好，故有“春防风、秋桔梗”之说。

（2）全草类 该类药材多在现蕾或初花期采收。现苗前植株正进入旺盛生长阶段，营养物质仍在不断积累，植物组织幼嫩，此时采收产量、品质和加工折干率都比较低。花盛期或果期，植物体内的营养物质已被大量消耗，此时采收其产量与品质也会降低。

（3）皮类 该类药材适于在植株生长期采收，通常此时植物体内水分、养分转运旺盛，形成层细胞分裂速率较快，表皮部与木质部易分离，相对比较容易进行剥皮加工，同时由于表皮内含液汁多，便于高温“发汗”、干燥。相反，若在休眠期采取，常常由于皮部与木质部紧紧粘连而无法剥离，或者造成剥皮不完整。由于皮类多为木本植物，采收时还应考虑树皮的厚度，是否达到取材要求。厚朴货源紧张时，曾出现过滥砍滥伐的现象，生长年限较短的厚朴树被砍伐，由于皮很薄，既达不到药用要求，又浪费药物资源。

（4）叶类 一般在植株的花刚开放或开花盛期采收。此时叶色深绿，叶肉肥厚，叶片有效成分含量高。花期前叶片还在生长，有效成分积累较少，花期后叶片生长停滞，叶片质地变黄变老，有效成分含量降低，产量不高。如荷叶在花含苞欲放或盛开时采收的，干燥后色绿，质地较厚，清香味浓烈，药材品质较好；花期前采收的，干燥后色淡绿、叶薄，品质较差。

（5）花类 以花蕾、花朵、花序、柱头和花粉等状态入药的，采收时均应注意花的色泽和开放程度。如红花初放时，花是淡黄色，所含成分主要为红花苷及微量红花苷；花深黄色时，主要含红花苷；花桔红色时，则主要含有红花苷及红花醌苷。辛夷花需在初春采收，采收即将开放的饱满花蕾，采收时间截止到含苞未脱去外包的衣片之前，若出现开裂，则香气挥发，药效降低。花蕾入药的更需掌握花蕾的开放程度，及时采收才能保证疗效，否则会降低药效，甚至失去药用价值成为废品，如款冬花须趁花蕾未出土时采收；金银花应在花蕾膨大变白色时采收，且要一次性晒干，不宜翻动。

（6）果实类 以干果类入药的，则需在果实膨大停滞，果壳变硬，颜色褪绿，呈固有色泽时采收，如薏苡仁、连翘、阳春砂等。以幼果入药的，多在5~6月收获，如枳实、青皮、西青果；以近成熟果实入药的，一般在7~9月开始收获，如枳壳、佛手、栝楼、木瓜等。

（7）种子类 一般认为在果皮褪绿呈完全成熟色泽，种子干物质积累已近停止，达到一定硬度，并呈现固有色泽时采收，此时采收有效成分含量最高。若采收过早，种子水分含量高，加工折干率低，种子产量和品质也偏低，甚至呈瘪粒，干燥后种皮皱缩严重。若采收过迟，种子易脱落，造成产量损失。秋播2年收获的，多在5~7月上旬采收，如千金子、王不留行子等。春播和多年收获的，多在8~10月采收，如芡实等。

动物类中药材采收应注意哪些问题？

动物类药材的采收因种类而异。如蛤蚧、地龙宜在夏、秋季捕捉；全蝎、蝉蜕在春、夏、秋3季均可采收；桑螵蛸须在三月中旬前采收，并用沸水烫，过时则孵化成虫。五倍子的采收要严格遵守采收时间，在夏至后10天左右采摘“五月倍”；在寒露前几天采摘“七月倍”，边成熟边采摘，如采收过早，嫩倍多，个头小，严重影响品质，并减少或断绝来年虫源；如采收过晚，倍子则会大量爆裂，致使色度加深，品质下降。对于珍贵动物宜在交配期或孵化期后捕捉，以保护药物资源。

植物类药材常用的采收方法有哪些？

不同的药用部位，采收方法也不同。采收方法恰当与否，直接影响了药材产量和品质。

（1）挖掘 适用于收获以根或地下茎入药的药用植物。挖掘要在土壤含水量适宜时进行，若土壤过湿或过干，不但不利于采挖根或地下茎，而且费时费力，容易损伤地下药用部分，减低药材的品质与产量；若未得到及时加工干燥，还会引起霉烂变质。

（2）收割 用于收获全草、花、果实、种子类，并且成熟程度较一致的草本药用植物。应根据入药部位，或齐地割下全株，或只割取其花序或果穗；有的全草类可一年采收两次或多次，在第一、二次收割时应注意留茬，以利于新植株的萌发，保障下次产量，如薄荷、瞿麦等。花、果实和种子等的采收，亦因种类不同区别对待。

（3）采摘 因药用植物果实、种子和花的采摘时机不同，因此需分批采摘，才能保证其品质与产量，如辛夷花、菊花、金银花等。在采摘果实、种子或花时，应注意保护植株，保证其能继续生长发育，避免损伤未成熟的部分；同时，采收时也要不遗漏，以免其过度成熟而发生脱落、枯萎、衰老变质等。另外，有一些药材如佛手、连翘、栀子等由于果实、种子个体较大，或者枝条易折断等原因，尽管成熟度较为一致，但也不建议用击落的方法采收。

（4）击落 对于树体高大的木本或藤本植物，且以果实、种子入药的，收获时多以器械击落而收集，如胡桃等药材。击落时最好在植物体下垫上草席、布围等，以便收集和减少损失，同时也要尽量减少对植物体的损伤或其他危害。

（5）剥离 以树皮或根皮入药的药用植物采收时，如黄柏、厚朴、杜仲、牡丹皮等多采用此方法。树皮和根皮的剥离方法略有不同。树皮的剥离方法又分为砍树剥皮、活树剥皮、砍枝剥皮和活树环状剥皮等。灌木或草本根部较细时，剥离时应用刀顺根纵切根皮，将根皮剥离；另一种方法用木棒轻轻锤打根部，使根皮与木质部分离，然后抽去或剔除木质部，如牡丹皮、地骨皮和远志等。

（6）割伤 以树脂类入药的药用植物如安息香、松香、白胶香、漆树等，常采用割伤树干收集树脂。一般是在树干上凿“倒三角”形伤口，以便于树脂从伤口渗出，流入事先准备好的容器中收集起来，经过加工后即成药材。

中药材采收机械有哪些？

中药材人工采收费时、费工、费力，特别是目前劳动力紧张且费用很高，研究和应用中药材采收机械既能解决劳动力紧张问题，还能大大降低采收成本，是中药材规模化生产的发展方向。

目前生产中根茎类药材的收刨机械，多限于根茎生长在10~40cm范围内的大部分品种，如牛膝、黄芪、桔梗、白芷、丹参、地黄、木香、北沙参、知母等，收刨时所用农机功率大于75马力，具有爬行档的大型拖拉机牵引，翻土深度可达40cm以上，每台每天可以收刨30~50亩。此外，还有收刨浅根中药材旱半夏、天南星的大轮筛机械，将生长在5~10cm土层的地下球茎连土带药材起出，放到大轮筛机械中随大轮筛转动筛出，较人工收刨省力、快捷，且收获率高。

中药材分类选择有哪些方法？

（1）挑选 挑选是清除药材中的杂质或将药材按大小、粗细分类的净选方法，在挑选过程中要求将非药用部位除去。根与根茎类药材，应除去残留茎基、叶鞘及叶柄等，亦应除去混入的其他植物根及根茎；鳞茎类药材，要除去须根和残留茎基；全草类药材，要除去其他杂草和非入药部位；花类药材，要除去霉烂或不符合药用要求的花类；茎类药材，要除去细小的茎叶；果实类药材，要除去霉烂及不符合药用要求的果实；种子类药材，要除净果皮和不成熟的种子。

（2）筛选 筛选选用不同规格的筛子以筛除药材中的泥沙、地上残茎残叶等。筛选可用手工筛选，也可以用机械筛选，筛孔的大小可根据具体情况进行选择。多用于块茎、球茎、鳞茎、种子类药材的净选除杂。

（3）风选 风选是借助风力将比重不同的药材和杂质除去的一种方法。一般可用簸箕或风车进行，可除去果皮、果柄、残叶和不成熟的种子等。多用于果实、种子类药材的初加工。

（4）水选 水选是通过水洗的方法除去药材中泥土等杂质，多用于植物种子类的净选。

中药材分类后还需哪些初加工处理？

（1）清洗 清洗是将药材与泥土等杂质进行分开的方法。为了减少活性成分的损失，一般在药材采收后，趁鲜水洗，再进行加工处理。根据不同要求可选择不同的清洗方法。清洗方法有喷淋法、刷洗法、淘洗法等。

（2）去皮 根、地下茎、果实、种子及皮类药材常需去除表皮（或果皮、种皮），使药材光洁，便于内部水易向外渗透，促进干燥。去皮要求厚薄一致，以外表光滑无粗糙感，去净表皮为度。去皮的方法有手工去皮、工具去皮、机械去皮和化学去皮。

（3）修整 用刀、剪等工具或机械去除非药用部位或不利于包装的枝杈，使之整齐，便于捆扎、包装，或便于等级划分。修整应根据药材的规格、质量要求来制定。在药材干燥之前多进行剪除芦头、须根、侧根，进行切片、切瓣、截短、抽头等处理。在药材干燥后常进行剪除残根、芽苞，切削不平滑部分等处理。

（4）蒸、煮、烫 药材干燥之前将鲜药材在蒸汽或沸水中进行不同时间的加热处理。

蒸是将药材盛于笼屉中置沸水锅上加热，利用蒸汽进行的热处理。蒸的时间长短依目的而定，以利于干燥为目的的，蒸至熟透心，蒸汽直透笼顶为度，如菊花、天麻、天冬等；以去除毒性为目的的，蒸的时间宜长，如附片需蒸 12~48 小时。

煮和烫是将药材置沸水中煮熟或熟透心的热处理。煮的时间要长，有的药材需煮熟，如天麻。烫的时间很短，以烫至熟透心为止，西南地区习称“潦”，如川明参、石斛、黄精等，烫后干燥快。判断煮、烫是否熟透心，可以从沸水中取出 1~2 支药材，向其吹气，外表迅速“干燥”的为熟透心；吹气后外表仍是潮湿或是干燥很慢的，表示尚未熟透心，应继续煮、烫。

（5）浸漂 浸漂是指浸渍和漂洗。浸渍一般时间较长，有的还加入一定辅料。漂洗时间短，要求勤换水。漂洗的目的是为了减轻药材的毒性和不良性味，如半夏、附子等；有的是为了抑制氧化酶的活性，以免药材氧化变色，如白芍、山药等。漂洗用水要清洁，换水要勤，以免发臭引起药材霉变。

（6）切制 一些较大的根及根茎类药材，往往要趁鲜时切成片或块状，利于干燥。含挥发性成分的药材不适宜产地加工，因切制后容易造成活性成分的损失。切制方法有手工切制法和机械切制法（剁刀式切药机和旋转式切药机）。

（7）发汗 鲜药材加热或半干燥后，停止加温，密闭堆积使之发热，促使内部水分向外蒸发，当堆内空气含水量达到饱和，遇堆外低温，水汽就凝结成水珠附于药材的表面，如人出汗，故称这个过程“发汗”。发汗是药材加工常用的独特工艺，它能有效地克服干燥过程中产生的结壳，使药材内外干燥一致，加快干燥速度，使某些挥发油渗出，化学成分发生变化，药材干燥后显得更油润、光泽，或者香气更浓烈。

（8）揉搓 一些药材在干燥过程中易皮肉分离或空枯，为避免此类现象发生，并达到油润、饱满、柔软的目的，在干燥过程中必须进行揉搓，如山药、党参、麦冬、玉竹等。

中药材的干燥方法有哪些？

干燥是药材加工的重要环节，主要目的是及时去除鲜药材中的多余水分，避免发霉、虫蛀以及活性成分的分解和破坏，保证药材的质量，利于贮藏。除鲜用药材外，绝大部分要进行干燥。

理想的干燥方法要求干得快、干得透，干燥的温度不破坏药材的活性成分，并能保持原有的色泽。干燥的方法分为自然干燥法和人工加温干燥法。

（1）自然干燥法 自然干燥法是利用太阳辐射、热风、干燥空气等措施达到干燥药材的目的。

①晒干：一般将药材铺放在晒场或晒架上晾晒，利用太阳光直接晒干，是一种最简便、经济的干燥方法，但含挥发油的药材和晒后易爆裂的药材等均不宜采用此法。

②阴干：将药材放置或悬挂在通风的室内或荫棚下，避免阳光直射，利用水分在空气中自然蒸发而干燥，此法主要适用于含挥发性成分的花类、叶类及全草类药材。

③晾干：将原料悬挂在树上、屋檐下或晾架上，利用热风、干风进行自然干燥，常用于气候干燥、多风的季节或多风的地区，也叫风干，如大黄、菊花、川明参等。

自然干燥的过程中，要随时注意天气的变化，防止药材受雨、雾、露、霜等浸湿；要常翻动使药材受热一致，以加速干燥。在大部分水分蒸发、干燥程度已达五成以上时，一般应短期堆积回软或发汗，促使水分内扩散，再继续晾或晒干。这种处理方式不仅加快了干燥速度，而且利于内外干燥一致。

（2）人工加温干燥法 人工加温可以大大缩短药材的干燥时间，而且不受季节及其他自然因素的影响。利用人工加温的方法使药材干燥，重要的是严格控制加热温度。根据加热设备不同，人工加热干燥法可分为炕干、烘干、红外干燥等法。

一般多采用煤、木炭、蒸汽、电力等热能进行烘烤。具体方法有直火烘烤干燥、火炕烘烤干燥、蒸汽排管干燥设备（利用蒸汽热能干燥）、隧道式干燥设备（利用热风干燥）、火墙式干燥室、电热烘干箱、电热风干燥室、太阳能干燥室、红外与远红外干燥、微波、冷冻干燥设备等。一般温度以 50~60℃为宜，此温度对一般药材的成分没有多大破坏作用，却能有效抑制酶的活性。而对于含维生素较多的多汁果实类药材可采用 70~90℃的温度，以利迅速干燥。但对含挥发油或须保留酶活性的药材，如薄荷、杏仁等，则不宜用此法。

值得注意的是，除了上述方法外，在中药材传统加工上有的采用硫熏方法，主要是利用硫黄燃烧产生的二氧化硫进行熏蒸，以达到加速干燥、产品洁白的目的，并有防霉、杀虫的作用，如白芷、山药、菊花等，一般在干燥前进行。因硫黄颗粒及其所含有毒杂质等残留在药材上影响药材品质，因此在中药材生产加工中应禁用硫黄熏蒸，并鼓励采用有科学依据并经有效验证的高效干燥技术和集约化干燥技术。

中药材产地初加工应注意哪些事项？

产地初加工应按照统一的初加工技术规程开展，保证加工过程方法的一致性，避免品质下降或者外源污染；避免造成生态环境污染。

应在规定时间内加工完毕，加工过程中的临时存放不得影响中药材品质。拣选时要采取措施保证合格品和不合格品及异物有效区分。清洗用水应符合要求，及时迅速完成中药材清洗，防止长时间浸泡。及时进行中药材晾晒，防止晾晒过程雨淋、雨水浸泡，防止环境尘土等污染；阴干药材严禁暴晒。采用设施设备干燥中药材，应控制好干燥温度、湿度和干燥时间。应及时清洁初加工场地、容器、设备；保证清洗、晾晒和干燥环境、场地、设施和工具不对药材产生污染；注意防冻、防雨、防潮、防鼠、防虫及防禽畜。按照制定的方法保存鲜用药材，防止生霉变质。单独处置产地初加工过程中品质受到严重不良影响的中药材。

第七章

包装、运输和贮藏

中药材为什么要进行包装?

中药材在运输过程中会受到空气、阳光、雨水、温度等外界因素和霉菌等微生物及老鼠、害虫的侵害。药材包装后则可有效与上述外界条件隔离，并最大限度减少对药材质量的影响，避免受到污染，避免药材变质和混杂。

其次，药材在流通过程中要经过产地贮藏以及批发、运输、装卸等环节，在这些环节中难免会发生散落、碰撞和摩擦等情况，易造成损耗或损失。完好的包装也便于码放、运输和装卸。

此外，药材在产地进行初加工后，将产品批次、产地、药用成分含量、生产日期、企业名称等信息制作成二维码贴在包装上，不仅为建立药材可追溯体系奠定基础，而且可以提高药材附加值、扩大品牌效应。

中药材包装前如何处理?

（1）质量检查　检查药材质量是否符合《中国药典》的要求，若含有非入药部位如芦头、残茎、须根、外皮、木心等一般在产地初加工时去除，一定要处理干净。

（2）水分检查　药材水分含量应达到《中国药典》要求。水分是影响中药材质量的重要因素之一，含水量超标不仅能导致部分药材中有效成分发生改变，而且易发热引起发霉和变质。

（3）划分等级　根据相关药材质量等级标准进行分级。通常情况下，品质最佳者为一等，较佳者为二等，最次者为末等，按等级要求分类后再进行包装。有些药材质量差异不大或品质基本一致的，可列为“统货”。

中药材如何包装?

中药材包装应按照药材不同药用部位的分类，根据药材的形态特点和变异特性选择相适应的包装材料，按照制定的包装技术规程进行规范包装。包装前确保工作场所和包装材料已处于清洁或者待用状态，无其他异物。包装袋应当有清晰标签，不易脱落或者损坏；标示内容包括品名、基原、批号、规格、产地、数量或重量、采收日期、追溯标志、企业名称等信息。确保包装操作不影响中药材质量，防止混淆和差错。禁止采用肥料、农药等包装袋包装药材。

如何包装特殊类中药材？

特殊类中药材可分为珍贵中药、毒麻中药、易燃中药和鲜用中药等类别。珍贵中药是我国药材中的珍品，这些药材功效显著而来源稀少，因此价格昂贵，如冬虫夏草、野山参等，这类药材原则上采用内包装和运输包装相结合，以防包装箱破损后使药材受损；毒性、麻醉中药因药性作用剧烈，储运不当极易引起严重的伤害事故，甚至危及生命，或引发犯罪等社会治安问题，如罂粟、马钱子、川乌等，这类药材应按不同性质分开单独包装，或采用特殊包装，并在外包装上粘贴或印刷明显的标记，以引起运输、贮藏环节工作人员的注意；易燃中药在光和热的适宜条件下，当达到本身的燃点后就会引起燃烧，如海金沙、干漆等易燃品种遇助燃物及火源易燃烧，这类药材采用阻热避光的特殊材料包装，并在包装上粘贴或印刷明显的标记；鲜用中药是在中药配伍中使用，常用的鲜用中药有鲜生地、鲜生姜、鲜荷叶、鲜藿香等，这类药材可用冷藏、沙藏、罐贮、生物保鲜等适宜的保鲜方法，保持一定的湿度，既要注意避免过于干燥，又要防止过于潮湿而腐烂，冬季还要注意防冻。

如何做好中药材放行？

放行指对一批物料或产品进行质量评价后，做出批准使用、投放市场或者其他决定的操作。应当执行中药材放行制度，对每批药材进行质量评价，审核批生产、检验等相关记录；由质量管理负责人签名批准放行，确保每批中药材生产、检验符合标准和技术规程要求；不合格药材应单独处理，并有记录。

中药材运输过程中有哪些注意事项？

中药材运输方式包括铁路、公路、航空、水上等运输方式，但最好选择汽车运输，便于同一种药材整车发运，避免混装易造成差错；同时，运输车辆相对固定，便于清洗、消毒，减少对运输药材的污染。

全国各大药材市场药材品种具有交易频繁、运输装卸环节多等特点，若货物在运输、中转、装卸等途中处理不善，药材包装容易出现破损、散包等现象，药材极易受到雨淋、虫害、温湿度变化等影响，发生二次污染。中药材的运输要密切配合业务部门和交通运输部门，要减少环节、规范包装、合理运输，提高运输质量。

此外，由于我国地域跨度大，气候差异大，加上药材具有易受外界因素的影响而发生质量变化的特殊性，因此必须按照“及时、准确、安全、经济”的运输原则，选择合理的运输路线、运输方式和运输工具，尽可能减少运输环节，避免运输损失，做到快中求好、快中求省，合理运输。

建造中药材仓库有哪些要求?

中药材仓库按露闭形式不同，分为露天库、半露天库和密闭库三种类型。露天库和半露天库一般仅作临时的堆放或装卸，或做短时间的贮藏，而密闭库则具有严密、不受气候的影响、存储品种不受限制等优点。

建造密闭库要达到以下要求：仓库的地板和墙壁应是隔热、防湿的，以保持室内干燥，减少库内温度变化；仓库通风性能良好，可散发中药材自身产生的热量，保持库内干燥；仓库密闭性好，避免空气流通而影响库内的温湿度，同时对防治害虫也有重要作用；建筑材料能抵抗昆虫、鼠的侵害；避免阳光照射；仓库建有冷藏库房。

如何进行中药材贮藏管理?

根据中药材对贮藏温度、湿度、光照、通风等条件的要求，确定仓储设施条件；鼓励采用有利于中药材质量稳定的现代贮藏保管新技术、新设备；贮藏过程中做好水分控制、虫害控制和定期检查工作。

（1）水分控制 中药材贮藏过程中若不严格控制水分，容易发生霉烂变质，造成损失，因此控制水分是药材贮藏的关键。药材入库前要确保水分符合要求。

（2）虫害控制 在仓库满足通风、干燥等基本条件下，中药贮藏中虫蛀现象仍普遍存在，对药材的危害也较大，因此，虫害防治是药材贮藏工作中的重点、难点。通常采用密闭条件下，人为调整空气组成，造成一个低氧的环境，从而达到抑制害虫和微生物的生长繁殖的目的，中药材同时还可减少自身的氧化反应，保持药材的品质。

（3）定期检查 应当建立中药材贮藏定期检查制度，防止虫蛀、霉变、腐烂、泛油等的发生，一旦发现及时处理。

需要注意的是，中药材贮藏过程中使用的熏蒸剂不能带来质量和安全风险，不得使用国家禁用的高毒性熏蒸剂；禁止贮藏过程使用硫黄熏蒸；有特殊贮藏要求的中药材贮藏，应当符合国家相关规定。

第八章

质量管理

中药材生产质量现状如何？

长期以来，中药材生产仍以分散、粗放的小农经济模式为主，无法保证药材质量的稳定。由于某些药材品种的供不应求，盲目引种或扩大中药材栽培，或是种植品种未能准确鉴定、优选，种源混杂，良莠不齐，致使质量下降；或是一味追求高产量，滥施化肥、农药，致使品种变异，品质下降以及重金属残留、农药残留、微生物超标等问题也相当严重。诸如此类问题造成中药材、中药饮片市场情况依然不容乐观，大量伪劣药材或饮片在“利益驱动”下在市场上流通。并且，常常因无确切产地、生产单位、批号、年限等背景，致使无法追踪源头，也就无法按《药品管理法》实施监管，无法保证中药饮片、中成药的质量和人民用药的安全与有效。

不同种质资源（种内变异）与中药材质量间存在什么关系？

狭义的“种质资源”通常指某一具体物种，包括栽培品种（类型）、野生种、近缘野生种和特殊遗传材料在内的所有可利用的遗传材料。由于不同种质在基因和染色体水平上的丰富变异，必然导致不同种质在形态结构、生长发育、生理代谢等多个层次上产生丰富的变异，这些变异直接或间接作用于药材质量的形成，进而形成不同种质的质量差异。

（1）不同种质资源品种对中药材商品性状质量的影响 中药的商品性状指标是指人们在长期的用药实践中，逐渐形成的一套用于评价中药材在商品交换中的指标体系，一般则仅限于药材外形、规格、颜色等外观性状特征。不同种质的品种在这些外观性状特征上存在一定差异，如在栽培人参的诸多变异类型中，以长脖、圆膀、圆芦和二马牙的根形好而为质佳者。

（2）不同种质资源品种对中药材有效成分含量及组成比例的影响 植物化学成分的种内变异称为化学宗、化学变种或化学型，是影响中药质量的一个重要因素。多数研究表明，不同种质在有效成分含量和比例上存在显著差异。代云桃等考察不同品种丹参药材的质量，水浸出物的含量不同品种间由高到低排列：无花丹参＞紫花丹参＞白花丹参；水溶性酚酸类成分含量不同品种间由高到低排列：白花丹参＞紫花丹参＞无花丹参；脂溶性成分丹参酮ⅡA的含量，无花丹参是紫花丹参的2倍、白花丹参的3倍，只有水溶性酚酸类成分含量差异不大。

（3）野生品种、栽培品种与中药材质量的关系 石俊英等研究了北沙参不同栽培品种大红袍、白条参、红条参与药材质量的关系，通过测定多糖、欧前胡素、浸出物等成分指标，白条参的可溶性糖、粗多糖、总糖、水浸出物、醇浸出物等含量较另两个品种高，欧前胡素以大红袍含量最高。用于抑制体液免疫和细胞免疫以及抑制T、B细胞的增生作用时，用白条参效果较好；用于镇静、解痉、平喘等作用时，用大红袍入药更好。董万超等在对人参诸多栽培类型的研究中发现，不同种质的皂苷含量和组成存在明显差异，其中，总皂苷含量以“集安长脖参”最高，“桓仁竹节芦”最低；人参二醇组皂苷含量以“左家黄果参”最高；“竹节芦参”最低。

（4）道地药材品种与中药材质量的关系 道地药材的形成从生物学角度来看应是基因型和环境之间相互作用的产物，道地药材的化学组成有其独特的自适应特征，如张重义等采用紫外－可见分光光度法对怀山药道地产区与非道地产区药材质量进行分析，发现不同产地怀山药中的淀粉、蛋白质、浸出物、多糖含量不同，道地产区怀山药中淀粉、多糖含量较高。

因此，应加强建立药材种质资源收集、保存、鉴定等技术规范。中药材比农作物的栽培历史要短得多，除少数几种药材外，绝大部分只有几十年的引种栽培史，利用时间不长，因此保留着许多野生性状，致使栽培品种种质混杂，分化、退化，造成中药材质量不稳定。此外，因为种植的大部分中药材品种，未进行过农业上的品种注册和鉴定，为了防止中药材种质对药材质量的影响，应借鉴农作物种子种质管理的一些规范，形成一套从中药材的种质保存（保藏技术）、鉴定、调用到种子使用等一系列程序和实验操作规程。

为什么要掌握和尊重药材生长规律？

一定要尊重药用植物生长规律，保护和扶持道地药材的发展。道地药材是一定的药用生物品种在特定环境和气候等诸因素的综合作用下，形成的产地适宜、品种优良、产量高、炮制考究、疗效突出、带有地域性特点的药材。它是一个约定俗成的、古代药物标准化的概念，它以固定产地生产、加工或销售来控制药材质量，是古代对药用植物资源疗效的认知和评价。因此，在中药材生产管理过程中，要尊重道地药材生长规律，切忌盲目引种、盲目追求集约化和规模化，而影响药材的质量。

不同海拔高度对药材质量有什么影响？

生长在不同海拔高度的当归药材，外观质量是不同的。在甘肃岷县，当归栽培在海拔2000~2400m的地区；在云南丽江，当归栽培在海拔2600~2800m的地区，其药材的质量最好。如果海拔高度降低、气温升高，不但当归药材的产量会降低，还会发生根变小、须根增多、肉质差、气味不浓、外观质量显著降低等现象。因此，种植中药材前，一定要做好准备工作，掌握种植药材的生物学特性，以免对药材质量造成影响。

土壤性状和质地对药材质量影响如何?

种植药材的土壤性状和质地，对药材的外观质量也有影响。一般根类药材适合于种植在疏松肥沃的砂质壤土上。同一药材在不同土壤上生长，其质量是有差异的。如在黑麻土上生产出的当归药材，其气味要比在红土上生长者浓得多；大黄适合在砂质壤土上生长，在黏土上植株就会发育不好，但在过于疏松的土壤上生长时，大黄的根部容易分叉，且质地疏松，药材品质下降。因此，种植药材要因地制宜选择品种。

如何保证药材质量和做好质量控制?

中药材生产企业应当根据中药材生产特点，明确影响中药材质量的关键环节，开展质量风险评估，制定有效的生产管理与质量控制、预防措施。应当统一规划生产基地，统一供应种子种苗或者其他繁殖材料，统一供应化肥、农药等投入品，统一种植技术规程，统一采收与产地初加工技术规程，统一包装与贮藏技术规程。应当配备与生产基地规模相适应的人员、设施、设备等，确保生产和质量管理顺利实施。应当明确中药材生产批，保证每批中药材质量的一致性和可追溯。应当建立文件管理系统，保证全过程关键环节记录完整。对基地生产单元主体应当建立有效的监督管理机制，实现关键环节的现场指导、监督和记录。应当建立中药材生产质量追溯体系，保证从生产地块、种子种苗、种植、采收和产地初加工、包装、储运到发运全过程关键环节可追溯，鼓励运用现代信息技术建设追溯体系。应当建立质量控制体系，包括相应的组织机构、文件系统以及取样、检验等，确保中药材放行前完成必要检验，质量符合要求。应当定期组织自检，对影响中药材质量的关键数据定期进行趋势分析和风险评估，确认是否符合规范要求，采取必要改进措施。

中药材生产技术规程和标准包括哪些内容?

中药材生产企业应结合生产实践和科学研究情况，制定相应的中药材生产技术规程。包括生产基地选址技术规程；种子种苗与其他繁殖材料要求；种养殖或者野生抚育技术规程；采收与产地初加工技术规程；包装、放行与储运技术规程等。企业应当制定中药材种子种苗或者其他繁殖材料的标准。企业应当制定中药材销售的质量标准，标准不能低于现行法定标准。原则上应当包含药材性状、检查、理化鉴别、浸出物、指纹或者特征图谱、指标或者有效成分的含量等；应当有中药材农药残留或者兽药残留、重金属及有害元素、真菌毒素等有毒有害物质的控制标准等。

对中药材生产企业的机构和人员有哪些要求?

中药材生产企业应当明确中药材生产基地的组织方式，如农场、公司 + 基地 + 农户或者合作社等。企业应当建立相应的生产和质量管理部门，质量管理部门独立于生产管理部门，行使质量保证和控制职能，生产管理部门负责人和质量管理部门负责人不得相互兼任。企业负责人应当对中药材质量负责。企业应当配备足够数量并具有和岗位职责相对应资质的生产和质量管理人员；生产、质量的管理负责人应当有中药学、药学或者农学等相关专业大专及以上学历并有中药材生产或者质量管理三年以上实践经验，或者有中药材生产或者质量管理五年以上的实践经验，且经过规范培训。生产管理负责人负责种子种苗与其他繁殖材料繁育、田间管理或者药用动物饲养、农业投入品使用、采收与初加工、包装与贮藏等生产活动；质量管理负责人负责质量标准与技术规程制定、检验、产品放行、自检等。企业应当开展人员培训工作，制定培训计划、建立培训档案；对直接从事中药材生产活动的人员应当培训至基本掌握中药材的生长发育习性、对环境条件的要求，以及田间管理或者饲养管理、肥料和农药或者饲料和兽药使用、采收、产地初加工、贮藏养护等的基本要求。企业应当对管理和生产人员的健康进行管理；患有可能污染药材疾病的人员不得直接从事养殖、产地初加工、包装等工作；无关人员不得进入中药材养殖控制区域，如确需进入，应当确认个人健康状况无污染风险。

对中药材生产的设施设备和工具有哪些要求?

中药材生产企业应当建设必要的设施，包括种植或者养殖场地、产地初加工设施、中药材贮藏仓库、质量控制区、临时包装场所、暂存库及生态环境保护设施等；可以集中在一个区域或者分散建设不同设施。存放农药、肥料和种子种苗，兽药、生物制品、饲料及添加剂等的场所，能保持存放物品质量稳定和安全；库存情况应当能及时得到管理。分散或者集中加工的产地初加工设施均应当达到生产质量控制的基本要求，不污染和影响中药材质量。暂时性或者集中贮藏的中药材仓库均应当符合贮藏条件要求，易清理，不会导致中药材品质下降或者污染；根据需要建设控温、避光、通风、防潮和防虫、鼠禽畜等设施。质量检验室功能布局应当满足中药材的检验条件要求，应当设置检验、仪器、标本、留样等工作室（柜），并能保证质量检验、留样观察等工作的正常开展。生产设备、工具的选用与配置应当符合预定用途，便于操作、清洁、维护，并符合以下要求：肥料、农药施用设备、工具使用前应仔细检查、使用后及时清洁；采收和清洁、干燥等初加工设备不得对中药材质量产生不利影响；大型生产设备、检验检测设备和仪器，应当有明显的状态标识，要有使用记录。

中药材生产企业如何做好质量检验工作？

中药材生产企业应当制定质量检验规程，对自己繁育并在生产基地使用的种子种苗或其他繁殖材料、生产的中药材实行按批检验。购买的种子种苗、农药、商品肥料、兽药或生物制品、饲料及添加剂等，企业可不检测，但应当向供应商索取合格证或质量检验报告。检验可以在企业质量检测实验室进行，或委托其他具有检验资质的单位检验。质量检测实验室人员、设施、设备应当与产品性质和生产规模相适应；用于质量检验的主要设备、仪器，应当按规定要求进行性能确认和校验。用于检验用的中药材、种子种苗或者其他繁殖材料，应当按批次取样和留样，保证取样和留样的代表性；中药材留样包装和存放环境应与中药材贮藏条件一致，并保存至该批中药材全部销售后三年；中药材种子留样环境应当能保持其活力，保存至生产基地中药材收获后三年；种苗或药用动物繁殖材料依实际情况确定留样时间；检验记录应当保留至该批中药材销售后三年。委托检验时，委托方可对受托方进行检查或现场质量审计，调阅或者检查记录和样品。

参考文献

[1] 郭巧生. 药用植物栽培学［M］. 北京：高等教育出版社，2009.

[2] 田义新. 药用植物栽培学［M］. 北京：中国农业出版社，2011.

[3] 谢晓亮，杨彦杰，杨太新. 中药材无公害生产技术［M］. 石家庄：河北科学技术出版社，2014.

[4] 董静洲，易自力，蒋建雄. 我国药用植物资源研究概况［J］. 医学研究杂志，2006，35（1）：67-69.

[5] 丁建，夏燕莉. 中国药用植物资源现状［J］. 资源开发与市场，2005，21（5）：453-454.

[6] 华国栋，郭兰萍，黄璐琦，等. 药用植物品种选育的特殊性及其对策措施［J］. 资源科学，2008，30（5）：754-758.

[7] 黄璐琦，吕冬梅，杨滨，等. 药用植物种质资源研究的发展［J］. 中国中药杂志，2005，30（20）：1565-1568.

[8] 秦淑英，唐秀光，王文全. 药用植物种子处理研究概况［J］. 种子，2001，2：37-39.

[9] 刘晓龙. 四十种中药材播种前种子处理简介［J］. 中药材，1986（5）：12.

[10] 裕载勋. 中草药栽培技术［M］. 北京：中国青年出版社，1986：16.

[11] 田茂亮. 甘草种子处理方法［J］. 中药材，1994（10）：6.

[12] 安庆昌，叩根来. 安国市中药材生产品标准操作规程（SOP）［M］. 石家庄：国

际教科文出版社. 2007.

[13] 么厉，程慧珍，杨智. 中药材规范化（养殖）技术指南［M］. 北京：中国农业出版社. 2006

[14] 蒋国斌，谈献和. 中药材连作障碍原因及防治途径研究［J］. 中国野生植物资源，2007，26（6）：32-34.

[15] 杨丽丽，康少杰. 保护地土传病害生物防治研究进展［J］. 现代农业科技，2012（8）：187-197.

[16] 刘建华. 无公害农产品标准化生产的理论与实践［D］. 北京：中国农业科学院，2010.

[17] 宋稳成，龚勇. 农药安全间隔期及其管理研究［J］. 农产品质量与安全，2013（5）：5-8.

[18] 李显春，王荫长. 农业病虫害抗药性问答［M］. 北京：中国农业出版社，1997.

[19] 徐映明，朱文达. 农药问答［M］. 北京：化学工业出版社，2005.

[20] 都晓伟，孟祥才. 中药材采收、加工与贮藏研究现状及存在问题［J］. 世界科学技术，2005，S1：75-79.

[21] 谢宗万. 中药材采收应适时适度，以优质高产可持续利用为准则论［J］. 中国中药杂志，2001，03：8-11.

[22] 徐建中，盛束军，俞旭平. 中药材采收期研究进展［J］. 基层中药杂志，2001，06：47-49.

[23] 陈德煜. 中药材采收加工环节对其质量的影响［J］. 中国中医药现代远程教育，2011，11：87-88.

[24] 武深秋. 中药材的适时采收［J］. 专业户，2003，11：20.

[25] 翁维健. 中药材的采收和产地加工［J］. 中药材科技，1982，01：41-43.

[26] 田新村. 中药材采收期研究概述［J］. 中药材，1989，08：42-45.

[27] 丁立威. 10种药材的采收与加工［J］. 农家之友，2004，07：52.

[28] 陈茂春. 中药材采收的最佳时期［N］. 中国特产报，2002-03-18003.

[29] 李长林. 几种中药材的采收［J］. 新农业，1997，09：11.

[30] 陆西. 各类中药材采收有技巧［N］. 中国中医药报，2012-06-01007.

[31] 高宾. 中药材产地加工环节的质量控制［J］. 首都医药，2014，01：43.

[32] 赵润怀，段金廒，高振江，等. 中药材产地加工过程传统与现代干燥技术方法的分析评价［J］. 中国现代中药，2013，12：1026-1035.

[33] 康辉，张振凌. 重视中药材产地加工研究与管理［J］. 中国民族民间医药，2010，03：24，26.

[34] 邓良平. 我国中药材产地初加工的现状与对策［J］. 农产品加工，2013，09：8-9.

[35] 任万明. 中药材产地初加工技术要点[J]. 农业科技与信息，2012，09：63-64.

[36] 张树尧. 试述中药材的产地初加工[J]. 实用中医药杂志，2007，04：262.

[37] 徐良. 产地初加工—中药材优质的重要环节[N]. 中国中医药报，2003-06-25.

[38] 任德权，周荣汉. 中药材生产质量管理规范（GAP）实施指南[M]. 北京：中国农业出版社，2003.

[39] 杨太新，谢晓亮. 河北省30种大宗道地药材栽培技术[M]. 北京：中国医药科技出版社，2017.

下篇 各论

第九章 根和根茎类

芍　药

芍药有何药用价值？

芍药 *Paeonia lactiflora* Pall. 为毛茛科多年生草本植物，以干燥的根入药，根据加工方法的不同，药材名分为白芍和赤芍两种。采挖后除去根茎、须根及泥沙后，晒干，即得赤芍。赤芍味苦、微寒；归肝经。功效清热凉血，散瘀止痛。用于热入营血，温毒发斑，吐血衄血，目赤肿痛，肝郁胁痛，经闭痛经，癥瘕腹痛，跌扑损伤，痈肿疮疡。采收洗净后，除去头尾和细根，置沸水中除去外皮或去外皮后再煮，晒干，即得白芍。白芍味苦、酸，性微寒，归肝、脾经；功效养血调经，敛阴止汗，柔肝止痛，平抑肝阳。用于血虚萎黄，月经不调，自汗，盗汗，胁痛，腹痛，四肢痉挛，头晕目眩。

芍药生产中的品种类型有哪些？

临床应用中多用白芍，赤芍使用较少。白芍是我国传统常用中药材品种之一，国内外市场需求量大。主产于安徽、浙江、四川，各个地区又有各自的品种类型。产于安徽亳州的称“亳白芍”，产于浙江杭州的称“杭白芍”，产于四川中江地区的称“川白芍”或“中江白芍”。此外，江苏、山东、河南、江西、湖南、贵州、陕西、河北等省亦有栽培。赤芍主产于东北三省及内蒙古地区，多为野生。

种植芍药如何选地与整地？

选地要求土壤疏松、肥沃，土层较深厚，排水良好，以砂质壤土、夹砂黄泥土或淤积泥砂壤土为好，盐碱地不宜栽种，忌连作，可与紫菀、红花、菊花、豆科作物轮作。

整地将土地深翻 40cm 以上，整细耙平，施足基肥（施入充分腐熟的有机肥每亩 2000~2500kg）。播前再浅耕 1 次，四周开排水沟。在便于排水的地块，采用平畦（种后成垄状）；排水较差的地块，采用高畦，畦面宽约 1.5m，畦高 17~20cm，畦沟宽 30~40cm。

芍药的繁殖方法有几种?

芍药的繁殖方式有芍头繁殖、种子繁殖和分根繁殖。繁殖以芍头为主，方法简便易行，应用广泛。

（1）芍头繁殖 在收获芍药时，切下根部加工成药材。选取形体粗壮，芽苞饱满，色泽鲜艳，无病虫害的芽头作繁殖用。切下的芽头以留有4~6cm的根为好。然后按芍头的大小、芽苞的多少，顺其自然形状切成小块，每块有2~3个芽苞。将切下的芍头置室内晾干切口，便可种植，每亩栽芍头2500株左右。若不能及时栽种，也可暂时沙藏或窖藏。

（2）种子繁殖 8月中下旬，采集成熟而籽粒饱满的种子，随采随播。若暂不播种，应立即用湿润黄沙（1份种子，3份沙）混拌贮藏于阴凉通风处，至9月中下旬播种，每亩用种量30~40kg。播种可采用条播法，按行距20~25cm开沟，沟深3~5cm，将种子均匀地撒入沟内，覆土1~2cm，稍镇压。翌年4月上旬，幼苗出土，育苗1年后进行移栽，一般秋季移栽较好。

（3）分根繁殖 选择直径0.5~1cm芍根，按其芽和根的自然形状切成10~20cm根段，每个根段留1~2个芽眼。每亩用种根100~120kg。芍药母株如多年不分株，便会枯朽，逐渐转向衰败。生产实践证明，芍药分株必须在秋季进行，春季分株不仅成活率低，而且以后长势也弱，一般生产较少采用。

芍头应当如何贮藏?

生产上芍头多采用沙藏法。具体方法如下：选平坦高燥处，挖宽70cm、深20cm的坑，长度视芍头的多少而定，坑的底层放6cm厚沙土，然后放上一层芍头，芽苞朝上，再盖一层沙土，厚5~10cm，保持沙土不干燥为原则。

芍药栽植的时间和方法是怎样的?

春栽一般在3月下旬至4月中旬，秋栽一般宜在10月下旬至11月上旬。按行距40~50cm，株距30~40cm。用芍头种，开浅平穴，每穴种芍头2个，摆放于穴内，相距4cm，切面朝下，覆土8~10cm，做成馒头状或垄状。

芍药的田间管理技术有哪些?

（1）中耕除草 早春松土保墒。芍药出苗后每年中耕除草和培土3~4次。

（2）施肥 芍药喜欢肥沃的土壤，除施足基肥外，栽后1~2年要结合田间套种进行追肥，第 3 年芍药进入旺盛生长期，肥水的需要量相对增加，追肥 2 次：第 1 次在齐苗后，结合浇水施尿素每亩 20kg；第 2 次 8 月施复合肥每亩 30kg；第 4 年在春季追肥 1 次即可，追施高磷复合肥每亩 50~75kg。

（3）排灌 芍药喜旱怕水，通常不需灌溉。严重干旱时，宜在傍晚浇水。多雨季节应及时排水，防止烂根。

（4）摘蕾 为了减少养分损耗，每年春季（一般在 4 月下旬）现蕾时应及时将花蕾全部摘除，以促使根部肥大。

（5）培土 一般在 10 月下旬土壤封冻前，在离地面 6~9cm 处，把白芍地上部分枯萎的枝叶剪去，并在根际处进行培土，土厚 10~15cm，以保护芍芽安全越冬。

芍药的常见病害及其防治方法有哪些?

芍药主要病害有灰霉病、锈病等，此类病害在蔬菜、瓜果、茶叶等绿色生产、控害减灾方面多采用如下措施。

（1）灰霉病

①病原及症状：属半知菌亚门、丝孢目、葡萄孢属、牡丹葡萄孢菌和灰葡萄孢菌。牡丹葡萄孢菌：叶部病斑近圆形或不规则，多发生于叶尖和叶缘，呈褐色或紫褐色，具不规则的轮纹，在空气湿度大时，长出灰色霉状物；侵染茎时，病斑褐色，呈软腐状，使植株折倒；花部被害变成褐色、软腐，产生灰色霉状物；病斑处有时产生黑色颗粒状的菌核。灰葡萄孢菌：叶缘产生褐色轮纹状波皱，叶柄和花梗软腐，外皮腐烂，花梗被害，常影响种子成熟。

这两种病原菌在土中越冬。连作地块发病严重；高温多雨利于发病和传播，氮肥施用偏多、植株过密、湿度大、光照不足、生长嫩弱等易感病。

②防治方法

农业防治：选用无病的种栽；合理密植，加强田间通风透光；清除被害枝叶，集中烧毁；忌连作，宜与玉米、高粱、豆类作物轮作；加强田间管理，配方和平衡施肥，增施腐熟的有机肥，合理补微肥；配合推广使用生物菌肥、生物有机肥，增强抗病抗逆能力。

科学用药防治：栽种前用 6% 满适金（咯菌・精甲霜）悬浮种衣剂 1500 倍液，或 50% 咯菌腈可湿性粉剂 3000 倍液浸泡芍头和种根 10~15 分钟后再下种。发病初期用 25% 异菌脲・木霉菌酯素 1000 倍液，或 26% 嘧胺・乙霉威（10% 嘧霉胺 +16% 乙霉威）水分散粒剂 2000 倍液，或 50% 腐霉利可湿性粉剂，或 50% 啶酰菌胺水分散粒剂 1000 倍液，或 50% 啶酰菌胺水分散粒剂 +50% 腐霉利可湿性粉剂 1500 倍液喷雾。视病情把握用药次数，10 天左右 1 次，交替用药喷施 3 次左右。

（2）锈病

①病原及症状：属担子菌亚门、冬孢菌纲、锈菌目、柱锈菌属、松芍柱锈菌。主

要危害叶片，发病初期叶面上无明显病斑或有时出现褪绿色斑块，叶背出现黄色至黄褐色粉堆，后期叶面出现圆形或不规则形灰褐色斑，背面出现暗褐色粉状物，发病重时叶片提前干枯。

病菌在松树上越冬。靠气流传播，6~7 月发生严重，温暖潮湿，低洼田块，多风雨，雾天有利于发病。

②防治方法

农业防治：严格实行检疫，禁止病区花苗调往无病区；清除残株病叶并集中烧毁；田间不要积水；加强田间管理，配方和平衡施肥，增施腐熟的有机肥，合理补微肥；配合推广使用生物菌肥、生物有机肥，增强抗病抗逆能力。

科学用药防治：发病初期及时防治，可用 10% 苯醚甲环唑水分散粒剂 1000 倍液，或 25% 戊唑醇可湿性粉剂 1500 倍液，或 25% 嘧菌酯悬浮剂 1000 倍液，或 25% 吡唑醚菌酯悬浮剂 2000 倍液，或 25% 丙硫菌唑乳油 2000 倍液、10% 戊菌唑乳油 3000 倍液等，或 25% 乙嘧酚磺酸酯微乳剂 700 倍液等喷雾防治。

（2）叶斑病

①病原及症状：属半知菌类、链格孢菌。发病初期，叶正面呈现褐色近圆形病斑，后逐渐扩大，呈同心轮纹状。后期叶上病斑散生，圆形或半圆形，直径 2~20mm，褐色至黑褐色，有明显的密集轮纹，边缘有时不明显，天气潮湿时，病斑背面产生黑绿色霉层。严重时叶片枯黄、焦枯，生长势衰弱，提早脱落。

一般秋季发生较重，下部叶片先发病，逐渐向上部叶片扩展。

②防治方法

农业防治：发现病叶，及时剪除，防止再次侵染危害；秋冬彻底清除病残体，集中烧毁，减少次年初侵染源；深翻土地，有条件可实行 3 年以上轮作；加强田间管理，配方和平衡施肥，增施腐熟的有机肥，合理补微肥；配合推广使用生物菌肥、生物有机肥，增强抗病抗逆能力。

科学用药防治：发病之前或发病初期及时防治，可用 20% 噻唑锌悬浮剂 600~800 倍液，或 80% 全络合态代森锰锌可湿性粉剂 1000 倍液，或 30% 醚菌酯可湿性粉剂 3000 倍液，或 25% 嘧菌酯悬浮剂 1000 倍液，或 25% 吡唑醚菌酯悬浮剂 2000 倍液等喷雾，应交替轮换用药，一般间隔 10 天左右喷 1 次，连续 2~3 次。

芍药主要虫害的防治方法有哪些？

芍药主要害虫有蛴螬、蚜虫等，此类害虫在蔬菜、瓜果、茶叶等绿色生产、控害减灾方面多采用如下措施。

（1）蛴螬 属鞘翅目、金龟甲科。蛴螬为金龟甲的幼虫。

①为害状：主要咬食芍药根，造成缺刻或孔洞。

②防治方法

农业防治：冬前将栽种地块深耕多耙、杀伤虫源，减少幼虫的越冬基数。

物理防治：成虫（金龟子）活动期规模化成方连片实施灯光诱杀。

生物防治：90 亿 / 克球孢白僵菌油悬浮剂 500 倍液生物制剂淋灌，或每亩穴施 100 亿孢子 / 克乳状菌菌粉 1.5kg。

科学用药防治：毒土防治：每亩用 50% 辛硫磷乳油 0.25kg 与 20% 氯虫苯甲酰胺悬浮剂 0.25kg（1∶1）混合，拌细土 30kg，均匀撒施田间后浇水，提高药效，或用 3% 辛硫磷颗粒剂 3~4kg 混细沙土 10kg 制成药土，在播种或栽植时撒施。毒饵防治：用 5% 氯虫苯甲酰胺悬浮剂与饵料（炒香的豆饼、麦麸等）按“药∶饵料（1∶100）”的比例配制，或用 10% 溴氰虫酰胺可分散油悬浮剂按“药∶饵料（1∶200）”的比例配制，充分拌匀制成毒饵后于傍晚时撒于田间诱杀幼虫。药液浇灌防治：在幼虫发生期用 50% 辛硫磷乳油或 5% 氯虫苯甲酰胺悬浮剂 1000 倍液、10% 溴氰虫酰胺可分散油悬浮剂 2000 倍液等浇灌或灌根。

（2）蚜虫　属同翅目、蚜科。

①为害状：当春天芍药萌发后蚜虫即可危害，吸食叶片的汁液，使被害叶卷曲变黄，幼苗长大后，蚜虫常聚生于嫩梢、花梗、叶背等处，使花苗茎叶卷曲皱缩，以至全株枯萎死亡。

②防治方法

物理防治：采用黄板诱杀。有翅蚜发生初期成方连片规模化推行黄板诱杀，推迟发生期，降低发生程度，轻发生年甚至可不用药防治。可采用市场出售的商品黄板，每亩 30~40 块。

生物防治：前期蚜量少时保护并利用瓢虫等天敌，进行自然控制。无翅蚜发生初期，用 0.3% 苦参碱乳剂 800~1000 倍液，或 5% 天然除虫菊素乳油 1000 倍液等植物源杀虫剂。

科学用药防治：优先选用 22.4% 螺虫乙酯悬浮剂 3000 倍液，或 10% 吡丙醚乳油 1500 倍液，或 25% 噻嗪酮可湿性粉剂 1000 倍液喷雾防治，可最大限度地保护天敌资源和传媒昆虫。其他药剂可选用 15% 茚虫威悬浮剂 4000 倍液，或 92.5% 双丙环虫酯可分散液剂 15000 倍液，20% 呋虫胺悬浮剂 5000 倍液，或 50% 烯啶虫胺可溶粉剂 4000 倍液等交替喷雾防治。

（3）地老虎　属鳞翅目、夜蛾科。

①为害状：1~2 龄幼虫昼夜于幼苗顶心嫩叶处，昼夜取食，食量小。3 龄后白天潜伏于表土的干湿层之间，夜晚出土从地面将幼苗植株咬断拖入土穴，或咬食未出土的种子。5、6 龄幼虫食量大增，咬断植株，轻则造成缺苗断垄，重则毁种重播。

②防治方法

物理防治：发现为害状进行人工捕捉。产卵之前规模化实施灯光诱杀成虫。也可用糖醋液诱杀成虫，配制方法：糖∶醋∶酒∶水（6∶3∶1∶10）的比例混拌均匀，田间摆放诱杀。

生物防治：应用性诱剂诱杀雄蛾于交配之前。

科学用药防治：毒土、毒饵配制和防治方法参照“蛴螬”。

（4）金针虫 属鞘翅目、叩头甲科。

①为害状：主要以成虫在土壤中潜伏越冬，次年春季开始活动，4 月中旬开始产卵。以幼虫咬食芍药幼苗、幼芽和根部，使芍药伤口染病而造成严重损失。

②防治方法

农业防治：种植前深翻多耙，夏季翻耕暴晒、冬季耕后冷冻均能消灭部分虫蛹。

物理防治：人工捕杀金针虫：将土豆煮半熟，埋在行间或畦旁，每隔 2 天取出检查，发现眼孔中的金针虫，用镊子取出杀死，再将土豆埋回原位，可连埋 3~4 次。注意每次取出金针虫后，将眼孔封死，以便于下次检查。利用金针虫对新枯萎的杂草有极强趋性的特点，可采用堆草诱杀。

科学用药防治：药液浇灌防治方法参照“蛴螬”。

如何正确地采收芍药？

芍药一般种植 3~4 年后采收，以 9 月中旬至 10 月上旬为宜，过早过迟都会影响产量和质量。人工采收时，宜选择晴天割去茎叶，先掘起主根两侧泥土，挖出全根，起挖中务必小心，谨防伤根。机械采收，利用根茎类药材收获机进行收获，采挖深度 40cm 以上。

芍药的加工方法有几种？

（1）传统白芍加工法 将芍根分成大、中、小三级，分别放入沸水中大火煮沸 5~15 分钟，并不时上下翻动，待芍根表皮发白，折断芍根已透心时，迅速捞出放入冷水内浸泡 20 分钟，然后刮去褐色的表皮，放在日光下晒制。

（2）生晒芍加工法 有全去皮、部分去皮和连皮 3 种规格。①全去皮：即不经煮烫，直接刮去外皮晒干；②部分去皮：即在每支芍条上刮 3~4 刀皮；③连皮：即采挖后，去掉须根，洗净泥土，直接晒干。去皮与部分去皮的白芍，有研究认为在晴天上午 9 点至下午 3 点进行比较好，用竹刀或玻璃片刮皮或部分刮皮，晒干即得。

紫 菀

紫菀有哪些药用价值？

紫菀是菊科紫菀属多年生草本植物紫菀 *Aster tataricus* L. f. 的干燥根和根茎，又名青苑、紫倩、小辫儿等。其性温，味辛、苦，归肺经，具有润肺下气和消痰止咳的功效，用于痰多喘咳，新久咳嗽和劳嗽咯血等症。除药用外，还可作为是秋季观赏花卉，用于布置花境、花地及庭院。

紫菀有哪些品种类型?

紫菀主产于河北、安徽、河南、黑龙江和江西等省。河北安国产的“祁紫菀”根粗且长，质柔韧，质地纯正，药效良好，是著名的八大祁药之一。除现行版《中国药典》收录的紫菀外，还有一些民间记载的紫菀习用药。同科橐吾属（*Ligularia*）植物的干燥根和根茎在我国一些地区做紫菀入药，习称“山紫菀”，其中鄂贵橐吾 *L. wilsoniana*（Hemsl.）Greenm、宽戟橐吾 *L. latihastata*（W. W. Smith.）Hand. Mazz.、鹿蹄橐吾 *L. hodgsonii* Hook. 的根部，商品上习称“毛紫菀”，分别为川东和川西主流品种。云南地区所用山紫菀称“滇紫菀”，原植物为四川橐吾 *L. hodgsonii* Hook. var. *sutchuensis*（Franch）Henry。其他如大叶橐吾 *L. macrophylla*（Ledeb.）DC.（新疆）、齿叶橐吾 *L. deatata*（A. Gray）Hara（陕西）、裂叶橐吾 *L. Przewalskii*（Maxim.）Diels（陕西、宁夏、甘肃等地）的根在不同地区也有做山紫菀用。

如何选择紫菀种苗?

紫菀生产以根状茎作为种苗，要求无检疫性病虫害、茎皮紫红色、节密而短、具有休眠芽的一、二级种苗作为种栽。具体指标为：一级种苗茎毛数在 8 个以上，茎粗在 0.3cm 以上，芽间距不超过 0.25cm；二级种苗茎毛数为在 4 个以上，茎粗不低于 0.25cm，芽间距不超过 0.25cm。

种植紫菀如何选地和整地?

种植紫菀要选择地势平坦、土层深厚、疏松肥沃、排水良好的砂壤土或壤土地，种植前深翻土壤 30cm 以上，结合耕翻，每亩施入腐熟有机肥 3000kg 或复合肥 50~100kg，整平耙细，做畦，四周挖排水沟。

怎样栽种紫菀?

紫菀种植一般在四月上中旬进行。栽种前，将根状茎去掉芦头，截成带有 2~3 个休眠芽的节段，随用随截，并按照一、二级种苗标准进行分选。在整好的畦面上，按行距 30~35cm 开沟，沟深 5~7cm，顺沟按 20cm 左右间距摆放 3~5 个带芽节段。覆土与畦面相平，稍加压实。

如何进行紫菀田间管理？

田间管理主要包括中耕除草、水肥管理和摘除花薹等。

在整个生长期内，尤其在出苗后至封垄前应及时除草。紫菀为浅根作物，根系主要分布在近地表 15cm 的土层，因此要浅松土避免伤根。第 1 次除草在紫菀齐苗后，苗高 7~9cm 时进行第二次中耕除草，第三次除草在植株封垄前进行。封垄后如仍有杂草需人工拔除。

在紫菀整个生长期要避免干旱和防止水分过多。出苗前至幼苗期保持畦面湿润，促进全苗和幼苗生长，6~7 叶后适当控水有利于根系发育，提高产量。紫菀不耐涝，雨后及时排除田间积水。紫菀生长期间要结合灌水进行追肥。一般在 6~7 月封垄前每亩追尿素 10~15kg。

7~8 月为紫菀抽薹开花期，为防止养分消耗，促使光合产物集中供应地下根茎生长，个别植株出现花薹时可用镰刀割除，避免用手拉扯，以免带动根部影响生长。割薹应在晴天进行。

如何进行紫菀主要病虫害防治？

紫菀主要病害有根腐病、叶枯病等，害虫有地老虎等；此类病虫害在蔬菜、瓜果、茶叶等绿色生产、控害减灾方面多采用如下措施。

（1）根腐病

①病原及症状：属半知菌亚门，有资料报道为鲁氏小菌核菌和茄病丝核菌。主要危害植株茎基部与芦头部分。发病初期，根及根茎部分变褐腐烂，叶柄基部产生褐色梭形病斑，逐渐叶片枯死、根茎腐烂。

②防治方法

生物防治：预计临发病前和发病初期，可用 10 亿孢子以上/克的枯草芽孢杆菌、蜡质芽孢杆菌、哈茨木霉菌等处理土壤。

科学用药防治：发病初期及时防治，可用 30% 噁霉灵水剂 1000 倍液等处理土壤。在处理土壤的基础上于预计发病之前 2~3 天用药喷淋或灌根。除选用以上药剂外，也可用 60% 百泰（5% 吡唑醚菌酯 +55% 代森联）水分散粒剂，或 27% 寡糖·吡唑嘧菌酯水剂 2000 倍液，或唑类杀菌剂（20% 苯醚甲环唑水乳剂 1000 倍液等），或 30% 噁霉灵水剂 1000 倍液等，主张各种药剂与植物诱抗剂海岛素（5% 氨基寡糖素）水剂 800 倍液（或 6% 24-表芸·寡糖水剂 1000 倍液）混用，提质增效、抗逆促壮，安全控害。要交替轮换用药，相互合理复配使用。收获前 1 个月停止用药。

（2）叶枯病

①病原及症状：属半知菌类、链格孢菌。夏季多发，尤以高温、高湿季节发病严

重，主要为害叶片，从叶缘和叶尖侵染发生，病斑由小到大不规则状，病叶初期先变黄，黄色部分逐渐变褐色坏死。

②防治方法

农业防治：与非寄主作物实施轮作。

科学用药防治：预计临发病前应开始喷施1∶1∶120波尔多液，或42%寡糖·硫黄悬浮剂600倍液等进行保护性防治。发病初期开始进行治疗性防治，可喷施20%苯醚甲环唑水乳剂或47%春雷·王铜（2%春雷霉素+45%氧氯化铜）可湿性粉剂1000倍液，或25%吡唑醚菌酯悬浮剂或27%寡糖·吡唑嘧菌酯水乳剂或10%多抗霉素可湿性粉剂2000倍液等。要交替轮换用药，视病情把握防治次数，一般隔10天左右喷1次，连续2次左右。

（3）地老虎

①为害状：属鳞翅目、夜蛾科。地老虎幼虫为害根茎和幼苗，往往造成缺苗断垄。

②防治方法：具体防治技术和选用药技术参照“芍药地老虎”。

紫菀如何采收加工？

紫菀种植后当年秋季或第二年春萌芽前收获。先除去地上枯萎茎叶，挖取地下根及根状茎，勿弄断须根。抖去泥沙，摘下带芽节的根状茎做种用，其余的连同须根一起编成小辫晒干，或直接晒干至含水率不得过15.0%。

天南星

天南星有何药用价值？

天南星为天南星科植物天南星 *Arisaema erubescens*（Wall.）Schott、东北天南星 *Arisaema amurense* Maxim. 或异叶天南星 *Arisaema heterophyllum* Bl. 的干燥块茎，其性温，味苦、辛，有毒，归肺、肝、脾经，具有燥湿化痰、祛风止痉和散结消肿的功效，常用于顽痰咳嗽、风痰眩晕、中风痰壅、口眼歪斜、半身不遂，癫痫、惊风、破伤风，外用治痈肿、蛇虫伤咬。

天南星药材商品的来源有哪些？

天南星药材正品来源为现行版《中国药典》中收录的天南星、异叶天南星和东北天南星。天南星主产于陕西、甘肃、四川、贵州等省，高40~90cm。块茎扁球形，叶1片，放射状分裂，裂片7~20，披针形，雌雄异株；异叶天南星主产于湖北、湖南、四川、贵州等省，主要特点为叶片鸟趾状全裂，倒披针形或窄长圆形，裂片 11~19，花序顶端附属物呈鼠尾状；东北天南星主产于东北、内蒙古、河北和山东等省。主要特点为叶片全裂 3~5 片，倒卵形或广卵形，花序顶端附属物成棍棒状。

天南星种植怎样选地整地？

天南星是喜阴植物，怕强光，喜湿润、喜水肥，块茎不耐寒，-5℃以下会发生冻害。人工栽培最好选择林间空地或与果树间种，在平地可与高秆作物间作。天南星忌连作，地势低洼、排水不良、积水或土质过于黏重的地块不宜种植。前作收获后，选晴天除灭杂草，每亩地施用腐熟有机肥 1500~2000kg 或复合肥 20kg 作基肥。耕翻耙细，做成宽 1.2~1.3m 的畦。

天南星如何繁殖？

（1）种子繁殖 天南星主要用种子繁殖。天南星种子于 8 月上旬成熟，采集后晾干留作种用。天南星种子不耐贮藏，容易丧失发芽率，繁殖时要用当年收获的新种子。在整好的苗床上，按行距 15~20cm 挖浅沟，将种子均匀地播入沟内，覆土与畦面齐平。播后浇 1 次透水，以后经常保持床土湿润，10 天左右即可出苗。冬季用腐熟有机肥覆盖畦面，保湿保温，有利幼苗越冬。翌年春季幼苗出土后，将有机肥压入苗床作肥料，当苗高 6~9cm 时，按株距 12~15cm 定苗，多余的幼苗可另行移栽。移栽时要选阴雨天并带土移栽以提高成活率。栽后浇水，经常保持土壤湿润，及时松土除草。

（2）块茎繁殖 秋季采挖时，大的块茎做药材加工，选择生长健壮、完整无损、无病虫害的小块茎，晾干后置地窖内贮藏留作种用。挖窖深 1.5m 左右，大小视种栽多少而定。窖内温度保持在 5~10℃为宜，低于 5℃，种栽易受冻害，高于 10℃，则容易提早发芽。第二年春季取出，去掉霉烂块茎进行栽种。春栽于 3 月下旬至 4 月上旬进行，在整好的畦面上，按行距 20~25cm 开沟，沟深 4~6cm，将块茎芽头向上放入沟内，每株 1 块，株距 14~16cm。栽后覆盖土杂肥和细土，若天旱浇 1 次透水。约半个月即可出苗。大块茎作种栽，可以纵切为两半或数块，只要每块有 1 个健壮的芽头即可。切后及时将伤口拌草木灰，避免腐烂。

怎样进行天南星田间管理？

（1）松土除草和追肥 天南星苗高 6~9cm 时进行第 1 次松土除草，宜浅不宜深，只耙松表土层即可。第二次于 6 月中下旬，松土可适当加深，并结合追肥 1 次，每亩追肥尿素 10kg；第三次于 7 月下旬正值天南星生长旺盛时期，结合除草松土，每亩追施尿素15kg；第四次于8月下旬，结合松土除草，每亩追施尿素10~20kg。

（2）排灌水 天南星喜湿，栽后经常保持土壤湿润，要勤浇水；雨季要注意排水，防止田间积水。水分过多，易使苗叶发黄，影响生长。

（3）摘花薹 5~6月天南星肉穗状花序从鞘状苞片内抽出时，除留种地外，应及时剪除，以减少生殖生长对养分的消耗，有利于光合产物向地下块茎的运转，提高产量。

天南星病害如何防治？

天南星主要病害有花叶病毒病、炭疽病等，此类病害在蔬菜、瓜果、茶叶等绿色生产、控害减灾方面多采用如下措施。

（1）花叶病毒病

①病原及症状：由多种病毒引起，叶部症状经常表现为花叶、不规则褪绿或出现黄色条斑，致叶脉纵卷畸形，病株矮小。叶部叶绿素受阻，同时发生叶片变形、皱缩、卷曲，变成畸形症状，使植株生长不良，正常光合作用受到影响，影响块茎产量、质量。用块茎繁殖的天南星，病毒可在植株体内积累和传播，田间可通过蚜虫传毒，田间蚜量大，为害持续时间长则发病重。

②防治方法

农业防治：选择抗、耐病品种。选择无病健康植株留种，培育无病壮苗。与非寄主植物合理轮作。配方和平衡施肥，增施腐熟的有机肥和磷、钾肥，合理控氮肥和补微肥，大力推广应用生物菌剂、生物有机肥，拮抗有害菌，增强植株抗病和抗逆能力。采用脱毒技术，用无病毒种种植和繁殖，也可用无毒种子繁殖。有条件的提倡用热处理方法结合茎尖脱毒获取无毒苗。及时控制蚜虫。

物理防治：参照“芍药蚜虫”。

科学用药防治：种子处理，用70%吡虫啉种子处理可分散剂15g拌种10kg，或用60%吡虫啉悬浮种衣剂50g拌种50kg，或30%噻虫嗪种子处理悬浮剂100g拌种50kg处理种子控制早期蚜虫（传毒介体）；用30%毒氟磷可湿性粉剂500倍液或10%磷酸钠水溶液浸种20~30分钟控制病毒源。科学用药，蚜虫发生初期并有扩展的态势，及时用烟碱制剂（60%烯啶虫胺·呋虫胺可湿性粉剂3000倍液等），或25%噻嗪酮可湿性粉剂1500倍液，或92.5%双丙环虫酯可分散液剂15000倍液喷雾防治。其他用药参照“芍药蚜虫”防治。预防性控制病毒病发生和蔓延，在控制蚜虫危害不能传毒的基础上，预计临发病之前喷施海岛素（5%氨基寡糖素）水剂或6% 24-表芸·寡糖水剂1000倍液，或30%毒氟磷可湿性粉剂1000倍液，或2%嘧肽霉素水剂800倍液，或混合脂肪酸（NS83增抗剂）100倍液，或盐酸吗啉胍+乙铜或1.5%植病灵（0.1%三十烷醇、0.4%硫酸铜、1%十二烷基硫酸钠）400倍液喷雾或灌根，预防性控制病毒病发生，可缓解症状和控制蔓延。

（2）炭疽病

①病原及症状：属半知菌亚门真菌。主要在成株上发病。叶片病斑为圆形或近圆形，中心灰白色或淡褐色、边缘暗绿色或褐色，茎和叶柄上的病斑为淡褐色棱形，浆果上的病斑为红褐色。病菌在病落叶上越冬。翌年春借风雨传播。主要从伤口侵入，在幼嫩叶片也可直接侵入。3~11 月均可发生，往往 4~6 月为发病盛期，高湿闷热，天气忽晴忽雨，通风不良，积水，株丛过密，摩擦损伤，蚧壳虫严重等因素均会加重病情的发生蔓延。

②防治方法

农业防治：合理密植，注意通风透光。严禁大水漫灌，雨后注意排水，保持田间适宜的湿度条件。生长期间及时清除感病叶片；增施腐熟的有机肥和磷、钾肥，合理控氮肥和补微肥，大力推广应用生物菌剂、生物有机肥，拮抗有害菌，增强植株抗病和抗逆能力。

生物防治：预计临发病之前 2~3 天用药，选用哈茨木霉菌叶部型（3 亿 CFU/g）可湿性粉剂 300 倍液结合土壤灌溉冲施进行预防。

科学用药防治：预计临发病之前开始喷施波尔多液（1∶1∶160）或 27% 高脂膜（无毒高脂膜）乳剂 200 倍液，或 42% 寡糖·硫黄悬浮剂 600 倍液，或 80% 全络合态代森锰锌可湿性粉剂 1000 倍液；发病初期可用 30% 噁霉灵水剂或 25% 吡唑醚菌酯悬浮剂 1000 倍液，或 75% 肟菌·戊唑醇水分散粒剂 2000 倍液等喷淋。其他用药参照“紫菀根腐病”。视病情把握用药次数，一般间隔 7~10 天喷 1 次。

天南星虫害如何防治?

天南星主要害虫有红天蛾、红蜘蛛、蛴螬等，此类害虫在蔬菜、瓜果、茶叶等绿色生产、控害减灾方面多采用如下措施。

（1）红天蛾

①为害状：属鳞翅目、天蛾科。以幼虫危害叶片，咬成缺刻和空洞，7~8 月发生严重时，把天南星叶子吃光。

②防治方法

农业防治：与非寄主植物实施轮作。忌连作；不与半夏、魔芋等同科药用植物间作；秋后至早春耕翻土壤消灭越冬蛹；发生期捕杀幼虫。

物理防治：规模化实施灯光诱杀成虫，将其消灭在产卵之前。

科学用药防治：卵孵化后或幼虫 3 龄以前低龄期及时喷药防治，可用 10% 溴氰虫酰胺可分散油悬浮剂 2000 倍液，或 20% 氯虫苯甲酰胺悬浮剂 1000 倍液，或菊酯类（20% 甲氰菊酯乳油 2000 倍液），或 50% 辛硫磷乳油 1000 倍液等喷雾。

（2）红蜘蛛

①为害状：属蛛形纲、蜱螨目、叶螨科。以成、若虫危害叶片，吸食汁液，造成

植株发育不良，严重的枯死。

②防治方法

农业防治：与非寄主植物实施轮作。忌连作。不与半夏、魔芋等同科药用植物间作。

生物防治：点片初发期选用植物源杀螨剂0.5%苦参碱水剂1000倍液，或每亩用1kg韭菜榨汁+肥皂水（大蒜汁）100倍液，或10%浏阳霉素乳油1000倍液喷雾防治。

科学用药防治：当田间发现红蜘蛛并预计发生态势上升，发现红蜘蛛中心时及时喷药防治，30%乙唑螨腈悬浮剂4000倍液，或1.8%阿维菌素乳油或73%炔螨特乳油2000倍液，主张其他杀螨剂与阿维菌素复配喷施，加展透剂和1%尿素水更佳。视情况把握防治次数，一般间隔10天左右喷1次。重点保护上部幼嫩部位，要喷匀打透。

（3）蛴螬

①为害状：属鞘翅目、金龟甲总科。成虫金龟子危害植株叶、花、果等，蛴螬（金龟子幼虫）主要危害根系，造成植株生长受阻，严重的枯死。

②防治方法：具体防治方法参照“芍药蛴螬”。

天南星如何采收和加工？

天南星在当年秋天9~10月收获。将地上部分割掉，挖出块茎即可。

收获后将块茎去掉泥土、残茎和须根，撞搓除去外皮，晒干至含水率不得过15%即为商品。天南星有毒，加工时要戴口罩和橡胶手套，避免接触皮肤，以免中毒。如发现皮肤瘙痒、红肿，可用甘草水或绿豆水擦洗、浸泡解毒。

柴　胡

柴胡有何药用价值？

柴胡为伞形科植物柴胡 *Bupleurum chinense* DC. 或狭叶柴胡 *Bupleurum scorzonerifolium* Willd. 的干燥根。柴胡味苦辛，微寒。归肝、胆、肺经。具有和表解里，疏肝解郁，升阳举陷之功效。主要用于感冒发热，寒热往来，胸胁胀痛，月经不调，子宫脱垂，脱肛等治疗。柴胡为大宗常用中药材，年用量已达一万余吨，且随以柴胡为主要原料的药品不断开发上市而快速递增。不仅国内用量大，而且大量出口，现有资源不能满足市场需要，价格逐年上涨。

柴胡有哪些品种类型？

柴胡的栽培类型主要有柴胡、狭叶柴胡、三岛柴胡等，其中柴胡已培育出中柴1

号、中柴 2 号、中柴 3 号栽培品种，狭叶柴胡已培育出中红柴 1 号栽培品种。

柴胡为《中国药典》收载基原植物，俗称北柴胡，主产甘肃、陕西、山西和河北等省区，黑龙江、内蒙古、吉林、河南、四川等省也有少量栽培。2014 年“涉县柴胡”获得农业部国家农产品地理标志产品登记，中国医学科学院药用植物研究所已培育出柴胡栽培品种中柴 1 号、中柴 2 号、中柴 3 号。狭叶柴胡也为《中国药典》收载基原植物之一，俗称“南柴胡”，黑龙江、内蒙古等地有种植，中国医学科学院药用植物研究所培育出“中红柴 1 号”。三岛柴胡也称日本柴胡，由日本或韩国药材公司在我国实行订单生产，基地主要分布在湖北、河北等地。三岛柴胡在我国为非正品柴胡。

种植柴胡如何选地整地?

（1）选地 柴胡属阴性植物，其种子个体小，野生条件下，是在草丛中阴湿环境中发芽生长，种植栽培时应为其创造阴湿环境，选择已栽种玉米、谷子或大豆等秋作物的地块进行套种。利用秋作物茂密枝叶形成天然的遮阴屏障，并聚集一定的湿气，为柴胡遮阴并创造稍冷凉而湿润的环境条件。也可选择退耕还林的林下地块或山坡地块，利用林地的遮阴屏障或山坡地上的杂草、矮生植物遮阴。

（2）整地 柴胡播种前结合整地施足底肥，一般每亩施用腐熟有机肥 2000~3000kg，或氮磷钾复合肥 80~120kg，柴胡播前要先造墒，浅锄划，然后播种。没造墒条件的旱地，应在雨季来临之前浅锄划后播种等雨。

山地柴胡仿野生栽培的关键技术有哪些?

柴胡适应性较强，喜稍冷凉而湿润的气候，较耐寒耐旱，忌高温和涝洼积水。其仿野生栽培的技术关键有两点。

（1）把好播种关 第一年 6 月中旬至 7 月上中旬，与秋作物套种的，先在田间顺行浅锄一遍，每亩用种子 2.5~3.5kg，与炉灰拌匀，均匀地撒在秋作物行间，播后略镇压或用脚轻踩即可，一般 20~25 天出苗；在退耕还林的林下地块种植的，留足树歇带，将树行间浅锄，把种子与炉灰拌匀，均匀地撒在树行间，播后略镇压；在山坡地上种植的，先将山坡地上的杂草轻割一遍，留茬 10cm 左右，种子均匀地撒播，播后略镇压。

（2）把好除草关 第一年秋作物收获时，秋作物留茬 10~20cm，注意拔除大型杂草。第二年春季至夏季要及时拔除田间杂草，一般进行 2~3 次。林下或山坡地块种植，第 1 年及第 2 年春夏季主要是拔除田间杂草。

仿野生栽培一般第 1 年播种后，以后每年不再播种，只在秋后收获成品柴胡，依靠植株自然散落的种子自然生长，从第 2 年开始每年都有种子散落，每年都有成品柴胡收获，3~5 年后由于重复叠加生长，需清理田间，进行轮作。

柴胡玉米间作套种的关键技术是什么？其效益如何？

柴胡玉米间作套种模式为药粮间作，二年三收（或二收）。即：第一年玉米地套播柴胡，当年收获一季玉米；第二年管理柴胡，根据实际需要决定秋季是否收获柴胡种子；第二年秋后至第三年清明节前收获柴胡。其技术关键如下。

（1）播种玉米 玉米春播或早夏播，可采取宽行密植的方式，使玉米的行间距增大至1.1m，穴间距30cm，每穴留苗2株，玉米留苗密度3500~4000株/亩。玉米的田间管理要比常规管理提早进行，一般在小喇叭口期前期、株高40~50cm时进行中耕除草，结合中耕每亩施入磷酸二铵30kg。

（2）播种柴胡 利用玉米茂密枝叶形成天然的遮阴效果，为柴胡遮阴并创造稍阴凉而湿润的环境条件。在播种柴胡时一要掌握好播种时间。柴胡出苗时间长，雨季播种原则为：①宁可播种后等雨，不能等雨后播。最佳时间为6月下旬至7月下旬。②要掌握好播种方法：待玉米长到40~50cm时，先在田间顺行浅锄一遍，然后划1cm浅沟，将柴胡种子与炉灰拌匀，均匀地撒在沟内，镇压即可，也可采用耧种，或撒播。用种量每亩2.5~3.5kg，一般20~25天出苗。

柴胡玉米间作套种模式，可实现粮药间作双丰收，当年可收获玉米550~650kg；如计划收获柴胡种子，一般亩产柴胡种子20~25kg；播种后第2年秋后11月至次年3月中下旬收获柴胡根部，一般每亩可收获45~55kg柴胡干品，按目前市场价格每千克52~60元，2年的亩效益4400~5400元。平均年亩效益2200~2700元。

如何根据柴胡种子的萌发出苗特性，实现一播保全苗？

柴胡种子籽粒较小，发芽时间长（在土壤水分充足且保湿20天以上，温度在15~25℃时方可出苗），发芽率低，出苗不齐。因此，要保证一播保全苗，必须做到以下几点。

（1）选用新种子 柴胡种子寿命仅为一年，陈种子几乎丧失发芽能力，应选用成熟度好的、籽粒饱满的新种子进行播种。

（2）适时早播种 根据北方春旱夏涝的气候特点，应适时早播，即在雨季来临之前的6月中下旬至7月下旬播种。播在雨头，出在雨尾。

（3）造墒与遮阴 播种之前造好墒，趁墒播种，而且播后应覆盖遮阳物，保持土壤湿润达20天；如果没有水浇条件，则应利用雨季与高秆作物套作，保证出苗。

（4）增加播种量 根据近年实践，当年种子的亩用量2.5~3.5kg，多者4~5kg。

（5）浅播浅覆土 柴胡种粒极小，芽苗顶土力弱，播种宜浅不宜深。开沟0.5~1cm，撒入种子，浅盖土，镇压即可，如果是机械播种，一定要调节好深浅，切不可覆土过深。

（6）科学处理种子 柴胡种子有生理性后熟现象，休眠期时间长，出苗时间长。打破种子休眠，提高种子出苗率的种子处理方法有：机械磨损种皮、药剂处理、温水沙藏、激素处理及射线等，但生产上常用前三种处理。①机械磨损种皮：利用简易机械或人工搓种，使种皮破损，吸水、出苗提早。②药剂处理：用 0.8%~1% 高锰酸钾溶液 + 植物诱抗剂海岛素（5% 氨基寡糖素）水剂 800 倍液（或 6% 24-表芸·寡糖水剂 1000 倍液）浸种 15 分钟，增效抗逆，可提高发芽率 15% 并增强发芽势。③温水沙藏：用 40℃温水浸种 1 天，捞出稍干后用海岛素 600 倍液拌种，再与 3 份湿沙混合，20~25℃催芽 10 天，少部分种子裂口时播种。增强发芽势和抗病抗逆能力，促芽壮发使苗强壮。

柴胡繁种田管理技术要点有哪些？

柴胡繁种田除按常规生产田管理之外，还应把好以下几点。

（1）选好地块 柴胡为异花授粉植物，繁种田首先必须选择隔离条件较好的地块，一般与柴胡种植田块隔离距离不少于 1km；其次要选择地势高燥、肥力均匀、土质良好、排灌方便、不重茬、不迎茬、不易受周围环境影响和损坏的地块。

（2）去杂去劣 在苗期、拔节期、花果期、成熟收获期要根据品种的典型性严格拔除杂株、病株、劣株。

（3）防治病虫 ①及时防治苗期蚜虫，繁种田的柴胡一般是二年生柴胡，早春蚜虫危害严重，应及时选用新烟碱制剂（烯啶虫胺等）、噻嗪酮、螺虫乙酯、灭蚜威等防治；②在雨季来临、开花现蕾之前，也是柴胡根茎发生茎基腐病时期，应在预计病害临发生之前或将近发病时期的降雨前喷施保护性药剂进行预防，可选用嘧菌酯等进行喷灌；发病初期应选用治疗性科学用药防治，可用 50% 异菌脲、吡唑醚菌酯、肟菌·戊唑醇等喷灌。③柴胡开花期是各种害虫危害盛期，应在赤条蝽、卷蛾幼虫、螟蛾幼虫低龄期或未卷叶和钻蛀前及时防治，首先可用植物源杀虫剂（苦参碱）、茚虫威等，或选用菊酯类（联苯菊酯、杀灭菊酯等）、阿维菌素、溴氰虫酰胺、虱螨脲、虫螨腈等进行防治。

（4）严防混杂 播种机械及收获机械要清理干净，严防机械混杂；收获时要单收单脱离，专场晾晒，严防收获混杂。

如何防治柴胡的主要病害？

柴胡主要病害有根腐病、锈病等，此类病害在蔬菜、瓜果、茶叶等绿色生产、控害减灾方面多采用如下措施。

（1）根腐病

①病原及症状：属半知菌亚门、瘤座菌目、镰刀菌属、尖孢镰刀菌和腐皮镰刀

菌。多发生于二年生植株。初感染于根的上部，病斑灰褐色，逐渐蔓延至全根，使根腐烂，严重时成片死亡。高温多雨季节发病严重。分布极广，普遍存在于土壤及植物体上，可以在土壤中越冬和越夏。田间一年生柴胡在当年秋季地上部枯萎后即有发生，二年、三年生柴胡在5~8月为高发期。

②防治方法

农业防治：忌连作，与禾本科作物轮作。使用充分腐熟的有机肥，增施磷钾肥，合理控氮肥和补微肥，推广使用生物菌剂、生物有机肥，促进植株生长健壮，拮抗有害菌，增强抗病抗逆能力。注意田间不要积水。

生物防治：在预计病害临发生之前开始，用10亿活芽孢/g枯草芽孢杆菌300倍液灌根。7天灌1次，连续3次。

科学用药防治：预计病害临发生之前或将近发病时期的降雨前喷施保护性药剂进行预防，可用80%全络合态代森锰锌可湿性粉剂1000倍液，或30%醚菌酯可湿性粉剂3000倍液，或25%嘧菌酯悬浮剂1000倍液等进行喷淋或喷灌。发病初期应选用治疗性药剂及时控害，可用50%异菌脲可湿性粉剂1000倍液，或25%吡唑醚菌酯悬浮剂2000倍液，或75%肟菌·戊唑醇水分散粒剂2000倍液，或30%噁霉灵水剂+10%苯醚甲环唑水乳剂按1∶1复配1000倍液等喷淋或喷灌。视病情把握用药次数，一般7~10天喷灌1次。主张以上化学药剂与植物诱抗剂海岛素（5%氨基寡糖素）或6% 24-表芸·寡糖水剂1000倍液混配使用，提质增效、抗逆抗病、促根壮株、安全控害。

（2）锈病

①病原及症状：真菌性病害，主要危害茎叶。发病初期，叶片及茎上发生零星锈色斑点，后逐渐扩大侵染，严重的遍及全株，感病叶背和叶基有锈黄色病斑，破裂后有黄色粉末。被害部位造成穿孔。一般5~6月开始发生。以冬孢子在病组织上越冬，温暖地区夏孢子也可越冬。5月始见，高温多雨季节发病重，大雾重露、植株生长衰弱、通风不良田利于发病。

②防治方法

农业防治：清洁田园，秋季采收后及时将田内杂草和柴胡残株彻底清理干净，携出田外集中深埋或烧掉。实行轮作，定期与非寄主植物实行轮作。使用充分腐熟的有机肥，增施磷钾肥，合理控氮肥和补微肥，推广使用生物菌剂、生物有机肥，促进植株生长健壮，拮抗有害菌，增强抗病抗逆能力。

科学用药防治：发病初期喷施42%寡糖·硫黄悬浮剂600倍液，或用0.2~0.3波美度石硫合剂30倍液，或25%嘧菌酯悬浮剂1000倍液，或30%醚菌酯可湿性粉剂3000倍液保护性防治。开花前发病后喷施20%三唑酮乳油1000倍，33%寡糖·戊唑醇悬浮剂3000倍液，或25%戊唑醇可湿性粉剂1500倍液，或25%吡唑醚菌酯悬浮剂2000倍液，或75%肟菌·戊唑醇水分散粒剂2000倍液等喷雾防治。以上化学药剂与植物诱抗剂海岛素（5%氨基寡糖素）或6% 24-表芸·寡糖水剂1000倍混配使用更佳。

（3）斑枯病

①病原及症状：属半知菌纲、壳霉目、壳霉科的真菌。主要危害茎叶。茎叶片上初期产生暗褐色直径为3~5mm的圆形、近圆形病斑，后中央变为灰白色，边缘褐色，斑上密生小黑点。严重时病斑汇聚连片，叶片枯死。病菌随病残落叶在土壤中越冬。重茬、高温、多雨、郁蔽田发病重。

②防治方法

农业防治：入冬前彻底清园，及时清除病株残体并集中烧毁或深埋。加强田间管理，及时中耕除草。合理施肥与灌水，雨后及时排水。实施轮作，合理密植，增强通风透光。

科学用药防治：发病初期用80%全络合态代森锰锌可湿性粉剂800倍液，或25%嘧菌酯悬浮剂1500倍液，或30%醚菌酯可湿性粉剂3000倍液，或25%吡唑醚菌酯悬浮剂2000倍液，或33%寡糖·戊唑醇悬浮剂2000倍液，75%肟菌·戊唑醇水分散剂2000倍液，或75%肟菌·戊唑醇水分散粒剂2000倍液等喷雾防治。以上化学药剂与植物诱抗剂海岛素（5%氨基寡糖素）或6% 24-表芸·寡糖水剂1000倍液混配使用更佳。

如何防治柴胡的主要害虫？

柴胡主要害虫有锥额野螟、卷叶蛾等，此类害虫在蔬菜、瓜果、茶叶等绿色生产、控害减灾方面多采用如下措施。

（1）锥额野螟 属鳞翅目、螟蛾科、锥额野螟属。

①为害状：以幼虫取食北柴胡叶片和花蕾，常在花序上吐丝结网，缀叶成纵苞或将花絮纵卷成筒状，潜藏其内取食危害，取食时伸出网外。严重影响植株开花结实。6月初田间发现危害，幼虫危害盛期在7月下旬至8月上旬。留种地往往发生严重，老熟后入地化蛹。

②防治方法

农业防治：采取抽薹后开花前及时割除地上部的茎叶，并集中带出田外。虫量较少时进行人工捕捉。

物理防治：参照“芍药蛴螬成虫灯光诱杀法”。

生物防治：卵孵化期或低幼虫未钻蛀前，可用0.5%苦参碱水剂1000倍液，或2.5%多杀霉素悬浮剂1500倍液等喷雾防治。

科学用药防治：低龄幼虫未钻蛀前及时防治，优先选用25%灭幼脲或20%除虫脲悬浮剂1000倍液，或5%虱螨脲乳油1500倍液喷雾防治，可最大限度地保护天敌资源和传媒昆虫。其他药剂可用15%茚虫威悬浮剂4000倍液，或1.8%阿维菌素乳油1000倍液，或10%溴氰虫酰胺可分散油悬浮剂2000倍液，或5%甲维盐·虫螨腈水乳剂1000倍液，或30%甲维盐·茚虫威悬浮剂4000倍液等进行防治。

（2）卷叶蛾 属鳞翅目、卷叶蛾科。

①为害状：幼虫取食刚抽薹现蕾的北柴胡嫩尖、嫩叶、嫩芽等，往往把叶片卷成筒状，幼虫藏在其中啃食叶肉或蕾期花瓣。在里面吐丝做茧。

②防治方法

农业防治：采取抽薹后开花前及时割除地上部的茎叶，集中带出田外。发现幼虫人工捕杀。

物理防治：规模化利用灯光诱杀成虫，消灭在产卵之前。

生物防治：规模化推行性诱剂诱杀雄虫，消灭在交配之前。

科学用药防治：参照“锥额野螟”。

（3）赤条蝽 属半翅目、蝽科。

①为害状：以若虫、成虫危害北柴胡的嫩叶和花蕾，造成植株生长衰弱、枯萎，花蕾败育，种子减产。成虫在柴胡田间枯枝落叶、杂草丛或土下缝隙里越冬。4月下旬开始活动，5月上旬至7月下旬产卵，若虫于5月中旬至8月上旬孵化，7月上旬开始陆续羽化成虫，10月中旬以后陆续进入越冬。8~9月是赤条蝽发生危害高峰期。

②防治方法

农业防治：冬季清除北柴胡种植田周围的枯枝落叶及杂草，沤肥或烧掉，消灭部分越冬成虫。

科学用药防治：在成虫和若虫发生盛期，当田间虫株率达到30%时及时防治，优先选用25%噻嗪酮可湿性粉剂1000倍液，或22.4%螺虫乙酯悬浮剂3000倍液，或5%虱螨脲乳油1500倍液喷雾防治，可最大限度地保护天敌资源和传媒昆虫。其他药剂可用10%溴氰虫酰胺可分散油悬浮剂2000倍液，其他药剂参照“锥额野螟”。

（4）蚜虫 属同翅目、蚜总科。

①为害状：以成、若虫危害植株嫩尖和叶片，造成叶片卷曲、生长减缓、萎蔫变黄；并且可以传播病毒病，造成北柴胡丛矮、叶黄缩、早衰、局部成片干枯死亡。

②防治方法

农业防治：清除田间残枝腐叶，集中销毁。

物理防治：参照“芍药蚜虫”。

科学用药防治：防治用药和方法参照“芍药蚜虫”。

柴胡如何采收和初加工？

柴胡一般春、秋采收。采收时，先顺垄挖出根部，留芦头0.5~1cm，剪去干枯茎叶，晾至半干，剔除杂质及虫蛀、霉变的柴胡根，然后分级捋顺捆成0.5kg的小把，再晒干。分级标准：直径0.5cm以上，长25cm以上为一级；直径0.2~0.4cm，长20cm为二级；直径0.2cm，长18cm为三级。

知 母

知母有何药用价值?

知母为百合科植物知母 *Anemarrhena asphodeloides* Bge. 的干燥根茎，其味苦、甘，性寒，归肺、胃、肾经；具有清热泻火、滋阴润燥之功效，用于外感热病、高热烦渴、肺热燥咳、骨蒸潮热、内热消渴、肠燥便秘等。现代研究发现：知母根茎所含的 6 种知母皂苷，4 种知母低聚糖及黄酮类化合物等成分，具有抗菌、解热镇痛、利尿、消炎、镇咳、祛痰、利胆及抗肿瘤等作用，可用于治疗糖尿病、肺热咳嗽、慢性支气管炎、便秘、前列腺肿大症及皮肤鳞癌、子宫颈癌等疾病。此外，知母中所含的皂苷类成分对常见致病性皮肤癣菌及其他致病菌有抑制作用，可用于沐浴液、洗手皂、洗发香波等化妆品中。

种植知母如何选地整地?

知母为多年生草本，根茎横生于地下。知母喜温暖气候，耐寒、耐旱，适应性很强。种植知母要选择向阳排水良好、疏松的腐殖质壤土和砂质壤土。仿野生栽培可利用荒坡、梯田、河滩等地栽培。育苗和集约栽培地，结合整地亩施腐熟有机肥 3000kg 作为基肥，均匀撒入地内，深耕耙细，整平后做平畦。

知母繁殖方式有哪几种?

知母繁殖方式有种子繁殖和分株繁殖。

（1）种子繁殖 选择三年生以上无病虫害的健壮植株，于 8 月中旬至 9 月中旬采集成熟果实，晒干、脱粒，当年播种。播种前，将种子用清水浸泡 8~12 小时，捞出晾干外皮，用 2 倍的湿润河沙拌匀，在向阳温暖处挖浅窝，将种子堆于窝内，上面盖土 5~6cm，再用薄膜覆盖催芽，待种子露白时，即可取出播种。春、夏、秋播均可。

春播于 3 月下旬至 4 月上旬，在整好的畦上，按行距 30cm 开深 2cm 的浅沟，将催芽种子均匀撒入沟内，覆土，播后保持土壤湿润，10~12 天便可出苗。夏播于 6 月中旬至 7 月下旬播种，方法同春播。秋播于 10 月底至 11 月初播种，翌年 3~4 月出苗。

（2）分株繁殖 于早春或晚秋，将 2 年生的根茎挖出，带须根切成 3~5cm 的小段，每段带芽头 2~3 个。在备好的畦上，按行距 30cm，深 4~5cm 开横沟，将切好的种茎按株距 15~20cm 一段平放于沟内，覆土，压实，浇透水，一般 15~20 天出苗。

如何进行知母田间管理？

知母田间管理包括间苗定苗、除草、追肥、灌溉和排水等。

（1）间苗定苗及除草 当苗高4~5cm时，按株距5~6cm间苗；苗高6~10cm，按株距18cm左右定苗。间苗、定苗后各进行1次松土除草，注意松土宜浅，以耧松地表土为度。

（2）追肥 知母苗期，每亩追施尿素15kg；旺盛生长期，每亩追施复合肥30kg。2~3年生知母，在春季萌发前，每亩施磷酸二铵20kg。7~8月生长旺盛期，可喷施0.3%磷酸二氢钾溶液，隔15天再喷1次。配合使用生物菌剂或生物有机肥，可起到生根促壮、抗病增产、提质增效的作用。

（3）排灌 土壤干旱时，及时浇水；封冻前灌1次越冬水，防冬旱。雨后及时疏沟排水。

如何防治知母的病虫害？

知母的抗病能力较强，危害知母苗和地下根茎的害虫主要是蛴螬，此种害虫在蔬菜、瓜果、茶叶等绿色生产、控害减灾方面多采用如下措施。

（1）为害状 蛴螬属鞘翅目、金龟甲科。危害知母苗和地下根茎。常咬断根茎，影响生长，严重的造成植株死亡。缺苗断垄。

（2）防治方法

物理防治：在成虫（金龟子）发生期，规模化运用灯光诱杀，消灭在危害和产卵之前。

科学用药防治：在幼虫低龄期选用50%辛硫磷乳油1000倍灌根。其他防治用药和方法参照“芍药蛴螬”。

如何采收知母？

知母种子繁殖一般3~4年采收，宜在秋后植株枯萎后至来年春季发芽前进行。秋冬采收不宜过早，在土壤封冻前采挖即可，此时植株枯萎，根茎肥大，质地优良，养分充足。春季解冻后即可采挖，采挖时，先在栽培畦的一端挖出一条深沟，然后顺行小心挖出全根，抖掉泥土，采挖时一定要小心，切勿挖断根茎。

如何进行知母的产地加工？

知母的产地加工分毛知母和知母肉两种加工法。

（1）毛知母 将采挖得到的知母根茎，去掉地上的芦头和地下的须根，晒干或烘干。先在锅内放入细沙，将根茎投入锅内，用文火炒热，炒时不断翻动，炒至能用手搓擦去须毛时，再将根茎捞出，放在竹匾上趁热搓去须毛，但须保留黄绒毛，晒干即成毛知母。

（2）知母肉 将挖出的根茎先去掉芦头及地下须根，趁鲜用小刀刮去带黄绒毛的表皮，晒干即是知母肉。

射 干

射干有何药用价值？

射干为鸢尾科植物射干 *Belamcanda chinensis*（L.）DC. 的干燥根茎。

射干味苦，性寒，归肺经，具有清热解毒、祛痰利咽之功效。用于热毒痰火郁结、咽喉肿痛、肺痈、痰咳气喘等症，为治疗喉痹咽痛之要药，现临床用于治疗呼吸系统疾患，如上呼吸道感染、急慢性咽炎、慢性鼻窦炎、支气管炎、哮喘、肺气肿、肺心病而见咽喉肿痛和痰盛咳喘者，射干还在治疗慢性胃炎、高敏高疸急性肝炎、伤科创面感染、足癣、阳痿等其他系统和皮肤疾患方面有较好疗效。

此外，在治疗禽病如鸭瘟、鸡传染性喉气管炎、喉炎等方面，射干与其他抗病毒、清热解毒药及饲料共用，效果良好。现代研究，还发现射干可用于美发、护肤等产品，对常见的致病性皮肤癣有抑制作用。射干不仅是我国中医传统用药，也是韩国、日本传统医学的常用药，近年来国内外，尤其是在日本对其化学成分、药理及开发利用进行了大量深入研究，并以射干提取物为主要原料开发了多种药品。射干除其根茎供药用，也是一种观赏植物，需求量逐年增加，其价格也在波动中不断攀升。

种植射干如何选地和整地？

射干适应性强，对环境要求不严，喜温暖，耐寒、耐旱，在气温 -17℃地区可自然越冬。一般山坡、田边、路边、地头均可种植。但以向阳、肥沃、疏松、地势较高、排水良好的中性土壤为宜，低洼积水地不宜种植。种植时宜选择地势较高、排水良好、疏松肥沃的黄砂地。整地时每亩用腐熟的有机肥 3000kg，复合肥 50kg，结合耕地翻入土中，耕平耙细，作畦。

射干繁殖方式有哪几种？

射干繁殖方式有种子繁殖、根茎繁殖、扦插繁殖三种方式，生产上多采用种子繁殖。

（1）种子繁殖

①种子采收：射干播种后二年或移栽当年即可开花，当果实变为绿黄色或黄色，果实略开时采收。果期较长，分批采收，集中晒至种子脱出，除去杂质，沙藏、干藏或及时播种。

②种子处理：射干种子外包一层黑色有光泽且坚硬的假种皮，内还有一层胶状物质，通透性差，较难发芽，因而需对种子进行处理。播前1个月取出，用清水浸泡1周，期间换水3~4次，并加入1/3细沙搓揉，1周后捞出，晾干水分，20~23天后取出，春播或秋播。

③播种：育苗田，按行距10~15cm，深3cm，宽8cm，开沟播种，播后25天可出苗。直播田，在备好的畦面上，按行距30cm播种，亩用种量6kg，稍镇压、浇水，约25天出苗，生产上一般多采用直播。

④移栽：育苗1年后，当苗高20cm时定植。选阴天，按行距30cm，株距20cm开穴，每穴栽苗1~2株，栽后浇定根水。

（2）根茎繁殖　春季或秋季，挖取射干根茎，切成若干小段，每段带1~2个芽眼和部分须根，置于通风处，待其伤口愈合后栽种。栽种时，在备好的畦面上，按株行距20cm×25cm开穴，穴内放腐殖土或土杂肥1把，与穴土拌匀，每穴栽入1~2段，芽眼向上，覆土压实，浇水保湿。

（3）扦插繁殖　剪取花后的地上部分，剪去叶片，切成小段，每段须有2个茎节，待两端切口稍干后，插于穴内，穴距与分株繁殖相同，覆土后浇水，并须稍加荫蔽，成活后，少量追1次肥，扦插成活的植株，当年生长缓慢，第2年即可正常生长，扦插也可在苗床进行，成活后再移栽大田。

射干的田间管理技术要点有哪些？

（1）间苗、定苗、补苗　间苗时除去过密瘦弱和有病虫的幼苗，选留生长健壮的植株。间苗宜早不宜迟，一般间苗2次，最后在苗高10cm时进行定苗，每穴留苗1~2株。对缺苗处进行补苗，大田补苗和间苗同时进行，选阴天或晴天傍晚进行，带土补栽，浇足定根水。每亩定植1.2万~1.5万株。

（2）中耕除草　春季勤除草和松土，6月封垄后不再除草松土，在根际培土防止倒伏。

（3）浇水、排水　幼苗期保持土壤湿润，除苗期、定植期外，不浇或少浇水。对于低洼容易积水地块，应注意排水。

（4）追肥　栽植第二年，于早春在行间开沟，亩施腐熟有机肥2000kg，或过磷酸钙25kg。

（5）摘薹打顶　除留种田外，于每年7月上旬及时摘薹。

如何防治射干的病害？

射干主要病害有锈病、叶枯病和花叶病等，此类病害在蔬菜、瓜果、茶叶等绿色生产、控害减灾方面多采用如下措施。

（1）锈病

①病原及症状：属担子菌亚门真菌，为锈菌目、柄锈菌科、柄锈菌属、鸢尾柄锈菌。危害叶片，幼苗和成株均有发生，发病后呈褐色隆起的锈斑。射干感染锈病后，首先叶片开始老化，并提前干枯，严重影响植物的光合作用，对地下根茎影响较大，直接造成减产。

②防治方法

农业防治：秋后清理田园，除尽带病的枯枝落叶，消灭越冬菌源。增施腐熟的有机肥和磷钾肥，合理控氮肥和补微肥，推广使用生物菌剂和生物有机肥，拮抗有害菌，促使植株生长健壮，提高抗病和抗逆能力。

生物防治：发病前用2%农抗120（嘧啶核苷类抗菌素）水剂或1%武夷菌素水剂150倍液喷雾，7~10天喷1次，视病情掌握喷药次数。也可在缓苗期、现蕾期、开花期、结实期分别喷施植物源杀菌剂，如速净（黄芪多糖、黄芩素≥2.3%）30~50ml+沃丰素［植物活性苷肽≥3%，壳聚糖≥3%，氨基酸、中微量元素≥10%（锌≥6%、硼≥4%、铁≥3%、钙≥5%）］25ml+80%大蒜油15ml兑水15kg，定期喷雾，每个时期建议喷雾1~2次，间隔7天左右，其中大蒜油苗期使用量减半至5~7ml即可。

科学用药防治：发病前或发病初期用80%全络合态代森锰锌可湿性粉剂1000倍液，或30%醚菌酯可湿性粉剂3000倍液保护性防治。发病后用25%吡唑醚菌酯悬浮剂2000倍液，或唑类杀菌剂（20%苯醚甲环唑水乳剂或25%戊唑醇可湿性粉剂1000倍液等），或33%寡糖·戊唑醇悬浮剂3000倍液均匀喷雾。一般7~10天喷1次，视病情掌握喷药次数。

（2）叶枯病

①病原及症状：属半知菌类、交链孢霉菌。发病初期病斑发生在叶尖缘部，形成褪绿色黄色斑，呈扇面状扩展，扩展病斑黄褐色；后期病斑干枯，在潮湿条件下出现灰褐色霉斑。病原菌在土壤中寄主植物病残体上越冬及存活。借雨、风及浇水传播，多从生长弱的叶尖侵染为害，高温环境、植株郁闭、通风不畅等利于发病。

②防治方法

农业防治：秋后清理田园，除尽带病的枯枝落叶，消灭越冬菌源。

科学用药防治：发病初期开始防治，用80%全络合态代森锰锌可湿性粉剂1000倍液或27%寡糖·吡唑醚菌酯水剂2000倍液，或75%肟菌·戊唑醇水分散粒剂2000倍液等喷雾防治。每隔7~10天喷1次，一般连喷2~3次。

（3）花叶病（病毒病）

①病原及症状：属马铃薯Y病毒组（IMV）和菜豆黄斑花叶病毒（BYMV）。主要表现在叶片上，产生褪绿条纹花叶、斑驳及皱缩。有时芽鞘地下白色部分也有浅蓝色或淡黄色条纹出现。

②防治方法

农业防治：田间出现病毒株及时拔除并销毁。从无病株上选留种子。及早灭蚜防病。

物理防治：有翅蚜发生初期成方连片规模化推行黄板或嫩绿板诱杀，推迟发生期，降低发生程度，轻发生年甚至可不用药防治。可采用市场出售的商品黄板，每亩30~40块。

科学用药防治：种子处理，用70%吡虫啉种子处理可分散剂15g拌种10kg；30%噻虫嗪悬浮剂100g拌种50kg处理种子控制早期蚜虫（传毒介体）。用种子重量0.2%~0.3%的25%甲霜灵·锰锌可湿性粉剂拌种或10%磷酸钠水溶液浸种20~30分钟控制病毒源。适期科学用药防治：蚜虫发生初期并有扩展的态势，及时用92.5%双丙环虫酯可分散液剂15000倍液等喷雾防治。预防性控制病毒病发生和蔓延。在控制蚜虫危害不能传毒的基础上，预计临发病之前喷施植物诱抗剂海岛素（5%氨基寡糖素）水剂或6%24-表芸·寡糖水剂1000倍液，或30%毒氟磷可湿性粉剂1000倍液，或2%嘧肽霉素水剂800倍液，或宁南霉素水剂500~1000倍液，或20%盐酸吗啉胍·乙铜可湿性粉剂500倍液喷雾或灌根，预防性控制病毒病发生。

如何防治射干的虫害？

射干主要害虫有钻心虫、地老虎、蛴螬、蚜虫等，此类害虫在蔬菜、瓜果、茶叶等绿色生产、控害减灾方面多采用如下措施。

（1）钻心虫　属鳞翅目、螟蛾科。

①为害状：又名环斑蚀夜蛾。以幼虫危害叶鞘、嫩心叶和茎基部，造成射干叶片枯黄，严重的植株自茎基部被咬断，地下根状茎被害后引起腐烂，最后只剩空壳，或开花时咬断小花梗影响开花。

②防治方法

农业防治：收刨时，正是第四代钻心虫化蛹阶段和老熟幼虫阶段，把铲下的秧集中销毁，致使翌年成虫不能出土羽化，有效降低越冬基数。及时人工摘除一年生蕾及花，消灭大量幼虫。

物理防治：成虫期可成方连片规模化进行灯光诱杀，消灭在产卵之前。

生物防治：规模化运用性诱剂诱杀雄蛾于交配之前。钻心虫卵孵化盛期或低龄幼虫期未钻蛀前，可选喷生物源杀虫剂0.5%苦参碱水剂1000倍液，或6%乙基多杀菌素悬浮剂2000倍液等喷雾，安全控害。

科学用药防治：移栽时用20%氯虫苯甲酰胺悬浮剂或25%噻虫嗪水分散剂1000倍液浸根20~30分钟，晾干后栽种，相互可复配使用。低龄幼虫期未钻蛀之前及时，优先选用5%氟铃脲乳油1000倍液，或5%氟啶脲乳油或25%灭幼脲悬浮剂1000倍液，或5%虱螨脲乳油2000倍液，或25%除虫脲悬浮剂3000倍液，最大限度地保护自然天敌和传媒昆虫。其他药剂可用15%茚虫威悬浮剂4000倍液，或1.8%阿维菌素乳油1000倍液，或10%溴氰虫酰胺可分散油悬浮剂2000倍液，或以上药剂复配喷施并加展透剂。重点喷洒射干秧苗的心叶处，7天喷1次，防治2~3次。

（2）**地老虎** 属鳞翅目、夜蛾科。

①为害状：又叫截虫、地蚕。以幼虫危害射干地上茎，常从地表处将茎咬断使植株死亡，造成缺苗断条。

②防治方法

农业防治：栽培射干前，土地须经多次耕翻，把害虫的卵、蛹、幼虫翻到土表或深埋土中，改变其生活环境而使其致死或被禽鸟啄食。中耕除草：在害虫产卵期、蛹期，适当增加松土次数，可将害虫的卵、蛹暴露在土壤表面或深埋于土壤中，使其得不到孵化、羽化条件而死亡。人工捕捉：在整地和田间管理等作业中，发现害虫立即捕捉消灭。

物理防治：成方连片规模化利用灯光或配制糖酒醋液诱杀成虫，消灭在产卵之前。

生物防治：运用性诱剂规模化诱杀雄虫，消灭在交配之前。

科学用药防治：毒饵诱杀：每亩用50%辛硫磷乳油0.5kg，加水8~10kg喷到炒过的40kg麦麸上或棉仁饼制成毒饵，于傍晚撒在秧苗周围和害虫活动场所进行毒饵诱杀，或傍晚撒于田间或畦面上诱杀，或在畦帮上开沟，把毒饵撒于田间或畦面上诱杀，或在畦帮上开沟，把毒饵撒入沟内。撒毒土：地老虎幼虫低龄期每亩用50%辛硫磷乳油0.5kg加适量水喷拌细土50kg，撒施在植株周围毒杀，或在出苗前，结合耧畦将毒土撒在床面上，或结合松土、施肥将毒土撒入土中。喷淋或浇灌：用50%辛硫磷乳油1000倍液，或10%溴氰虫酰胺可分散油悬浮剂2000倍液，将喷雾器喷头去掉，喷杆直接对根部喷淋防治。

（3）**蛴螬（金龟子）** 属鞘翅目、金龟甲科。

①为害状：蛴螬（金龟子幼虫）主要咬食根状茎和嫩茎，危害严重时造成缺苗断垄。白天可在被害植株根茎根际或附近土下3~6cm处挖到。

②防治方法

农业防治：冬前将栽种地块深耕多耙，杀伤虫源、减少越冬基数。

物理防治：成方连片规模化用灯光诱杀成虫（金龟子），消灭在产卵之前。一般50亩地安装一台灯。

生物防治：每亩用100亿孢子/克金龟子绿僵菌乳粉剂1.5kg，卵孢白僵菌用量为每平方米用2.0×10^9孢子（针对有效含菌量折算实际使用剂量）。

科学用药防治：用50%辛硫磷乳油0.25kg与20%氯虫苯甲酰胺悬浮剂0.25kg

混合后，兑水 2kg，喷拌细土 30kg，或亩用 3% 辛硫磷颗粒剂 3~4kg，混细沙土 10kg 制成药土，在播种或栽植时撒施，均匀撒施田间后浇水；或用 50% 辛硫磷乳油 1000 倍液，或 10% 溴氰虫酰胺可分散油悬浮剂 2000 倍液，或 5% 甲维盐·虫螨腈水乳剂 1000 倍液，或 30% 甲维盐·茚虫威悬浮剂 4000 倍液等，手压式喷雾器将喷头去掉，喷杆直接对根部，灌根防治幼虫。高效大型药械遵照使用说明。

射干如何采收及产地初加工？

射干以种子繁殖栽培的需 3~4 年才可采收，根茎繁殖的需 2~3 年收获。一般在春秋采收，春季在地上部分未出土前，秋季在地上部分枯萎后，选择晴天挖取地下根茎，除去须根及茎叶，抖去泥土，运回加工。

将除去茎叶、须根和泥土的新鲜根茎晒干或晒至半干时，放入铁丝筛中，用微火烤，边烤边翻，直至毛须烧净为止，再晒干即可。晒干或晒至半干时，也可直接用火燎去毛须，然后再晒，但火燎时速度要快，防止根茎被烧焦。

党　参

党参的药用价值如何？

党参 *Codonopsis pilosula*（Franch.）Nannf. 为桔梗科多年生草质藤本药用植物。以干燥的根入药，称为党参，按产地商品名称有潞党、东党、台党、西党等，为常用中药材。味甘，性平。归脾、肺经。具有补中益气、生津养血、扶正祛邪的功能，主治脾气虚弱所致的食少便溏，体倦乏力，肺气不足之咳喘气急，热病伤津，气短口渴，血虚心悸、健忘等症。

种植党参如何选地整地？

党参系深根植物，幼苗期怕强光直晒，需荫蔽；成株喜欢阳光，怕积水；耐寒，能在田间越冬。适宜靠近水源、土质疏松、肥沃、排水良好的砂质壤土或腐殖质壤土生长，低湿盐碱地不宜种植。

选地后每亩施入经过腐熟的有机肥 2000~2500kg，复合肥 75kg 做基肥，深翻 30cm 左右，然后耙细整平，做畦，四周开好排水沟，待播。

如何进行党参种子播前处理？

党参的种子繁殖必须用当年的新种子，隔年的陈种子发芽率极低。播前种子处理方法如下。

将选好的党参种子去掉杂质、秕籽；有水浇条件的地块直播即可，若是无水浇条件可结合墒情，灵活地进行播前浸种催芽，方法是：将种子放入40~50℃的温水中浸泡，要做到边搅拌边放种子，待搅拌至水温降到感觉不烫手为止。再放5分钟，然后移至纱布袋内，置于温度15~20℃处，每隔3~4小时用清水淋洗1次，在5~6天内种子开口即可播种。

党参育苗如何播种？

春播在3~4月进行，宜早。夏播6~7月进行，夏季高温要特别注意幼苗期的遮阴与防旱，以防参苗因日晒或干旱而死。秋播在10~11月上冻前，当年不出苗，到第二年清明前后出苗。秋播宜迟不宜早，秋播太早种子发芽出苗，小苗难以越冬。党参播种大多选择4月前后春播，因这时温度比较平稳，降雨量相对较少，有利于苗期生长。

播种方法：先在整好的畦上横开浅沟，行距25~30cm，播幅10cm左右，深0.5cm，然后将种子与细土拌和，均匀撒于沟内，微盖细土，稍加镇压，使表土与种子结合，种子宜浅不宜深，以薄土盖住种子为宜；每亩用种量1.5~2kg。党参种子萌发需水且幼苗喜荫，生产上可覆盖谷物杂草保墒，或间作高秆作物遮阴，或在播种时种些菜籽，待菜苗长大可起遮阴作用，出苗后逐渐拔掉。苗高12~15cm时，将蔬菜苗拔完。

党参育苗田如何管理？

党参幼苗期生长细弱，怕旱、怕涝、怕晒、喜阴凉；党参种植能否成功，苗期管理是关键，如管理不善，虽已出苗也会逐渐死亡。幼苗期管理注意做好以下几方面。

（1）浇水排水　幼苗期根据地区土质等自然条件适当浇水，不可大水浇灌，以免冲断参苗。出苗期和幼苗期保持畦面潮湿，以利出苗；参苗长大后可以少灌水不追肥。水分过多造成过多枝叶徒长，苗期适当干旱有利于参根的伸长生长，雨季特别注意排水，防止烂根烂秧，造成参苗死亡。

（2）除草间苗　育苗地要做到勤除杂草，防止草荒，苗高5~7cm时，注意适当间苗，保持株距1~3cm，分次去掉过密的弱苗。

如何进行党参的移栽？

党参的移栽分春栽和秋栽两种。春季移栽在芽苞萌动前，即3月下旬至4月上旬；秋季移栽于10月中下旬茎叶枯萎停止生长时即可。春栽宜早，秋栽宜迟，以秋栽为好。秋栽最好选阴天或早晚时进行，随起苗随移栽。

育苗1年后即可收参苗，起苗时注意从侧面挖掘，防止伤苗，边刨边拾，同时去掉病残参苗，最好按参苗的大、中、小分档，以便分别定植。起苗不应在雨天进行。秋天移栽的起苗后就定植。

参苗以苗长条细（苗短条粗的再生能力差、产量低）者为佳，按苗大小分类。移栽时不要损伤根系，将参条顺沟的倾斜度放入，使根头抬起，根稍伸直，覆土使根头不露出地面为度，一般高出参头5cm左右。行距20~30cm，株距5~10cm栽植。参秧以斜放为好，这样种植的党参的产量高、品质优。

如何进行党参田间管理？

（1）中耕除草 清除杂草是确保党参增产的主要措施之一，因此，封行前应勤除杂草、松土，并注意培土，防止芦头露出地面；松土宜浅，以防损伤参根；封行后不再松土，一般栽后第一年视情况除草2~3次左右，栽植后每年早春出苗后可酌情进行除草。

（2）排灌 出苗前要经常保持畦面湿润，幼苗出土后浇水时要让水慢慢流入畦内，苗长到15cm以上，一般不需要浇水，注意保持地表疏松，土下湿润，雨季注意排水，以防烂根。

（3）追肥 移栽成活后，每年5月上旬当苗高约30cm时，有条件时可追施充分腐熟的有机肥1次，每亩1000~1500kg，然后培土；或结合第1次除草松土，每亩施入氮肥10~15kg；结合第二次松土每亩施入过磷酸钙25kg，肥施入根部附近。在冬季每亩施入腐熟有机肥1500kg左右，以促进党参次年苗齐苗壮。

（4）搭架 当参苗高约30cm时搭架，使茎蔓攀缘，以利通风透光，增加光合能力，促进苗壮苗旺，减少病虫为害，否则会因通风透光不良造成雨季烂秧，并影响参根与种子的产量；搭架可就地取材，因地而异；可在行间插入竹竿或树枝，两行合拢扎紧，成“人”字形或三角架。

如何进行党参病害的综合防治？

党参主要病害有根腐病、锈病、霜霉病等，此类病害在蔬菜、瓜果、茶叶等绿色生产、控害减灾方面多采用如下措施。

（1）根腐病

①病原及症状：属半知菌亚门、瘤座菌目、镰刀菌属。党参植株发病部位为根部，多从须根、侧根开始呈黄褐色腐烂，后蔓延到主根。初期产生水渍状红褐色斑，后扩大相互愈合，根变黑褐色腐烂，地上植株渐枯黄萎蔫。有时病根反复产生愈伤组织和再生新根，根凹凸不平降低品质。病菌在土壤中越冬，靠菌土传播。连作、高温多雨、田间湿度大、地势低洼、土壤黏重、久旱突雨、排水不畅及地下害虫为害重的地块往往发病。多于5月中下旬始见发病。

②防治方法

农业防治：播种前党参种子用清水漂洗，以去掉不饱满和成熟度不够的瘪籽，培育和选用无病健壮参秧。雨季随时清沟排水降低田间湿度。田间搭架，避免藤蔓密铺地面，有利通风透光。及时清理田园，清除残株，以减少越冬病原菌。与禾本科作物实行 3 年以上的轮作。选用无病种植。及时拔除病株，并将其集中烧毁，拔除病株后的病穴要撒生石灰消毒。

生物防治：预计临发病前开始，用 10 亿活芽孢 /g 枯草芽孢杆菌 500 倍液灌根，7 天喷灌 1 次，连续喷灌 3 次以上。

科学用药防治：苗床用 30% 噁霉灵水剂 +10% 苯醚甲环唑水乳剂（1∶1）复配 1000 倍液处理土壤后播种。种苗栽种前用植物诱抗剂海岛素（5% 氨基寡糖素）800 倍液 +10% 苯醚甲环唑水乳剂 1000 倍液浸秧 20 分钟，稍晾后栽植。发病初期用 80% 全络合态代森锰锌可湿性粉剂 1000 倍液，或 30% 噁霉灵水剂 + 苯醚甲环唑水乳剂按 1∶1 复配 1000 倍液喷淋或灌根，7~10 天喷灌 1 次，连续喷灌 3 次以上。主张使用以上化学药剂与植物诱抗剂海岛素（5% 氨基寡糖素）或 6% 24– 表芸 · 寡糖水剂 1000 倍液混配使用，提质增效、抗逆抗病、生根壮株、安全控害。

（2）锈病

①病原及症状：属担子菌纲、锈菌目、金钱豹柄锈菌。主要危害叶片，亦危害花托和茎等部位。叶面初产生无明显边缘的失绿黄褐色斑点。相应背面有浅红褐色小疱斑，隐于皮层下，后皮层破裂，露出橙黄色夏孢子堆，多着生于叶脉两侧，孢子堆周围有黄白色晕圈。重时叶片引起干枯，冬孢子堆产生。病菌在枝叶上生存越冬。靠气流传播蔓延，6~7 月为发病盛期。适温 23~26℃，多风、雨，大雾重露等高湿环境利于发病。

②防治方法

农业防治：及时拔除病株并烧毁，病穴用石灰消毒。收获后清洁田园，消灭越冬病原。党参药材基地要远离桧柏树（林），远离菌源栖息植物。

生物防治：发病前用 2% 农抗 120（嘧啶核苷类抗菌素）水剂或 1% 武夷菌素水剂 150 倍液喷雾，7~10 天喷 1 次，视病情掌握喷药次数。

科学用药防治：临发病之前或发病初期用 42% 寡糖 · 硫黄悬浮剂 600 倍液，或 80% 全络合态代森锰锌可湿性粉剂 1000 倍液，或 30% 醚菌酯可湿性粉剂 3000 倍液喷雾保护性防治。发病后或发病初期用 25% 吡唑醚菌酯悬浮剂 2000 倍液，或唑类杀菌剂（20% 苯醚甲环唑水乳剂或 25% 戊唑醇可湿性粉剂 1000 倍液等）喷雾防治。

（3）霜霉病

①病原及症状：属鞭毛菌亚门、霜霉菌目。主要危害叶片。最初叶片上出现失绿黄色斑点，边缘不明显，后扩大，相应叶背面产生紫褐色霜霉层，叶正面病斑扩大受叶脉限制，呈多角形。严重时叶片变褐枯死。

②防治方法

农业防治：收获后清洁田园，减少菌源。适当肥水管理，增施腐熟的有机肥，配方和平衡施肥，合理补微肥，推广使用生物菌肥和生物有机肥，培育健壮植株，提高抗病能力。实施轮作，合理密植。

科学用药防治：发病前可选用80%全络合态代森锰锌或30%嘧菌酯水剂或23%寡糖·嘧菌酯悬浮剂1000倍液等保护性杀菌剂喷雾，预防性控制发生和蔓延。发病后或初期及时选用72%克露（霜脲氰+代森锰锌）可湿性粉剂或52.5%抑快净（噁唑菌酮·霜脲氰）可湿性粉剂或72.2%霜霉威盐酸盐水剂1000倍液喷雾防治。提倡与植物诱抗剂海岛素（5%氨基寡糖素）水剂800倍液或6%24-表芸·寡糖水剂1000倍液混配使用，抗逆强身、增效提质。交替用药，视病情把握防治次数，一般喷施2次左右，间隔7~10天。

如何进行党参害虫的综合防治？

党参主要害虫有蚜虫、蛴螬、小地老虎等，此类害虫在蔬菜、瓜果、茶叶等绿色生产、控害减灾方面多采用如下措施。

（1）蚜虫 属同翅目、蚜科。

①为害状：蚜虫常群聚在党参的叶片、嫩茎、花蕾和顶芽上危害，蚜虫以刺吸式口器刺吸党参体内的养分，引起党参植株畸形生长，造成叶片皱缩、卷曲、虫瘿以致脱落，甚至使药用党参枯萎、死亡。

②防治方法

农业防治：消灭越冬虫源，清除附近杂草，进行彻底清园。

物理防治：有翅蚜发生初期成方连片规模化推行黄板或嫩绿板诱杀，推迟发生期，降低发生程度，轻发生年甚至可不用药防治。可采用市场出售的商品黄板，每亩30~40块。

生物防治：前期蚜量少时保护利用瓢虫等天敌，进行自然控制；无翅蚜发生后适期早治，选用生物源杀虫剂0.5%苦参碱水剂或5%天然除虫菊素乳油1000倍液等植物源杀虫剂。

科学用药防治：无翅蚜发生后未扩散前及时防治，优先选用25%噻嗪酮可湿性粉剂或10%吡丙醚乳油2000倍液或5%虱螨脲水剂2000倍液，或22.4%螺虫乙酯悬浮液4000倍液均匀喷雾，最大限度地保护自然天敌和传媒昆虫。其他药剂可用10%烯啶虫胺可溶性粉剂2000倍液，或92.5%双丙环虫酯可分散液剂15000倍液等喷雾防治。

（2）蛴螬 属鞘翅目、金龟甲科。

①为害状：在参畦土下1~2寸处咬食参根，将党参吃成孔洞或咬断参根，造成缺苗断垄，甚至毁产。

②防治方法

农业防治：冬前将栽植党参的地块深耕多耙，杀伤虫源，减少幼虫的越冬基数。施用腐熟的有机肥，以防止招引成虫来产卵。在田间发现蛴螬为害时，可挖出被害植株根际附近的幼虫，人工捕杀。

物理防治：利用成虫趋光性，规模化采用灯光诱杀。一般每 50 亩安装一台。

生物防治：低龄幼虫期用 90 亿孢子 / 克球孢白僵菌油悬剂 400 倍液灌根。

科学用药防治：发现危害症状及时防治，可用 50% 辛硫磷乳油 800 倍液灌根。毒饵防治：用 10% 溴氰虫酰胺可分散油悬浮剂按药:饵料 =1：200” 的比例配制，充分拌匀制成毒饵后于傍晚时撒于田间诱杀幼虫。药液浇灌防治：在幼虫发生期用 50% 辛硫磷乳油或 5% 氯虫苯甲酰胺悬浮剂 1000 倍液、10% 溴氰虫酰胺可分散油悬浮剂 2000 倍液等浇灌或灌根。

（3）小地老虎 属鳞翅目、夜蛾科。

①为害状：幼虫咬食（断）嫩茎危害，低龄幼虫（1 龄和 2 龄）在党参苗嫩叶上取食，大龄幼虫（3 龄后）白天潜伏在苗床的土里，夜晚出来危害，常将地面的党参苗咬断，造成缺苗甚至毁苗，直接影响大田党参的移栽。幼虫从地面咬断根茎造成田间断苗缺苗。常潜伏在被害株附近表土下。成虫喜食花蜜，具较强的趋光性。

②防治方法

农业防治：有条件的地区实行水旱轮作，基本上消灭地老虎为害。杂草是地老虎产卵的场所，经常铲除杂草对减轻害虫发生有很大作用，尤其在成虫产卵期消灭杂草作用更大。运用人力或机械进行翻耕，以减少地老虎类幼虫体，消灭来年虫源。适度中耕破坏地老虎类的孵化和羽化条件，使其不能繁殖。

物理防治：利用地老虎成虫的趋光性，规模化安装杀虫灯诱杀成虫，消灭在产卵之前，每 50 亩安装一台灯。将红糖:醋:白酒:水 =3：3：1：10 的比例制成糖醋液，诱杀地老虎成虫，诱蛾钵应安放在高出党参苗 30cm 的支架上，每天清晨捡出死蛾，将诱蛾钵盖好，晚上将诱蛾钵盖拿掉，5~7 天换 1 次溶液，连续诱杀 20~30 天，诱蛾钵放置密度 5 个 / 亩。

科学用药防治：春播翻犁土地时，用 50% 辛硫磷乳油 1kg，拌细土 30kg 制成毒土，均匀撒在 1 亩的翻犁土中，以杀灭越冬代地老虎类的幼虫。播种时，将 50% 辛硫磷乳油 1kg 加适量水稀释，喷洒在 50kg 细土上拌匀制成毒土撒施在穴（沟）内，预防地老虎类咬食党参幼芽；党参出苗后，可将毒土撒施在党参苗四周，触杀夜间出土危害的地老虎类的幼虫；或用 50% 辛硫磷乳油 0.5kg 加水 1.5kg 与 100kg 切碎的菜叶或杂草混匀制成毒饵，于傍晚散植株周围。在党参苗床上用植物诱抗剂海岛素（5% 氨基寡糖素）800 倍液 +50% 辛硫磷乳油 1000 倍液或 5% 虱螨脲乳油或 2.5% 多杀霉素悬浮剂 1500 倍液等喷淋，安全控害。

如何进行党参的采收和初加工

党参的采收期以 3~4 年为宜，即育苗 1 年后移栽，移栽后 2~3 年采收。以秋季采收为宜，药材粉性充足，折干率高，质量好。采收时要选择晴天，先去除支架和割掉参蔓，再在畦的一边用镢头开30cm深的沟，小心刨挖，扒出参根。鲜参根脆嫩、易破、易断裂，一定要小心免伤参根，否则会造成根中乳汁外溢，影响根的品质。

将挖出的参根除去茎叶，抖去泥土，用水洗净，先按大小、长短、粗细分为老、大、中条，分别晾晒至三四成干，至表皮略起润发软时（绕指而不断）将党参一把一把的顺握或放在木板上，用手揉搓，参稍太干可放在水中浸一下再搓，搓后再晒，反复3~4次，使党参皮肉紧贴，充实饱满并富有弹性。应注意搓的次数不宜过多，用力也不宜过大，否则会变成油条，影响质量，每次搓过后，不可放于室内，应置于室外摊晒，以防霉变。

牛　膝

牛膝生产中有哪些品种类型？

牛膝为苋科植物牛膝 *Achyranthes bidentata* Bl. 的干燥根，具有散瘀血、消痈肿的功效。华北种植的牛膝种质类型有京牛膝、赤峰牛膝、怀牛膝等，各地在种植时应选择适宜的品种类型。

种植牛膝如何进行选地整地？

牛膝系深根作物，宜选择地势向阳、土层深厚肥沃、排水良好的壤土种植，洼地、盐碱地不宜种植。前茬以小麦、玉米等禾本科作物为宜；前茬为豆类、花生、山药、甘薯的地块不宜种植牛膝。结合整地，每亩施入充分腐熟的有机肥3000kg，尿素15kg，过磷酸钙80kg，硫酸钾20kg，后深翻30~40cm，浇水踏墒耙平，按1.8~2m作畦，畦长依地势而定。

如何进行牛膝播种？

（1）播种时间　牛膝一般于6月下旬至7月中旬为播种适期，过早则地上茎叶生长快，花期提早，地下根多发岔，药材质量差；过迟则植株生长不良，产量降低。

（2）播种方法　牛膝主要用种子繁殖，一般采用大田直播方法，可以人工播种，也可以用药材精量播种机进行播种。每亩用种量2~3kg。条播：顺畦按行距15~20cm开1~1.5cm浅沟，将种子均匀地撒入沟内，覆土不超过1cm，播后浇水，6~8天出苗。

如何进行牛膝的田间管理？

牛膝幼苗期怕高温，大雨后田间积水要及时排水或用井水浇1次，以降低地温。

苗期注意松土，宜浅锄疏松表土，苗高5~10cm时结合除草进行定苗；株距4~8cm，定苗时去弱留强，去小留大，在缺苗的地方可以移栽补苗。

牛膝追肥应视苗生长情况而定，在施足底肥的情况下，应在牛膝根伸长增粗期（8月中下旬）追肥1次，可以追施N、P、K复合肥每亩50kg；8月下旬至9月下旬，需水量较多，应适当增加浇水次数和浇水量。

在牛膝茎叶生长过旺的田间，可以采取割梢的方法，控制旺长。苗高40~50cm时用镰刀割去牛膝上部10cm左右，以促使根部伸长或膨大。

牛膝都有哪些主要病害，如何防治？

牛膝主要病害有白锈病、叶斑病、根腐病等，此类病害在蔬菜、瓜果、茶叶等绿色生产、控害减灾方面多采用如下措施。

（1）白锈病

①病原及症状：属鞭毛菌亚门，主要危害叶片。初在叶面出现浅绿色小斑，扩展后呈黄色，在叶面形成粉状疱斑。疱斑白色或浅黄色粉状。病斑圆形至椭圆形或不规则形，一般0.1~1.55mm，散生，个别融合。病斑略有绿色晕圈，叶面对应处呈现红点，引致叶片黄枯。穗状花序上有时也发生。病菌在病残体内或土壤中越冬，翌春借雨水传播，先侵染下部叶片再侵染蔓延。春、秋低温多雨利于发病。

②防治方法

农业防治：收获后清园，集中烧毁或深埋病株。合理密植，田间不积水。与禾本科作物进行3年以上轮作。配方和平衡施肥，增施磷钾肥和腐熟的有机肥，合理补微肥，推广使用生物菌肥、生物有机肥，增强抗病和抗逆力。

生物防治：发病前用2%农抗120（嘧啶核苷类抗菌素）水剂或1%武夷菌素水剂150倍液喷雾，7~10天喷1次，视病情掌握喷药次数。

科学用药防治：发病初期喷42%寡糖·硫黄悬浮剂600倍液，或80%全络合态代森锰锌或25%嘧菌酯悬浮剂或23%寡糖·嘧菌酯悬浮剂1000倍液等保护性杀菌剂喷雾，预防性控制发生和蔓延；发病后及时选用10%苯醚甲环唑水分散颗粒剂1500倍液喷雾防治。视病情把握用药次数，一般每10天左右天喷1次，连续喷雾2次左右，强调喷匀打透，亩用药液量要充足。使用以上化学药剂与植物诱抗剂海岛素（5%氨基寡糖素）或6%24–表芸·寡糖水剂1000倍液混配使用，提质增效、抗逆抗病、促根壮株、安全控害。

（2）叶斑病

①病原及症状：属细菌性病害，又称细菌性黑斑病，主要危害叶片和叶柄。叶片染病初期，在叶面上生有许多水渍状暗绿色圆形至多角形小斑点，后来逐渐扩大，在叶脉间形成褐色至黑褐色多角形斑，叶柄干枯略微卷缩，严重时整个叶片变成灰褐色枯萎死亡。一般7~8月发生，春秋两季发病重。借风雨传播，通风不良、湿度大利于

发病。

②防治方法

农业防治：实行合理轮作，可与禾本科作物实行两年以上的轮作。保持通透性，田间不积水。选择和推广使用生物菌剂、生物有机肥，改善土壤团粒结构，拮抗有害菌，增强植株抗病抗逆能力。保持通透性，注意苗圃地不能太湿。选择和推广使用生物菌剂、生物有机肥，改善土壤团粒结构，拮抗有害菌，增强植株抗病抗逆能力。

生物防治：预计临发病前或初期开始用药，用3%中生菌素可溶性粉剂800倍液，或80%乙蒜素乳油1000倍液、蜡质芽孢杆菌300亿菌体/克可湿性粉剂2500倍液、2%春雷霉素水剂500倍液等均匀喷施，与植物诱抗剂海岛素（5%氨基寡糖素）水剂或6%24-表芸·寡糖水剂1000倍液混配喷施，提质增效，增强抗病抗逆能力。7天左右用药1次。连续2~3次。

科学用药防治：发病初期及时防治，可选用80%盐酸土霉素可湿性粉剂1000倍液，88%水合霉素可溶性粉剂1500倍液，或47%春雷·王铜（春雷霉素+氧氯化铜）可湿性粉剂1000倍液，或33%春雷·喹啉铜悬浮剂2000倍液等均匀喷雾，7天左右用药1次。连续2~3次。与植物诱抗剂海岛素（5%氨基寡糖素）水剂或6%24-表芸·寡糖水剂1000倍液混配喷施，提质增效，增强抗病抗逆能力。

（3）根腐病

①病原及症状：属半知菌亚门、腐皮镰孢菌和茄病镰刀菌。危害根部，初期须根及侧根呈水渍状深青色，后褐色渐腐烂。地上部植株停止生长，叶片枯黄甚至全株枯死。为土壤习居菌，在土壤中越冬。地势低洼，田间积水，地下虫发生严重，久晴突雨，气温骤升时易发病。

②防治方法

农业防治：合理施肥，提高植株抗病力。注意排水，并选择地势高燥的地块种植。合理轮作，与禾本科作物实行3~5年轮作。发现病株应及时剔除，并携出田外处理。

生物防治：发病前或初期，用10亿活芽孢/g枯草芽孢杆菌500倍液灌根，7天喷灌1次，连灌3次以上。

科学用药防治：发病初期或发病后及时选用药剂灌根，可用75%肟菌·戊唑醇水分散粒剂2000倍液，或80%全络合态代森锰锌可湿性粉剂，或30%噁霉灵水剂+苯醚甲环唑水乳剂按1：1复配1000倍液灌根，视病情把握用药次数，一般10天喷灌1次。

牛膝的主要虫害防治有哪些？

牛膝主要害虫有棉红蜘蛛、银纹夜蛾等，此类害虫在蔬菜、瓜果、茶叶等绿色生产、控害减灾方面多采用如下措施。

（1）棉红蜘蛛 属蛛形纲、蜱螨目。

①为害状：一般5~6月发生，危害嫩梢和嫩叶。若螨、成螨群聚于叶背吸取汁液，使叶片呈灰白色或枯黄色细斑，严重时叶片干枯脱落，并在叶上吐丝结网，严重的影响植物生长发育。

②防治方法

农业防治：铲除田边杂草，清除残株败叶。

生物防治：选用生物源杀虫剂0.5%苦参碱水剂或0.5%藜芦碱可溶液剂1000倍液喷雾防治。最大限度地保护天敌。

科学用药防治：把握灭卵关键期，当田间零星出现成、若螨时及时喷施杀卵剂，可优先选用24%联苯肼酯悬浮剂1000倍液均匀喷雾，最大限度地保护自然天敌和传媒昆虫。其他药剂可用34%螺螨酯悬浮剂4000倍液，或27%阿维螺螨酯悬浮剂3000倍液等均匀喷雾。联苯肼酯和螺螨酯（乙螨唑、四螨嗪等）复配喷施更佳。点片发生初期并有扩散态势及时防治，可用30%乙唑螨腈悬浮剂4000倍液，或1.8%阿维菌素乳油或73%炔螨特乳油2000倍液等喷雾防治。主张其他杀螨剂与阿维菌素复配喷施，加展透剂和1%尿素水更佳。视情况把握防治次数，一般间隔10天左右喷1次。重点保护上部幼嫩部位，要喷匀打透。

（2）银纹夜蛾 属鳞翅目、夜蛾科。

①为害状：其幼虫咬食叶片，使叶片呈现孔洞或缺刻。

②防治方法

农业防治：在苗期幼虫发生期，利用幼虫的假死性进行人工捕杀。

生物防治：运用性诱剂诱杀雄蛾于交配之前。卵孵化盛期用5%氟啶脲乳油或25%灭幼脲悬浮剂2500倍液，或25%除虫脲悬浮剂3000倍液，或在低龄幼虫期用0.36%苦参碱水剂800倍液，或1.1%烟碱乳油1000倍液，或2.5%多杀霉素悬浮剂1500倍液喷雾防治。视虫情把握防治次数，一般7天喷治1次。

科学用药防治：优先选用5%虱螨脲乳油2000倍液喷雾防治，最大限度地保护自然天敌和传媒昆虫。其他药剂可用10%溴氰虫酰胺可分散油悬浮剂2000倍液，或20%氯虫苯甲酰胺悬浮剂3000倍液，或50%辛硫磷乳油1000倍液，或15%甲维盐·茚虫威悬浮剂3000倍液，或10%虫螨腈悬浮剂1500倍液，或38%氰虫·氟铃脲（氰氟虫腙+氟铃脲）悬浮剂3000倍液等喷雾防治。视虫情把握防治次数，一般7~10天喷治1次。

如何繁殖牛膝种子？

（1）选留种根 在牛膝收获前，注意在田间选择高矮适中、分枝密集、叶片肥大、无病虫害的植株作为母株，并挂牌标记。收获时，从母株中选取根条长直、上下粗细均匀、主根下部支根少、色黄白的根条作种根。将选取的根条留上部15cm左右，贮藏于地窖内。

（2）栽植 翌年4月初，在整好的留种田内，按行株距35cm×35cm挖穴，每穴栽入3根，按品字形栽入穴内。栽后覆盖细土，压紧压实浇水。

（3）田间管理 生长期间及时拔除秧田的杂苗；6月中旬，每亩施入20kg尿素；土壤含水量不足20%时浇水。

（4）采种 9月下旬至10月上旬，种子由青变为黄褐色时，割下果穗打种，去除杂质后晾干，装入布袋内，置于阴凉干燥处保存。

如何进行牛膝的适期采收？

牛膝的最佳采收期为霜降前后，地上茎叶枯萎时进行收刨，过早根不充实，产量低，过晚根易木质化或受冻害，影响质量。①人工采挖：用镰刀割去牛膝地上部分，留茬3cm左右，从田间一头起槽采挖，尽量避免挖断根部。②机械采挖：大型药材使用收刨专用机械收刨效果快，省工省时质量好，成本低。

如何进行牛膝产地初加工？

牛膝采挖后抖净表面泥土，按粗细大小分开；去掉侧根，晒至半干，进行堆闷回潮，然后用稻草或绳捆扎成把，悬挂于向阳处晾晒，注意防冻；晒干后留芦头上1cm的枝条，去除过长部分的枝干。

地　黄

地黄有哪些药用价值？

地黄为玄参科植物地黄 *Rehmannia glutinosa* Libosch. 的新鲜或干燥块根。秋季采挖，除去芦头、须根及泥沙，鲜用；或将地黄缓缓烘焙至约八成干。前者习称“鲜地黄”，后者习称“生地黄”。

鲜地黄清热生津，凉血、止血，用于热风伤阴，舌绛烦渴，发斑发疹，吐血、衄血，咽喉肿痛；生地黄清热凉血，养阴、生津，用于热血舌绛，烦渴，发斑发疹，吐血、衄血。熟地黄滋阴补血，益精填髓，用于肝肾阴虚，腰膝酸软，骨蒸潮热，盗汗，内热消渴，遗精，闭经，崩漏，耳鸣目昏等症。

种植地黄应如何选用品种？

地黄因加工方法不同又可分为鲜地黄、生地黄和熟地黄，为常用中药，是四大怀药之一。目前生产中栽培的地黄品种有金状元、85—5、北京1号、北京2号、小黑英等品种；各品种类型的植物学特征、生物学特性、产量潜力和活性成分含量各有不同，可因地制宜选用。

（1）金状元 株型大，半直立，叶长椭圆形。比较抗病，生育期长，块根形成较晚，块根细长，皮细，色黄，多呈不规则纺锤形，髓部极不规则。在肥力不足的瘠薄地种植块根的产量和质量都很低。喜肥，选择土质肥沃的土壤种植其块根肥大，产量高，质量好，等级高。缺点为抗病性较差，折干率低，目前该品种退化严重，栽培面积较小。一般亩产干品450kg左右，鲜干比为4∶1~5∶1。

（2）北京1号 由新状元与武陟1号杂交育成。本品种株型较小，整齐。叶柄较长，叶色深绿，叶面皱褶较少。较抗病，春栽开花较少。块根膨大较早，块根呈纺锤形，芦头短，块根生长集中，便于刨挖，皮色较浅，产量高，含水量及加工等级中等（一般三四级货较多）。抗瘠薄，适应性广，在一般土壤都能获得较高产量。种栽越冬情况良好，抗斑枯病较差，对土壤肥力要求不严，适应性广，繁殖系数大，倒栽产量较高，一般亩产干品500~800kg。鲜干比为4∶1~4.7∶1。

（3）北京2号 由小黑英和大青英杂交而成。株型小，半直立，抗病，生长比较整齐，春栽开花较多。块根膨大早，生长集中，纺锤状。适应性广，对土壤要求不严，耐瘠薄，耐寒，耐贮藏。一般亩产干品550~600kg。折干率为4.1∶1~4.7∶1。

（4）85—5 金状元与山东单县151杂交育成的新品种。株形中等，叶片较大，呈半直立生长，叶面皱褶较少，心部叶片边缘紫红色。块根呈块状或纺锤形，块根断面髓部极不规则，周边呈白色。产量较高，加工成货等级高，一二等货占50%左右。抗叶斑病一般。喜肥、喜光，耐干旱。该品种目前在产区的种植面积较大。

（5）小黑英 株形矮小，叶片小，色深，皱褶多，块根常呈拳块状，生育期短，地下块根与叶片同时生长，产量低。其特点是在较贫瘠薄地和肥料少的情况下均能正常生长，抗逆性强，产量稳定，适于密植。由于产量低，加工品等级低，种植面积逐渐缩小。

如何培育地黄种秧？

作繁殖材料用的根茎，生产上俗称“种栽”，种栽的培育方法有三种。

（1）倒栽 种秧田选择地势高燥，排水良好，土壤肥沃的砂质壤土，10年内未种过地黄的地块，前茬作物以小麦、玉米等禾本科作物为宜；种栽田不宜与高粱、玉米、瓜类田相邻。每亩施腐熟有机肥5000kg，尿素25kg、硫酸钾肥30kg、过磷酸钙100kg，翻耕、耙细整平，按宽35cm，高15cm起垄。

于7月中下旬，在当年春种的地黄中，选择生长健壮，无病虫害的优良植株，将根茎刨出来截成3~5cm长的小段，并保证每段具有2~3个芽眼。按行距20cm，株距10~12cm栽种，开5cm深的穴，将准备好的母种植入穴内，覆土，镇压，耧平即可。

田间管理主要是浇水和施肥，封垄前每亩追施尿素15kg，可结合浇水施入，也可根部挖坑追施。浇水、排水应以降雨及土壤含水量情况而定，土壤含水量不足20%的情况下浇水，采用小水漫灌的方式。阴雨天及时排除田间积水。培育至翌年春天挖出分栽，随挖随栽。这样的种栽出苗整齐，产量高，质量好，是产区广泛采用的留种方法。

（2）窖贮 秋天收获时，选无病无伤，产量高，抗病强的中等大小的地黄，随挑随入窖。窖挖在背阴处，深宽各100cm，铺放根茎15cm厚，盖上细土，以不露地黄为度。随着气温下降，逐渐加盖覆土，覆土深度以地黄根茎不受冻为原则。

（3）原地留种 春天栽培较晚或生长较差的地黄，根茎较小，秋天不刨，留在地里越冬。待第二年春天种地黄前刨起，挑块形好，无病虫害的根茎做种栽。大根茎含水量较高，越冬后易腐烂，故根茎过大，不用此法留种。

地黄种秧是怎样分级的？

地黄种栽按其粗细等性状可分为如下三级。

（1）一级种栽 品种优良，直径1~2cm，粗细均匀，芽眼致密，外皮完整，无破损，无病斑、黑头。

（2）二级种栽 品种优良，直径0.5~1cm，粗细均匀，芽眼致密，外皮完整，无破损，无病斑、黑头。

（3）三级种栽 品种优良，粗细不均匀，芽眼较稀疏，外皮完整，无破损，无病斑、黑头。

种植地黄如何选地、整地及施底肥？

地黄适应性强，对土壤要求不严，但以有排灌条件、土层深厚、肥沃疏松的砂壤土和壤土生长较好；黏土和盐碱地生长差。喜欢阳光，怕积水。前茬以禾本科植物较好；忌以芝麻、棉花、瓜类、薯类等为前茬，不能重茬；间隔年限不能少于8年，且不宜与高秆作物及瓜豆为邻，否则易发生红蜘蛛；春种地黄于上年秋季，每亩施入经过无害化处理的充分腐熟的有机肥4000kg，三元素复合肥（N、P、K分别为17：17：17）75kg作基肥，深翻20~30cm，整平耙细做畦待播。

如何栽种地黄？

当5cm地温稳定在10℃以上时种植地黄，河北省适宜种植时间一般在4月中下旬；栽种前2~3天，先选种栽，要选健壮、皮色好、无病斑虫眼的种栽。将选好后的块茎掰成3~4cm的小段，每段要有2~3个芽眼。用30%噁霉灵水剂800倍液浸种秧

15~20 分钟。捞出晾干表面水分后即可栽种，忌曝晒。在打好垄的地内，每垄栽 2 行；在上面按行距 30cm 开深 3~5cm 沟（或挖穴），将处理过的块茎按株距 25cm 放一块种栽后覆土，稍加镇压即可。

地黄田间管理的技术措施有哪些？

地黄田间管理主要包括中耕除草、浇水排水、追肥、摘蕾等技术措施。

（1）中耕除草与定苗 地黄播种后 20~30 天即可出苗，出苗后田间若有杂草可进行浅锄，当齐苗后进行 1 次中耕、松土除草，因地黄根茎多分布在土表 20~30cm 的土层里，中耕宜浅，避免伤根，保持田间无杂草即可。植株将封行时，停止中耕。注意勿损伤种栽，出苗一个月后定苗，每穴留一壮苗。中后期避免伤根可人工拔除杂草。

（2）浇水、排水 地黄生长前期，根据墒情适当浇水，生长中后期若遇雨季及时排水。药农有“三浇三不浇”的说法。①“三浇”是：施肥后及时浇水，以防烧苗和便于植物吸收肥料中的养分；夏季暴雨后浇小水，以利降低地温，防止腐烂；久旱不雨时浇水，以满足植株对水分的要求。②“三不浇”是：天不旱不浇；正中午不浇；将要下雨时不浇。高温多雨季节，注意排水防涝。

（3）追肥 于 7~8 月追肥 1 次，每亩追施氮、磷、钾复合肥 50kg，封垄后用 1.5% 尿素加 0.2% 磷酸二氢钾进行叶面施肥喷施 2~3 次，叶面喷肥亩用水量不低于 45kg 才能喷得均匀，效果好。

（4）摘蕾 发现有现蕾的植株应及时摘蕾，以集中养分供地下块根生长，促进根茎膨大。

如何进行地黄主要病害的综合防治？

地黄的主要病害有斑枯病、轮纹病、根腐病等；此类病害在蔬菜、瓜果、茶叶等绿色生产、控害减灾方面多采用如下措施。

（1）斑枯病

①病原及症状：属半知菌亚门、壳针孢属。危害叶片，病斑呈圆形或椭圆形，直径 2~12mm，褐色，中央色稍淡，边缘呈淡绿色；后期病斑上散生小黑点，多排列成轮纹状，病斑不断扩大。发生严重时病斑相互汇合成片，引起植株叶片干枯。病菌随病残体在土壤中越冬。随水滴飞溅传播，雨后高温高湿利于发病。7~9 月为发病盛期。

②防治方法

农业防治：与禾本科作物实行两年以上的轮作；收获后清除病残组织，并将其集中烧毁。合理密植，保持植株间通风透光。选择抗病品种如北京 2 号、金状元等。

科学用药防治：发病初期用80%全络合态代森锰锌可湿性粉剂或47%春雷·王铜（春雷霉素+氧氯化铜）可湿性粉剂1000倍液，或75%肟菌·戊唑醇水分散剂2000倍液，或28%寡糖·肟菌酯悬浮剂1500倍液，或25%吡唑醚菌酯悬浮剂或27%寡糖·吡唑嘧菌酯水乳剂或10%多抗霉素可湿性粉剂2000倍液等喷雾防治。要交替轮换用药，视病情把握防治次数，隔10天喷1次，连续2次左右。使用以上化学药剂与植物诱抗剂海岛素（5%氨基寡糖素）水剂1000倍液（或6%24-表芸·寡糖水剂1000倍液）混配使用，提质增效、抗逆抗病、促根壮株、安全控害。

（2）轮纹病

①病原及症状：属半知菌亚门、壳二孢属。主要为害叶片，病斑较大，圆形，或受叶脉所限呈半圆形，直径2~12mm，淡褐色，具明显同心轮纹，边缘色深；后期病斑易破裂，其上散生暗褐色小点。病菌随病枯叶落入土壤中越冬，翌春借风雨飞溅传播，高温、高湿季节和多雨年份发生严重。6~8月为发病盛期。

②防治方法

农业防治：选用抗病品种，如北京2号等抗病品种，减轻病害发生。秋后清除田间病株残叶并带出田外烧掉；合理密植，保持田间通风透光良好。发病初期摘除病叶并携出田外销毁。

科学用药防治：预计临发病前或初期及时用药，可喷洒42%寡糖·硫黄悬浮剂600倍液，或1∶1∶150波尔多液，或80%络合态代森锰锌，或25%嘧菌酯悬浮剂1000倍液喷雾保护。发病后选用25%吡唑醚菌酯悬浮剂或27%寡糖·吡唑嘧菌酯水乳剂或10%多抗霉素可湿性粉剂2000倍液，或47%春雷·王铜（春雷霉素+氧氯化铜）可湿性粉剂1000倍液，75%肟菌·戊唑醇水分散剂2000倍液，或28%寡糖·肟菌酯悬浮剂1500倍液等喷雾防治。7~10天喷1次，连续喷2~3次。使用以上化学药剂与植物诱抗剂海岛素（5%氨基寡糖素）水剂1000倍液（或6%24-表芸·寡糖水剂1000倍液）混配使用，提质增效、抗逆抗病、促根壮株、安全控害。

（3）根腐病

①病原及症状：属半知菌亚门、镰刀菌属。主要为害根及根茎部。初期在近地面根茎和叶柄处呈水渍状腐烂斑，黄褐色，逐渐向上、向内扩展，叶片萎蔫。病害发生一般较粗的根茎表现为干腐，严重时仅残存褐色表皮和木质部，细根也腐烂脱落。土壤湿度大时病部可见棉絮状菌丝体。病菌在病株和土壤中存活。种栽和土壤菌是病害的侵染来源和主要传播途径。土壤湿度大、地下害虫及土壤线虫造成的伤口有利于发病。

②防治方法

农业防治：与禾本科作物实行3~5年轮作，苗期加强中耕，合理追肥、浇水，雨后及时排水。发现病株及时剔除，并携出田外处理。选无病和无损伤的根茎做种栽。

生物防治：种植后临发病前开始，用10亿活芽孢/克枯草芽孢杆菌500倍液喷淋或灌根，7~10 天淋（灌）1 次，连续淋（灌）3 次。

科学用药防治：种植前用植物诱抗剂海岛素（5% 氨基寡糖素）水剂 800 倍液 +10% 苯醚甲环唑水分散粒剂 1000 倍液浸泡种栽 10 分钟，或 30% 噁霉灵水剂或用 75% 肟菌·戊唑醇水分散粒剂 2000 倍液灌浇栽植沟。发病初期用 80% 全络合态代森锰锌可湿性粉剂 1000 倍液，或 30% 噁霉灵水剂 +10% 苯醚甲环唑水乳剂按 1∶1 复配 1000 倍液喷淋或灌根，10 天左右淋（灌）1 次，一般连续淋（灌）3 次左右。拔除病株后用以上药剂淋灌病穴彻底消毒。使用以上化学药剂与植物诱抗剂海岛素（5% 氨基寡糖素）水剂 1000 倍液（或 6% 24-表芸·寡糖水剂 1000 倍液）混配使用，提质增效、抗逆抗病、促根壮株、安全控害。

如何进行地黄主要虫害的综合防治？

地黄的主要虫害有红蜘蛛、小地老虎等；此类虫害在蔬菜、瓜果、茶叶等绿色生产、控害减灾方面多采用如下措施。

（1）**红蜘蛛** 属蛛形纲、蜱螨目。

①为害状：以若螨、成螨群聚于叶背吸取汁液，发生在 6~7 月间。发生后，叶上出现黄白点，进而渐黄，叶背出现蜘蛛网，后期叶片皱缩而布满许多红色小点（红蜘蛛虫体），严重时叶片干枯脱落，严重的影响植物生长发育。

②防治方法

农业防治：清除田间杂草。

生物防治：田间点片出现预计发生态势上升应立即防治，可用 0.36% 苦参碱水剂 800 倍液，或 0.5% 藜芦碱可湿性粉剂 600 倍液，或 2.5% 浏阳霉素悬浮剂 1000 倍液，或亩用 1kg 韭菜榨汁 + 肥皂水（大蒜汁），或 40% 硫酸烟碱水剂 1000 倍液等均匀喷雾防治。

科学用药防治：把握灭卵关键期。当田间零星出现成、若螨时及时喷施杀卵剂，可优先选用 24% 联苯肼酯悬浮剂 1000 倍液均匀喷雾，最大限度地保护自然天敌和传媒昆虫。其他药剂可用 34% 螺螨酯悬浮剂 4000 倍液，或 27% 阿维·螺螨酯悬浮剂 3000 倍液等均匀喷雾，控制虫源。防治成、若螨，可用 30% 乙唑螨腈悬浮剂 4000 倍液或 1.8% 阿维菌素乳油 2000 倍液，或 73% 炔螨特乳油 1000 倍液，或 57% 炔螨酯乳油 2500 倍液等喷雾防治。主张其他杀螨剂与阿维菌素复配喷施，加展透剂和 1% 尿素水更佳。视情况把握防治次数，一般间隔 10 天左右喷 1 次。重点保护上部幼嫩部位，要喷匀打透。

（2）**地老虎** 属鳞翅目、夜蛾科

①为害状：常切断幼苗近地面的茎部，使整株死亡，造成缺苗断垄。

②防治方法

农业防治：参照“党参小地老虎”。

物理防治：规模化利用灯光或配制糖酒醋液诱杀成虫，消灭在产卵之前。其他参照“党参小地老虎”。

科学用药防治：毒饵诱杀幼虫。鲜蔬菜或青草:熟玉米面:糖:酒：20%氯虫苯甲酰胺悬浮剂按10：1：0.5：0.3：0.3的比例混拌均匀，晴天傍晚撒与田间即可。毒土杀灭幼虫。幼虫低龄期用50%辛硫磷乳油0.25kg与20%氯虫苯甲酰胺悬浮剂0.25kg混合，拌细土30kg，或用3%辛硫磷颗粒剂3~4kg，混细沙土10kg制成药土，在播种或栽植时撒施，均匀撒施田间后浇水。也可用50%辛硫磷乳油800倍液、10%溴氰虫酰胺可分散油悬浮剂2000倍液，或20%氯虫苯甲酰胺悬浮剂1000倍液等灌根防治幼虫。

地黄如何采收和加工？

地黄于栽种当年10月下旬至11月上旬叶片枯黄，地上部停止生长，即可收获。深挖防止伤根，洗净泥土即为鲜地黄。将地黄用文火慢慢烘焙至内部逐渐干燥而颜色变黑，全身柔软，外皮变硬，取出即为生地黄。生地黄加黄酒，酒要没过地黄，炖至酒被地黄吸收，晒干即为熟地黄。生产出来的产品要按照大小分级归类，忌堆放。一般亩产干品500~600kg。

北豆根

北豆根有何药用价值？

北豆根为防己科植物蝙蝠葛 *Menispermum dauricum* DC. 的干燥根茎。味苦，性寒；有小毒；归肺、胃、大肠经；具有清热解毒，祛风止痛的功效；主治咽喉肿痛，热毒泻痢，风湿痹痛等病症。现代药理研究认为，北豆根具有一定的抗肿瘤作用，可用于治疗肝癌、喉癌、食管癌等。

种植北豆根如何选地与整地？

北豆根为多年生缠绕藤本，生于山坡林缘、灌丛中、田边、路旁及石砾滩地，或攀缘于岩石上，喜温暖、凉爽的环境，25~30℃最适宜生长。5℃时生长停滞。对土壤要求不严格，但以土层深厚，排水良好的山坡下的壤土或砂壤土为宜。深耕20~30cm，碎土耙平，施入底肥，做畦。

北豆根有哪些繁殖方法？

北豆根用种子和根茎均可繁殖。①种子繁殖：一般于秋季采集种子晾晒后，未上冻前条播或穴播，穴播每穴 4~8 粒，覆土 2~3cm，镇压保墒，山区无水浇条件的，应适当覆盖树叶、碎草或秸秆，以便保墒。②根茎繁殖：在春天幼芽萌动前把根茎挖出，剪成 10cm 的段，沟栽或穴栽，覆土 5~6cm，随后镇压。有水浇条件的，栽后浇水；无水浇条件的地块，应适当覆盖树叶、碎草或秸秆，以便保墒，促进出苗。

如何种植北豆根?

北豆根种子繁殖可秋播或春播。秋播一般于 9 月中旬至 10 月末，不需要催芽处理，用当年新采收的种子直接播种即可。春播于 4 月中下旬，种子必须进行低温沙藏处理。一般在秋季收获种子后，按照湿沙和种子 3∶1 拌匀，挖 40cm 深土坑，种子堆放 25cm，上盖 5cm 左右的湿沙及草帘等保湿。上冻前每半月检查 1 次，缺水时适当补水，保证种、沙湿润和完成后熟。翌春播种前，将种子挖出，置于温暖处催芽待播。播种时，于做好的畦内，按行距 40cm 开沟，沟深 5~6cm，均匀播种，覆土 2~3cm，播后镇压。播种量每亩 1.5kg 左右。

如何进行北豆根田间管理?

（1）间定苗、补苗 苗高 3~4cm 时，间去细弱和过密的小苗。苗高 10cm 左右时，按株距 20cm 左右定苗，缺苗时需要补苗。

（2）中耕除草 幼苗生长缓慢，应注意及时中耕除草，除草时间及次数，应以保持土壤疏松、无杂草明显危害为原则。

（3）追肥 结合中耕除草，于定苗后或每年封垄前追施复合肥 20~30kg。

如何防治北豆根的主要病害?

北豆根主要病害有北豆根白粉病等，此类病害在蔬菜、瓜果、茶叶等绿色生产、控害减灾方面多采用如下措施。

①病原及症状：属子囊菌亚门、白粉病目。主要为害叶片。叶上病斑圆形，不久长满白粉状菌丛，影响光合作用。

②防治方法

农业防治：选择无病虫种子作为繁殖材料；实行轮作以减少病原；加强肥水管理，增施腐熟的有机肥，氮、磷、钾肥和有机肥均衡供应，合理补微肥，推广使用生物菌肥；及时灌水，及时中耕除草培土，防止土地龟裂，减少成虫侵入产卵。

生物防治：喷洒植物诱抗剂海岛素 1000 倍液或 6% 24-表芸·寡糖水剂 1000 倍液，生根壮株，抗病抗逆，促进植株健康生长。

生物防治：参照“射干锈病”。

科学用药防治：发病初期及时防治，可用42%寡糖·硫黄悬浮剂600倍液、45%石硫合剂结晶300倍液、80%全络合态代森锰锌可湿性粉剂1000倍液、25%嘧菌酯可湿性粉剂1000倍液保护性防治。发病后或初期，选用唑类杀菌剂（20%苯醚甲环唑水乳剂或25%戊唑醇可湿性粉剂1000倍液等），或30%醚菌酯可湿性粉剂3000倍液，或25%吡唑醚菌酯悬浮剂2000倍液，或27%寡糖·嘧菌酯水乳剂1000倍液，或25%乙嘧酚磺酸酯微乳剂700倍液，或40%醚菌酯·乙嘧酚（25%乙嘧酚+15%醚菌酯）悬浮剂1000倍液，或75%肟菌·戊唑醇水分散剂2000倍液，或28%寡糖·肟菌酯悬浮剂1500倍液等喷雾防治。主张以上杀菌剂与植物诱抗剂海岛素（5%氨基寡糖素）1000倍液混配喷施，增加药效、提质增产、安全控害。

如何防治北豆根的主要虫害？

北豆根主要虫害有斜纹夜蛾、蛴螬、地老虎等，此类虫害在蔬菜、瓜果、茶叶等绿色生产、控害减灾方面多采用如下措施。

（1）斜纹夜蛾 属鳞翅目、夜蛾科。

①为害状：主要以幼虫危害叶片、嫩尖等，小龄时群集叶背啃食。3龄后分散危害叶片、嫩茎，老龄幼虫还可取食果实。其食性既杂又危害各器官，老龄时形成暴食，是一种危害性很大的害虫。

②防治方法

农业防治：加强栽培管理，冬季清除枯枝落叶，以减少来年的虫口基数；根据残破叶片和虫粪，人工捕杀幼虫和虫茧；北豆根收获后翻耕晒土；除杂草，并结合管理随手摘除卵块和群集为害的初孵幼虫，以减少虫源。

生物防治：应用性诱剂诱杀雄虫于交配之前。低龄幼虫期用0.36%苦参碱水剂800倍液，或1.1%烟碱乳油1000倍液，或2.5%多杀霉素悬浮剂1500倍液喷雾防治。视虫情把握防治次数，一般7天喷治1次。

物理防治：规模化诱杀成虫。消灭在产卵之前。成虫发生期规模化安装杀虫灯诱杀，每50亩地安装一台灯。配制糖醋液（糖:醋:酒:水=3：1.5：0.5：5）诱杀。

科学用药防治：卵孵化盛期用5%氟啶脲乳油或25%灭幼脲悬浮剂2500倍液，或25%除虫脲悬浮剂3000倍液喷雾防治，或在低龄幼虫期优先选用5%虱螨脲乳油1500倍液喷雾防治，最大限度地保护自然天敌资源和传媒昆虫，其他药剂可用10%溴氰虫酰胺可分散油悬浮剂2000倍液，或20%氯虫苯甲酰胺悬浮剂2000倍液，或50%辛硫磷乳油1000倍液，或5%甲维盐·虫螨腈水乳剂1000倍液，或15%甲维盐·茚虫威悬浮剂3000倍液，或10.5%甲维盐·氟铃脲水分散剂4000倍液，或10%虫螨腈悬浮剂1500倍液，或38%氰虫·氟铃脲（氰氟虫腙+氟铃脲）悬浮剂3000倍液等喷雾防治。加展透剂，视虫情把握防治次数。一般间隔7~10天喷1次。

（2）蛴螬 属鞘翅目、金龟甲科。

①为害状：幼虫咬食根部和根颈部，往往将根或根颈部咬断，造成缺苗断垄，甚至毁产。

②防治方法

科学用药防治：播种时可用70%吡虫啉种子处理可分散剂15g拌种10kg，或用60%吡虫啉悬浮种衣剂50g拌种50kg，或30%噻虫嗪种子处理悬浮剂100g拌种50kg处理种子，同时兼治其他地下害虫和早期蚜虫、飞虱、蓟马等。

其他具体防治技术（农业防治、物理防治、生物防治）和选用药技术参照“党参蛴螬”。

（3）地老虎 属鳞翅目、夜蛾科。

①为害状：幼虫咬食（断）嫩茎危害，低龄幼虫（1龄和2龄）危害嫩叶的叶肉成窗孔状，大龄幼虫（3龄后）白天潜伏在土里，夜晚出来危害，常将植株咬断，造成缺苗甚至毁苗。

②防治方法：各项具体防治技术和选用药参照“党参地老虎”。

北豆根如何采收与加工？

北豆根以根茎入药。一般种植4~5年后，于秋季采挖，除去茎、叶及须根，洗净晒干即可。

黄 精

黄精有何药用和保健价值？

黄精为百合科植物黄精 *Polygonatum sibiricum* Red.、滇黄精 *Polygonatum kingianum* Coll. et Hemsl. 或多花黄精 *Polygonatum cyrtonema* Hua 的干燥根茎。按形状不同，习称“鸡头黄精”“大黄精”“姜形黄精”。黄精味甘，性平，归脾、肺、肾经，具有补气养阴、健脾、润肺、益肾等功能，常用于脾胃气虚，体倦乏力，胃阴不足，口干食少，肺虚燥咳，劳嗽咯血，精血不足，腰膝酸软，须发早白，内热消渴等症。现代药理研究认为，黄精还具有抗老防衰、轻身延年、降血压、降血脂、降血糖、防止动脉硬化，以及抗菌消炎、增强免疫之功能，药用价值很高，同时又是药食兼用的重要植物，具有良好的保健功能。北方各省主要分布的是黄精。

种植黄精如何选地与整地？

黄精喜凉爽、潮湿和较荫蔽的环境，耐寒，幼苗及地下根茎能在田间自然越冬。喜疏松较肥沃的砂壤土。在湿润荫蔽的环境生长良好。在干旱地区和地块以及太黏、太砂的土壤生长不良，忌连作。所以，种植黄精应选择土层深厚、疏松肥沃、半背阴、排水和保水性能好的砂壤土地块为好。太黏、太薄以及干旱地块不宜种植。在前作收后，每亩撒施优质充分腐熟的有机肥 3000kg，耕翻 30cm 左右，耙细整平，做成 1~2m 宽的平畦或高畦。

如何灵活运用黄精的繁殖方式？

黄精以根茎繁殖为主，也可种子繁殖。

（1）根茎繁殖 于地上植株枯萎后，或早春根茎萌动前，挖取根茎，选中等大小，具有顶芽且顶芽肥大饱满、无病伤的根茎，截成具有 2~3 个节、长约 10cm 的根茎段作为种栽，待种栽断口稍晾干收浆或速蘸适量草木灰后，即可栽植。

（2）种子繁殖 将种子首先进行湿沙层积处理。在室外挖一深和宽各 33cm 的坑，将 1 份种子与 3 份湿沙充分拌匀，沙的湿度以手握成团、松开即散、指间不滴水为度。然后，将混沙的种子放入坑内，中央插 1 把秸秆或麦草，以利通气。顶上用细沙覆盖。待第 2 年春季 3 月筛出种子，按行距 12~15cm，将催芽的种子均匀播入沟内，覆 1.5~2cm 厚的细土，稍压紧后浇 1 次透水，畦面盖草。当气温上升至 15℃，15~20 天出苗。出苗后及时揭去盖草，进行中耕除草和追肥。苗高 7~10cm 间苗，最后按株距 6~7cm 定苗。幼苗培育 1 年后即可出圃移栽。

一般根茎种栽充足时，可选根茎繁殖，产量高，生产周期短，见效快。当根茎种栽不足，又有种子来源时，可选种子繁殖。

黄精如何进行间作种植？

黄精喜凉爽、潮湿和较荫蔽的环境，适宜与高秆作物间作种植。据河北旅游职业学院研究，与玉米带状间作种植最适。每带 100~130cm，栽植 3~4 行黄精，点种 1 行玉米。方法是：将已处理好的黄精种栽，于做好的畦内，按行距 25~30cm，开深 7~9cm、宽 10cm 的栽植沟，按株距 10~13cm，将种栽顶芽朝上、斜向一方，平放于沟内，覆土 5~7cm，稍镇压后再耧平畦面。有水浇条件的地块，栽后及时浇水保墒，以确保适时出苗。出苗前后，在畦沟或畦埂上及时点种玉米，穴距 50cm，每穴点种 3~5 粒，留苗 2 株，用来给黄精遮阴。

种植黄精如何进行田间管理？

（1）中耕除草 生长期间，视杂草情况及时中耕除草，中耕宜浅，以免伤根。中后期一般不再中耕，如有大草及时拔除。

（2）追肥 在黄精生长期间，于每年的开花期，每亩追施尿素和三料过磷酸钙各

7.5kg，或三元复合肥 20kg 左右；秋季植株枯萎后，每亩再施入有机肥 1500~2000kg。

（3）灌水与排水 黄精喜湿怕干，田间应该经常保持湿润，生长期间遇旱应适时灌水。雨季应注意及时排水防涝，以防烂根死苗。

如何防治黄精的主要病害?

黄精主要病害有黄精叶斑病等，此类病害在蔬菜、瓜果、茶叶等绿色生产、控害减灾方面多采用如下措施。

（1）病原及症状 属半知菌亚门、链格孢菌。主要为害叶片，先从叶尖出现椭圆形或不规则形、外缘呈棕褐色、中间淡白色的病斑，从病斑向下蔓延，严重时使叶片枯焦而死，甚至导致全株叶片枯萎脱落。

高温高湿是叶斑病发生的主要原因，一般多发于夏秋两季，6~7 月雨季往往发病较严重，8~9 月为发病盛期。

（2）防治方法

农业防治：收获后清洁田园，将枯枝病残体集中烧毁，消灭越冬病原。

生物防治：临发病前开始预防性控害，可喷施速净（黄芪多糖、黄芩素≥ 2.3%）30~50ml+ 沃丰素［植物活性苷肽≥ 3%，壳聚糖≥ 3%，氨基酸、中微量元素≥ 10%（锌≥ 6%、硼≥ 4%、铁≥ 3%、钙≥ 5%）］25ml+80% 大蒜油 15ml 兑水 15kg，定期喷雾，连喷 2 遍，间隔 5 天左右，其中大蒜油苗期使用量可减半至 5~7ml。

科学用药防治：发病初期喷 10% 苯醚甲环唑水分散颗粒剂 1000 倍液。视病情把握用药次数，一般隔 7~10 天喷 1 次。其他用药和防治方法参照“牛膝白锈病”。

如何防治黄精的主要虫害?

黄精主要虫害有蛴螬等，此类虫害在蔬菜、瓜果、茶叶等绿色生产、控害减灾方面多采用如下措施。

蛴螬属鞘翅目、金龟甲科。

（1）为害状 幼虫咬食根部和根颈部，往往将根或根颈部咬断，造成缺苗断垄，甚至毁产。

（2）防治方法

农业防治：参照“党参蛴螬”。

物理防治：参照“党参蛴螬”。

生物防治：参照“党参蛴螬”。

科学用药防治：播种时可用 70% 吡虫啉种子处理可分散剂 15g 拌种 10kg，或用 60% 吡虫啉悬浮种衣剂 50g 拌种 50kg，或 30% 噻虫嗪种子处理悬浮剂 100g 拌种 50kg 处理种子，同时兼治其他地下害虫和早期蚜虫、飞虱、蓟马等；用 3% 辛硫磷颗粒剂

3~4kg，混细沙土 10kg 制成药土，在播种或栽植时撒施，撒后浇水；或用 20% 氯虫苯甲酰胺悬浮剂 1000 倍液，或 50% 辛硫磷乳油 800 倍液等药剂灌根防治幼虫。

其他用药和方法参照“芍药蛴螬”。

黄精如何采收与加工？

（1）采收 根茎繁殖的于栽后 2~3 年、种子繁殖的于栽后 3~4 年采挖。黄精采收可选择在晚秋或早春进行，秋季在茎叶枯萎变黄后，春季在根茎萌芽前。刨出根茎，去掉茎叶和须根。

（2）加工

①生晒：先将根茎放在阳光下晒 3~4 天，至外表变软、有黏液渗出时，轻轻撞去根毛和泥沙。结合晾晒，由白变黄时用手揉搓根茎，头一、二、三遍时手劲要轻，以后则 1 次比 1 次加重手劲，直至体内无硬心、质坚实、半透明为止，最后再晒干透，轻撞 1 次装袋。

②蒸煮：将鲜黄精用蒸笼蒸透（蒸 10~20 分钟），以无硬心为标准，取出边晒边揉，反复几次，揉至软而透明时，再晒干即可。

天　麻

天麻的药用和食用价值如何？

天麻为兰科植物天麻 *Gastrodia elata* Blume 的干燥块茎，又名赤箭、明天麻、定风草、神草、仙人脚、山土豆等。天麻味甘，性平，归肝经，具有息风止痉、平抑肝阳、祛风通络等功效，常用于小儿惊风、癫痫抽搐、破伤风、头痛眩晕、手足不遂、肢体麻木、风湿痹痛等症。现代药理研究证明，天麻具有镇静、镇痛、抗惊厥、抗癫痫、抗炎、增强免疫和改善记忆等作用；能降低脑血管阻力，增加脑血流量；能增加心肌营养性血流量，改善心肌微循环，增加心肌供氧，降低血压；能抗衰老，改善学习记忆，提高肌体耐缺氧的能力；还能增加小肠平滑肌张力，促进胆汁分泌和减慢呼吸等作用。除用于治疗上述传统病症外，近年还常用于治疗三叉神经痛、坐骨神经痛、冠心病心绞痛、老年性痴呆、高血压、高血脂以及更年期综合征等疾病。

此外，因天麻具有健脑、息风、益气、养肝和提高免疫、延缓衰老等功效，具有保健食品开发的重要价值与广阔前景。天麻良好的保健功能，已被人们所广泛认可，并在长期的生活实践中总结开发出许多保健食疗方法与产品。

天麻有何生长习性?

野生天麻多生长于湿润阔叶林下肥沃的土壤中。天麻喜凉爽湿润气候，产区年平均10℃左右，冬季不过于寒冷，夏季较为凉爽，雨量充沛，年降水量1000mm以上，空气相对湿度70%~90%，海拔600~1800m。主产于四川、云南、贵州等地，现陕西栽培面积较大，河南、河北、吉林、江西等地也有栽培。

天麻对环境条件的要求严格。温度是影响天麻生长发育的主要因子，天麻种子在15~28℃都能发芽，但萌发的最适温度为20~25℃，超过30℃种子萌发受到限制。天麻的块茎在地温12~14℃时开始萌动，20~25℃生长最快，30℃以上生长停止。土壤温度保持在-3~5℃，能安全越冬，但长时间低于-5℃时，易发生冻害。天麻在系统发育过程中，必须经过一定的低温打破其休眠，否则即使条件适宜，也不会萌动发芽。一般小白麻和米麻用6~10℃温度处理30~40天可打破休眠；大、中白麻以1~5℃低温处理，50~60天可打破休眠。箭麻贮藏在3~5℃的低温条件下，2.5个月可度过休眠期。栽培天麻的土壤pH在5.5~6.0为宜，土质应疏松、富含有机质。天麻生长发育各阶段对土壤湿度要求不同。处于越冬休眠期的天麻，土壤含水量应保持在30%~40%为宜，而在生长期，土壤含水量以40%~60%最为有利，土壤含水量超过70%则会造成天麻块茎腐烂，影响产量。由此看出，天麻具有既怕积水又怕旱，既怕高温又怕冻的生长习性。

天麻生长为什么离不开蜜环菌?

蜜环菌是一种以腐生为主的兼性寄生真菌，既能在死的树桩、树根上营腐生生活，又能在栎、桦、杨、柳等上百种植物体上营寄生生活。通常以菌索的形式侵入活的或死的植物体，分解其组织，并从中获得养料。由于天麻是一种特殊的兰科植物，无根、无绿色叶片。所以，既不能直接从土壤中大量吸收养分，也不能进行光合作用制造有机物质，必须和蜜环菌建立共生关系才能生长。蜜环菌是天麻生长最主要的养分来源，是天麻生长的重要物质基础。

蜜环菌具有好气特性，在通气良好的条件下，才能生长好。对温度、湿度有一定要求，6~8℃时开始生长，在18~25℃时生长最快，超过30℃停止生长，低于6℃时休眠。蜜环菌多生长在含水量40%~70%的基质中，湿度低于30%或高于70%则生长不良。蜜环菌在pH值4.5~6.0之间均能生长，以pH值5.5~6.0最适宜。

天麻块茎的类型及生产意义是什么?

天麻块茎按其大小和形态特点可分为米麻、白麻、箭麻和母麻四种。米麻是指长度＜2cm，重量＜2.5g 的天麻小块茎。米麻可作为天麻无性繁殖的种栽。白麻是指长度 2~7cm，直径 1.5~2.0cm，重 2.5~30g 的天麻块茎，块茎顶端有一个明显的白色生长点，故称白麻。白麻按其大小又可分为小白麻、中白麻和大白麻。小白麻是指重量 2.5~10g 的白麻，仅可作为种用；中白麻是指重量 10~20g 的天麻块茎，一般也作为种用；大白麻是指重量 20~30g 的天麻块茎，一般加工为商品。箭麻是指长度一般在 6~15cm，重 30g 以上，顶芽粗大明显，先端尖锐，是已经成熟的天麻块茎，水分少，干物质及有效成分含量高，一般加工用作商品。箭麻顶芽次年在温湿度适宜时即可抽茎开花，授粉后可形成种子，所以，又可用来进行有性繁殖。母麻是指开花结实后衰老、腐烂、中空或半中空的天麻老块茎，已无太大经济和药用价值。

天麻如何生长发育?

天麻从种子萌发到新种子形成一般需要 3~4 年的时间。天麻的种子很小，千粒重仅为 0.0015g，种子中只有一胚，无胚乳，因此，必须借助外部营养供给才能发芽。胚在吸收营养后，迅速膨胀，将种皮胀开，形成原球茎。随后，天麻进入第 1 次无性繁殖，分化出营养繁殖茎，营养繁殖茎必须与蜜环菌建立营养关系，才能正常生长。被蜜环菌侵入的营养繁殖茎短而粗，一般长 0.5~1cm，粗 1~1.5mm，其上有节，节间可长出侧芽，顶端可膨大形成顶芽。顶芽和侧芽进一步发育便可形成米麻和白麻。进入冬季休眠期以前，米麻能够吸收营养而形成白麻。种麻栽培当年以白麻、米麻越冬。

第二年春季当地温 6~8℃时，蜜环菌开始生长，米麻、白麻被蜜环菌侵入后，继续生长发育。当地温升高到 14℃左右时，白麻生长锥开始萌动，在蜜环菌的营养保证下，白麻分化出 1~1.5cm 长的营养繁殖茎，在其顶端可发生数个至数十个侧芽，这些芽的生长形成新生麻，原米麻、白麻逐渐衰老、变色，形成空壳，成为蜜环菌良好的培养基；也可分化出具有顶芽的箭麻。箭麻加工干燥后即为商品麻。也可以留种越冬，次年抽薹开花，形成种子，进行有性繁殖。

第三年留种的箭麻越冬后，4 月下旬至 5 月初当地温 10~12℃时，顶芽萌动抽出花薹，在 18~22℃下生长最快，地温 20℃左右开始开花，从抽薹到开花需 21~30 天，从开花到果实成熟需 27~35 天，花期温度低于 20℃或高于 25℃时，则果实发育不良。箭麻自身贮存的营养已足够抽薹、开花、结果的需要，只要满足其温度、水分的要求，无需再接蜜环菌，即可维持正常的生长繁殖。当箭麻抽薹开花结实后，块茎会逐渐衰老、中空、腐烂成母麻。

天麻一生中除了抽薹、开花、结果的 60~70 天植株露出地面外，其他的生长发育过程都是在地表以下进行的。

种植天麻如何选择种植场所和繁殖方式?

天麻适宜种植在海拔 800~1300m 的地段，但又不局限于这个海拔条件。中、低山区亦可栽植。一般在高山应选阳坡地，在中山或低山区宜选半阴半阳坡。稀疏林地、竹林、二荒地、平地乃至室内、防空洞及北方的温室内均可栽培。

由于天麻既怕高温又怕冻，所以，北方地区不适于野外裸地栽培，而以选择温室、大棚及空闲的室内等设施栽培较为适宜。栽植天麻以选择排水良好、疏松较肥沃、微酸性的砂质壤土为宜。忌黏土和涝洼积水地，忌重茬。

天麻繁殖方法分无性繁殖和有性繁殖两种。①无性繁殖：直接用米麻、白麻等天麻小块茎作为繁殖材料。无性繁殖生产周期短，见效快，当年栽植可当年收获。但其不足是，连续多年无性繁殖会导致块茎退化，产量降低，病害加重，种植效益降低等。②有性繁殖：利用箭麻蒴果所结的种子，播种生产天麻小块茎，再作生产用种。有性繁殖或种子繁殖可防止无性繁殖引起的天麻退化，也可解决种麻缺乏问题。但有性繁殖生产周期较长，技术较复杂，推广难度较大。生产中只有二者有机的结合，才能做到扬长避短，优势互补。也就是说，每进行 1 次有性繁殖，结合进行三年左右的无性繁殖，交叉进行，互相补充，才更为理想。

栽植天麻应如何培养菌材?

栽培天麻首先应在木棒或木段上培养蜜环菌，生长蜜环菌的木段或木棒称为菌材或菌棒。培养菌材应抓好以下四个环节。

（1）木材准备　一般阔叶树的木材均可。但以木质坚实耐腐、易接菌种的木材为宜。常用的有桦树、栎树、杨树、桃树、柞树等。选直径 6~12cm 的木棒，锯成 50~60cm 长的木段，根据粗细于四周皮部砍 2~4 排鱼鳞口，以利蜜环菌侵入。

（2）收集菌种　菌种的来源有三个，一是利用已经伴栽过天麻的旧菌材；二是人工培育菌种；三是直接从市场上购买菌种。

（3）选择培养时期　蜜环菌在气温 6~28℃均可生长，以 25℃左右为最适，高于 30℃即停止生长。所以，室外培养，北方以 5~8 月为宜，南方可分别于 3~5 月和 7~9 月培养两次。室内培养一年四季均可。

（4）选择培养方法　菌材的培养方法有坑培、半坑培、堆培和箱培四种基本方法。

①坑培法：适于低山区较干燥的地方。在选好的场地上，挖 35~45cm 深的坑，大小依地形及木段多少而定，一般不超过 200 根木段。将坑底铺平，先铺一层菌种，随后将事先准备好的木段摆一层，木段上再铺一层菌种，并用少许腐殖土、腐熟落叶或锯末添平空隙，然后再摆两层木段，平铺一层菌种，淋洒适量清水。依此类推，最

后，表面放一层新材，盖土 10cm 厚与地面平即可。

②半坑培法：适于温湿度适宜的天麻主产区。挖坑 30cm 深，同时有 1~2 层木段高出地面成坟堡形，培养方法同坑培。

③堆培法：此法适于温度低、湿度大的高山区。方法是在地面上一层层堆积，培养方法同上。

④箱培法：主要用于室内，四季均可培养。土温以 20℃左右为好，培养方法同上。

如何规范栽植天麻?

天麻栽植通常有菌材加新材法和菌麻栽培法两种，但后者较少采用。北方设施种植天麻多采用菌材加新材法，方法是：先在箱、池或坑的底部铺 5~10cm 厚的湿润新鲜河沙或腐殖质土，上铺柞树叶一薄层，树叶上按每 15~20cm 一根木棒均匀摆好，每根木棒两侧于其鱼鳞口处各放 4~5 块麻种和菌种，麻种的基部靠近木棒和菌种，然后在木棒中间填湿河沙或腐殖质土至木棒上 5cm 摊平；其上按同样方法再种第二层，最后于第二层木棒上盖 10cm 厚的河沙，上面再盖 5cm 左右厚的一层柞树叶，以便保湿。一般每平方米需要 20 根左右的木棒，0.5~1.0kg 的麻种，麻种小则需要重量少，反之则多。

天麻应如何进行田间管理?

影响天麻生长的主要环境因素是温度、水分和氧气。天麻生长的适宜环境是：温度 18~25℃，土壤相对含水量 50%~70%，且通气良好。北方设施种植天麻，应经常保持土壤湿润，旱时浇水，最好1次浇透，但又不宜过多。早春和秋季注意增温和保温，夏季注意遮阴和通风降温。以促进蜜环菌和天麻的生长，防止杂菌感染。密闭的设施应注意通风换气。

种植天麻如何防治病虫害?

天麻常见的病害主要是块茎腐烂病，害虫有蛴螬、蝼蛄、蚧壳虫、白蚁等。此类病虫害在蔬菜、瓜果、茶叶等绿色生产、控害减灾方面多采用如下措施。

（1）块茎腐烂病

①病原及症状：属半知菌亚门、瘤痤孢科、镰刀菌属、尖孢镰刀菌，也称为天麻软腐烂窝病。染病天麻早期出现黑斑，由外向内浸染；后期腐烂，有时半个天麻变黑色，接近腐烂部位的好天麻，水煮后味极苦，这可能是由于该菌的代谢产物所致，对天麻侵害严重，尤其是老窝连栽，发病更为严重。天麻块茎皮部萎黄，中心组

织腐烂，掰开块茎内部呈异臭稀浆状态。上层天麻块茎有的腐烂、萎缩，有的则靠上部烂一部分或皮层坏死，而下层天麻不会受害或受害较轻。一般土壤保墒性和透气性能差，高温高湿环境，多雨排水不良造成积水，土壤肥力不足使天麻生长缓慢、瘦弱等，往往利于发病或发病较重。一般连作和多代繁殖种质退化的天麻染病严重。

有资料报道，天麻块茎腐烂病症状有黑腐型和褐腐型。黑腐型：受害天麻块茎变黑腐烂，有干腐和湿腐之分。干腐即病部干燥，掰开块茎通常可见病部组织有呈粉红变色状。湿腐即掰开块茎，通常可见病部组织呈水浸状。不论干腐还是湿腐，病部组织均有异味，天麻变成黑色，味极苦。褐腐型：天麻块茎变褐烂。主要表现为腐烂块茎皮部萎黄，中心腐烂，掰开块茎可见内部变得异臭；有的块茎组织内部充满了黄白色或棕红色的蜜环菌素；有的块茎会出现紫褐色病斑。天麻褐腐有干腐和湿腐之分。一般多呈湿腐状，用手挤压已腐烂的块茎，有白色浆状浓液渗出。天麻黑腐和褐腐呈湿腐状受害严重的块茎，内部组织呈液状，当手提起受害块茎时，表皮内部液状物分离，液状物流出，仅剩表皮于手中。

②防治方法

农业防治：严格挑选菌种，选用健全无病天麻块茎进行有性繁殖，选用新鲜木材培育菌材，尽可能缩短培养时间。应选取排水良好的地方，场地使用前要进行消毒杀虫处理。加大蜜环菌接种量，抑制杂菌生长。菌材要新鲜，若感染杂菌可弃之不用。加强田间的水分管理，做到防旱、防涝又保墒。用干净、无杂菌的腐殖质土、树叶、锯屑等做培养料，种天麻的培养土要填实，不留空隙，保持适宜温度、湿度，减少霉菌发生。加大蜜环菌用量，形成蜜环菌生长优势，抑制杂菌生长。小畦种植，利于蜜环菌和天麻生长。选择完整、无破伤、色鲜的初生块茎作种源，采挖和运输时不要碰伤和日晒。

科学用药防治：在制备菌材前可将木棒、树枝、树叶用植物诱抗剂海岛素（5%氨基寡糖素）或6% 24-表芸·寡糖水剂1000倍液+10%苯醚甲环唑水乳剂1000倍液浸泡或30%噁霉灵水剂+25%咪鲜胺水乳剂按1∶1复配1000倍液浸泡，消毒杀菌，发挥抗逆抗病、促根壮株、安全控害的作用。发病期选用植物诱抗剂海岛素（5%氨基寡糖素）800倍液+10%苯醚甲环唑水乳剂1000倍液，或80%全络合态代森锰锌可湿性粉剂1000倍液喷施或涂茎。推荐用植物诱抗剂海岛素（5%氨基寡糖素）800倍+10%苯醚甲环唑水乳剂1000倍液，或27%寡糖·嘧菌酯水乳剂1000倍液，或23%寡糖·嘧菌酯悬浮剂1000倍液，或25%寡糖·乙蒜素微乳剂1000倍液，或30%噁霉灵水剂+10%苯醚甲环唑水乳剂按1∶1复配1000倍液等喷施或涂茎。示范应用植物诱抗剂海岛素（5%氨基寡糖素）800倍+50%氯溴异氰尿酸可溶性粉剂1000倍喷淋或涂茎。

（2）蛴螬

①为害状：属鞘翅目、金龟甲科。蛴螬（金龟子幼虫）食性杂、分布广，可将天麻块茎咬成空洞，或将正在发育的天麻顶芽破坏。

②防治方法

农业防治：在栽培场周围种蓖麻，驱避成虫（金龟子）。

物理防治：成虫（金龟子）发生期成方连片规模化实施灯光诱杀，消灭在危害和产卵前。

生物防治：幼虫发生期应适期早治，低龄期用90亿/克球孢白僵菌油悬浮剂500倍淋灌。

科学用药防治：在成虫活动高峰期的傍晚进行喷药防治，用50%辛硫磷乳油1000倍液，或10%溴氰虫酰胺可分散油悬浮剂2000倍液，或20%氯虫苯甲酰胺悬浮剂1000倍液、16%甲维盐·茚虫威（4%甲氨基阿维菌素苯甲酸盐+12%茚虫威）悬浮剂2500倍液，或10%虫螨腈悬浮剂1500倍液，或38%氰虫·氟铃脲悬浮剂（28%氰氟虫腙+10%氟铃脲）3000倍液等喷雾防治金龟子，对低龄幼虫浇灌防治。加展透剂，视虫情把握防治次数。

其他防治方法参照“芍药蛴螬”。

（3）蝼蛄

①为害状：属直翅目、蝼蛄科。蝼蛄以成虫或幼虫在表土层下开掘纵横隧道，嚼食天麻块茎。

②防治方法

物理防治：成虫活动期用黑光灯等诱虫灯规模化成方连片进行诱杀。

科学用药防治：毒饵诱杀：用5%氯虫苯甲酰胺悬浮剂与饵料（炒香的豆饼、麦麸等）按“药:饵料（1:100）”的比例配制，或用10%溴氰虫酰胺可分散油悬浮剂按“药:饵料（1:200）”的比例配制，充分拌匀制成毒饵后于傍晚时撒于田间诱杀。毒土（粪）闷杀：用70%吡虫啉水分散剂，或60%吡虫啉悬浮剂，或25%噻虫嗪水分散剂等，按“药:细土（沙）（1:100）”的比例配制毒土或喷匀混入腐熟的有机肥中，做畦时均匀撒入畦底层或底肥上面覆土闷杀。

（4）蚧壳虫

①为害状：属同翅目、粉蚧科。主要危害天麻块茎。一般由菌材、新材等树木带入穴内，危害后天麻长势减弱。

②防治方法

农业防治：收获天麻后对栽培坑进行焚烧。收获的带虫天麻不能作为种麻使用。加强植物检疫，不使蚧壳虫随天麻传播。

生物防治：在蚧壳虫若虫未形成蜡质前及时防治，选用0.5%苦参碱水剂1000倍液等喷雾防治，加展透剂，喷匀打透。

科学用药防治：冬季和春季发芽前喷施42%寡糖·硫黄悬浮剂600倍液，或2~3波美度石硫合剂或45%晶体石硫合剂30倍液，压低虫源基数；在若虫发生盛期未形成蜡质之前及时防治，优先选用10%吡丙醚乳油1500倍液，或25%噻嗪酮可湿性粉剂1000倍液，最大限度地保护天敌资源及传媒昆虫。其他药剂可选用15%茚虫威悬浮剂4000倍液（或22.4%螺虫乙酯悬浮剂3000倍液、25%噻虫嗪水分散剂1000倍液）+10%吡丙醚乳油1500倍液或25%噻嗪酮可湿性粉剂1000倍液喷雾防治，相互合理复配并适量加入展透剂喷雾更佳。

（5）白蚁

①为害状：属蜚蠊目（原等翅目）昆虫，主要咬食菌棒皮层内的菌膜，也取食天麻茎块，使天麻块茎出现坏洞，造成天麻产量和质量降低。

②防治方法

农业防治：对用于蜜环菌菌种、菌材培养的材料要进行暴晒，杀灭可能已发生白蚁危害、隐藏在材料中的虫卵及虫群。在堆置材料的房间沿墙地面撒上生石灰。在堆置场和菌种培养场外围四周也以生石灰筑造一个连续15cm的屏障。如果场地外围四周是土壤，则直接以10%的生石灰水喷洒土壤，形成宽10cm、深100cm的屏障，阻隔白蚁进入场内。这样，白蚁即使越过隔离带进入了菌种场，在地上接触生石灰后，也难以生存。在栽培地四周或在菌材及鲜材上放几块松木板，引诱白蚁到松木板上予以消灭。选用冬季砍伐的新鲜树木，并且为没有发生白蚁和其他蛀虫危害的树木。并对砍伐后木材进行湿热或干热的物理方式杀菌消毒，杀死木材内包括白蚁、蛀虫、木腐菌等病虫害。最后，将消毒后的木材锯裁为适当长短的木棒，对木棒砍好鱼鳞口，堆放在已经消毒处理的房间内，以备生产使用。天麻晒干或烘干后用硫黄严格熏蒸，再用塑料袋层层包裹密封以隔绝空气，存放在阴凉、干燥、避光处。每个天麻袋内放一小包花椒对白蚁和蛀虫发挥趋避作用。同时，每年3~7月，将天麻置于阳光下暴晒杀虫、防虫。可将装袋、密封好的天麻放置在生石灰中，既起到干燥剂的作用，又能很好的防治白蚁。

物理防治：灯光诱杀。在天麻栽培场地规模化设置灯光进行成虫诱杀。运用食诱剂诱杀。

科学用药防治：在天麻种植坑四周土壤中埋设白蚁监测装置，在监测站里放入白蚁喜欢吃的木材诱其进入监测站，定期检查引诱到的白蚁，并对诱到的白蚁喷洒适量的科学选配的“专用药物”黏附到白蚁体表，让这些白蚁将药物带回白蚁巢内去，在巢中白蚁之间互相舔舐，传递毒性，达到毒杀巢内大量白蚁的目的，甚至可以毒杀蚁王、蚁后，倾巢铲除。设置毒饵：将防治白蚁的“专用药物”与其喜食的食物制成毒饵，放于白蚁经常出入的地方任其取食。对原材料堆置场所使用灭蚁灵等药物进行防治。发现白蚁为害时，可在栽培场地定点撒放灭蚁灵或防害灵粉剂。在发生盛期可用20%氯虫苯甲酰胺悬浮剂1000倍的溶液，或10%联苯菊酯乳油1000倍液，或5%虱螨脲乳油2000倍液等喷施或浇灌。

种植天麻如何采收？

我国天麻产区分布广，收获时期不尽相同。但是，都应以新生块茎生长停滞而进入休眠后收获为原则，即栽培环境温度降到6℃以下时收获。收获时先将表土或覆盖物挖去，揭开上层菌材，取出箭麻、白麻和米麻，防止碰伤块茎。收获后，选取麻体完好健壮的少量箭麻作有性繁殖用，白麻、米麻作种用。其余箭麻和大白麻均作商品加工入药，凡受伤的块茎，也可加工药用。天麻的产量因栽培环境和方式不同而异。北方温室栽培的每平方米可产鲜天麻5~10kg，高产者可达15kg。主产区野外栽培的，每窝产鲜麻1kg左右，高产者1.5~2kg，折合每平方米3~6kg。

天麻如何加工？

收获的箭麻和白麻，必须及时加工才能保证药用价值，长时间堆放会引起腐烂。天麻加工可按如下工序进行。

（1）**分级** 根据麻体大小分成3~4等，体重150g以上为一等，75~150g为二等，75g以下为三等。

（2）**清洗** 将分等后的天麻，分别用水冲洗干净泥土。当天洗净的天麻，当天开始加工，不能在水中过夜。

（3）**刨皮** 除出口和特殊用途需刨皮外，一般不刨皮。刨皮时，用竹片或薄铁片刨去鳞片与表皮，削去受伤腐烂部分，然后用清水冲洗。

（4）**蒸** 将不同等级的天麻，分别放在蒸笼屉上蒸15~30分钟，至无白心为度。

（5）**烘烤** 烘烤天麻的火力不可过猛。农村一般用火炕烘烤。炕上温度开始以50~60℃为宜，过高则会烘焦或天麻内产生气泡。如果发现气泡，可用竹针穿孔放气，压扁。当烘至七八成干时，取下压扁使其回潮后再继续上炕，此时温度应在70℃左右，不能超过80℃，以防麻体干焦变质。天麻全干后即出炕，时间过长也会变焦。

天麻以体大、肥厚、质坚实、色黄白、断面明亮、无空心者为佳。体小、肉薄、色深、断面晦暗、中空者质次。

防 风

防风有何药用价值？

防风为伞形科植物防风 *Saposhnikovia divaricate*（Turcz.）Schischk. 的干燥根。别名关防风、东防风。味辛、甘，性微温。归膀胱、肝、脾经。具有祛风解表，胜湿止痛、止痉等功效。主治感冒头痛，风湿痹痛，风疹瘙痒，破伤风等。此外，防风叶、防风花也可供药用。主产黑龙江、吉林、辽宁、河北、山东、内蒙古等省区。东北产的防风为道地药材，素有“关防风”之称。

防风有哪些栽培品种?

防风多以产地划分如下。

(1)关防风 又称旁风，品质最好，其外皮灰黄或灰褐(色较深)，枝条粗长，质糯肉厚而滋润，断面菊花心明显。多为单枝。尤以产于黑龙江西部为佳，被誉为“红条防风”。

(2)口防风 主产于内蒙古中部及河北北部、山西等地，其表面色较浅，呈灰黄白色，条长而细，较少有分枝，顶端毛须较多但环纹少于关防风，质较硬，不及关防风松软滋润。菊花心不及关防风明显。

(3)水防风 又名“汜水防风”，主产于河南灵宝、卢氏、荥阳一带，陕西南部及甘肃定西、天水等地。其根条较细短，长 10~15cm，直径 0.3~0.6cm，上粗下细呈圆锥状，环纹少或无，多分支，体轻肉少，带木质。

种植防风如何选地与整地?

防风对土壤要求不十分严格，但应选地势高燥向阳、排水良好、土层深厚、疏松的砂质土壤。黏土、涝洼、酸性大或重盐碱地不宜栽种。由于防风主根粗而长，播种栽植前每亩施充分腐熟的有机肥 2000~3000kg 及过磷酸钙 50~100kg 或单施三元复合肥 80~100kg。均匀撒施，施后深耕 30cm 左右，耕细耙平，作 60cm 的垄。或做成宽 1.2m，高 15cm 的高畦。春秋整地皆可，但以秋季深翻，春季再浅翻做畦为宜。

防风的繁殖方式有哪些?

(1)种子繁殖 播种分春播和秋播。秋播在上冻前，次春出苗，以秋播出苗早而整齐。春播 4 月中下旬，播种前将种子放在 35℃的温水中浸泡 24 小时，捞出稍晾，即可播种。播种时在整好的畦上按行距 25~30cm 开沟，均匀播种于沟内，覆土不超过 1.5cm，稍加镇压。每亩播种量 2kg 左右。播后 20~25 天即可出苗。当苗高 5~6cm 植株出现第一片真叶时，按株距 6~7cm 间苗。

(2)插根繁殖 在收获时，取直径 0.7cm 以上的根条，截成 5~8cm 长的根段，按行距 30cm 开沟，沟深 6~8cm，按株距 15cm 栽种，栽后覆土 3~5cm。每亩用种苗 60~75kg。

防风由于出苗时间比较长，所以要根据天气情况，做到看土壤的墒情合理适时的进行浇水，切忌大水漫灌。对于板结的地块，在浇水后进行浅锄划，有利于秧苗的顺利出土，从而达到苗齐苗壮的目的。苗期还要注意及时除草。

种植防风如何追肥?

为满足防风生长发育对营养成分的需要，生长期间要适时适量进行追肥。一般追肥2次，第1次在6月中下旬，每亩施复合肥50kg，第二次于8月下旬，每亩施复合肥30kg。

防风如何灌水与排水?

防风出苗后至2片真叶前，土壤必须保持湿润状态，3叶以后不遇严重干旱不用灌水，促根下扎。6月中旬至8月下旬，可结合追肥适量灌水。雨季应注意及时排除田内积水，否则容易积水烂根。

如何防治防风的主要病虫害?

防风主要病害有白粉病、斑枯病等，主要害虫有黄翅茴香螟，此类病虫害在蔬菜、瓜果、茶叶等绿色生产、控害减灾方面多采用如下措施。

（1）白粉病

①病原及症状：属子囊菌亚门、白粉菌属真菌。被害叶片两面呈白粉状斑，后期逐渐长出小黑点，严重时叶片早期脱落。病菌在病残体上越冬。气温16~20℃，相对湿度50%~70%，植株密闭，通风不良，偏施氮肥或钾肥不足等利于发病。

②防治方法

农业防治：配方和平衡施肥，增施磷钾肥和充分腐熟的有机肥，合理补微肥，大力推行生物菌剂、生物菌肥，拮抗有害菌，增强植株抗病和抗逆能力。合理密植，注意通风透光。

生物防治：参照“射干锈病”。

科学用药防治：发病初期喷施25%戊唑醇悬浮剂2000倍液，或40%醚菌酯·乙嘧酚（25%乙嘧酚+15%醚菌酯）悬浮剂1000倍液等喷雾。其他用药和防治方法参照“牛膝白锈病”。使用以上化学药剂与植物诱抗剂海岛素（5%氨基寡糖素）水剂1000倍液或6% 24-表芸·寡糖水剂1000倍液混配使用，提质增效、抗逆抗病、促根壮株、安全控害。

（2）斑枯病

①病原及症状：属半知菌亚门、针壳孢菌。主要危害叶片，叶片染病病斑生在叶两面，圆形至近圆形，大小2~5mm，褐色，中央色稍浅，上生黑色小粒点。茎秆染病产生类似的症状，严重时叶片枯死。病菌在病叶或病茎上越冬，翌春借气流传播，引起初侵染和再侵染。

②防治方法

农业防治：入冬前清洁田园，烧掉病残体，减少菌源。合理密植，增强通风透光。配方和平衡施肥，增使腐熟的有机肥和磷钾肥，合理控氮肥和补微肥，使用生物菌肥、生物有机肥。

科学用药防治：发病初期可选用 80% 全络合态代森锰锌可湿性粉剂 1000 倍液，或 30% 醚菌酯 1000 倍液喷雾，药剂应轮换使用，每 10 天喷 1 次，连续 2~3 次。其他用药和方法参照“地黄斑枯病”。

（3）根腐病

①病原及症状：属半知菌亚门、镰刀菌属、木贼镰刀菌。根腐病主要为害防风根部，被害初期须根发病，病根呈褐色腐烂。随着病情的发展，病斑逐步向茎部发展，维管束被破坏，失去输水功能，导致根际腐烂，叶片萎蔫、变黄枯死，严重影响防风产量和质量。病菌在土壤中和田间病残体上越冬，风雨传播。一般在 5 月初发病，6~7 月进入盛发期。温度较高，湿度较大，连续阴雨天气利于发病。植株生长不良，抗病性降低，地下害虫和线虫危害严重的地块往往发病较重。

②防治方法

农业防治：发现病株及时拔除，病穴撒石灰消毒。

生物防治：预计临发病前或最初期及时用 10 亿活芽孢 / 克枯草芽孢杆菌 500 倍液灌根，7 天喷灌 1 次，喷灌 3 次以上。

科学用药防治：预计临发病前或最初期及时用药，可用 30% 噁霉灵水剂 +10% 苯醚甲环唑水乳剂按 1∶1 复配 1000 倍液喷淋或灌根。其他用药和方法参照“地黄根腐病防治”。

（4）黄翅茴香螟　属鳞翅目、螟蛾科。

①为害状：幼虫为害花、叶，在花蕾上结网，咬食花与果实。6~8 月发生，被害花往往咬成缺刻和仅剩花梗。在东北每年发生 1 代，以老熟幼虫在植株根际附近约 4cm 深土层中作茧越冬。越冬代成虫 7 月中下旬大量出现，8 月上中旬为幼虫为害盛期。

②防治方法

农业防治：人工捕杀幼虫。

生物防治：产卵盛期或卵孵化盛期 Bt 生物制剂（含孢子 100 亿 / 克）300 倍液喷雾防治，或在低龄幼虫期用 0.36% 苦参碱水剂 800 倍液，或用 2.5% 多杀霉素悬浮剂 1500 倍液等喷雾。7 天喷 1 次，一般连喷 2~3 次。

科学用药防治：低龄幼虫以前优先选用 5% 氟啶脲乳油或 25% 灭幼脲悬浮剂 2500 倍液，或 5% 虱螨脲乳油 2000 倍液等喷雾防治，最大限度地保护天敌资源和传媒昆虫。其他药剂可用 10% 溴氰虫酰胺可分散油悬浮剂 2000 倍液，20% 氯虫苯甲酰胺悬浮剂 1000 倍液、15% 甲维盐 · 茚虫威悬浮剂 2500 倍液，或 50% 辛硫磷乳油 1000 倍液等喷雾防治。视虫情把握防治次数，一般 7 天左右喷治 1 次。

防风如何采收与加工？

（1）采收 一般在第二年的10月下旬至11月中旬或春季萌芽前采收。春季根插繁殖的防风当年可采收；秋播的一般于第二年冬季采收。防风根部入土较深，松脆易折断，采收时须从畦的一端开深沟，顺序挖掘，或使用专用机械收获。根挖出后除去残留茎叶和泥土，运回加工。

（2）加工 将防风根晒至半干时去掉须毛，按根的粗细分级，晒至八九成干后扎成小捆，再晒或烤至全干即可。

穿山龙

穿山龙有何药用价值？

穿山龙是薯蓣科薯蓣属植物穿龙薯蓣 *Dioscorea nipponica* Makino 的干燥根茎，其性温，味甘、苦，归肝、肾、肺经，具有祛风除湿，舒筋通络，活血止痛，止咳平喘等功效，常用于风湿痹病，关节肿胀，疼痛麻木，跌扑损伤，闪腰岔气，咳嗽气喘等症。

种植穿山龙如何选地与整地？

穿山龙生长对土壤条件要求不太严格，宜选结构疏松、肥沃、排水良好、肥沃的砂质壤土为好，壤土、轻黏壤土次之，土壤酸碱度以弱酸至弱碱性较适宜。忌选土壤黏重、排水不良的低洼易涝地种植。对比较贫瘠的土地，可以通过施用有机肥来改善土壤的肥力和理化性状。如用堆肥、厩肥、草炭等，必须经过充分腐熟后施用，以减少病虫害的发生。

最好秋季整地，整地前每亩施入腐熟有机肥2000~4000kg，过磷酸钙50kg，均匀撒施。施后深翻25~30cm，整平耙细，按宽1.2m、高15~20cm做高畦，床间距40cm，长度不限。也可做成宽150~200cm的平畦。

穿山龙如何繁殖？

穿山龙有两种繁殖方法：根茎繁殖与种子繁殖。

（1）根茎繁殖 春季植株萌芽前，将母株根茎挖出，选择粗壮，节间短，无病虫害的根茎做种栽。每个节剪一段，每个段上有芽苞2~3个，横床开行距40cm，沟深8cm，在沟内摆放根段，株距20cm，每行摆放6段，覆土镇压，15天左右即可出苗。

因穿山龙是半阴性植物，因此需在床的两边种植玉米，以起到遮阴挡阳的作用。

（2）**种子繁殖**　播种期以晚秋播为好，出苗率高；其次为春播，于4月上旬，横床开沟，行距15cm，沟深2cm，将种子均匀撒播在沟内，覆土2cm，稍加镇压，干旱时浇水，保持土壤湿润，25天左右即可出苗。翌年春按行距40cm，株距20cm移栽定植，耕地不足时也可将种子撒播在灌木丛中，自然生长2~3年后，再将根茎挖出移栽到农田中。

穿山龙如何搭架?

穿山龙生长快速，当年可达2m之上，第二三年就可以达到5m，为了方便管理，当小苗长至20~30cm时要进行搭架，利用细竹竿、高粱秆、玉米秆等材料，架高1.8~2m，将架杆插入地里，每四根为一组，顶端捆在一起。让茎蔓缠绕架上生长，为避免影响植株光照，可适当剪去过密和过长的茎蔓。

种植穿山龙如何进行田间管理?

播种的穿山龙出苗后结合除草间去过密的苗，小苗出土后长至10cm左右，生长出3~4片真叶时，应疏去过密的弱苗、病菌，保留强壮的幼苗，株距5cm。小苗生长1年后，于秋季地上植株枯萎后进行移栽，或在第2年春季化冻后移栽。

穿山龙栽种后要及时进行除草，因其地上部分生长弱，草大时除草易伤小苗，要做到除早和除小，避免发生草荒。

穿山龙是多年生植物，育苗期或幼苗期叶面可喷0.3%~0.4%尿素多次。7~8月穿山龙旺盛生长期，可追施复合肥每亩50kg，尽量在降雨前后进行。如遇干旱，可结合浇水进行。第二年以后根茎生长加快，串满垄间，不能再追肥，以免破坏根茎。

如何防治穿山龙的主要病害?

穿山龙主要病害有穿山龙炭疽病、根腐病、锈病、褐斑病等，此类病害在蔬菜、瓜果、茶叶等绿色生产、控害减灾方面多采用如下措施。

（1）穿山龙炭疽病

①病原及症状：属半知菌亚门、黑盘孢目、炭疽菌属。主要危害穿山龙叶缘和叶尖，严重时，使大半叶片枯黑死亡。发病初期在叶片上呈现圆形、椭圆形红褐色小斑点，后期扩展成深褐色圆形病斑。

②防治方法

生物防治：预计临发病之前2~3天用药，选用哈茨木霉菌叶部型（3亿CFU/g）可湿性粉剂300倍液结合土壤灌溉冲施进行预防，或用10亿活芽孢/g枯草芽孢杆菌

500倍液灌根。

科学用药防治：发病初期可用30%噁霉灵水剂或25%吡唑醚菌酯悬浮剂1000倍液，或80%乙蒜素乳油或25%寡糖·乙蒜素微乳剂1000倍液，或75%肟菌·戊唑醇水分散粒剂2000倍液，或80%全络合态代森锰锌1000倍液，或10%苯醚甲环唑水分散粒剂和25%吡唑醚菌酯悬浮剂按2∶1复配2000倍液，或30%噁霉灵水剂+10%苯醚甲环唑水乳剂按1∶1复配1000倍液喷淋，或50%醚菌酯干悬浮剂3000倍液等喷淋。视病情把握用药次数，一般间隔7~10天喷1次。

（2）根腐病

①病原及症状：属半知菌亚门、丝核菌和镰刀菌。主要危害穿山龙根茎部和根部。发病初期病部呈褐色至黑褐色，逐渐腐烂，后期外皮脱落，只剩下木质部，地上部叶片发黄或枝条萎缩，严重的枝条或全株枯死。

②防治方法

生物防治：预计临发病2~3天或发病初期用哈茨木霉菌叶部型（3亿CFU/g）可湿性粉剂300倍液，或用10亿活芽孢/克枯草芽孢杆菌500倍液灌根，或青枯立克（黄芪多糖、绿原酸≥2.1%）100ml+80%大蒜油15ml+3%中生菌素可湿性粉剂15g兑水15kg进行喷淋或灌根，连用2~3次，5天左右1次。

科学用药防治：预计临发病前或发病初期，用80%全络合态代森锰锌1000倍液等灌根保护性防治。发病初期或发病后用30%噁霉灵水剂+10%苯醚甲环唑水乳剂按1∶1复配1000倍液灌根，或30%噁霉灵水剂或75%肟菌·戊唑醇水分散粒剂2000倍液灌根，或10%苯醚甲环唑水分散粒剂和25%吡唑醚菌酯悬浮剂按2∶1复配2000倍液等灌根。视病情把握用药次数，一般7~10天淋（灌）1次，连续淋（灌）3次左右。使用以上化学药剂与植物诱抗剂海岛素（5%氨基寡糖素）水剂800~1000倍液混配使用，提质增效、抗逆抗病、促根壮株、安全控害。

（3）锈病

①病原及症状：属担子菌亚门、冬孢菌纲、锈菌目、柄锈菌属、薯蓣柄锈菌真菌。主要危害两年以上植株叶片、幼茎，严重时危害叶柄和果实，造成叶片提前枯萎、脱落。叶片上病斑初为黄白色小点，逐渐隆起扩大成黄色疱斑，破裂后散出铁锈色粉末。茎部为上下条纹状黄色病斑，并且病斑四周有黄色锈粉，种子感染后种壳凹陷。

病菌在土壤中越冬。借气流传播。气温20~25℃，湿度大时适于发病，植株表面有水滴是发病的主要条件，多发生在穿山龙生长前期。

②防治方法

农业防治：避免在田间积水；及时除草，增强田间通透性；秋季清除病残体，集中烧毁或深埋；叶面喷施植物诱抗剂海岛素（5%氨基寡糖素）水剂800倍液或6% 24-表芸·寡糖水剂1000倍液，生根壮苗，增强植株抗病抗逆能力。

生物防治：参照“射干锈病”。

科学用药防治：发病初期可用 12.5% 腈菌唑乳油 1000 倍液均匀喷雾防治，视病情把握防治次数，一般隔 7~10 天喷治 1 次。

其他用药和方法参照“牛膝白锈病”。

（4）褐斑病

①病原及症状：属半知菌亚门、丝孢纲、丝孢属、色链格孢属、薯蓣色链格孢菌。穿山龙叶片上产生圆形或近圆形，边缘不整齐，大小不等的淡褐色病斑。多从叶缘开始向里扩展，潮湿时病斑正背面均有霉状物，病害严重时，病斑相互结合，叶片黄枯而死。

病菌在土壤中越冬。种子可带菌。借风雨传播，气温在 25~30℃，相对湿度高时发病严重，特别当早晚温差大时加重病势发展。是穿山龙后期病害。

②防治方法

农业防治：合理的实行轮作；彻底消除田间病残体，减少初侵染来源；合理施肥培育无病壮苗。

科学用药防治：土壤消毒，可用 30% 噁霉灵水剂 +10% 苯醚甲环唑水乳剂按 1∶1 复配 1000 倍液进行土壤消毒；发病初期用 80% 全络合态代森锰锌可湿性粉剂 1000 倍液，或 40% 腈菌唑可湿性粉剂 3000 倍液喷雾防治，7 天喷 1 次，连喷 2~3 次。其他用药和方法参照“锈病”。

如何防治穿山龙的主要虫害？

穿山龙主要虫害有蝗虫、蛴螬等，此类虫害在蔬菜、瓜果、茶叶等绿色生产、控害减灾方面多采用如下措施。

（1）蝗虫 直翅目、蝗总科。

①为害状：成虫和蝗蝻啃食作物叶片，蝗蝻 3 龄后进入暴食阶段和成虫一起往往短时间内将叶片吃光，甚至造成大面积减产或绝收。

②防治方法

生物防治：于蝗蝻 3 龄前用有益微生物毒饵诱杀，对低龄蝗蝻把蝗虫微孢子虫浓缩液按每亩使用 1 亿 ~8 亿个微孢子虫的剂量用水稀释，喷在载体上。载体可用特制的大片麦麸，每亩用 300~500g，用地面机具在田间条带状撒施，条带间隔 20m。选用 0.3% 印楝素乳油 300 倍液喷雾。

科学用药防治：蝗蝻 3 龄前及时选用化学科学用药防治，可用 5% 氯虫苯甲酰胺悬浮剂 1000 倍液，或 5% 甲氨基阿维菌素苯甲酸盐水分散粒剂 1500 倍液等喷雾防治。

（2）蛴螬 鞘翅目、金龟甲总科。

①为害状：咬食根茎部和根部，影响植株长势，严重的被咬断死亡，造成缺棵缺苗。

②防治方法

物理防治：成虫（金龟子）产卵以前成方连片规模化实施灯光诱杀。

生物防治：幼虫发生期应适期早治，对低龄幼虫用90亿/g球孢白僵菌油悬浮剂500倍淋灌。

科学用药防治：在成虫活动高峰期的傍晚进行喷药防治，用50%辛硫磷乳油1000倍液，或10%溴氰虫酰胺可分散油悬浮剂2000倍液，20%氯虫苯甲酰胺悬浮剂1000倍液、15%甲维盐·茚虫威悬浮剂2500倍液等均匀喷雾。对幼虫可用3%辛硫磷颗粒剂3~4kg，混细沙土10kg制成药土，撒施后浇水。或用20%氯虫苯甲酰胺悬浮剂1000倍液、50%辛硫磷乳油800倍液等药剂灌根。其他用药和防治方法参照“芍药蛴螬”。

穿山龙如何采收与加工？

穿山龙是一种多年生草质藤本植物，种子繁殖的4~5年采收，根茎繁殖的3年采收。春秋均可采挖，但春季采收的薯蓣皂苷元含量较低，以9~10月采收较适宜。

因根茎一般横长在10cm的土层内，只要把根茎刨出，土抖落即可出售。也可以晒干后进行加工，去掉须根及残皮，采用晒干、炕干、阴干或烘干等方法干燥，其中晒干、烘干的方法较好，因为方法简便易行，干燥时间短，薯蓣皂苷元不遭破坏，含量高。阴干的时间较长，易发霉变黑，薯蓣皂苷元含量低，影响质量。

甘　草

甘草有何药用价值？

甘草为豆科植物甘草 *Glycyrrihiza uralensis* Fisch.、胀果甘草 *G. inflata* Bat. 或光果甘草 *G. glabra* L. 的干燥根及根茎，其味甘性平，归心、肺、脾、胃经。补脾益气，清热解毒，祛痰止咳，缓急止痛，调和诸药；用于脾胃虚弱，倦怠乏力，心悸气短，咳嗽痰多，脘腹、四肢挛急疼痛，痈肿疮毒，缓解药物毒性、烈性。

甘草的资源及地理分布是怎样的？

甘草属于豆科甘草属灌木状多年生草本植物。甘草在我国集中分布于三北地区（东北、华北和西北各省区），而以新疆、内蒙古、宁夏和甘肃为中心产区。甘草为我国传统中药，商品甘草的原植物大多为乌拉尔甘草（甘草），少数为光果甘草，20世纪70年代又将西北产的胀果甘草收载于《中国药典》。目前在我国以乌拉尔甘草的分布范围最广，药材品质最优，引种栽培的基本上为乌拉尔甘草。

如何根据甘草的生长习性进行选地整地?

甘草多生长于北温带地区，海拔 0~200m 的平原、山区或河谷。土壤多为砂质土且在酸性土壤中生长不良。甘草喜光照充足、降雨量较少、夏季酷热、冬季严寒、昼夜温差大的生态环境，具有喜光、耐旱、耐热、耐盐碱和耐寒的特性。因此种植地应选择地势高燥，土层深厚、疏松、排水良好的向阳坡地。土壤以略偏碱性的砂土、砂壤土或覆砂土为宜。忌在涝洼、地下水位高的地段种植；土壤黏重时，可按比例掺入细沙。选好地后，进行翻耕。一般于播种的前一年秋季施足基肥（每亩施腐熟有机肥 2000~3000kg），深翻土壤 20~35cm，然后整平耙细，以备第二年播种。

甘草的繁殖方式有几种?

甘草的繁殖方式包括种子繁殖、根茎繁殖和分株繁殖。

（1）种子繁殖 种子先进行处理再播种。3 月下旬至 4 月上旬，在做好的垄上开深 1.5~2cm 的浅沟两条，将处理后的种子均匀播入沟内，覆土浇水，播后半月可出苗。起垄栽培比平畦栽培好，便于排水，通风透光，根扎得深。若冬前播种，可不用催芽。每亩播种量 2.5kg 左右。

（2）根茎繁殖 根茎繁殖宜在春秋季采挖甘草，选其粗根入药。将较细的根茎截成长 15cm 的小段，每段带有根芽和须根，在垄上开 10cm 左右的沟两条，按株距 15cm 将根茎平摆于沟内，覆土浇水，保持土壤湿润。每亩用种苗 90kg 左右。

（3）分株繁殖 在甘草母株的周围常萌发出许多新株，可于春秋季挖出移栽。

如何进行甘草种子播前处理?

甘草种子的种皮硬而厚，透性差，播后不易萌发，出苗率低造成缺苗，因此甘草种子要进行播前处理。处理方法主要有机械碾磨处理和浓硫酸处理。

（1）机械碾磨处理 一般采用砂轮碾磨机进行，适用于大量种子的处理。首先将甘草种子过筛分级，分别进行碾磨处理，一般需要碾磨 1~2 遍，绝大多数种子的种皮失去光泽或轻微擦破，但种子完整，无其他损伤为宜。另外，可进行种子吸胀检查，随机抽取一定量的种子，放入 40℃温水中浸泡 3~4 小时，如果 90% 以上种子吸水膨胀，说明种子已处理好可用于播种；吸水膨胀的种子低于 70%，还需继续碾磨。

（2）浓硫酸处理 适合少量种子样品的处理。用选好的种子与 98% 浓硫酸按 1∶1 的比例混合搅拌均匀，浸种 1 小时左右，用清水反复冲洗种子，及时晾干备用。处理好的种子发芽率可达 90%。

甘草如何播种?

播种分春播、夏播和秋播。春播一般在公历的4月中下旬、农历的谷雨前后进行;对于灌溉困难的地区，可在夏季或初秋雨水丰富时抢墒播种，夏播一般在7~8月，秋播一般在9月进行。播种前首先作畦。畦宽4m，然后灌透水1次，蓄足底墒。播种前种子可先进行催芽处理，也可直接播种处理好的干种子。播种量为每亩1.5~2kg，播种行距30cm，播种深度2.0cm左右。可采用人工播种，也可采用播种机进行机械播种。播种后稍加镇压，一般经1~2周即可出苗。对于春季气候多变的地区也可选在5月播种，只要当日平均气温升至10℃以上，地面温度升至20℃以上即可进行播种。

如何进行甘草田间管理?

甘草田间管理包括灌水、除草和追肥等。

（1）灌水 甘草在出苗前后要经常保持土壤湿润，以利出苗和幼苗生长。具体灌溉应视土壤类型和盐碱度而定，砂性无盐碱或微盐碱土壤，播种后即可灌水；土壤黏重或盐碱较重，应在播种前浇水，抢墒播种，播后不灌水，以免土壤板结和盐碱度上升。栽培甘草的关键是保苗，一般植株长成后不再浇水。

（2）除草 在出苗的当年，尤其在幼苗期要及时除草。从第二年起甘草根开始分蘖，杂草很难与其竞争，不再需要中耕除草。杂草防除方式有播前预防、化学除草和人工除草。

①播前预防：甘草属豆科多年生草本植物，在选地时要选择杂草少的地块，特别是要注意地块内宿根性杂草群落的危害情况。

②化学除草：播后可选择二甲戊灵等封闭性除草剂，幼苗出土后至封垄期根据杂草情况，一般禾本科杂草2~4叶期，每亩用20%拿捕净（烯禾啶）乳油200~300ml+海岛素（5%氨基寡糖素）水剂1000倍液（或6% 24-表芸·寡糖水剂1000倍液）喷雾防治，提高安全性和除草效果。要确保适宜的墒情，1次喷匀，不重不漏。

③人工除草：甘草从播种到幼苗封垄是杂草危害最为严重的时期，此时幼苗生长慢，杂草对幼苗影响大，应及时安排中耕除草。

（3）追肥 当甘草长出4~6片叶时，追施磷肥、尿素；第二年返青后，追施磷肥，促进根茎生长，不再使用氮肥，防止植株徒长。配合推广使用生物菌剂和生物有机肥。

甘草的常见病虫害有哪些，如何防治?

甘草的主要病害有褐斑病、白粉病等，主要害虫有地老虎、蝼蛄和甘草叶甲等。

此类病虫害在蔬菜、瓜果、茶叶等绿色生产、控害减灾方面多采用如下措施。

（1）褐斑病

①病原及症状：属半知菌亚门、尾孢属真菌。叶片产生近圆形或不规则形病斑，一般直径1~5mm，病斑中央灰褐色，边缘褐色，在病斑的两面都有黑色霉状物。病菌在病株残体上越冬，翌春条件合适时借助风雨传播引起初浸染。一般在7~8月发生。

②防治方法

农业防治：与禾本科作物轮作。合理密植，促苗壮发，尽力增加株间通风透光性。增施腐熟的有机肥和磷钾肥，配方和平衡施肥，合理补微肥，避免偏施氮肥，推广施用生物菌肥和生物有机肥。注意排水；结合采摘收集病残体携出田外集中处理。

科学用药防治：预计临发病前2~3天或发病初期用80%全络合态代森锰锌1000倍液，25%嘧菌酯悬浮剂或30%醚菌酯可湿性粉剂1500倍液等保护性防治；发病后及时喷施25%腈菌唑乳油4000~5000倍液，或5%吡唑醚菌酯悬浮剂或27%寡糖·吡唑嘧菌酯水乳剂或10%多抗霉素可湿性粉剂2000倍液喷雾防治，视病情把握防治次数，一般间隔7~10天，连续喷2~3次。其他用药和防治方法参照“牛膝白锈病”。使用以上化学药剂与植物诱抗剂海岛素（5%氨基寡糖素）水剂1000倍液（或6% 24-表芸·寡糖水剂1000倍液）混配使用，提质增效、抗逆抗病、促根壮株、安全控害。

（2）白粉病

①病原及症状：属子囊菌亚门、白粉菌属。先是叶片背面出现散在的点状、云片状白粉样附着物，后蔓延至叶片正反两面，导致叶片提前枯黄。病菌随病残组织在土表越冬。气温在18℃以上，相对湿度60%~75%，日照少，偏施氮肥，植株过密，通风不良严重缺钾田发病重。

②防治方法

农业防治：参照“甘草褐斑病”。

生物防治：发病初期即时使用植病清（黄芩素≥2.3%、紫草素≥2.8%）水剂1000倍液+植物诱抗剂海岛素（5%氨基寡糖素）水剂1000倍液喷雾。

科学用药防治：发病初期，喷施10%苯醚甲环唑水分散颗粒剂1500倍液，或40%醚菌酯·乙嘧酚（25%乙嘧酚+15%醚菌酯）悬浮剂1000倍液等，10天左右1次，连喷2~3次。其他用药和防治方法参照“褐斑病”。

（3）地老虎

①为害状：属鳞翅目、夜蛾科。幼虫咬食（断）嫩茎危害，低龄幼虫（1龄和2龄）危害嫩叶的叶肉，大龄幼虫（3龄后）白天潜伏在土里，夜晚出来危害，常将植株咬断，造成缺苗甚至毁苗。

②防治方法

农业防治：种植前秋翻晒土及冬灌，可杀灭虫卵、幼虫及部分越冬蛹；

物理防治：成虫产卵前规模化应用糖醋液（糖:醋:酒:水=6∶3∶1∶10）放在

田间1m高处诱杀，每亩放置5~6盆。规模化实施灯光诱杀。

生物防治：应用性诱剂诱杀雄虫于交配之前。

科学用药防治：可采取毒饵或毒土诱杀幼虫及喷灌防治。毒饵诱杀：每亩用50%辛硫磷乳油0.5kg，加水8~10kg，喷到炒过的40kg棉籽饼或麦麸上制成毒饵，傍晚撒于秧苗周围。毒土诱杀，地老虎幼虫低龄期每亩用20%氯虫苯甲酰胺悬浮剂0.5kg，加细土20kg制成毒土，顺垄撒施于幼苗根际附近。喷灌防治，用20%氯虫苯甲酰胺悬浮剂1000倍液或50%辛硫磷乳油1000倍液喷灌防治幼虫。其他用药和防治方法参照“射干地老虎防治”

（4）蝼蛄

①为害状：属直翅目、蝼蛄科。食性复杂，都营地下生活，吃新播的种子，咬食作物根部，对作物幼苗伤害极大。通常栖息于地下，夜间和清晨在地表下活动。潜行土中，形成隧道，使作物幼根与土壤分离，造成植株枯死。

②防治方法

农业防治：使用充分腐熟的有机肥，避免将虫卵带到土壤中去。

物理防治：规模化实施灯光诱杀成虫。

科学用药防治：危害严重时可亩用5%辛硫磷颗粒剂1~1.5kg与15~30kg细土混匀后撒入地面并耕耙，或于定植前沟施毒土。其他用药和防治方法参照“天麻蝼蛄防治”。

（5）甘草叶甲

①为害状：属鞘翅目、叶甲科。成虫危害叶部，往往造成叶片枯黄、脱落。幼虫危害根部，影响植株长势。

②防治方法

农业防治：灌冻水压低越冬虫口基数。

生物防治：卵孵化盛期或若虫期，选用生物源杀虫剂1%苦参碱或0.5%藜芦碱可溶液剂1000倍液，或用2.5%多杀霉素悬浮剂1500倍液等喷雾。

科学用药防治：卵孵化盛期或若虫期及时喷药防治，特别是5~6月虫口密度增大期，要切实抓好防治，优先选用5%虱螨脲乳油2000倍液，或10%吡丙醚乳油1500倍液喷雾防治，最大限度地保护天敌资源和传媒昆虫。其他药剂可选用50%辛硫磷乳油，或10%溴氰虫酰胺可分散油悬浮剂2000倍液，或20%氯虫苯甲酰胺悬浮剂1000倍液喷雾防治。视虫情把握防治次数，一般7天喷治1次。幼虫进行灌根防治。

甘草如何采收与加工？

（1）采收 甘草一般生长1~2年即可收获，在秋季9月下旬至10月初采收以秋季茎叶枯萎后为最好，此时收获的甘草根质坚体重、粉性大、甜味浓。直播法种植的甘草，3~4年为最佳采挖期，育苗移栽和根茎繁殖的2~3年采收为佳。采收时必须深挖，不可刨断或伤根皮，挖出后去掉残茎、泥土，忌用水洗，趁鲜分出主根和侧根，去掉芦头、毛须、支杈，晒至半干，捆成小把，再晒至全干。

（2）加工 甘草可加工成皮革和粉草。皮革即将挖出的根及根茎去净泥土，趁鲜去掉茎头、须根，晒至大半干时，将条顺直，分级，扎成小把的晒干品。以外皮细紧、有皱沟，红棕色，质坚实，粉性足，断面黄白色者为佳。粉甘草即去皮甘草是以外表平坦、淡黄色、纤维性、有纵皱纹者为佳。

黄 芪

黄芪有何药用价值？

黄芪为豆科多年生草本植物蒙古黄芪 *Astragalus membranaceus*（Fisch.）Bge. var. *mongholicus*（Bge.）Hsiao 或膜荚黄芪 *Astragalus membranaceus*（Fisch.）Bge. 的干燥根。具有补气固表、利尿托毒、排脓、敛疮生肌等功能。

如何根据黄芪的生长习性选地、整地？

野生黄芪多见于海拔 800~1800m 以上向阳山坡，喜凉爽气候，为长日照植物。黄芪系深根系植物，有较强抗旱、耐寒能力，和怕热、怕涝的习性。选择土壤深厚、土质疏松、透气性好、pH 值 6.5~8 的砂质壤土为适宜。每亩施优质腐熟有机肥 2000~3000kg，复合肥 30~50kg，深翻 30~40cm，耙细整平，做成 30cm 高的高畦待播。

如何做好黄芪播前种子处理？

首先选当年采收的无虫蛀或病变、种皮黄褐色或棕黑色、种子饱满、种仁白色的种子，放置于 20% 食盐水溶液中，将漂浮在表面的秕粒和杂质捞出，将沉于底下的饱满种子做种并进一步进行处理，方法如下。

（1）沸水侵种催芽 将种子放入沸水中不停搅动约 1 分钟，立即加入冷水，将水温调至 40℃，再浸泡 2 小时，并将水倒出，种子加覆盖物或装入麻袋中闷 8~12 小时，中间用 15℃水滤洗 2~3 次，待种子膨大或外皮破裂时，可趁雨后播种。

（2）机械处理 可用碾米机放大“流子”，机械串碾 1~2 遍，以不伤种胚为适。

（3）硫酸处理 将老熟硬实的黄芪种子，放入 70%~80% 浓硫酸溶液中浸泡 3~5 分钟，取出种子迅速在流水中冲洗 30 分钟左右，发芽率 90% 以上。

如何进行黄芪种子直播？

（1）播种时间 春播选在当地气温稳定在 5℃以上；秋播时间在当地气温下降到

15℃左右。播后保持土壤湿润，15天左右即可出苗。

（2）**播种深度**　黄芪种子顶土力弱，一般播深2~3cm。播种方法：条播按行距18~20cm，开3cm的浅沟，将种子均匀撒入沟内，覆土1~1.5cm后镇压，亩用种子1.5~2kg。

黄芪育苗移栽应注意抓好哪些技术？

在种子昂贵或旱地缺水直播难以出苗保苗时可以采用。主要应抓好如下五个技术环节。①选择土壤深厚、土质疏松、透气性好的砂质土壤。②施肥做畦：每亩施优质腐熟有机肥2000~3000kg，复合肥30~50kg，深翻30~40cm，耙细整平，做成畦面宽120~150cm，垄沟宽40cm，高30cm的高畦。③适时播种：春播4月，或秋播8~9月，将经过处理的种子撒播或条播于床面，覆土厚约1.5cm，亩用种子8~10kg（育苗田用种量）。④加强幼苗期管理：出苗后，适时疏苗和拔除杂草，并视具体情况适当浇水和排水。⑤移栽管理：9月或第二年4月中旬，选择条长、苗壮、少分枝、无病虫伤斑的幼苗移栽，行株距为25cm×15cm，一般采用斜栽或平栽，沟深根据幼苗大小而定，一般以5~7cm为宜，栽后适时镇压。每亩栽苗1.5万~1.7万株。一亩苗一般可栽4~5亩生产田。

如何进行黄芪田间管理？

（1）**播后管理**　黄芪种子小，拱土能力弱，播种浅，覆土薄，播种后要适时浇水，以保证出苗。

（2）**中耕除草与间定苗**　当幼苗出现5片小叶，苗高5~7cm时，按株距3~5cm三角状进行间苗，结合间苗进行1次中耕除草；苗高8~10cm时进行第二次中耕除草，以保持田间无杂草，地表土层不板结；当苗高10~12cm时，条播按株距6~8cm定苗，亩留苗2.4万~2.6万株。

（3）**水肥管理**　黄芪具有“喜水又怕水”的特性，要适时排灌水；在植株生长旺期，每亩追施复合肥50kg，于行间开沟施入，施肥后浇水。

如何防治黄芪病害？

黄芪主要病害有白粉病、根腐病等，此类病害在蔬菜、瓜果、茶叶等绿色生产、控害减灾方面多采用如下措施。

（1）**白粉病**

①病原及症状：属子囊菌亚门、白粉菌属。黄芪白粉病不仅为害叶片，也为害花蕊、荚果、茎秆等部位，整株布满白粉。初发病时叶正、背两面生白色粉状霉斑，叶

柄、茎部染病也生白色霉点或霉斑，严重时整叶片被白粉覆盖，致叶片干枯或全株枯死。病菌随病株残体在土表越冬，或在根芽、残茎上越冬。翌春条件适宜时主要靠气流传播。病菌对温湿度适应范围广，高湿条件利于发病。但空气相对湿度低到25%时也能浸染发病。一般5月下旬开始发病，9~10月为发病盛期。田间管理不善，排水不良、植株过密、光照不足等有利于病害发生流行。

②防治方法

农业防治：实行轮作，忌连作，不宜选豆科植物和易感白粉病的作物为前茬，前茬以玉米为好。加强田间管理，适时间定苗，合理密植，以利田间通风透光。要配方施肥和平衡施肥，增施腐熟的有机肥，不要偏施氮肥，合理补微肥，推广施用生物菌肥和生物有机肥。田间不要积水。

科学用药防治：发病初期及时防治，可用25%嘧菌酯悬浮剂或30%醚菌酯可湿性粉剂1500倍液等保护性防治；发病后及时喷施40%腈菌唑可湿性粉剂3000倍液，或5%吡唑醚菌酯悬浮剂或27%寡糖·吡唑嘧菌酯水乳剂或10%多抗霉素可湿性粉剂2000倍液，或75%肟菌·戊唑醇水分散粒剂2000倍液，或10%苯醚甲环唑水分散粒剂1500倍液，或40%醚菌酯·乙嘧酚（25%乙嘧酚+15%醚菌酯）悬浮剂1000倍液等喷雾。使用以上化学药剂与植物诱抗剂海岛素（5%氨基寡糖素）水剂1000倍液（或6% 24–表芸·寡糖水剂1000倍液）混配使用，提质增效、抗逆抗病、促根壮株、安全控害。要交替和轮换用药，视病情把握用药次数，一般7~10天喷治1次。

（2）根腐病

①病原及症状：属半知菌亚门、茄腐皮镰孢菌、串珠镰孢菌和木贼镰孢菌。植株叶片变黄枯萎，茎基部至主根均变为红褐干腐，上有红色条纹或纵裂，侧根很少或已腐烂，病株极易自土中拔起，主根维管束变褐色，在潮湿环境下，根茎部长出粉霉。植株往往成片枯死。病菌是土壤习居菌，在土壤中长期腐生，病菌借水流、耕作传播，通过根部伤口或直接从叉根分枝裂缝及老化幼苗茎基部裂口处侵入。地下害虫、线虫为害造成伤虫口利于病菌侵入。管理粗放、通风不良、湿气滞留地块易发病。

②防治方法

农业防治：控制土壤湿度，防止积水。与禾本科作物轮作，实行条播和高畦栽培。及时防治地下害虫和线虫病等。移栽时避免使种苗受伤。

科学用药防治：发病初期用99%噁霉灵可湿性粉剂3000倍液灌根，或50%氯溴异氰尿酸可溶性粉剂1000倍液等喷淋，7~10天1次，连喷2~3次。

如何适时进行种子采收与根药采收？

（1）种子采收　当荚果下垂，果皮变白，果内种子呈褐色时采收。采收时，可用人工采摘或用收割机收割地上部分植株（地上留7~10cm），晒干后脱粒，去掉杂质和秕粒，放置通风干燥处贮藏。

（2）根药采收 直播黄芪一般多以2~3年采收。春季在解冻后进行，秋季在植株枯萎时进行，育苗移栽的黄芪，一般在栽种当年秋季就可采收。采收时，将植株割掉清除田外，人工或用起药机采挖，人工捡净根部，抖净泥土，运至晾晒场晒至七八成干时，捆成小把再晾晒全干即可。

苦 参

苦参有哪些功效？

苦参，又叫苦骨、牛参、川参，为豆科植物苦参［*Sophora flavescens* Ait.］的干燥根。具有清热、燥湿、杀虫、利尿之功效，治疗热毒血痢、肠风下血、黄疸尿闭、赤白带下、阴肿阴痒、小儿肺炎、疳积、急性扁桃体炎、痔满、脱肛、湿疹、湿疮、皮肤瘙痒、疥癣麻风、阴疮湿痒、瘰疬、烫伤等。外用可治疗滴虫性阴道炎。

苦参适宜种植在什么样的环境？

苦参野生于山坡草地、丘陵、路旁，喜温暖气候，对土壤要求不严，但苦参为深根性植物，以土层深厚、肥沃、排灌方便的壤土或砂质壤土为宜。

种植苦参如何整地？

每亩施入充分腐熟的有机肥2000~3000kg或三元复合肥100kg，深翻30~40cm，耙平整细，作成2~2.5m宽的畦。

苦参有哪几种繁殖方法？

（1）种子繁殖 7~9月，当苦参荚果变为深褐色时，采回晒干、脱粒、簸净，置干燥处备用。播种前要进行种子处理。方法：用40~50℃温水浸种10~12小时，取出后稍沥干即可播种；也可用湿沙层积（种子与湿沙按1∶3混合）20~30天再播种。于4月下旬至5月上旬，在整好的畦上，按行距50~60cm、株距30~40cm开深2~3cm的穴，每穴播种4~5粒种子，用细土拌草木灰覆盖，保持土壤湿润，15~20天出苗。苗高5~10cm时间苗，每穴留壮苗2株。

（2）分根繁殖 春、秋两季均可。秋栽于落叶后，春栽于萌芽前进行。春、秋栽培均结合苦参收获。把母株挖出，剪下粗根作药用，然后按母株上生芽和生根的多少，用刀切成数株，每株必须具有根和芽2~3个。按行距50~60cm，株距30~40cm栽苗，每穴栽1株。栽后盖土、浇透水。

如何进行苦参的田间管理?

（1）中耕除草 苗期要进行中耕除草和培土，保持田间无杂草和土壤疏松、湿润，以利苦参生长。

（2）追肥 苗高15~20cm时进行，每亩施磷酸铵15kg或复合肥20kg。贫瘠的地块要适当增加追肥数量。

（3）合理排灌 天旱及施肥后要及时灌溉，保持土壤湿润。雨季要注意排涝，防止积水烂根。

（4）摘花 除留种地外，要及时剪去花薹，以免消耗养分。

如何进行苦参病害的综合防治?

苦参主要病害有叶枯病、白锈病、根腐病等，此类病害在蔬菜、瓜果、茶叶等绿色生产、控害减灾方面多采用如下措施。

（1）叶枯病

①病原及症状：属子囊菌亚门真菌。也称叶斑病，以为害叶片为主，植株下部叶片发病重。叶缘、叶尖先发病，病斑形状不规则，红褐色至灰褐色；叶面病斑褐色、圆形。病斑可连片成大枯斑，呈灰褐色，边缘颜色加深，与健康组织界限明显，后期叶片焦枯，严重时植株死亡。

病菌在病叶上越冬，借风、雨传播侵染。一般6月下旬开始，至10月中旬均可发病。高温多湿、通风不良均有利于该病害的发生。一般8月上旬至9月上旬为发病盛期。

②防治方法

农业防治：选用健壮的抗（耐）病品种；与非寄主植物实行2年以上的轮作；配方和平衡施肥，增施腐熟的有机肥和磷、钾肥，合理补微肥，推广使用生物菌肥、生物有机肥，增强植株抗端病力；田间不积水；秋季采收后清理田园，将病株残体运出田外集中深埋或烧掉。

科学用药防治：播种前用1：1：100波尔多液浸种10分钟，或植物诱抗剂海岛素800倍液+10%苯醚甲环唑水乳剂1000倍液拌种；预计临发病前2~3天或发病初期，用10%苯醚甲环唑水乳剂1000倍液，或80%全络合态代森锰锌可湿性粉剂1000倍液等保护性喷雾防治。发病后选用50%异菌脲可湿性粉剂800倍液，或25%吡唑醚菌酯悬浮剂或27%寡糖·吡唑醚菌酯水剂2000倍液，或75%肟菌·戊唑醇水分散粒剂2000倍液等喷雾防治。视病情把握防治次数，一般间隔7天1次。

（2）白锈病

①病原及症状：属鞭毛菌亚门真菌。发病初期叶面出现黄绿色小斑点，外表有光

泽的脓疱状斑点，病叶枯黄，以后脱落。多在秋末冬初或初春季发生。

②防治方法

农业防治：清理田园，将残株病叶集中烧毁或深埋；选择禾本科或豆科轮作；合理密植，加强肥水管理，提高植株抗病能力。

科学用药防治：预计临发病前或发病初期，用42%寡糖·硫黄悬浮剂600倍液，或80%全络合态代森锰锌可湿性粉剂1000倍液保护性控害。发病初期或发病后可选用植物诱抗剂海岛素（5%氨基寡糖素）水剂1000倍液与10%苯醚甲环唑水分散颗粒剂1500倍液混配喷施，每7~12天喷1次，连续喷雾2~3次。

其他用药和防治方法参照“牛膝白锈病”。

（3）根腐病

①病原及症状：属半知菌亚门、镰刀菌属。被害根部呈黑褐色，根系自下而上呈褐色病变。根髓发生湿腐，黑褐色，整个主根部分变成黑褐色的表皮壳，皮壳内呈乱麻状的木质化纤维。地上部分枝叶萎蔫，逐渐由外向内枯死。

土壤带菌是重要的侵染来源。一般6~7月为发病盛期。土壤湿度大、黏重土壤、排水不良，气温29~32℃时容易发病。耕作不善及地下害虫危害造成根系伤口易使病菌侵入引起发病。常在高温多雨季节病株先根部腐烂继而全株死亡。

②防治方法

农业防治：选用健康抗（耐）病品种；育苗时选择与去年不同的苗床，倒茬种植；实行6年以上的轮作；田间不积水；配方和平衡施肥，增施腐熟的有机肥和磷、钾肥，合理补微肥，推广使用生物菌肥、生物有机肥，增强植株抗端病力。

生物防治：预计临发病前或发病初期用10亿活芽孢/克的枯草芽孢杆菌500倍液灌根；出苗后，生长期临发病前喷施：青枯立克（黄芪多糖、绿原酸≥2.1%）80ml+“地力旺”生物菌剂（枯草芽孢杆菌、地衣芽孢杆菌、巨大芽孢杆菌、凝结芽孢杆菌、嗜酸乳杆菌、侧孢芽孢杆菌、5406放线菌、光合细菌、胶冻样芽孢杆菌、绿色木霉菌）50ml（或相应的生物菌剂），兑水15kg均匀喷施，保护性控害，7天左右1次，连喷3次。也可用“地力旺”淋灌根部；发病后及时喷施：青枯立克（黄芪多糖、绿原酸≥2.1%）80ml+80%大蒜油15ml+沃丰素［植物活性苷肽≥3%，壳聚糖≥3%，氨基酸、中微量元素≥10%（锌≥6%、硼≥4%、铁≥3%、钙≥5%）］25ml，兑水15kg均匀喷施，治疗性控害，7天左右1次，连喷3次。

科学用药防治：预计临发病前或发病初期用植物诱抗剂海岛素（5%氨基寡糖素）水剂800倍液与10%苯醚甲环唑水乳剂1000倍液，或50%咯菌腈可湿性粉剂5000倍液，或30%噁霉灵水剂+10苯醚甲环唑水乳剂按1∶1复配1000倍液混配灌根，7天喷灌1次，喷灌3次以上。

其他用药和防治方法参照“穿山龙根腐病”。

苦参如何采收加工？

栽种 3 年后的 9~11 月或春季萌芽前采挖。刨出全株，按根的自然生长情况，分割成单根，去掉芦头、须根，洗净泥沙，鲜根切成 1cm 厚的圆片或斜片，晒干或烘干。

板蓝根

板蓝根有何药用价值？

板蓝根为十字花科植物菘蓝 *Isatis indigotica* Fort. 的干燥根，具有清热解毒、凉血利咽等功效，常用于瘟疫时毒、发热咽痛、温毒发斑、痄腮、烂喉丹痧、大头瘟疫、丹毒、痈肿等症，是常用的大宗药材之一。菘蓝的干燥叶亦可入药，即“大青叶”，具有清热解毒、凉血消斑等功效，常用于温病高热、神昏、发斑发疹等证。

板蓝根生产上如何选择栽培品种？

板蓝根适应性很强，在我国大部分地区都能种植，主要产区分布在河北、安徽、内蒙古、甘肃等地。生产上常用的栽培品种有小叶板蓝根和四倍体板蓝根。小叶板蓝根从根的外观质量、药用成分含量、药效等方面均优于四倍体板蓝根，而四倍体板蓝根叶大、较厚。因此，以收获板蓝根为主的可以选择小叶板蓝根，以收割大青叶为主的可以选择种植四倍体板蓝根。

种植板蓝根如何选地整地？

板蓝根适应性较强，对土壤环境条件要求不严，适宜在土层深厚、疏松、肥沃的砂质壤土种植，排水不良的低洼地，容易烂根，不宜选用。种植基地应选择不受污染源影响或污染物含量限制在允许范围之内，生态环境良好的农业生产区域，产地的空气质量符合 GB 3095 二级标准，灌溉水质量符合 GB 5084 标准，土壤中 Cu 元素含量低于 80mg/kg，Pb 元素含量低于 85mg/kg，其他指标符合土壤质量 GB 15618 二级标准。

选好地后，每亩施腐熟的有机肥 2000kg，复合肥 30~50kg，或生物肥料 100kg。深耕 30cm 左右，耙细整平作畦，作畦方式可按当地习惯操作。

板蓝根何时播种，越早播种越好吗？

春播板蓝根随着播种期后延，产量呈下降趋势，但也不是播种越早越好。因为板蓝根是低温春化植物，若播种过早遭遇倒春寒，会引起板蓝根当年开花结果，影响板蓝根的产量和质量。因此，板蓝根春季播种不宜过早，以清明以后播种为宜。此外，板蓝根也可在夏季播种，在 6、7 月收完麦子等作物后进行。

播种时，按 25cm 行距开沟，沟深 2~3cm，将种子按粒距 3~5cm 撒入沟内，播后覆土 2cm，稍加镇压。每亩播种量 1.5~2kg。

种植板蓝根如何进行田间管理?

（1）间苗、定苗 当苗高 4~7cm 时，按株距 8~10cm 定苗，间苗时去弱留强，使行间植株保持三角形分布。

（2）中耕除草 幼苗出土后，做到有草就除，注意苗期应浅锄；植株封垄后，一般不再中耕，可用手拔除。大雨过后，应及时松土。

（3）追肥 6 月上旬每亩追施尿素 10~15kg，开沟施入行间。8 月上旬再进行 1 次追肥，每亩追施过磷酸钙 12kg，硫酸钾 18kg，混合开沟施入行间。施肥后及时浇水。配合使用生物菌剂、生物有机肥。

（4）灌水排水 定苗后，视植株生长情况，进行浇水。如遇伏天干旱，可在早晚灌水，切勿在阳光暴晒下进行。多雨地区和雨季，要及时清理排水沟，以利及时排水，避免田间积水、引起烂根。

板蓝根常见的病虫害有哪些？如何防治?

板蓝根的病虫害在营养生长期以白粉病、菜青虫为主，在花期以蚜虫为主。此类病虫害在蔬菜、瓜果、茶叶等绿色生产、控害减灾方面多采用如下措施。

（1）白粉病

①病原及症状：属子囊菌亚门、白粉菌目。主要危害叶片，以叶背面较多，茎、花上也可发生。发病初期板蓝根叶片出现灰白色的小点，叶面最初产生近圆形白色粉状斑，扩展后连成片，两面呈灰白色斑块，呈边缘不明显的大片白粉区，严重时整株被白粉覆盖；后期白粉呈灰白色，叶片枯黄萎蔫而脱落。一般低温多湿，施氮肥过多，植株过密，通风不良利于发病。

②防治方法

农业防治：前茬不选用十字花科作物。合理密植，增施腐熟的有机肥和磷、钾肥，合理控氮肥和补微肥，推广使用生物菌剂和生物有机肥，拮抗有害菌，增强抗病和抗逆能力。排除田间积水，抑制病害的发生。发病初期及时摘除病叶，收获后清除病残枝和落叶，携出田外集中深埋或烧毁。

生物防治：临发病前或发病初期，用 2% 农抗 120（嘧啶核苷类抗菌素）水剂或 1% 武夷菌素水剂 150 倍液喷雾，7~10 天喷 1 次，连喷 2~3 次。其他参照“射干锈病”。

科学用药防治：发病初期选用植物诱抗剂海岛素（5% 氨基寡糖素）水剂或 6% 24- 表 · 芸寡糖水剂 1000 倍液与 10% 苯醚甲环唑水乳剂 1000 倍液，或 80% 全络合态代森锰锌可湿性粉剂 1000 倍液等保护性喷雾防治。发病后及时选用 25% 戊唑醇可湿性粉剂 1000 倍液，或 40% 醚菌酯 · 乙嘧酚（25% 乙嘧酚 +15% 醚菌酯）悬浮剂 1000 倍液等喷雾防治。其他用药和防治方法参照"黄芪白粉病"。

（2）菜青虫（菜粉蝶） 鳞翅目、粉蝶科。

①为害状：菜青虫是菜粉蝶的幼虫，1~2 龄幼虫在叶背啃食叶肉，留下一层薄薄的表皮，3 龄以上的幼虫食量很大，可把叶片吃成孔洞或缺刻，植株正常生长，严重时，叶片全部被吃光，仅剩下叶脉和叶柄，造成绝产绝收。

②防治方法

生物防治：菜粉蝶产卵初期开始，每亩释放广赤眼蜂 10000 头，一般放蜂初期按蜂 : 卵 =100 : 1 的比例释放，根据田间害虫产卵情况蜂量比例应适当增加，隔 3~5 天释放 1 次，连续放 3~4 次。于卵孵化盛期，用 100 亿 / 克活芽孢 Bt 可湿性粉剂 300~500 倍液，或每亩用 100~150g 的 10 亿 PIB/ml 核型多角体病毒悬浮液。低龄幼虫期用 2.5% 多杀霉素悬浮剂 1500 倍液喷雾防治。7 天喷 1 次，连续防治 2~3 次。

科学用药防治：低龄幼虫期优先选用 5% 氟啶脲乳油 2500 倍液，或 25% 灭幼脲悬浮剂 2500 倍液，或 5% 虱螨脲乳油 2000 倍液喷雾防治，最大限度地保护天敌资源和传媒昆虫，其他药剂可用 50% 辛硫磷乳油 1000 倍液，或 10% 溴氰虫酰胺可分散油悬浮剂 2000 倍液，或 20% 氯虫苯甲酰胺悬浮剂 1000 倍液、15% 甲维盐 · 茚虫威悬浮剂 2500 倍液等均匀喷雾防治。

（3）蚜虫 属同翅目、蚜总科。

①为害状：蚜虫繁殖快、数量多，一般喜欢为害嫩梢嫩叶，造成卷曲或皱缩成团。蚜虫长时间在植物上以刺吸式口器吸取植物的大量汁液，往往造成植物根、茎、叶、花蕾、花的生长停滞或延迟，以致叶黄，花蕾不能开或脱落，使植株衰弱，特别是环境不良时，常造成整株整片枯死。

②防治方法

物理防治：规模化实施黄板诱杀。有翅蚜初发期可用市场上出售的商品黄板，每亩挂 30 块左右。

生物防治：前期蚜量少时保护利用瓢虫等天敌，进行自然控制。无翅蚜发生初期，用 0.3% 苦参碱乳剂 800~1000 倍液喷雾防治。

科学用药防治：蚜虫点片发生未扩散之前，优先选用 10% 吡丙醚乳油 1500 倍液，或 25% 噻嗪酮可湿性粉剂 1000 倍液喷雾防治，最大限度地保护天敌资源和传媒昆虫，其他药剂可用 92.5% 双丙环虫酯可分散液剂 15000 倍液，或 50% 抗蚜威（辟蚜雾）可湿性粉剂 2000~3000 倍液或其他有效药剂，交替喷雾防治。其他用药和防治方法参照"党参蚜虫"。

大青叶、板蓝根何时采收好?

在北方由于种植习惯，一般不收割大青叶。若收割大青叶，以不显著影响板蓝根的产量和药用成分含量为前提。通过试验表明，大青叶第 1 次收割应在 7 月底或 8 月初，若在 6 月份割叶会引起板蓝根产量显著下降，与不割叶相比降幅达 38.43%，这是因为6月为板蓝根产量增加的关键时期，割去叶子势必造成板蓝根产量的大幅下降。第二次收割可选择在收获板蓝根时进行，这样不会对板蓝根产量及成分含量产生明显的影响。

板蓝根适宜采收期的选择主要看其产量和药用成分含量。试验表明，板蓝根的产量随生长期延长而增高，10 月和 11 月产量增加不明显，板蓝根药用成分含量随生长期延长先增高后降低，10 月中旬达到峰值。因此，板蓝根的适宜采收期在种植当年 10 月中下旬。平原种植的板蓝根可以选择大型的收割机械，收割深度在 35cm 即可，这样不仅提高了效率，还大大节约了人工成本；山区种植不能采用收割机械的，应选择晴天从一侧顺垄挖采，抖净泥土晒干即可。

板蓝根繁种需注意哪些问题?

板蓝根当年不开花，若要采收种子需待到第二年。板蓝根属于异花授粉，不同品种种植太近易发生串粉，导致品种不纯。目前，市场上的板蓝根品种的纯度较低，且大部分为非人为的杂交种子，表现为地上部分多分枝、产量低、药用成分含量不稳定等。因此，板蓝根繁种要注意以下几个方面。

首先，选择无病虫害、主根粗壮、不分岔且纯度高的板蓝根作为留种田，并确保周围 1 公里范围内无其他板蓝根品种。其次，第二年返青时，每亩施入基肥 1000~2000kg；在花蕾期要保证田间水分充足，否则种子不饱满。第三，待种子完全成熟后（种子呈现紫黑色）进行采收，割下果枝晒干，除去杂质，存放于通风干燥处待用。

远　志

远志有何药用价值?

远志为远志科植物远志 *Polygala tenuifolia* Willd. 或卵叶远志 *Polygala sibirica* L. 的干燥根，具有安神益智、祛痰、消肿等功效，常用于心肾不交引起的失眠多梦、健忘惊悸、神志恍惚等症。卵叶远志多见于野生，很少栽培，现在生产上栽培的主要为远志。

远志如何适期播种?

远志可春、夏、秋播种。有水浇条件的可春季播种，春季播种出苗慢而杂草生长较快，易引起草荒，可适期晚播。旱地多夏末秋初趁雨季播种，此时温度高、水分充足，利于种子萌发，7~15 天出苗，且田间杂草少，便于管理。秋季播种宜在秋分前，否则冬前苗弱抗寒能力差，不能安全越冬。

提高远志产量的关键技术措施有哪些?

（1）深耕整地，施足底肥 播种前深翻土地 30cm 以上，秋耕越深越好，以消灭越冬虫卵、病菌，也可以改善土壤理化性状促使根系生长。底肥以有机肥为主，每亩施充分腐熟的有机肥 2000~3000kg，尿素 33kg，过磷酸钙 67kg，硫酸钾 10kg，把基肥撒匀，翻入地内，再深耕细耙。

（2）出苗前切忌浇蒙头水 播种后可采用覆盖稻草等方法保持土壤湿润，若墒情不好需要浇水时，需选择喷灌而不能用水渠浇灌。

（3）合理间作，提高幼苗成活率 遮阴处理对远志保苗具有重要作用，可以与玉米、高粱等高秆作物间作，在远志播种前，按行距约 3m 种植单行玉米等作物，可显著提高幼苗成活率，增加产量。

（4）宽幅播种，提高种植密度 采用“宽幅条播”技术，即远志行距 30cm、播幅 15cm，亩播种量为 2.5~3.0kg。此法与传统种植方法相比，二年生远志增产 30% 以上。

如何防治远志的主要病害?

远志主要虫害有叶枯病等，此类病害在蔬菜、瓜果、茶叶等绿色生产、控害减灾方面多采用如下措施。

（1）病原及症状 属半知菌亚门、壳针孢属。在高温季节易发生，主要危害叶片，先从植株下部叶片开始发病，然后陆续向上蔓延。发病初期叶面产生褐色圆形小斑，在叶正面中部，沿叶脉出现暗绿色针头大小的斑点，病斑呈梭形或纺锤形，随后病斑不断扩大，中心部呈灰褐色，边缘深褐色，干燥时易破裂，严重时导致叶片焦枯，植株死亡。

（2）防治方法

农业防治：远志枯萎后彻底清除畦面上的残枝落叶，集中到田外烧毁或深埋；与禾本科作物实行 2 年以上的轮作。

科学用药防治：种苗消毒：移栽前用植物诱抗剂海岛素（5% 氨基寡糖素）水剂 1000 倍液与 10% 苯醚甲环唑水乳剂 1000 倍液，或 80% 全络合态代森锰锌可湿性粉剂1000倍液，或50%腐霉利可湿性粉剂1000倍液混配，浸种苗4小时进行消毒。土壤消毒：秋季清除畦面残叶后，用10%苯醚甲环唑水乳剂1000倍液或50%氯溴异氰尿酸可溶性粉剂1000倍液进行畦面喷雾消毒杀菌；发病初期（特别是展叶后），用50%腐霉利可湿性粉剂1000倍液或10%苯醚甲环唑水乳剂1000倍液喷雾防治。每个环节用药与植物诱抗剂海岛素水剂1000倍液混用，安全增效，抗逆壮株。每隔7天喷1次，连喷2次以上。

其他用药和防治方法参照“苦参叶枯病”。

远志常见的虫害有哪些？如何防治？

远志主要虫害为蚜虫、豆芫菁等，此类虫害在蔬菜、瓜果、茶叶等绿色生产、控害减灾方面多采用如下措施。

（1）蚜虫　蚜虫属同翅目、蚜总科。

①为害状：以刺吸式口器刺吸叶片、嫩尖等养分，引起植株畸形生长，造成叶片皱缩、卷曲等，影响长势，严重的甚至枯萎、死亡。

②防治方法

物理防治：规模化黄板诱杀蚜虫，有翅蚜初发期可用市场上出售的商品黄板；每亩挂30~40块。

生物防治：前期蚜量少时保护利用瓢虫等天敌，进行自然控制。无翅蚜发生初期，用0.3%苦参碱乳剂800~1000倍液喷雾防治。

科学用药防治：优先选用10%吡丙醚乳油1500倍液或25%噻嗪酮可湿性粉剂1000倍液喷雾防治，最大限度地保护天敌资源和传媒昆虫，其他药剂可用92.5%双丙环虫酯可分散液剂15000倍液喷雾防治。其他用药和防治方法参照“党参蚜虫”。

（2）豆芫菁　属鞘翅目、芫菁科。

①为害状：开花期受害重，成虫咬食叶片成缺刻，或仅剩叶脉，猖獗时可吃光全株叶片，导致植株不能开花，严重影响产量。幼虫孵出后以蝗卵及土蜂巢内幼虫为食，如没有蝗卵供食，10天左右可死亡。一块蝗卵只供1头幼虫生活，如幼虫多时，则相互残杀。幼虫一生约食蝗卵45~104粒，是蝗虫的重要天敌。

②防治方法

农业防治：秋季深翻土地，杀伤越冬害虫。

生物防治：可用2.5%多杀霉素悬浮剂2000倍液，或5%乙基多杀菌素悬浮剂3000倍液喷雾防治。

科学用药防治：优先选用5%虱螨脲乳油2000倍液喷雾防治，最大限度地保护自然天敌和传媒昆虫，其他药剂可用10%溴氰虫酰胺可分散油悬浮剂2000倍液，或20%氯虫苯甲酰胺悬浮剂1000倍液，或15%甲维盐·茚虫威悬浮剂2500倍液等均匀喷雾防治。

如何在山区进行远志仿野生种植?

选择 7、8 月的雨季，在荒山、丘陵地带除去地表杂草，然后将远志种子均匀地撒在土表，之后覆上一薄层蛭石或细土，每亩用种 1~1.5kg。苗期及时拔除苗田大草，出苗后基本上不需要人工管理，一般三年即可采收。

如何采收远志种子?

直播远志当年基本不开花，第二年以后开始开花结籽，花期从 6 月上旬至 8 月中旬，新的总状花序不断长出，种子随熟随落，种子细小，多于落粒后人工从垄间扫取；或使用利用吸尘器原理研制出的远志种子采收机械，可大大提高采收效率。采收的种子要及时晒干，通过风选机去除杂质。

远志何时采收和加工?

直播远志宜于第三年秋季采收。采挖后除去泥土和杂质，稍加晾晒，至根条柔软时，挑选大且直的根条剪去芦头抽出木心，晒干即为“远志筒”；较小的可以用木棒敲打至皮部与木心分离，去除木心晒干即为“远志肉”，也可直接晒干，即为“远志棍”。

丹 参

丹参有何药用价值?

丹参 *Salvia miltiorrhiza* Bge. 为唇形科多年生草本药用植物，为河北省大宗、主产药材，主治心血管系统疾病，具活血祛瘀、消肿止痛、养血安神的功能。用于胸痹心痛，脘腹胁痛，癥瘕积聚，热痹疼痛，心烦不眠，月经不调，痛经经闭，疮疡肿痛。以丹参为原料生产的丹参片、复方丹参酊、冠心片、丹参丸、丹参注射液等中成药近百种，生产的剂型有蜜丸、水丸、片剂、酒剂、颗粒剂、糖浆剂、注射剂等 10 多种。一系列对重大疾病有疗效的丹参新药的研制开发，使丹参用量不断增加，种植面积不断增大，已成为国内外市场上重要的药材之一。市场非常畅销，价格也比较稳定。

种植丹参时如何选地整地?

根据丹参的生活习性，应选择光照充足、排水良好、土层深厚，质地疏松的砂质壤土。土质黏重、低洼积水、有物遮光的地块不宜种植。每亩施入充分腐熟的有机肥2000~3000kg作基肥，深翻30~40cm，耙细整平，做畦，地块周围挖排水沟，使其旱能浇、涝能排。

丹参的繁殖方法有哪几种?

丹参有四种繁殖方法，包括种子繁殖、分根繁殖、芦头繁殖和扦插繁殖。生产上多采用种子繁殖和分根繁殖。

（1）种子繁殖 丹参种子发芽率为30%~65%。幼苗期间只生基生叶，2龄苗才会进入开花结实阶段，种子千粒重为1.4~1.7g。

①春播：于3月下旬在畦上开沟播种，播后浇水，畦面上加盖塑料地膜，保持土温18~22℃和一定湿度，播后半月左右可出苗。出苗后在地膜上打孔放苗，苗高6~10cm时间苗，5~6月可定植于大田。②秋播：6~9月，种子成熟后，分批采下种子，在畦上按行距25~30cm，开1~2cm深的浅沟，将种子均匀地播入沟内，覆土荡平，以盖住种子为宜，浇水。约半月后便可出苗。

（2）分根繁殖 开5~7cm沟，按株距20~25cm，行距25~30cm将种根撒于沟内，覆土2~3cm，覆土不宜过厚或过薄，否则难以出苗。栽后用地膜覆盖，利于保墒保温，促使早出苗、早生根。每亩用丹参种根60~75kg。

（3）芦头繁殖 按行株距25cm挖窝或开沟，沟深以细根能自然伸直为宜，将芦头栽入窝或沟内，覆土。

（4）扦插繁殖 于7~8月剪取生长健壮的茎枝，截成12~15cm长的插穗，剪除下部叶片，上部保留2~3片叶。在备好的畦上，按行距20cm开斜沟，将插穗按株距10cm斜放入沟中，插穗入土2~3cm，顺沟培土压实，浇水，遮阴，保持土壤湿润。一般20天左右便可生根，成苗率90%以上。待根长3cm时，便可定植于大田。

何时种植丹参?

丹参种植一般分春季、夏季和秋季。春季栽种在3月下旬至4月上旬；秋季栽种在10月下旬至11月上旬；秋季丹参种子成熟后即可播种。低山丘陵区采用仿野生栽培丹参时，可在7~8月雨季播种。

丹参田间管理的技术措施有哪些?

丹参田间管理主要包括中耕除草、追肥、排灌水和摘花等。

（1）中耕除草 一般中耕除草3次，第1次在返青时或苗高约6cm时进行，第2次在6月，第3次在7、8月，封垄后不再行中耕除草。

（2）追肥 丹参以施基肥为主，生长期可结合中耕除草追肥。

（3）排灌 雨季注意排水防涝，积水影响丹参根的生长，降低产量、品质，甚至烂根死苗。

（4）摘花 丹参开花期，除准备收获种子的植株外，必须分次将花序摘除，以利根部生长，提高产量。

脱病毒丹参在生产上应用前景如何？

丹参是河北主产药材品种，而病毒感染是丹参药材产量低、质量差的重要原因之一。河北省农林科学院药用植物研究中心经过多年研究，明确了侵染丹参的病毒病原种类，建立了“微细胞团块再生法脱除丹参病毒新技术”，获得了丹参脱病毒植株。脱毒丹参产量比对照提高 20% 以上。脱毒丹参的推广应用，对提高丹参产量和质量将起到重要作用。

生产上丹参如何施肥？

一般每亩底施腐熟的有机肥 2000~3000kg，整个生育期每亩施尿素 25~35kg、过磷酸钙 35~50kg，硫酸钾 20~30kg。其中 40% 的氮肥、全部的磷肥、70% 的钾肥在丹参种植时底施。其余分两次追施，第 1 次追肥是在花期，60% 的氮肥、10% 的钾肥，以利于丹参的生殖生长；第二次追肥是在丹参生长的中后期（8 月中旬至 9 月上旬），追施余下的钾肥，以促进根的生长发育。为了满足丹参整个生长期对微量元素的需求，还可底施一定量的微肥，每亩施硫酸锌 3.0kg、硫酸亚铁 15.0kg、硫酸锰 4.0kg、硼酸 1.0kg、硫酸铜 2.0kg。配合使用生物菌剂、生物有机肥，改善土壤团粒结构，增强植株抗病抗逆能力，大大提升丹参健康增产潜力。

如何进行丹参主要病害防治？

丹参主要病害有根腐病、根结线虫病等，此类病害在蔬菜、瓜果、茶叶等绿色生产、控害减灾方面多采用如下措施。

（1）根腐病

①病原及症状：属半知菌亚门、丝孢纲、丛梗孢目、瘤座孢科、镰刀菌、木贼镰刀菌。危害植株根部，发病初期须根、支根变褐腐烂，逐渐向主根蔓延，最后导致全根腐烂，外皮变为黑色，随着根部腐烂程度的加剧，地上茎叶自下而上枯萎，最终全株枯死。病菌在土壤中或种根上越冬，第 2 年 4 月下旬开始发病，一直延续到 11 月，7~8 月是发病盛期。病菌主要是从根毛和根部的伤口侵入根系，也可直接侵入。病菌在土壤中可存活 5~15 年。发病最适温度 27~29℃，在雨水多，土壤湿度大，不利于

植株生长的条件下，病害蔓延迅速，尤其是久旱突雨常突发。蛴螬等地下害虫和线虫的危害会给根茎造成伤口，利于病原菌侵入。

②防治方法

农业防治：合理轮作。选择地势高燥、排水良好的地块种植，雨季注意排水。选择健壮无病的种苗。

生物防治：预计临发病前或发病初期用10亿活芽孢/克枯草芽孢杆菌500倍液灌根。

科学用药防治：临发病前或发病初期及时防治，可用10%苯醚甲环唑水乳剂1000倍液，或80%全络合态代森锰锌可湿性粉剂800倍液，75%肟菌·戊唑醇水分散粒剂2000倍液，或30%噁霉灵水剂+25%咪鲜胺水乳剂按1：1复配1000倍液，视病情把握用药次数，一般间隔7~10天喷灌1次。其他用药和防治方法参照“苦参根腐病”。

（2）叶斑病

①病原及症状：属半知菌亚门真菌，丹参叶斑病主要危害叶片，多从老叶上开始发病，初呈褪绿小斑点，后逐渐扩大成近圆形或不规则大斑，病斑黄色或黄褐色，边缘青绿色，界限不太明显，中间深褐色，严重时病斑汇合连片后整个叶片变成灰褐色枯萎死亡。一般7~8月发生。

②防治方法

农业防治：优选抗病良种。实行轮作倒茬，与禾本科作物或葱蒜类作物轮作。科学配方和平衡施肥，底肥要施充分腐熟的有机肥料，增施磷钾肥，合理补微肥，推广使用生物菌肥、生物有机肥，加施亚磷酸钾+聚谷氨酸，拮抗有害菌，活化土壤，强根壮株，提质增效，提增强丹参的抗病抗逆能力。

科学用药防治：丹参栽种前用植物诱抗剂海岛素（5%氨基寡糖素）水剂600倍液+10%苯醚甲环唑水乳剂1000倍液浸根10分钟，晾干后栽种。预计临发病前2~3天或发病初期，用海岛素1000倍液+10%苯醚甲环唑水乳剂1000倍液，或80%全络合态代森锰锌可湿性粉剂1000倍液保护性防治。发病后及时选用75%肟菌·戊唑醇水分散粒剂2000倍液喷雾防治。其他用药和防治方法参照“牛膝叶斑病”。

（3）根结线虫病

①病原及症状：属垫刃目、根结线虫科，危害丹参根部。被害主根、侧根和须根上都生有瘤状虫瘿，主根和侧根变细，须根变多。虫瘿上生有细毛根。线虫寄生后，根系功能受到破坏，使植株地上部明显矮化，叶片色变黄，生长瘦弱，影响产量。

②防治方法

农业防治：建立无病留种田，并实施检疫，防止带病繁殖材料进入无病区。与禾本科作物轮作，不重茬。合理施肥，底肥要足，多施充分腐熟的有机肥，生物菌剂、生物有机肥，配方和平衡施肥，合理补微肥。施用腐熟的鸡粪，其水溶液可有效抑制根结线虫的孵化和促其幼虫死亡。万寿菊的根系能分泌一种毒素抑制线虫繁衍，条件允许的情况下可在丹参行间套种万寿菊，或种植一些易传染线虫的绿叶速生蔬菜，如小白菜、香菜、生菜、菠菜等，1个月左右收获时连根彻底拔起，地上部可食用，将根部带出田外集中销毁，可有效减少土壤内的线虫量。

生物防治：可用100亿活孢子/克的淡紫拟青霉菌剂亩用量3~5kg穴施在根苗附近或播种前均匀施于播种沟内，或用2.5亿个孢子/克的厚孢轮枝菌微粒剂，每亩600g兑水1500kg淋施到丹参根系到达的地面，根据土壤干湿情况淋透130mm左右。

科学用药防治：播种前可选用5%寡糖·噻唑膦（一方净土）或10%噻唑膦颗粒剂每亩2kg拌细土15kg，穴施在根苗附近5cm处或开沟撒施混匀覆盖一层细土，或播种前均匀施于播种沟内，药种隔离。避免药剂直接接触根系而产生药害。或与1.8%阿维菌素乳油1000倍混用增加防治效果。对生长期发病的植株，可用1.8%阿维菌素1000倍+5%寡糖·噻唑膦1kg+0.5%苦参碱水剂500倍+海岛素800倍液药液灌根。可参照推荐用量应用氟烯线砜、氟吡菌酰胺等，均可与植物诱抗剂海岛素（5%氨基寡糖素）水剂800倍液（或6% 24-表芸·寡糖水剂1000倍液）混配使用，提质增效，生根促苗、提高安全性。

丹参药材何时采收和加工？

分根繁殖的丹参，种植当年秋季霜后或第2年春天萌芽前采收。种子繁殖的丹参一年半采收。采收时从垄的一端顺垄挖采；也可采用深耕犁机械采挖，注意尽量保留须根，采挖后晒干或烘干即可，忌用水洗。

山　药

山药有何药用价值？

山药为薯蓣科植物薯蓣 *Dioscorea opposita* Thunb. 的干燥根茎。性平，味甘，归脾、肺、肾经。具有补脾养胃，生津益肺，补肾涩精作用，用于脾虚食少，久泻不止，肺虚咳喘，肾虚遗精，带下，尿频，虚热消渴等症。麸炒山药补脾健胃，用于脾虚食少，泄泻便溏，白带过多。山药含有淀粉、薯蓣皂苷、黏液质、糖蛋白、多酚氧化酶、维生素C、氨基酸、尿囊素及矿质元素等。现代药理研究表明，山药具营养滋补、诱生干扰素、增强机体免疫力、调节内分泌、补气通脉、镇咳祛痰、平喘等作用，能改善冠状动脉及微循环血流，可治疗糖尿病、慢性气管炎、冠心病、心绞痛等。山药始载于《神农本草经》，临床上有许多以山药为主的方剂，如薯蓣丸、六味地黄丸、缩泉丸等。山药还是药食同源的品种之一，根茎肥厚多汁，又甜又绵，且带黏性，生食热食都是美味。作食疗药膳应用时，多制成粥、糕点等保健食品。

山药生产中有哪些品种类型？

山药在我国大部分地区均有栽培，主产于河南、山西、河北和陕西等省，河南省温县、武陟、博爱、沁阳等地所产"怀山药"为著名"四大怀药"之一，河北省安国、蠡县等地所产祁山药为著名"八大祁药"之一。山药在长期栽培过程中形成了较多各具特色的地方性品种类型，如"铁棍山药""太谷山药""小白嘴山药""花子山药""白玉山药""华州山药""安国棒药"等，各品种类型的植物学特征、生物学特性、产量潜力和活性成分含量存在差异，各地种植时应选择适宜的品种类型。

山药的繁殖方法有哪几种？

山药生产中多为无性繁殖。繁殖方法有3种，芦头繁殖、零余子繁殖和根茎繁殖。

（1）芦头繁殖 又称顶芽繁殖，芦头即山药根茎上端有芽的一节。秋末挖取山药时，选择根茎短、粗细适中、无分枝，无病虫害的山药，将上端芽头部位长约20cm切下做种（即芦头）。芦头剪下后，南方放在室内通风处晾6~7天，北方可在室外晾4~5天，使表面水汽蒸发，断面愈合，然后放入地窖内（北方）或在干燥的屋角（南方），一层芦头一层稍湿润的河沙，2~3层，上盖草防冻保湿。贮藏期间常检查，及时调节湿度，至第二年春取出栽种。

（2）零余子繁殖 又称珠芽繁殖，零余子为薯蓣叶腋处着生的珠芽，数量多，繁殖系数高。一般于9~10月零余子成熟后采摘，或地上茎叶枯萎时拾起落在地上的零余子，晾2~3天后，放在室内竹篓、木桶或麻袋中贮藏，室温控制在5℃左右，第二年春取出后播种。

（3）根茎繁殖 将鲜山药切成8~10cm长的段，切口涂上草木灰，晾晒3~5天，至伤口愈合，按照芦头繁殖方法栽种于田间。

山药生产中如何克服品种的种性退化？

山药芦头繁殖是最常用的无性繁殖方法，萌芽迅速，出苗整齐，当年即可收获山药产品，但长期使用芦头繁殖易引起品种的种性退化，主要表现为山药的营养及药用成分含量波动大，抗逆性减弱，食用器官变小或畸形化，肉色发黄，单产低而不稳定等，降低了山药的商品价值。零余子繁殖虽然也属无性繁殖，但零余子为山药叶腋处的变态珠芽，具有种子繁殖相似的特性，能提高山药的生命力，防止种性退化，且具有繁殖系数高和占地少的特点。零余子繁殖的缺点是生长速度慢，繁殖时间长，零余子生长一年只能作为芦头种栽而不能收获山药产品。因此，零余子培育一年获得芦头，芦头作为繁殖材料进行山药生产，前两年产量较高，之后产量逐年降低，零余子种栽的生产使用年限一般不超过3年。

如何选择山药芦头和零余子优质种苗？

山药种植前应选择优质芦头种苗。依照山药芦头的直径、单株重、出苗率和病虫害的有无等将山药芦头划分为两级，低于二级的不能作为商品种苗使用。山药芦头的单株直径≥1.5cm，单株重≥25g，出苗率≥95%，且无机械损伤和检疫性病虫害的为一级种苗；山药芦头的单株直径≥1.0cm，单株重≥15g，出苗率≥80%，且无机械损伤和检疫性病虫害的为二级种苗。

生产中应选择优质零余子做种栽。依照山药零余子的发芽率、百粒重、直径、芽眼数和病虫害的有无等将其划分为三级，低于三级的不能作为商品种苗使用。山药零余子的发芽率≥95%，百粒重≥210g，单粒直径≥2.2cm，芽眼数≥20个，且无机械损伤和检疫性病虫害的为一级种苗；山药零余子的发芽率≥85%，百粒重≥150g，单粒直径≥1.7cm，芽眼数≥16个，且无机械损伤和检疫性病虫害的为二级种苗；山药零余子的发芽率≥75%，百粒重≥70g，单粒直径≥1.2cm，芽眼数≥12个，且无机械损伤和检疫性病虫害的为三级种苗。

如何进行山药栽前的选地整地？

山药地下根茎发达，土壤养分消耗大，宜选择地势高燥，土层深厚，疏松肥沃，避风向阳，排水流畅，酸碱度中性的砂质土壤，低洼、黏土、碱地均不宜栽种。山药连作病虫害严重，前作以禾本科、豆科或蔬菜为佳。山药种植分平畦和高垄种植。

（1）高垄种植　冬前或前作收获后，选择种植地灌水，一般亩施腐熟的有机肥3000~4000kg，饼肥100kg和复合肥50~150kg，机械开沟，形成垄宽80cm，深松80~100cm的种植带，于垄上开沟、栽种。

（2）平畦种植　选择种植地机械开沟，形成垄宽80cm，深80~100cm的种植带，灌水踩实，参照高垄种植方法沟内施肥，做成平畦，顺种植带开沟、栽种。试验研究表明：有机肥和化肥配合做底肥施用有良好增产提质效果，亩施用纯氮15kg、五氧化二磷13.5kg、氧化钾13.5kg，可显著提高山药产量和山药多糖、尿囊素及薯蓣皂苷元等活性成分含量。

如何栽种山药芦头和零余子？

当5cm地温稳定在10℃以上栽种山药芦头。华北地区一般在4月中下旬。取出沙藏的芦头，选择优质芦头种苗放在阳光下晾晒5天，晒至断面干裂，皮呈灰色，能划出绿痕为佳。然后用10%苯醚甲环唑水乳剂1000倍液浸种15分钟，晾干后栽种。

行距 40~60cm，株距 15~20cm。栽植时，开 8~10cm 深沟，将芦头朝同一方向水平放于沟内，株距以两芽头之间的距离为准，覆土 6~8cm 并踩实，耙平。

零余子繁殖常采用沟播。华北地区 4 月上中旬开沟栽种，在做好的畦内按行距 20~30cm 开沟，沟深 3~4cm，将优质零余子种苗按株距 10~12cm 播于沟内，覆土压实，浇 1 次透水，15~20 天出苗。当年可收获小山药，第二年做种栽。

如何进行山药田间管理？

山药田间管理技术包括中耕除草、设立支架、追肥、排灌水及整枝等。

（1）中耕除草 5 月上中旬，幼苗出土后浅中耕松土除草，注意勿损伤芦头或种栽；6 月中下旬，茎蔓上架前深锄一遍；茎蔓上架后若不能中耕，则人工拔草。

（2）设立支架 在行间用竹竿或树枝搭设支架，每两行搭设一个支架，架高 2m，然后将茎蔓牵引上架。也可用尼龙网做支架，在两个支撑物之间拉一条尼龙网，省工省时，且不易倒伏。如用上年使用过的支架则应消毒处理，避免病菌传播。

（3）追肥 苗高 30cm 时结合中耕除草，每亩追施纯氮 7kg（尿素 15kg）；茎蔓生长旺盛时期，每亩再增施纯氮 8kg（尿素 15kg），施后浇水。根茎膨大期，叶面喷施 0.3% 磷酸二氢钾液 2~3 次，促进地下根茎迅速膨大。推广使用生物菌剂、生物有机肥，改善土壤团粒结构，增强植株抗病抗逆能力，大大提升山药健康增产潜力。

（4）排灌水 山药忌涝，雨季要及时疏沟排除积水；干旱时及时灌水，立秋后灌 1 次透水促山药增粗。

（5）整枝 山药种栽一般只出一个苗，如有数苗，应于蔓长 7~8cm 时，选留一条健壮的蔓，将其余的去除。有的品种侧枝发生过多，为避免消耗养分和利于通风透光，应摘去基部侧蔓，保留上部侧蔓。

如何进行山药主要病害的防治？

山药主要病害有炭疽病、白锈病、褐腐病、线虫病等，此类病害在蔬菜、瓜果、茶叶等绿色生产、控害减灾方面多采用如下措施。

（1）炭疽病

①病原及症状：有性态属子囊菌亚门、围小丛壳菌。无性态属半知菌亚门、胶孢炭疽菌。主要为害叶片和藤茎叶片病斑从叶尖或叶缘开始产生暗绿色水渍状小斑点，以后扩大为褐色至黑褐色圆形至椭圆形或不定形的大斑，病斑中间为灰褐至灰白色，有轮纹，有黑色小粒点。茎部染病初生梭状不规则斑，中间灰白色、四周黑色，严重的上、下病斑融合成片，致全株变黑而干枯，病部长满黑色小粒点。病菌在病部或随病残体遗落土中越冬。翌年 6 月借风雨开始传播，一直延续到收获。气温 2~30℃，相对湿度 80%；天气温暖多湿或雾大露重；偏施过施氮肥或植地郁蔽、通风透光不良

等，均利于发病且往往使病害加重。

②防治方法

农业防治：与禾本科作物或十字花科蔬菜轮作三年以上。收获后及时清洁田园，集中烧毁或深埋，并深翻土壤。合理密植，避免株行间郁蔽。增施腐熟的有机肥，配方和平衡施肥，增施磷、钾肥，合理增补微肥；大力推广生物菌肥、生物有机肥等，改善土壤结构，提高保肥保水性能，促根、壮苗、强身。阴雨天注意清沟排渍。

生物防治：临发病之前2~3天可选用哈茨木霉菌叶部型（3亿CFU/g）可湿性粉剂300倍液结合土壤灌溉冲施进行预防。

科学用药防治：栽前用植物诱抗剂海岛素+10%苯醚甲环唑水乳剂1000倍液浸种。6月上旬发病初期或临发病之前2~3天用药，用12%松脂酸铜乳油或80%络合态代森锰锌可湿性粉剂800倍液等喷淋保护性防治。发病后及时喷药，可选用25%吡唑醚菌酯悬浮剂或27%寡糖·吡唑醚菌酯水剂2000倍液，或10%苯醚甲环唑水分散粒剂和25%吡唑醚菌酯悬浮剂按2:1复配2000倍液，或75%肟菌·戊唑醇水分散粒剂2000倍液，或30%噁霉灵水剂+10%苯醚甲环唑水乳剂按1:1复配1000倍液，或50%醚菌酯干悬浮剂3000倍液等喷淋治疗性防治。要交替并合理复配用药。视病情把握防治次数，一般间隔7天1次，连续3次左右。使用以上化学药剂与植物诱抗剂海岛素（5%氨基寡糖素）水剂1000倍液（或6%24-表芸·寡糖水剂1000倍液）混配使用，提质增效、抗逆抗病、促根壮株、安全控害。

（2）白锈病

①病原及症状：属鞭毛菌亚门、白锈菌和大孢白锈菌。为害茎叶，在叶正面则显现黄绿色边缘不明晰的不规则斑，有时交链孢菌在其上腐生，致病斑转呈黑色。种株的花梗和花器受害，致畸形弯曲肥大，其肉质茎也出现乳白色疱状斑，成为本病重要特征。茎叶上出现白色突起的小疙瘩，破裂，散出白色粉末，造成地上部枯萎。在寒冷地区病菌在留种株或病残组织中随同病残体在土壤中越冬。翌年借雨水溅射到种株下部叶片上，从气孔侵入完成初侵染和进行再侵染。在温暖地区，寄主全年存在，病菌借气流传播完成周年循环。白锈菌在0~25℃均可萌发，因此多在纬度或海拔高的地区和低温年份发病重，如内蒙古、吉林、云南此病有上升趋势，在广东一带如遇冬春寒雨天气往往发病也很严重。低温多雨，昼夜温差大露水重，连作或偏施氮肥，植株过密，通风不良及地势排水不良田块往往发病重。

②防治方法

农业防治：与非十字花科和非薯蓣科蔬菜进行隔年轮作。收获后，清除田间病残体。栽培地不能过湿，雨后注意排水。

生物防治：发病前2~3天或发病初期，用2%农抗120（嘧啶核苷类抗菌素）水剂或1%武夷菌素水剂150倍液，或1%蛇床子素微乳剂500倍液喷雾保护性防治。

科学用药防治：发病初期用植物诱抗剂海岛素（5%氨基寡糖素）水剂1000倍

液+10% 苯醚甲环唑水乳剂 1000 倍液，或 80% 全络合态代森锰锌可湿性粉剂或 25% 嘧菌酯悬浮剂 1000 倍液等喷雾保护性防治防治；发病后期用 25% 戊唑醇可湿性粉剂 3000 倍液，或 10% 苯醚甲环唑水分散粒剂 1000 倍液，或 25% 吡唑醚菌酯悬浮剂 2000 倍液，或 75% 肟菌·戊唑醇水分散粒剂 2000 倍液等喷雾防治。

（3）褐斑病

①病原及症状：属半知菌亚门、薯蓣色链隔孢菌，异名薯蓣尾孢菌。主要危害叶片，叶柄及茎蔓也可受害。叶面上产生近圆形或不规则形褪绿黄斑，大小不等，边缘褐色，中部灰白色至灰褐色，病斑上出现针尖状小黑粒。病菌在病残体上越冬，靠风雨淋溅传播。温暖多湿，特别是在生长期间遇风雨频繁或山药架内封闭，偏施氮肥，植株郁蔽，通风透光条件差，空气湿度大，利于发病。

②防治方法

农业防治：合理密植，增强通风透光。收获后及时清除病残体，集中烧毁或深埋，并深翻土壤。田间不要积水。配方和平衡施肥，增施腐熟的有机肥和磷钾肥，合理控氮肥和补微肥，推广使用生物菌剂、生物菌肥。增强植株抗病和抗逆能力。

科学用药防治：发病前或初期及时用药，可喷施 42% 寡糖·硫黄悬浮剂 600 倍液，或 10% 苯醚甲环唑水乳剂 1000 倍，或 40% 多硫悬浮剂 500 倍液，或 80% 络合态代森锰锌可湿性粉剂 800 倍液，或 25% 吡唑醚菌酯悬浮剂 2000 倍液，或 75% 肟菌·戊唑醇水分散粒剂 2000 倍液等喷雾防治。使用以上化学药剂与植物诱抗剂海岛素（5%氨基寡糖素）水剂 1000 倍液（或 6% 24-表芸·寡糖水剂 1000 倍液）混配使用，提质增效、促根壮株、安全控害。

（4）线虫病

①病原及症状：线虫病主要有根结线虫病和根腐线虫病两种。主要发生在地下块茎部位，发病轻时，地上部一般没有明显的症状；发病严重时，地上部表现为叶色变淡、生长势弱。地下根茎受害后茎的表皮上产生许多大小不等的近似馒头形的瘤状物，瘤状物相互愈合、重叠形成更大的瘤状物，瘤状物上产生少量粗短的白根。发病部位的皮色比正常皮色明显偏暗，呈黄褐色。在茎的细根上有小米粒大小的根结存在，严重影响质量和产量。①根结线虫病危害块茎和根，形成瘤状虫瘿（俗称水痘）是其主要特点。根茎发病部位的颜色明显偏暗，呈黄褐色，细根上长有小米粒大小的根结。根腐线虫病初期主要危害种薯和幼根，后期主要危害块茎，块茎受害，初期表现为浅黄色小点，后为近圆形或不规则形稍凹陷的褐色病斑，病斑直径 2~4mm，病斑内部呈褐色海绵状，深度一般不超过 3mm，造成山药植株的长势弱、块茎小。一般土壤墒情好，结构疏松的砂壤土利于线虫发生。土壤潮湿、黏重则不利于线虫发生；地温 20~30℃，土壤相对湿度 40%~70% 最适合线虫生长繁育。土温超过 40℃线虫活力下降，55℃以上时线虫就会死亡；长年连作，土壤中的病原线虫逐年累积，利于线虫病发生。

②防治方法

农业防治：加强引种检疫，选择健壮无病的山药种。与禾本科作物轮作 3 年以上。最好在 5 年以上没有种过山药的田块建立无病留种田，繁育健康无病的种苗。山药收获后及时清洁田园，并铲除田间杂草如野苋菜等，降低田间线虫的数量。土壤高温消毒。有条件的可在光照最充分气温较高的 7~8 月，深翻土壤 25~30cm 后并灌水，然后覆盖塑料薄膜，使土壤的温度达到 55℃以上，进行高温杀虫。同时，还可使土壤的肥力提高。视杀虫效果可重复 1 次。高温消毒后，应配合施用生物菌肥、微生物有机肥，增强土壤活力。冬季杀虫：在土壤上冻之前进行种植沟中的翻土，一个冬天可以杀死部分线虫和虫卵。种块处理：选用皮色好、质地硬、无病虫侵染的芦头作种。播前将种块放置在 52~54℃的温水中浸泡 10 分钟，并上下搅动 2 次，使种块受热均匀，达到杀灭线虫的目的。捞出晾干，再用石灰粉涂抹种植块两端，防治种植块染病。

生物防治：用淡紫拟青霉防治，播种后覆土前将淡紫拟青霉颗粒剂均匀撒于播种沟内，每亩用 5 亿活芽孢 / 克淡紫拟青霉颗粒剂 1.5kg，或亩用淡紫拟青霉素（2 亿孢子 / 克）2kg 穴施或灌根，连灌 2 次，间隔 10 天左右。用植物诱抗剂海岛素（5% 氨基寡糖素）水剂 600 倍液 +1.8% 阿维菌素 1000 倍液灌根，或加入 1/3 量（常规推荐用量）的 0.3% 苦参碱乳剂，每株灌 300~400ml，连灌 2 次，间隔 7 天。

科学用药防治：亩用 10% 噻唑膦颗粒剂 1.5kg，或亩用 42% 威百亩水剂 5kg 处理土壤（遵照说明安排与种植时间的间隔期），轮换或交替用药。与海岛素（5% 氨基寡糖素）水剂 600 倍液混使用更佳，可安全增效、生根壮苗、抗病抗逆。

如何进行山药主要害虫的防治?

危害山药的害虫有蛴螬、叶蜂、盲蝽象及地老虎等，此类虫害在蔬菜、瓜果、茶叶等绿色生产、控害减灾方面多采用如下措施。

（1）蛴螬 属鞘翅目、金龟甲总科。

①为害状：主要取食山药的地下部分，咬断山药根、茎，造成山药枯死，啃食块茎、块根等。1~2 龄的蛴螬一般在地表 10cm 以内觅食，以山药幼嫩的侧根系取食，对山药的前期生长危害较大，严重时会导致地面山药的茎叶枯死。蛴螬进入 3 龄后，因食量骤增，开始下潜觅食，危害山药的主根，老熟后以山药的茎块为主要食源，造成山药的产量和质量的严重损失。

②防治方法

农业防治：冬前将栽种地块深耕多耙、杀伤虫源，减少幼虫的越冬基数。

物理防治：成虫（金龟子）产卵前，成方连片规模化采用灯光诱杀，一般每 50 亩安装一台灯。

生物防治：利用白僵菌或 100 亿 / 克的乳状菌等生物制剂防治幼虫，100 亿 / 克的乳状菌每亩用 1.5kg，卵孢白僵菌用量为每平方米用 2.0×10^9 孢子（针对有效含菌量折算实际使用剂量）。

科学用药防治：可采用毒土和喷灌综合运用。毒土防治每亩用 3% 辛硫磷颗粒剂 3~4kg，混细沙土 10kg 制成的药土，在播种或栽植时顺沟撒施，施后灌水。喷灌防治用 20% 氯虫苯甲酰胺悬浮剂 1000 倍液，50% 辛硫磷乳油 800 倍液等灌根防治幼虫。

（2）叶蜂 属膜翅目、叶蜂科。

①为害状：山药叶蜂主要咬食山药叶片。大发生时，几天之内可造成山药叶片严重缺损，影响块茎产量。华北、华东每年生 2 代，以幼虫在土中作茧越冬，翌年 4 月化蛹，5~6 月羽化为成虫，常在新梢上刺成纵向裂口并产卵。初孵幼虫在叶片上群集为害，严重时把叶片吃光，仅留叶脉或叶柄。第 1 代成虫 7~8 月羽化产卵，8 月中下旬进入第 2 代幼虫为害高峰期，10 月陆续入土越冬。

②防治方法

生物防治：卵孵化盛期或低龄幼虫期，用 2.5% 多杀霉素悬浮剂 1500 倍液，或 6% 乙基多杀菌素悬浮剂 2500 倍液喷雾防治。

科学用药防治：在 1~2 龄幼虫盛发期，优先选用 5% 虱螨脲乳油 2000 倍液喷雾防治，最大限度地保护自然天敌和传媒昆虫。其他药剂可用 50% 辛硫磷乳油 1000 倍液，或 10% 溴氰虫酰胺可分散油悬浮剂 2000 倍液，或 20% 氯虫苯甲酰胺悬浮剂 1000 倍液，或 15% 甲维盐·茚虫威悬浮剂 2500 倍液等均匀喷雾防治。

（3）盲蝽象 属半翅目、盲蝽科。

①为害状：绿盲蝽象以若虫和成虫刺吸山药叶片、嫩尖、花蕾的汁液。被害叶、嫩尖先呈现失绿斑点，随着叶片的伸展，小点逐渐变为不规则的孔洞，俗称“破叶病”“破天窗”。盲蝽象喜阴湿，怕光照，昼伏夜出。6~8 月间降雨多、湿度大的年份危害重，干旱年份危害轻。早播、肥水充足、植株生长茂盛往往偏重发生。

②防治方法

生物防治：发生初期选用生物源杀虫剂 0.5% 苦参碱水剂或 0.5% 藜芦碱可溶液剂 1000 倍液，或 6% 乙基多杀菌素悬浮剂 2500 倍液，或 2.5% 多杀霉素悬浮剂 1500 倍液喷雾防治，加展透剂。

科学用药防治：发生初期及时防治，优先选用 5% 虱螨脲乳油 2000 倍液，或 10% 吡丙醚乳油 1500 倍液，或 22.4% 螺虫乙酯悬浮剂 3000 倍液等喷雾防治，最大限度地保护自然天敌和传媒昆虫。其他药剂可用 92.5% 双丙环虫酯可分散液剂 15000 倍液，或 10% 溴氰虫酰胺可分散油悬浮剂 2000 倍液喷雾。相互合理复配喷施更佳。傍晚打药，并从周围向当中围歼式打药，防止成虫飞逃。

（4）地老虎 属鳞翅目、夜蛾科。

①为害状：山药地老虎从地面处咬断麻山药出土幼苗，致使整株枯死，对山药造成严重的危害。

②防治方法

农业防治：清晨查苗，发现被害状或断苗时，在其附近扒开表土捕捉幼虫。

物理防治：成虫产卵之前规模化实施灯光诱杀，或用糖醋液（糖∶酒∶醋 = 1∶0.5∶2）放在田间 1m 高处诱杀，每亩放置 5~6 盆。

生物防治：规模化运用性诱剂诱杀雄蛾于产卵之前。

科学用药防治：可采取毒饵或毒土诱杀幼虫及喷灌用药防治。毒饵诱杀：每亩用 50% 辛硫磷乳油 0.5kg，加水 8~10kg，喷到炒过的 40kg 棉籽饼或麦麸上制成毒饵，傍晚撒于秧苗周围。毒土诱杀：每亩用 20% 氯虫苯甲酰胺悬浮剂 0.5kg，加细土 20kg 制成的，顺垄撒施于幼苗根际附近。喷灌防治：用 20% 氯虫苯甲酰胺悬浮剂 1000 倍液或 50% 辛硫磷乳油 1000 倍液喷灌防治幼虫。

如何进行山药的适期采收?

山药在栽种当年的 10 月底至 11 月初，地上茎叶干枯后采收。采收过早产量低，含水量高，易折断。先拆除支架并抖落零余子，割去茎蔓，再挖取地下根茎。目前山药生产中有人工采挖和机械收获两种方法。

人工采挖为常用方法。一般从畦的一端开始，顺垄挖采，逐株挖取，避免根茎伤损和折断。机械收获可提高收获效率，减少用工成本，目前已在山药生产中开始应用，也是今后发展方向。

如何进行山药产地初加工?

山药商品有毛山药和光山药 2 种。

（1）毛山药　将采回的山药趁鲜洗净泥土，切去根头，用竹刀等刮去外皮和须根，然后干燥，即为毛山药。

（2）光山药　选顺直肥大的干燥山药，置清水中浸至无干心，闷透，用木板搓成圆柱状，切齐两端，晒干，打光，即为光山药。

需要说明的是，山药传统加工方法用硫黄熏蒸，造成二氧化硫残留和有效成分损失。现代加工技术研究了山药护色液、微波真空冷冻等干燥方法，加工后的商品有山药片和山药粉等。

北沙参

北沙参有何药用价值?

北沙参为伞形科植物珊瑚菜 *Glehnia littoralis* Fr. Schmidt ex Miq. 的干燥根。夏、秋二季采挖，除去须根，洗净，稍晾，置沸水中烫后，除去外皮，干燥。或洗净直接干燥。味甘微苦，微寒，入肝、胃经。有养阴清肺、益胃生津之功效。临床上主要用于治疗肺热燥咳，热病伤津口渴、劳嗽痰血等病症。

北沙参含有挥发油、香豆素、淀粉、生物碱、三萜酸、豆甾醇、谷甾醇、沙参素等成分。实验证明，北沙参能提高T细胞比值，提高淋巴细胞转化率，升高白细胞，增强巨噬细胞功能，延长抗体存在时间，提高B细胞，促进免疫功能。北沙参可增强正气，减少疾病，预防癌症的产生。

如何根据北沙参生长习性进行选地整地？

北沙参在不同的生长发育阶段对气温的要求不同，种子萌发必须通过低温阶段，营养生长期则以温和的气温条件下发育快，气温过高，会使植株出现短期休眠，高温季节过后休眠解除；开花结果期则需较高的气温；冬季植株地上部分枯萎，根部能露地越冬。

北沙参喜阳光充足、温暖、潮湿的气候，能耐寒、耐干旱、耐盐碱，但忌水涝、忌连作。北自辽宁南至广东、海南，跨越多个气候带，气候条件差异大，年均气温8~24℃，≥0℃积温4000~9000℃，无霜期150天以上，最冷月平均气温-10℃以上，最热月平均气温25℃以上，年降水量600~2000mm都适合北沙参的生长。

北沙参不能连作，前茬作物以薯类为最好，忌花生及豆科作物，宜选土层深厚、肥沃、排水良好、重金属含量和农药残留不超标的砂土或砂壤土地块种植。北沙参是深根作物，选地后要深翻土壤40cm左右，亩施充分腐熟的有机肥4000~6000kg，有条件的还可再施饼肥和磷钾肥50~100kg，翻入土内作基肥，然后充分整细，使土层疏松，耙平后作1.5m宽的高畦或平畦，四周挖好较深的排水沟待播。

北沙参如何进行播前种子处理？

北沙参种子属低温型种子，刚收获的种子胚尚未发育好，长度仅为胚乳的1/7，有胚后熟特征，胚后熟需在5℃以下低温，经4个月左右才能完成，因此播前必须经过低温冷藏处理。未经低温冷藏处理的种子，春季播种后当年不出苗。所以必须在冬季将种子拌3倍左右的湿沙，放在室外潮湿处，埋于土中进行低温沙藏处理，使种胚发育成熟，渡过休眠，正常发芽。

北沙参如何播种？

北沙参春、秋、冬季播种均可，春播宜早，解冻后即播。但以晚秋或初冬土地封冻前播种为好，既不用播前种子沙藏处理，而且出苗整齐一致。较冷凉地区晚秋播种，温暖地区可于初冬播种。播前20多天湿润种子，常翻动检查，至种仁发软。北沙参当年种子发芽率高，出苗齐。隔年种子发芽率显著降低，放到第三年丧失发芽能力。秋冬播的第二年谷雨前后出苗，当年不开花结果，第三年才开花结果。次年春播发芽率显著降低。播种形式分窄幅条播和宽幅条播。①窄幅条播：行距12~15cm，沿畦横开 4cm 深的沟，将种子均匀撒于沟内，播幅 4cm，种子与种子相隔 4~5cm，开第二行沟的土覆盖前一沟，厚度约 3cm，覆后踩一遍。②宽幅条播：按行距 25cm，开 4cm 深的沟，播幅 15cm，其他方法同上。一般每亩用种 6~7.5kg。

北沙参如何进行田间管理？

北沙参主要田间管理措施如下。

（1）除草　北沙参幼苗叶嫩脆易断，且行株距较小，不宜中耕除草，宜拔除杂草。

（2）间定苗　苗高 4~5cm，3~4 片叶子时按三角形留苗，株距 3cm，留苗过密生长不好，过稀参根粗而质松。

（3）灌水　春季一般不浇水，地面稍干有利于参根下伸。十分干旱时适当浇水，以地透为度。春涝根条短粗，雨季注意排水。秋季土壤干旱要浇透水。

（4）追肥　生长期追肥 3 次。第 1 次于苗出齐后进行，每亩追施清淡粪水 1500kg；第二次于定苗后，每亩施腐熟人畜粪水 2000~2500kg，促进幼苗生长健壮；第三次于 7 月后，根条膨大生长期，每亩追施粪肥 2000kg 加磷酸二氢钾 10kg，饼肥 30kg，以促根部生长。

（5）摘蕾　植株长出花蕾时，除留种田或留种株外，要及时摘除花蕾，但要注意不伤叶，以使叶片制造的养分集中供给根部，保证北沙参的产量和质量。

如何进行北沙参病害的综合防治？

北沙参上发生的主要病害有北沙参锈病、病毒病、线虫病、根腐病等，此类病害在蔬菜、瓜果、茶叶等绿色生产、控害减灾方面多采用如下措施。

（1）锈病

①病原及症状：属担子菌亚门、冬孢菌纲、锈菌目、柄锈菌属真菌，为缺锈孢子型、单主寄生的锈菌，又名黄疸。危害叶、叶柄及茎，开始时老叶及叶柄上产生大小不等的不规则形病斑，病斑初期红褐色，后为黑褐色，常于“立秋”前后，在茎叶上产生褐色的病斑，后期病斑表面破裂。严重时使叶片或植株早期枯死。病菌在田间植株根芽及残叶上越冬，成为翌年的初侵染源。经气流传播，在留种田和春播田中蔓延。高温干旱对病菌有抑制作用，多雨有利于病害流行。出苗后即有发生，7~8 月发病严重。

②防治方法

农业防治：选用抗病品种。加强栽培管理，科学配方施肥，增施腐熟的有机肥、生物菌肥、生物有机肥，增强植株抗病抗逆能力。

科学用药防治：发病时用 25% 吡唑醚菌酯悬浮剂 2000 倍液，或 27% 寡糖·嘧菌酯水乳剂 1000 倍液，或 25% 乙嘧酚磺酸酯微乳剂 700 倍液，或 40% 醚菌酯 · 乙嘧酚（25% 乙嘧酚 +15% 醚菌酯）悬浮剂 1000 倍液，或 28% 寡糖 · 肟菌酯悬浮剂 1500 倍液，或 25% 戊唑醇可湿性粉剂 1500 倍液等喷雾防治。三唑酮几乎无效。

（2）病毒病

①病原及症状：属病毒类。5 月开始发生，发病后导致叶片皱缩、扭曲，植株矮小、畸形，发育迟缓，严重死亡。蚜虫为传毒媒介。

②防治方法

农业防治： 筛选无病株作种。及时清除烧毁病残体。建立培育无病毒苗床。

科学用药防治： 在控制蚜虫（传毒介体）不能传毒的基础上，发病初期用 1.5% 植病灵（三十烷醇 + 硫酸铜 + 十二烷基硫酸钠）水乳剂 400 倍液，30% 毒氟磷可湿性粉剂 1000 倍液，或 2% 嘧肽霉素水剂 800 倍液，或 5% 海岛素（氨基寡糖素）水剂 1000 倍液等喷雾防治。

（3）根结线虫病

①病原及症状：属垫刃目、根结线虫科。北沙参苗刚出土即可发生，线虫侵入植物根端吸取汁液形成根瘤（瘤内有线虫）。主根成畸形，地上叶枯萎，影响植株生长，严重时导致大片死亡。一旦发生受害很大，影响产量和质量。

②防治方法

农业防治： 宜与禾本科作物轮作，切忌以花生等豆科作物为前茬。实施植物检疫，建立无病种子田，不从病区调入种子。

生物防治： 参照“山药线虫病”。

科学用药防治： 用 35% 威百亩用药 10~20kg（遵照说明安排与种植时间的间隔期），加细土 50~100kg 拌种，或每亩 10% 噻唑膦颗粒剂 3kg 等进行土壤消毒。发现病株残体，及时消除烧毁。其他用药和防治方法参照“山药线虫病”。

（4）根腐病

①病原及症状：属半知菌亚门、镰刀菌属。先由须根、支根变褐腐烂，逐渐向主根蔓延，最后导致根部腐烂变黑，叶片发黄，直至地上茎叶自下向上枯萎，全株枯死，极易从土中拔出。发病原因常与根螨的为害有关，在土壤黏度重、田间积水过多、地下害虫及线虫危害，往往发病严重。

②防治方法

生物防治： 发病前 2~3 天或发病初期，用 10 亿活芽孢 / 克枯草芽孢杆菌 500 倍液灌根，视病情把握用药次数，一般 7 天喷灌 1 次，喷灌 3 次左右。

科学用药防治： 发病前 2~3 天或发病初期，用植物诱抗剂海岛素 800 倍液 +10% 苯醚甲环唑水乳剂 1000 倍，或 80% 全络合态代森锰锌可湿性粉剂 1000 倍液，或 30% 噁霉灵水剂 +10% 苯醚甲环唑水乳剂按 1 : 1 复配 1000 倍液灌根，视病情把握用药次数，一般 7 天喷灌 1 次。其他用药和防治方法参照“丹参根腐病”。

如何进行北沙参害虫的综合防治?

北沙参上发生的主要虫害有大灰象甲、钻心虫、蚜虫等，此类虫害在蔬菜、瓜果、茶叶等绿色生产、控害减灾方面多采用如下措施。

(1)大灰象甲 属鞘翅目、象甲科。

①为害状：主要危害刚出土的幼苗、嫩尖、嫩叶，造成叶片缺刻或空洞，甚至缺苗断垄。2年1代，第一年以幼虫越冬，第二年以成虫越冬。成虫主要靠爬行转移，动作迟缓，有假死性。翌年3月开始出土活动，白天多栖息于土缝或叶背，清晨、傍晚和夜间活跃。4月中下旬从土内钻出，5月下旬开始产卵，6月下旬陆续孵化。幼虫期生活于土内，取食腐殖质和须根。9月下旬开始在土壤60~100cm深处筑室越冬。翌春越冬幼虫上升表土层取食，6月下旬开始化蛹，7月中旬羽化为成虫，在原地越冬。

②防治方法

农业防治：在成虫发生期，利用假死性不能飞翔之特点，于9时前或16时后在植株下铺塑料布，振落后收集人工捕杀。

生物防治：选用0.5%苦参碱水剂或0.5%藜芦碱可溶液剂1000倍液喷雾。

科学用药防治：早春解冻后，每亩用鲜萝卜条15kg，加20%氯虫苯甲酰胺悬浮剂50g制成毒饵撒于地面诱杀。优先选用5%虱螨脲乳油2000倍液喷雾防治，最大限度地保护自然天敌和传媒昆虫。其他药剂可用50%辛硫磷乳油1000倍液，20%氯虫苯甲酰胺悬浮剂1000倍液、15%甲维盐·茚虫威悬浮剂2500倍液，或10%溴氰虫酰胺可分散油悬浮剂等均匀喷雾防治。或用以上杀虫剂合理相互复配使用。傍晚时喷药加展透剂，提高防治效果，以免成虫飞逃。

(2)钻心虫 属鳞翅目、小卷叶蛾科。

①为害状：别名川芎茎节蛾，在山东莱阳、蓬莱等主产区为害较重，可为害北沙参叶、花序、茎、根头等各部位。还为害防风、白芷、川芎、当归等药材。初期幼虫为害茎顶部，以后虫从茎顶端钻入茎内植株各个器官内部逐节为害，导致中空，不能正常开花结果，直至全株枯死。每年发生4代，二年生以上田危害严重。生产中以防控第四代为主。山东烟台地区每年发生4~5代，以老熟幼虫爬向根茎基部或在根际周围土表中结茧化蛹越冬。幼虫将花蕾咬成缺刻或缺花，并吐丝将小花结成簇，或钻入花茎，使茎内中空，严重时咬断花茎。幼虫老熟后，均在为害处结茧化蛹，有世代重叠现象。年份、地区、气候及栽培制度不同，其发生消长情况也有差异。北沙参种子田植株的孕蕾期正值第一、二代幼虫发生盛期，此时主要集中在种子田为害；种子收获后，第三、四代幼虫转至当年植株上为害；越冬代幼虫发生时，种子田植株正返青，该虫又集中于种子田为害。

②防治方法

农业防治：收获后及时深耕破坏幼虫和蛹的适生环境。结合农事操作及时摘除受害的蕾和花以及1年生北沙参蕾及花，既能保证参根的养分供应，又可消灭大部分幼虫。

物理防治：在成虫发生盛期产卵之前用灯光进行诱杀。

生物防治：卵孵化期用0.3%苦参碱水剂800倍液，或乙基多杀菌素悬浮剂2500倍液，或2.5%多杀霉素悬浮剂1500倍液喷雾防治。

科学用药防治：优先选用5%虱螨脲乳油2000倍液喷雾防治，最大限度地保护自然天敌和传媒昆虫。其他药剂可用10%溴氰虫酰胺可分散油悬浮剂2000倍液，或20%氯虫苯甲酰胺悬浮剂1000倍液，或50%辛硫磷乳油1000倍液等喷雾。

（3）**蚜虫**　属同翅目、蚜总科。

①为害状：以刺吸式口器刺吸北沙参体内的养分，引起植株畸形生长，造成叶片皱缩、卷曲等，影响长势，严重的甚至枯萎、死亡。

②防治方法

物理防治：规模化黄板诱杀，有翅蚜初发期可用市场上出售的商品黄板；每亩挂30~40块。

生物防治：前期蚜量少时保护利用瓢虫等天敌，进行自然控制。无翅蚜发生初期，用0.3%苦参碱水剂800~1000倍液，或2.5%多杀霉素悬浮剂1500倍液喷雾防治。

科学用药防治：优先选用25%噻嗪酮可湿性粉剂2000倍液，或10%吡丙醚乳油1500倍液，或5%虱螨脲乳油2000倍液喷雾防治，最大限度地保护自然天敌和传媒昆虫。其他药剂可用92.5%双丙环虫酯可分散液剂15000倍液，或10%烯啶虫胺可溶性粉剂2000倍液等喷雾防治，交替轮换用药。其他用药和防治方法参照“板蓝根蚜虫”。

北沙参怎样留种采种和贮存种子？

选育优良品种是提高北沙参产量质量的重要措施。秋天北沙参收获时，另选择排水良好的砂壤土地块作种子田。施足基肥，整平，耙细地面。大田收刨北沙参时选根条细长，株形一致，分枝少，当年不开花，无病虫害的一年生参根做种根。去掉叶子，根头下留5~8cm，置20%氯虫苯甲酰胺悬浮剂1000倍或10%溴氰虫酰胺可分散油悬浮剂2000倍溶液中浸20分钟，晾干表皮后，按行距25cm开深8~12cm的沟，按株距20cm平放于沟内，覆土3~5cm，压实，视墒情浇水，10天长出新叶。

翌年春天返青抽薹，摘除侧枝上的小果盘，只留主茎上的果盘，集中养分，使种子饱满。6月下旬种子成熟，待果皮变成黄褐色时可分批采收。3年生北沙参每亩可收种子100kg。采种时连伞梗剪回，堆积于通风良好的地方晾干，过月余伞梗自行脱落，清除枝梗后即为净种。

北沙参种子属于胚后熟低温休眠类型，种子收获时胚长约为胚乳长度的七分之一，胚后熟需要低温湿润条件，土温低于5℃，低温4个月左右，否则会影响种子的萌发。种子贮存期间不要翻动践踏，切忌烟熏。隔年种子不能用。

如何进行北沙参的适期采收？

一年生参根，在第二年“白露”至“秋分”之间，参叶微黄时收获。二年参，在第三年“入伏”前后收获。现在产区药农以种植一年生北沙参为主。晴天收获，从地头开始刨60cm的深沟，使参根稍露，边挖沟，边拔根，边去茎叶。起挖时要防止折断根部，以免降低质量，并随时用湿土或麻袋盖好，保持水分，以利剥皮。一般亩产鲜货600~750kg，高产田可达1000kg，折干率为30%。

北沙参如何进行初加工？

收获时参根不能晒太阳，否则难剥皮降低产量和质量。将参根粗细分开，捆成1.5~2.5kg的把，手拿参根头将参尾先放入沸水中，顺转6~8秒，再把整把参松开，全部撒入水中烫煮不断翻动，水保持沸腾2~3分钟，至参根中部能捋去皮时捞出，摊开放凉去掉外皮，立即曝晒至干，如遇阴雨烘干。一般干湿比为1∶3。出口北沙参在一般加工的基础上挑拣出一等参，蒸至柔软，放在板上搓直，刮去须根痕迹，晒干或烘干，再按大小扎成小捆，区别不同规格装箱。

桔 梗

桔梗有何药用价值？

桔梗为桔梗科植物桔梗 *Platycodon grandiflorum*（Jacq.）A. Dc. 的干燥根。又叫苦梗，苦桔梗。味苦、辛，性平，入肺经、胃经。有宣肺祛痰，利咽，排脓之功效。主治咳嗽痰多，咳痰不爽，胸膈痞闷，咽喉肿痛，肺痈咳吐脓血。桔梗茎高20~120cm，通常无毛，不分枝，极少上部分枝。叶全部轮生，叶子卵形或卵状披针形，花暗蓝色或暗紫白色，可作观赏花卉；嫩叶可腌制成咸菜，在中国东北地区称为“狗宝”咸菜。在朝鲜半岛及中国延边地区，桔梗是很有名的泡菜食材。

种植桔梗如何选地和整地？

（1）选地　桔梗为深根性植物，应选向阳、背风的缓坡或平地，要求土层深厚、肥沃、疏松、地下水位低、排灌方便和富含腐殖质的砂质壤土作种植地。前茬作物以豆科、禾本科作物为宜。黏性土壤、低洼盐碱地不宜种植。

（2）整地　秋末深耕25~40cm，使土壤风化。播种前亩施腐熟有机肥2500~3000kg，过磷酸钙50kg，施肥后旋耕，做畦，畦宽120cm。

选购桔梗种子时应该注意哪些事项?

(1)分清是陈种还是新种 桔梗种子寿命1~2年，饱满新种子发芽率为70%左右，贮存1年以上的种子发芽率很低，播种前可测定发芽率。另外，新种子表面油润，有光泽，陈种子表面发干，光泽暗。

(2)不买“娃娃种” 一年生植株结的“娃娃种”瘦小而瘪，颜色浅，黄褐色，出苗率低，幼苗细弱。最好选用二年生植株所产的种子，大而饱满，颜色油黑，发亮，播种后出苗率高，单产可比“娃娃种”高30%以上。

种植桔梗如何播种?

桔梗主要用种子繁殖，可春、秋直播，以秋播为好。秋播当年出苗，产量和质量高于春播。秋播于10月中旬以前，春播在4月中下旬，生产上多采用条播，按行距20~25cm开浅沟，沟深1.5~2.0cm，将种子均匀播于沟内。播后覆细土不超过1cm，稍加镇压，在畦面盖草保温保湿。每亩用种子1.0~1.5kg。播后15~20天出苗。

桔梗中耕除草与追肥的技术要点是什么?

(1)中耕除草 幼苗期宜勤除草松土，苗小时宜用手拔除杂草，以免伤害小苗，也可用小型机械除草，保持土壤疏松无杂草。中耕宜在土壤干湿适宜时进行，封垄后不宜再进行中耕除草。在雨季前结合松土进行清沟培土，防止倒伏。雨季及时排除地内积水，否则易发生根腐病，引起烂根。

(2)追肥 除在整地时施足基肥外，在生长期还要进行多次追肥，以满足其生长的需要。苗高约15cm时，每亩追施尿素20kg；7~8月开花时，为使植株充分生长，可再追施复合肥30kg；入冬地上植株枯萎后，可结合清沟培土，加施草木灰或土杂肥。第二年返青后，结合浇水追施复合肥30kg。推广使用生物菌剂、生物有机肥，改善土壤团粒结构，增强植株抗病抗逆能力，大大提升桔梗的健康增产潜力。

如何防止桔梗岔根?

一株多茎易出现岔根，苗越茂盛主根的生长就越受到影响。因此栽培的桔梗应做到一株一苗，则无（或少）岔根、支根。管理中应随时剔除多余苗头，尤其是第2年春返青时最易出现多苗，此时要特别注意，把多余的苗头除掉，保持一株一苗。同时多施磷肥，少施氮钾肥，防止地上部分徒长，必要时打顶，减少养分消耗，促使根部正常生长。

种植桔梗如何割除花枝与防倒伏?

桔梗开花结果要消耗大量养分，影响根部生长。除留种田外，桔梗花蕾初期及时割除花枝可提高产量和质量。桔梗花期长，整个花期需割除 2~3 次。

二年生桔梗植株高 60~90cm，一般在开花前易倒伏，可在入冬后，结合施肥，做好培土工作；翌年春季不宜多施氮肥，以控制茎秆生长。

如何进行桔梗主要病害防治?

桔梗主要病害有根腐病、轮纹病、紫纹羽病、立枯病、炭疽病等，此类病害在蔬菜、瓜果、茶叶等绿色生产、控害减灾方面多采用如下措施。

（1）根腐病

①病原及症状：属半知菌亚门、镰刀菌属、腐皮镰孢菌。主要危害桔梗根部，初期根局部呈黄褐色而腐烂，以后逐渐扩大，导致叶片和枝条变黄枯死。湿度大时，根部和茎部产生大量粉红色霉层，严重时全株枯萎。病菌从根部伤口侵入，借风雨传播蔓延，特别在 6~8 月高温、高湿条件下利于发病。

②防治方法

农业防治：与小麦或夏黄豆、玉米轮作；配方和平衡施肥，增施腐熟的有机肥，合理补微肥，推广使用生物菌剂、生物有机肥；及时拔除病株，病穴用石灰消毒；清除田间枯死植株以及病残体，并带出田进行焚烧处理；及时排除积水，有条件的地方实施滴灌最好；收获后桔梗田要冬耕冻土，减少越冬菌源；及时防治地下害虫等，避免根部受伤。

生物防治：预计临发病前 2~3 天或发病初期，用 10 亿活芽孢 / 克枯草芽孢杆菌 500 倍液灌根。一般 7 天喷灌 1 次，喷灌 3 次以上。

科学用药防治：预计临发病前 2~3 天或发病初期，用植物诱抗剂海岛素水剂 800 倍液 +10% 苯醚甲环唑水乳剂 1000 倍，或 80% 全络合态代森锰锌可湿性粉剂 1000 倍液，或 30% 噁霉灵水剂 +10 苯醚甲环唑水乳剂按 1∶1 复配 1000 倍液灌根，视病情把握用药次数，一般 7 天喷灌 1 次，喷灌 3 次左右。其他用药和防治方法参照“丹参根腐病”。

（2）轮纹病

①病原及症状：属半知菌类、壳单膈孢属。病害主要发生在成叶和老叶上，也可危害嫩叶和新梢。叶片病斑通常由叶尖或叶缘开始，先为黄绿色小斑，后呈褐色、近圆形、半圆形或不规则形大斑，一般有深浅褐色相间的同心轮纹，边缘有褐色隆起线与健部分界明显；以后病斑中央变为灰白色，上生墨黑色小粒点。

病菌在病组织中越冬，翌年春天条件适宜时借风雨传播。由伤口侵入叶片和新梢，并在组织中扩展蔓延产生新的病斑。整个生长季节中均能发生，在高温、多雨的夏秋为发病盛期。气温 25~28℃、相对湿度 80%~85% 时利于发病。一般管理粗放、杂草丛生、排水不良、密植、湿度大及螨类危害等，往往加重发病。

②防治方法

农业防治：冬季清园，将田间枯枝、病叶及杂草集中烧毁；夏季高温发病季节，加强田间排水，降低田间湿度，以减轻发病；配方和平衡施肥，增施腐熟的有机肥，合理补微肥，推广使用生物菌剂、生物有机肥。提高植株抗病抗逆力。

科学用药防治：预计临发病之前 2~3 天或发病初期用植物诱抗剂海岛素水剂 800 倍液 +10% 苯醚甲环唑水乳剂 1000 倍喷雾，预防性控害，根据病情一般 7 天喷 1 次；发病初期用 10% 苯醚甲环唑水分散粒剂和 25% 吡唑醚菌酯悬浮剂按 2∶1 复配 2000 倍液，或 50% 醚菌酯干悬浮剂 3000 倍液喷雾，视病情把握用药次数，一般 7 天 1 次，连续 3 次左右。其他用药和防治方法参照“地黄轮纹病科学用药防治”。

（3）紫纹羽病

①病原及症状：属担子菌亚门、紫卷担菌。主要危害根部，先由须根开始发病，再延至主根；病部初呈黄白色，可看到白色菌索，后变为紫褐色，病根由外向内腐烂，外表菌索交织成菌丝膜，破裂时流出糜渣。地上病株自下而上逐渐发黄枯萎，最后死亡。

②防治方法

农业防治：实行轮作；及时拔除病株烧毁，病穴用 10% 石灰水消毒；在控制地下害虫基础上，适当增施磷、钾肥，合理补微肥，使用充分腐熟的有机肥，推广使用生物菌剂、生物有机肥，改善土壤团粒结构，拮抗有害菌，增强植株抗病抗逆能力；田间不积水，防涝；根据土壤 pH 值的情况，每亩施石灰粉 50~100kg 减轻病害。

科学用药防治：预计临发病前用 42% 寡糖·硫黄悬浮剂 500 倍液，或 25% 络氨铜水剂 500 倍液，或全络合态代森锰锌可湿性粉剂 800 倍液，或 23% 氨基·嘧菌酯悬浮剂 800 倍液（或 25% 嘧菌酯悬浮剂 1000 倍液）灌根保护性防治，视病情 7~10 天灌 1 次；出现病症后立即选用 27% 寡糖·吡唑醚菌酯水乳剂 1000 倍液，或 24% 咯菌腈 +24% 苯醚甲环唑 1000 倍液，或 75% 肟菌·戊唑醇水分散粒剂 2000 倍液，或 48% 苯甲·嘧菌酯悬浮剂 1000 倍液灌根。每次灌根与海岛素（5% 氨基寡糖素）水剂 800 倍液（或 6% 24-表芸·寡糖水剂 1000 倍液）混用，安全增效、促根壮株，提高抗病抗逆能力。视病情把握灌根次数，一般 10 天左右灌 1 次。

（4）立枯病

①病原及症状：属半知菌亚门、无孢目、丝核菌属、立枯丝核菌。主要发生在出苗展叶期，幼苗受害后，病苗基部出现黄褐色水渍状条斑，随着病情发展变成暗褐色，最后病部缢缩，幼苗折倒死亡。

②防治方法

农业防治：清理病残体，轮作倒茬。

科学用药防治：播种前用植物诱抗剂海岛素（5%氨基寡糖素）水剂600倍液+40%福尔马林100~150倍液浸种15分钟；于6月上中旬开始，预计临发病前或发病初期及时防治，可用植物诱抗剂海岛素水剂800倍液+10%苯醚甲环唑水乳剂1000倍，或80%全络合态代森锰锌可湿性粉剂1000倍液喷淋（灌）到根部；发病初期用15%噁霉灵水剂500倍液喷淋，或用23%寡糖·乙蒜素微乳剂或80%乙蒜素乳油1000倍液+15%噁霉灵水剂500倍液+海岛素水剂1000倍液进行喷淋，视病情一般7~10天1次。其他用药和防治方法参照“桔梗根腐病”。

（5）炭疽病

①病原及症状：属半知菌亚门、腔孢纲、黑盘孢目、刺盘孢属真菌。主要危害桔梗茎秆基部，发病初期茎基部出现褐色斑点，逐渐扩大至茎秆四周，后期病部收缩，植株于病部折断倒伏甚至枯死，蔓延迅速。

该病一般于夏末秋初、7~8月的高温多湿季节发病。

②防治方法：各项具体防治技术和选用药方法参照立枯病和轮纹病。炭疽病发生后期应加强叶面喷雾防治。

如何进行桔梗主要虫害防治?

桔梗主要虫害有蚜虫、小地老虎等，此类虫害在蔬菜、瓜果、茶叶等绿色生产、控害减灾方面多采用如下措施。

（1）蚜虫 属同翅目、蚜总科。

①为害状：以刺吸式口器刺吸桔梗叶片、嫩尖等体内的养分，引起植株畸形生长，造成叶片皱缩、卷曲等，影响长势，严重的甚至枯萎、死亡。

②防治方法

物理防治：规模化黄板诱杀蚜虫，有翅蚜初发期可用市场上出售的商品黄板；或用60cm×40cm长方形纸板或木板等，涂上黄色油漆，再涂一层机油，挂在行间株间，每亩挂30~40块。

生物防治：参照“北沙参蚜虫”。

科学用药防治：用92.5%双丙环虫酯可分散液剂15000倍，或10%烯啶虫胺可溶性粉剂2000倍液交替喷雾防治。其他用药和防治方法参照“北沙参蚜虫”。

（2）小地老虎 属鳞翅目、夜蛾科。

①为害状：地老虎幼虫从地面处咬断桔梗幼苗根部或根颈部，致使整株枯死，造成严重的危害。

②防治方法

农业防治：清晨查苗，发现被害状或断苗时，在其附近扒开表土捕捉幼虫。

物理防治：参照“山药地老虎”。

科学用药防治：毒饵诱杀，每亩用50%辛硫磷乳油0.5kg，加水8~10kg，喷到炒过的40kg棉籽饼或麦麸上制成毒饵，傍晚撒于秧苗周围；毒土诱杀，低龄幼虫期每亩用20%氯虫苯甲酰胺悬浮剂0.5kg，加细土20kg制成的，顺垄撒施于幼苗根际附近；喷灌防治，用20%氯虫苯甲酰胺悬浮剂1000倍液或50%辛硫磷乳油1000倍液喷灌防治幼虫。其他用药和防治方法参照“山药地老虎”。

桔梗如何进行留种和采种及初加工？

栽培桔梗用二年生植株新产的种子。桔梗花期长达3个月，其先从上部抽薹开花，果实也由上部先成熟。在北方后期开花结果的种子，常因气候影响而不成熟。为了培育优良的种子，可在6~7月剪去小侧枝和顶端部的花序，促使果实成熟，使种子饱满，提高种子质量。9~10月间桔梗蒴果由绿转黄，果柄由青变黑，种子变黑色成熟时，带果梗割下，放通风干燥的室内后熟3~4天，然后晒干，脱粒，除去杂质。

鲜根挖出后，去净泥土、芦头，趁鲜用竹刀、瓷片等刮去栓皮，洗净，及时晒干或烘干，否则易发霉变质和生黄色水锈。加工不完的，可用沙埋起来，防止外皮干燥收缩，不易刮去。刮皮时不要伤破中皮，以免内心黄水流出影响质量。晒干时经常翻动，到近干时堆起来发汗一天，使内部水分转移到体外，再晒至全干。

北苍术

北苍术有何药用价值？

北苍术 *Atractylodes chinensis*（DC.）Koidz. 为菊科多年生草本植物，其干燥根茎入药，是现行版《中国药典》中苍术药材的基原植物之一。别名枪头菜（东北、西北及内蒙古），华苍术（宁夏），山苍术（陕西、宁夏、甘肃、青海），山刺儿菜（河北、陕西、宁夏、青海）等。北苍术根状茎含挥发油、淀粉等，油中的主要成分为苍术酮、苍术醇、茅术醇、桉叶醇等。具燥湿健脾、祛风、散寒、明目等功效。用于治疗脘腹胀满，泄泻，水肿，脚气痿躄，风湿痹痛、风寒感冒、雀目夜盲等症。苍术油对食管癌细胞有体外抑制作用，可使细胞脱落，核固缩，染色体质浓缩，细胞无分化或极少分化。苍术浸膏（含苍术多糖）有较强的降血糖作用。除药用外，根含淀粉可造酒，挥发油可提取芳香油。苍术粉末作为饲料添加剂可使畜禽健壮，产蛋量高。北苍术主要分布于黑龙江、吉林、辽宁、内蒙古、河北、山西、陕西、甘肃、宁夏、青海等省区。

种植北苍术如何选地、整地？

北苍术喜凉爽气候，野生于山阴坡疏林边、灌木丛及草丛中。一般土壤均可种植，但以疏松肥沃、排水良好的砂质壤土更好。选好地后每亩施用腐熟有机肥 2000kg 作基肥，施匀后深翻 20~25cm，耙细整平，做宽 1.2m、高 15cm，长 10~20m 的高畦。亦可起垄栽种。

北苍术的主要繁殖方式有哪些？

（1）种子繁殖 一般采用育苗的方法，4 月上中旬育苗，苗床应选向阳地，播种前先浇透水，水渗后播种，条播或撒播，条播行距 20~25cm，每亩播种量 4~5kg，沟深 3cm，均匀播种，播后覆土 2~3cm，稍镇压，上盖一层草。经常浇水保持土壤湿度，出苗后去掉盖草，苗高 3cm 时间除过密苗。苗高 10cm 时可移栽定植。选择雨天或傍晚按行距 25cm，株距 10cm，开沟栽种，覆土压紧浇水，移栽成活率高。或秋季植株枯萎后至土壤结冻前移栽。

（2）分株繁殖 于秋季地上部分枯萎时，将老苗连根挖出，抖去泥土，剪去老根加工后作药用，再将根状茎纵切成小块，每小块带 1~3 个芽，然后栽于大田，以行距 24cm，株距 15cm 为好。

北苍术如何进行田间管理？

幼苗期要注意除草，如遇到干旱天气，要适时灌水，最好结合追肥进行，在培土的同时也可以进行追肥。定植当年夏季要适当追肥或根外追肥，以促进生长、提早长出花茎。以后每年都要追施尿素。

北苍术的病害如何防治？

北苍术主要病害有软腐病、黑斑病、白绢病等，此类病害在蔬菜、瓜果、茶叶等绿色生产、控害减灾方面多采用如下措施。

（1）软腐病

①病原及症状：往往由真菌和细菌交织发生。细菌引起的软腐病常因伴随的杂菌分解蛋白胶产生吲哚而发生恶臭；真菌黑根霉引起的软腐病在病组织表面生有灰黑色霉状物，是病菌的孢囊梗和孢子囊。病斑成片状由叶柄向上扩展，不断腐烂。

②防治方法

农业防治：选用抗病品种。适期早播。择排水良好的无积水地块进行种植。避免重茬种植。田间发现零星软腐病株应立即拔除并带出田外销毁，病穴撒上生石灰或药剂消毒。使用生物菌剂、生物有机肥，改善土壤团粒结构，拮抗有害菌，增强植株抗病抗逆能力。

生物防治：预计临发病前开始，选用 23% 寡糖 · 乙蒜素微乳剂 1000 倍液，或

80% 乙蒜素乳油 1000 倍液、蜡质芽孢杆菌 300 亿菌体 / 克可湿性粉剂 2500 倍液、2% 春雷霉素水剂 500 倍液喷淋或灌根。7 天用药 1 次。连续 2~3 次。

科学用药防治：适期早用药防治，以防治细菌为主，兼治真菌，综合控害。预计临发病前 5~7 天开始保护性控害，可用 80% 盐酸土霉素可湿性粉剂 1000 倍液，或 33% 寡糖·喹啉铜悬浮剂 1500 倍液，或 25% 络氨铜水剂 500 倍液（或 80% 乙蒜素乳油 1000 倍液、12% 松脂酸铜乳油 800 倍液、30% 琥胶肥酸铜可湿性粉剂 800 倍液、38% 噁霜嘧铜菌酯 800 倍液）+ 海岛素（5% 氨基寡糖素）水剂 600 倍液（或 6% 24-表芸·寡糖水剂 1000 倍液）喷淋或灌根，也可用 38% 噁霜嘧铜菌酯 800 倍液（30% 噁霜灵 +8% 嘧铜菌酯）1000 倍液，或 40% 春雷·噻唑锌（5% 春雷霉素 +35% 噻唑锌）悬浮剂 3000 倍液喷淋或灌根，随配随用，精准用药。视病情 7 天用药 1 次。轻微发病后开始 3~5 天用药 1 次，喷药次数视病情而定。建议示范验证 50% 氯溴异氰尿酸可溶性粉剂 1000 倍液 + 海岛素 800 倍液喷淋或灌根的效果。

（2）黑斑病

①病原及症状：由多种细菌和真菌引起。表现为叶片、叶柄、幼果等部位出现黑色斑片状病损。常见症状有如下两种类型：发病初期叶表面出现红褐色至紫褐色小点，逐渐扩大成圆形或不定形的暗黑色病斑，病斑周围常有黄色晕圈，边缘呈放射状、病斑直径 3~15mm。后期病斑上散生黑色小粒点。严重时植株下部叶片枯黄，早期落叶，致个别枝条枯死。叶片上出现褐色至暗褐色近圆形或不规则形的轮纹斑，其上生长黑色霉状物，严重时，叶片早落，影响生长。

②防治方法

农业防治：发病期可将严重病株清除并销毁。有条件的于发病初期趁早晨露水每亩撒草木灰 100kg。雨季及时排除积水。

科学用药防治：预计临发病前 5~7 天开始预防性控害，可用 42% 寡糖·硫黄悬浮剂 500 倍液或 25% 络氨铜水剂 500 倍液 + 海岛素（5% 氨基寡糖素）水剂 600 倍液（或 6% 24-表芸·寡糖水剂 1000 倍液）均匀喷雾，安全性高，增强植株抗逆能力，强身壮棵。新叶展开时喷药保护加治疗，可用 27% 寡糖·吡唑醚菌酯水乳剂 1000 倍液或 23% 氨基·嘧菌酯悬浮剂 800 倍液 +80% 乙蒜素乳油 1000 倍液，或 48% 苯甲·嘧菌酯悬浮剂 1000 倍液 + 海岛素 800 倍液，或 75% 肟菌·戊唑醇水分散粒剂 2000 倍液 +80% 乙蒜素乳油 1000 倍液均匀喷雾。提倡化学药剂（杀真菌剂 + 杀细菌剂）与植物诱抗剂海岛素 800~1000 倍液混配使用，增加药效和安全保护能力，强身壮棵，提高植株抗病和抗逆性。视病情把握用药次数，7~10 天喷 1 次，一般连喷 3 次左右。

其他防治方法和选用药技术参照软腐病。

（3）白绢病

①病原及症状：属半知菌亚门、丝孢纲、无孢菌目、无孢菌科、小菌核属真菌。通常发生在植株的根茎部或茎基部。感病根茎部皮层逐渐变成褐色坏死，严重的皮层腐烂。植株受害后，地上部叶片变小变黄，枝梢节间缩短，严重时枝叶凋萎，当病斑

环茎一周后会导致全株枯死。在潮湿条件下，受害的根茎表面或近地面土表覆有白色绢丝状菌丝体。后期在菌丝体内形成很多油菜籽状的小菌核，初为白色，后渐变为淡黄色至黄褐色，以后变茶褐色。菌丝逐渐向下延伸及根部，引起根腐。有时叶片也能感病，在病叶片上出现轮纹状褐色病斑，病斑上长出小菌核。病菌在土壤中越冬，也能在种栽或病残体上存活。在适宜条件直接侵害近地面茎基和根茎。以后菌丝沿土隙缝或地面蔓延为害邻近植株。菌核随水流、病土移动传播。病菌喜高温（30~35℃）、多湿以及通气低氮的砂壤土。因此，在6月上旬至8月上旬，当天气时晴时雨、土面干干湿湿苍术生长封行郁闭，有利于病害发生发展。

②防治方法

农业防治：可与禾本科作物轮作。发现病株，带土移出田（棚）外深埋或烧毁。有针对性地选择和推广使用生物菌剂、生物有机肥，改善土壤团粒结构，拮抗有害菌，增强植株抗病抗逆能力，大大提升植株的健康增产潜力。

科学用药防治：适期早用药防治，预计临发病前或初现症状后立即用药防治，可用24%噻呋酰胺悬浮剂600倍液，或42%寡糖·硫黄悬浮剂500倍液，或25%络氨铜水剂500倍液或47%春雷·王铜（2%春雷霉素+45%氧氯化铜）可湿性粉剂800倍液或蜡质芽孢杆菌300亿菌体/克可湿性粉剂2500倍液+海岛素（5%氨基寡糖素）水剂600倍液（或6% 24-表芸·寡糖水剂1000倍液）淋灌根茎部或茎基部，安全性高，增强植株抗逆能力，强身壮棵。也可用27%寡糖·吡唑醚菌酯水乳剂1000倍液，或48%苯甲·嘧菌酯悬浮剂1000倍液或75%肟菌·戊唑醇水分散粒剂2000倍液+海岛素800倍液淋灌根茎部或茎基部。视病情把握用药次数，一般10天左右1次。建议示范验证50%氯溴异氰尿酸可溶性粉剂1000倍液+海岛素水剂800倍液制成药土敷根茎部或淋灌根茎部或茎基部的效果。

北苍术的虫害应如何防治?

北苍术主要害虫有蚜虫、小地老虎等，此类害虫在蔬菜、瓜果、茶叶等绿色生产、控害减灾方面多采用如下措施。

（1）蚜虫

①为害状：属同翅目、蚜总科。蚜虫群集以刺吸式口器刺吸叶片、嫩尖等，引起植株畸形生长，造成叶片皱缩、卷曲等，影响长势，严重的甚至枯萎停止生长而导致绝产。

②防治方法

物理防治：规模化黄板诱杀，有翅蚜初发期可用市场上出售的商品黄板；每亩挂30~40块。

生物防治：前期蚜量少时保护利用瓢虫等天敌，进行自然控制。无翅蚜发生初期，用0.3%苦参碱乳剂800~1000倍液，或烟草水50倍液喷雾防治。

科学用药防治：优先选用10%吡丙醚乳油1500倍液，或25%噻嗪酮可湿性粉剂 2000 倍液等防治，最大限度地保护天敌资源和传媒昆虫。其他药剂可选用 92.5% 双丙环虫酯可分散液剂 15000 倍液喷雾防治，交替轮换用药。其他用药和防治方法参照“北沙参蚜虫”。

（2）小地老虎

①为害状：属鳞翅目、夜蛾科。小地老虎幼虫主要蚕食根茎，影响植株的生长发育，严重时造成北苍术减产。

②防治方法

农业防治：清晨查苗，发现被害状或断苗时，在其附近扒开表土捕捉幼虫。

物理防治：成虫产卵前活动期用糖醋液（糖∶醋∶酒∶水 =6∶3∶1∶10）放在田间 1m 高处诱杀，每亩放置 5~6 盆。成方连片规模化实施灯光诱杀成虫于产卵之前。

生物防治：应用性诱剂诱杀雄虫于交配之前。

科学用药防治：幼虫低龄期及时采取毒饵或毒土诱杀及喷灌用药防治。毒饵诱杀：每亩用 50% 辛硫磷乳油 0.5kg，加水 8~10kg，喷到炒过的 40kg 棉籽饼或麦麸上制成毒饵，傍晚撒于秧苗周围。毒土诱杀：每亩用 20% 氯虫苯甲酰胺悬浮剂 0.5kg，加细土 20kg 拌匀，顺垄撒施于幼苗根际附近。喷灌防治，用 20% 氯虫苯甲酰胺悬浮剂 1000 倍液或 50% 辛硫磷乳油 1000 倍液喷灌防治幼虫。其他用药和防治方法参照“山药地老虎”。

北苍术如何采收与初加工？

北苍术可在春、秋两季采挖，但以晚秋或春季苗出土前质量较好。挖出后，除去茎、叶及泥土，晒至四五成干时撞掉须根，即呈褐色；再晒至六七成干，撞第 2 次；大部分老皮撞掉后，晒至全干时再撞第 3 次，直到表皮呈黄褐色为止。

白 术

白术药用价值如何？主要栽培类型有哪些？

白术 *Atractylodes macrocephala* Koidz. 为菊科多年生草本植物，以干燥根茎入药，又称冬术、冬白术、于术、山精、山连、山姜、山蓟、天蓟等。具有健脾益气，燥湿利水，止汗安胎的功效，多用于脾虚食少，腹胀泄泻，痰饮眩悸，水肿，自汗，胎动不安等症。

目前，生产上可利用的白术栽培类型有 7 个，分别为大叶单叶型、大叶 3 裂型、大叶 5 裂型、中叶 3 裂型、中叶 5 裂型、小叶 3 裂型、小叶 5 裂型。其中大叶单叶型白术的株高、单叶片、分枝数和花蕾数都低于其他类型，而单个鲜重、一级品率均高于其他类型，农艺性状表现良好。

如何根据白术生长习性进行选地和播前整地？

白术对水分的要求比较严格，既怕旱又怕涝。土壤含水量应为30%~50%，空气相对湿度为70%~80%，对生长有利。白术对土壤要求不严，酸性的黏土或碱性砂质壤土都能生长，但以排水良好、疏松肥沃的砂质壤土为宜。忌连作。

白术下种前要翻耕1次，翻耕时要施入基肥。育苗地一般每亩施腐熟有机肥1000~1500kg，移栽地每亩施2500~4000kg。将肥料撒于土壤表面，耕地时翻入土内。整地要细碎平整。降雨多的地区或地块宜做成宽120cm左右的高畦，畦间留30cm左右的排水沟，畦面呈龟背形，便于排水，畦长可依据地形而定。

白术种子萌发需要哪些条件？

白术种子在15℃以上开始萌发，20℃左右为发芽适温，35℃以上发芽缓慢，并发生霉烂。在18~21℃，有足够湿度，播种后10~15天出苗。出苗后能忍耐短期霜冻。3~10月，在日平均气温低于29℃情况下，植株的生长速度，随着气温升高而逐渐加快；气温在24~26℃时根茎生长较适宜；日平均气温在30℃以上时，生长受抑制。白术种子发芽需要有较多的水分。在一般情况下，吸水量达到种子质量的3~4倍时，才能萌动发芽。

如何进行白术育苗？

种植白术多采用育苗一年，栽植后再生长一年收获药材的栽培规程。白术育苗多采用条播，也可撒播。

（1）**条播**　先在整好的畦面上开横沟，沟心距约为25cm，播幅10cm，播深3~5cm。将种子均匀撒于沟内，再撒一层厚约3cm的细土。播种量每亩4~5kg。

（2）**撒播**　将种子均匀撒于畦面，覆约3cm厚的细土或焦泥灰。播种量每亩5~8kg。

播种后要经常保持土壤湿润，利于出苗。幼苗期要注意除草，适时间苗，间距为4~5cm。苗期分别于6月上中旬、7月进行两次追肥，施用腐熟有机肥或速效氮肥。生长后期，如有抽薹现蕾植株，应及时摘蕾，使养分集中，便于促进根茎生长。

白术如何栽植？

生产上，北方主要有秋栽和春栽两种。秋栽宜在植株地上部分枯黄后至上冻前；春栽多在4月上中旬。

栽前应选顶芽饱满，根系发达，表皮细嫩，顶端细长，尾部圆大的根茎作种。根茎畸形，顶端木质化，主根粗长，侧根稀少者，栽后生长不良。栽种时按大小分类，分别栽植。种栽大小以每千克 200~240 株为好。

栽前先用清水淋洗种栽，再将种栽浸入 10% 苯醚甲环唑水乳剂 1000 倍液中 1 小时，然后捞出沥干，如不立即栽种应摊开晾干表面水分。

栽植方法有条栽和穴栽两种，行株距有 25cm × 20cm、25cm × 18cm、25cm × 12cm 等多种，可根据不同土质和肥力条件因地制宜选用。

白术如何进行田间管理？

（1）间苗与中耕除草 播种后约 15 天出苗，齐苗后应进行间苗，拔除弱小或有病的幼苗，苗的间距为 4~5cm。幼苗期须勤除草，通常要进行 4~5 次。

（2）科学施肥 白术为需肥量较多的药用植物。5 月下旬每亩可追施腐熟有机肥 1000~1250kg 或硫酸铵 10~12kg。摘花蕾后 5~7 天（7 月中旬左右），每亩施腐熟饼肥 75~90kg、有机肥 1000~1600kg 和过磷酸钙 25~35kg。

（3）排水与摘蕾 白术怕涝，土壤湿度过大容易发病，因此雨季要清理畦沟，排水防涝。8 月以后根茎迅速膨大，需要充足水分，若遇天旱要及时浇水，以保证水分供应。7 月上中旬头状花序开放前，非留种田应及时摘除花蕾。

（4）覆盖遮阴 白术有喜凉爽怕高温的特性。因此，根据白术的特性，夏季可在白术的植株行间覆盖一层草，以调节温度、湿度，覆盖厚度一般以 5~6cm 为宜。

白术病害如何防治？

白术主要病害有立枯病、斑枯病、锈病、根腐病等，此类病害在蔬菜、瓜果、茶叶等绿色生产、控害减灾方面多采用如下措施。

（1）立枯病

①病原及症状：属半知菌亚门、立枯丝核菌。俗称“烂茎瘟”，是白术苗期的重要病害，常造成烂芽、烂种，严重发生时可导致毁种。受害苗茎基部初期呈水渍状椭圆形暗褐色斑块，地上部呈现萎蔫状，随后病斑很快延伸绕茎，茎部坏死收缩成线形，状如“铁丝病”，幼苗倒伏死亡。病菌可侵害多种药材以及茄果类、瓜类等农作物，在土壤中或病残体上越冬，可在土壤中腐生 2~3 年。环境条件适宜时，病菌从伤口或表皮直接侵入幼茎、根部引起发病，通过雨水、浇灌水、农具等传播危害。病菌喜低温、高湿的环境，发育适温为 24℃。早春播种后若遇持续低温、阴雨天气，白术出苗缓慢，或多年连作，前茬为易感病作物时往往发病重。

②防治方法

农业防治：避免病土育苗。与非寄主植物合理轮作 3~5 年。适期晚播，促使幼苗快速生长和成活，避免丝核菌的感染。苗期加强管理，及时松土和防止土壤湿度过大。发现病株及时拔除。

生物防治：预计临发病之前或发病初期，用 10 亿活芽孢 / 克枯草芽孢杆菌 500 倍液灌根，7 天淋灌 1 次，连续 3 次左右。

科学用药防治：土壤消毒，在播种和移栽前用 10% 苯醚甲环唑水乳剂 1000 倍液处理土壤。发病初期用植物诱抗剂海岛素水剂 800 倍液与 30% 噁霉灵水剂 +10% 苯醚甲环唑水乳剂按 1 : 1 复配 1000 倍液复配灌根，7 天淋灌 1 次，连续 3 次左右。

其他用药和防治方法参照“桔梗立枯病”。

（2）斑枯病

①病原及症状：属半知菌亚门、白术壳针孢菌。白术斑枯病又称铁叶病、俗称“瘟叶”。常造成叶片早枯，导致减产。主要危害叶片，也可危害茎秆及术蒲。初期在叶片上出现黄绿色小斑点，扩大后形成铁黑色、铁黄色或褐色病斑。病斑有时近圆形，常数个病斑连成一大斑，因受叶脉限制呈多角形或不规则形，多自叶尖及叶缘向内扩展，严重时病斑相互汇合布满全叶，使叶片呈现铁黑色。后期病斑中心部灰白色或褐色，上生大量小黑点。病斑从基部叶片开始发生，逐渐向上扩展至全株，白术叶片枯焦并脱落。茎秆受害后，产生不规则形铁黑色病斑，中心部灰白色，后期茎秆干枯死亡。苞片也产生近似的褐斑。病情严重时在田间呈现成片枯焦，颇似火烧。病菌在病残体及种栽的叶柄残基上越冬。翌春借助水滴飞溅传播，从叶片气孔侵入扩大蔓延。雨水淋溅对病菌的近距离传播起主导作用，种栽带菌造成病菌的远距离传播。在湿度较高的情况下，10~27℃温度范围内都能引起危害，雨水多、气温骤升骤降时发病重。

②防治方法

农业防治：与非菊科作物 3~5 年轮作。白术收获后清洁田园，集中处理残株落叶，减少来年侵染菌源。选栽健壮无病种栽，选择地势高燥、排水良好的土地，合理密植，降低田间湿度。在雨水或露水未干前不宜进行中耕除草等农事操作，以防病菌传播。

生物防治：发病前或初期用蜡质芽孢杆菌 300 亿菌体 / 克可湿性粉剂 2500 倍液 + 海岛素（5% 氨基寡糖素）水剂 1000 倍液（或 6% 24–表芸 · 寡糖 1000 倍液）均匀喷雾，安全性高，增强植株抗逆能力，强身壮棵。

科学用药防治：用 10% 苯醚甲环唑水乳剂 1000 倍液 + 植物诱抗剂海岛素（5% 氨基寡糖素）水剂 600 倍液浸种 15~30 分钟，移栽前沾根 5~10 分钟消毒。发病前或初期用 42% 寡糖·硫黄悬浮剂 600 倍液，或 25% 络氨铜水剂 600 倍液或 47% 春雷·王铜（2% 春雷霉素 +45% 氧氯化铜）可湿性粉剂 1000 倍液 + 海岛素（5% 氨基寡糖素）水剂 1000 倍液（或 6% 24–表芸 · 寡糖 1000 倍液）均匀喷雾，强身壮棵。也可用 27% 寡糖 · 吡唑醚菌酯水乳剂 1000 倍液，或 75% 肟菌 · 戊唑醇水分散粒剂 2000 倍液或 48% 苯甲 · 嘧菌酯悬浮剂等喷雾，视病情 7~10 天喷 1 次，一般连续 3 次左右。

（3）锈病

①病原及症状：属担子菌亚门、双胞锈菌。主要危害叶片。发病初期叶片上出现失绿小斑点，后扩大成近圆形的黄绿色斑块，周围具褪绿色晕圈，在叶片相应的背面呈黄色杯状隆起，破裂时散出大量黄色的粉末状锈孢子。最后病斑处破裂成穿孔，叶片枯死或脱落。叶柄、叶脉的病部膨大隆起，呈纺锤形，同样生有锈孢子腔，后期病斑变黑干枯。目前对其冬孢子的形成及越冬场所不详。一般夏季骤晴骤雨利于发病甚至迅速发展和蔓延。

②防治方法

农业防治：合理密植，改善田间通风透光条件。田间不积水，控制适宜的湿度。收获后清除并烧毁残株病叶。选用抗病品种。加强栽培管理和科学配方施肥。

生物防治：参照“射干锈病”。

科学用药防治：发病初期及时防治，可用25%戊唑醇可湿性粉剂1500倍液等喷雾防治。其他用药和防治方法参照“北沙参锈病防治”。

（4）根腐病

①病原及症状：属半知菌亚门、尖孢镰刀菌，有报道称其为多种镰刀菌复合侵染所致。白术受害后，首先是细根变褐、干腐，逐渐蔓延至根状茎，使根茎干腐，并迅速蔓延到主茎，使整个维管束系统褐色病变，呈现褐黑色下陷腐烂斑，后期根茎全部变海绵状黑褐色干腐，地上部萎蔫，病株易从土壤中拔起。病菌在种苗、土壤和病残体中越冬，病菌借助风雨、地下害虫、农事操作等传播危害，通过虫伤、机械伤等伤口侵入，也可直接侵入。种栽贮藏过程中受热使幼苗抗病力下降。土壤淹水、黏重或施用未腐熟的有机肥造成根系发育不良，以及由线虫和地下害虫危害产生伤口后均易发病。中后期如遇连续阴雨以后转晴，气温升高，则病害发生重。发病最适温度22~28℃。

②防治方法

农业防治：选育抗病品种。以矮秆阔叶型品种抗性较好。合理轮作。与禾本科等作物实行3年以上的轮作。提高种栽质量。贮藏期间防止种栽堆积发热或失水干瘪。挑选无病健壮种栽用于生产。尽量选择排水良好的砂壤土种植。中耕宜浅，以免伤根。及时防治地下害虫。

生物防治：预计临发病之前或初期，用10亿活芽孢/克枯草芽孢杆菌500倍液灌根，7天喷灌1次，喷灌3次以上。

科学用药防治：种栽消毒。栽种前用植物诱抗剂海岛素水剂800倍液+10%苯醚甲环唑水乳剂1000倍液浸种栽10~15分钟，捞出晾干后栽种。发病初期用10%苯醚甲环唑水乳剂1000倍液，或80%全络合态代森锰锌可湿性粉剂1000倍液，或30%噁霉灵水剂+10%苯醚甲环唑水乳剂按1：1复配1000倍液灌根，7天喷灌1次，连续淋灌3次以上。其他用药和防治方法参照“桔梗根腐病”。

白术虫害如何防治?

白术主要害虫有蚜虫、术籽虫等，此类害虫在蔬菜、瓜果、茶叶等绿色生产、控害减灾方面多采用如下措施。

（1）白术蚜虫

①为害状：同翅目、蚜总科，又名腻虫、蜜虫。密集于白术嫩叶、新梢上吸取汁液，使白术叶片发黄，植株萎缩，生长不良。

②防治方法

物理防治：规模化黄板诱杀，有翅蚜初发期可用市场上出售的商品黄板；每亩挂 30~40 块。

生物防治：前期蚜量少时保护利用瓢虫等天敌，进行自然控制。无翅蚜发生初期，用 0.3% 苦参碱乳剂 800~1000 倍液，或烟草水 50 倍液喷雾防治。

科学用药防治：优先选用 5% 虱螨脲乳油 1000 倍液，或 10% 吡丙醚乳油 1500 倍液，或 20% 噻嗪酮可湿性粉剂（乳油）1000 倍液，或 22.4% 螺虫乙酯悬浮液 4000 倍液等喷雾防治，最大限度地保护天敌资源和传媒昆虫。其他药剂可用 10% 烯啶虫胺可溶性粉剂 2000 倍液喷雾防治，交替轮换用药。其他用药和防治方法参照“北苍术蚜虫”。

（2）术籽虫

①为害状：属鳞翅目、螟蛾科。以幼虫为害白术种子，将术蒲内种子蛀空，影响白术留种。

②防治方法

农业防治：冬季深翻地，消灭越冬虫源。有条件的实施水旱轮作。选育抗虫品种，一般阔叶矮秆型白术抗虫。

生物防治：卵孵化盛期或低龄幼虫未钻蛀之前，可喷 0.3% 的苦参碱水剂 800 倍液，或 2.5% 多杀霉素悬浮剂 1500 倍液等均匀喷施。一般 7~10 天喷 1 次，连续 2~3 次。

科学用药防治：一般在白术初花期，于白术术籽虫卵孵化期幼虫钻蛀前及时喷药防治，优先选用 5% 虱螨脲乳油 1000 倍液防治，最大限度地保护天敌资源和传媒昆虫。其他药剂可用 10% 溴氰虫酰胺可分散油悬浮剂 2000 倍液，或 20% 氯虫苯甲酰胺悬浮剂 1000 倍液，或 50% 辛硫磷乳油 1000 倍液等喷雾。9~10 天喷 1 次，连续 2~3 次。其他用药和防治方法参照“射干钻心虫”。

白术如何采收及产地初加工?

采收期在定植当年 10 月下旬，当茎秆由绿色转枯黄时即可收获。选晴天将植株挖起，抖去泥土，剪去茎叶，及时加工。加工方法有晒干和烘干两种。

（1）晒干 将白术抖净泥土，剪去须根、茎叶，必要时用水洗去泥土，置日光下晒干，需 15~20 天，至干透为止。

（2）烘干 选晴天，挖掘根部，除去泥土，剪去茎秆，将根茎烘干，烘温开始用 100℃，待表皮发热时，温度减至 60~70℃，4~6 小时上、下翻动一遍，半干时搓去须根，再烘至八成干，取出堆放 5~6 天，使表皮变软，再烘至全干。

天花粉

天花粉的药用价值？

天花粉为葫芦科植物栝楼 *Trichosanthes kirilowii* Maxim. 或双边栝楼 *Trichosan-thes rosthornii* Harms 的干燥根，秋、冬二季采挖，洗净，除去外皮，切段或纵剖成瓣，干燥。其味甘、微苦，性微寒，归肺、胃经，具有清热泻火、生津止渴、排脓消肿等功效，常用于热病口渴、消渴、黄疸、肺燥咯血、痈肿、痔瘘等症。对于治疗糖尿病，常用它与滋阴药配合使用，以达到标本兼治的作用。

种植天花粉如何选地、整地？

天花粉喜温暖湿润、阳光充足的环境，不耐旱，怕涝洼积水，适宜生长于冬暖夏凉的低、中山区。对土壤要求不严，但由于植株主根能深入土中 1~1.5m 之下，故宜选土层深厚的地块。

天花粉生长要求土层深厚、疏松、肥沃、排水良好的砂质壤土。前一年封冻前深翻土地，整平耙细，按行距 1.5m、株距 50cm，挖种植沟深 80cm、宽 50cm。结合晒土填土，每亩施入腐熟厩肥、土杂肥、饼肥、过磷酸钙等混合堆沤过的复合肥共 3000kg 作基肥，施后将土与肥料拌匀，上面再盖一层薄土以待栽植。

天花粉如何繁殖？

（1）种子繁殖 生产天花粉以该法为主。因种子中只有极少数是雌性，若不配栽雄株则不结果，有利于块根的形成与丰产。

种子繁殖可进行大田直播和育苗栽移两种方法：直播就是将种子直接种植到大田里，无需经过育苗和移栽。育苗移栽的可作畦，行株距按 15cm × 9cm 或 18cm × 8cm 开沟播种。

播种宜在 2 月上中旬至 3 月上旬进行。下种前将瓜蒌壳剖开取出种子，选取粒大饱满的颗粒放于 40~50℃的温水中浸泡 24 小时，中途换水 2~3 次，然后取出与湿河沙混匀置室内 25~30℃的条件下催芽，当大部分种子裂口时即可播种，每亩用种

0.5~1kg。当幼苗长出数片真叶高约30cm，且能分辨出雌雄株时，将雄株栽至大田。播种时种子裂口向下，覆土3~5cm，畦面覆盖地膜以保温保湿。一般经13~18天便出苗。

（2）**分根繁殖** 在每年冬夏或春季收获时，根据不同的栽培目的要求，选择适宜块根作种苗。采种时要求选择已生长或结果3~5年的健壮栝楼的块根作种。结合冬季采收天花粉，专门选取径粗3~5cm，断面白色无病虫害的新鲜块根留作种，种根可与河沙混合分层置室内贮藏，留至翌春大田栽植。

天花粉的田间管理技术有哪些?

（1）**定苗** 大田移栽定植后，遇气候干旱应常淋水，保持穴土湿润，促进幼苗快出土。采用种子和种根直播的待苗高10cm以上时，进行间苗，每穴选留壮苗、目的苗2~3株。

（2）**除草、追肥** 栝楼生长期通常以勤施薄施腐熟有机肥为主，前期追施可增大植株冠幅，生长中后期阶段，应适度地控制水分，同时增施磷、钾肥；利于根系发育。推广使用生物菌剂、生物有机肥。

（3）**搭架、引藤** 栝楼是藤本植物，当春季茎蔓长到30cm时就要搭棚或插杆支架，高1.5m左右，还要人工辅助引藤上架；同时要进行摘芽，每株只选留2~3壮芽作主茎供上棚，其余的芽应及时除去，以控制地上部分过多地消耗根部营养体的养分。待上棚后的主茎长至2~3m时要及时打顶，以促进侧枝生长，使茎（藤）蔓尽早封棚。封棚后可根据收获目的不同，适时进行打顶、疏枝、摘芽或摘蕾，从而保障了植株的通风透光、生长发育。

如何防治天花粉病虫害?

天花粉主要病虫害有根结线虫病、黄守瓜成虫等，此类病虫害在蔬菜、瓜果、茶叶等绿色生产、控害减灾方面多采用如下措施。

（1）**根结线虫病**

①病原及症状：属垫刃目、根结线虫属、南方根结线虫。线虫侵入后，前期病株主、侧、须根上全部生有大小不等的不规则瘤状物，即根结（虫瘿），其初为黄白色，外表光滑，后呈褐色并破碎腐烂。主根上最大的直径在2cm以上，剖开根结后可见白色的雌线虫；线虫寄生后根系功能受到破坏，使植株地上部生长衰弱、变黄，后期导致根部腐烂，病株矮小，生长发育缓慢，叶片变小褪绿发黄，最后甚至全株茎蔓枯死。

②防治方法

农业防治：秋季至早春整地时深翻土地，暴晒土壤，杀灭病虫。选择无病块根和果实种子作种，减少病原的人为传播。雨季加强田间排水，减少土壤湿度，发现病株及时扒土检查，切除病根或拔除病株，在病穴处撒上石灰粉，覆土压实，防止蔓延。选择肥沃的土壤，避免在砂性过重的地块种植。增施腐熟的有机肥、生物菌肥和生物有机肥。

生物防治：用2亿活孢子/克淡紫拟青霉菌粉剂每亩2~3kg拌土均匀撒施，或每亩2.5kg拌土集中穴施药，或2亿活孢子/克厚孢轮枝菌粉剂每亩2~3kg拌土均匀撒施，或每亩2.5kg拌土集中穴施药。

科学用药防治：亩用10%噻唑膦颗粒剂1.5kg，或亩用42%威百亩水剂5kg处理土壤（严格遵照使用说明，严防药害），或用1.8%阿维菌素1500倍液灌根，或加入1/3量（常规推荐用量）的0.3%苦参碱乳剂，每株灌300~400ml，7天灌1次，连灌2次。轮换或交替用药。其他用药和防治方法参照“山药线虫病防治”。

（2）黄守瓜成虫

①为害状：属鞘翅目、叶甲科、守瓜属。黄守瓜成虫、幼虫都能为害，成虫结群咬食叶片、花瓣和嫩茎。幼虫半土生，在土中咬食根部，甚至蛀入根内引起腐烂，甚至使植株枯萎而死。我国北方1年发生1代，南方1~3代，台湾南部3~4代。以成虫在背风向阳的杂草、落叶和土缝间越冬。常十几头或数十头群居在避风向阳的田埂土缝、杂草落叶或树皮缝隙内越冬。翌年春季温度达6℃时开始活动，10℃时全部出蛰。越冬成虫寿命在北方可达1年，活动期5~6个月，但越冬前取食未满1个月者，则在越冬期就会死亡。一般早春气温上升早，成虫产卵期雨水多，发生为害期提前，当年为害可能就重。黏土或壤土由于保水性能好，适于成虫产卵和幼虫生长发育，受害也较砂土为重。

②防治方法

农业防治：同芹菜、甘蓝、莴苣等蔬菜间作。早晨进行人工捕杀成虫。成虫产卵前在植株周围撒施石灰粉、草木灰、谷糠、粉碎秸秆等不利于产卵的物质或是覆盖地膜，使成虫在远离幼根处产卵，减轻幼根受害。对周围的秋冬寄主和场所，在冬季要认真进行铲除杂草、清理落叶，铲平土缝等工作，尤其是背风向阳的地方更应彻底，消灭越冬虫源。

生物防治：用烟草水30倍液点灌防治幼虫，或用80%大蒜油50倍液，0.3%苦参碱乳剂500倍液灌根防治幼虫。

科学用药防治：优先选用5%虱螨脲乳油1000倍液喷雾防治成虫，最大限度地保护天敌资源和传媒昆虫。其他药剂可用50%辛硫磷乳油1000倍液点灌防治幼虫；用5%氯虫苯甲酰胺悬浮剂1000倍液喷雾防治成虫，一般连用药2~3次，间隔7天左右。其他用药和防治方法参照“山药盲蝽象防治”。

天花粉如何进行初加工？

天花粉传统的产地加工方式，一般是于深秋或初冬季节，采挖其地下块根，刮去栓皮，切为小段，对剖为二，晒至干燥即得。但对直径超过 6cm 以上的块根再用此法加工，不仅很难晒干，而且时间稍长则极易变色甚至生霉变质。因此，各地目前常用鲜品切片晒干的加工方法。

半 夏

半夏有何药用价值?

半夏为天南星科植物半夏 *Pinellia ternata*（Thunb.）Breit. 的干燥块茎，味辛、性温，有毒，归脾、胃、肺经，具有燥湿化痰，降逆止呕，消痞散结的功效，多用于湿痰冷饮、呕吐、反胃、咳喘痰多、胸膈胀满、痰厥头痛、头晕不眠、外消痈肿等症。

种植半夏如何选地和整地?

半夏块茎一般于 8~10℃萌动生长，13℃开始出苗。随着温度升高出苗加快，并出现珠芽。15~26℃最适宜生长，30℃以上生长缓慢，超过 35℃而又缺水时开始出现倒苗，秋后低于 13℃以下出现枯叶。

半夏宜选湿润肥沃、保水保肥力较强、质地疏松、排灌良好的砂质壤土或壤土地种植，亦可选择半阴半阳的缓坡山地。前茬选豆科作物为宜，可与玉米地、油菜地、麦地、果木林进行间套种。

地选好后，于 10~11 月深翻土地 20cm 左右。结合整地，每亩施腐熟有机肥 5000kg，饼肥 100kg 和过磷酸钙 60kg，翻入土中作基肥。南方雨水较多的地方宜做成宽 1.2~1.5m、高 30cm 的高畦，畦沟宽 40cm，长度不宜超过 20m，以利灌排。北方浅耕后可做成宽 0.8~1.2m 的平畦，畦埂宽、高分别为 30cm 和 15cm。畦埂要踏实整平，以便进行春播催芽和苗期地膜覆盖栽培。

如何进行半夏播前处理及播种?

（1）播前处理 播种前，要对播种的块茎进行人工筛选。除去有霉变、破损和劣质的半夏种茎或珠芽中的杂质。播种前的块茎要进行消毒处理，用 10% 苯醚甲环唑水乳剂 1000 倍液浸种 5 分钟，沥干后播种。

（2）播期及播种量 在雨水至惊蛰期间为最适宜播种期，此时 5cm 深度地温达 8~10℃时最适宜栽种。适宜播种量每亩 100~140kg，为防杂草孳生，可适度增加播种量。

（3）播种方式 播种分撒播和点播两种。①撒播：在做好的畦上，将选好的种茎均匀散播，芽眼向上，密度约 5cm×3cm。②点播：按株行距 5cm×3cm，在畦面上摆好种茎，不要错行，点第二行的时候要与第一行的种茎在一条直线上。

半夏的主要繁殖方式有哪些？

生产上半夏的繁殖方法以采用块茎和珠芽繁殖为主，亦可用种子繁殖，但种子生产周期长，一般不采用。

（1）块茎繁殖　2月底至3月初，雨水至惊蛰间，当5cm地温达8~10℃时，催芽种茎的芽鞘发白时即可栽种。在整细耙平的畦面上开横沟条播。行距12~15cm，株距5~10cm，沟宽10cm，深5cm左右，沟底要平，在每条沟内交错排列两行，芽向上摆入沟内，并覆土。

（2）珠芽繁殖　夏秋间，当植株倒苗、珠芽成熟时，可收获珠芽进行条播。按行距10cm，株距3cm，条沟深3cm播种。播后覆以厚2~3cm的细土及草木灰，稍加压实。

（3）种子繁殖　当佛焰苞萎黄下垂时，采收种子，夏季采收的种子可随采随播，秋末采收的种子可以沙藏至次年3月播种。但此种方法出苗率较低，生产上一般不采用。

如何进行半夏田间管理？

（1）去薹　半夏5月开始抽薹，除留种田外要及时摘除或剪除花薹。

（2）中耕除草　半夏属于浅根系植物，要适当密植，除草时尽量不使用锄头等工具，采用人工除草的方式。一般进行2~3次，重点放在幼苗期未封行前，要求除早、除小、不伤根，深度不超过5cm，并分别在4月苗出齐后、5月下旬至6月上旬、第1代株芽形成时，7月下旬第2代株芽形成时，及时拔除。

（3）追肥、培土　生长期追肥2~3次，第1次于4月中下旬苗齐后，每亩施腐熟有机肥1000kg；第二次于5月下旬珠芽形成时，每亩施腐熟有机肥2000kg，培土以盖住肥料和珠芽。30天后再看苗情进行施肥培土；收获前30天内不得追施肥。同时有针对性地选用生物菌剂、生物有机肥。

（4）排灌水　半夏喜湿怕涝。当温度在20℃时，土壤适宜湿度是15%~20%；当超过20℃时，特别达到30℃及以上高温，土壤适宜湿度是20%~30%。灌溉时间应选择日照强度低，水汽蒸发量少为宜，可以在上午9时之前，或者下午3时之后进行灌溉操作。

半夏常见病害的防治措施？

半夏主要病害有根腐病、叶斑灰霉病、病毒病等，此类病害在蔬菜、瓜果、茶叶等绿色生产、控害减灾方面多采用如下措施。

（1）半夏根腐病

①病原及症状：属半知菌亚门、镰刀菌属。半夏块茎腐烂病是一种真菌性病害，受害块茎部分或全部腐烂。分为干腐或者湿腐两种，侵染初期，块茎的表面出现不规则的黑色斑点，并向四周迅速扩展，斑点成片，然后从外向内侵染块茎内部，根系开始萎缩，地上部分也逐渐变黄、枯萎。一周后，块茎内全是黑水，全株死亡。病菌会迅速向周围蔓延散发着腥臭味。半夏块茎腐烂病通过土壤或种茎传染，其受害症状为块茎部分或全部腐烂，有干腐和湿腐 2 种表现。在种植和储藏期都可发生。

随着半夏的生长，块茎越大，抵抗力越弱，小块茎和珠芽防御能力强。地下各种不同规格半夏块茎迅速生长期，如遇到多雨多湿天气、土壤板结通透性差等，利于病害浸染，往往使半夏块茎在较短时间内腐烂，严重的 3~5 天即可全部烂掉。

②防治方法

农业防治：在采收留种时精选，剔除带病、被虫伤或机械损伤的种茎。与禾本科植物轮作 5 年左右。施腐熟的有机肥，配方和平衡施肥，增施磷、钾肥，合理增补微肥；大力推广生物菌肥、生物有机肥等，改善土壤结构，提高保肥保水性能，促根、壮苗、强身。半夏生长过程中应及时排水，避免积水，及时采收。选择抗病、长势旺盛的品种，如“狭三叶”“柳叶形”等叶形的优良品种。加强中耕，打破土壤的板结层，适量撒施生石灰消毒。

生物防治：主动出击：预计临发病之前用 10 亿活芽孢 / 克枯草芽孢杆菌 500 倍液灌根，7 天喷灌 1 次，喷灌 3 次以上。块茎繁殖下种时喷施定植沟：用青枯立克（黄芪多糖、绿原酸≥ 2.1%）200 倍液 + 地力旺生物菌剂（枯草胶冻样芽孢杆菌、地衣胶冻样芽孢杆菌、巨大胶冻样芽孢杆菌、凝结胶冻样芽孢杆菌、侧孢胶冻样芽孢杆菌、胶冻样芽孢杆菌、嗜酸乳杆菌、5406 放线菌、光合细菌、绿色木霉菌）150 倍液 + 海岛素水剂 800 倍液喷施定植沟。出苗后，生长期临发病前喷淋：青枯立克（黄芪多糖、绿原酸≥ 2.1%）80ml + 地力旺生物菌剂（枯草芽孢杆菌、地衣芽孢杆菌、巨大芽孢杆菌、凝结芽孢杆菌、嗜酸乳杆菌、侧孢芽孢杆菌、5406 放线菌、光合细菌、胶冻样芽孢杆菌、绿色木霉菌）50ml（或相应的生物菌剂）+ 海岛素水剂 10ml，兑水 15kg 均匀喷施，保护性控害，7 天左右 1 次，连喷 3 次。也可用地力旺淋灌根部。发病后及时喷淋：青枯立克（黄芪多糖、绿原酸≥ 2.1%）80ml+80% 大蒜油 15ml+ 沃丰素［植物活性苷肽≥ 3%、壳聚糖≥ 3%、氨基酸、中微量元素≥ 10%（锌≥ 6%、硼≥ 4%、铁≥ 3%、钙≥ 5%）］25ml+ 海岛素水剂 15ml，兑水 15kg 均匀喷施，治疗性控害，7 天左右 1 次，连喷 3 次。

科学用药防治：播种前可用植物诱抗剂海岛素（5% 氨基寡糖素）水剂 600 倍液 +10% 苯醚甲环唑水乳剂 1000 倍液浸种 20 分钟再播种。用 10% 苯醚甲环唑水乳剂 1000 倍液喷淋土壤消毒。发病初期用海岛素（5% 氨基寡糖素）水剂 800 倍液或 6% 24–表芸 · 寡糖 1000 倍液 +10% 苯醚甲环唑水乳剂 1000 倍液，或 80% 全络合态代森锰锌可湿性粉剂1000倍液，或30%噁霉灵水剂+10%苯醚甲环唑水乳剂按1∶1复配1000倍液灌根，7天左右喷灌1次，视病情把握防治次数，喷灌2次左右。

其他用药和防治方法参照“桔梗根腐病”。

（2）叶斑灰霉病

①病原及症状：属半知菌亚门、葡萄孢属真菌。危害叶片，初染病时叶片呈水渍状褪色病斑，有的呈灰白色点状或条状病斑，后多病斑愈合，扩大呈褐色不规则大型病斑，通常造成叶扭曲，或覆盖全叶造成叶过早枯死，叶背面病斑湿度大时形成灰色霉层病原孢子。病菌随病残体或在土壤中越冬，翌年4月初开始侵染，借气流、雨水传播。适于发病的条件为气温20℃左右，相对湿度90%以上。阴雨多湿利于发病和蔓延。

②防治方法

农业防治：发病田及时清园消灭病原。

生物防治：预计临发病前或发病初期及时喷药，用木霉菌（有效活菌数≥2×10^9cfu/g）600倍液，或10%多抗霉素可湿性粉剂2000倍液，或蜡质芽孢杆菌300亿菌体/克可湿性粉剂2500倍液均匀喷施。

科学用药防治：发病初期及时喷药，可用80%全络合态代森锰锌可湿性粉剂1000倍液，或50%腐霉利可湿性粉剂1500倍液，或50%乙烯菌核利可湿性粉剂1000倍液，或50%异菌脲可湿性粉剂800倍液，或50%啶酰菌胺水分散粒剂1000倍液，或50%啶酰菌胺水分散粒剂1000倍液+50%腐霉利可湿性粉剂1500倍液，或25%啶菌噁唑乳油2000倍液均匀喷雾，视病情隔7~10天1次，交替轮换用药，一般连喷3次左右。根据说明可示范应用最新高效低毒杀菌剂氟唑菌酰胺。其他用药和方法参照“芍药灰霉病”

（3）病毒病

①病原及症状：半夏病毒病主要由黄瓜花叶病毒、芋花叶病毒和大豆花叶病毒等复合侵染所致。又叫缩叶病、花叶病。危害症状为叶片皱缩、花叶、植株矮化，甚至整株死亡。主要通过蚜虫、蓟马等刺吸式口器害虫、带毒种茎和病株摩擦汁液传毒等方式进行传播。

②防治方法

农业防治：选用无病毒的种茎。在生长期及时防治传毒害虫。通过组织培养进行脱毒，培养无毒种苗。发现病株立即拔除，集中烧毁，病穴用5%石灰乳浇灌消毒。田间作业注意消毒，防止汁液传毒。

科学用药防治：预计临发病前应主动出击防治，可选用0.3%磷酸二氢钾液+0.5%抗毒剂1号（菇类蛋白多糖）水剂300倍液、30%毒氟磷可湿性粉剂1000倍液，或2%嘧肽霉素水剂800倍液，或3.95%病毒必克（金刚乙烷、香菇多糖）可湿性粉剂600倍液等均匀喷雾，视病情隔7天施药1次，一般连用3次。

其他用药和防治方法参照“射干花叶病（病毒病）”。各类抗病毒药剂与植物诱抗剂海岛素（5% 氨基寡糖素）水剂或 6% 24-表芸·寡糖水剂 1000 倍液混合使用，增加防治效果，提高安全性和植株的抗逆抗病能力。

半夏常见虫害防治方法？

半夏主要害虫有红天蛾、蓟马、跳甲等，此类害虫在蔬菜、瓜果、茶叶等绿色生产、控害减灾方面多采用如下措施。

（1）红天蛾

①为害状：属鳞翅目、天蛾科。成虫昼伏夜出，羽化多在上午，当晚交尾，次日起产卵，卵多在早晨孵化，幼虫共 5 龄，2 龄后咬出小孔洞，3 龄起从叶缘蚕食成缺刻，4~5 龄食量最大，发生严重时，可将叶片食光。幼虫老熟后即吐丝卷叶或用土粒筑成蛹室，经 2~5 天便蜕皮化蛹，并在土表下蛹室内越冬，翌年 4 月下旬陆续羽化。红天蛾在我国杭州 1 年发生 5 代，往往世代重叠，幼虫集中于 5~9 月为害半夏。

②防治方法

农业防治：幼虫发生期间结合田间除草人工捕捉。及时清洁田园。加强中耕松土，破坏越冬蛹，压低虫源基数。

物理防治：规模化灯光诱杀成虫于产卵之前。

生物防治：应用性诱剂诱杀雄虫于交配之前。卵孵化期选用或在低龄幼虫期用 0.36% 苦参碱水剂 800 倍液，或 1.1% 烟碱乳油 1000 倍液，或 2.5% 多杀霉素悬浮剂 1500 倍液等均匀喷施。视虫情把握防治次数，一般 10 天左右喷治 1 次。

科学用药防治：低龄幼虫期及时用药，优先选用 5% 氟啶脲乳油或 25% 灭幼脲悬浮剂 2500 倍液，或 25% 除虫脲悬浮剂 3000 倍液，或 5% 虱螨脲乳油 2000 倍液喷雾防治，可最大限度地保护天敌资源和传媒昆虫，其他药剂可用 20% 氯虫苯甲酰胺悬浮剂 1000 倍液，或 50% 辛硫磷乳油 1000 倍液等喷雾，视虫情把握用药次数，一般 7 天喷 1 次。其他用药和防治方法参照“牛膝银纹夜蛾”。

（2）蓟马

①为害状：属昆虫纲、缨翅目。成、若虫皆可危害，聚集在嫩叶部位吸食汁液，被害叶片呈白色或黑色小斑点并向内卷缩呈筒状，植株严重矮化，严重者干枯死亡。一年发生多代，往往世代重叠危害。怕光，若虫更明显。

②防治方法

农业防治：清除田间杂草，减少蓟马的迁移危害。早春清除田间杂草和枯枝残叶，集中烧毁或深埋，消灭越冬成虫和若虫。

物理防治：规模化运用蓝色粘板诱杀成虫于产卵之前，特别是诱杀越冬代成虫，有效压低全年虫源基数。

生物防治：越冬代成虫一旦出现立即选用 0.36% 苦参碱水剂 800 倍液，或 1.1% 烟碱乳油 1000 倍液，或 2.5% 多杀霉素悬浮剂 1500 倍液等均匀喷施。加展透剂，于傍晚喷施提高杀伤效果。

科学用药防治：蓟马发生初期特别是越冬代一旦出现立即防治，优先选用5%虱螨脲乳油1000倍液，或10%吡丙醚乳油1500倍液，或20%噻嗪酮可湿性粉剂（乳油）1000倍液，或22.4%螺虫乙酯悬浮液4000倍液等喷雾防治，最大限度地保护天敌资源和传媒昆虫。其他药剂可用50%辛硫磷乳油1500倍液，或新烟碱制剂（10%烯啶虫胺可溶性粉剂2000倍液，或25%呋虫胺可湿性粉剂3000倍液等），或92.5%双丙环虫酯可分散液剂15000倍液等交替喷雾防治，视虫情把握用药次数，间隔7天左右，一般连喷2次左右。其他用药和防治方法参照"山药盲蝽象防治"。

（3）跳甲

①为害状：属鞘翅目、叶甲科、跳甲亚科。成虫吃叶，幼虫吃根。影响植株生长。1年发生世代各地有异，东北2代、华北4~5代、江浙4~6代、广州7~8代，往往世代重叠危害。以成虫在茎叶、杂草中潜伏越冬，翌春气温10℃以上开始活动。成虫产卵于泥土下的植株根部或其附近土粒上，孵出的幼虫生活于土中蛀食根表皮并蛀入根内。老熟后在土中作室化蛹。

②防治方法

农业防治：及时清除田间残株落叶，铲除杂草。播前深翻晒土，造成不利于幼虫发育的环境，并消灭部分虫蛹。铺设地膜，阻止成虫把卵产在植株根上。

物理防治：规模化运用灯光诱杀成虫于产卵之前。

生物防治：运用性诱剂诱杀雄虫于交配之前。其他方法和技术参照蓟马。

科学用药防治：播前或定植前后用撒毒土、淋施药液法处理土壤，毒杀土中虫蛹。可用20%氯虫苯甲酰胺悬浮剂配成毒土撒施土表浅松土（药∶细土=1∶100），或淋施20%氯虫苯甲酰胺悬浮剂1000倍液，或50%辛硫磷乳油1000倍液等。成虫发生初期，用50%辛硫磷乳油1000倍液喷雾防治。其他用药和防治方法参照"甘草叶甲"。

半夏的采收时间与产地加工方法?

采挖在白露前后，时间8月中下旬至9月初，采收前至少有1周的晴天。否则，土壤太湿会造成半夏和泥土黏着太紧不易挑出来，影响采收速度。产地加工的过程如下。

（1）放置　把采挖好的半夏搬运室内或者阴凉处，忌暴晒，进行堆放或者筐内盖好；放置时间不宜过长，否则水分散失量大，块茎不易去皮。

（2）筛选　用分级筛对半夏进行分级筛选，分级标准分为直径大于2.0cm、1.0~2.0cm和小于1.0cm三个等级。除了直径小于1.0cm可留作做种外，其余2种规格均按商品药材来处理。

（3）去皮　将分级的半夏分装麻袋、编织袋，浸入流水中，穿胶靴在袋上用脚踩揉搓或者用带上橡胶手套的手来揉搓，进行多次去皮。然后倒出漂洗，除去碎皮，表面去皮不尽，继续装入袋中在流水中去皮，直至块茎无表皮残存，颗粒洁白为止。

（4）干燥 有晾晒和烘干 2 种方法。

①晾晒：将去皮的半夏块茎，摊放在席子上、水泥地上或者其他便于收集的地方，晒干，并不断翻动，晚上收回平摊室内晾干，如此反复晒至全干。

②烘干：烘干温度不宜过高，控制在 35~60℃。要微火勤翻，燃烧物气体要用管道排放，避免污染半夏。切忌用急火烘干，造成外干内湿，会致使半夏发霉变质。

白 芷

白芷的主要栽培类型有哪些?

白芷为伞形科植物白芷 *Angelica dahurica*（Fisch. ex Hoffm.）Benth. et Hook. f. 或杭白芷 *Angelica dahurica*（Fisch. ex Hoffm.）Benth. et Hook. f. var. *formosana*（Boiss.）Shan et Yuan 的干燥根。我国北方栽培的有祁白芷、兴安白芷、禹白芷。分布于黑龙江、吉林、辽宁、内蒙古、山西、河北等省区；南方地区栽培的有杭白芷、川白芷。主产浙江、四川等。

种植白芷如何选地整地?

白芷适应性很强，喜温暖湿润气候，怕热，耐寒性强。白芷是深根植物，宜种植在土层深厚、疏松肥沃、排水良好的砂质壤土地，不宜重茬。前茬作物收获后，每亩施腐熟有机肥 2000~3000kg，过磷酸钙 50kg 做基肥。及时翻耕 30cm 以上，作畦，耙细整平。

白芷如何播种?

白芷用种子繁殖。成熟种子当年发芽率为 80%~86%。隔年种子发芽率很低，甚至不发芽。

播种分春播和秋播，适时播种是白芷高产优质的重要环节，应根据气候和土壤肥力而定。春播于 4 月上中旬进行，但产量和品质较差。通常采用秋播，秋季气温高则迟播，反之则早播；土壤肥沃可适当迟播，相反则宜稍早。安国一般在 8 月下旬至 9 月初播种。播种时在整好的畦面上，按行距 30cm 开 1.5cm 深的浅沟，将种子与细沙土混合，均匀地撒于沟内，覆土盖平稍压实，使种子与土壤紧密接触。播种量为每亩 1.5kg。播后 15~20 天出苗。

白芷田间管理措施有哪些?

（1）间苗、定苗 白芷幼苗生长缓慢，秋播当年一般不疏苗，第二年早春返青后，苗高5~10cm时，开始间苗，间去过密的瘦弱苗，按株距12~15cm定苗，呈三角形错开，以利通风透光。定苗时应将生长过旺，叶柄呈青白色的大苗拔除，以防止提早抽薹开花。

（2）除草、追肥 苗高3cm时进行1次除草，浅松表土，不能过深，否则主根不向下扎，支根多，影响品质。苗高6~10cm时，中耕稍深一些。封垄前要除尽杂草，封垄后不宜再进行中耕除草。

白芷虽属喜肥植物，但一般春前应少施或不施，以防苗期长势过旺，提前抽薹开花。封垄前结合培土，每亩追施复合肥20~25kg，促使根部粗壮，防止倒伏。追肥次数和数量可依据植株的长势而定。增施腐熟的有机肥，有针对性地推广使用生物菌剂、生物有机肥，改善土壤团粒结构，拮抗有害菌，增强植株抗病抗逆能力，大大提升植株的健康增产潜力。

（3）排灌、抽薹 白芷喜湿，但怕积水。播种后，如土壤干旱应立即浇水，幼苗出土前保持畦面湿润，这样才利于出苗。幼苗越冬前要浇透水1次。次年春季以后可配合追肥灌水。如遇雨季田间积水，应及时开沟排水，避免积水烂根及病害发生。苗播后第二年5月若有植株抽薹开花，应及时拔除。

白芷的主要病虫害应当如何防治?

白芷主要病虫害有斑枯病、根结线虫病、黄凤蝶、蚜虫等，此类病虫害在蔬菜、瓜果、茶叶等绿色生产、控害减灾方面多采用如下措施。

（1）斑枯病

①病原及症状：属半知菌亚门、壳针孢属、白芷壳针孢菌。又叫白斑病，主要为害叶部，病斑为多角形，病斑部硬脆。初期深绿色，后期为灰白色，上生黑色小点，即病原的分生孢子器。白芷一般5月发病，至收获均可感染，严重时造成叶片枯死。

②防治方法

农业防治：在无病植株上留种。收获后彻底清洁田园，将残体集中烧毁，减少越冬菌源。生长期间及时摘除病叶并携出田外深埋处理。合理密植，增强通风透光。田间不积水。配方和平衡施肥，增施腐熟的有机肥、生物菌肥和生物有机肥。

科学用药防治：预计临发病前或初期，喷施42%寡糖·硫黄悬浮剂600倍液，或80%全络合态代森锰锌可湿性粉剂1000倍液，或25%嘧菌酯悬浮剂1500倍液，或1:1:100波尔多液（硫酸铜1份，氢氧化钙1份，水100份）保护性防治。发病初期及时防治，可用27%寡糖·吡唑醚菌酯水剂2000倍液等喷雾防治。其他用药和防治方法参照“白术斑枯病”。

（2）根结线虫病

①病原及症状：属垫刃目、根结线虫属、南方根结线虫。发病部位为根部。被害根茎常分枝为数根，呈手指状，细根则丛生成须团状，其上生有许多膨大瘤节，并可见到许多白色或黄白色粒状物。地上部茎叶褪色，矮小，生长势衰弱。白芷根结线虫以孢囊在土壤中越冬。适宜侵染气温22~28℃，土壤含水量50%左右，土壤疏松，通气性好的田块往往发病重。

②防治方法

农业防治：与非寄主植物实行4~5年轮作。铲除寄主杂草。翻田晒土，压低虫源。发现病株立即拔除，病穴消毒处理。其他措施参照“天花粉根结线虫病”。

生物防治：用10亿活芽孢/克蜡质芽孢杆菌每亩4kg灌根。其他防治方法参照“天花粉根结线虫病”。

科学用药防治：用10%噻唑膦颗粒剂每亩3kg处理土壤，或1.8%阿维菌素乳油1000倍液灌根。其他用药和防治方法参照“天花粉根结线虫病”。

（3）黄凤蝶

①为害状：属鳞翅目、凤蝶科，又名金凤蝶、茴香凤蝶、胡萝卜凤蝶。交配后的雌蝴蝶喜欢在植物的茎叶、果面或树皮缝隙等处产卵。幼虫咬食叶片成缺刻，仅留叶柄。白天、夜间均取食叶片，6~8月幼虫为害严重。幼虫发育到5~6龄老化后，吐丝作网或作茧化蛹，成蛹多依附在植株枝条上过冬。

②防治方法

农业防治：人工捕捉。在虫害零星发生时，可人工捕捉幼虫或蛹，集中处理。植株采收后，及时清除杂草及周围寄主，减少越冬虫源。

生物防治：卵孵化盛期或低龄幼虫期，可选用100亿活芽孢/克的Bt乳剂500倍喷雾。一般7~10天喷1次，视虫情把握防治次数。其他方法参照“板蓝根菜青虫（菜粉蝶）”。

科学用药防治：卵孵化后低龄幼虫期用5%氟啶脲乳油2500倍液；或25%灭幼脲悬浮剂2500倍液进行防治，可最大限度地保护天敌资源和传媒昆虫。要交替和轮换用药。其他选用药技术和防治方法参照“板蓝根菜青虫（菜粉蝶）”。

（4）蚜虫

①为害状：属同翅目、蚜总科。以成虫、若虫危害嫩叶及顶部。白芷开花时，若虫、成蚜密集在花序为害。在叶背刺吸汁液的同时传播病毒。

②防治方法

物理防治：有翅蚜发生初期，规模化利用有翅蚜对金盏黄色有较强趋性特点，选用20cm×30cm的薄板，涂金盏黄，外包透明塑料薄膜，上面涂上一层凡士林制成粘板插在田间，即可粘捕有翅蚜。

科学用药防治：在无翅蚜虫发生初期未扩散前及时防治，可选用10%烯啶虫胺可溶性粉剂2000倍液，或92.5%双丙环虫酯可分散液剂15000倍液喷雾防治。其他用药和防治方法参照“白术蚜虫”。

白芷如何采收与加工？

春播白芷当年10月中下旬收获。秋播白芷第二年9月下旬至10月上旬采收。一般在叶片枯黄时开始收获，选晴天采挖，抖去泥土，运至晒场，进行加工。主要的干燥方法有：晒干和烘干。

①晒干：将主根上残留叶柄剪去，摘去侧根另行干燥；晒1~2天，再将主根依大、中、小三等级分别曝晒，反复多次，直至晒干。晒时忌雨淋。

②烘干：将主根上残留叶柄剪去，摘去侧根，35℃条件下烘至干燥。

如何贮藏白芷？

应储存于阴凉干燥处，温度不超过30℃，相对湿度70%~75%，商品安全水分12%~14%。贮藏期间应定期检查，发现虫蛀、霉变可用微火烘烤，并筛除虫体碎屑，放凉后密封保藏；或用塑料薄膜封垛，充氮降氧养护。

黄芩

黄芩的药用价值如何？

黄芩为唇形科黄芩属植物黄芩 *Scutellaria baicalensis* Georgi 的干燥根，是我国常用中药之一，别名山茶根、土金茶根、黄芩茶、鼠尾芩、条芩、子芩、片芩、枯芩等。黄芩味苦、性寒，归肺、胆、脾、大肠、小肠经，具有清热燥湿、泻火解毒，止血安胎等功效，用于湿温、暑温、胸闷呕恶，湿热痞满、泻痢、黄疸、肺热咳嗽、高热烦渴、血热吐衄、痈肿疮毒、胎动不安等病症。现代药理研究证明，黄芩具有较广的抗菌谱，对痢疾杆菌、白喉杆菌、铜绿假单胞菌、葡萄球菌、链球菌、肺炎双球菌以及脑膜炎球菌具有作用，对多种皮肤真菌和流感病毒亦有一定的抗菌和抑制作用；黄芩具有解热、镇静、降压、利尿、降低血脂、提高血糖、抗炎抗变态以及提高免疫力等功能；此外，还能消除超氧自由基、抑制氧化脂质生成以及抑制肿瘤细胞等抗衰老、抗癌等作用。

黄芩适合河北省哪些地方种植？

黄芩野生主要分布于黑龙江、吉林、辽宁、河北、山西、内蒙古、河南、山东等北方省区，甘肃、陕西、宁夏亦有一定分布。但以河北承德所产质量最佳，是河北省最主要的道地药材之一，向来以其质地坚实，色泽金黄纯正，品质好，疗效高而驰名中外，素有“热河黄芩”之称。黄芩适宜生长在年平均气温4~8℃，年降雨量400~600mm的北方广大地区。20世纪80年代以来，河北承德、山东、陕西、山西、甘肃等地均大面积人工种植。河北省南北各地均可栽培，尤以中北部的山区及丘陵地区更为适宜。

种植黄芩如何选地和整地？

黄芩对土壤要求不甚严格，但若土壤过于黏重，既不便于整地出苗和保苗，也会影响根的生长和品质，导致根色发黑，烂根增多，产量低，品质差；过砂的土壤，肥力低，保水保肥性差，不易高产；而以阳光充足或较为充足，土层深厚、疏松肥沃、排水渗水良好，中性或近中性的壤土、砂壤土等最为适宜。平地、缓坡地、山坡梯田均可。宜单作种植，也可利用幼龄林果行间，提高退耕还林地的利用效率及其经济效益和生态效益。

黄芩单作地块，一般于前茬作物收获后，及时灭茬施肥深耕，每亩撒施腐熟的有机肥2000~4000kg做底肥，结合施肥适时深耕25cm以上，随后整平耙细，去除石块杂草和根茬，达到土壤细碎、地面平整、上虚下实，水分充足。并视当地降雨及地块特点做成宽2m左右的平畦或高畦，春季采用地膜覆盖种植的，以做成带距100cm，畦面宽65~70cm，畦沟宽30~35cm，高10cm的小高畦更为适宜；山区无水浇条件的地块，亦可不做畦直接种植。间作套种的黄芩，可结合前作物种植进行整地和使用底肥。

如何做好黄芩播前种子处理？

一般大田种植，或有水浇条件的地块，直接播黄芩干种子即可。若是无水浇条件的山地，可结合土壤墒情，灵活地进行播前浸种催芽。方法是用温水浸种12小时，或至种子吸水膨胀。然后将吸足水的黄芩种子，置于20℃左右的温度条件下保湿催芽，每天种子要翻1~2遍，并视种子干湿情况适当加水，待少部分种子裂口露白时即可播种。

如何科学的播种黄芩？

春、夏、秋均可播种。黄芩多于春季播种，一般在土壤水分充足或有灌溉条件的情况下，以5cm地温稳定于15℃时播种为宜。对于春季土壤水分不足，又无灌溉条件的旱地，采用早春地膜覆盖种植较为适宜。无水浇条件的山坡旱地、幼龄果树行间，可在雨季或初秋于大豆和玉米行间套种黄芩，出苗快，易保苗，能充分利用土地和生长季节，节省除草用工，缩短生产年限，提高黄芩产量和种植效益，是一项非常值得推广的适用栽培技术。

黄芩主要用种子繁殖，茎段扦插和分根亦可，但通常生产意义不大。种子繁殖以直播为主，采用大行距、宽播幅的行株距搭配方式，有利于增加留苗密度、便于田间作业管理和生长中后期的通风透光。播种时，按行距 40cm，开深 3~4cm，宽 10cm 左右，且沟底平的浅沟，按每亩 1.5~2kg 种子的播种量，将种子均匀地撒入沟内，随后覆湿土 1~2cm，并适时进行镇压。山区退耕还林地的果树行间，雨季播种时也可采用宽带撒播的方式，即带距 100cm 左右，将整好的地，用耙子趟地拉沟，然后撒种子，再用耙子趟土盖种，最后适时进行镇压即可。平地大面积种植，以采用小粒谷物密植播种机多密一稀的播种方式为宜。

黄芩如何间苗、定苗和补苗？

黄芩齐苗后，应视保苗难易分别采用一次或二次的方式进行间定苗。易保苗的地块，可于苗高 5~7cm 时，按照株距 6~8cm 交错定苗，每平方米留苗 60 株左右。地下害虫严重、难保苗的地块，应于苗高 3~5cm 时对过密处进行疏苗；苗高 8~10cm 时定苗。结合间定苗，对严重缺苗部位进行移栽补苗，要带土移栽，栽前或栽后浇水，以确保栽后成活。为了节省间定苗用工和生产成本，应推广宽带撒播和过密处简单疏苗的间定苗方式。

黄芩如何除草？

适时除草，控制杂草蔓延，是确保黄芩正常生长，实现黄芩高产和高效的重要基础。第一年通常要松土除草 3~4 次。第二年以后，每年春季返青出苗前，耧地松土、清洁田园；返青后视情况中耕除草 1~2 遍至黄芩封垄即可。规模化种植黄芩，应在国家中药材GAP政策调整的基础上，逐渐探索通过调整播期和结合化学除草的除草之路。

黄芩如何追肥？

一般生长二年收获的黄芩，二年追肥总量以纯氮 6~10kg（尿素 18kg 左右）、P_2O_5 4~6kg（过磷酸钙 30kg 左右）、K_2O 6~8kg（硫酸钾 14kg 左右）为宜，二年分别于定苗后和返青后各追施 1 次，其中氮肥两次分别为 40% 和 60%，磷、钾肥两次分别为 50%，三肥混合，开沟施入，施后覆土，土壤水分不足时应结合追肥适时灌水。施用腐熟的有机肥，有针对性地推广使用生物菌剂、生物有机肥，改善土壤团粒结构，拮抗有害菌，增强植株抗病抗逆能力，大大提升植株的健康增产潜力。

黄芩如何灌水与排水？

黄芩在出苗前及幼苗初期应保持土壤湿润，定苗后土壤水分含量不宜过高，适当干旱有利于蹲苗和促根深扎，黄芩成株以后，每年春季返青期，或遇严重干旱及追肥时土壤水分不足，应适时适量灌水。黄芩怕涝，雨季应注意及时松土和排水防涝，以减轻病害发生，避免和防止烂根死亡，改善品质，提高产量。

如何防治黄芩的主要病害？

黄芩主要病害有黄芩根腐病、灰霉病、白粉病等，此类病害在蔬菜、瓜果、茶叶等绿色生产、控害减灾方面多采用如下措施。

（1）根腐病

①病原及症状：属半知菌亚门、镰孢属。种植2年以上的黄芩易发病，病菌侵染幼苗根部和茎基部，造成根部甚至茎基部腐烂，形成水渍状或环绕茎基部的病斑，茎、叶因无法得到充足水分而下垂枯死，染病幼苗常自土面倒伏造成猝倒现象，如果幼苗组织已木质化则地上部表现为失绿、矮化和顶部枯萎，以至全株枯死。

该病菌为土壤习居菌，在土壤中或依附于病残组织越冬，条件适宜时从伤口侵入，通过水流或土壤进行扩散传播。天气时晴时雨、高温高湿、植株生长不良、地下害虫活动频繁、土壤黏重、排水不良、施用未腐熟厩肥等，均可加重发病程度。

②防治方法

农业防治：选择疏松肥沃、排水渗水良好的地块种植；生长期间适时中耕松土，调节土壤水分与通气状况；雨季及时排水防涝，不积水；拔除病株，病穴石灰水消毒；与非寄主植物实施轮作。

生物防治：临发病之前开始，用10亿活芽孢/克枯草芽孢杆菌500倍液灌根，7天喷灌1次，喷灌3次以上；发病初期用青枯立克（黄芪多糖、绿原酸≥2.1%）80ml+80%大蒜油15ml+沃丰素［植物活性苷肽≥3%，壳聚糖≥3%，氨基酸、中微量元素≥10%（锌≥6%、硼≥4%、铁≥3%、钙≥5%）］25ml+海岛素（5%氨基寡糖素）水剂15ml，兑水15kg均匀喷施，治疗性控害，7天左右1次，连喷3次。

科学用药防治：发病初期用30%噁霉灵水剂+10%苯醚甲环唑水乳剂按1∶1复配1000倍液灌根，7天喷灌1次，喷灌3次以上。其他用药和防治方法参照“半夏根腐病”。

（2）灰霉病

①病原及症状：属半知菌亚门、灰葡萄孢菌。症状表现分为普通型和茎基腐型，以茎基腐型为害最重。普通型：主要危害黄芩地上嫩叶、嫩茎、花和嫩荚，形成近圆形或不规划形、褐色或黑褐色病斑，叶片上易从叶尖和叶缘开始发病，逐渐向内扩展，病斑常有明显的轮纹，湿度大时，各发病部位均有灰色霉层，后期病斑扩大，可

致全叶干枯、果荚坏死不能结实。茎基腐型：可单独发生，一般在2~3年生黄芩返青生长后侵染发病，主要危害黄芩地面上下10cm左右茎基部，病斑扩大后环茎一周，病部产生大量的灰色霉层，其上的茎叶随即枯死。一丛黄芩有一至数个茎基部发病后，常很快扩展至其他茎基部，最后导致一丛黄芩大部患病枯死。

高湿条件利于发病，一般4月中下旬开始发病，6月上中旬雨日和雨量增多，湿热条件有利，往往病害发生达到盛期，枯枝率也相应增加，7~8月随着气温的升高，病害的发展受到抑制。

②防治方法

农业防治：生长期间适时中耕除草，降低田间湿度；晚秋及时清除越冬枯枝落叶，消灭越冬病原。

科学用药防治：发病初期及时防治，可喷施70%灰霉速克（木霉菌·异菌脲）每亩60g，50%腐霉利可湿性粉剂1500~2000倍液，或10%苯醚甲环唑水乳剂1000倍液，80%络合态代森锰锌可湿性粉剂800倍液，50%啶酰菌胺水分散颗粒剂1500倍液喷雾，7天左右1次，连喷2~3次。其他用药和防治方法参照“半夏叶斑灰霉病”。

（3）白粉病

①病原及症状：属子囊菌亚门、白粉菌目、蓼白粉菌。主要为害叶片和果荚，产生白色粉状病斑，后期病斑上产生黑色小粒点，导致叶片和果荚生长不良，提早干枯或结实不良甚至不结实。

病菌在黄芩病残体上越冬，5月下旬环境条件适宜时，越冬菌随着气流、雨水等传播发病，进入9月下旬随病残体越冬。

②防治方法

农业防治：选择地势较高，通风良好的地块；雨季注意排水防涝。

科学用药防治：发病初期，喷施10%苯醚甲环唑水分散颗粒剂1500倍液，或40%醚菌酯·乙嘧酚（25%乙嘧酚+15%醚菌酯）悬浮剂1000倍液。10天左右1次，连喷2~3次。其他用药和防治方法参照“板蓝根白粉病”。

如何防治黄芩的主要虫害?

黄芩主要虫害有黄翅菜叶蜂、地老虎等，此类虫害在蔬菜、瓜果、茶叶等绿色生产、控害减灾方面多采用如下措施。

（1）黄翅菜叶蜂　属膜翅目、叶蜂科。

①为害状：主要以幼虫蛀荚为害，也可食叶为害。是为害黄芩种子生产的最重要的害虫，对黄芩种子生产造成严重威胁。

②防治方法

生物防治：卵孵化期或幼虫孵化未钻蛀之前，用6%乙基多杀菌素悬浮剂2000倍液喷雾防治。

🌿科学用药防治：在黄芩结荚初黄翅菜叶蜂开始产卵，卵孵化期和幼虫钻蛀危害之前及时防治，优先选用5%氟啶脲乳油2500倍液，或25%灭幼脲悬浮剂2500倍液喷雾防治，最大限度地保护天敌资源和传媒昆虫，其他药剂可选用10%溴氰虫酰胺可分散油剂2000倍液，或50%辛硫磷乳油1000倍液。其他用药和防治方法参照“山药叶蜂”。

（2）**地老虎** 属鳞翅目、夜蛾科。

①为害状：主要在早春黄芩返青期危害近地面茎部及根部，导致黄芩地上枯萎死亡。

②防治方法

🌿**农业防治**：一般年份多数地块发生较轻，不必用药防治，可人工捕杀。

🌿**科学用药防治**：发生严重地块可采取毒饵诱杀，用鲜蔬菜或青草＋熟玉米面＋糖＋酒+20%氯虫苯甲酰胺悬浮剂=10∶1∶0.5∶0.3∶0.2的比例混拌均匀，晴天傍晚撒于田间即可。

其他用药和防治方法参照“山药地老虎和蛴螬”。

黄芩如何留种采种？

人工种植黄芩，每年可收获一定量的种子，第一年可收3~5kg，第二年、第三年可收10~20kg。应适时采收，以备繁殖。黄芩种子一般于8月上中旬开始成熟，但成熟期很不一致，而且熟后极易脱落。所以，应注意随熟随采，分批采收。一般于整个花枝中下部宿萼变为黑褐色、上部宿萼呈黄色时，手捋花枝或将整个花枝剪下，稍晾晒，随后脱粒清选，放阴凉通风干燥处备用。

黄芩半野生栽培应抓好哪些技术？

黄芩半野生栽培是指利用退耕还林地的果林幼树行间和荒坡梯田等非耕地，经过常规的整地，选择雨季套播和宽带撒播、宽幅条播及增加播种量等播种技术，简化田间管理和科学的采收，以最大程度的减少用工、用肥、用药，有效地控制杂草和病虫害发生的栽培技术。生产出的药材质量近于或优于野生黄芩。黄芩半野生栽培主要应抓好如下关键技术环节。①选择向阳、排水、渗水好的地块；②施足有机肥做底肥；③秋翻精细整地；④因地制宜地做好播前种子处理；⑤雨季宽带增量精细播种；⑥简化除草、疏苗、追肥等田间管理；⑦预防为主，酌情防治病虫害；⑧生长3年左右收获，科学的加工晾晒。

黄芩如何采收和产地加工？

生长1年的黄芩，由于根细、产量低，有效成分含量也较低，不宜收刨。温暖地区以生长1.5~2年，冷凉地区以生长2.5~3年收刨为宜。春秋收获均可，但春季收刨易加工、晾晒，更为适宜。黄芩收获分人工和机械两种方法。人工多用镐刨或铁锹挖。机械收获多用犁挑或专用收获机械收获。应尽量深刨细挖，避免主根过度伤断，影响产量和商品质量。刨出后，及时去掉茎叶，抖净泥土，运至晒场晾晒加工。

晾晒加工时，先将黄芩主根按大、中、小分开，选择向阳、通风、高燥处晾晒。晒至半干时，每隔3~5天，用铁丝筛、竹筛、竹筐或撞皮机撞一遍老皮，连撞2~3遍，至黄芩根形体光滑、外皮黄白色或黄色时为宜。撞下的根尖及细侧根单独收藏，其黄芩苷的含量较粗根更高。晾晒过程中应避免水洗或雨淋，否则，使根变绿变黑，丧失药用价值。一年至一年半生的黄芩由于根外无老皮，所以直接晾晒干燥即可。

土木香

土木香有何药用价值?

土木香为菊科植物土木香 *Inula helenium* L. 的干燥根，别名祁木香。具有健脾和胃，调气解郁，止痛安胎作用。用于胸胁、脘腹胀痛，呕吐泻痢，胸胁挫伤，岔气作痛，胎动不安。

土木香历史沿革是怎样的?

本品为常用中药。在安国有悠久的种植历史，且质地纯正。赵燏黄撰《祁州药志》和《本草药品实地之观察》载“祁州西郊农民栽培之品，土人俗称为青木香”。《中药志》载:“河北亦称青木香或祁木香（因栽培于河北安国，古称祁州而得名）”。

土木香的生物学特性是怎样的?

土木香为多年生草本植物；株高90~150cm。全株密被短柔毛，主根肥大，圆柱形至长圆形，有香气；茎直立，不分枝或上部分枝。基生叶大，茎基部叶较疏，基部渐狭成具翅长达20cm的柄，叶片椭圆状披针形至披针形，长10~40cm，宽10~25cm，先端尖，边缘不规则的齿或重齿，上面被基部疣状的糙毛，下面被黄绿色密茸毛，叶脉在下面稍隆起，网脉明显；中部叶卵圆状披针形或长圆形，较小，基部心形，半抱茎；上部叶披针形，小。先端锐尖，基部渐窄下延扬翅状，边缘具不整齐的锯齿，上面粗糙，下面密被白色或淡黄色绒毛；茎生叶较小，无柄，基部有耳，半抱茎。头状花序，少数，径6~8cm，排列成伞房状或总状花序；花序梗从极短到长达12cm，为多数苞叶围裹；总苞5~6层，外层草质，宽卵圆形，先端钝，常反折，被茸毛，宽6~9cm，内层长圆形，先端扩大成卵圆三角形，干膜质，背面具疏毛，有缘毛，较外层长达3倍，最内层线形，先端稍扩大或狭尖；舌状花黄色，舌片线形，舌片顶端有3~4个不规则齿裂，长 2~3cm，宽 2~2.5cm；筒状花长 9~10mm，有披针形裂片；冠毛污白色，长 8~10mm，有极多数具细齿的毛。果为瘦果有棱角，四或五面形，长 3~4mm，有肋和细沟，无毛。花期 6~9 月。根为圆锥形，外表褐色，有芳香气味。根入药。

种植土木香如何选地和整地？

土木香具有喜阳光、湿润环境的特点。耐寒，耐涝不耐旱，植株耐寒性较强。能在田间越冬。对土壤要求不严，一般土地都能种植，但以疏松肥沃的土壤生长较好。盐碱地生长不良。地选好后，施足底肥，亩施充分腐熟的有机肥 2000~3000kg，分别含氮、磷、钾（17%、17%、17% 或 19%、19%、19%）的三元素复合肥 50~100kg，底墒充足的情况下，将肥料撒施均匀后翻耕，耕深 40cm 左右，然后做成 3~4m 宽的平畦，待播种。可有针对性地配合推广使用生物菌剂、生物有机肥，改善土壤团粒结构，拮抗有害菌，增强植株抗病抗逆能力，大大提升植株的健康增产潜力。

土木香的种植方法是怎样的？

（1）用芽头繁殖　上冻前栽种或春季栽种均可，但以上冻前种植栽培为好，不但产量高，又能避免冬季贮秧的麻烦。每亩用种秧 75~100kg。栽种前选有灌溉条件的肥沃土地，施足底肥，深翻 40cm 左右，因地造墒后，平整做畦。先将土木香种秧自顶端以下 5~6cm 处切掉，按芽头大小，纵切成若干块，每块必须有侧芽 1~2 个，并注意将其主芽挖掉，以防抽薹，影响产量和质量。切秧后晾半天再栽，以使伤口愈合，避免烂秧。栽种时按行距 40~50cm，穴距 40cm 挖穴，每穴放种秧一块，切口向下（经验证切口向下比切口向上出芽壮、生根快），覆土 3~4cm，稍镇压，用铁耙耧平即可。上冻前栽种的只长根不出苗，第二年春天出苗。春栽方法同上冻前栽种相同，只是先发芽后长根。

（2）育苗移栽　清明至谷雨，在整好的畦内，按行距 20cm 左右划沟，将当年产的新鲜种子均匀播下，覆土，以盖严种子为度，出苗前保持畦面湿润。苗高 5cm 左右时，间去拥挤弱苗。秋后或翌年清明节前后，移栽至大田，株行距与用芽头繁殖方法相同。亩用种子 1.5kg 左右。

土木香如何进行田间管理？

土木香栽种后要保持土壤湿润，出苗后少浇水，勤松土。6~8 月间可追施复合肥或氮、磷、钾肥；亩施尿素 20kg 或复合肥料 20~30kg，顺行间开沟施下，施肥后立即浇水，整个生长期间一般追肥 1~2 次。封垄前注意培土；在高温多雨季节，注意排水防涝，并及时中耕松土。生长期间，如有抽薹植株，应立即砍掉。否则根部不能入药。

如何防治土木香的病害?

土木香主要病害有叶斑病、线虫病等；此类病害在蔬菜、瓜果、茶叶等绿色生产、控害减灾方面多采用如下措施。

（1）叶斑病（灰斑病）

①病原及症状：属半知菌亚门、壳针孢属。叶子上发病后病斑近圆形或多角形，直径2~6mm，中心灰白色，边缘黑褐色，多在正面生黑色霉状物。病菌在病残体上越冬。翌春病菌借风雨传播不断引起再侵染。7~8月发病较多。

②防治方法

农业防治：因地制宜选用抗病品种。冬前清除病残体，以减少病菌来源。配方和平衡施肥，增施腐熟的有机肥和磷、钾肥，推广使用生物菌肥、生物有机肥。

科学用药防治：临发病前喷施42%寡糖·硫黄悬浮剂600倍液，或10%苯醚甲环唑水乳剂1000倍液保护性防治。发病初期喷施25%络氨铜水剂600倍液或25%丙硫菌唑乳油2000倍液等治疗性防治。以上每次喷施药剂与海岛素（5%氨基寡糖素）水剂800倍液（或6% 24–表芸·寡糖水剂1000倍液）混配使用，安全增效，强身壮棵，增强植株抗逆能力。

（2）根结线虫病

①病原及症状：属线虫纲、垫刃目、异皮线虫科、根结线虫属。主要为害根部，线虫侵入根部后，使根系受害部形成瘤状肿块，造成畸形；细根及粗根的各个部位产生大小不一、不规则的瘤状物。须根受害较重，分枝较多。主根受害瘤状物较多，影响生长，影响产量和品质。线虫以病残体在土壤里、粪肥内越冬，成为第二年的初侵染来源。主要通过带病秧苗进行远距离传播，通常在6~9月发生为害。此外，被线虫为害的根部易造成伤口，引起根部真菌性病害。

②防治方法

农业防治：精选无病秧苗，加强植物检疫。轮作倒茬：种植土木香以禾本科茬口较好。如小麦、玉米茬等。选择肥沃土壤、做好田间卫生。

生物防治：用1.8%阿维菌素乳油1000倍液灌根，或加入1/3量（常规推荐用量）的0.3%苦参碱水剂，每株300~400ml，7天灌1次，连灌2~3次。

科学用药防治：用10%噻唑膦颗粒剂每亩3kg处理土壤。

如何防治土木香的虫害?

土木香主要害虫有红蜘蛛、蛴螬等，此类害虫在蔬菜、瓜果、茶叶等绿色生产、控害减灾方面多采用如下措施。

（1）红蜘蛛 属蛛形纲、蜱螨目、叶螨科。

①为害状：红蜘蛛一般在6~8月发生，以成螨、若螨、幼螨刺吸汁液为害，以叶片上发生为害最重。叶片受害，多在叶背基部的主脉两侧出现黄白色褪绿斑点，螨量多时全叶呈苍白色，易变黄枯焦。

②防治方法

农业防治：清洁田园，将枯枝、烂叶集中烧毁或埋掉。

生物防治：田间点片出现预计发生态势上升应立即防治，可用0.36%苦参碱水剂800倍液，或0.5%藜芦碱可湿性粉剂600倍液，或2.5%浏阳霉素悬浮剂1000倍液等均匀喷雾防治。

科学用药防治：把握灭卵关键期。当田间零星出现成、若螨时及时喷施杀卵剂，优先选用24%联苯肼酯悬浮剂1000倍液喷雾防治，最大限度地保护自然天敌和传媒昆虫，其他药剂可用34%螺螨酯悬浮剂4000倍液，或27%阿维·螺螨酯悬浮剂3000倍液等均匀喷雾，控制虫源。防治成、若螨，可用30%乙唑螨腈悬浮剂4000倍液或1.8%阿维菌素乳油2000倍液，或73%炔螨特乳油1000倍液，或57%炔螨酯乳油2500倍液等喷雾防治。主张其他杀螨剂与阿维菌素复配喷施，加展透剂和1%尿素水更佳。视情况把握防治次数，一般间隔10天左右喷1次。

（2）蛴螬　属鞘翅目、金龟甲科。

①为害状：蛴螬专食害幼苗及根叶，造成缺棵缺苗。

②防治方法

物理防治：在土木香种植基地规模化运用杀虫灯诱杀金龟子于产卵之前。

科学用药防治：在金龟子活动高峰期的傍晚进行喷药防治，用50%辛硫磷乳油1000倍液，或5%氯虫苯甲酰胺悬浮剂1000倍液均匀地喷洒在植株上，或用3%辛硫磷颗粒剂撒于地表并进行浅锄划，控制成虫发生量。田间发现幼虫危害症状时可用50%辛硫磷乳油1000倍液进行田间灌根。

土木香如何收获加工？

土木香药用部位是根部。秋末（寒露节）叶子枯黄时刨收，用大三齿镐将根刨出，去掉茎叶，抖净泥土，从芽头下5~7cm处切下晒干入药，一般亩产干货350~450kg。上部芽头做种秧，如上冻前不栽，可挖一贮藏坑，深80~100cm左右，长、宽视种秧多少而定，将种秧放入坑内，厚30cm左右，随着气候的变化，逐渐盖土12~15cm，即可安全越冬。目前收刨土木香可用机械化收刨，收刨前去掉茎叶，用药材收刨机械耕深50cm左右将根部刨下，切下上部部分球茎留做种秧，其余根部药材即可晒干入药。

土木香药材形状与质量是怎样的？

根呈圆柱形，长弯曲。表面深棕色，有纵皱纹及不明显的横生皮孔。质坚硬，不易折断，断面不平，微角质，黄白色至淡黄棕色，有环纹。以根粗壮、质坚实、无须根、无芦头、无粗皮、香气浓厚者为佳。

百　合

百合有何药用价值?

百合为百合科植物卷丹 *Lilium lancifolium* Thunb.、百合 *Lilium brownii* F. E. Brown var. *viridulum* Baker或细叶百合 *Lilium pumilum* DC. 的干燥肉质鳞叶。秋季采挖，洗净，剥取鳞叶，置沸水中略烫，干燥。百合味甘，微寒，归心、肺经。具有养阴润肺，清心安神的功效，用于阴虚燥咳，劳嗽咯血，虚烦惊悸，失眠多梦，精神恍惚等症。

百合的植物学特征有哪些?

百合为多年生草本植物，3 种药用百合的植物学特征略有不同。

（1）**卷丹**　又名虎皮百合、倒垂莲、黄百合等。高 0.5~1.5m，鳞茎卵圆状扁球形，高 4~7cm，直径 5~8cm。地上茎直立，茎褐色或淡紫色，被白色绵毛，茎秆上着生黑紫色斑点，使其呈暗褐色。单叶互生，无柄，披针形或线状披针形，长 5~20cm，宽 0.5~2cm，向上渐小呈苞片状，上部叶腋内常有紫黑色珠芽，这也是其物种辨别的主要标志。花 3~20 朵，花径 9~12cm，下垂，生于近顶端处；花色橙红色或砖黄色，总状花序，花蕾常被白色绵毛，花瓣较长，花被片 6，长 5.7~10cm，宽 1.3~2cm，向外反卷，内面密生紫黑色斑点；雄蕊 6，短于花被，向四面张开，花药紫色；子房长约 1.5cm，柱头 3 裂，紫色。蒴果长圆形至倒卵形，长 3~4cm，种子多数。花期 7~8 月，果期 8~10 月。耐寒性强，其鳞茎可露地自然越冬，喜半阴，但能耐强日照。

（2）**百合**　又名中逢花、重迈、中庭、摩罗等。高 0.7~1.5m，根分为肉质根和纤维状根，其茎分为鳞茎和地上茎。鳞茎球形埋于地下，淡白色，暴露部分带紫色，先端常开放如荷花状，高 3.5~5cm，直径 3~4cm，有扩展鳞片，下面生多数须根。地上茎直立，圆柱形，光滑无毛，常有褐紫色斑点。叶互生，无柄，披针形至椭圆状披针形，长 7~15cm，宽 1.5~2cm，先端渐尖，基部渐狭，缘或微波状，脉 5 条，平行。花大，多白色而背带褐色，极香，单生于茎顶，长 15~20cm，花梗长 3~10cm；花被漏斗状，裂片 6，向外张开或稍外卷，长 13~17cm，宽 2.5~3.5cm，每片基部有一蜜腺槽，蜜腺槽与花丝具有短柔毛或乳头状突起；雄蕊 6，比花被裂片短，花药丁字形着生；花丝纤弱，花柱极长，柱头 3 裂，子房圆柱形。蒴果 3 室，长卵圆形，室间开裂，种子多数卵形，扁平。花期 5~7 月，果期 8~10 月。

（3）**细叶百合**　又名山丹、卷莲花、灯伞花、线叶百合等。高 15~80cm，鳞茎卵形或圆锥形，高 2.5~4.5cm，直径 2~3cm；鳞片矩圆形或长卵形，长 2~3.5cm，宽

1~1.5cm，白色。地上茎直立，有小乳头状突起，有的带紫色条纹。叶散生，多数集中在茎中部，狭条形，长 3~10cm，宽 1~3mm，中脉下面突出，边缘有乳头状突起。花单生或数朵排成总状花序，鲜红色或紫红色，下垂；花被 6 片，长 3~4.5cm，宽 5~7mm，无斑点或有少数斑点，强烈反卷；雄蕊 6，雌蕊 1，花丝长 1.2~2.5cm，无毛，花药长椭圆形，长约 1cm，黄色，花粉近红色；子房圆柱形，柱头膨大，3 浅裂。蒴果矩圆形 1.7~2.2cm，有钝棱，顶端平截。花期 7~8 月，果期 9~10 月。具有较强的抗病、抗热及抗盐碱能力。

我国野生百合资源分布情况及适宜种植地区？

中国是百合最主要的起源地，野生种类约为全世界总数的一半，是百合属植物自然分布中心，观赏、食用和药用百合的栽培历史十分悠久，是百合开发利用最早的国家。百合分布跨越我国 27 个省区，最主要的集中分布区为分布种类最多的四川省西部、云南省西北部和西藏自治区东南部，约达 36 种；其次是陕西省南部、甘肃省南部、湖北省西部和河南省西部，约有 13 种；第三个集中分布区是东北部的吉林、辽宁、黑龙江三省的南部地区，有 9 个种和 2 个变种。

卷丹，生于海拔 400~2500m 的山坡灌木林下、草地、路边或水旁。卷丹作为三倍体野生百合，其耐旱性强，繁殖方式多，适于在多种土壤条件下生长。百合，生于海拔 300~900m 的山坡草丛中、疏林下、山沟旁或村旁。两者在全国各地均有种植，主产于湖南、四川、河南、江苏、浙江、广东、安徽、陕西等省。细叶百合是百合属中分布纬度偏北的一种，多自然分布于海拔 400~2600m 的山地、草坡或裸露的岩石间。原产于我国河北、东北、内蒙古西北地区，现分布于东北、内蒙古、河北、山东、山西、河南、陕西、宁夏、甘肃、青海等省区。

种植百合如何选地、整地？

百合适应性较强，喜温暖湿润环境，稍冷凉地区也可生长，怕涝，忌酷暑，耐干旱。可选半阴半阳、微酸性土质的斜坡上或阴坡开阔地种植。要求土层深厚、疏松肥沃，富含有机质，排水良好的类砂质壤土或腐殖土。偏碱性及过黏、低洼易积水之地不宜种植，忌连作，前作以豆科、禾本科植物为好。于前作收获后，结合整地亩施腐熟的有机肥 3500~4000kg、过磷酸钙 20~35kg、45% 硫酸钾复合肥 150kg 作基肥，深翻 25~30cm，整细整匀，做成宽 1.2~1.5m 的平畦，两边开宽 30cm、深 20~25cm 的沟，以便排水。

百合的繁殖方法有哪几种？

百合的繁殖方法分为有性繁殖（种子繁殖）和无性繁殖。除个别优良品种外，多数百合种子发芽后生长速度缓慢，从出苗到开花成熟至少需3~4年时间，故生产上很少采用。目前百合以无性繁殖为主，有大鳞茎、小鳞茎、鳞片和珠芽繁殖4种方法。

（1）**种子繁殖法** 9~10月采收种子，可随采随播，也可将种子以湿沙层积保存，翌年清明前后播种。在整好的苗床上按行距15cm，开3~4cm深的沟，将种子与细沙混合均匀撒入沟内，覆薄土轻压，浇水并保持苗床土壤湿润。当土温在14~16℃时，种子萌芽，幼苗出土，4年后可采收。

（2）**大鳞茎繁殖法** 在收获的鳞茎中，选择由数个（一般4~6个）围绕主轴带心聚合而成的大鳞茎，用手掰开作种。由于此类鳞茎的个体较大，不用进行培育就可以直接栽入大田，翌年8~10月即可收获。此种方法是目前产区常用的繁殖法，但大鳞茎数量有限，不能成为繁殖的主要方法。

（3）**小鳞茎繁殖法** 百合老鳞茎（母球）在生长过程中，于茎轴上逐渐形成多个新的小鳞茎（子球），可用作种栽，继续繁殖。一般于秋后挖起沙藏。翌年春季，在整平耙细的高畦上，按株行距3cm×15cm开沟条播。在栽种前用2%的福尔马林溶液浸泡小鳞茎15分钟进行消毒，取出稍微晾干后再进行栽种，经1年栽培管理，一部分可达到种球标准，较小者则可继续留作种用。采用小鳞茎培育种球是当前见效较快的繁殖方法，适于推广。

（4）**鳞片繁殖法** 选择发育良好，无病虫害，鳞片纯白，鳞茎形正，鳞片抱合紧密且鳞茎整个不分裂的鳞茎作母种。于秋季，用竹刀切去母种基部，使鳞片分离，经消毒后，将鳞片按株行距3cm×10cm条播。基部朝下插入苗床内，顶端稍微露出即可，床土湿度不宜过大以防鳞片腐烂，盖草遮阳保湿。播后20天左右，自切口处长出1~2个小鳞茎，其下部生根，翌年春季即发育成新株。经过1年的生长，至秋季可长成如手指大小的鳞茎。此后可按小鳞茎繁殖法继续栽培1~2年，即可培育成符合商品规格的种球。

（5）**株芽繁殖法** 卷丹等百合品种在地上茎的叶腋内长有株芽。珠芽是百合的气生鳞茎，为肉质芽，是芽的一种变态。珠芽落地，能发育成新的个体。在夏季株芽成熟快要脱落时及时采集，随即与湿润细沙混合贮藏于阴凉处。于秋季9~10月消毒后，播在整好的苗床上按行距12~15cm，开3~4cm深的沟，沟内每隔4~6cm播珠芽1枚，覆土3cm，再盖草。翌年秋即长成为1年生鳞茎，按照小鳞茎繁殖再培养1~2年，即可培育成符合商品规格的种球。

如何种植百合？

以秋栽为好。南方于9月中旬至10月下旬，北方于9月上中旬进行。栽前选择上述方法繁殖的种球，以健壮肥大、鳞茎圆整、抱合紧密、色白形正、无损伤及无病虫危害的为好。用2%的福尔马林液浸泡消毒15分钟，取出晾干后下种。行距35cm，沟深13cm，种球按株距15~20cm栽入沟内，覆土6~9cm，覆土不宜过浅，否则鳞茎易分瓣，影响产量和质量。覆土后稍加压紧，上面盖草保湿防冻。亩用种量200~300kg。

百合田间管理措施有哪些？

（1）中耕除草 秋播以后到翌年春天出苗前，结合除草进行松土1次，提高地温，促苗早发，并盖草保墒。于齐苗后进行第二次中耕除草，宜浅锄，以免伤及鳞茎。长至封行后，不再中耕，对杂草进行拔除。

（2）追肥 百合根系粗壮发达，是一种喜肥作物，肥料充足，则鳞茎生长迅速。立春前，百合苗未出土时，结合中耕亩施腐熟的有机肥1000kg左右，促使根系生长，壮根。2月下旬至3月上旬幼苗出土后，不再施有机肥。百合摘顶心后，要及时看苗，若植株叶色淡黄，应追施鳞茎膨大肥，亩施尿素10~15kg，保证百合鳞茎正常生长。追肥后，可盖草以降低土表温度，保持土壤湿度，防止雨水冲刷。

（3）摘顶心、去珠芽 药用百合要及时摘除花蕾，以减少养分消耗，促进地下鳞茎生长发育。此为百合生产上的关键技术，时间上要掌握好，5月上中旬，植株高35cm左右时为摘顶心最佳时期，可根据植株生长状况提前或推后3~5天。摘心过早，地上生物量过小，难以丰产；摘心过迟，植株营养生长过旺，同样影响产量，且口味不佳。卷丹等叶腋间生有株芽的百合品种，顶心摘掉以后，植株叶腋内开始出现紫褐色珠芽，应随现随抹，以提高百合鳞茎产量。

（4）灌溉、排水 播种后，如遇较长时间不下雨，可浇1次水，保持土壤湿度。植株摘顶心后，鳞茎膨大期对水分较为敏感。遇持续干旱天气，应每7~10天浇1次水，直至收获；若遇连续阴雨天气，则应做好疏沟排水工作，确保田间不存水。

百合的常见病害及其防治方法有哪些？

百合主要病害有枯萎病、灰霉病和炭疽病等，不少地区因选种不当，病毒病也相当严重。此类病害在蔬菜、瓜果、茶叶等绿色生产、控害减灾方面多采用如下措施。

（1）百合枯萎病

①病原及症状：属半知菌亚门、镰刀菌属、尖孢镰刀菌、茄腐皮镰刀菌和串珠镰刀菌，又称百合鳞茎腐烂病。通常从百合肉质根或鳞茎盘基部伤口侵入，造成肉质根和盘基变褐腐烂，并逐渐向上发展，鳞片出现褐色凹陷病斑，发病后期百合的鳞片从盘基散开而剥落，植株枯萎而死。该病在百合贮运过程中可继续危害，导致大量鳞茎腐烂，潮湿时病部可见粉红色或粉白色霉层。气温12℃以上即可发病，20~22℃为发病的适宜温度。田间一般5月上旬发病数量急剧上升，5月下旬植株大量死亡和枯萎，6~7月持续发生。

病菌在鳞茎内或随病残体在土壤中越冬，成为翌年初侵染源。该病常与百合其他地下根腐、鳞片腐等同时发生，开花后高温多湿利于病害发生。连作、地下害虫和线虫等危害重的田块往往发病重。

②防治方法

农业防治：选用无病、无伤的鳞茎作繁殖材料；清洁田园，种植前和过冬后应及时清除枯枝残体，对种植田块及周边进行人工除草；加强田间管理，配方和平衡施肥，底肥要足，适时追肥为辅，不偏施氮肥，增施磷钾肥和充分腐熟的有机肥，合理补微肥。有针对性地配合推广使用生物菌剂、生物有机肥，增强植株抗病抗逆能力；雨后注意疏沟排水；及时将病叶、病株摘除或拔除，带出田块销毁；与非寄主植物实行轮作倒茬。

生物防治：在播种前可用10亿孢子/克以上的枯草芽孢杆菌、蜡质芽孢杆菌、哈茨木霉菌等进行土壤处理。

科学用药防治：药剂浸种：用30℃温水浸泡鳞茎30分钟，再用植物诱抗剂海岛素（5%氨基寡糖素）水剂800倍液或6%24-表芸·寡糖水剂1000倍液+10%苯醚甲环唑水乳剂1000倍液浸泡30分钟。土壤消毒：在播种前可用植物诱抗剂海岛素（5%氨基寡糖素）水剂600倍液（或6%24-表芸·寡糖水剂1000倍液）分别与30%噁霉灵水剂800倍液、10%苯醚甲环唑水乳剂1000倍液混配淋施土壤再翻耕。淋灌防治：预计发病前或发病初期用以上药剂或30%噁霉灵水剂1000倍液淋灌，让药液渗透到受损的根茎部位，根据病情间隔7~10天用药1次，可连用2~3次。以上各类化学药剂与植物诱抗剂海岛素（5%氨基寡糖素）水剂800倍液，或6%24-表芸·寡糖1000倍液混合使用可增强防治效果，提高安全性性和植株的抗逆抗病能力。

（2）百合灰霉病

①病原及症状：属半知菌亚门、丝孢纲、丝孢目、葡萄孢属、椭圆葡萄孢菌，寄主范围仅限于百合科百合属。百合灰霉病又叫叶枯病，主要危害叶片，也可侵染茎、芽和花等幼嫩部位。染病叶片产生圆形或椭圆形病斑，大小不一，长2~10mm，浅黄色到浅褐色，病斑干时变薄，易碎裂，透明，一般呈灰白色，发生严重时，整叶枯死。茎受侵染时，从侵染处腐烂裂断，芽变褐色腐烂。百合花上斑点褐色，潮湿时迅速变成发黏的一团，覆有一层灰霉。幼株侵染时，通常生长点死亡，但到夏季，植株可重新生长。

一般病原菌可在土壤及病残株上存活生长，在寄主被害部位或以菌核遗留在土壤中越冬。百合灰霉病生长适温为15~25℃，以20℃为最佳；空气相对湿度在90%以上有利于病害的流行。温室湿度过高或植株种植过密，以及受到生理性伤害的部位容易发病。连续阴雨天和雾天，百合叶片有水分时，往往导致病害暴发和流行。当春季温度升高，越冬的病菌会在短时间内大量繁殖，借风雨和田间的农事操作进行传播，也可以借带菌种球进行传播。

②防治方法

农业防治：选种耐病品种；提倡滴灌的方式，降低相对湿度；适当增施钙肥、钾肥，增强抗病力；其他农业防治方法参照百合枯萎病。

科学用药防治：临发病前或发病初期及时防治，可用50%啶酰菌胺水分散粒剂1000倍液，或50%啶酰菌胺水分散粒剂1000倍液+50%腐霉利可湿性粉剂1500倍液，或50%嘧菌环胺水分散粒剂1000倍液均匀喷雾。7~10天用药1次，可连用2~3次。其他用药和防治方法参照“芍药灰霉病”。

（3）百合炭疽病

①病原及症状：属半知菌亚门、腔孢纲、黑盘孢目、刺盘孢属、百合刺盘孢菌。可侵染百合所有器官。染病叶片初期出现水渍状褪绿小点，后扩大为椭圆形或不规则形，中央灰褐色稍凹陷，边缘黑褐色的病斑，严重时多个病斑愈合导致叶片提早枯死。茎秆上病斑为长条形，中央浅褐色或灰白色，边缘深褐色，严重时茎秆呈黑褐色枯死，并出现小黑点。花梗受害后呈褐色、软腐状；花瓣病斑椭圆形、浅褐色，多个病斑愈合导致溃烂，薄如纸状。鳞茎感病后，外层鳞茎上产生许多不规则暗褐色病斑，稍凹陷；后期多个病斑愈合，整个鳞片干缩呈黑褐色，病部可深达内部几层鳞片，但以外层鳞片受害最重。

病菌在土壤中越冬，通过雨水或灌溉传播。温暖潮湿环境适宜发病，5月初，气温达到20℃左右开始发病，发病适宜温度为25~28℃。百合生长期多雨，尤其是鳞茎生长期阴雨天较多，若田间积水会加重发病。

②防治方法

农业防治：选用无病鳞茎；病区避免连作；不要偏施氮肥；合理密植；其他农业防治方法参照“百合枯萎病”。

科学用药防治：种植前种球消毒法参照“百合枯萎病”；临发病前或发病初期及时防治；其他防治方法和选用药参照“山药炭疽病”。

（4）百合病毒病

①病原及症状：百合病毒病主要有百合花叶病毒、百合坏死斑病毒、百合环斑病毒和百合丛簇病毒4种，现已见报道的百合病毒病病原达10多种。这些病毒除少数只侵染百合并不表现明显症状外，其他种类为害百合后造成叶面出现浅绿、深绿相间斑驳；幼叶染病向下反卷、扭曲，严重的叶片分叉扭曲；花变形或蕾不开放；病株明显矮化等多种复杂的症状。

病毒可借蚜虫、叶蝉、飞虱等刺吸式口器昆虫和汁液摩擦传毒。有些病毒如百合花叶病毒、百合环斑病毒可在鳞茎内越冬。

②防治方法

农业防治：建立无毒良种繁育基地，栽培脱毒组培苗；田间作业避免病株与健株之间通过汁液传毒，特别是剪花所用工具应及时消毒，最好每株1消；病株及时铲除并携出田外深埋销毁。

物理防治：有翅蚜发生初期，成方连片规模化推行黄板诱杀。可采用市场出售的商品黄板，每亩30~40块，消灭蚜虫在传毒之前。

生物防治：传毒媒介蚜虫发生前期量少时，保护利用瓢虫等天敌，进行自然控制。无翅蚜发生初期，用0.5%苦参碱水剂或0.5%藜芦碱可溶液剂1000倍液等喷雾防治。

科学用药防治：首先防治传毒媒介蚜虫，优先选用5%虱螨脲乳油2000倍液，或25%噻嗪酮可湿性粉剂2000倍液喷雾防治，可最大限度地保护天敌资源和传媒昆虫。其他药剂可用10%烯啶虫胺可溶性粉剂2000倍液等喷雾防治。在控制蚜虫的基础上，预计临发病前主动预防病毒病，可用30%毒氟磷可湿性粉剂1000倍液，或2%嘧肽霉素水剂800倍液喷雾防治，视病情隔7天施药1次，一般连治3次。其他防治方法和用药技术参照“半夏病毒病”。

如何防治百合虫害?

百合主要害虫有蛴螬、地老虎等，此类害虫在蔬菜、瓜果、茶叶等绿色生产、控害减灾方面多采用如下措施。

（1）蛴螬 属鞘翅目、金龟甲科。

①为害状：咬食百合鳞茎而引起腐烂。

②防治方法

农业防治：清洁田园，彻底清除病残体带出田外深埋或销毁；清除田间杂草等害虫栖息场所；施用充分腐熟的有机肥，推广使用生物菌剂、生物有机肥；每天清晨到田间扒开新被害药苗周围或被害残留茎叶洞口附近的表土进行人工捕杀。

物理防治：利用金龟子成虫有较强趋光性的特点，在百合种植基地，于金龟子发生初期开始，成方连片规模化安装杀虫灯，傍晚开灯集中诱杀金龟子。

生物防治：利用100亿/克的白僵菌或乳状菌等生物制剂防治蛴螬，或100亿/克的乳状菌每亩1.5kg，或卵孢白僵菌每平方米2.0×10^9孢子（针对有效含菌量折算实际使用剂量）。

科学用药防治：可采用毒土和喷灌综合运用。防治方法和选用药剂参照“山药蛴螬”。

（2）地老虎 属鳞翅目、夜蛾科。

①为害状：幼虫咬食鳞茎部和根茎引起腐烂或断苗，影响产量和质量。

②防治方法

农业防治：清晨查苗，发现被害状或断苗时，在其附近扒开表土捕捉幼虫。

物理防治：成虫产卵前活动期，于田间放置糖醋液（糖：醋：酒：水=6：3：1：10）进行诱杀，放置高度为1m，每亩5~6盆，或成方连片规模化实施灯光诱杀。

科学用药防治：幼虫低龄期及时采取毒饵或毒土诱杀及喷灌等用药防治。防治方法和用药技术参照“北苍术小地老虎”。

百合如何进行采收？

秋季，当百合植株地上部分茎叶开始枯黄，到地上茎完全枯死时，鳞茎充分成熟，为采收适期。宜在晴天掘起鳞茎，去根泥、茎秆，运回室内，切除地上部分、须根和种子根放在通风处贮藏。摊晾时，层高一般以 2~3 层果球高为宜，以免中间发热，用草覆盖，避免阳光照射导致鳞茎变色。

百合产品如何加工？

先将百合鳞片剖开，或在近鳞茎基部横切一刀，使鳞片自然分开，分级后分别盛装，用清水洗净，沥干。然后将剥开的鳞片放入锅内，沸水煮，水要淹没鳞片。严格掌握煮制时间，当捞出一片鳞片，折断，看到里面只有一粒大米的生白心时，既可出锅。置于干净的清水中不断漂洗，充分洗去鳞片上的黏液，摊于竹晒席上，在阳光下晒到足干。注意不要随意翻动，以免碎裂，影响成品率。若遇阴雨天，可用文火或烘干机烘干。

麦 冬

麦冬有哪些药用价值？

麦冬为百合科植物麦冬 *Ophiopogon japonicus*（Linn. f.）Ker-Gawl. 的干燥块根，又名麦门冬、门冬，始载于《神农本草经》，列为上品，栽培历史悠久，是常用传统中药材。《神农本草经》载："麦冬主心腹结气，伤中伤饱，胃络脉绝，羸瘦短气。"《名医别录》记载麦冬"主虚劳客热，口干燥渴，止呕吐，愈痿蹶，强阴益精，消谷调中，保神，定肺气，安五脏，令人肥健。"已明确了麦冬具有多种养阴补益的功效。现代药理研究表明，麦冬具有保护心血管系统、抗心律失常、抗缺氧、增强免疫功能、降血糖、清除自由基及延缓衰老、抗菌等多种作用。麦冬块根中含有多种皂苷类成分、黄酮类成分及人体必需的微量元素及氨基酸，进而具有抗衰老、增强免疫、轻身健体的良好功效。麦冬中所含的皂苷类成分及氨基酸类成分能起到增强心肌收缩力，增加冠状动脉流量，保护心肌缺血，缩小心肌梗死面积，抗心律失常等作用。

麦冬繁殖育苗的主要方法有哪些？

麦冬栽培繁殖的主要方法为分株繁殖，每一母株分种苗 1~4 株，麦冬收获时将割去块根的苗，选择健壮者留作种苗，用刀切去根状茎下部的茎节，留下 1cm 以下的茎基，以根茎断面现出白心、叶片不至散开为宜。切时，根茎不能保留过长，否则栽后多生两重茎节，导致块根数量减少。根状茎切除后，把合适的苗子整理齐，用稻草捆成直径约 50cm 的捆子，以备栽种。

繁殖育苗中如何选取种苗？

应选择株矮，叶色深绿青秀，根系发达，单株绿叶数在 15~20 张，根茎粗在 0.7cm 左右的无病虫壮苗。为获得麦冬壮苗，提倡头年繁育种苗，尤其是二年生栽培的麦冬，可在种植前一年的 4~5 月，采用小丛密植的方法（即每丛 10~15 个单株，每亩 3 万丛左右），繁殖麦冬种苗。

种植麦冬如何选地、整地？

选择温暖湿润、荫蔽，土层疏松、肥沃、排水良好、上层深厚的砂质壤土的缓坡地或谷地、林下地。前作收获后，深耕 20~30cm，经三犁三耙，使土壤充分细碎、疏松，每公顷施入厩肥或堆肥 30000kg，将基肥与表土混合，耙平做畦，畦四周开好排水沟。

大田如何栽植麦冬？

二年生麦冬以 4 月上中旬栽种为好，三年生麦冬以 5 月上中旬栽植为宜。大田栽植采取开沟条栽，一般行距 15cm 左右，深 5cm 左右，先在沟内施入稀薄猪粪水，然后按株距 6~9cm 栽苗，每穴栽 4~6 株苗，栽后覆土压紧、踏实，使苗株直立稳固，做到地平苗正。每亩需种苗 700kg。

麦冬生长期如何进行田间施肥？

麦冬施肥基本原则是“头年轻，次年重”“种前施基肥，早施发根发株肥，重施春秋肥。”基肥结合翻耕，整地后每亩施过磷酸钙 20kg。麦冬栽后当年 6 月初可用少量化学氮肥或人畜粪水，滴孔浇施，以促进麦冬早发根多发根。每年 3 月和 10~11 月为二次块根形成膨大期。第 1 次在每年 2 月下旬至 3 月初，每亩用纯氮肥 2.25kg 加过磷酸钙 20kg 加水 1500~2000kg 浇施。第二次在每年 8 月下旬，每亩用纯氮肥 2.25~3kg 加钾肥 K_2O 6.75kg 加水 1500~2000kg 浇施。第三次在每年 9 月中下旬，每亩用纯氮肥 4.5~3kg 加钾肥 K_2O 9kg 加水 2000kg 浇施。氮肥以含氮量高的饼肥为好，钾肥以草木灰为好。配方和平衡施肥，底肥要足，适时追肥为辅，合理补微肥。有针对性地配合推广使用生物菌剂、生物有机肥，改善土壤团粒结构，拮抗有害菌，增强植株抗病抗逆能力，大大提升植株的健康增产潜力。

麦冬生长期如何进行水分管理？

麦冬对水分有一定要求，若连续阴雨天土壤饱和，易导致麦冬根系因缺氧产生烂根，如连续高温干旱20天以上，不但分株减少，还常灼伤麦冬根尖生长点，都会严重影响麦冬的产量和品级。若遇干旱天气要注意浇水，促进早复活返青，及时补苗。必须做好麦冬地的开深沟和雨后清沟理坑及干旱期浇水抗旱等工作。

麦冬大田如何进行间作套种？

麦冬大田进行间作套种，有利于提高麦冬产量，显著提高经济效益，并且对麦冬产品的等级影响甚微。间作物中，夏作以棉花、西瓜、玉米为好。冬作以蚕豆为好，不能套种根系浅、吸肥强与麦冬块根膨大争肥争水的小麦、大头菜、洋葱、大白菜等作物。

麦冬田间病害以及防治措施有哪些？

麦冬主要病害有黑斑病、根结线虫病等，此类病害在蔬菜、瓜果、茶叶等绿色生产、控害减灾方面多采用如下措施。

（1）黑斑病

①病原及症状：属半知菌亚门、丝孢纲、丛梗孢目、黑色菌科、链格孢属真菌。发病初期叶尖变黄并向下蔓延，产生青、白不同颜色的水浸状病斑，后期叶片全部变黄枯死。病原菌在种苗上过冬，等到来年4月中旬就开始发病，发病条件和雨水关系很大。

②防治方法

农业防治：选用叶片青翠、健壮无病种苗；发病期可将严重病株的病叶割去；有条件的于发病初期趁早晨露水每亩撒草木灰100kg；雨季及时排除积水。

科学用药防治：在栽培前用42%寡糖·硫黄悬浮剂600倍液（或25%络氨铜水剂600倍液、80%全络合态代森锰锌可湿性粉剂1000倍液）+海岛素（5%氨基寡糖素）水剂800倍液或6% 24–表芸·寡糖水剂1000倍液浸苗15分钟左右；发病初期应立即喷药控制，特别在夏季高温高湿季节应定期喷药控害。发病后可将严重病株的病叶割去后均匀喷药防治。除选用以上药剂外，也可用海岛素（5%氨基寡糖素）水剂800倍液+47%春雷·王铜（2%春雷霉素+45%氧氯化铜）1000倍液（或5%络氨铜水剂600倍液、20%噻唑锌悬浮剂800倍液、48%苯甲·嘧菌酯悬浮剂等），或75%肟菌·戊唑醇水分散剂2000倍液等均匀喷雾，安全性高，增强植株抗逆能力，强身壮棵。也可用27%寡糖·吡唑醚菌酯水乳剂1000倍液喷雾。视病情把握用药次数，每隔10天喷1次，一般连喷3次左右。

（2）根结线虫病

①病原及症状：属垫刃目、异皮线虫科、根结线虫属。受害初期麦冬根端部膨大，呈球状或棒状，在较大的根上多呈结节状。结果根被害，常造成结果根短缩、膨大。后期被害根表面粗糙、开裂并呈红褐色。

②防治方法

农业防治：选用抗病品种。有条件地区与禾本科作物实行轮作或与水生作物水旱轮作，避免与烟草、紫云英、豆角、薯蓣、瓜类、白术、丹参、颠茄等作物轮作。选用无病种苗，剪去老根。

生物防治：选用10亿活芽孢/克蜡质芽孢杆菌每亩4kg，处理土壤。其他参照“山药线虫病”。

科学用药防治：可用植物诱抗剂海岛素（5%氨基寡糖素）水剂800倍液与10%噻唑膦颗粒剂每亩3kg混配处理土壤，或1.8%阿维菌素乳油1000倍液灌根。相互复配使用增效减量、安全控害。其他用药和防治方法参照“山药线虫病”。

如何防治麦冬虫害?

麦冬主要害虫有蝼蛄、蛴螬等，此类害虫在蔬菜、瓜果、茶叶等绿色生产、控害减灾方面多采用如下措施。

（1）蝼蛄 属直翅目、蝼蛄科。

①为害状：以成虫和若虫咬断麦冬根或根茎部，并在土中挖掘隧道（土洞），掘断根系，造成枯株缺苗。

②防治方法

农业防治：有条件的与水稻轮作。使用充分腐熟的有机肥，避免将虫卵带到土壤中去。

物理防治：规模化实施灯光诱杀成虫。

科学用药防治：危害严重时可每亩用5%辛硫磷颗粒剂1~1.5kg与15~30kg细土混匀后撒入地面并耕耙，或于定植前沟施毒土。其他用药和防治方法参照“天麻蝼蛄”防治。

（2）蛴螬 属鞘翅目、金龟甲总科。

①为害状：蛴螬取食危害麦冬根系，导致植株衰弱，甚至枯萎死亡。

②防治方法

农业防治：在收获麦冬后深耕翻土，杀灭部分田间越冬蛴螬。麦冬生长期间，在蛴螬发生盛期结合灌溉淹水2次使蛴螬窒息而死。

其他防治方法和用药技术（物理防治、生物防治、科学用药防治）参照“百合蛴螬”。

如何掌握麦冬起土时间与方法?

麦冬的起土时间与麦冬产量和品级直接相关。综合考虑起土时间以5月中旬为好。可根据3~4月的天气情况适当提前或者延后。过早起土影响麦冬光合产物的累积和块根膨大；过迟起土可能导致麦冬块根营养的消耗。

选择晴朗天气，用四齿铁耙从田畦一端开始逐丛掘起。起土时四齿铁耙用力举起，从离叶丛边缘15cm处下耙，然后压一下耙柄再往上撬起。将大墩麦冬连土一并撬拉至较平的地上，连续敲土3~5次将土基本敲净，再掘第二丛。掘起的麦冬由另一人手提叶丛，须根向下，对准竹篓，用砍刀将须根连同块根一并斩入竹篓内，待清洗。

植物生长调节剂对麦冬生长发育及化学成分的影响有哪些?

目前在麦冬栽培过程中往往使用植物生长调节剂，过去多使用多效唑、膨大素（吡效隆）等。现在已经限制或禁止在果、菜、茶、花生上使用，为此，中药材上应当禁用这些产品。依照果、菜、茶等鲜食品允许使用的植物生长调节剂种类，并参照其安全性，目前中药材上可推荐使用芸苔素内酯水剂、植物诱抗剂海岛素（5%氨基寡糖素）水剂、噻苯隆、低聚糖素等安全的植物内源激素和生物菌肥、微量元素等，并可相互科学复配使用，具有安全无害、提质增效、生根粗壮、抗逆抗病、控旺抗倒等综合作用。每种生长调节剂还可与有关杀菌剂、杀虫剂混配使用，达到“一技多效”的作用。

目前麦冬加工工序、加工方法主要有哪些?

麦冬加工工序分为五步：清洗→干燥→剪须→筠须分级（留籽）→包装成件。

目前，麦冬干燥一般采用日晒堆闷和烘干两种加工方法。日晒法需时较长，费工多，但产品色泽较好，烘干法加工省时，不受天气限制，且不易泛油，但成品色泽较差，若火候掌握不好，易致肉色老黄或烘焦。

（1）日晒堆闷干燥 将洗净麦冬薄摊在竹篾上，烈日下暴晒、堆闷，反复3次。第1次晒3~5天，堆闷2~3天；第2次晒3~4天，堆闷3~4天；第3次晒4~5天，堆闷6~7天。此时麦冬已有八成干左右，再复晒1次。共需时20~25天。

（2）烘干干燥 将洗净麦冬置于炕床上，先垫上竹帘，再放上麦冬，厚约15cm，上盖薄麻布，火候控制在50~60℃，烘3~4小时，均匀翻动1次，如此烘焙、翻动，烘2~3天即可干燥。烘焙过程中火力要逐步降低，以防烘焦，最后修剪须根即可。

麦冬的贮藏需要注意哪些?

麦冬一般用麻袋包装，贮存于通风干燥处，麦冬易受虫蛀，受潮生霉，体质变软，泛油，重压后结块，返热发霉，堆垛不宜过高过大，雨季注意防潮、通风。

川芎

川芎的植物形态特征有哪些?

川芎 *Ligusticum chuanxiong* Hort. 为伞形科多年生草本植物，高 40~60cm，根茎发达，形成不规则的结节状拳形团块，具浓烈香气。地上茎丛生，茎直立，圆柱形，具纵条纹，上部多分枝，下部茎节膨大呈盘状（苓子）。一般单株茎达 17~25 个，多的可达到 40 个以上，茎下部叶具柄，柄长 3~10cm，基部扩大成鞘；叶片轮廓卵状三角形，长 12~15cm，宽 10~15cm，3~4 回三出式羽状全裂，羽片 4~5 对，卵状披针形，叶片颜色呈绿色或黄绿色，长 6~7cm，宽 5~6cm，末回裂片线状披针形至长卵形，长 2~5m，宽 1~2mm，具小尖头；茎上部叶渐简化，茎上部嫩叶片及叶脉生长有短柔毛，生长较老的茎中部及下部叶片没有柔毛。川芎的叶片数较多，生长旺盛期植株单株叶片数一般都达到 50~65 片，有的植株叶片数达到 100 片以上。川芎花属复伞形花序顶生或侧生；总苞片 3~6，线形，长 0.5~2.5cm；伞辐 7~24，不等长，长 2~4cm，内侧粗糙；小总苞片 4~8，线形，长 3~5mm，粗糙；萼齿不发育；花瓣白色，倒卵形至心形，长 1.5~2mm，先端具内折小尖头；花柱基圆锥状，花柱 2，长 2~3mm，向下反曲。幼果两侧扁压，长 2~3mm，宽约 1mm；背棱槽内油管 1~5，侧棱槽内油管 2~3，合生面油管 6~8。花期 7~8 月，幼果期 9~10 月。

川芎的药用价值有哪些?

川芎性味辛温，主归肝、胆、心包经，具有活血祛瘀、行气、祛风之效，性善走窜，周而复始。“上行头目，下行血海”，为血中气药。川芎性善散，走而不守，“温窜相并，其力上升，下降，内透，外达，无所不至”。

川芎的生态适宜分布区域与适宜种植区域有哪些?

川芎的主产区集中在四川盆地中央丘陵平原区的成都平原亚区，包括都江堰、郫县、彭州、新都、崇州、什邡等地。为促进川芎产业发展，扩大其种植规模，王瑀等以四川都江堰为川芎道地药材基点县，采用自主研发的《中药材产地适宜性分析地理信息系统》分析了川芎全国适宜产区。结果表明，按照川芎药材生长所需的气温、降雨量、海拔和土壤类型等生态条件要求，除四川传统产区外，四川的东部地区、湖北、贵州、陕西的部分地区也是川芎的适宜产区。这些地区的气候、气温、降雨量以及日照等生态环境适宜川芎生长，为川芎生产的适宜区。因川芎采用山地育苓、坝区种植，许多地区如福州地区引种川芎获得成功，并探索出优质高产栽培措施，但由于引种地较原种植地气温较高，海拔较低，以致无法留种，从而制约了当地川芎的发展。

都江堰、郫县、彭州三地，位于岷江中游，成都平原西北边缘，境内有山有坝，最高海拔 4582m，最低海拔 592m，夏无酷暑，冬无严寒，为川芎的最适宜区。川芎苓种主要集中在盆地边缘山区西缘亚区，包括都江堰市中兴镇两河村、汶川县水磨灯草坪村，海拔高度在 1200m 以上的阳山土地，自然条件良好，为川芎苓种繁育的最适宜区。

川芎如何进行栽种?

选用茎节粗壮、节间短、无病虫害的健壮川芎地上茎，去掉上尖，剪成 3cm 左右小段，每段上带有一个节盘。栽种前用 10% 苯醚甲环唑水乳剂 1000 倍液浸种 20 分钟，按行距 25~28cm 开 2~3cm 深的浅沟，沟内每隔 15~20cm 放 1 个苓种，苓种应芽向上或侧向上斜放沟内，轻轻按入土中，使苓种既与土壤接触，又有部分露出土表，苓种茎节入土 1~2cm 为宜，栽植后，采用稻草秸秆覆盖苓种。

川芎如何生长发育?

川芎的生长期为 280~290 天，生育期可划分为育苓期、苗期、茎发生生长期、倒苗期、二次茎叶发生生长期、根茎膨大期。各生育期有明显的重叠现象。

①育苓期：每年 12 月底至次年 7 月，在川芎产区的中山地带海拔 1000~1500m 的向阳坡地，培育川芎苓种。

②苗期：8 月中旬栽种，至 9 月底川芎发叶、发根，为苗期。

③茎发生生长期：从 9 月底至 12 月中旬，川芎茎发生并迅速生长。

④倒苗期：从 12 月下旬至次年 2 月初，川芎茎叶逐渐枯黄、凋落，川芎处于越冬阶段。

⑤二次茎叶发生生长期：从 2 月初至 4 月中旬，川芎长出新叶、发生新茎，并快速生长。

⑥根茎膨大期：从 4 月中旬至 5 月下旬，川芎根茎干物质积累多，迅速膨大。

川芎的“高山育种，坝区栽培”指的是什么?

川芎传统生产上用的种源都是在高山地区进行培育的，即 1 月中下旬（大寒前后），从坝区川芎地里起挖生长健壮、个大、芽多、根壮、紧实的川芎根茎（称为抚芎）装入编织袋或麻袋中，运往山区进行繁种。7月下旬至8月上旬，坝区川芎栽种时，采收地上茎作为川芎的繁殖种源。而商品川芎多种植在海拔500~700m，地势平坦的坝区。

川芎苓种繁育如何选地与整地?

选择繁殖地海拔高度900~1500m，自然植被为常绿阔叶林和竹林。海拔较高的山区气候寒冷，宜选向阳处；低山宜选半阴半阳的地方。尽量选择地势较为平坦、土层深厚、富含有机质、排水良好的地块。坡度过大、土层瘠薄、保水困难的坡地不宜选用。原则上苓种繁育地每年轮换，要选前一两年没有培育过苓子的土壤，以减少病虫危害。在选好的苓种繁育地上，浅挖松土，除尽地上杂草，耙细整平表土，依地势和排水条件开厢，厢宽1.6m。厢间开沟15~20cm深，沟宽20~25cm，土地四周挖好排水沟，沟深15~20cm。

商品川芎栽培如何选地与整地?

栽培地选择海拔高度500~700m，地势平坦、向阳、土层深厚、排灌方便、肥力较高、中性或微酸性的坝区地块。栽种前应深翻土地，每亩用磷肥120kg，拌充分腐熟的有机肥1500kg作底肥，耙细整平。挖沟开厢，厢面宽一般1.6~1.8m开厢，沟宽30cm，沟深20~30cm，厢面挖松整细，做到深沟高厢，并做成龟背形或厢面平整。

川芎－水稻的保护性耕作模式是什么?

通过水稻－川芎水旱轮作、免耕技术及地表覆盖、合理种植等综合配套措施，从而减少农田土壤侵蚀，保护农田生态环境，并获得生态效益、经济效益及社会效益协调发展的可持续生态农业技术。其核心技术包括茬口安排、品种选择、免耕、沟厢耕作、稻草覆盖、适时种收，通过这些技术措施，不仅可消除农田土壤中各种有毒物质的积累，减少病、虫、草危害，而且可调温保湿增肥，不仅可使得川芎产量提高，而且降低肥料、农药和劳动力投入。成都平原是川芎的道地产区，随着保护性耕作技术的推广和应用，成都平原川芎产区传统的水稻－川芎水旱轮作种植模式中引入了免耕稻草覆盖技术，1999年在都江堰市的石羊镇、胥家镇和崇义镇等川芎产区大力推广稻田免耕稻草覆盖种植川芎，实现了较好的经济效益和生态效益，至2012年，全市累计推广川芎－水稻保护性耕作技术1万余亩。2012年12月20日四川省地方标准发布了水稻－川芎保护性耕作栽培技术规程。近两年，该种植模式在川芎新的主产区彭州、彭山得到了广泛的应用，已发展成为种植川芎的主要耕种模式。

川芎苓种繁殖如何进行田间管理？

（1）疏苗定苗 春分至清明，苗高 12cm 左右时进行疏苗定苗，去除弱小苗及病苗，每窝留 8~12 苗的壮苗。

（2）中耕除草 抚芎栽种后，行间覆盖麦秆、玉米秆或稻草，可抑制、阻碍杂草生长，并辅以人工除草。人工除草分 3 次：第 1 次，3 月 20 日左右在疏苗的同时进行。第二次，4 月 20 日左右。第三次，5 月 20 日左右。禁用除草剂。

（3）施肥 第 1 次施肥结合疏苗定苗，每亩施用油枯 50~100kg、腐熟猪粪 1500kg（按猪粪:清水 =1：3 比例施用）。第 2 次施肥于 5 月封行后，对长势较弱的苓种繁育地，进行根外追肥 1~2 次，每亩施尿素 1kg，加磷酸二氧钾 200g，兑水 150kg。长势正常旺盛的地块，可只在根外追施磷酸二氢钾 1 次，以促进根系和茎秆的发育，提高植株的抗病力。遵照配方和平衡施肥的原则，底肥要足，适时追肥为辅，合理补微肥。有针对性地配合推广使用生物菌剂、生物有机肥，改善土壤团粒结构，拮抗有害菌，增强植株抗病抗逆能力，大大提升植株的健康增产潜力。

（4）排灌 保持苓种繁育地四周排水良好，遇干旱天气要及时浇水。

（5）插枝扶杆 于苗高 40cm 时进行。每株川芎旁插一根粗 1~2cm、高 1m 左右、上部带 2~3 个竹枝的竹竿，以防倒伏。

川芎栽培如何进行田间管理？

（1）补苗 川芎出苗后，及时查苗补缺。补苗宜选择阴天，挖取“扁担苓子”（每隔 10 行的行间栽种 1 行苓子，该行苓子即称为扁担苓子）和“封口苓子”（每厢行与行之间的两端各栽苓子 1 个，该苓子即称为封口苓子）进行补苗。补苗时应带土移栽，补后及时浇水，保证成活率。

（2）追肥 栽后两个月内每隔 20 天追肥 1 次，集中追肥 3 次。第 1 次追肥在栽后半个月，川芎二叶一心时，亩用 45% 的复合肥 5~8kg，硫酸钾 5kg；以后每次用肥量在上一次的基础上适当增加用量，以氮肥为辅，增施磷钾肥为主。

次年春季茎叶返青后视土壤情况和苗情可追肥 3~4 次。同时，在川芎封行和第二年的 4 月中旬各喷施 1 次 0.2% 磷酸二氢钾，可控制苗高，以促进根茎膨大，提高产量。

配方和平衡施肥，底肥要足，适时追肥为辅，合理补微肥。有针对性地配合推广使用生物菌剂、生物有机肥，改善土壤团粒结构，拮抗有害菌，增强植株抗病抗逆能力，大大提升植株的健康增产潜力。

（3）除草 生长期间，采用人工除草方法及时拔除田间杂草。

（4）灌排水 川芎生长期间如遇干旱应及时引水浸灌厢沟，使厢面保持湿润；如遇积水，应挖沟排水。

川芎的氮、磷、钾吸收特点?

（1）氮 苗期，川芎对氮的吸收量小，倒苗越冬时吸氮量最少，茎发生生长期、根茎膨大期吸收量多，二次茎叶发生生长期吸收速度最快。

（2）磷 川芎苗期对磷的吸收少，茎发生生长期吸磷速度加快，越冬期磷的吸收几乎处于停止状态，二次茎叶发生生长期吸磷加快，根茎膨大期川芎吸磷速度最快。

（3）钾 川芎苗期对钾的吸收较快，茎发生生长期吸钾速度有所降低，越冬期吸钾量很少，二次茎叶发生生长期吸钾速度加快，根茎膨大期，吸钾速度仍较快。

川芎如何春季追肥?

春季是川芎产量和品质的重要形成期，掌握川芎该阶段的需肥特性和追肥技术对于其优质高产栽培有重要的指导意义。田间施肥试验表明，硝酸钙、碳酸钙、尿素、硫酸钾、磷钾配施、氮磷钾配施等不同的追肥处理，可在一定程度上促进川芎根系生长、增加茎蘖数、使植株变高、并显著提高叶片的叶绿素含量、增加干物质积累、特别是地上部分的干物质积累，从而显著提高川芎的产量；尿素、磷钾配施及硝酸钙等追肥处理对川芎品质均有一定的改善作用，碳酸氨、钾肥和磷钾配施对其品质有一定的降低作用，但影响均不显著。综合产量、品质和经济效益考虑，川芎春季追肥以单施尿素每亩3.91kg（纯氮每亩1.8kg）效果最好，具有肥效稳定持久、高产、优质和高效的优点，其次为氮磷钾配施。

川芎常见病虫害的防治措施?

川芎主要病害有白粉病、根腐病等；常见虫害有茎节蛾、蛴螬等，此类病虫害在蔬菜、瓜果、茶叶等绿色生产、控害减灾方面多采用如下措施。

（1）白粉病

①病原及症状：属子囊菌亚门、白粉菌属。发病的叶片在叶背及叶柄布满白粉，界限不明显，后期呈黑色小点，逐渐使叶变黄、枯死。通常在夏秋季发病。6月下旬至7月高温高湿时发病严重。

②防治方法

农业防治：与非寄主植物实施轮作。收获后清理田园，集中烧毁残株病叶。

生物防治：预计临发病之前或初期用2%农抗120（嘧啶核苷类抗菌素）水剂或1%武夷菌素水剂150倍液喷雾，7~10天喷1次，连喷2~3次。其他参照“射干锈病”。

科学用药防治：预计临发病之前或发病初期选用42%寡糖·硫黄悬浮剂600倍液，或80%全络合态代森锰锌可湿性粉剂1000倍液等保护性喷雾防治。发病后及时选用25%戊唑醇可湿性粉剂1000倍液，或40%醚菌酯·乙嘧酚（25%乙嘧酚+15%醚菌酯）悬浮剂1000倍液等治疗性防治。各药剂与植物诱抗剂海岛素（5%氨基寡糖素）水剂1000倍液混配喷施，可安全增效、生根壮苗、抗病抗逆。其他用药和防治方法参照“甘草白粉病”。

（2）根腐病

①病原及症状：属半知菌亚门、瘤座孢科、镰刀菌属、茄腐皮镰刀菌等多种镰刀菌。受害根地上部从外围的叶片开始褪色发黄，逐渐向心叶扩展，最终凋萎；地下根茎的病部呈褐色至红褐色，发干，后内部坏死。若天气潮湿多雨，常变为湿腐，根茎迅速腐烂，直至无法从土中拔起，湿腐烂的并不发生恶臭。苗期就可为害。一般5月下旬至6月中旬进入盛发期。

②防治方法

农业防治：与非寄主植物实行轮作，切忌重茬；选用无病健株留种，播种前注意淘汰病种子；及时整地，适度深翻晾晒，雨后及时排水；发病后立即拔出病株，集中烧毁。

生物防治：其他参照“黄芩根腐病”。

科学用药防治：发病初期立即防治，可用10%苯醚甲环唑水乳剂1000倍液灌根（窝）。其他防治方法和用药参照“白术根腐病”。

（3）叶枯病

①病原及症状：属半知菌亚门真菌。叶枯病又叫斑枯病，多在5~7月发生，主要危害叶片，发病时叶部产生褐色、不规则的斑点，随后蔓延至全叶，致使全株叶片枯死。

②防治方法

科学用药防治：预计临发病前2~3天或发病初期及时用药防治。可用10%苯醚甲环唑水乳剂1000倍液，或80%全络合态代森锰锌可湿性粉剂1000倍液等保护性喷雾防治。发病后用27%寡糖·吡唑醚菌酯水剂2000倍液，或50%异菌脲可湿性粉剂800倍液，或25%吡唑醚菌酯悬浮剂2000倍液，或50%嘧菌环胺水分散粒剂1000倍液，或75%肟菌·戊唑醇水分散剂2000倍液，或33%寡糖·戊唑醇悬浮剂3000倍等喷雾防治。以上每次用药与植物诱抗剂海岛素（5%氨基寡糖素）水剂800倍液或6%24-表芸·寡糖水剂1000倍液混配使用，安全增效、抗逆强株。视病情把握防治次数，一般间隔7天1次。

（4）茎节蛾　属鳞翅目、螟蛾科。

①为害状：茎节蛾又叫臭般虫，初期幼虫为害茎顶部，以后从茎顶端钻入茎内逐节为害，幼虫通过蛀入茎秆咬食节盘，危害苓子，使其不能作种用，严重时多半无收，甚至全株枯死无收。一年发生4代，尤其在育苓种期间发生严重。

②防治方法

生物防治：在育芽和芽子贮藏期间喷药保护控害，可选用1.8%阿维菌素乳油1500倍液，0.36%苦参碱水剂800倍液，或用每1mg含16000国际单位高含量Bt乳剂可湿性粉剂2000倍液或每1mg含2500国际单位（IL）Bt乳剂（原100亿活芽孢/克）500倍液均匀喷雾。

科学用药防治：处理种子：用70%吡虫啉种子处理可分散剂15g拌种10kg，或用60%吡虫啉悬浮种衣剂50g拌种50kg，或30%噻虫嗪种子处理悬浮剂100g拌种50kg处理种子，处理种子时与海岛素（5%氨基寡糖素）水剂800倍液混配使用，增加防治效果和安全性，并促芽生根，同时兼治种蝇、飞虱、蚜虫等。在育芽和芽子贮藏期间喷药保护控害，优先选用5%虱螨脲乳油2000倍液喷雾防治，最大限度地保护自然天敌和传媒昆虫。其他药剂可用5%氯虫苯甲酰胺悬浮剂1000倍液喷雾。栽种前用10%联苯菊酯乳油或10%溴氰虫酰胺可分散油悬浮剂2000倍液，或20%氯虫苯甲酰胺悬浮剂1000倍液，或15%甲维盐·茚虫威悬浮剂1500倍液等均匀喷雾防治。以上杀虫剂合理相互复配使用，控制在幼虫钻蛀之前。

（5）蛴螬（金龟子幼虫） 属鞘翅目、金龟甲科。

①为害状：参照“麦冬蛴螬”。

②防治方法

农业防治：清洁田园，彻底清除病残体携出田外深埋或销毁。施用充分腐熟的粪肥，推广使用生物菌剂、生物有机肥。

物理防治：利用成虫金龟子有较强趋光性的特点，在川芎种植基地于金龟子发生初期开始，成方连片规模化安装杀虫灯，傍晚开灯集中诱杀。

生物防治：利用100亿/克的白僵菌或乳状菌等生物制剂防治幼虫，100亿/克的乳状菌每亩用1.5kg，卵孢白僵菌用量为每平方米2.0×10^9孢子（针对有效含菌量折算实际使用剂量）。

科学用药防治：发现有虫危害状及时用20%氯虫苯甲酰胺悬浮剂1000倍液淋灌，用毒土和淋灌灭虫法综合运用。防治方法和选用药剂参照“山药蛴螬”。

川芎的产地加工有哪些？

（1）晒干法 将川芎平置于竹席上日晒，遇阴雨天铺于室内通风干燥处。晾晒过程中注意翻动，以便尽快干燥，防止生霉。干燥后用撞篼撞去须根和泥沙，再晒干透。

（2）炕干法 将鲜川芎平铺在炕床上，炕干过程严格控制炕床温度，火力不宜过大，药材处温度不得超过70℃。每天翻2~3次，把半干块茎取出，用撞篼撞1次，续炕时，下层放鲜块茎，上层放半干品，到上层有部分全干后，再分上下层各撞1次，除净泥沙和须根，选出全干的即为成品，未干的放到上层，继续再干燥，如此每日翻动，直到全部干燥为止。

地 榆

地榆有何药用及经济价值？

地榆为蔷薇科植物地榆 *Sanguisorba officinalis* L. 或长叶地榆 *Sanguisorba officinalis* L. var. *longifolia*（Bert.）Yü et Li 的干燥根。后者习称“绵地榆”。性味苦、酸、涩，微寒。归肝、大肠经。有凉血止血，解毒敛疮功效。用于便血，痔血，血痢，崩漏，水火烫伤，痈肿疮毒。现代医学研究证明，地榆具有止血凉血、清热解毒、收敛止泻及抑制多种微生物和肿瘤的作用，可治疗吐血、血痢、烧灼伤、湿疹、上消化道出血、溃疡病大出血、便血、崩漏、结核性脓疡及慢性骨髓炎等疾病。

地榆属药食两用品种，一般春夏季采集嫩苗、嫩茎叶或花穗，用沸水烫后换清水浸泡，去掉苦味，用于炒食、做汤和腌酸菜，也可做色拉，因其具有黄瓜清香，做汤时放几片地榆叶更加鲜美，还可将其浸泡在啤酒或清凉饮料里增加风味。此外，地榆叶形美观，其紫红色穗状花序摇曳于翠叶之间，高贵典雅，可栽植于庭院、花园供观赏。

地榆的繁殖方式有哪几种？

（1）种子繁殖 地榆种子成熟一般在 9 月中下旬至 10 月中旬，此时及时采集花穗，运回晒干脱粒后，晾晒至干燥，用罐或袋储藏，放置于阴凉干燥处保存。

直播分春播和秋播两种。春播多在三四月，秋播多在 7 月中下旬至 8 月上旬。在经过耕翻施肥整地的畦面上，按行株距 50cm × 30cm 挖 3~4cm 的浅穴，点水种植。每穴播 3~4 粒种子，播后覆盖约 1cm 的细砂土。

（2）育苗移栽 选择生产条件较好，土壤质地较为疏松、土体较为湿润的地块做苗床，结合整地亩施充分腐熟的有机肥 2000kg 做底肥，将苗床耙平整细，浇足底墒水，待水渗下后，将种子与 10~15 倍的细沙土混匀后，均匀的撒播在苗床上，播后覆 1cm 细砂土，盖上稻草等覆盖物洒水保湿，一般播后 10~15 天出苗，出苗后及时揭除稻草等覆盖物。

（3）分根繁殖 早春母株萌芽前，或秋季采挖时，将地下根茎挖起，切取粗根供药用，把带茎芽的小根茎分成带 3~4 个幼芽的种苗进行栽种。

种植地榆如何选地和整地？

（1）选地 地榆喜温暖湿润气候，对土壤要求不十分严格，人工种植宜选择富含腐殖质的砂壤土、壤土及黏壤土为好，以较湿润的地块或有浇水条件的平缓地种植为宜。

（2）整地 整地前每亩撒施充分腐熟的有机肥2000kg左右，深翻20~25cm，耙平整细，做成宽1.5~1.6m的平畦。

地榆如何进行田间管理？

（1）间苗定苗 ①直播栽培：当幼苗长至5~7cm时进行间苗。长至10~15cm进行定苗，在播种穴内间密留稀，去弱留壮，查缺补漏，按行距45cm、株距35~45cm进行定苗。

②育苗移栽：当苗长至4~5cm时进行间苗，长至8~10cm时用水浇湿床土后，即可起苗移栽。移栽时行株距50cm×30cm挖穴，每穴1~2株；分株栽培的每穴1~2株，行株距50cm×30cm。定植后及时浇定植水，以便根系与土壤紧密接触，便于成活。

（2）松土除草 在植株生长前期结合施肥进行中耕松土除草，到封垄现蕾后偶见个别高大杂草，及时采取人工拔除，即可控制草害。

（3）施肥 最宜施腐熟的人尿。当直播苗长至约近20cm，种苗移栽13~15天，每亩用人粪尿400~500kg或沼液750~1000kg兑水浇施1次；到植株现蕾抽薹期每亩用粪肥1000~1250kg或商品有机肥175~200kg沟施或穴施。如是采摘嫩茎叶的，在每次采摘后用1份人粪尿兑4份水或1份沼液兑2份水浇施1次，以满足植株生长养分、水分所需，促进植株健壮生长。遵照配方和平衡施肥的原则，底肥要足，适时追肥为辅，合理补微肥。有针对性地配合推广使用生物菌剂、生物有机肥，改善土壤团粒结构，拮抗有害菌，增强植株抗病抗逆能力，大大提升植株的健康增产潜力。

（4）摘蕾 到6~7月植株抽薹现蕾时，如不留作种用的，应及时将花蕾摘除，以减少养分消耗，以促进地下部生长。

地榆的主要病虫害有哪些，如何防治？

地榆主要病虫害有白粉病、黑斑病、蚜虫、红蜘蛛等，此类病虫害在蔬菜、瓜果、茶叶等绿色生产、控害减灾方面多采用如下措施。

（1）白粉病

①病原及症状：属子囊菌亚门、白粉菌属。主要危害叶片及花柄。病菌在病芽和病叶上越冬，有时也可以闭囊壳的形式越冬。叶片发病初期背面出现白色粉状物，叶片下面逐渐变成淡黄色斑，嫩叶受害皱缩、卷曲，有时变成紫红色。严重时，全叶被白粉层覆盖导致枯萎脱落。叶柄受害，病部略膨大，并产生弯曲。受害部位均布满白色粉层，后期白粉层中有时产生小黑点，病菌对湿度的适应性强，高湿和干旱均可侵染危害，在空气湿度高的条件下发病更重，植株过密、光线不足、通风不良、闷热或温度忽高忽低等，均有利于发病。

②防治方法

生物防治：预计临发病之前或初期用植病清（黄芩素≥2.3%，紫草素≥2.8%）水剂800倍液，或2%农抗120（嘧啶核苷类抗菌素）水剂或1%武夷菌素水剂150倍液喷雾，7~10天喷1次，连喷2~3次。

科学用药防治：预计临发病之前或发病初期选用42%寡糖·硫黄悬浮剂600倍液，或10%苯醚甲环唑水乳剂1000倍液，或80%全络合态代森锰锌可湿性粉剂1000倍液等保护性喷雾防治。发病后及时选用25%戊唑醇可湿性粉剂1000倍液，或40%醚菌酯·乙嘧酚（25%乙嘧酚+15%醚菌酯）悬浮剂1000倍液等治疗性防治。其他用药和防治方法参照“甘草白粉病”。

（2）黑斑病

①病原及症状：属半知菌亚门、黑孢盘科。主要为害叶片，其次是叶柄、叶梢、幼嫩枝和花梗。严重时常使叶片大量脱落。梅雨季节为盛发期。病菌在病残体上越冬，借助雨水或喷灌水飞溅传播，昆虫也可传播。发病适温26℃左右，多雨季节、植株长势衰弱的容易发病。

②防治方法

农业防治：清除病残体，以减少病菌来源。合理密植，通风透光良好。配方和平衡施肥，增施腐熟的有机肥和磷钾肥，推广使用生物菌肥、生物有机肥。

科学用药防治：发病前或发病初期及时喷施42%寡糖·硫黄悬浮剂600倍液或25%络氨铜水剂600倍液+海岛素（5%氨基寡糖素）水剂800倍液或6%24-表芸·寡糖水剂1000倍液保护性控害。发病期喷施唑类杀菌剂等治疗性控害。其他用药和防治方法参照“麦冬黑斑病”。

（3）根腐病

①病原及症状：属半知菌类真菌。植株根近中下部出现黄褐色斑，严重时逐渐干枯腐烂，甚至枯死。

②防治方法

农业防治：与非寄主植物实行轮作；选用无病健株留种，移栽时汰除病弱株；增施腐熟的有机肥，配方和平衡施肥，推广使用生物菌剂和生物有机肥，拮抗有害菌，增强植株抗病抗逆能力；生长期对发病较重的病株立即清除或烧毁，病穴消毒。

科学用药防治：发病初期立即防治，可用植物诱抗剂海岛素（5%氨基寡糖素）水剂800倍液或6%24-表芸·寡糖水剂1000倍液+10%苯醚甲环唑水乳剂1000倍液或30%噁霉灵水剂1000倍液淋灌根茎部。其他防治方法和用药参照“白术根腐病”。

（4）蚜虫 属同翅目、蚜总科。

①为害状：成、若虫密集于嫩叶、新梢上吸取汁液，使植株叶片发黄，植株萎缩，生长不良。

②防治方法

物理防治：规模化黄板诱杀，有翅蚜初发期可用市场上出售的商品黄板；每亩挂 30~40 块，也可参照自制相应的黄板。

生物防治：无翅蚜发生初期蚜量少时，用 0.36% 苦参碱水剂 800 倍液，或烟草水（烟叶 50g 或烟梗、烟筋、纸烟 100g 用 2kg 水充分浸泡反复搓揉后，过滤的浸出液 +0.2% 中性洗衣粉水）喷雾防治。保护瓢虫、草蛉、食蚜蝇等天敌。

科学用药防治：无翅蚜发生后扩散前进行防治，优先选用 25% 噻嗪酮可湿性粉剂 2000 倍液，或 10% 吡丙醚乳油 2000 倍，或 22.4% 螺虫乙酯悬浮液 4000 倍液喷雾防治、最大限度地保护自然天敌和传媒昆虫。其他药剂可用 92.5% 双丙环虫酯可分散液剂 15000 倍液，或 10% 烯啶虫胺可溶性粉剂 2000 倍液等喷雾防治，交替轮换用药。其他用药和防治方法参照“北苍术蚜虫”。

（5）红蜘蛛 属蛛形纲、蜱螨目。

①为害状：以成虫、幼虫、若虫在叶背面吐丝结网吸食汁液，受害叶初逐渐变成灰白斑和红斑甚至卷缩、枯焦脱落。

②防治方法

农业防治：清洁田园，将枯枝、烂叶集中烧毁或埋掉。

科学用药防治：把握灭卵关键期。当田间零星出现成、若螨时及时喷施杀卵剂。田间点片出现红蜘蛛发生时并具有上升态势应立即全田防治。优先选用 24% 联苯肼酯悬浮剂 1000 倍液喷雾，最大限度地保护天敌资源和传媒昆虫。其他防治用药和防治方法参照“地黄红蜘蛛”。

（6）蛴螬（金龟子幼虫） 属鞘翅目、金龟甲科。

①为害状：成虫（金龟子）主要取食叶片。蛴螬主要取食地下根或根颈部分，往往咬断幼苗的根、茎，使作物生长衰弱活枯死，直接影响产量和品质。

②防治方法

农业防治：施用充分腐熟的粪肥，推广使用生物菌剂、生物有机肥。

物理防治：在种植基地于金龟子发生初期开始，成方连片规模化安装杀虫灯，傍晚开灯集中诱杀成与产卵之前，推行光自动控制诱杀灯，自然控制开关。

生物防治：利用白僵菌或 100 亿 / 克的乳状菌等生物制剂防治幼虫，100 亿 / 克的乳状菌每亩用 1.5kg，卵孢白僵菌用量为每平方米 2.0×10^{9} 孢子（针对有效含菌量折算实际使用剂量）。

科学用药防治：发现有虫危害状及时用 20% 氯虫苯甲酰胺悬浮剂 1000 倍液淋灌，用毒土和淋灌灭虫法综合运用。防治方法和选用药剂参照“山药蛴螬”。

（7）地老虎 属鳞翅目、夜蛾科。

①为害状：一般在春、秋两季危害最重，常从地面咬断幼苗或咬食未出土的幼芽造成缺苗断株。

②防治方法

农业防治：低龄幼虫发生期清晨人工捉虫。

物理防治：成虫产卵前活动期用糖醋液（糖:酒:醋 =1：0.5：2）放在田间 1m

高处诱杀，每亩放置5~6盆；或成方连片规模化实施灯光诱杀。

生物防治：实施性诱剂诱杀雄虫于交配之前。

科学用药防治：幼虫低龄期及时采取毒饵或毒土诱杀及喷灌用药防治。防治方法和选用药剂参照“北苍术小地老虎”。

地榆如何采收和产地加工？

（1）药用地榆的采收、加工 采用种子繁殖的植株2~3年、分株繁殖的1年后，于春季将要发芽时或秋季地上部茎叶枯萎前后采挖，去除茎叶、须根、杂物，洗去泥沙后摊开晒干，或趁鲜切片干燥储藏。

（2）食用地榆的采集、加工 地榆的嫩苗、嫩茎叶及花穗均可食用，当播种出苗或种根萌芽成苗后即可间拔嫩苗；随着植株长大后，可摘取上部嫩茎叶；现蕾期采收花穗去杂洗净后，用沸水焯软捞出，放在清水中浸泡1天，期间换水2~3次，去掉苦辛味，供加工制作炒食、腌渍等菜肴。

玉 竹

玉竹的药用价值如何？

玉竹原名女萎，始载于《神农本草经》，列为上品。《中国药典》（2020版一部）载述：玉竹为百合科植物玉竹 *Polygonatum odoratum*（Mill.）Druce 的干燥根茎。性味甘，微寒；归肺、胃经。具有养阴润燥，生津止渴之功效，用于肺胃阴伤，燥热咳嗽，咽干口渴，内热消渴。主治热病伤阴、虚热燥咳、心脏病、糖尿病、结核病等症，并可作为滋阴、防燥、降湿、祛暑的清凉饮料和滋补食品、佳肴，具有保健作用。现代药理研究表明，玉竹有抗心肌缺血、降血糖、调节血脂、调节免疫，抗肿瘤的作用。

玉竹的生物学特性有哪些？

玉竹为多年生草本植物，株高40~60cm，浆果球形，成熟后紫黑色，直径4~7mm，其种子卵圆形，直径约3.4mm，黄褐色，无光泽，种脐明显突起，深棕色，千粒重约36g。生物学特性主要如下。

（1）宿根性 玉竹的个体发育并不因种子的形成而结束，会继续生长到地上植株的自然死亡。种子成熟后，地上部分生长缓慢，而地下部分生长加快，直至秋冬，地上部分枯萎，地下部分宿根越冬。

（2）地上茎生长单一性和当年不可再生性 玉竹地上茎单一，不分枝，当地上茎被折断或其他原因致茎死后，再不能萌芽再生，次年才从地下茎顶芽萌发新株。地下茎上的不定芽，须经一年的分化发育，次年才能出苗。

（3）地下茎横向生长性和分枝性　玉竹地下茎横生，有的略斜向地表。地下茎尖端的顶芽粗壮，每年春季，顶芽分化成一地上茎长出地面而成植株，同时分化 1~3 个地下茎顶芽，3 个顶芽成鸡爪型向前生长，形成新生的地下根茎，并不断以 3 的倍数增殖延续下去。地上茎枯死后，在地下根茎上留下一个茎痕，两个茎痕之间的距离，就是一年的生长量。

（4）地上植株的倾斜生长性　玉竹地上植株具有倾斜生长特性，倾斜生长的方向同地下根茎生长方向密切相关，一般是与地下根茎生长成 30° 向前左侧方倾斜生长。

玉竹对环境条件的有什么要求？

玉竹对地理环境适应性强，耐寒耐阴湿，南北方均可种植。但要高产优质，必须满足其生长发育的温度、水分、日照、土壤等条件。

（1）温度　玉竹喜欢温暖，地下茎发芽最低温度 8℃，适宜温度 10~15℃，现蕾开花适宜温度为 18~22℃，地下茎生长适宜温度 19~25℃。种子要经过低温阶段才能打破休眠，胚后熟期要求 25℃的温度。

（2）水分　玉竹喜欢湿润，又怕水渍，长期干旱，严重影响玉竹产量，在生长期内遇到干旱应注意抗旱保湿。

（3）光照　有一定的耐阴姓，但怕强光照射。

（4）土壤　以土层深厚、肥沃、疏松、排水良好的砂质壤土为好，酸碱度以微酸性、中性土壤为宜。土壤黏重，低洼积水，土色黑均不适宜种植。低洼积水易造成地下根茎腐烂而死亡，黏重土壤收挖时困难，黑色土壤玉竹外表颜色深，影响商品色泽。

种植玉竹如何选地和整地？

（1）选地　玉竹喜欢凉爽、潮湿、荫蔽的环境。种植玉竹宜选择背风向阳、排水良好、土壤疏松、土层深厚、富含有机质的砂质壤土或壤土，忌在土质黏重、地势低洼、易积水的地块栽培，忌连作，前茬作物最好禾本科和豆科作物，如玉米、小麦、大豆、花生等。

（2）整地　前茬作物收获后立即深翻整地，耕深 25~30cm，结合深耕，每亩施有机肥 1500~2000kg，之后耙平整细，做畦。

玉竹如何进行育苗繁殖？

玉竹种子繁殖出苗率低，生产上很少应用。在生产上多用根茎繁殖。

（1）种子繁殖 种子层积处理，即采收果实后，放入水中浸泡2~3天。搓去果皮与2~3倍的湿沙混拌均匀。选择地势高燥的地方挖40~50cm深的坑，将种沙放入坑中覆土15~20cm，上面盖上稻草或草帘第二年春季取出播种。

做畦播种，在畦上按行距10cm开2cm深的沟，将种子均匀撒入沟中，覆土2cm，镇压后覆盖树叶、稻草等物，浇水保持土壤湿润，出苗后撤掉覆盖物。

（2）根茎繁殖 ①选种：选择芽头大、色泽新鲜、无虫伤、无病害、无机械损伤的根状茎作种。每亩地需种茎200kg左右。

②播种：根茎繁殖一般在9月上旬至10月上旬播种。一般每亩1.5万~2万株，即株行距30cm×10cm，或30cm×12cm。一般土壤肥力高、施肥水平高、生产周期长的宜稍稀；土壤瘠薄、施肥水平低、则宜稍密。播种时天气干旱则稍深，反之稍浅，一般以6~7cm为好。过深地下新生根茎竖直向上生长，引起次年植株密集成丛；过浅地下茎易露出地面而影响品质，增加来年培土量。

③栽种方法：一是双排并栽法。将种茎在播种沟内摆成倒“八”字形，芽头一排向右、一排向左，用土压实；二是单排单向法。将种茎在播种沟内横向摆成单行，芽头朝一个方向，各行的芽头方向一致，然后用土压实；三是单排双向法，将种茎横向摆在播种沟内，摆成单行，芽头一左一右，用土压实。栽种一行后，应立即覆土并耙平畦面。

玉竹如何进行田间管理？

（1）除草 一般采用人工除草，出苗后第1次除草最关键，要及时手拔或浅锄，避免伤苗。

（2）追肥 当苗高5cm时应浇人畜粪肥水，每亩2000kg，施后要浇水，并要培土3~5cm。每年秋季在栽培行间开沟，追施腐熟的有机肥或者复合肥，一般每亩施土杂肥5000kg或猪牛栏肥5000kg，或45%复合肥100kg，量不宜大，不要施用碳铵，以免氨气伤苗。遵照配方和平衡施肥的原则，底肥要足，适时追肥为辅，合理补微肥。有针对性地配合推广使用生物菌剂、生物有机肥，改善土壤团粒结构，拮抗有害菌，增强植株抗病抗逆能力，大大提升植株的健康增产潜力。

（3）抗旱排涝 在春季如遇持续干旱，有灌溉条件的可进行浇水。夏季连雨天防止雨水冲刷使地下根茎露出地面。同时，做好清沟沥水，防止渍水沤根死苗。

玉竹有哪些病虫害？如何防治？

玉竹主要病虫害有灰斑病、褐斑病、锈病、小地老虎、蛴螬等，此类病虫害在蔬菜、瓜果、茶叶等绿色生产、控害减灾方面多采用如下措施。

（1）灰斑病

①病原及症状：属半知菌亚门真菌。主要危害叶片，发病叶片病斑圆形，边缘紫

色，中央灰色，常受叶脉所限呈条斑，严重时叶片枯死，造成植株死亡。

②防治方法

农业防治：冬季清洁田园，集中烧毁植株残体，减少菌源；合理控制树冠密度，保持良好的通透性。

科学用药防治：预计临发病前或初期及时喷施42%寡糖·硫黄悬浮剂（或25%络氨铜水剂600倍液或10%苯醚甲环唑水乳剂1000倍液）+海岛素（5%氨基寡糖素）水剂800倍液或6% 24-表芸·寡糖水剂1000倍液保护性控害。发病后及时喷治疗性杀菌剂控制危害，可用75%肟菌·戊唑醇水分散剂2000倍液，或17%吡唑·氟环唑悬浮剂1500倍液，或33%寡糖·戊唑醇悬浮剂3000倍液喷雾防治，其他选用药剂和防治方法参照"丹参叶斑病"。视病情把握防治次数，一般间隔10~15天1次。

（2）褐斑病

①病原及症状：属半知菌亚门、尾孢属真菌。又称黑点病，发病部位为叶片，叶缘或叶尖先开始发病，病斑逐渐向内蔓延，圆形或半圆形至不规则椭圆形。病斑受叶脉限制呈条形状，边缘紫红色或紫褐色，中央灰褐色至褐色，病健处有明显的界线。发展到后期病斑上两面生有灰黑色霉状物，病斑多时相互汇合，叶片局部枯死。病菌在病残体上越冬，借风雨传播。多雨、潮湿、排水不良、偏施氮肥、植株生长郁闭易发病。多发生在5~6月。

②防治方法

农业防治：秋后彻底清洁田间病残体，集中深埋或烧掉；春季出苗前用硫酸铜250倍液喷施地面；合理密植；发病初期及时剪除病部，并喷施保护性药剂；配方和平衡施肥，增施腐熟的有机肥，推广使用生物菌剂和生物有机肥。

科学用药防治：发病初期剪除病部后及时喷施42%寡糖·硫黄悬浮剂或25%络氨铜水剂600倍液保护性控害。发病初期可喷施喷施42%寡糖·硫黄悬浮剂（或25%络氨铜水剂600倍液或10%苯醚甲环唑水乳剂1000倍液）或80%全络合态代森锰锌可湿性粉剂1000倍液+海岛素（5%氨基寡糖素）水剂800倍液（或6% 24-表芸·寡糖水剂1000倍液）。视病情把握用药次数，一般10天左右1次，可连喷2次左右。其他用药和防治方法参照"甘草褐斑病"。

（3）锈病

①病原及症状：属担子菌亚门真菌，为害叶片。春末夏初，在低温或中等温度而湿度较高时危害，叶面出现圆形或不规则形锈黄色或褐黄色病斑，直径1~10mm，背面集生黄色杯状小颗粒（病菌锈孢子器）。一般在5~7月发病。

②防治方法

生物防治：参照"射干锈病"。

科学用药防治：发病初期及时防治，可选用唑类杀菌剂，如20%苯醚甲环唑水乳剂或25%戊唑醇可湿性粉剂1000倍液，或30%醚菌酯可湿性粉剂3000倍液，或25%嘧菌酯悬浮剂1000倍液或25%吡唑醚菌酯悬浮剂2000倍液等喷雾防治。选用其他药剂品种参照灰斑病。

（4）小地老虎 为害状、防治方法和选用药剂参照“地榆地老虎”。

（5）蛴螬 为害状、防治方法和选用药剂参照“地榆蛴螬”。

玉竹如何采收和产地加工？

（1）采收 玉竹栽培2~3年收获。一般在秋季地上茎枯萎至次年春季萌芽前采挖，采挖时先割去地上茎秆，然后挖起根茎，一般边挖边捡，抖去泥土，防止折断，选留种茎后，余下的运回晾晒加工。

（2）加工 将收获的根茎去叶、去土，去掉须根，洗净晾晒，每晒半天搓揉1次，反复几次至茎内无硬心为止，或蒸透后，揉至半透明，最后晒干包装。

加工好的玉竹如何贮藏？

玉竹一般用麻袋、编织袋包装，也可用纸箱包装，内用薄膜袋密封，贮存于通风、干燥处，温度宜在30℃以下，相对湿度70%~75%。

玉竹易虫蛀、生霉、泛油，吸湿受潮后变软，弯折断面角质光泽暗淡，两端折断面及擦伤处可见霉斑，严重时表面有绿色霉层。严重时全体呈黑色。

在贮藏期间，要勤检查，适时通风换气、翻垛、除湿、降温；高温高湿季节应将玉竹与生石灰、木炭、无水氯化钙等吸潮剂同置密封堆垛或容器内；发现出霉泛油时，可用干净清水洗净，并迅速烘干或晾干，冷却后再密封保藏。

黄 连

黄连有何药用价值？

黄连为毛茛科黄连属多年生草本植物黄连 *Coptis chinensis* Franch.、三角叶黄连 *Coptis deltoidea* C. Y. Cheng et Hsiao 或云连 *Coptis teeta* Wall. 的干燥根茎。以上三种分别习称“味连”“雅连”“云连”。黄连味苦性寒，有俗语云“哑巴吃黄连，有苦说不出”，即是对其味的形象描述。归心、脾、胃、肝、胆、大肠经。

黄连在我国药用已有两千多年的历史，《神农本草经》列为上品。主要功能是清热燥湿，泻火解毒。用于湿热痞满，呕吐吞酸，泻痢，黄疸，高热神昏，心火亢盛，心烦不寐，心悸不宁，血热吐衄，目赤，牙痛，消渴，痈肿疔疮；外治湿疹，湿疮，耳道流脓。

黄连饮片主要有三种，酒黄连、姜黄连和萸黄连。酒黄连善清上焦火热，用于目赤，口疮。姜黄连清胃和胃止呕，用于寒热互结，湿热中阻，痞满呕吐。萸黄连舒肝和胃止呕，用于肝胃不和，呕吐吞酸。

黄连的生物学特性有哪些?

黄连喜冷凉，忌高温，气温在8~32℃能生长，最适温度是15~22℃，年均气温13~17℃，最冷月平均气温5~10℃，最热月平均气温20~26℃。

黄连为阴性植物，喜弱光和散射光，幼苗期光照过强易灼伤致死，但过于阴蔽，会使叶片迅速生长，随着苗龄增加，黄连对光的需求也会逐渐加强。

黄连为湿生植物，喜湿润，不耐干旱，在幼苗期和移栽期如表层土壤干旱会影响生长，生长期间要求雨水充沛，空气湿度大。年降雨量1000mm以上，空气相对湿度60%以上。

黄连为浅根性植物，根多分布于5~10cm的土层，适宜表土疏松肥沃、排水透气性好，富含腐殖质的微酸性至中性土壤。

黄连在海拔500~2400m的山地林中或山谷阴处均有分布，一般分布于海拔1200~2000m。

黄连适合在我国哪些地方种植?

在我国，黄连主要分布在东经97°~122°，北纬22°~33°区域，集中分布在西南和中南地区的山地丘陵。历史上，黄连商品药材在川、渝、黔、滇、鄂、陕、湘、桂、皖、赣及浙、闽等省（市、区）皆盛产。

味连、雅连、云连这三种黄连，但这三种黄连在我国的分布区域有一定差异。

（1）味连 又名川连、鸡爪连，产量最大，占全国总产量的80%，重庆、湖北、湖南、陕西、贵州等省市均有种植。产于重庆石柱、南川，湖北利川、来风、恩施等地的称南岸连，产量大；产于重庆城口、巫溪，湖北巴东、竹溪等地者称北岸连，产量较少但质量好。

（2）雅连 又名峨眉连、嘉定连、刺盖连，分布于四川省西南部，主产于峨眉、洪雅、峨边、马边、金口河、雅安、雷波等地。

（3）云连 又名滇连、古勇连，主要分布于云南西北部及西藏东南部，主产于云南的福贡、泸水、德钦、碧江、贡山、腾冲、云龙、兰坪、剑川，以及西藏的察偶等地。

黄连如何选地?

黄连性喜冷凉湿润，忌高温干燥，故宜选择有斜射光照、半阴半阳的早晚阳山种植，尤以早阳山为佳。黄连对土壤的要求比较严格，由于栽培年限长，密度大，须根发达，且多分布于表层，故应选用土层深厚，肥活疏松，排水良好，表层腐殖质含量丰富，下层保水、保肥力较强的土壤。植被以杂木、油竹混交林为好，不宜选土壤瘠薄的松、杉、青冈林。石柱县产区用客土法栽培黄连，故多选择保水保肥力强、土质较黏的紫红泥，湖北利川用原土栽连，故多喜选疏松的红油沙、灰泡土栽种黄连。土壤应为微酸性至中性土壤。最好选缓坡地，以利排水，但坡度不宜超过 30°，坡度过大，冲刷严重，水土流失，黄连存苗率低，生长差，产量低。搭棚栽连还需考虑附近有否可供采伐的木材，以免增加运料困难。

黄连如何整地？

（1）生荒地栽连 生荒地栽连，应在 8~10 月砍去地面的灌木、竹丛、杂草，此时砍山，次年发生的杂草少，竹根与树根不易再发，树木含水分少，组织紧密，用作搭棚材料坚固耐腐。待冬季树叶完全脱落后，1~2 月间进行搭棚，这样栽连可节省拾落叶的劳力，故有“青山不搭棚，六月不栽秧”之说，将可作搭棚桩檩的树木，顺坡砍下，直径 10cm 左右，能做主桩的树木，在距地 1.7~2m 高处砍折，基部环切，留作“自主桩”，有加固棚架的效果。林间栽连砍净林中竹、茅草后，留下所有乔灌木，在保证荫蔽度 70% 以上的遮阴条件下，照顾到树林的稀密，和对开厢有无影响砍去多余的树木，便可翻土整地。首先粗翻土地，深 13~16cm，挖净草根竹根，拣净石块等杂物，应分层翻挖，防止将表层腐殖质土翻到下层，并注意不能伤根太狠，尤其是靠近上坡的树根一定要保留，否则树易倒伏。

（2）林间栽连 整地与生荒地栽连相同，可因地制宜做畦和选用铺熏土、腐殖质土或原土。

（3）熟地栽连 亩施基肥 4000~6000kg，浅翻入土，深 10cm 左右，耙平即可作高畦。作畦前应根据地形开好排水主沟，使水流畅通，不致冲垮厢畦。一般主沟宽 50~60cm，深 30cm，若棚大、坡陡，排水主沟应宽些、深些。主沟要直，尽量避免弯曲。根据排水主沟情况作畦，畦宽 1.5m（川东采用双厢宽 3m），沟宽 20m，深 10m，畦面要求成瓦背形。畦的长度根据地形而定，一般每隔 8~10m 要开宽 30cm 横沟，横沟应斜开，终点连接排水主沟，作畦后要在棚的上方与两侧开护棚排水沟，阻止棚外水流入棚内。

黄连人工种植中如何遮阴？

黄连的遮阴方法多种多样，遮阳网设施栽连、林下栽连、简易棚栽连、玉米黄连套作等，多年的试验研究及生产实践中，目前已由繁到简，从大量消耗木材到无木棚，从毁林栽连到造林栽连，从搭棚遮阴到套作物遮阴，遮阴栽培技术有了很大改进。无论哪种栽连方式，均需要一定的遮阴措施。下面介绍几种目前生产上常用的遮阴措施。

（1）**搭棚遮阴**　是产区历来采用的荫蔽方法。棚高1.5~1.7m。

①木头或竹竿搭棚：首先砍山备料，每亩需长1.8~1.2m，直径10~12m的棚桩150~160根；顺杆长4.6~4.8m，直径10~12cm，尖端直径5~7cm，每亩需75~80根；横杆长2~2.2m，直径4~6cm，每亩需550根。各种材料备妥后还要经过加工后，才能进行搭棚，而且搭棚技术性强，要搭牢固，使能维持5年的栽培期。

②水泥桩搭棚：牵铁丝纵横交织，涂沥青防锈，盖枝条、移杆、山草等，或者直接盖遮阳网。水泥柱搭的棚较牢固，经久耐用，可多季栽培黄连，能连续用2~3茬，但造价高。

（2）**树林遮阴**

①自然林：首先应将林内竹、茅草砍掉，然后根据树冠的荫蔽情况，砍掉过密的树枝，荫蔽不足处用藤条将靠近密林的树枝拉过来调节荫蔽度，敞阳的林间“天窗”，应补搭荫棚。总之，砍山时宜密不宜稀，荫蔽度应保持在70%以上，黄连成活率才高，后期黄连需光时，仍可修枝敞阳。

②人工造林：选较平坦或坡度较小的荒山或二荒地，用松杉树与白麻桑、红麻桑等灌木按行株距1.7m栽植，树冠封林后即开沟作厢栽连，栽两三季黄连后，松杉树已封林，即可砍去麻桑等灌木，在松杉树下栽黄连。人工造林由于荫蔽度较一致，田间管理方便，黄连产量高。此外，尚有用连翘、黄柏、杜仲等药用植物及棕树、猕猴桃等经济果木造林。

（3）**套作遮阴**　套种作物遮阴常见的有黄连与玉米、党参等套作。矮棚套种玉米栽连：选肥沃、疏松的砂壤土，整地施足基肥，作宽1.5~1.7m高畦，春季于畦两边各播种1行高秆早熟玉米，按株距30cm左右穴播，每穴播种3~4粒（定向播种，使玉米叶向两边畦内生长），7月玉米封畦，即可栽种黄连。10月玉米收获后，于行间架设支柱和顺梁，高约70cm，然后折弯玉米秆倒向梁上，稀的地方加盖树枝，成为冬春荫蔽棚。以后每年如此，但应随黄连生长年限适当增加玉米株距，根据黄连对光照的需要调节荫蔽度。

（4）**其他方法遮阴**

①矮棚遮阴：降低棚的高度至0.6~1m，可节约桩材，但耕作不便。在矮棚之间，盖上活动的盖材，工作前取下，工作后盖上。

②改良简易棚遮阴：在简易棚架上，用藤蔓植物或竹竿等作盖材，架下栽种黄连。

③人字形活动棚遮阴：用竹竿斜插“人”字形的棚，高2m，中间留一行人行道，隔成1~1.3m的厢，随着黄连需光量的增大，可调节竹竿的角度为“八”字形或立式棚。

④插芒箕遮阴：采用边栽连边插芒箕的办法，插枝密度以向下看不见地面黄连全株为度。每2年换1次。在无森林的山区也能栽培黄连，它具有投资小、效益高的优点。

总之，近年来黄连栽培的荫蔽方法有很多改进，各地因地制宜，结合当地情况采用不同的遮阴方法，只要能达到低投入、高产出的效果，就是好的。

黄连如何采种和进行种子处理？

以栽后 3~4 年生的植株所结种子为宜。同时由于黄连结实期较长，种子成熟不一致，成熟后的果实易开裂，种子落地，因此生产上应分批采种。一般在 5 月中旬至 6 月上旬，选晴天，当果实由绿变黄并出现裂痕时，将果穗从基部摘下。采种后将果穗置于阴凉地方，放置 3~5 天后搓出种子，加入种子重量 3~5 倍的细沙或腐殖土混拌均匀，进行层积处理。

自然成熟的黄连种子具有休眠特性，其休眠原因是种子具有胚形态后熟和生理后熟的特性。在产区自然成熟种子播于田间，需 9 个月才能完成后熟而萌发出苗。

黄连如何科学播种？

一般 10~11 月进行播种。播种前将种子与其重量 20~30 倍的细土或细腐殖质土拌匀后撒播于厢面，播后覆盖 1cm 的干细腐熟牛马粪，冬季干旱地区还需要再在厢面上盖一层稻草保温保湿，翌年春雪化后，及时将覆盖物揭除，不能拖延，以利出苗。一般亩用 2.5kg 左右。一般在播种后应立即搭棚，主要采用矮棚（简易棚）或在林间遮阴，苗期荫蔽度保持 80% 以上。

黄连苗期田间管理有哪些？

（1）间苗 在黄连苗生长过程中，必须控制好苗的密度，太密时，黄连苗个体纤弱，叶色较淡，应该采取间苗的办法。当幼苗长出 1~2 片真叶时，过密的，应及时间苗，间拔弱苗和瘦小苗，使株距保持 1cm 左右，将密度控制在每平方米 1000~1350 株。

（2）除草 从间苗开始，经常拔除杂草，做到除早、除小、除净。除草操作必须细致，小草用手直接扯出，大草应压住根际再将草拔起，才不会把幼苗带出。

（3）培土 黄连幼苗小，生长缓慢，根少而浅，大雨过后，幼苗根部常被雨水冲露，应及时将细腐殖质土撒于畦面，覆根稳苗，保护幼苗正常生长。

（4）施追肥 间苗后施第 1 次肥，用 0.2%~0.3% 的尿素溶液泼施，或 0.2%~0.3% 的尿素溶液加 0.1% 的磷酸二氢钾溶液进行叶面喷施。水源不足或潮湿多雨，可就地取半干半湿细土与尿素充分混合，在露水干后撒施，施后用细竹枝条将附在叶面上的肥土轻轻扫掉，以免烧伤苗叶。7~8 月及第二年 3~4 月再施 1 次。遵照配方和平衡施肥的原则，底肥要足，适时追肥为辅，合理补微肥，施用腐熟的有机肥。有针对性地配合推广使用生物菌剂、生物有机肥，改善土壤团粒结构，拮抗有害菌，增强植株抗病抗逆能力，大大提升植株的健康增产潜力。

同时，还应结合交替喷施噁霉灵、咪鲜胺等预防猝倒病、立枯病等病害。

黄连适宜什么时间移栽？

每年有3个时期适宜黄连栽种。

（1）第一个时期 2~3月雪化后，黄连新叶还未长出前，栽后成活率高，长新根、发新叶快，生长良好，入伏后死苗少，是比较好的移栽时间。

（2）第二个时期 5~6月，此时黄连新叶已经长成，秧苗较大，栽后成活率高，生长亦好，但不宜迟至7月，因7月温度高，移栽后死苗多，生长差。

（3）第三个时期 9~10月，栽后不久即入霜期，根未扎稳，就遇到冬季严寒，影响成活。只有在低海拔温暖地区，才可在此时移栽。

如何进行黄连移栽？

（1）起苗 阴天或下雨后起苗，通常上午拔取秧苗，下午栽植，如当天未栽完，应摊放阴湿处。

（2）选苗 一般应选择有4片以上真叶、株高6cm以上的健壮苗。

（3）栽植 选阴天或晴天栽植，不可在雨天进行，雨天栽种常常将畦土踩紧，秧苗糊上泥浆，妨碍成活。栽植前将须根剪短至2~3cm长，放入水中洗去根上的泥土，使便于栽苗，秧苗吸收了水分，栽后易成活。小花铲（黄连刀）栽植，深度视移栽季节、秧苗大小而定，春栽或秧苗小可栽浅些，秋栽或秧苗大可稍栽深点，一般栽3~5cm深，地面留3~4片大叶即可。

（4）栽植密度 ①味连：行株距10cm×10cm，亩栽5.5万~6.6万株。②雅连：行距10cm，株距10~13cm，亩栽5万~6万株。③云连：行距12~16cm，株距6.6cm左右，亩栽3万株。栽后把棚盖材料铺在畦面上，第二年雪化后上棚。

黄连田间管理措施有哪些？

（1）补苗 一般在栽植当年秋季和第2年新叶萌发前采用同龄苗补栽，确保植株生长一致。此后，如发现缺株，应选用相当的秧苗带土补栽，保持植株生长一致。

（2）中耕除草 移栽当年和次年，秧苗生长缓慢，杂草生长快，必须及时除草，做到除早、除小、除净，除草次数视杂草生长情况而定，一般每年除草4~5次。以后随黄连长大封垄，除草次数可逐年减少，同时每次除草要结合培土，以利发叶和根茎生长。林间栽连除草时，若发现落叶覆盖植株，应清理掉。

（3）施肥 栽植当年的9~10月施肥1次，以后每年3~4月和9~10月各施肥1次，亩用充分腐熟的有机肥1000kg或复合肥25kg，或亩用尿素7.5kg加过磷酸钙20kg。一般春肥以速效肥为主，秋肥以腐熟的有机肥为主，兼用草木灰、饼肥等；施肥量应逐年适当增加。

（4）培土 黄连的根茎向上生长，每年形成茎节，每次秋季追肥后，还应培土，在附近收集腐殖质土（或铲集林间表层腐殖质土做成熏土）经捣细后，撒于畦面。培土必须均匀，不能过厚，培土过厚根茎节间（桥梗）长，降低质量。

（5）遮阴管理 黄连对光照的需求逐年增加，因此，应逐年降低其遮阴度。无论是荫棚还是林间，都应注意调节至适宜光照条件，以利黄连正常生长发育。一般移栽当年荫蔽度为70%~80%，以后每年减少10%，至栽植后第4年，荫蔽度应减少到40%~50%。若人工林间栽培，从第3年开始应修剪过密树枝。

（6）除花薹 黄连开花结实要消耗大量营养物质，故将花薹摘除，故除计划留种的以外，花薹抽出后应及时除去，减少养分消耗，使营养物质向根茎集中，以提高产量。

黄连有哪些主要病害，如何防治？

黄连主要病害有白粉病、炭疽病、白绢病等，此类病害在蔬菜、瓜果、茶叶等绿色生产、控害减灾方面多采用如下措施。

（1）白粉病

①病原及症状：属子囊菌亚门、核菌纲、白粉菌目、白粉菌科、白粉菌属真菌。主要危害叶，在叶背出现圆形或椭圆形黄褐色的小斑点，渐次扩大成大病斑；叶表面病斑褐色，逐渐长出白色粉末，表面比叶背多，于7~8月产生黑色小颗粒，叶表多于叶背。发病由老叶渐向新生叶蔓延，白粉逐渐布满全株叶片，致使叶片渐渐焦枯死亡。下部茎和根也逐渐腐烂。次年，轻者可生新叶，重者死亡缺株。一般在7~8月发生。

②防治方法

农业防治：调节荫蔽度，适当增加光照；冬季清园，将枯枝落叶集中烧毁。

生物防治：预计临发病之前或初期，用速净（黄芪多糖、黄芩素≥2.3%）50ml+80%大蒜油5~15ml+沃丰素［植物活性苷肽≥3%，壳聚糖≥3%，氨基酸、中微量元素≥10%（锌≥6%、硼≥4%、铁≥3%、钙≥5%）］25ml+植物诱抗剂海岛素水剂10ml，兑水15kg喷雾，5天喷1次，连喷3次，可保护性防治多种病害。发病初期或发病后，用速净100ml+大蒜油10ml+沃丰素25ml+植物诱抗剂海岛素水剂10ml+农用有机硅（按说明），兑水15kg喷雾，5天喷1次，连喷2~3次，病情严重的复配其他化学药。可兼治多种病害。

科学用药防治：发病前或初期及时喷施42%寡糖·硫黄悬浮剂（或25%络氨铜水剂或600倍液或10%苯醚甲环唑水乳剂1000倍液）+海岛素（5%氨基寡糖素）水剂800倍液（或6% 24-表芸·寡糖水剂1000倍液）保护性控害。发病后及时喷施唑类杀菌剂，或75%肟菌·戊唑醇水分散粒剂2000倍液，或40%醚菌酯·乙嘧酚（25%

乙嘧酚+15%醚菌酯）悬浮剂1000倍液等，用药种类和防治方法参照“防风白粉病”。视病情把握用药次数，一般7~10天喷1次。

（2）炭疽病

①病原及症状：属半知菌亚门、腔孢纲、黑盘孢目、刺盘孢属。病原菌随病残组织在土壤中越冬。发病初期在黄连的叶脉上产生褐色、略下陷的小斑点。病斑会随着时间的推移不断扩大，最后颜色呈黑褐色，中部呈褐色，并有不规则的轮纹出现。受病之后黄连叶面上生有黑色小点（即病原菌的分生孢子盘和分生孢子）。后期病斑中央穿孔，叶柄上也产生紫褐色病斑，严重时全株枯死。一般在5月初开始发生，5月中旬至6月上旬为盛发期，老园、多风雨、土壤潮湿，通风不良，闷热，温度25~30℃、相对湿度达80%，非常利于炭疽病发生和传播，黄连发病程度就会加重，甚至导致全株枯死。

②防治方法

农业防治：发病后立即摘除病叶，消灭发病中心。冬季清园，将枯枝病叶集中烧毁。配方和平衡施肥，增施磷钾肥和腐熟的有机肥，合理补微肥，推广使用生物菌肥、生物有机肥。提高抗病和抗逆能力。清沟排渍，田间不积水。

科学用药防治：预计临发病前或初期，可喷施80%全络合态代森锰锌可湿性粉剂1000倍液，或25%溴菌腈（炭特灵）可湿性粉剂500倍液等喷雾防治。其他用药和防治方法参照“山药炭疽病”。隔7~10天喷1次，一般连续防治2~3次。

（3）黄连白绢病（白霉病）

①病原及症状：属半知菌亚门、丝孢纲、无孢目、无孢科、小菌核属。白绢病常于4月下旬发生，但是病情不明显，6月上旬至8月上旬为发病盛期。病原菌侵染黄连植株根茎处使叶片的叶脉最先出现紫褐色，逐渐扩散到全叶，最后呈枯褐色，像被开水烫过。在根茎和近土表上形成茶褐色油菜籽大小的菌核，根和茎基部腐烂，被害株顶梢凋萎、下垂，甚至全株死亡。一般连作地发病重。高温多雨利于发病。

②防治方法

农业防治：可与禾本科作物轮作，不宜与感病的玄参、芍药等轮作；发现病株，带土移出田（棚）外深埋或烧毁。

科学用药防治：用生石灰粉处理病穴及其周围，或用10%苯醚甲环唑水乳剂1000倍液等淋灌，每隔7~10天施用1次，连续施3次左右。其他防治方法和选用药参照“北苍术白绢病”。

如何防治黄连虫害?

黄连主要害虫有蛞蝓，此类害虫在蔬菜、瓜果、茶叶等绿色生产、控害减灾方面多采用如下措施。

蛞蝓属腹足纲、柄眼目、蛞蝓科。

（1）为害状 别名蜒蚰螺、鼻涕虫、旱螺等。一般 3~11 月发生，咬食嫩叶，常咬食黄连嫩叶，一般白天潜伏阴湿处，夜间爬出活动为害，露水大或雨天为害较重。

（2）防治方法

农业防治：把生姜粉撒在蛞蝓出没的地方或用浓盐水喷洒地面进行驱逐并触杀。把捉到的蛞蝓放在搅拌机里加水打成液体，加酸橙汁或柠檬汁，用喷壶喷蛞蝓出没的地方进行趋避，有效期长达 1 个月以上。晚上在蛞蝓出没的地方放一个装满啤酒的盆子，第二天可捕捉到蛞蝓。

生物防治：在蛞蝓上撒盐杀灭或用鲜黄瓜片诱捕；在畦的四周撒石灰粉，防止蛞蝓爬入畦内；每亩撒施茶饼粉 4~5kg 或用 1kg 茶麸（茶籽饼）加 1000kg 水搅匀浸泡 12 小时，取澄清液喷治，加展透剂更好。

科学用药防治：毒饵诱杀：可用 50% 辛硫磷乳油或 20% 氯虫苯甲酰胺悬浮剂 0.5kg 加鲜草或鲜菜叶 50kg 拌湿，或用 10% 蜗牛敌（多聚乙醛）颗粒剂配制成含 5%~6% 有效成分的豆饼（磨碎）或玉米粉等毒饵，傍晚时均匀撒施在田间进行诱杀。撒颗粒剂，用 8% 灭蛭灵（四乙基硫代焦磷酸酯）颗粒剂或 10% 多聚乙醛颗粒剂每亩用 2kg 均匀撒于田间进行防治，或亩用 6% 蜗螺净（四聚乙醛）颗粒剂 400~500g（干燥的情况下才能发挥作用，遇水软化效果会大大降低）撒施。喷洒药液：当清晨蛞蝓未潜入土中时，可用 50% 四聚乙醛可湿性粉剂 1000 倍液喷施。加展透剂。

如何进行黄连采收？

（1）收获年限 一般移栽后生长满 5 年收获，不宜超过 6 年，因过分延长生长期，黄连长势减弱，根茎易腐烂，产量下降。

（2）收获时期 采收一般于 10~11 月进行。收获过早，根茎水分多，折干率低；但又不宜过迟，如迟到翌年春雪化后收获，植株已抽薹开花，养分被消耗，根茎中空，产量降低，品质也劣。

（3）收获方法 选晴天，挖出全株，除去根部泥土，齐根基部剪去须根，齐芽苞剪去叶片，即得鲜黄连，分别收集根茎、须根及叶片，忌水洗。

黄连药材如何加工？

一般采用烘干或炕干法。将收获后的黄连均匀铺于炕内，干燥过程中火力不宜过大，并勤翻动，火力应随干燥程度而减小，待干后，趁热取下放在撞笼里撞去残存须根、粗皮、鳞芽及叶柄，拣去石子、土粒等杂质，即为成品药材。

太子参

太子参有何药用价值?

太子参为石竹科植物孩儿参 *Pseudostellaria heterophylla*（Miq.）Pax ex Pax et Hoffm. 的干燥块根。夏季茎叶大部分枯萎时采挖，洗净，除去须根，置沸水中略烫后晒干或直接晒干。太子参味甘、微苦，性平，归脾、肺经。具有益气健脾，生津润肺等功效，用于脾虚体倦，食欲不振，病后虚弱，气阴不足，自汗口渴，肺燥干咳等症。

太子参的生物学特性有哪些?

太子参为多年生草本植物，株高 7~20cm。块根纺锤形、肉质，外皮淡黄色，疏生须根。茎直立，基部紫色，近方形，上部绿色，近似圆形，具2行细毛，节略膨大。叶对生，近无柄，下部叶匙形或倒披针形，上部叶卵状披针形至长卵形，长约 7cm，宽约 1cm。茎顶有 4 片大形叶状总苞，花腋生，二型，茎下部接近地面的花小形，紫色，闭合，萼片 4，无花瓣，雄蕊通常 2；着生茎端总苞内的花 1~3 朵，花形大，白色，萼片 5，花瓣 5，倒卵形，雄蕊 10，花柱 3。蒴果卵形，熟时下垂，开裂；种子 7~8 粒，扁球形，紫褐色，表面具疣点。花期 3~5 月，果期 4~6 月。

太子参在自然条件下，多野生于阴湿山坡的岩石隙缝和枯枝落叶层中，喜疏松、肥沃含有丰富腐殖质的砂质壤土。它适宜温和湿润的气候，在平均气温 10~20℃条件下生长旺盛，怕炎夏高温强光暴晒，当气温达 30℃以上时，生长停滞。6 月下旬植株开始枯萎，进入休眠越夏。太子参耐寒，块根在 –20℃气温下也可安全越冬。怕旱又怕涝，药田积水容易感染病害而烂根。

自然野生散落或人工栽培获得的种子，都需满足一定低温才能萌发。研究发现 –5~5℃的条件下，150 天其萌发率为 65.8%。因此，自然界里春天才能见到籽苗。

太子参适合在我国哪些地方种植?

野生太子参分布于吉林、辽宁、内蒙古、河北、山东、安徽、江苏、浙江、河南、陕西、湖北、四川、西藏等省区，现主产于安徽、江苏、福建、浙江、山东、江西、贵州等省。太子参较耐寒，秋季下种，冬季就可长根，春季发苗，喜温暖、湿润气候，怕高温和强光暴晒，最适宜区主要分布在冬、春温和湿润的长江中下游区域，主要有贵州中部，重庆与湖南、湖北接壤处，河南南部，安徽西部，江苏中部，福建东北部以及浙江北部和东南部区域。

太子参的繁殖方法有哪几种？

生产上太子参的繁殖方法以块根繁殖为主，亦可用种子繁殖，但太子参成熟的种子具有休眠特性且种子萌发率低，一般不采用。

如何保存和选取种参？

原地保种，选排水良好优质高产的地块作种子田。于4~5月在行间套种豆类，待夏季炎热，太子参植株枯黄倒苗时，套种作物正是生长旺盛的时期，利用其茂盛的枝叶，为参地荫蔽降温，保持土壤湿润，保障种参安全越夏。栽种时，可边挖边栽，挑选芽头完整，参体肥大，整齐无伤，无病虫害的块根作种参。亦可收回保存待种，选个头均匀、健壮的参根，于遮阴处铺15cm厚的湿沙，上面摆一层参根，盖10cm厚的湿沙，再放一层参根，可放4~5层。天旱时每隔4~5天洒1次水，保持湿润。户外贮存的注意防雨，每隔15~20天翻动1次。

种植太子参如何选地、整地？

太子参喜微酸性土壤环境，最适pH值为6.5~7.0。生长过程中怕旱、怕涝，喜疏松肥沃、排水良好、富含腐殖质的砂质土壤，一般以红壤为宜，红黄壤、黄壤次之。以缓坡、土层深厚、水源充足的地段种植太子参较好。在过于黏重或贫瘠的土壤上，参根细小，分叉多而畸形，产量低，不宜栽种。太子参忌重茬，前作要求未种植参类药用植物。

前作收获后，结合整地亩施腐熟的有机肥2500~4500kg做底肥，深翻25~35cm，耙匀作宽1.3~1.5m，高20~23cm的高畦，畦的长度根据地形而定。

如何种植种参？

一般在10月下旬至11月上旬可栽种（北方可适当提前，南方可适当延后）。太子参的品质受栽种深度的影响较大，栽种太深，地下茎节长，块根虽大，但发根少，产量低；栽种太浅，茎节短，新参都集中在表土层，块根型小而相互交织，不符合产品要求。在整平的畦面上按行距12~17cm横向开深6~9cm的沟，按株距5~7cm将种参芽头向上，朝一个方向，稍倾斜地栽入沟内，覆盖细土后将表土压实，浇透水。每亩需用种参40~50kg。

太子参生育期是多少天？

人工种植的太子参全生育期200~240天，它的生育过程可分为以下4个阶段。

（1）萌芽阶段　栽种后，待气温逐渐下降到15℃，土温10℃时，种参开始缓慢发芽、发根。该阶段经过越冬，到幼苗出土为止。期间生长缓慢，主要依靠种参贮存的养分，因而要求种参肥大，基肥充足。

（2）旺盛生长阶段　翌年2月出苗后，植株生长逐步增快，并进入现蕾、开花、结果等过程。这时地上部形成分枝，植株生物量增加。地下茎逐节发根、伸长、膨大，块根数量增多，干重增加。到芒种，植株生长量达最高峰。这时是植株生长繁茂的主要时期，亦是植株吸收、制造和积累养分的关键时期。

（3）块根膨大阶段　从4月中旬开始，不定根的数量、长度显著增加，并且膨大，至6月中旬进入休眠期为止，这是形成块根产量的主要时期。块根干重高峰的出现，比地上部分干重的高峰稍迟，因而加强肥水管理，促进与延长植物旺盛生长，对提高产量十分重要。

（4）休眠阶段　芒种以后叶片开始枯黄脱落，到夏至地上部植株枯死，新参在土中开始相互散开，进入休眠越夏阶段。

太子参生长期如何进行田间管理？

（1）中耕除草及追肥　翌年春季齐苗后进行1次浅松土，结合除草每亩追施腐熟有机肥1000~1500kg，以促幼苗生长健壮。之后见草就拔，保持田间无杂草。进入5月，植株封行，可停止除草。

（2）培土　春季出苗后，将疏沟的泥土均匀撒于植株旁，进行培土，有利于根部生长发育。培土厚度在1.5cm以下，不宜过厚，否则发根少，影响产量。

（3）排灌水　太子参怕旱又怕涝，干旱时要及时浇水，保持土壤湿润，利于发根和植株生长。雨季注意及时疏沟排水，防止烂根。

如何防治太子参病害？

太子参主要病害有叶斑病、根腐病和病毒病等，此类病害在蔬菜、瓜果、茶叶等绿色生产、控害减灾方面多采用如下措施。

（1）叶斑病

①病原及症状：属半知菌亚门、球壳孢目、壳针孢属。主要危害叶片，染病叶片先出现灰白色圆形不规则小枯斑，病斑扩大后中央灰白色或淡黄褐色，边沿褐色，周围黄晕，病斑上长出黑色小点，并排列成轮纹状。后期几个病斑愈合成不规则大斑，

老病斑中央穿孔，叶片枯死，发病严重时整株叶片枯死，严重影响产量。

病菌在病残体上越夏越冬，借风雨传播，从叶片的伤口和气孔侵入。多在4~5月发生，当气温在15~18℃时开始发病，20~25℃为发病最适温度，田间温度高、湿度大时病害易流行。

②防治方法

农业防治：清洁田园，清除枯枝残体，对种植田块及周边进行人工除草；遵照配方和平衡施肥的原则，合理补微肥。有针对性地配合推广使用生物菌剂、生物有机肥，配施亚磷酸钾+聚谷氨酸，拮抗和杀灭有害菌，强根壮株，增强植株抗病抗逆能力；生长期及时拔除重病株深埋或烧毁；合理实行轮作倒茬。

科学用药防治：防治方法和用药技术参照“芍药叶斑病”。

（2）根腐病

①病原及症状：属半知菌亚门、尖孢镰刀菌和黑白轮枝孢菌。发病初期须根变褐腐烂，逐渐向主根蔓延，导致全根腐烂。随根部腐烂程度的加剧，地上茎叶自下而上枯萎，最终全株枯死。在太子参的休眠期（6~10月）亦常发生。如高温高湿、土壤透气性不好，块根易从伤口处开始发生腐烂。

病菌在鳞茎内或随病残体在土壤中越冬，气温16~17℃时开始发病，22~28℃为发病适宜温度。同时，地下害虫、根螨、土壤湿度大、雨水过多、排水不良、连作等条件均利于病害的加重发生和流行。

②防治方法

农业防治：与非寄主植物实行3年以上轮作；选用无病健株留种；遵照配方和平衡施肥的原则，合理补微肥。增施腐熟的有机肥，有针对性地配合推广使用生物菌剂、生物有机肥，拮抗有害菌，增强植株抗病抗逆能力；田间除草时应注意选择时期和深度，避免对太子参块根造成损伤；雨后应注意及时疏沟排水；生长期对发病较重的病株立即清除或烧毁，病穴注意消毒。

生物防治：参照“黄芩根腐病”。

科学用药防治：发病初期立即防治，可用植物诱抗剂海岛素（5%氨基寡糖素）水剂800倍液或6% 24-表芸·寡糖水剂1000倍液+唑类（20%苯醚甲环唑水乳剂或25%戊唑醇可湿性粉剂1000倍液），或30%噁霉灵水剂1000倍液淋灌根茎部。其他防治方法和用药技术参照“白术根腐病”。

（3）病毒病

①病原及症状：主要为烟草花叶病毒（TMV）。发病轻时叶脉变淡、变黄，形成浓淡相间的花叶；发病严重时叶片皱缩而斑驳，叶缘卷曲。在苗期发病，植株矮化，顶芽坏死，叶片不能扩展，病株块根变小，块根数量减少。

病毒以带毒的太子参种根为繁殖材料或由带毒的蚜虫传播，有资料称：叶蝉、飞虱、白粉虱等刺吸式口器昆虫也可传毒。发病时间一般在2月下旬至4月上旬，温度达到15℃时，太子参病毒病开始发生，19~20℃时进入发病高峰期，遇到干旱天气往往加重发病。

②防治方法

农业防治：选用无病毒健康种参，建立无病毒育种田，采用脱毒繁育的种苗；遵照配方和平衡施肥的原则，合理补微肥。有针对性地配合推广使用生物菌剂、生物有机肥，拮抗有害菌，增强植株抗病抗逆能力；生长期及时拔除重病株深埋或烧毁；对种植田块及周边进行人工除草，消灭杂草寄主，同时注意避免造成太子参块根损伤而引起病毒侵染；及时防治（包括周边作物上的）蚜虫、飞虱等传毒媒介；田间作业避免病株与健株之间通过汁液传毒。

物理防治：有翅蚜发生初期成方连片规模化推行黄板诱杀，可采用市场出售的商品黄板，每亩30~40块。

生物防治：前期蚜量少时，保护利用瓢虫等天敌进行自然控制。无翅蚜发生初期，用0.5%苦参碱水剂或0.5%藜芦碱可溶液剂1000倍液等植物源杀虫剂，或2.5%多杀霉素悬浮剂1500倍液喷雾防治。

科学用药防治：及时控制传毒媒介蚜虫，优先选用5%虱螨脲乳油1000倍液，或10%吡丙醚乳油1500倍液等，最大限度地保护天敌资源和传媒昆虫。其他药剂可用10%烯啶虫胺可溶性粉剂2000倍液等喷雾防治，在此基础上，预计临发病前主动预防病毒病。可用30%毒氟磷可湿性粉剂1000倍液，或2%嘧肽霉素水剂800倍液喷雾防治，视病情隔7天施药1次，一般连治3次。防治方法和用药技术参照“半夏病毒病”。

如何防治太子参虫害？

太子参害虫主要是蛴螬、地老虎、蝼蛄和金针虫等地下害虫，此类虫害在蔬菜、瓜果、茶叶等绿色生产、控害减灾方面多采用如下措施。

（1）为害状　咬食嫩苗或根茎，造成出苗不齐、植株枯死。咬食块根造成产量和品质降低，并易感染病菌。一般在块根膨大，地上部即将枯萎时危害最重。

（2）防治方法

①蛴螬：防治方法和用药技术参照“地榆蛴螬”。

②地老虎：防治方法和用药技术参照“地榆地老虎”。

③蝼蛄：防治方法和用药技术参照“麦冬蝼蛄”。

④金针虫：防治方法和用药技术参照“芍药金针虫”。

太子参如何采收？

夏至至小暑，植株枯萎倒苗时块根已长成，应及时收获。过早或过晚采收，块根粉质少，出干率低，质量也差；延期收获，则常因雨水过多造成腐烂。起挖深度一般13cm左右，按行依次细心采收。

太子参的加工方法有几种?

太子参加工有烫制晒干和自然晒干两种方法。

（1）**烫制晒干** 将挖起的鲜参放在通风良好的屋内摊晾 1~2 天，使根部失水发软，用清水洗净装入箩筐，稍经沥水后放入开水锅中，浸烫 1~3 分钟，以筷子能顺利插入参身为标准，随即摊放在芦席上暴晒至干脆。干燥后把参根装入箩筐，轻轻振摇，撞去参须，即成商品。这样加工的参称烫参，参面光，色泽好，呈淡黄白色，质地较柔软。

（2）**自然晒干** 选择晴朗有风的天气，将收获的鲜参用清水洗净后，薄薄地摊放在竹帘上（不宜直接摊放在水泥地面上），要注意及时翻动，保证晾晒均匀。秋后夜间空气湿度大，要注意将太子参收起盖好，以防返潮。当太子参晒至六七成干时，搓去须根，同时剔除沙子、其他植物根及非药用部位，去除块根腐烂、损伤部位。剔除的杂质应集中处理销毁，以防再次侵染。当太子参晒至足干（水分含量 9%~13%）时进行包装，称生晒参，参体呈黄白色，光泽较烫参差，质稍硬，断面白色粉性。

绿丝郁金

绿丝郁金有何药用价值?

绿丝郁金为姜科植物蓬莪术 *Curcuma phaeocaulis* Val. 的干燥块根，因其莪术生货剖面大部成绿色而得名。味辛、苦，性寒。归肝、心、肺经。活血止痛，行气解郁，清心凉血，利胆退黄。用于胸胁刺痛，胸痹心痛，经闭痛经，乳房胀痛，热病神昏，癫痫发狂，血热吐衄，黄疸尿赤。

绿丝郁金的植物学性状和生物学特性?

绿丝郁金的基原植物为蓬莪术，其叶鞘下端常为褐紫色；叶柄为叶片长度的 1/3~1/2 或更短，叶片上沿中脉两侧有 1~2cm 宽的紫色带直达基部；穗状花序先叶或与叶同时从根茎上抽出；缨部苞片粉红色或紫红色，中下部苞片淡绿色至近白色。块根断面浅绿黄色或近白色，根茎断面黄绿色至墨绿色，有时灰蓝色。花期 4~6 月。

绿丝郁金的主要繁殖方式? 繁殖材料如何保存?

郁金开花很少，种子多不充实，栽培上用根茎繁殖，称为“种姜”。种姜应妥善贮藏，贮藏期间需注意防止阳光照射、霜冻、病虫害和烂种等。一般将种姜堆放于避风、避雨雪、通风干燥处，防止阳光照射，贮藏期间翻动 1~2 次，避免发芽，或装入麻袋、竹筐等存放于室内通风干燥处。

种植绿丝郁金如何选地整地?

由于块根入土较深，因此宜选向阳、灌溉方便、排水良好、土层深厚、上层疏松而下层紧实的壤土或砂壤土，土壤 pH 值中性或微酸性。前作可种萝卜、马铃薯、莴笋和其他短周期蔬菜。整地前清理田园，亩撒施 2000~3000kg 充分腐熟的有机肥，深翻地 25cm 左右，耙细整平，清理出田间杂物。

如何科学栽种绿丝郁金?

（1）栽种时期 3~5 月均可栽种，以清明前栽种为宜。

（2）选种和备种 选择肥大、体实、无病虫害、无发霉、未发芽的种姜作种，一般母姜直径应不小于 2cm，长度不短于 3cm，子姜直径不小于 1.5cm、长度不短于 4cm。

（3）播种密度 株行距（45~50）cm ×（50~55）cm，每亩 2700 窝左右。

（4）播种 采用穴播。穴深 8cm 左右，口大而底平，行与行间的穴交错排列，每穴放 3~4 块种姜，播种后盖土与畦面平。

种植绿丝郁金有哪些田间管理?

（1）灌排水 姜种在栽后一周内可灌水或淋水 1 次，使种姜充分吸水，满足种姜发芽对水分的需求。天气干旱、土层干燥时，要进行灌溉或淋水。雨季应作好排水工作，防止地内积水，以免引起根茎或块根腐烂。

（2）中耕除草 出苗后要及时进行中耕除草，以后要看杂草的生长情况及板结程度进行多次。一般生长期间中耕 3 次，分别于 6 月中旬、7 月中旬、8 月中旬各 1 次。植株封行后，中耕便停止，但杂草生长过旺时要随时拔草。

（3）施肥 底肥亩施油枯 75~100kg（或有机肥 800~1200kg）+ 腐熟的农家肥 1000~1500kg+ 过磷酸钙 60~80kg，油枯在整地前撒于地表，过磷酸钙施于穴内，农家肥在播种后一周内施于地表。追肥结合中耕除草进行。分别于 6 月中旬、7 月中旬、8 月中旬进行。第一、二次追肥以农家肥为主，第三次亩施草木灰 100kg 或硫酸钾 10~15kg+ 油枯 100~120kg，腐熟饼肥 50~75kg，施于基部地面。中后期可适当叶面喷施 0.2%~0.3% 的磷酸二氢钾，以满足块根生长对钾的需求。遵照配方和平衡施肥的原则，底肥要足，适时追肥为辅，合理补微肥。有针对性地使用生物菌剂、生物有机肥，改善土壤团粒结构，拮抗有害菌，增强植株抗病抗逆能力，大大提升植株的健康增产潜力。

绿丝郁金主要有哪些病虫害，如何防治？

绿丝郁金主要病虫害有根腐病、根结线虫病、地老虎、蛴螬等，此类病虫害在蔬菜、瓜果、茶叶等绿色生产、控害减灾方面多采用如下措施。

（1）根腐病

①病原及症状：属鞭毛菌亚门、卵菌纲、腐霉属真菌。根腐病一般从6月开始发生，7~8月较重，主要危害根部，初期根局部呈黑褐色而腐烂，以后逐渐扩大，导致叶片和枝条变黄枯死。湿度大时，根部和茎部产生大量粉红色霉层即病原菌的分生孢子，之后严重发病时，全株枯萎。

②防治方法

农业防治：雨季注意加强田间排水，保持地内无积水；植株在11~12月自然枯萎时及时采挖，防止块根腐烂造成损失。

生物防治：预计临发病前可用80%乙蒜素乳油1000倍液，或25%寡糖·乙蒜素微乳剂1500倍液喷淋（灌）。其他用药和防治方法参照“黄芩根腐病”。

科学用药防治：将病株挖出烧毁，病穴撒上生石灰粉消毒；预计临发病前和发病初期及时灌浇相应杀菌剂。具体防治方法和选用药技术参照“太子参根腐病”。

（2）根结线虫病

①病原及症状：属垫刃目、根结线虫属。一般7~11月发生，为害须根，形成根结，药农称为“猫爪爪”，严重者地下块根无收。被害初期，心叶褪绿失色，中期叶片由下而上逐渐变黄，边缘焦枯，后期严重者则提前倒苗，药农称为“地火”。

②防治方法

农业防治：选用抗病品种；有条件地区与非寄主植物实行1~2年轮作，不与茄子、海椒等蔬菜间作；选择健壮无病虫根茎作种用；增施磷钾肥和腐熟的有机肥，有针对性地配合推广使用生物菌剂、生物有机肥。用55℃水浸种10分钟或45℃水浸种50分钟，不停搅动。

生物防治：优先选用10亿活芽孢/克蜡质芽孢杆菌可湿性粉剂每亩4kg，处理土壤或灌根。其他参照“山药线虫病”。

科学用药防治：可用5%寡糖·噻唑膦颗粒剂每亩2kg，或10%噻唑膦颗粒剂每亩3kg处理土壤，或用1.8%阿维菌素乳油1000倍液灌根。其他用药和防治方法参照“山药线虫病”。

（3）地老虎、蛴螬　各项防治方法和选用药剂参照“地榆地老虎和蛴螬”。

（4）姜弄蝶　属鳞翅目、弄蝶科、姜弄蝶属。

①为害状：又叫银斑姜蝶、苞叶虫，以蛹在草丛或枯叶内越冬。第二年春天4月上旬羽化、产卵，卵散产于寄主嫩叶上。5月中旬，幼虫孵化后爬至叶缘，吐丝缀叶，3龄后可将叶片卷成筒状叶苞，使叶片呈缺刻或孔洞状。并在早晚转株危害，7~8月

为发生盛期。老熟幼虫在叶背化蛹。

②防治方法

农业防治：冬季清洁田园，烧毁枯落枝叶，消灭越冬幼虫。人工摘除虫苞或捏杀。

生物防治：卵孵化期或低龄幼虫未卷叶前，可选用1.8%阿维菌素乳油1500倍液，或0.36%苦参碱水剂800倍液等喷雾防治。

科学用药防治：幼虫孵化盛期未卷叶前及时防治，优先选用5%虱螨脲乳油2000倍液喷雾防治，最大限度地保护自然天敌和传媒昆虫。其他药剂可用20%氯虫苯甲酰胺悬浮剂1000倍液，或10%溴氰虫酰胺可分散油悬浮剂2000倍液，或15%甲维盐·茚虫威悬浮剂2500倍液等均匀喷雾防治。以上杀虫剂合理相互复配和交替轮换使用，控制在幼虫卷叶之前。视虫情把握防治次数，一般7天左右1次。

如何进行绿丝郁金采收？

（1）采收期 12月中下旬至次年2月均可采挖。

（2）采挖方法 选晴天，割去地上叶苗，挖出整个地下部分，抖去泥土，摘下块根和根茎，将根茎和块根分开放置。其根茎不仅可作药用，也是其繁殖材料。因块根入土较深，并散布在土层内，故收挖工作要细致，尽量不挖断须根，并勤加翻捡，不使块根遗留土中，以免浪费。采收完毕后及时清洁田园，将枯叶、杂草等清理干净。

绿丝郁金如何加工？

块根取下后，装入竹筐内或放入网袋内，放于流水或水塘中洗净泥土，然后将郁金蒸或煮至透心，蒸煮时须盖好，用旺火把水烧沸，直至蒸汽弥漫四周，约15分钟，用指甲试切块根，不出水，无响声，即可取出，摊在篾席（晒垫）上晒干，或置入烘烤设备中进行烘干，干燥后即为成品郁金。烘干的外皮较皱缩，品相不如晒干品。

赤 芍

何为赤芍的药用价值？

赤芍为毛茛科植物芍药 *Paeonia lactiflora* Pall. 或川赤芍 *Paeonia veitchii* Lynch 的干燥根。春、秋二季采挖，除去根茎、须根及泥沙，晒干。赤芍味苦，微寒。归肝经。具有清热凉血、散瘀止痛的功效。用于热入营血，温毒发斑，吐血衄血，目赤肿痛，肝郁胁痛，经闭痛经，癥瘕腹痛，跌扑损伤，痈肿疮疡。

赤芍的植物形态特征是什么？

属多年生草本。根粗壮，黑褐色。茎高 40~70cm。下部茎生叶为二回三出复叶，上部茎生叶为三出复叶；小叶狭卵形，椭圆形或披针形，顶部渐尖，基部楔形或偏斜，边缘具白色骨质细齿。花数朵，生茎顶或叶腋，有时仅顶端一朵开放。直径 8~11.2cm；花瓣 9~13，倒卵形，长 3.5~6cm，白色；花丝长 0.7~1.2cm，黄色；花盘浅杯状，包裹心皮基部，顶端裂片钝圆；心皮（2）4~5，无毛。蓇葖长 2.5~3cm，直径 1.2~1.5cm，顶端具喙。

赤芍的种子形态特征是什么？

芍药种子椭圆状球形或倒卵形，长径 6~9mm，短径 5~7mm，表面黄棕色、棕色，稍有光泽。基部略尖，有一不甚明显的小孔为种孔，种脐位于种孔一侧，短线形，污白色。外种皮硬，骨质，内种皮薄膜质。胚乳半透明，含油分，胚细小，直生，胚根圆锥状，子叶 2 枚。

什么样的土壤适合种植赤芍？

赤芍是深根系作物，要求土层厚、疏松且排水良好的砂质壤土，在黏土和砂土中生长较差，以中性或微酸性土壤为宜，土壤含氮量不宜过高，以防止枝叶徒长，生长期适当增施磷钾肥，以促使枝叶生长。

如何进行赤芍的选地整地？

选择地势高，土层深厚、疏松、排水良好、中性或碱性砂质壤土或绵砂土水浇地。耕翻以秋季为好，深度 30~45cm，结合深翻亩施腐熟的有机肥 3000kg 以上，或生物有机肥 400~500kg 或 15：15：15 的三元硫酸钾型复合肥 30kg 加 4kg 辛硫磷颗粒混匀后施用。春季将土壤耙细整平，做宽 1.5m、高 15~20cm 的畦，畦间距 35cm。

如何进行赤芍播种？

当年 9 月中下旬用刚采下的成熟种子进行条播，方法是顺畦面方向开 5~7cm 浅沟，将种子均匀撒入沟中，覆土 5cm 左右，稍镇压。播种后用微喷带进行喷灌，20cm 土层浇透即可，以保证种子发芽水分。播种盖土后出苗前可以喷施 20% 草铵膦水剂，或 62%、41% 草甘膦异丙胺盐水剂，或 41% 草甘膦钾盐水剂，或 20% 敌草快水剂，禁用百草枯。应确保在喷施后 24 小时内不下雨的条件下使用。

如何进行赤芍的播后管理?

越冬前在畦面铺 2~3cm 厚圈肥或土杂肥，以保安全越冬。第 2 年 4 月开始出苗，视土壤墒情适当浇水。期间做好中耕除草工作，苗高 10cm 时用 10% 苯醚甲环唑水乳剂 1000 倍液喷雾预防病害。5~6 月追施 1 次 15：15：15 的三元硫酸钾型复合肥 30kg，越冬前最好上盖厩肥。第 3 年春季作种苗进行移栽。

怎样进行赤芍的育苗移栽?

于第二年 8 月起苗移栽，深度控制在 10~15cm，以赤芍全根起出为标准。起获的种苗按长短进行分类，并打成小捆备栽。如果不能立即移栽，可选通风阴凉干燥处，用潮湿的河沙层积贮藏。选择根条形、无分杈、光滑无病斑、无锈病、无机械损伤的做种苗。栽深 10~15cm，株距 34cm，将苗朝一个方向重叠平栽于沟内，覆土 5cm，镇压。移栽密度为每亩 3000 株。

如何进行赤芍的芽头繁殖?

芽头栽种于秋季收获时，清除地表茎叶，再取芽头，随挖、随分割、随栽种。选择形状粗大、芽饱满、发育充实、不空心、无病虫害的健壮芽头，根据芽眼数切成数块。栽植的垄距 65cm，株距 34cm。每穴放 1~2 个芽，在地面以下 3~6cm 为宜。

如何进行赤芍的田间管理?

（1）间苗、定苗、补苗 当幼苗出现 5 片小叶时，按株距 10cm 进行间苗，缺垄断苗处，可补苗。

（2）中耕除草 见苗后，结合人工和机械除草 3~4 次。

（3）追肥 每年 5 月上旬或 9 月中旬追肥 1 次，每亩追施生物复合肥 30~50kg。

（4）灌溉排水 秋季播种，只需在严重干旱时灌溉；春季播种时，灌 1 次透水。在多雨季节必须及时疏通排水沟，降低土壤湿度。

赤芍常见病害如何防治?

赤芍主要病害有白粉病、锈病等，此类病害在蔬菜、瓜果、茶叶等绿色生产、控害减灾方面多采用如下措施。

（1）白粉病

①病原及症状：属子囊菌纲、白粉目、白粉科。发病初期在叶面产生白色、近圆形的白粉状霉斑，白斑向四周蔓延，连接成边缘不整齐的大片白粉斑，其上布满白色至灰白色粉状物。最后全叶布满白粉，叶片枯干，后期白色霉层上产生多个小黑点（闭囊壳）。中老熟叶片易发病。

病菌主要在田间病残体上越冬，靠气流传播。在凉爽或温暖干旱的气候条下发生最为有利，但空气相对湿度低、植物表面不存在水膜时仍可侵入为害。土壤缺水或灌水过量、氮肥过多、枝叶生长过密、窝风和光照不足等，均易发病。

②防治方法

农业防治：加强田间栽培管理，注意通风透光；雨后及时排水；秋后彻底清除田间病株残体并集中烧掉；配方和平衡施肥，增施磷钾肥和充分腐熟的有机肥，合理补微肥，大力推行生物菌剂、生物菌肥，增强植株抗病和抗逆能力。

生物防治：参照“黄连白粉病”。

科学用药防治：发病初期用42%寡糖·硫黄悬浮剂或10%苯醚甲环唑水乳剂1000倍液，或25%戊唑醇悬浮剂2000倍液，或40%醚菌酯·乙嘧酚（25%乙嘧酚+15%醚菌酯）悬浮剂1000倍液等喷雾防治。其他用药和防治方法参照“防风白粉病”。视病情喷施1~3次，每隔10~15天喷1次。

（2）锈病

①病原及症状：由柱锈菌属和内柱锈菌属真菌引起。是一类严重的森林病害松干锈病。在芍药上主要发生在芽和叶片上，发病初期叶面上无明显病斑或有时出现褪绿色斑块，叶背出现黄色至黄褐色粉堆，后期叶面出现圆形或不规则形灰褐色斑，背面出现暗褐色粉状物，重时叶片提前干枯。

以菌丝在松树上越冬。4~6月间在松树上产生性孢子和锈孢子，靠气流传播，6~7月发生严重，温暖潮湿，低洼田块，多风雨，大雾重露天气有利于发病。

②防治方法

农业防治：避免氮肥施用过多，适当增施磷钾肥；及时清除田间杂草和病残体，摘除下部病叶或拔除已病植株并销毁。赤芍收获时将残株病叶集中烧毁，减少越冬菌源；选用抗病品种。芍药、牡丹附近不栽植松类作物。

生物防治：参照“黄连白粉病”。

科学用药防治：发病初期及时防治，可用42%寡糖·硫黄悬浮剂600倍液，或25%戊唑醇可湿性粉剂1500倍液等喷雾防治。其他用药和防治方法参照“北沙参锈病”。视病情把握防治次数，一般7~10喷1次。

（3）根腐病

①病原及症状：属卵菌纲、疫霉菌属。赤芍根腐病属于雨后温度忽高忽低造成死苗烂根，病菌在土壤中传播，染病株根部腐烂，维管束坏掉导致营养不能供应，地上部枝叶萎蔫，叶片变黄，严重时植株慢慢枯死，拔出根部可见根部变黑腐烂，很易从

土中拔出来。高温多雨天气往往发病率高，传播快。

②防治方法

农业防治：与非寄主植物实行轮作3年以上；选用无病健株留种；配方和平衡施肥，合理补微肥。增施腐熟的有机肥，推广使用生物菌剂、生物有机肥，拮抗有害菌，增强植株抗病抗逆能力。雨后应注意及时疏沟排水。生长期对发病较重的病株立即清除或烧毁，病穴消毒。

生物防治：参照“绿丝郁金根腐病”。

科学用药防治：发病初期立即防治，可用植物诱抗剂海岛素（5%氨基寡糖素）水剂800倍液或6% 24-表芸·寡糖水剂1000倍液+10%苯醚甲环唑水乳剂1000倍液或30%噁霉灵水剂1000倍液淋灌根茎部。其他防治方法和用药参照“白术根腐病”。视病情把握用药次数，一般10天左右用药1次。连续防治2~3次。

赤芍常见虫害如何防治?

赤芍主要害虫有蚜虫、叶螨等，此类害虫在蔬菜、瓜果、茶叶等绿色生产、控害减灾方面多采用如下措施。

（1）**蚜虫**　防治方法和选用药剂参照“地榆蚜虫”。

（2）**叶螨**　防治方法和选用药剂参照“地榆红蜘蛛”。

（3）**蝼蛄**　防治方法和选用药剂参照“麦冬蝼蛄”。

（4）**小地老虎**　防治方法和选用药剂参照“地榆地老虎”。

（5）**蛴螬**　防治方法和选用药剂参照“地榆蛴螬”。

（6）**金针虫**　防治方法和选用药剂参照“芍药金针虫”。

如何确定赤芍的适宜采收期?

①育苗繁殖方式：种苗移栽4~5年后采收；②芽头繁殖方式：芽头栽种3~4年后采收。上冻前采收，通常在10月之前，不宜过早或过迟，否则会影响产量和质量。

赤芍的采收方法?

选择晴天，将地上茎叶割去，人工或采用机器将根挖出，抖掉泥土，洗去根及根茎上附着的泥土等杂质，切下芍根进一步加工。可采用不锈钢网筐人工流水冲洗方法或者采用高压水枪清洗。并剔除枯枝、破损、虫害、腐烂变质的部分。去掉根茎及须根等杂质，切去头尾，修平。经修剪好的芍根，理直弯曲，进行晾晒或烘至半干，按大小捆成小把，以免干后弯曲。之后晒或烘至足干，贮于通风干燥阴凉处，防虫蛀霉变即可。

前 胡

前胡有哪些药用价值?

前胡为伞形科植物白花前胡 *Peucedanum praeruptorum* Dunn 的干燥根。冬季至次春茎叶枯萎或未抽花茎时采挖，除去须根，洗净，晒干或低温干燥。前胡味苦、辛，性微寒。归肺经。具有降气化痰，散风清热的功效。用于痰热喘满，咯痰黄稠，风热咳嗽痰多等症状。

前胡的生长习性?

前胡生长于海拔 250~2000m 的山坡林缘、路旁或半阴性的山坡草丛中，喜冷凉湿润气候，不耐积水，平原、山地等荫蔽度不大的空地、坡地等均可生长。种子发芽适温为 10~15℃，3~7 月为营养生长期，8~9 月开花，10~11 月种子成熟，如果是宿根留种田，开花期和结果期会提前 1~2 个月。

前胡在我国的分布?

前胡主要分布在浙江、甘肃、河南、贵州、广西、四川、湖北、湖南、江西、安徽、江苏、福建（武夷山）等地。

前胡种子何时采收?

一般在 10 月末至 11 月中下旬（宿根留种田 8~9 月），留种田内的前胡果实由青绿转变为黄褐色时，选择健康植株和种子饱满者采收，最好随熟随采。采收时用剪刀连花梗剪下，放于室内后熟一段时间，然后搓下果实，经风选、筛选除去杂质，晾干，用小布袋分装，放置于阴凉干燥通风处贮藏。有效贮存期 1 年，超过 1 年的种子发芽率很低，不宜再做种用。

前胡的繁殖方式有哪些?

前胡的繁殖方式主要有两种，一是种子繁殖，二是根茎移栽。根茎移栽繁殖方式如果管理控制不力，当年即可抽薹开花结果，造成主根木质化不能药用，无药可收。前胡结种子较多，种子发芽率较高，因此生产上一般采用种子繁殖。

种植前胡适合选择什么样的土壤，怎样进行选地整地？

前胡以收获根为主，所以最好选择土层肥沃深厚，富含腐殖质，排水良好的砂壤土或夹砂土。质地黏重的黏土、干燥瘠薄和过于低湿的地方不宜栽种。

怎样进行选地整地？

选择好的土地首先要清除杂草，然后深翻土地，施如底肥，进行旋耕耙细整平。因地开沟起厢，厢面宽 1.2~1.5m，沟深 15~20cm，做到厢面平整，无大土块和杂草根茎。

前胡播种方式和方法有哪些？

前胡播种方式可采取穴播、条播、撒播等。播种时间可春季或秋冬季。其中秋冬季播种的前胡出苗早，抗逆强，秋播一般在 11 月到 1 月。春季播种以 3 月上旬播种为好，最迟不宜超过清明，过迟则气温过高，出苗难，幼苗易出现炕苗死苗。①穴播：在准备好的厢面上按照 25cm×30cm 规格挖穴，穴深 5~7cm，每亩地用种 1.0~1.5kg，将种子拌火土灰均匀撒于穴内，每穴播种 10 粒，然后盖 1 层土或土杂灰，以不见种子为度（2~3cm）。②条播：在准备好的厢面上按照行距 25cm 挖播种沟，沟深 5cm，每亩地用种 1.0~1.5kg，与适量草木灰混合，均匀撒于沟内，然后覆土 2cm。③撒播：在整理好的土地上，每亩地用种 1.0~1.5kg，将种子与草木灰混合，均匀撒于厢面上，然后用竹枝或扫帚轻轻拂动，让种子与土壤充分接触，或者撒种后覆盖谷壳或腐烂的枯枝落叶。当苗有 2~3 片真叶时及时间苗。穴播的每穴留 2 株，条播和撒播的密度控制在每亩 1.3~1.5 株。

前胡主要施用哪些肥料？

前胡种植中一般每年施肥三次，第一次在播种前整地时施底肥，每亩施腐熟有机肥 1000kg 或硫酸钾型复合肥 40kg，第二、三次结合中耕除草，分别在 7 月下旬施促根肥，9 月施壮根肥，每亩施硫酸钾复合肥 15kg。在第二、三次施肥时注意不要伤及叶、根，如采用撒施最好在露水干后，避免肥料沾在叶片上烧苗。苗期至 7 月中旬不宜追肥，以免植株当年即抽薹开花，根部木质化而影响产量。遵照配方和平衡施肥的原则，底肥要足，适时追肥为辅，合理补微肥。有针对性地配合推广使用生物菌剂、生物有机肥，改善土壤团粒结构，拮抗有害菌，增强植株抗病抗逆能力，大大提升植株的健康增产潜力。

前胡种植中为什么要打顶?

前胡栽培中，种子播种的当年有少量抽薹开花，用根茎移栽的当年会有较多植株抽薹开花。前胡一旦开花，根部失去营养，造成木质化或空心，俗称为“公子”，这种根不能作药用。减少开花率是提高前胡产量的重要措施。因此在6月，当前胡抽薹时，从基部折断花茎，保留基生叶，对一年生生长过于旺盛的植株，在6月进行打顶，可有效控制抽薹开花，同时打顶可抑制前胡生殖生长，促进营养物资向根部运输，使得根粗壮，提高产量。

前胡怎样有效防治草害?

前胡从出苗到采收的生长期约200多天。特别是苗期，前胡生长弱，粗放管理必定造成草荒，因此控制杂草危害要做到勤除草，有草就除。为提高品质和生产安全，一般不用除草剂。

如何防治前胡病害?

前胡主要病害有白粉病、根腐病，此类病害在蔬菜、瓜果、茶叶等绿色生产、控害减灾方面多采用如下措施。

（1）白粉病

①病原及症状：属子囊菌亚门、白粉目。发病后，叶表面发生粉状病斑，逐渐扩大，叶片变黄枯萎。

②防治方法

农业防治：发现病株及时拔除烧毁。

生物防治：参照“黄连白粉病”。

科学用药防治：用10%苯醚甲环唑水分散粒剂1500倍液、25%烯肟菌酯乳油1500倍液、25%肟菌酯悬浮剂800倍液，或25%嘧菌酯悬浮剂500~800倍液，或40%醚菌酯·乙嘧酚（25%乙嘧酚+15%醚菌酯）悬浮剂1000倍液等喷雾防治。其他防治方法和选用药剂参照“赤芍白粉病”。

（2）根腐病

①病原及症状：属半知菌亚门、镰刀菌属。发病后，叶片枯黄，生长停止，根部呈褐色，水渍状，逐渐腐烂，最后枯死。低洼积水处易发此病。

②防治方法

农业防治：疏沟排水，发现病株，及时拔除烧毁。

生物防治：参照“绿丝郁金根腐病”。

科学用药防治：预计发病前或发病初期及时用药防治，可选用植物诱抗剂海岛素（5% 氨基寡糖素）水剂 800 倍液或 6% 24-表芸·寡糖水剂 1000 倍液 +10% 苯醚甲环唑水乳剂 1000 倍液或 30% 噁霉灵水剂 1000 倍液等淋灌根茎部。其他防治方法和选用药剂参照“赤芍根腐病”。

如何防治前胡虫害？

前胡主要害虫有蛴螬，此类害虫在蔬菜、瓜果、茶叶等绿色生产、控害减灾方面多采用如下措施。

（1）为害状 鞘翅目、金龟甲总科。土名叫“土蚕”，苗期咬食嫩茎，7 月中旬后咬食根茎基部。

（2）防治方法

农业防治：清除田间杂草。施用充分腐熟的有机肥。有针对性地配合推广使用生物菌剂、生物有机肥，减少或避免引诱成虫产卵。

物理防治：成虫（金龟子）发生初期未产卵前，成方连片规模化设置灯光诱杀。

生物防治：利用白僵菌或 100 亿 / 克的乳状菌等生物制剂防治幼虫，100 亿 / 克的乳状菌每亩用 1.5kg，或卵孢白僵菌用量为每平方米 2.0×10^9 孢子（针对有效含菌量折算实际使用剂量）。

科学用药防治：蛴螬为害期用 50% 辛硫磷可湿性粉剂 1000 倍液等灌根。其他防治方法和选用药剂参照“地榆蛴螬”。

前胡如何进行采收和贮藏？

在秋季 11 月进行收获，先割去枯残茎秆，挖出全根，除净沙土（不要洗）运回家，晾 2~3 天，至根部变软时晒干即成。

白 及

白及有哪些药用价值？

白及为兰科植物白及 *Bletilla striata*（Thunb.）Reichb. f. 的干燥块茎。夏、秋二季采挖，除去须根，洗净，置沸水中煮或蒸至无白心，晒至半干，除去外皮，晒干。白及性味苦、甘、涩，微寒，归肺、肝、胃经。具有收敛止血，消肿生肌的功效。用于咯血，吐血，外伤出血，疮疡肿毒，皮肤皲裂等症状。

白及除了药用外还有其他用途吗?

白及除了药用外，在功能性日用品和美容化妆品上也得到大量应用。在日用品上开发出白及牙膏等日用品，市场上也开发了白及面膜、白及霜、白及化妆水等系列美容化妆品种。

黄花白及和小白及与白及是一个品种吗?

黄花白及和小白及与白及不是一个品种。兰科白及属植物有 9 种，我国有 4 种，药典收录的白及只有兰科植物白及属白及。黄花白及、小白及、华白及功能与白及相近，民间也有用作白及替用品的，但其功效与白及还是有一定差异。白及主要功效是收敛止血，消肿生肌；黄花白及主要功效是补肺止血，消肿生肌；小白及主要功效是清热利湿，祛风止痛，止血补肺，消肿生肌；华白及主要功效是补肺止血，生肌止痛。

白及的生长习性?

白及喜温暖、阴凉和较阴湿的环境，不耐寒，忌高温和太阳直晒，也怕土壤积水。常常野生在丘陵和低山地区的溪河两岸、山坡草丛中及疏林下。植株高 18~60cm。假鳞茎扁球形，上面具荸荠似的环带，富黏性。花期 4~5 月。

种植白及如何选地和整地?

露地栽培选择土层深厚、肥沃疏松、排水良好、富含腐殖质的砂质壤土以及阴湿的地块种植。前一季作物收获后，翻耕土壤 20cm 以上，每亩施入腐熟有机肥 1500~2000kg，翻入土中作基肥。在栽种前，再浅耕 1 次整细耙平，然后顺着土地坡向，按照 1.2~1.5m 开沟做厢，沟深 20cm 左右。

白及可以在林下套作吗?

白及喜荫，所以可以充分利用林地进行套作，选择坡度不大于 30° 的林地开展林下生态种植。林下套作首先要将林下的小灌木、杂草清除干净，然后对林间空行的土地进行耕翻，捡去树根和石块，按照坡向根据林地行间距离，开沟做厢，厢面两边低中间高，待下种。

白及种苗繁殖方式有哪些？各种繁殖方式注意什么？

白及种苗繁殖方式主要有两种，一是分株繁殖，二是用种子繁殖。

（1）分株繁殖　种植三年后，白及采收时，将带芽的块茎适当剪去部分须根，做种苗移栽。分株繁殖种苗在种苗从母体上分下来后，要用草木灰或10%苯醚甲环唑水乳剂800倍液对切口处进行消毒，减少病害发生。

（2）种子繁殖　利用采收的种子，通过组培方法培育种苗或者利用配方基质和营养液直接培养种苗。组织培养繁殖种苗从瓶苗转移到田间时驯化时关键，最好在大棚设施内进行驯化，并注意遮阴保湿，直到种苗块茎长到2~3cm，有2~3个芽头再移栽到大田。基质直播育苗由于白及种子弱小，发芽力弱，播种后不宜盖土，可以与细米糠混匀后撒播，前期白及苗生长缓慢，根系极少，必须加强水分管理，且不能有太阳直晒，直播第一年的白及苗只能形成一个球状的假鳞茎，必须通过驯化待种苗块茎长到2~3cm，有2~3个芽头后再移栽到大田。

白及移栽注意哪些环节？

（1）移栽时间　白及移栽时间最好是在白及倒苗前到新芽出土前，一般是在10月下旬到第二年2月，各地根据气温时间可能会有差异。

（2）移栽方式　最好采用穴栽，穴的深度根据苗大小确定，一般10~15cm深，株行距25cm×30cm，亩密度8000株左右。移栽时盖土厚度以盖住新芽5cm左右为好，然后适量浇定根水，浇完定根水后覆盖2cm后粉碎的秸秆或者松针。

（3）地膜覆盖栽培　露地栽培的可以在整理好的厢面先覆盖黑色地膜，采用打孔移栽，移栽方式和密度同上。

如何做好白及栽培中的肥水管理？

（1）水分管理　白及喜阴湿环境，栽培地要经常保持湿润，遇天气干旱及时浇水。7~9月干旱时，早晚各浇1次水。白及又怕涝，雨季或每次大雨后及时疏沟排除多余的积水，避免烂根。

（2）肥料管理　喜肥的植物，施肥原则为重施有机肥，增施磷钾肥。除了底肥外，每年在6月和8月各追肥1次，每亩施尿素20kg、过磷酸钙40kg、硫酸钾25kg。在冬季倒苗后亩施1500kg堆肥或粉碎的秸秆，并用细土将裸露在外的根茎和幼芽适当掩盖。遵照配方和平衡施肥的原则，底肥要足，适时追肥为辅，合理补微肥。增施腐熟的有机肥，有针对性地配合推广使用生物菌剂、生物有机肥，改善土壤团粒结构，拮抗有害菌，增强植株抗病抗逆能力，大大提升植株的健康增产潜力。

如何做好白及杂草防除？

（1）人工除草 栽培第一年白及长势弱、生长慢，田间容易生长杂草，必须加强杂草防除，做到随见随除，在中期可结合中耕除草。

（2）覆盖除草 ①可以在栽培白及后在土面覆盖 2~3cm 稻草，可以起到抑制杂草生长，减少人工除草。②可以采用黑色地膜覆盖栽培，对杂草有很好的抑制作用，但地膜覆盖打孔处杂草易生长，要采用人工细除，避免除草时伤到白及。

如何防治白及病害？

白及主要病害有叶斑病、锈病等，此类病害在蔬菜、瓜果、茶叶等绿色生产、控害减灾方面多采用如下措施。

（1）叶斑病

①病原及症状：属子囊菌门、球腔菌科、尾孢菌属真菌。主要危害叶片，多在雨季发生，发生时病菌危害叶片和根部，先是叶尖呈现出褐色点状或条状病斑，然后扩大呈褐色不规则病斑，直至叶片全部覆盖，导致叶片枯死。

②防治方法

农业防治：清洁田园，清除枯枝残体，对种植田块及周边进行人工除草；配方和平衡施肥，增施腐熟的有机肥和磷钾肥，合理控氮肥和补微肥。有针对性地配合推广使用生物菌剂、生物有机肥，拮抗有害菌，增强植株抗病抗逆能力；生长期及时拔除重病株并深埋或烧毁；合理实行轮作倒茬。少量发病时，可以摘除病叶或拔出病株烧毁。在雨季田间不能积水，大雨后及时中耕松土，增加土壤透气性。

生物防治：参照“黄连白粉病”。

科学用药防治：预计临发病之前或发病初期及时喷药防治，可选用 42% 寡糖·硫黄悬浮剂 600 倍液等均匀喷雾保护性控害，治疗性药剂可用 40% 醚菌酯·乙嘧酚（25% 乙嘧酚 +15% 醚菌酯）悬浮剂 1000 倍液等进行防治，视病情把握用药次数，一般 7~10 天喷 1 次，连续 3 次左右。其他选用药剂和防治方法参照“芍药叶斑病”。

（2）锈病

①病原及症状：属担子菌纲真菌。主要为害叶、茎，初期在叶背或叶面产生黄褐色或淡黄色小点，后期病斑中央突起呈暗褐色，即夏孢子堆，周围有黄色晕圈，表皮破裂后散发出红褐色粉末状夏孢子，严重时整张叶片布满锈褐色病斑。生长中期气候潮湿时易发病。

②防治方法

农业防治：参照“白及叶斑病”。

生物防治：发病初期用 80% 乙蒜素乳油 100ml+ 植病清（黄芩素≥ 2.3%，紫草素≥2.8%）水剂100ml+植物诱抗剂海岛素（5%氨基寡糖素）10ml，兑水15~20kg喷雾，连用2~3次，间隔5天左右。病情控制后，视病情进行预防性控害。

科学用药防治：选用药剂和防治方法参照“芍药锈病”。视病情把握用药次数，一般10天喷1次。

（3）白绢病

①病原及症状：属半知菌亚门、小菌核属、白绢病菌。多发生于梅雨季节。初发病时、叶基布满白色菌丝，导致根茎腐烂。

②防治方法

农业防治：可与禾本科作物轮作，不宜与感病的玄参、芍药等轮作；使用生物菌剂、生物有机肥，配施亚磷酸钾＋聚谷氨酸。发病严重的植株拔掉，带土移出田外深埋或烧毁，并用石灰粉处理病穴。其他方法参照“白及叶斑病”。

生物防治：早春出苗前，使用青枯立克（黄芪多糖、绿原酸≥2.1%）100ml+80%大蒜油15ml+海岛素水剂10ml+农用有机硅（剂量按说明），兑水15kg喷洒床面或借雨水使药液均匀渗入土层下，兼杀土壤中多种病菌。雨季来临前，使用青枯立克（黄芪多糖、绿原酸≥2.1%）80ml +80%大蒜油15ml+海岛素水剂10ml+沃丰素［植物活性苷肽≥3%，壳聚糖≥3%，氨基酸、中微量元素≥10%（锌≥6%、硼≥4%、铁≥3%、钙≥5%）］25ml+农用有机硅（剂量按说明），兑水15kg进行全面喷雾，连喷3次，间隔7~10天，兼治多种病害，生根壮苗，增强抗病抗逆能力。

科学用药防治：预计临发病前或发病初期及时用药，可用10%苯醚甲环唑水乳剂1000倍液或75%肟菌·戊唑醇水分散粒剂2000倍液＋海岛素（5%氨基寡糖素）水剂800倍液淋灌根茎部或茎基部，每隔7~10天施用1次，连续施3次左右。其他防治方法和选用药参照“北苍术白绢病”。

白及怎样进行产地初加工？

白及种植3~4年后，在10月地上茎枯萎时，挖块茎去掉泥土，洗净泥土，放沸水中煮5~10分钟，至块茎内无白心时捞出晒干或烘干。以个大、饱满、色白、半透明、质坚实者为佳。

川贝母

川贝母有哪些药用价值？

川贝母为临床常用的名贵中药材，为百合科植物川贝母 *Fritillaria cirrhosa* D. Don、暗紫贝母 *Fritillaria unibracteata* Hsiao et K. C. Hsia、甘肃贝母 *Fritillaria przewalskii* Maxim.、梭砂贝母 *Fritillaria delavayi* Franch.、太白贝母 *Fritillaria taipaiensis* P. Y. Li

或瓦布贝母 *Fritillaria unibracteata* Hsiao et K. C. Hsiao var. *wabuensis*（S. Y. Tang et S. C. Yue）Z. D. Liu，S. Wang et S. C. Chen 的干燥鳞茎。具有清热润肺，化痰止咳的功效，而且止咳效果好且药性平和，故配伍在很多用于止咳的中成药中治疗各种类型的咳嗽，但由于组方和用量的不同，使用起来也是有所区别的。目前，以川贝母为组成成分的中成药数量多达 200 种以上，已成为广大市民居家常备的良药之一。大多用于热症咳嗽，如风热咳嗽、燥热咳嗽、肺火咳嗽。

川贝母主要在四川哪些地方分布?

商品川贝母以野生资源为主，主要分布于四川西北部及青海、甘肃、西藏等交界处。该区跨越了青藏高原、横断山脉、云贵高原等几大地貌单元，地理环境复杂，气候类型独特，是中药川贝母的主要产区。四川主要分布于川西南山地河谷区、川西高山峡谷区、川西北高原地区。

川贝母种植如何选地、整地?

宜选择背风的阴山或半阴山，以土层深厚、质地疏松、富含腐殖质的壤土或油砂土为好。生荒地可选种 1 季大麻，以净化杂草、熟化土地、改良土壤结构、增加有机质。结冻前整地，清除地面杂草，深耕细耙，作 1.3m 宽的畦，每亩用充分腐熟的有机肥 1500~2000kg、过磷酸钙 50kg、油饼 100kg，堆沤腐熟后撒于畦面，浅翻，畦面呈弓形。

川贝母如何用种子繁殖?

①带壳种子：用过筛的细腐殖土，含水量低于 10%，一层果实一层土，装透气木箱内，放冷凉、潮湿处。②脱粒的种子：按种子:腐殖土 1：4 混合贮藏室内或透气的木箱内。贮藏期间，保持土壤湿润，果皮（种皮）膨胀，约 40 天，胚长度超过种子纵轴 2/3，胚先端呈弯曲。完成胚形态后熟，可播种。9~10 月播种。采用条播、撒播或蒴果分瓣点播均可。

川贝母如何用鳞茎繁殖?

6~7 月采挖贝母时，选直径 1cm 以上、无病、无损伤鳞茎作种。鳞茎按大、中、小分别栽种，做到边挖边栽。每亩用鳞茎 100kg。也可穴栽，栽后第二年起，4 月上旬出苗后，及时拔除杂草。4 月下旬至 5 月上旬，再施 1 次追肥。7~8 月，果实饱满膨胀，果壳黄褐色或褐色，种子已干浆时剪下果实，趁鲜脱粒或带果壳进行后熟处理。

川贝母有哪些播种方式？

（1）条播 于畦面开横沟，深1.5~2cm，宽15~20cm，间距7~10cm，将拌有细土或草木灰的种子均匀撒于沟中，并立即用过筛的堆肥或腐殖质土覆盖，厚1.5~3cm，然后再盖上山草或其他覆盖材料，以减少水分蒸发防止土壤板结和冻拔。每亩用种子2~2.5kg。

（2）撒播 将种子均匀撒于畦面，以每平方米3000~5000粒种子为宜。覆盖同条播。

（3）点播 趁果实未干时进行。将未干果实分成3瓣，于畦面按5~6cm株行距开穴，每穴1瓣，覆土3cm，此法较费工，但出苗率高。

川贝母的田间管理措施？

（1）搭棚 川贝母生长期需适当荫蔽。播种后，春季出苗前，揭去畦面覆盖物，分畦搭棚遮阴。①搭矮棚：高15~20cm，第一年郁闭度50%~70%，第二年降为50%，第三年为30%；收获当年不再遮阴。②搭高棚：高约1m，郁闭度50%。最好是晴天荫蔽，阴、雨天亮棚炼苗。

（2）除草 川贝母幼苗纤弱，应勤除杂草，不伤幼苗。除草时带出的小贝母随即栽入土中。每年于春季出苗前、秋季倒苗后各用镇草宁除草1次。

（3）追肥 秋季倒苗后，每亩用腐殖土、农家肥，加25kg过磷酸钙混合后覆盖畦面3cm厚，然后用搭棚树枝、竹梢等覆盖畦面，保护贝母越冬。有条件的每年追肥3次。遵照配方和平衡施肥的原则，底肥要足，适时追肥为辅，合理补微肥。增施腐熟的有机肥，有针对性地配合推广使用生物菌剂、生物有机肥，改善土壤团粒结构，拮抗有害菌，增强植株抗病抗逆能力，大大提升植株的健康增产潜力。

（4）排灌水 1~2年生贝母最怕干旱，特别是春季久晴不雨，应及时洒水，保持土壤湿润。久雨或暴雨后应注意排水防涝。冰雹多发区，还应采取防雹措施，以免打坏花茎、果实。

川贝母的病害如何防治？

川贝母主要病害有锈病、立枯病等，此类病害在蔬菜、瓜果、茶叶等绿色生产、控害减灾方面多采用如下措施。

（1）锈病

①病原及症状：属担子菌亚门、冬孢纲、锈菌目。又叫黄疸病，为害茎叶，病原多来自麦类作物，多发生于5~6月。发病初叶背面和茎基部出现金黄色侵染病斑，孢子成熟后呈金黄色粉末状随风传播，此期为夏孢子阶段。以后病斑部位出现组织穿孔，切断输导组织，使茎叶枯黄，造成植株早期死亡。后期在贝母感病植株枯萎时，

茎叶普遍出现黑褐色圆形孢子群，为冬孢子阶段。贝母栽植靠近麦类作物，或田间病残株茎叶清理不净、杂草较多，菌源丰富，易成翌年引起贝母发病。

②防治方法

农业防治：选远离麦类作物的地块种植。整地时清除病残组织，减少越冬病原。增施磷、钾肥和腐熟的有机肥，推广使用生物菌剂和生物有机肥。

生物防治：参照“黄连白粉病”。

科学用药防治：发病初期及时防治，可用吡唑醚菌酯、唑类等杀菌剂防治。具体防治方法和选用药剂参照“赤芍锈病”。

（2）立枯病

①病原及症状：属半知菌亚门、丝孢纲、无孢目、丝核菌属。1~2 年生幼苗期容易发病，发生于夏季多雨季节，空气湿度大和土壤湿度大是该病发生的主要条件。侵染症状发病部位在地表下幼苗叶柄基部，多数距地表 2~3cm 的干湿土交界处，叶柄基部发病部位呈黄褐色小斑点，后扩大呈凹陷长斑，逐渐深入叶柄内，使发病叶柄溢缩变细变软，致使贝母叶片萎蔫甚至成片死苗。苗倒伏前极易拔起，幼芽受害往往不能出土，有的在心叶尚未展开之前即全部腐烂。感病早的植株在地里往往形成发病中心，迅速向四周蔓延造成贝母苗成片死亡。当雨后转晴，此种现象最为明显。适宜生长温度为 15~20℃，25℃时生长速度明显减慢，30℃下则完全不能生长。早春地温上升到 15℃时贝母立枯病开始发生。病菌适宜在 pH 值 4~5 偏酸性条件下生长。

②防治方法

农业防治：避免病土育苗。与非寄主植物合理轮作；苗期及时松土和防止土壤湿度过大；发现病株及时拔除深埋处理；注意排水、调节郁闭度；棚室育苗注意调节温湿度以及阴雨天合理揭棚盖等。配方和平衡施肥，增施腐熟的有机肥、生物菌肥、生物有机肥，合理补微肥。

科学用药防治：土壤消毒，用 10% 苯醚甲环唑水乳剂 1000 倍液在播种和移栽前处理土壤。发病初期用 30% 噁霉灵水剂 +10% 苯醚甲环唑水乳剂按 1∶1 复配 1000 倍液或用 10 亿活芽孢 / 克枯草芽孢杆菌 500 倍液灌根，7 天淋灌 1 次，连续 3 次左右。其他用药和防治方法参照“桔梗立枯病”。

（3）根腐病

①病原及症状：属半知菌类、丝孢纲、瘤座孢目、瘤座孢科、镰刀菌属。多发生在低洼水湿之地，弱苗小贝，茎叶枯黄，根须呈黄色腐烂。一般 5~6 月发生。

②防治方法

农业防治：与禾本科作物进行 3 年以上的轮作；疏沟排水，保持适宜的田间湿度。发现病株及时拔除携出田外销毁处理，用 5% 石灰水病穴消毒。

生物防治：预计发病前或发病初期用 10 亿活芽孢 / 克枯草芽孢杆菌 500 倍液灌根，7 天喷灌 1 次，连续喷灌 3 次以上。畦面消毒及幼苗处理：用青枯立克（黄芪多糖、绿原酸≥ 2.1%）50ml+“地力旺”生物菌剂（枯草芽孢杆菌、地衣芽孢杆菌、巨大芽孢杆菌、凝结芽孢杆菌、嗜酸乳杆菌、侧孢芽孢杆菌、5406放线菌、光合细菌、胶冻样芽孢杆菌、绿色木霉菌）50ml（或相应的生物菌剂）+海岛素水剂10ml。兑水15kg，出苗前畦面喷雾或移栽时喷施定植沟，可兼治苗期（土壤及幼苗）多种病原菌；壮苗。缓苗期：青枯立克50ml+"地力旺"生物菌剂50ml+海岛素水剂10ml。兑15kg水灌根。展叶期、现蕾期：0.5%小檗碱水剂50ml+80%大蒜油10ml+植物诱抗剂海岛素（5%氨基寡糖素）水剂10ml，15kg水喷雾，治病强身。雨前及病害高发期：0.5%小檗碱水剂100ml+80%大蒜油19ml+海岛素（5%氨基寡糖素）水剂10ml，兑水15kg喷雾。发病后治疗：用青枯立克（黄芪多糖、绿原酸≥2.1%）200ml+80%大蒜油10ml+海岛素水剂10ml+农用有机硅（剂量按说明），兑水15kg喷雾2~3次，每次间隔3~5天。严重的可复配相应化学药剂。以上80%大蒜油可用80%乙蒜素乳油替代。

科学用药防治：发病初期及时用药防治，可选用植物诱抗剂海岛素（5%氨基寡糖素）水剂800倍液或6% 24-表芸·寡糖水剂1000倍液+10%苯醚甲环唑水乳剂1000倍液（或30%噁霉灵水剂或80%全络合态代森锰锌可湿性粉剂1000倍液等）淋灌根茎部。其他防治方法和选用药剂参照"前胡根腐病"。

川贝母的虫害如何防治？

（1）地老虎 咬食茎叶，防治方法和选用药剂参照"地榆地老虎"。

（2）蛴螬 4~6月为害植株，防治方法和选用药剂参照"地榆蛴螬"。

（3）金针虫 4~6月为害植株，防治方法和选用药剂参照"芍药金针虫"。

川贝母种子如何采收？

川贝母种子因生长的自然环境不一，成熟时间不一致，故应根据果实成熟程度来决定采收期，当贝母果实饱满，果实全变枇杷黄而不存绿色，即蜡熟期采收为佳。采种当天最好以苔藓类植物分层覆盖，装竹筐，保持通气，不干，以促进母种胚的分化，缩短成胚时间。

川贝母如何采收与加工？

（1）采收 川贝母家种、野生均于6~7月采收。家种贝母，用种子繁殖的一般在播后第三年或四年收获。选晴天挖起鳞茎，清除残茎、泥土。挖时勿伤鳞茎。

（2）加工 贝母忌水洗，挖出后要及时摊放晒席上；以第一天晒至半干，次日能晒至全干为好，切勿在石坝、三合土或铁器上晾晒。切忌堆沤，否则冷油变黄。如遇雨天，可将贝母鳞茎窖于水分较少的沙土内，待晴天抓紧晒干。亦可烘干，烘时温度控制在50℃以内。在干燥过程中，贝母外皮未呈粉白色时，不宜翻动，以防发黄。翻动用竹、木器而不用手，以免变成“油子”或“黄子”。

续 断

续断有哪些药用价值?

续断为川续断科植物川续断 *Dipsacus asper* Wall. ex Henry 的干燥根。秋季采挖，除去根头和须根，用微火烘至半干，堆置“发汗”至内部变绿色时，再烘干。续断味苦、辛，微温。归肝、肾经。具有补肝肾、强筋骨、续折伤、止崩漏的功效，用于肝肾不足，腰膝酸软，风湿痹痛，跌扑损伤，筋伤骨折，崩漏，胎漏。酒续断多用于风湿痹痛，跌扑损伤，筋伤骨折。盐续断多用于腰膝酸软。

续断适宜的气候环境?

多年生草本，植株最高可达 2m，主根 1 条或在根茎上生出数条，圆柱形，黄褐色，稍肉质。喜温暖凉爽湿润气候，耐寒，忌高温，栽培时宜选择海拔 1600m 以上的地区。川续断对土壤的要求不太严，但排水必须要好，以土层深厚的砂壤土最好。川续断开花期 7~9 月，果期 9~11 月。

续断怎么繁殖?

川续断一般采用种子繁殖，可直播，也可以采用育苗移栽，有灌溉条件的地方一般以直播为主，坡地以育苗移栽的方式种植较好。直播成本低，主根不易分叉，产品质量好，但对土地的要求较高。育苗移栽的方式种植主根分叉较多，但可以充分利用价值较低的坡地和山地。

种植续断如何选地、整地?

选择土层深厚、富含腐殖质的砂质壤土，直播地选择有一定坡度的地块，育苗地选择便于管理且有灌溉条件的平地。播种前深耕 30cm，每亩施入腐熟农家肥 2000~3000kg，复混肥 50kg 作基肥，旋耕将肥料与土壤混匀，整平耙细，平地或缓坡地做成宽 1.2m、高 20cm 的厢，四周开挖排水沟。

如何做好续断播前种子处理?

播种前，将种子用 40℃的温水浸泡 24 小时，捞出放在纱布袋中保温催芽，每天浇水 2 次，待少量种子开始露白时即可播种。

续断什么时候播种？播种方法是什么？

续断播种分春播和秋播，春播在 3 月底至 4 月初，秋播以 11 月为宜。

（1）**种子直播** 种子直播可采用窝播和条播。窝播是在整理好的厢面上按株行距 25cm × 30cm 开窝，窝深 7~10cm，窝内浇透水，待水浸完后，每窝播种 6~8 粒，播后浅覆土；条播按行距 30cm 开沟，沟深 5cm，宽 10cm，播前按种子∶细土 =1∶3 的比例混匀均匀撒入沟内，覆 1~2cm 薄土，播种后可在土面覆盖 2cm 松针，保湿。每亩用种量 2~2.5kg。

（2）**育苗移栽** 先将厢面浇透水，然后将种子∶细土 =1∶3 的比例混匀后，均匀撒播在厢面，覆盖 1~2cm 的细土，再盖 2cm 松针，每亩用种量 3~3.5kg。温度较低的地区可搭建拱棚保温。当苗高 7~10cm，长出 3~4 片叶时可移栽。移栽时，按株行距 30cm × 40cm 开穴，穴深 15~ 20cm，每穴栽种 1 株。每亩栽 5000~6000 株，移栽时一定要让根系充分舒展，不能将根须剪短，以免分叉。栽后浇定根水。出苗后要加强苗床的水分管理，防止干旱烧苗。

续断成苗后需要间苗、定苗吗？

川续断播种后一般 10~15 天出苗，直播苗长出 2 片叶时进行间苗，每穴留苗 2~3 株，条播的株距按照 15cm 留一株。在 4 片叶时定苗，穴播的每穴留 1 株，条播的每 30~40cm 留一株。同时定苗拔出的健壮苗用于补缺或另行移栽。

续断生长期如何进行肥水管理？

直播的川续断出苗三个月后，结合除草施尿素 12~15kg，育苗移栽的川续断在移栽 20 天后的返苗期追施人畜粪水。以后每年结合中耕除草追肥 1 次。遵照配方和平衡施肥的原则，底肥要足，适时追肥为辅，合理补微肥。增施腐熟的有机肥，有针对性地配合推广使用生物菌剂、生物有机肥，改善土壤团粒结构，拮抗有害菌，增强植株抗病抗逆能力，大大提升植株的健康增产潜力。

续断如何防止抽薹开花？

续断种植第二年 6~7 月抽薹开花，为使地下根粗壮，不留种的植株应及时割除花茎，叶片生长过旺的植株割除部分叶片。

如何防治续断病害？

续断主要病害有根腐病，此类病害在蔬菜、瓜果、茶叶等绿色生产、控害减灾方面多采用如下措施。

（1）**病原及症状** 属半知菌亚门、瘤座菌目、镰刀菌属。高温高湿和多雨季，土壤较长期积水时易发病。患病根部腐烂，植株枯萎。

（2）**防治方法**

农业防治：选择海拔较高、气候凉爽、排水良好的地块和合理密植；雨季及时清沟排涝，发现病株及时清除。与非寄主植物实施轮作。使用生物菌肥、生物有机肥，配施亚磷酸钾＋聚谷氨酸，免疫抗病、杀菌抗逆、强根壮株。

生物防治：预计发病前或发病初期用10亿活芽孢/克枯草芽孢杆菌500倍液灌根，7天喷灌1次，连续喷灌3次以上。其他参照“川贝母根腐病”。

科学用药防治：发病初期及时用药防治，可选用植物诱抗剂海岛素（5%氨基寡糖素）水剂800倍液或6% 24-表芸·寡糖水剂1000倍液+10%苯醚甲环唑水乳剂1000倍液（或30%噁霉灵水剂或80%全络合态代森锰锌可湿性粉剂1000倍液等）淋灌根茎部。视病情把握用药次数，一般10天左右用药1次，连续淋灌2次左右。其他防治方法和选用药剂参照“前胡根腐病”。

如何防治续断虫害？

续断主要害虫有蚜虫、蝼蛄等，此类害虫在蔬菜、瓜果、茶叶等绿色生产、控害减灾方面多采用如下措施。

（1）**蚜虫** 防治方法和选用药剂技术参照“地榆蚜虫”。

（2）**蝼蛄** 防治方法和选用药剂参照“麦冬蝼蛄”。

（3）**小地老虎** 防治方法和选用药剂参照“地榆地老虎”。

（4）**蛴螬** 防治方法和选用药剂参照“地榆蛴螬”。

（5）**金针虫** 防治方法和选用药剂参照“芍药金针虫”。

如何进行续断采收和加工？

秋播的续断在第三年采收，春播的续断第二年采收。采挖最好在秋季封冻前，采收时割去地上茎叶，深挖，把全根挖起，除去泥土和芦头、细根，再晒或烘干即可，置阴凉干燥处存放，防虫蛀、霉变。注意结籽后的续断，根已木质化，不能作药用。

大黄

大黄有哪些药用价值?

大黄为蓼科植物掌叶大黄 *Rheum palmatum* L.、唐古特大黄 *Rheum tanguticum* Maxim. ex Balf. 或者药用大黄 *Rheum officinale* Baill. 的干燥根和根茎。主产于青海东部、甘肃南部、四川西北部和西藏东北部。大黄主要含芦荟大黄素、大黄酸、大黄素、大黄酚和大黄素甲醚，总含量约 1.7% 以上。大黄味苦，寒。归脾、胃、大肠、肝、心包经。用于泻下攻积，清热泻火，凉血解毒，逐瘀通经，利湿退黄。用于实热积滞便秘，血热吐衄，目赤咽肿，痈肿疔疮，肠痈腹痛，瘀血经闭，产后瘀阻，跌打损伤，湿热痢疾，黄疸尿赤，淋证，水肿；外治烧烫伤。酒大黄善清上焦血分热毒，用于目赤咽肿、齿龈肿痛。熟大黄泻下力缓、泻火解毒，用于火毒疮疡。大黄炭凉血化瘀止血，用于血热有瘀出血症。

大黄适宜于哪些地方栽培?

大黄性喜阴湿冷凉气候，怕干旱、高温天气，耐旱性较弱，适宜生长于海拔 2000~3000m 的高寒潮湿坡地。要求年均温 3~15 ℃，年积温（≥ 10 ℃）为 1500~3000℃，年降水量 400~900mm，无霜期 80~140 天。大黄栽培对土壤要求不严，土质疏松、土层深厚、富含有机质和排水良好的中性、微酸性或微碱性土壤均可，以中性或弱碱性富含腐殖质的砂质土壤较好。

我国是大黄属植物的分布中心，掌叶大黄主要分布于青海及甘肃东南部、四川西北部、西藏东部和陕西南部的秦岭北坡、湖北西南部、贵州北部、云南西北部，宁夏西南部的六盘山区亦有分布。唐古特大黄主要分布于青海南部、西藏偏东部，甘肃南部和祁连山北麓、四川西北部，云南西北部亦有分布。药用大黄主要分布于四川东北部及南部盆地边缘、贵州北部、云南西北部、湖北西部、河南西部、陕西南部和甘肃的东南部。青藏高原东部，包括青海东部、甘肃南部、四川西北部和西藏东北部，是我国大黄资源的现代分布中心。该地区大黄资源丰富、群集度高，并且海拔较高，无霜期较短，植物生长较慢，物质积累时间较长，所产药材质地坚实，香气浓郁，番泻苷含量高。历史上著名的商品“西宁大黄”“铨水大黄”皆产于此。

大黄规范化栽培如何选地整地?

土壤以黑土、褐土、黑垆土为宜，要求土层深厚、土质疏松肥沃、无积水，阴凉潮湿，所选地块坡度应小于 25°，轮作周期 3 年以上，前茬作物以麦类作物、豆类作物、油菜、马铃薯为宜，严禁连作。

前茬作物收后或春季翻地后整地。冬前深耕、耙细耱平，保墒过冬以备早春移栽。春季土壤解冻后，于3月中下旬至4月上中旬浅耕细耱一遍，要求整平地块，做到相对平整，避免形成坑洼地带。结合春季翻地、整地，施足基肥，每亩施腐熟有机肥料1000~1500kg，配施三元复合化肥30kg。有条件的地块，可增施腐熟油渣30~40kg或施炒熟油菜籽7~10kg。

大黄育苗如何挑选和处理种子？

大黄一般采用种子育苗，第二年用种苗移栽的方法生产药材。育苗选用的种子必须种源准确，贮藏良好，色泽鲜艳，籽粒饱满，无霉变，无虫蛀，严禁采用陈种育苗。播种前一天，将种子置于棚膜或者篷布上，每10kg大黄种子喷洒10%苯醚甲环唑水分散剂1000倍液，边喷洒边翻动，拌种后闷种一昼夜即可播种，每亩播种量8~10kg。

大黄如何育苗？

一般4月中下旬至5月中旬前育苗。播种时，在整好的育苗地块一边做畦，一边播种。顺坡作畦，畦面宽100~120cm，畦间排水沟宽30cm，畦高15~20cm，畦方向顺着上下坡方向。先用三齿耙将育苗地浅耙一遍，用铁耙整平，再用木耙将苗床刮平。将处理好的种子均匀撒播，并用细土覆盖，厚度0.5~0.7cm。低半山区降雨量稍少，光照强、气温高、地表容易干旱板结，影响出苗，种子播种量掌握在每亩10kg。为了提高种子出苗率，可采用条播技术，在畦面上按照行距20cm开深8cm左右浅沟，在播种沟内均匀撒种。边播种，边覆土，并稍加镇压。

大黄苗如何除草？

育苗后约20天出苗，两片真叶时，进行第1次人工除草，结合人工除草，按照株距3~4cm进行间苗。以后每视杂草生长情况及时除草。

大黄苗如何加强越冬期管理？

大黄苗当年不采挖，露地越冬，第二年春季移栽时采挖。10月下旬霜降后，大黄苗叶片枯黄，割去地上叶片后，亩施2000kg农家肥，覆盖地表，并加强看管，防止牲畜践踏。

大黄苗如何采挖？

春季3月下旬至4月上旬，耕层土壤解冻后，用三齿爪或者直把四齿爪，从苗床一侧垂直向下挖进土层25cm左右，摇动三齿爪，挖松苗床土，手工拣出大黄苗。采挖时，要求保持大黄苗主根完整，将不合格的过小苗、过大苗、侧根过多的苗以及病苗、虫伤和机械损伤苗除去。

将不同等级的种苗整齐装入编织袋或者按5~10株一把用塑料绳扎把，分别装入编织袋备用。种苗数量大且运输距离远时一般采用车辆运输。运输过程中保持透气、防挤压、防雨淋、防日晒，严禁用含残毒、有污染、有异味的交通工具运载。

大黄苗在移栽前如何选苗？

大黄一般3月下旬至4月上旬移栽，移栽前选用无病害感染、侧根少、表皮光滑、苗身直、直径2~3cm，长20cm左右的大黄苗作种苗用。

如何规范化移栽大黄苗？

大黄规范化移栽，必须参照相关标准，规范化操作。一般掌叶大黄或者药用大黄在定植时，种子田按行距70~80cm、株距60cm开挖穴，每穴斜放大苗小苗各1株，每亩1400~1500穴。大田生产按行距50~60cm、株距50cm开挖穴，每亩2200~2500穴。

唐古特大黄定植时，种子田按行距70~80cm、株距60cm开挖穴，每穴斜放大苗小苗各1株，苗头朝上，苗尾舒展于穴内，用下一穴开穴的土覆盖，使苗头低于地面2~3cm，将土踩实，每亩1400~1500穴。大田生产按行距50~60cm、株距50cm开挖穴，每亩2200~2500穴。

高寒阴湿区大黄栽培，可先覆盖农用地膜，采用幅宽100cm左右的黑色除草膜，按照垄宽80cm，垄沟宽50cm覆膜，然后在垄面上开穴。每垄两行，行距50~60cm，穴距50cm，苗头在膜下5cm左右，穴口用湿润细土覆盖，并封严膜孔。

大黄定植田如何做好田间除草？

大黄定植后约20多天出苗，一般于5月中旬2~3片真叶时进行第1次中耕锄草；第二次中耕锄草于6月中下旬进行，结合中耕锄草，在根际位置进行培土，高度10~15cm，以后视田间杂草生长情况，拔除大草。

由于受到干旱、鼠害等影响，大黄移栽后往往有缺苗现象，出苗后应及时查苗补苗。移栽时于地边角集中栽植少量苗子，以备补苗用。发现缺苗时，将地边角集中栽植的备用苗带土挖出，栽植于缺苗处，如遇土壤干旱则深栽到湿润土层。于大黄苗生长到2~3叶时进行间苗，每穴两株苗应间去一苗，将弱苗、病苗小心拔除，避免伤及健壮苗，间苗后在苗旁壅土。

大黄栽培如何追肥培土？

大黄喜肥，除施足基肥外还应多施追肥。追肥是大黄增产的重要措施之一，据试验统计，追肥可提高产量30%以上。因大黄以根及根茎入药，故需磷钾肥较多。每年结合中耕除草都要追肥2~3次。第1次于大黄移栽第二年返青后，每亩追施充分腐熟的有机肥1500~2000kg，或腐熟油渣50kg；第二次于7月下旬每亩施三元复合肥15~20kg；第三次于秋末植株枯萎后，施用腐熟农家肥或土杂肥壅根防冻，如堆肥中加入磷肥效果更好。遵照配方和平衡施肥的原则，底肥要足，适时追肥为辅，合理补微肥。增施腐熟的有机肥，有针对性地配合推广使用生物菌剂、生物有机肥，改善土壤团粒结构，拮抗有害菌，增强植株抗病抗逆能力，大大提升植株的健康增产潜力。

培土是栽培大黄的一项特殊增产措施，在每次中耕除草、施肥时，均应培土，以提高商品性，增加产量。

大黄栽培如何摘薹？

掌叶大黄栽后的第2年部分植株开花，第3年全部植株抽薹开花；唐古特大黄第三四年大量植株抽薹。大黄抽薹消耗大量养分，除留种田外，要及时摘薹，抑制大黄的生殖生长，促进光合产物向根和根茎部运输贮藏，提高根及根茎的产量和品质。摘薹时应选晴天进行，一般于4月上中旬大黄返青后抽薹高25cm左右时，从第二节以上剪去花薹，并用土盖住根头部分并踩实，以防止切口灌入雨水后腐烂。

大黄如何防治病虫害？

大黄主要病害有根腐病、黑粉病等，虫害有蚜虫、蛴螬等。此类病虫害在蔬菜、瓜果、茶叶等绿色生产、控害减灾方面多采用如下措施。

（1）根腐病

①病原及症状：属半知菌亚门、粉红单端孢霉菌、尖孢镰刀菌和立枯丝核菌。大黄根腐病主要危害幼苗，成株期也能发病。发病初期仅个别支根和须根感病，并逐渐向主根扩展，主根感病后早期植株表现症状不明显，随着病情加重其根部腐烂程度的加剧，地上部分新叶首先发黄，在中午前后光照强、蒸发量大时，植株上部叶片出现萎蔫，但夜间又能恢复。病情严重时，萎蔫状况夜间也不能再恢复，整株叶片发黄、枯萎。此时，根皮变褐，并与髓部分离，随后全株死亡。

②防治方法

农业防治：与豆科、禾本科等作物轮作倒茬；注意雨季排水；发现病株后及时拔除，病穴用生石灰消毒；清理田间植株残体等杂物，在远离田园处深埋或烧掉。增施磷钾肥和腐熟的有机肥，有针对性推广使用生物菌剂和生物有机肥，提高大黄抗病和抗逆能力。

生物防治：用10亿活芽孢/克枯草芽孢杆菌500倍液灌根。其他方法参照“川贝母根腐病”。要同时上喷下灌效果更佳。7~10天1次，连续3次。

科学用药防治：预计临发病前或初期及时用药，可用10%苯醚甲环唑水乳剂1000倍液淋（灌）到茎基部和根部；大黄生长前期可适期早用80%全络合态代森锰锌可湿性粉剂800倍液灌根，7~10天1次，连续3次左右进行预防性控害。其他防治方法和选用药技术参照“续断根腐病”。

（2）黑粉病

①病原及症状：属鬼笔目、鬼笔科。黑粉病主要为害叶片，发生后在叶片背面沿脉形成网纹状肿大，最初红色至紫红色，出现红色隆起状斑，后变为红褐色。有的呈鲜红色脓疱状，俗称红疱，叶片正面呈淡黄色网纹，最后叶片穿孔、枯萎。叶柄上形成瘤状泡斑，排列成行。病株生长停滞，矮化，叶片变小，有的提早枯死。

②防治方法

农业防治：参照“大黄根腐病”。

生物防治：预计临发病之前或初期用2%农抗120（嘧啶核苷类抗菌素）水剂或1%武夷菌素水剂150倍液喷雾，7~10天喷1次，连喷2~3次。

科学用药防治：发病初期及时防治，可用唑类杀菌剂、吡唑醚菌酯等，具体选用药技术及防治方法参照“甘草白粉病”。视病情把握用药次数，一般隔7~10天喷药1次，连喷2次左右。

（3）锈病

①病原及症状：属担子菌亚门、单胞锈菌属。发病初期在叶背首先出现如针头状大小突起的黄点，即夏孢子堆。病斑扩大后呈圆形或不规则形。夏孢子堆可在藤上、叶沿周缘发生，但以叶背为主。严重者可造成叶片破裂、穿孔，以致脱落。

②防治方法

农业防治：参照“大黄根腐病”。

其他防治方法和选用药技术参照“川贝母锈病和大黄黑粉病”。

（4）轮纹病

①病原及症状：属半知菌亚门、壳二孢属真菌。轮纹病发病时，叶部病斑周围紫红色，中间黄白色，具有同心轮纹状。病斑上密生小黑点，严重时病斑连成片。大黄出苗不久直到收获都可发生轮纹病。

②防治方法

农业防治：参照“大黄根腐病”。

生物防治：参照“大黄根腐病”。

科学用药防治：发病初期及时防治，可用10%多抗霉素可湿性粉剂2000倍液等均匀喷施。其他防治方法和选用药技术参照“桔梗轮纹病”。

（5）蚜虫 防治方法和选用药剂技术参照“地榆蚜虫”。

（6）蛴螬（金龟子） 防治方法和选用药剂参照“地榆蛴螬”。

（7）跳甲虫 防治方法和选用药剂参照“半夏跳甲”。视虫情把握用药次数，隔7天喷药1次，一般1~2次。

（8）金针虫 防治方法和选用药剂参照“芍药金针虫”。

如何做好大黄采挖工作？

一般掌叶大黄和药用大黄在定植后生长一年可采挖，唐古特大黄于定植后生长3~4后采挖。

一般于10月下旬，当地上茎叶枯萎时，先割去地上部分，再挖取根及根状茎。用三齿爪或者直把四齿爪从植株一侧垂直向下挖进土层30cm左右，在另一侧继续垂直向下挖至大黄根际与土层分离时，摇动三齿爪，创出大黄根。要求保持大黄主根完整。慢慢抖净泥土，田间晾晒泥土。晒2~3小时后，继续抖净泥土，运回基地或者合作社。

大黄如何做到科学初加工？

将采挖的大黄削去残茎，刮去粗皮，除去过长支根、侧根、毛根。

（1）熏干 要求加工晾晒场地干净清洁，禁止用硫黄等熏蒸。细刮粗皮，切掉根茎生长点，把根茎纵切成两半，放在屋内棚上，切口朝下，在棚下炉中点燃禾柴，不用明火，每3天翻动1次，使受热均匀，看到大黄体内有油状物渗出时再用较大的烟熏，温度保持在12~18℃，昼夜不停，熏60天即成干品。

（2）阴干 大黄整形后，把根茎纵切成两半，用细竹条或绳子串起，挂在通风的室内的架上阴干。

（3）烘干 把整形后的大黄装入烘热窑内，上、中部在支架上挂起，底层担起，下生煤火烘干。

（4）切片 撞去粗皮、污物，呈现出鲜黄色药体时，再按内外销规格，切成不同的规格。

当 归

当归有哪些药和价值？

当归为伞形科植物 *Angelica sinensis*（Oliv.）Diels 的干燥根，是中医常用妇科良药。主产于甘肃岷县、漳县、渭源、宕昌等县。当归味甜、微苦、略有麻舌感，以主根粗长、支根少、油润、断面黄白色、香气浓郁者为好。当归一般分为当归身（含当归头）和当归尾，多用全当归。当归含有挥发油（其中主要是藁本内酯，占55.7%，次为正丁烯基酞内酯，占11.3%）、水溶性生物碱、当归多糖、有机酸（阿魏酸等）、维生素 B_{12}、聚乙炔类化合物、无机元素等，其中挥发油和水溶性成分是当归的主要药用成分。当归补血活血，调经止痛，润肠通便。用于血虚萎黄，眩晕心悸，月经不调，经闭痛经，虚寒腹痛，风湿痹痛，跌扑损伤，痈疽疮疡，肠燥便秘。酒当归活血通经，用于经闭痛经，风湿痹痛，跌扑损伤。另外，还有抗炎、促进非特异性免疫、松弛支气管平滑肌、保肝、利尿、抗多种杆菌以及对小肠、膀胱平滑肌的兴奋作用。

当归适宜于哪些地方栽培?

当归主要分布在甘肃、陕西、云南、四川、湖北、贵州等地。在分布区域内，甘肃岷县、宕昌县、漳县为主产区，同时也是最佳适宜种植区，质量最好，面积最大，栽培历史最悠久，其产品销往全国并大量出口。其中以岷县出产的当归骨质重、药香浓、油性足、质量好，习称“岷归”。当归性喜阴湿冷凉气候，怕干旱、高温和多雨积水天气，耐旱性和耐涝性均弱，适宜生长于海拔2200~3000m的高寒潮湿坡地。产区年均温4~13℃，年积温（≥10℃）为2000~3000℃，年最低温-26℃左右，年降水量600~800mm，年平均日照时数为2100~2300小时，空气相对湿度65%~80%，无霜期90~130天。当归栽培对土壤要求不严，土质疏松、土层深厚、富含有机质和排水良好的中性、微酸性或微碱性土壤均可，以中性或弱碱性富含腐殖质的砂质土壤较好。

当归标准化栽培如何选地整地?

为了减少当归病虫危害，要严格按照当归标准化栽培标准和操作规范来选择地块，一般以麦类、油菜作物为前茬最好，豆类和马铃薯等作物次之，轮作周期要求三年以上，忌重茬种植，也不宜在栽培过其他根类作物的地块栽培当归。一般选择土层深厚、肥沃、疏松、有机质丰富、排水便利的土壤，避免在质地黏重、田间容易积水的地块栽培当归。

前作收获后，深翻30cm左右，于春季播种前结合施肥再浅耕一遍。当归施肥以有机肥为主，化学肥料为辅，亩施腐熟农家肥3000kg以上，农家肥不足的地块，亩施腐熟油渣100kg或者炒熟的油菜籽10~15kg，配施磷酸二铵或三元复合肥30kg左右，也可施用当归专用肥，每亩40~50kg。农家肥及配方施用的化学肥料在翻地前均匀撒于地表，随翻地埋入耕作层土壤中，并整平耕地，防止田间积水。

当归育苗前如何进行种子处理？

播种前将种子置于棚膜上，按照每10kg当归种子用10%醚甲环唑水分散剂1000倍液喷洒在种子上，边喷边翻动，拌种后闷种1昼夜即可播种。空气潮湿条件下，可不用加水，直接将农药粉剂撒入种子中翻动拌匀、闷种。如果在有微喷条件的大棚或者日光温室育苗，当归种子可以用温水浸泡催芽，用温水浸泡1小时后，捞出种子，控干水分，第二天用草木灰拌种后播种。

如何选择质量好的当归种子？

当归种子育苗，必须选择三年生植株上采收的正常成熟种子，严禁采用早期抽薹种子或者过于成熟的腊（老）熟种子，用早期抽薹种子和老熟种子育苗，当归大田早期抽薹率高，影响产量。

如何规范化开展当归育苗？

一般6月上中旬育苗，播种时间以从播种到采挖110天左右计算。播种时，在整好的育苗地块一边做畦，一边播种。顺坡作畦，畦面宽100~120cm，畦间排水沟宽30cm，畦高15~20cm，畦长方向顺着上下坡方向，先用三齿耙将育苗地浅挖一遍，用铁耙整平畦面后，用木耙将苗床刮平。然后将处理好的种子均匀播种，高山区、土壤疏松、降水量多的区域，种子出苗率高，当归种子播种量掌握在每亩5~6kg；低半山区降雨量稍少，光照强、气温高、蒸发量大，种子出苗率偏低，种子播种量掌握在每亩6~7kg。

一边播种一边覆土，防止种子被风吹走，覆土厚度0.2~0.3cm，以刚好覆盖严种子为度，可以用铁筛子在畦面筛土，使覆土均匀。播种结束后，用不带草籽的禾本科野草或麦类秸秆均匀覆盖畦面，草厚3~5cm，按间隔1~1.5m用细铁丝或细塑料绳在畦面中间每垄拉一道压住秸秆，两头用竹棍或木棍缠绕插入畦内，以免秸秆被风吹掀起。

降水较多的区域也可不覆盖秸秆，采用50%遮阳网覆盖。用木棍支起遮阳网，四周用木棍固定并绷紧网面或者用铁丝拉网，防止网面下垂，保持遮阳网离地面高度30cm左右。

苗田如何除草？

当归种子播种后，如果土壤湿度大，或者播种后下了透雨，一般15~20天即可出苗一半以上；如果遇干旱，要通过喷水，洒水等措施保持土壤湿润，保证出苗。7月上中旬，苗已出齐，部分长出第一片真叶时，开始第1次除草，用小木棍挑开覆草或揭去遮阳网，用手直接拔除杂草，注意防止带出幼苗。边拔除杂草，边覆盖好草或者拔草结束后，覆盖好遮阳网。

8 月上旬，视苗床杂草生长情况，进行第二次除草，除草方法同第 1 次。对较大的杂草植株用手拔除或掐断，防止带出幼苗。以后视田间杂草及时拔草。

苗床何时揭去覆草或者遮阳网?

结合 8 月中下旬第三次除草，在当归苗长至 8~10cm 高时，选择阴天或多云天气，揭去覆草或者遮阳网，清除所有杂物，拔除苗床杂草。

当归熟地育苗怎么预防和防治病虫害?

当归熟地育苗期主要预防地下害虫、种蝇、苗蚜、根病类等，可结合做畦，每亩用硫酸亚铁 2kg，配施亚磷酸钾 + 聚谷氨酸，肥沃和活化土壤，拮抗和杀灭土传病害，平衡肥力利于种苗壮发，同时，用 20% 氯虫苯甲酰胺悬浮剂（或 70% 吡虫啉水分散剂，或 60% 吡虫啉悬浮剂，或 25% 噻虫嗪水分散剂等，按“药:细土 =1 : 100”的比例，或 50% 辛硫磷乳油 0.5kg）+10% 苯醚甲环唑水乳剂（或 30% 噁霉灵水剂 +10% 苯醚甲环唑水乳剂按 1 : 1 复配）0.5kg 等杀虫剂与杀菌剂合理混用配制成毒土，或喷匀混入腐熟的粪肥中撒施苗床，综合预防多种病虫害。在出苗期间，草下容易生虫，也可在覆草上喷施杀虫剂，消灭害虫幼虫。8 月中下旬，用 5% 虱螨脲乳油 200 倍液，或 15% 甲维盐 · 茚虫威悬浮剂（或 10% 溴氰虫酰胺可分散油悬浮剂 2000 倍液，或 20% 氯虫苯甲酰胺悬浮剂 1000 倍液等）2500 倍液 +25% 络氨铜水剂 500 倍液（或 80% 乙蒜素乳油 1000 倍液、12% 松脂酸铜乳油 800 倍液、30% 琥胶肥酸铜可湿性粉剂 800 倍液等）混匀后叶面喷施，控制多种害虫和根腐病等多种真菌、细菌性病害。

当归苗何时起苗?

高山区育苗田，在 9 月下旬地上叶片发黄时采挖，半山区育苗田可在 10 月上旬采挖，低山区育苗地块可在 10 月中旬前叶片未枯萎前进行采挖，总体要求是当归苗在苗床时间达到 110~120 天即可。

将挖出的种苗按 50~100 株捆扎为一把，苗间加入湿土，运回贮藏。

当归苗如何贮藏?

当归苗采挖后，在室外靠南的墙根或阴凉、地势干燥、不积水处搭建简易棚或者种苗贮藏库，要求通风条件良好、避雨、遮阳，防止鼠害或者积水。

在简易棚或种苗贮藏库内，在地面铺一层细生土，将苗把苗头朝外尾朝里一层苗一层土（土层厚度 5cm 左右，填满苗把间空隙）码成垛（高 1m 左右），在苗堆四周距离苗堆 10cm 处，用砖块或土块垒起，中间用湿润细生土填实，苗堆顶部覆盖湿润生土 30cm 左右，在地面结冰时，苗堆表面用棚膜覆盖，防止表面水分蒸发，苗把失水。

当归如何移栽？

当归苗未萌芽前或者芽头长度 0.5cm 以下为适宜移栽时间，一般在 3 月下旬至 4 月上旬。芽长 2cm 以上为移栽时间偏迟，影响当归苗成活及出苗。

选择 0.01mm 厚、幅宽 80~120cm 的黑色除草膜在平整好的耕地上覆膜，可用机械带动或者半机械化进行覆膜，可平地覆膜或起垄覆膜，保持垄面宽 60~80cm，垄间距 30cm 左右，垄向同坡向，便于排水。降水偏少的区域宜在翻地后立即覆膜。选择晴天或者多云天气移栽，移栽前做好种苗挑选、农药及毒土配制等准备工作。移栽时，种苗以无病虫感染、无机械损伤、侧根少、表面光滑、质地柔软为宜，要求头尾完整、大小均匀一致、根芽完整，清除烂苗、霉苗、伤病苗、分叉过多苗和过小苗，以苗茎 3~5mm、苗长 8~10cm 的当归苗为好。每垄根据垄面宽，移栽 2~4 行，按照行距 25~30cm，株距 15~17cm 单苗移栽。一手用窄铁铲在膜面开穴，另一手将准备好的当归苗垂直放入穴内，用苗穴周围土固定当归苗，并将膜穴手工向左右扩大，形成直径 5~6cm 的圆孔，使当归苗位于膜孔中间、苗头与膜面保持高度一致，苗尾舒展。将配制好的毒土盖在苗头上，从垄沟里取湿润细土，覆盖苗穴，封严膜孔，以利保温。

当归苗如何查苗、补苗？

一般降水正常、土壤湿度适宜条件下，当归苗移栽后，半高山区 25~30 天达到全苗，沟谷川区 20 天左右出全苗。

当归苗 50% 以上出苗后，结合垄沟间中耕锄草、疏松土壤，检查未出苗的苗穴，发现当归苗腐烂或者不能正常出苗时，应尽快补栽，将穴内土壤掏出到垄沟内，并从垄沟中重新取土填入苗穴，进行补苗，并施放毒土。腐烂的当归苗及时拿出田间深埋或烧毁。出苗后部分植株叶片会偏离移栽开口压在膜下，要及时放苗，发现地膜破损处及时用细湿土封严，适时拔除膜孔当归苗附近杂草。

当归种植何时拔除早期抽薹株？

一般 6 月下旬生长健壮的当归苗，可发现部分植株出现早期抽薹，到 7 月上旬，早期抽薹株长至 25cm 高，可明显看到抽薹节时，手工拔除抽薹株或者用剪刀在生长点以下部位剪除抽薹株，并用土封严膜孔。保持地膜完整，防止杂草从膜穴长出。

当归如何防治病害?

当归主要病害有麻口病、根腐病等，此类病害在蔬菜、瓜果、茶叶等绿色生产、控害减灾方面多采用如下措施。

（1）麻口病

①病原及症状：主要由线虫危害所致，为垫刃目、垫刃科、茎线虫属、腐烂茎线虫。发病的病株地上部分不明显，主要表现在根部。当归根部表皮开裂、呈黄褐色，形成累累伤斑，变麻、裂口，其皮层呈现海绵糠腐状，内部组织呈海绵状木质化。一般发生在栽植后的第二年成药期。病原线虫一年可发生6~7代，主要分布在0~10cm土层内。寄主当归对病原线虫具有诱集作用，当归整个成药期内病原线虫都可侵入，但以前期侵染危害为主。以成虫在土壤和病残归内越冬，成为翌年侵染源。

②防治方法

农业防治：与麦类、豆类、油菜等作物实行三年以上轮作，不要和马铃薯、黄芪等植物轮作；深翻土壤30cm以上减少病虫基数；增施腐熟的有机肥，有针对性地配合推广使用生物菌剂、生物有机肥；当归收获后，要彻底清洁田园，将残体及杂草携出田外深埋或烧毁。

生物防治：在当归栽种期，用1.1%苦参碱粉剂500倍液+植物诱抗剂海岛素（5%氨基寡糖素）水剂600倍液浸苗加穴施。可用100亿活孢子/克的淡紫拟青霉菌剂亩用量3~5kg穴施在根苗附近或播种前均匀施于播种沟内，或栽种后用2.5亿个孢子/克的厚孢轮枝菌微粒剂每亩600g兑水1500kg淋施根系，根据土壤干湿情况淋透根部。其他参照“山药线虫病”。

科学用药防治：在当归栽种期，可选用5%寡糖·噻唑膦或10%噻唑膦颗粒剂每亩2kg拌细土15kg穴施在根苗附近5cm处，避免药剂直接接触根系而产生药害。可与1.8%阿维菌素乳油1000倍混用增加防治效果。可用1.8%阿维菌素1000倍+5%寡糖·噻唑膦颗粒剂1kg+0.5%苦参碱水剂500倍+海岛素800倍液药液灌根。也可参照登记推荐用量示范应用氟烯线砜、氟吡菌酰胺等，均可与海岛素（5%氨基寡糖素）水剂800倍液混配使用，提质增效，生根促苗、提高安全性。当归栽植缓苗后，可选用10%苯醚甲环唑水乳剂1000倍液，或30%噁霉灵水剂等淋灌茎基部和根部，控制根部病害发生。

（2）根腐病

①病原及症状：属半知菌亚门、镰刀菌属真菌。为害根、茎。发病植株根部组织初呈褐色，进而腐烂成水浸状，只剩下纤维状空壳。茎呈褐色水渍状，地上部分生长停止，植株矮小。叶片上出现椭圆形褐色斑块，严重时叶片枯黄下垂，甚至整株死亡。病原菌在病田土壤内或当归种苗上越冬，成为翌年的初侵染源。5月初开始发病，6月为害严重，7、8月达到发病高峰，9月因气温下降，病势逐渐减轻。病菌在土中多集中分布在耕作层，高温、高湿有利于病害的发生。地下害虫造成的根部伤口、连

作等均可加重病害发生。

②防治方法

农业防治：选择地势高、排水良好的土壤栽种，做到雨过田干；避免连作，提倡轮作，轮作措施和预防当归麻口病相同，轮作年限越长，病害越轻，老病区应采用4~5年以上的轮作制；5、6月田间发现病株时及时拔除，带出田外深埋或烧毁，病穴用石灰局部消毒。

生物防治：用10亿活芽孢/克枯草芽孢杆菌500倍液灌根，或亩用10亿活芽孢/克蜡质芽孢杆菌4kg，与充分腐熟的农家肥混匀撒施地表，翻入土壤中。施用生物农药的地块药遵照使用说明和注意事项，科学合理地使用相应化学杀菌剂进行土壤处理或者浸苗，避免杀死有益菌。

科学用药防治：移栽前用10%苯醚甲环唑水乳剂1000倍液+30%琥胶肥酸铜可湿性粉剂20g+水10kg，采取二次稀释法混合均匀后浸苗10~15分钟，捞出晾干表面水分后移栽。同时，预计临发病之前或初期及时用药淋灌茎基部和根部。防治用药和其他方法参照“大黄根腐病”。

（3）褐斑病

①病原及症状：属半知菌亚门、壳针孢属真菌。主要危害当归叶片。发病初期叶面出现褐色斑点，病斑逐渐扩大，外围出现褪绿晕圈，边缘呈现红褐色，中心灰白色。后期在病斑内出现黑色小颗粒，病情严重时，叶片大部分呈红褐色，最后逐渐枯萎死亡。病菌随病残体在土壤中越冬，也可在病株芽头越冬。借风雨传播，田间湿度大，通风差，植株生长衰弱田易发病。当归褐斑病一般在5月下旬开始发病，7~8月较重，一直延续10月。高温高湿有利发病。

②防治方法：防治方法和选用药技术参照“玉竹褐斑病”。注意交替用药。

（4）白粉病

①病原及症状：属子囊菌亚门、白粉菌属真菌。主要危害叶片。发病初期，叶面上出现灰白色粉状病斑，后扩大汇合成大斑，并出现黑色小颗粒，叶片变黄枯萎。夏季高温干燥时发生。病原菌在病残体或种根上越冬。越冬菌第二年直接传播危害。当归生长期间借气流传播进行再次侵染。发病适宜温度为18~30℃，相对湿度为75%以上，常于6~8月高温多雨的季节发病。通风不良，管理粗放，植株生长衰弱或枝叶生长过密等往往利于发病。

②防治方法

生物防治：参照“射干锈病”。

科学用药防治：防治方法和选用药技术参照“肉苁蓉白粉病”。

如何科学防治当归虫害？

当归主要害虫有小地老虎、金针虫等，此类害虫在蔬菜、瓜果、茶叶等绿色生产、控害减灾方面多采用如下措施。

（1）小地老虎 属鳞翅目、夜蛾科。

①为害状：以幼虫危害，昼伏夜出，咬断根茎，造成缺苗。一般5月上旬当归出苗后进行危害。

②防治方法：防治方法和选用药剂技术参照“地榆地老虎”。

（2）金针虫 属鞘翅目、叩头甲科。

①为害状：幼虫咬食根部，使幼苗和植株枯萎死亡，造成缺苗、断龚。一般在当归出苗后出现危害症状。

②防治方法：防治方法和选用药剂技术参照“芍药金针虫”。

（3）蛴螬（金龟子幼虫） 属鞘翅目、金龟甲科。

①为害状：成虫（金龟子）趋光性强，交尾前昼伏夜出，交尾后白天取食，夜间飞翔。蛴螬在地下咬食根系，钻蛀茎基部，往往使植株严重受害甚至枯死。

②防治方法

农业防治：结合深翻土地，清除杂草等消灭越冬幼虫，减少虫口密度；施用腐熟的农家肥，推广生物菌剂和生物有机肥，减少成虫产卵量。

物理防治：在成虫（金龟子）发生始期产卵之前，在当归生产基地成方连片规模化安装黑光灯或者太阳能紫光灯进行诱杀。

科学用药防治：预计蛴螬临危害之前3天或出现危害症状初期立即淋灌药剂，可用50%辛硫磷乳油或20%氯虫苯甲酰胺悬浮剂1000倍液灌根，其他防治方法和选用药剂技术参照“地榆蛴螬”。

当归如何追肥？

当归在7月下旬长势旺盛需肥量增加时，可适量追肥，每亩可追施尿素5~10kg，有条件可喷洒沼液。喷淋植物诱抗剂海岛素（5%氨基寡糖素）或6% 24-表芸·寡糖1000倍液，或0.2%磷酸二氢钾液，或其他微肥溶液等。

遵照配方和平衡施肥的原则，底肥要足，适时追肥为辅，合理补微肥。增施腐熟的有机肥，有针对性地配合推广使用生物菌剂、生物有机肥，改善土壤团粒结构，拮抗有害菌，增强植株抗病抗逆能力，大大提升植株的健康增产潜力。

如何做好当归采挖工作？

当归在10月下旬霜降过后，地上部茎叶变枯黄时进行采挖。采挖前先割去地上茎叶，清除地膜，采挖时要深挖，尽量不要挖断根系，采挖的鲜当归在田间抖净泥土后，要及时运回基地，防止冻害，同时要拣净田间残存废膜、残余当归根，烂当归等残体，集中销毁，消灭土壤中的病原菌。

当归如何做到科学初加工?

当归采挖后装袋或者装筐，运回晾晒、熏制等加工条件符合要求的加工户家中或者合作社仓库堆码，使其自然失水。堆码高度1~1.5m，宽度50cm左右，一般头朝外，尾朝内，用铁丝网固定，注意堆码仓库要通风、干燥、避雨、防止鼠害。

当归堆码10天左右后，待天晴时，在院内篷布上摊开晾晒，使根条失水后，再次用木条敲打，抖净泥土，理顺根条，剔除发病霉烂的当归，在晾晒场将当归按大小分级，头部同向摆放一排，第二排头部压在第一排当归尾部一半位置，依次摆放，进行晾晒，晚上用彩条布或篷布覆盖，防止发生冻害或者雨淋。晾晒5~6天，一边用手捋顺根条，一边翻转当归根条，使靠近地面的一侧面向太阳，晾晒2~3天后，将当归按大小分级码成堆，使其根条自然失水，使股子回软，堆制1~2天后，再次手工捋顺根条，将头部残存的叶痕抹去，将堆码好的当归堆放置在通风、干燥的库房内自然晾干，注意当归堆的下面用木板或者专用设施与地面隔开，防止靠近地面的当归发生霉变。

当归药材如何做到科学储藏?

干燥好的当归药材入库前要详细检查干燥情况，未完全干燥的要进行翻堆，把顶层的当归条放在下层，底层的当归条放在上层，使其容易干燥；当归堆不能直接放置在水泥地面上，要在地面上铺设一层厚度20cm左右的木条或者防潮板，将晾晒干燥的当归堆放在防潮板上。库房要经常检查，保证库房干燥、清洁、通风；当归堆层不能太高，要注意外界温度、湿度的变化，及时采取有效措施调节室内温度和湿度。

有条件的农户可采用气调贮藏，人为降低氧气浓度，充氮或二氧化碳，在短时间内，使库内充满98%以上的氮气或50%二氧化碳，而氧气留存不到2%，致使害虫缺氧窒息而死，达到很好的杀虫灭菌的效果。一般防霉防虫，含氧量控制在8%以下即可。

秦 艽

秦艽有哪些药用价值?

秦艽为龙胆科植物秦艽 *Gentiana macrophylla* Pall.、麻花秦艽 *Gentiana straminea* Maxim.、粗茎秦艽 *Gentiana crassicaulis* Duthie ex Burk.或小秦艽 *Gentiana dahurica* Fisch.的干燥根。现代药理研究表明，秦艽中含有以龙胆苦苷为代表的环烯醚萜苷类活性成分，具有散风祛湿、和血舒筋、清热利尿等功效，是治疗风湿关节痛、结核病、潮热、黄疸等症的主药之一，还对便血、小儿疳热、小便不利、头痛、牙痛、流行性脑脊髓膜炎等有治疗作用。

秦艽植物特征及生长习性如何？

秦艽为多年生草本植物，高30~60cm，基部被枯存的纤维状叶鞘包裹。主根粗壮，略呈圆柱形，根头部膨大，有少数分叉者，微呈扭曲状，黄棕色。茎单一，圆形，节明显，斜升或直立，光滑无毛。基生叶较大，披针形，先端尖，全缘，平滑无毛；茎生叶较小，对生，叶基联合，叶片平滑无毛，叶脉5出。聚伞花序由多数花簇生枝头或腋生作轮状，花冠先端5裂，蓝色或蓝紫色。蒴果长椭圆形。种子细小，矩圆形，棕色，表面细网状，有光泽。花果期7~10月。

秦艽喜湿润、凉爽气候，耐寒，怕积水。适宜在土层深厚、肥沃的壤土或砂壤土生长，积水涝洼及盐碱地不宜栽培。种子发芽的适温为20℃左右，越年生植株4月上旬开始返青，7月开花，8~9月种子成熟，在低海拔而较温暖地区，花期、果期一般推迟，生长期相对延长，年生育期140天左右。种子寿命1年。在自然条件下，多生于海拔1000~2800m的河滩、路旁、水沟边、山坡草地、草甸、林下及林缘。

秦艽育苗主要掌握哪些要点？

（1）种子选择　首先要选择当年收获的新种子，秦艽种子存放超过一年后发芽率大大下降，无法满足种植需求。

（2）种子处理　要想获得较高的发芽率及发芽速率，可以采用500ppm赤霉素浸泡种子24小时，再用清水冲洗干净，晾干后播种。

（3）播种深度　秦艽种子细小，播种深度不能超过1cm，以0.5~0.8cm为宜。

（4）覆盖保墒　秦艽播种浅，地表易干不利于出苗，采用麦草或无纺布覆盖，既利于保墒，又可防止洒水时种子被冲成堆，造成出苗不均匀。

（5）温室播种后洒水　温室育苗播种后盖好无纺布立即洒水，使基质饱含水分，经常喷水保持基质含水量，出苗后停止浇水，全苗后去掉无纺布。

（6）大田播种后保湿　大田育苗或者直播种植一般选择夏秋雨季来临时播种，播后覆盖麦草，降水多的地方不需要人工浇水即能保证出苗，降水少的地方需要人工补灌水，保持土壤一定的湿度以利于出苗。

秦艽温室如何育苗？

秦艽温室育苗可以采用地面直接育苗和苗床网架育苗。地面育苗采用常规整地方法，施好基肥整理好地后即可育苗。因为种子细小，秦艽育苗地要整理得很精细，做到“地平如镜，土细如面”，然后撒播或者开浅沟条播种子，这样更有利于出苗保苗。

用温室苗床网架育苗时，采用草炭土:蛭石为 5：3 基质育苗。每立方基质中加入 24% 硫酸钾 3kg，磷酸二铵 3kg，同时加入 5% 辛硫磷颗粒剂 1kg 和 10% 苯醚甲环唑水乳剂 100ml 混拌均匀。苗床网架上铺园艺地布，然后铺 10cm 厚的基质，整平苗床即可以撒播或开沟条播。

秦艽温室育苗如何进行病虫害防治?

秦艽温室育苗主要病虫害有根腐病、立枯病、蝼蛄、蛴螬等，此类病虫害在蔬菜、瓜果、茶叶等绿色生产、控害减灾方面多采用如下措施。

（1）根腐病 防治方法和选用药技术参照“当归根腐病”。一般隔 7 天防治 1 次，连防 2~3 次。

（2）立枯病 防治方法和选用药技术参照“川贝母立枯病”。

（3）地下害虫（蝼蛄、蛴螬、金针虫、小地老虎） 防治方法和选用药技术参照地榆、麦冬、芍药相应的防治方法。

秦艽大田栽植如何选地整地?

在海拔 1400~3000m，年均温 3~8℃，降水量 400mm 以上的地区，都可人工种植秦艽。栽种秦艽的地块在前茬收后及时翻耕，耕层以 25~30cm 为宜；在深耕前将基肥（有机肥）捣细，均匀地撒入地里，随着耕地翻入土壤中；耕后细耙，使地面平整。

大田如何栽植秦艽?

秦艽春季最佳移栽时间应该在 4 月底至 5 月初，太早移栽容易遇到早春冻害，导致成活率不高；秋季移栽最佳时间应该是 8 月底至 9 月初，太迟天气转凉不利于成活，以土壤封冻前有一定生长量为宜。

大田栽植一般行距 20cm，株距 15cm。开沟或者挖穴，使种苗根部舒展，苗头和地面相平，栽植后踩实土壤，使种苗和土壤接触紧密，这样可以大大提高移栽成活率。

秦艽如何进行田间管理?

（1）浇水 种苗移栽后最好浇 1 次定根水，成活后可以少浇水。降水量比较充足的地区，生长期间可以不浇水；半干旱地区或遇干旱年份，每年春季植株返青后和入冬前各浇 1 次水，浇水后或下大雨后要及时松土，防止土壤板结。

（2）除草 及时清除田间杂草。

（3）施肥 遵照配方和平衡施肥的原则，底肥要足，适时追肥为辅，合理补微肥。增施腐熟的有机肥，有针对性地配合推广使用生物菌剂、生物有机肥，改善土壤团粒结构，拮抗有害菌，增强植株抗病抗逆能力，大大提升植株的健康增产潜力。移栽第一年的生长期间追施 1 次肥料可增加植株生长速度和生长量，每亩追施尿素 10kg 或磷酸二铵 20kg，于行间开浅沟将肥料均匀撒入，然后覆土整平。

（4）越冬管理 越冬前最好浇 1 次水后锄地培土，使植株根部安全越冬。来年春季返青后及时松土除草。

秦艽如何进行大田套种种植?

秦艽可以和小麦、蚕豆、胡麻等作物套种。主作种植后均匀撒播秦艽种子，当年主作正常生长，秦艽只长出 2~4 片小叶，第二年秦艽就能正常生长。田间管理注意及时除草，适时追肥，第三年挖大留小，第四年就能全部采挖。

如何进行秦艽病虫害防治?

秦艽主要病虫害有锈病、叶斑病、蚜虫等，此类病虫害在蔬菜、瓜果、茶叶等绿色生产、控害减灾方面多采用如下措施。

（1）锈病

①病原及症状：属担子菌亚门、锈菌目、柄锈科、柄锈菌属真菌。主要危害秦艽叶片，夏孢子堆积在叶片正面。发病初期叶面上产生淡黄色小斑点，逐渐变为黄褐色至桔红色斑点，后期隆起呈小脓疱状，表皮易破裂，向外翻，斑点聚集成圆形或椭圆形，严重时可成片状，周围有黄色晕圈。根茎上出现锈斑，使叶片干枯。高温多湿季节常引起病害流行。秦艽锈病菌以冬孢子越冬，冬孢子堆多生于叶正面，散生，黑褐色。初侵染源主要是冬孢子堆下面的菌丝产生的夏孢子，夏孢子可造成多次侵染，5~6 月为侵染高峰期。

②防治方法

生物防治：参照“射干锈病”。

科学用药防治：发病初期或发现中心病株时立即防治。防治方法和选用药技术参照“川贝母锈病和大黄黑粉病”。视病情把握防治次数，一般间隔 10 天防治 1 次。

（2）叶斑病

①病原及症状：属半知菌纲真菌。患病时叶片出现棕褐色圆形或椭圆形病斑。多发生在 6~7 月间，严重时使叶片枯萎脱落，影响植株生长。

②防治方法

农业防治：早期清除病叶集中烧毁。可与云木香、白云豆、土豆、荞麦等作物轮作，降低发病率；也可与蚕豆、黄豆等矮秆作物间作，阻断病原菌借风力、雨水的传播。及时拔除中心病株，控制蔓延。

生物防治：发病初期可用80%乙蒜素乳油100ml+0.5%小檗碱100ml+植物诱抗剂海岛素水剂10ml（采取二次稀释法混合均匀），兑水15kg叶面均匀喷雾1~2次。

科学用药防治：预计临发病前或初期及时用药，可用42%寡糖·硫黄悬浮剂600倍液，或80%全络合态代森锰锌可湿性粉剂1000倍液等喷施。发现发病中心在拔除病株的基础上及时用药防治。防治方法和选用药技术参照“白及叶斑病和芍药叶斑病”。视病情把握防治次数，一般间隔7~10天喷1次，连喷3次左右。

（3）斑枯病

①病原及症状：属半知菌亚门、丝孢目、暗色孢科、链格孢属真菌。斑枯病主要危害叶片，使叶片枯黄、萎蔫，后期花器也受害。叶片初生黄褐色至灰黄色小点，后逐渐扩大，呈近圆形、不规则形、长椭圆形病斑，上有稀疏轮纹，边缘呈棕褐色、深褐色，病部稍下陷，外缘常有宽窄不等的紫色晕圈。病斑多集中于叶片上半部位，叶尖和叶缘较为严重。后期病斑干枯，病斑中心呈灰白色至黄褐色，边缘呈灰褐色，表皮下生有很多黑色颗粒状物。成熟苗区、密度大的田块易出现，特别在高温多雨季节易发生。

②防治方法

农业防治：合理密植，使植株间通风透光；清除杂草，减少病害感染；及时排除积水，松土散湿；发现病株及时摘除病叶或全株拔除，病穴用生石灰消毒，病株带出田外深埋或烧毁。

生物防治：参照“秦艽叶斑病”。

科学用药防治：预计临发病之前或初期及时防治。防治方法和选用药技术参照“秦艽叶斑病”。

（4）蚜虫 防治方法和选用药技术参照“地榆蚜虫”。

秦艽如何采收晾晒？

秦艽在移栽2~3年后即可收获，一般在9月下旬至入冬前当植株茎叶枯萎后采挖。采挖时将植株地上部分和根一起挖出，尽量保持根部完整。挖出后抖去泥土，除去茎叶，剪去茎基部，摊开自然晾晒至柔软时，堆置成堆，盖上麻袋或在室内“发汗”1~2天，至内色呈黄色或灰黄色时，再摊开晒至全干。注意在“发汗”时要翻动，以免发霉变黑。

秦艽规格等级如何划分？

（1）大秦艽规格标准

①一等：干货。呈圆锥形或圆柱形，有纵向皱纹，主根粗大似鸡腿、萝卜、牛尾

状。表面灰黄色或棕色。质坚而脆。断面棕红色或棕黄色，中心土黄色。气特殊，味苦涩。芦下直径 1.2cm 以上。无芦头、须根、杂质、虫蛀、霉变。

②二等：干货。呈圆锥形或呈圆柱形，有纵向皱纹，主根粗大似鸡腿、萝卜、牛尾状。表面灰黄色或黄棕色。质坚而脆。断面棕红色或棕黄色，中心土黄色。气特殊，味苦涩。芦下直径 1.2cm 以下，最小不低于 0.6cm。无芦头、须根、杂质、虫蛀、霉变。

（2）麻花艽规格标准 统货，干货。常由数个小根聚集交错缠绕呈辫状或麻花状。全体有显著的向左扭曲的纵皱纹。表面棕褐色或黄褐色、粗糙，有裂隙显网状纹，体轻而疏松。断面常有腐朽的空心，气特殊，味苦涩，芦下直径不小于 0.3cm。无芦头、须根、杂质、虫蛀、霉变。

（3）小秦艽规格标准

①一等：干货。呈圆锥形或圆柱形。常有数个分枝纠合在一起，扭曲，有纵向皱纹。表面黄色或黄白色。体轻疏松。断面黄白色或黄棕色。气特殊、味苦。条长 20cm 以上。芦下直径 1cm 以上。无残茎、杂质、虫蛀、霉变。

②二等：呈圆锥形或圆柱形。有分枝，常数个分根纠合在一起，扭曲。有纵向皱纹。表面黄色或黄白色。体轻质疏松。断面黄白色或黄棕色。气特殊，味苦。长短大小不分，但芦下最小直径不低于 0.3cm。无残茎、屑渣；无杂质、虫蛀、霉变。

为使商品易于区分，现归纳为大秦艽、麻花艽、小秦艽三类。各地产区符合哪一类型，即按哪种规格分等，不受地区限制。

秦艽副产品如何利用?

秦艽茎叶作为副产品，可以作为牛羊养殖的添加饲料。养殖试验证明，以秦艽茎叶:养殖饲料 =1 ∶ 10 比例添加到养殖饲料最好，可以促进牛羊胃液分泌，帮助消化，另外还有抗炎、保护肝脏等作用，尤其在寒冷的冬季，可以增加牛羊的抵抗力和免疫力。

葛 根

葛根有哪些药用价值?

葛根是豆科植物野葛 *Pueraria lobata*（Willd.）Ohwi 的干燥根，是具有药食两用特点的中药，具有解肌退热，生津止渴，透疹，升阳止泻，通经活络，解酒毒功效。宋代《本草图经》中，有“今人多以作粉食之，甚益人”的说法，现在研究发现，葛根提取物中含有葛根素、大豆苷元以及总黄酮等有效成分，在治疗心、脑血管等方面的疾病具有良好疗效。葛根可以制成葛粉，用水冲服，其口感略甜或无味，十分爽口。

其藤加工后可制作生活用品和工艺品；其叶是优良的青饲料；其花可作药用，名葛花；鲜嫩葛根也可作菜用。葛还具有很高的生态利用价值，在水土保持方面发挥着十分重要的作用，市场前景非常好。

葛根种植如何选地?

以向阳、湿润、土层深厚、疏松肥沃、富含腐殖质的砂质壤土为好，可在排灌水良好，无污染的缓坡耕地、山地、零星空地种植。土壤 pH 值在 6~8 为宜。

葛根种植如何整地?

选好地后，应在入冬前进行深耕，深度不低于 50cm。次年 3 月移栽前结合施肥，再进行 1 次耕翻的混肥作业，每亩腐熟农家肥 3000kg。并做 1.2m 宽的畦，畦长以地块条件而定。

葛根种植如何进行种子育苗?

葛根种子育苗前要先用 35℃的水浸泡 24 小时后进行播种。春播在头年秋冬季整地，施足基肥，每亩施腐熟农家肥 3000kg，施后翻耕，第二年 3~4 月再把地耙平整细，作畦播种。一般采用点播，穴距 60cm，每穴播 3~4 粒，覆土 3cm，播后浇水。也可于当年整地后，在 9~10 月秋播。

葛根种植如何扦插育苗?

采用营养钵扦插育苗，12 月上旬后，葛根藤蔓进入休眠期后，选取直径在 0.5cm 以上，生长健壮的中下段藤蔓，剪取健壮的芽节，作为插穗，芽节上端保留 5cm，下端保留 6cm，上端封蜡。扦插之前，将制作好的育苗基质装进营养钵内，然后将营养钵均匀的放在苗床上。营养钵内灌溉透水后，将插条倾斜插入营养钵内，确保叶芽和腋芽露出，然后在上方覆盖一层细猪粪，覆盖小拱棚。在冬季进行扦插育苗，一般育苗期在 70~80 天，当年培育的幼苗当根部生长到 2cm，藤蔓生长到 20cm 以上时，就可以进行移栽了。

葛根种植如何移栽?

一般在每年的 3~4 月进行移栽，在阴天和雨天抢早移栽。对于普通爬地栽培的葛根，以畦带沟宽 130cm，单行种植，株距控制在 120cm，每亩定植 400 株为宜，篱架栽培的葛根，株距控制在60cm，每亩定植800株左右。在移栽过程中，幼苗应该和畦面呈30°角倾斜插入，这样能够促使葛根根系膨大，为以后的采收提供便利。

如何修剪葛根？

葛根苗长35~40cm时应搭高度2.5m左右的篱架，引蔓上架。当苗长1.5m时，每株选留1~2个枝粗壮藤蔓作主蔓，其余剪除，并将主蔓1m以下的侧芽及基部须根清除。当主蔓长到2m时剪去顶，促进侧蔓生长。侧蔓生长点离根部距离达到3m时，要及时剪顶，促进藤蔓粗大和块根膨大。

葛根种植如何搭架？

葛根生长到15cm左右时，要搭架引蔓。一般情况下采用人字形的搭架模式。选择使用2m长的竹竿或木板，在两根葛根苗中间斜插一根竹竿，和相邻的竹竿相互交错，形成人字形，再将两根竹竿交叉部位平放一根竹竿，并使用铁丝和绳索对交叉部位固定，将葛根藤蔓引上支架。

葛根如何追肥？

葛根秧苗成活之后，进入快速生长阶段，对氮、钾元素及钙、镁、硼等一些微量元素需求量增大，因此需要增加施肥量。苗期要及时施肥，促进幼苗生长。葛根幼苗移栽一个月后，幼苗藤蔓生长到20cm，每亩追施尿素10kg，氯化钾5kg，复合肥3kg，随灌溉一起施入，提高肥料利用效率。苗期进行第一次追肥之后，要结合秧苗生长情况，适当增加1~2次的追肥，有条件的可加经发酵后的花生麸和肥料一起用，可增加葛根口感，此时葛根根系已经下扎较深，追肥应挖穴深施，施肥后回土填穴。

如何防治葛根的病虫害？

葛根主要病虫害有葛锈病、粉葛根腐病、葛根蚜虫、葛根金龟子（蛴螬）等，此类病虫害在蔬菜、瓜果、茶叶等绿色生产、控害减灾方面多采用如下措施。

（1）锈病

①病原及症状：属担子菌亚门、豆薯层锈菌。主要危害叶片。叶面初现针头大的黄白色小疱斑，主脉和侧脉上尤为多，后疱斑表皮破裂，散出黄褐色粉状物。严重时叶面疱斑密布，散满锈色粉状物，甚至叶片变形，致植株光合作用受阻，使叶片逐渐干枯，影响块根膨大。

在寒冷地区，病菌以冬孢子越冬，翌年冬孢子和夏孢子借助气流传播不断侵染致病。在温暖地区特别是广东，病菌以夏孢子作为初侵与再侵接种体完成病害周年循环，冬孢子不产生或很少产生。病菌除危害葛（粉葛）外，还可危害豆薯（地瓜、凉薯、沙葛）及毛豆（菜用大豆）等豆科作物。通常温暖多雨的天气有利于发病，湿度是本病发生流行的决定因素。品种间抗病差异尚缺乏数据。

②防治方法

农业防治：加强肥水管理，配方和平衡施肥。增施腐熟的有机肥和磷钾肥，合理补微肥，配合推广使用生物菌剂、生物有机肥，拮抗有害菌，增强植株抗病抗逆能力。雨季注意排涝，田间不积水。

科学用药防治：预计临发病之前可选用保护型杀菌剂预防性控害，如42%寡糖·硫黄悬浮剂600倍液、80%全络合态代森锰锌可湿性粉剂1000倍液、30%嘧菌酯悬浮剂1500倍液喷雾。发病初期及以后，选用治疗性杀菌剂及时控害，如25%吡唑醚菌酯悬浮剂或75%肟菌·戊唑醇水分散粒剂2000倍液，或27%寡糖·吡唑醚菌酯水乳剂2500倍液等喷雾防治等，根据病情决定喷药次数。

（2）根腐病

①病原及症状：由短体线虫和腐皮镰刀菌（半知菌亚门）复合感染引起。为土传病害。苗期感病植株矮小，生长缓慢，叶片变黄脱落，根系坏死。块根形成期发病，初期为红褐色稍凹陷病斑，后期根表密布病斑形成大褐斑，表皮龟裂，皮下变褐色而出现干腐现象，切开维管束变红褐色，后期成糠心型黑褐色干腐。多雨高湿利于发病。病土、病苗和病块根是传播的主要途径。

②防治方法

农业防治：合理实施轮作，特别是发病较重的地块避免连作。种苗繁育中选用无病虫健壮的葛藤和根头做种栽。配方和平衡施肥。增施腐熟的有机肥和磷、钾肥，推广使用生物菌剂、生物有机肥，拮抗有害菌，增强植株抗病抗逆能力。田间不积水，保持适宜的墒情。清洁田园，将病残体携出田外销毁。

生物防治：预计临发病或发病初期用哈茨木霉菌叶部型（3亿CFU/g）可湿性粉剂300倍液，或用10亿活芽孢/克枯草芽孢杆菌500倍液灌根。

科学用药防治：土壤消毒：播种前用植物诱抗剂海岛素（5%氨基寡糖素）水剂600倍液（或6% 24-表芸·寡糖水剂1000倍液）分别与25%咪鲜胺乳油3000倍液、30%噁霉灵水剂800倍液混配淋施土壤或按每亩用药2~3kg拌适量的细土均匀撒施。然后用塑料布覆盖一周后再播种。用2.5%咯菌腈悬浮种衣剂2000倍液浸泡种苗（根头或藤蔓）30分钟。其他选用药和防治技术参照“穿山龙根腐病防治”，线虫病防治参照“丹参根结线虫病防治”。

（3）炭疽病

①病原及症状：属半知菌亚门真菌，危害叶和茎部，病原菌在病株残叶上于土壤中越冬。发病初期植株叶片上出现褐色的圆形或不规则形病斑，中央色较淡，上面生有许多小黑点即为病原的分生孢子。被害茎上的病斑长圆形或椭圆形，病斑扩大后严

重时植株枯死。田间随雨水传播，一般贴近地面的叶片先发病。6~9月为发病期，可延续到收获期。多湿、多风雨的天气利于发病，连作、排水不良、潮湿背阴及植株生长衰弱的田块发病严重。

②防治方法

农业防治：发病期发现病叶及时摘除并烧毁。其他方法和技术参照根腐病。

生物防治：参照根腐病。

科学用药防治：种植时将根头或茎蔓用2.5%咯菌腈悬浮种衣剂2000倍液（或30%噁霉灵水剂2000倍液）+植物诱抗剂海岛素800倍液浸泡15分钟左右，取出稍晾干后种植。其他防治用药和使用技术参照“山药炭疽病防治”

（4）褐斑病

①病原及症状：属半知菌亚门真菌。主要危害葛根叶片，被害叶片的病部出现圆形或不规则形病斑，边缘黑褐色，中央灰褐色，上面生有许多小黑点即为病原的分生孢子，发病严重时叶片枯死。病原菌在病残组织上越冬，次年分生孢子借风雨传播，引起初侵染及再侵染。发病适宜气温为25~32℃，8~9月为发病期，多风雨、潮湿的环境利于发病。

②防治方法

农业防治：秋季清理田园，将残枝落叶清出田外销毁。合理密植，促苗壮发，尽力增加株间通风透光性。增施腐熟的有机肥，要配方和平衡施肥，合理补微肥，避免偏施氮肥，推广施用生物菌肥和生物有机肥。注意排水；结合采摘收集病残体携出田外集中处理。

科学用药防治：预计临发病前或发病初期进行预防性控害，可用42%寡糖·硫黄悬浮剂600倍液，或80%全络合态代森锰锌1000倍液，或25%嘧菌酯悬浮剂或30%醚菌酯可湿性粉剂1500倍液等保护性防治；发病后及时治疗性控害，可用25%腈菌唑乳油4000~5000倍液，或5%吡唑醚菌酯悬浮剂或27%寡糖·吡唑嘧菌酯水乳剂或10%多抗霉素可湿性粉剂2000倍液喷雾防治，也可选用唑类杀菌剂（遵照使用说明）。视病情把握防治次数。使用以上化学药剂与植物诱抗剂海岛素（5%氨基寡糖素）水剂1000倍液（或6%24-表芸·寡糖水剂1000倍液）水剂混配使用，提质增效、抗逆抗病、促根壮株、安全控害。防治褐斑病可与叶枯病统筹兼顾，发挥一喷多效的作用。

（5）叶枯病

①病原及症状：属半知菌亚门真菌。主要危害叶片，发病初期叶片上出现不规则形或多角形病斑，中央灰褐色。病情发展到后期，中央暗灰色，病斑长达4~8mm，发生严重时，病斑密集在叶片上，通常植株不枯死。病原菌在病残组织中越冬，田间借风传播，在葛根生长季节不断造成再侵染，扩大为害。多雨季节、空气湿度大时利于发病。

②防治方法

农业防治：参照褐斑病。

科学用药防治：参照褐斑病。

（6）**蚜虫** 各项防治方法和选用药技术参照“地榆蚜虫”并兼治盲蝽象。

（7）**金龟子（蛴螬）** 属鞘翅目、金龟甲科。

①为害状：成虫为金龟子，幼虫为蛴螬，属鞘翅目金龟甲科，常见的为铜绿金龟子。以成虫为害葛根的叶片，常把叶片咬成缺刻，严重时整张叶片被吃光，只剩下叶脉。幼虫在根部危害，影响植株正常生长。1 年发生 1 代，以幼虫在土壤里越冬，成虫具有趋光性。

②防治方法

农业防治：成虫发生期于傍晚人工震落捕杀成虫。

物理防治：成虫（金龟子）活动期规模化成方连片实施灯光诱杀，消灭于产卵之前。

生物防治：运用性诱剂诱杀雄虫于交配之前，用 90 亿 / 克球孢白僵菌油悬浮剂 500 倍，或用 100 亿孢子 / 克的乳状菌和卵孢白僵菌等生物制剂淋灌。也可每亩用 100 亿孢子 / 克的乳状菌 1.5kg 菌粉，卵孢白僵菌每平方米用 2.0×10^9 孢子（根据菌剂含菌量折算使用剂量）。

科学用药防治：成虫发生期及时喷药防治并兼治蟋蟀和土蝗等，优先选用 5% 虱螨脲乳油 1500 倍液，最大限度地保护自然天敌和传媒昆虫。其他药剂可用 5% 氯虫苯甲酰胺悬浮剂 1000 倍液、10% 溴氰虫酰胺可分散油悬浮剂 2000 倍液、5% 甲维盐 · 虫螨腈水乳剂 1000 倍液、30% 甲维盐 · 茚虫威悬浮剂 4000 倍液等进行防治。毒土防治：每亩用 50% 辛硫磷乳油 0.25kg 与 20% 氯虫苯甲酰胺悬浮剂 0.25kg（1∶1）混合，拌细土 30kg，均匀撒施田间后浇水，提高药效。或用 3% 辛硫磷颗粒剂 3~4kg 混细沙土 10kg 制成药土，在播种或栽植时撒施。药液浇灌防治：在幼虫发生期用 50% 辛硫磷乳油，或 5% 氯虫苯甲酰胺悬浮剂 1000 倍液、10% 溴氰虫酰胺可分散油悬浮剂 2000 倍液等浇灌或灌根。

（8）**小地老虎** 属鳞翅目、夜蛾科。

①为害状：幼苗期往往以幼虫咬食幼苗根茎，甚至咬断造成损失。

②防治方法：把握尽早防治的原则，消灭成虫于产卵之前，幼虫低龄期及时防治。各项防治方法和选用药技术参照“射干地老虎”。科学用药防治同时兼治黄蚂蚁的危害。

葛根如何进行采收?

人工栽培的葛根一般两年即可采收。采收期一般在立冬后至清明节前后进行，即当年 11 月到次年 3 月，这期间大部分葛叶变成青黄，葛根已停止生长，进入休眠期。此时，葛株积累的有效成分最多，品质最好，可选择晴天进行收获。采收时不得破坏葛藤栽培地被，可以从地面开裂处把葛株基部的泥土小心挖开，露出块根头部，采大留小，间隔挖根。采挖时注意保持葛根完整，确保外观质量，因为外皮损伤容易腐烂，以致失去利用价值。由于葛株茎藤韧性较强，切勿将块根强行扭断，要用剪刀将大块根从茎基部剪断，以免伤及其他留用的块根和须根，同时要及时补充越冬基肥，为下年葛根丰收打下基础。

如何对葛根进行加工？

从葛根里选择一些粗细均匀的葛根，将它们洗净、去皮，然后横断面切片，切的时候要注意大小一致，厚薄适中。把这些切片放在阳台上晒干即为葛片，也可采用机器进行加工，一次加工成葛丁。

如何对葛根进行储藏？

新鲜葛根应置于阴凉、通风处储存，避免冻害及鼠害，每垛不超过 1.5m。葛片、葛丁应干燥至水分低于 15%，采用干净防潮包装袋包装。

第十章 花类

金莲花

金莲花有何药用及保健价值？

金莲花为毛茛科金莲花属植物金莲花 *Trollius chinensis* Bunge 的干燥花。别名旱金莲花荷、旱莲花寒荷、陆地莲、旱地莲、金梅草、金疙瘩等。金莲花味苦，性寒；具有清热解毒、养肝明目和提神的功效；主治急、慢性扁桃体炎，急性中耳炎，急性鼓膜炎，急性结膜炎，急性淋巴管炎等。

金莲花嫩梢、花蕾、新鲜种子可作为食品调味料。绿色种荚可腌制泡菜，脆嫩可口，微辣甘甜。干花可制成金莲花茶供饮用。花和鲜嫩叶可入色拉菜生食。金莲花还具有很高的观赏价值，可作为观赏植物。

种植金莲花如何选地与整地？

金莲花喜冷凉、湿润及阳光充足的环境，耐寒性强。多生长在海拔 1800m 以上的高山草甸或疏林地带。人工种植金莲花，宜选用富含有机质、微酸性的砂壤土。以较湿润的地块或有水浇条件的平缓地种植为宜。耕地前每亩撒施充分腐熟的有机肥 3000kg 左右，翻耕 20~25cm，耙平整细，做成宽 1.4~1.5m 的平畦。

金莲花如何育苗？

金莲花主要用种子繁殖，也可用嫩枝扦插。种子繁殖多采用育苗移栽方式。播种期分秋播和春播。秋播于种子采收后及时播种；春播可在地解冻后及时用经低温沙藏处理的种子播种育苗。播种前先按要求做好畦，并整平耙细，播前畦内先浇透水，水渗后稍晾即可播种。播种时，将种子与 3~5 倍的细湿沙拌匀，均匀地撒在畦面上，随后盖 1cm 厚的湿润细沙或细土，上面再盖稻草或薄膜保湿，可保持较长时间表土湿润。每亩播种量 1.5~2.5kg。晚秋播种于第二年早春出苗；春播者播后 10 天左右出苗。

幼苗生长前期应除草松土，保持畦内清洁无杂草。植株封垄后，不再松土。在低海拔地区引种特别要注意遮阴，荫蔽度控制在 30%~50%，棚高 1m 左右，搭棚材料可就地取材。也可采用与高秆作物或果树间套作，达到遮阴目的。

如何规范栽植金莲花?

金莲花作为观赏植物时，在幼苗出齐后，苗高5~8cm时，可以选择适合其生长的山间草地、草原、沼泽草甸等，进行带土移植。一般以3~5株幼苗为一墩，一起移植，同时摘除底部1~3片叶，以减少养分的消耗。移植深度宜浅不宜深，并及时浇水。作为药材种植的，下年春季萌芽前移栽定植。先将种苗挖出，然后按行距30cm，株距20cm定植于大田。

金莲花如何进行田间管理?

（1）中耕除草 植株生长前期应勤松土除草，保持畦内清洁无杂草。植株封垄后，发现大草及时拔除。

（2）追肥 出苗返青后追施氮肥以提苗，每亩可施尿素10kg或腐熟有机肥500~800kg。6~7月可每亩追施磷酸铵30~40kg，冬季地冻前亩施腐熟有机肥1500~2000kg。每次施肥都应开沟施入，施后覆土。

（3）灌水与排水 金莲花苗期不耐旱，应常浇水以保持土壤湿润，但不宜太湿以防烂根死亡。7~8月雨季时要注意排涝。

如何防治金莲花的主要病虫害?

金莲花主要病害有叶斑病、萎蔫病等，主要害虫有银纹夜蛾、蚜虫、红蜘蛛及蛴螬、蝼蛄等地下害虫等，此类病虫害在蔬菜、瓜果、茶叶等绿色生产、控害减灾方面多采用如下措施。

（1）叶斑病

①病原及症状：属半知菌亚门真菌。受害植株维管束被侵染，一般至成株期才显症状。初期叶片呈失水状，或出现黄色斑块、网纹状褪色斑等，重病株叶片相继脱落，最终全株枯死。病菌可以在土壤、病残体或肥料中越冬并可存活多年，翌年发病期随风、雨传播侵染寄主。连作、过度密植、通风不良、湿度过大均有利于发病。

②防治方法：防治方法和选用药技术参照“秦艽叶斑病”。

（2）萎蔫病

①病原及症状：属半知菌亚门真菌。植株维管束被侵染，一般至成株期才显症状。初期叶片呈失水状，或出现黄色斑块、网纹状褪色斑等，重病株叶片相继脱落，最终全株枯死。病菌能够在土壤、病残体或肥料中越冬并可存活多年。

②防治方法

生物防治：温汤浸种。用55℃水温浸种5分钟，再用植物诱抗剂海岛素（5%

氨基寡糖素）水剂 800 倍液或 6% 24–表芸·寡糖水剂 1000 倍液浸 30 分钟，晾干播种。

科学用药防治：在以上温汤浸种的基础上，再用植物诱抗剂海岛素（5% 氨基寡糖素）水剂 800 倍液或 6% 24–表芸·寡糖水剂 1000 倍液 +10% 苯醚甲环唑水乳剂 1000 倍液浸 30 分钟；其他防治方法和选用药技术参照“百合枯萎病”。

（3）**银纹夜蛾** 防治方法和选用药技术参照“牛膝银纹夜蛾”。

（4）**蚜虫** 防治方法和选用药技术参照“地榆蚜虫”。

（5）**地下害虫** 主要是蛴螬和蝼蛄等地下害虫，防治方法和选用药技术参照地榆、麦冬、芍药相应虫害的防治。

（6）**红蜘蛛** 防治方法和选用药剂参照地榆和地黄红蜘蛛。

金莲花如何采收与加工？

采用种子繁殖的植株，播后第二年即有少量植株开花，第三年以后才大量开花；采用分根繁殖者，当年即可开花。开花季节及时将开放的花朵采下放在晒席上，摊开晒干或晾干。

金银花

金银花有哪些药用价值？

金银花又名双花，为忍冬科植物忍冬 *Lonicera japonica* Thunb. 的干燥花蕾或带初开的花。金银花自古以来就以药用而著名，是常用的大宗药材之一，其花、茎均可利用。《神农本草经》载：“金银花性寒味甘，具有清热解毒、凉血化瘀之功效，主治外感风热、瘟病初期、疮疡疔毒、红肿热痛、便脓血”等。《本草纲目》中详细论述了金银花有“久服轻身、延年益寿”的功效。现代药理研究表明，金银花有抗病毒作用、抗菌作用、抗生育作用、护肝作用、抗肿瘤作用、消炎作用，止血（凝血）作用、降血脂作用等。金银花含有多种人体必需的微量元素和化学成分，同时含有多种对人体有利的活性酶物质，具有抗衰老、防癌变、增强免疫、轻身健体的良好功效。金银花中所含绿原酸能起到抗细胞物质氧化，促进人体新陈代谢，调节人体各部功能的平衡，使体内老化器官恢复功能的作用。

金银花繁殖育苗的主要方法有哪几种？

金银花繁殖育苗的主要方法有扦插育苗、压条育苗两种，大量育苗是以扦插育苗为主，需要苗木数量较少时可用压条育苗法。

扦插育苗中如何选取插条？

在生长开花季节，将品种纯正、生长健壮、花蕾肥大的植株做标记，作为优良母株，于秋末在标记的母株上选取1~2年生节间短、长势壮、无病虫害的枝作插条，每根至少有4个节位，长度30~40cm，扦条粗度为0.5~1.5cm，将插条下端茎节处剪成平滑斜面，上端在节位以上1.5~2cm处剪平，剪好的插条每50或100根搭成1捆，其下端浸入500mg/kg生根剂5~10分钟，稍晾即可扦插。

种植金银花如何选地、整地？

选择背风向阳、光照良好，土层深厚、疏松、肥沃、湿润、排水良好的砂质壤土缓坡地或平地。入冬前进行1次深耕，深耕30~40cm，结合整地每亩施腐熟厩肥2500~3000kg，耕后整细耙平。

大田如何栽植金银花？

栽植时间以早春栽植最好，大田栽植一般行距2m，株距1.5m，定植穴30~40cm见方，每亩栽220株左右。为了提高土地利用率，提高前期产量，可按行距1m，株距0.75m栽植。之后根据生长情况（行间是否郁闭），第三年或第四年隔行隔株移出另栽，大田栽植也要先挖坑或条状沟，施足有机肥，浇水后栽植。

金银花生长期如何进行肥水管理？

金银花施肥分基肥、追肥、叶面喷肥，基肥一般在秋末或早春施，以使用腐熟的有机肥为主，一般幼树每亩施腐熟的农家肥2000kg，大树每亩3000~5000kg，50kg复合肥。具体方法：在植株树冠投影外围，开宽30cm、深40cm的环状沟（注意勿将主根切断），将肥料与一半坑土掺匀，填入沟内，然后填入另一半土。

追肥一年3~4次，在每次花蕾采收修剪后追肥，每亩追肥20kg碳铵或10kg尿素，施肥方法是在树冠周围垂直投影处挖5~6个深15cm的小穴，施入肥料、填土封严。为防烧苗和提高肥效，每次追肥后都要浇水。

叶面喷肥的时期为萌芽后新梢旺盛生长期和每次夏剪新梢出生以后，喷施肥料的浓度：尿素0.3%~0.5%，磷酸二氢钾0.2%~0.3%，硼砂0.3%，叶面喷肥的最佳时间是上午十点以前和下午四点以后，叶背面为喷肥的重点部位。

遵照配方和平衡施肥的原则，底肥要足，适时追肥为辅，合理补微肥。增施腐熟的有机肥，有针对性地配合推广使用生物菌剂、生物有机肥，改善土壤团粒结构，拮抗有害菌，增强植株抗病抗逆能力，大大提升植株的健康增产潜力。

金银花幼树如何进行整形修剪?

栽后1~3年的幼树以整形为主，栽后一年幼树，春季萌发的新枝，从中选出一粗壮直立枝作为主干培养，当长到25cm时进行摘心，促发侧枝，萌发侧枝后及时掰去下部徒长枝，上部用同样的方法选留主干，通过疏下截上，使其主干逐年增粗，在主干上选留4~5个生长较壮的直立枝作为主枝，疏掉徒长枝内膛弱枝，其他枝当花朵摘后剪截，促发花枝，这样2~3年即可成型，一般主干高60cm左右，树高1.3m左右，以方便采摘为宜。

金银花盛花期怎样进行修剪?

栽后3~4年即进入盛花期，盛花期4~20年，以产花为主，并继续培养主干、主枝，扩大树冠，一般一年修剪3次为宜。盛花期采用重轻剪法。即对弱枝、密枝重剪；2年生枝、强壮枝轻剪。并实行“四留四剪”，即选留背上枝、背上芽、粗壮芽、饱满芽；剪除向下枝、向下芽、纤弱枝、瘦小芽，同时将基部萌发的嫩芽抹掉，以减少养分的消耗。

金银花植株缺氮、磷、钾的表现有哪些?

（1）缺氮　地上枝茎生长缓慢、瘦弱、矮小，叶绿素含量低，致使叶片变黄，且小而薄，花蕾少而小，地下根系比正常的色白而细长，且数量较少，或出现淡红色。

（2）缺磷　植株生长较慢，分枝和分蘖较少，植株显得矮小，叶片多易脱落，植株表现为叶色呈暗绿色或灰绿色，有时出现紫红色，严重时叶片枯死。同时，花期向后推延，根系易老化，多呈锈色。缺磷症状金银花早期就能表现出来，容易诊断。

（3）缺钾　老叶或叶缘由绿发黄变褐，常呈焦枯烧灼状。叶片上出现褐色斑点或斑块，严重时整个叶片呈红棕色甚至干枯状，坏死脱落。根系较短而且较少，易衰老，严重时根会腐烂。缺钾症状在中后期才表现出来，早期不易发现。

如何防治金银花病害?

金银花上发生的主要病害有褐斑病、白粉病、炭疽病等，此类病害在蔬菜、瓜果、茶叶等绿色生产、控害减灾方面多采用如下措施。

（1）褐斑病

①病原及症状：属半知菌亚门、尾孢属病菌。主要危害叶片，发病初期叶片上出

现黄褐色小斑，后期数个小斑融合一起，呈圆形或受叶脉所限呈多角形的病斑，黄褐色，直径5~20mm，潮湿时背面生有灰色霉状物。干燥时，病斑中间部分容易破裂。病害严重时，叶片早期枯黄脱落。病菌在病叶上越冬，次年借风雨传播，一般先由下部叶片开始发病，逐渐向上发展，病菌在高温的环境下繁殖迅速。一般6~8月发病较重，为害严重的植株，在秋季早期大量落叶。

②防治方法

农业防治：秋末清除病株落叶，集中烧掉。生长季修剪掉弱枝及徒长枝。发病初期注意摘除病叶，减少病原。增施腐熟的有机肥，配方和平衡施肥，增施磷、钾肥，合理控氮和增补微肥。大力推广生物菌肥、多功能生物有机肥等。

生物防治：喷施植物诱抗剂海岛素（5%氨基寡糖素）或6% 24-表芸·寡糖1000倍液，防旱、防冻、抗逆、抗病、增强树势，把植物营养生长转化成生殖营养、抑制主梢疯长，促进花芽分化，多开花，延长采摘期。保护性药剂选用10%多抗霉素可湿性粉剂2000倍液喷雾。

科学用药防治：临发病前或发病初期及时喷药，保护性药剂选用42%寡糖·硫黄悬浮剂600倍液、80%全络合态代森锰锌可湿性粉剂或25%嘧菌酯可湿性粉剂1000倍液等；发病后治疗性药剂选用27%寡糖·吡唑醚菌酯水剂2000倍液，或50%异菌脲可湿性粉剂800倍液，或25%吡唑醚菌酯悬浮剂2000倍液，或50%嘧菌环胺水分散粒剂1000倍液，唑类（10%苯醚甲环唑水分散粒剂1500倍液、25%丙硫菌唑乳油2000倍液、10%戊菌唑乳油3000倍液等），或25%乙嘧酚磺酸酯微乳剂700倍液等喷雾防治。视病情把握防治次数，隔10~15天喷洒1次，一般连喷3次。每个环节用药与植物诱抗剂海岛素（5%氨基寡糖素）水剂800倍液或6% 24-表芸·寡糖水剂1000倍液混配喷施，能安全增效、抗逆壮株、促芽促花、延长花的采摘期、提质增产。

（2）白粉病

①病原及症状：属于子囊菌亚门、忍冬叉丝壳真菌。主要危害叶片，有时也危害茎和花，叶上病斑初为白色小点，后扩展为白色粉状斑，后期整片叶布满白粉层，严重时叶发黄变形甚至落叶，茎上病斑褐色，不规则形，上生有白粉，花扭曲，严重时脱落。病菌在病残体上越冬，翌年借风雨传播。温暖干燥或株间荫蔽利于发病。施用氮肥过多，干湿交替往往发病重。

②防治方法

农业防治：因地制宜选用抗病品种。加强栽培管理，合理密植，适时灌溉，雨后及时排水，防止湿气滞留。科学施肥，配方和平衡施肥，施用腐熟的有机肥、生物菌肥、多功能生物有机肥（含氨基酸、腐殖酸、多种元素等），增施磷钾肥，提高植株抗病力。及时清洁田园，清除病残体。

生物防治：参照“射干锈病”。

科学用药防治：发病初期及时喷药，用药“参照金银花褐斑病”，一般隔10~15天1次，一般防治1~2次。

（3）炭疽病

①病原及症状：属半知菌亚门、炭疽菌属。叶片呈多种病斑症状，潮湿时后期病斑上着生红褐色点状黏状物，具轮纹或小黑点，干燥时轮纹消失或不明显。严重时可造成大量落叶直至原蔸腐败。故也叫腐蔸病，以成年园特别是冬培及管理粗放，植株长势差，地势低洼的园发病严重。每年3~4月和9~10月为两个发病流行高峰期。

②防治方法

农业防治：合理密植，避免郁蔽。增施腐熟的有机肥和磷、钾肥，配方和平衡施肥，合理增补微肥；大力推广生物菌肥和生物有机肥，改善土壤结构，提高保肥保水性能，促根、壮苗、强身。阴雨天注意清沟排渍。收获后及时清洁田园，集中烧毁或深埋。

生物防治：临发病前2~3天或发病初期，喷施植物诱抗剂海岛素（5%氨基寡糖素）1000倍液，抗逆抗病，增强树势，把植物营养生长转化成生殖营养、抑制主梢疯长，促进花芽分化，多开花，延长采摘期。保护性药剂选用10%多抗霉素可湿性粉剂2000倍液，或400亿/克枯草芽孢杆菌500倍液或哈茨木霉菌叶部型300倍液喷淋，结合冲施根部预防。

科学用药防治：预计临发病前或发病初期及时喷药保护性控害，可用50%琥胶肥酸铜可湿性粉剂1000倍液、12%松脂酸铜乳油或80%络合态代森锰锌可湿性粉剂800倍液等喷淋。治疗性杀菌剂可用60%吡唑醚菌酯·代森联水分散剂1500倍液，或30%噁霉灵水剂1000倍液，或42.4%唑醚·氟酰胺悬浮剂2500倍液，或1.5%噻霉酮水乳剂800倍液，或55%啶酰菌胺·异菌脲水分散粒剂1000倍液，或75%肟菌·戊唑醇水分散粒剂2000倍液，或30%噁霉灵水剂+10苯醚甲环唑水乳剂按1∶1复配1000倍液等喷淋防治。喷施以上杀菌剂加配海岛素（5%氨基寡糖素）1000倍液更佳，安全增效，显著增强抗病抗逆能力，提质增产。应交替并合理复配用药，视病情把握防治次数，间隔7~10天1次，连续防治2~3次。

如何防治金银花虫害？

金银花上发生的主要虫害有蚜虫、蛴螬、尺蠖等，此类虫害在蔬菜、瓜果、茶叶等绿色生产、控害减灾方面多采用如下措施。

（1）蚜虫 属同翅目、蚜总科。

①为害状：有桃粉蚜和中华忍冬圆尾蚜2种，属同翅目蚜科，多在4月上中旬开始发生，主要为害嫩梢、嫩叶及花蕾，一般叶片受害背向萎卷，先叶脉变红褐色并逐渐扩展到脉缘叶肉，嫩梢和花蕾受害则萎缩不发。往往4~6月虫情较重，立夏后，特别是阴雨天，蔓延更快，严重时叶片卷缩发黄，花蕾畸形，受害部位萎蔫干枯，全株花蕾无收。

②防治方法

农业防治：清除田园及附近杂草，减少虫源。

物理防治：早期田间悬挂银灰膜条驱避有翅蚜。规模化黄板诱杀有翅蚜。

生物防治：在保护利用自然天敌的基础上主动抓好早期防治，可用洗衣粉400~500倍液喷雾防治，可封闭蚜虫气孔和触杀作用，或用1%苦参碱可溶液剂500倍液、0.5%藜芦碱可溶液剂1000倍液等喷雾，相互复配使用提高防治效果。

科学用药防治：把握用药指标，蚜株率50%以下时挑治，50%以上时普治。优先选用25%噻嗪酮可湿性粉剂或10%吡丙醚乳油2000倍液或5%虱螨脲水剂2000倍液，或22.4%螺虫乙酯悬浮液4000倍液均匀喷雾，最大限度地保护自然天敌和传媒昆虫。其他药剂可早期选用70%吡虫啉水分散剂，或60%吡虫啉悬浮剂，或25%噻虫嗪水分散剂等1000~1500倍液灌根控制发生和蔓延。蚜虫点片发生阶段可用15%茚虫威悬浮剂3000倍液，或60%烯啶虫胺·呋虫胺可湿性粉剂3000倍液，或92.5%双丙环虫酯可分散液剂15000倍液等喷雾防治，交替轮换用药。相互合理复配并适量加入展透剂喷雾。视虫情把握防治次数，间隔7~10天喷1次。选无风的早晨和傍晚喷药为宜。同时兼治叶蝉、蝽象等刺吸式口器害虫。

（2）蛴螬　鞘翅目、金龟甲总科。

①为害状：蛴螬咬噬金银花根部，造成金银花黄叶、树势弱，严重者整株树死亡。

②防治方法

农业防治：结合深翻土地，清除杂草等消灭越冬幼虫，减少虫口密度。增施腐熟的有机肥、生物菌肥、多功能生物有机肥（含氨基酸、腐殖酸、多种元素等），配方和平衡施肥，合理补微肥。田边地头种植蓖麻，蓖麻素可毒杀取食的成虫。

物理防治：在成虫（金龟子）发生始期产卵之前，在金银花生产基地成方连片规模化安装黑光灯或者太阳能紫光灯诱杀。用熟透的番茄诱集杀灭金龟子。

生物防治：运用性诱剂诱杀雄成虫于交配之前。用100亿活芽孢/克苏云金杆菌可湿性粉剂、100亿孢子/克白僵菌和绿僵菌等100倍液灌根防治蛴螬。

科学用药防治：预计蛴螬临危害之前3天或出现危害症状初期立即淋灌药剂，可用20%氯虫苯甲酰胺悬浮剂1000倍液或50%辛硫磷乳油灌根，其他防治方法和选用药剂技术参照“地榆蛴螬”。

（3）尺蠖　鳞翅目、尺蛾科、隐尺蛾属。

①为害状：暴食性害虫，以幼虫取食金银花叶片，3龄后食量大增，严重的吃光叶肉仅剩叶脉，导致严重减产。以幼虫和蛹在近土表的枯叶下越冬。

②防治方法

农业防治：结合管理摘除卵块和群集危害的初孵幼虫，减少虫源。

生物防治：利用性诱剂诱杀雄蛾于交配之前，降低田间卵孵化率。卵孵化盛期用100亿/克活芽孢Bt可湿性粉剂300~500倍液，或每亩用100~150g的10亿PIB/ml核型多角体病毒悬浮液对水喷雾，或幼虫2龄前用1%苦参碱可溶液剂500倍液，或2.5%多杀霉素悬浮剂1000倍液，或6%乙基多杀菌素悬浮剂2000倍液喷雾防治。

物理防治：规模化运用灯光诱杀成虫于产卵前，或用糖醋液（糖:醋:酒:水＝

3：4：1：2）诱杀成虫。

科学用药防治：产卵前灭成虫，可将糖醋液配加杀虫剂（糖:醋:酒:水:氯虫苯甲酰胺 =3：4：1：2：0.2）直接杀死成虫。卵孵化盛期或幼虫 3 龄前喷药防治，优先选用 5% 氟铃脲乳油 1000 倍液，或 5% 氟啶脲乳油或 25% 灭幼脲悬浮剂 1000 倍液，或 5% 虱螨脲乳油 2000 倍液，或 25% 除虫脲悬浮剂 3000 倍液，最大限度地保护自然天敌和传媒昆虫。其他药剂可用 20% 氯虫苯甲酰胺悬浮剂 2000 倍液，或 1.8% 阿维菌素乳油 1000 倍液，或 10% 溴氰虫酰胺可分散油悬浮剂 2000 倍液，或 5% 甲维盐·虫螨腈水乳剂 1000 倍液，或 30% 甲维盐·茚虫威悬浮剂 4000 倍液等进行防治。以上药剂相互合理复配喷施并加展透剂。据虫情把握防治次数，一般隔 7~10 天 1 次，喷匀打透。

根据花的发育时期如何掌握金银花采摘期？

金银花的花发育分为花蕾期、三青期、二白期、大白期、银花期及金花期共六个时期。不同时期其有效成分绿原酸的含量也不相同，从三青期到金花期 5 个不同发育阶段，金银花中的绿原酸含量随其发育阶段的提高而降低，表明采收期不同，其有效成分含量有较大差异。因此适时采收是保证金银花产品质量的关键环节。

最适宜的采摘标准是："花蕾由绿色变白，上白下绿，上部膨胀，尚未开放。"即二白期，这时期采摘的花蕾入药质量最好。一般在 5 月中下旬采摘第一茬花，一个月后陆续采摘二、三、四茬花。

目前金银花加工方法主要有哪几种？

目前，金银花加工一般采用日晒和现代化烘干机烘烤两种加工法。

（1）日晒 在农户家中自己进行。将采回的鲜花用手均匀地撒在晾盘上，掌握好温度和湿度，温度和湿度适宜，花蕾干缩后基本能保持鲜绿颜色。

（2）利用烘干机烘干 小型烘干机一般烤鲜花 100kg 左右，中型烘干机一般烤鲜花 200~400kg，大型烘干机一般烤鲜花 1000kg 左右。每平方米放鲜花蕾 2.5kg，厚度 1cm，共铺架 14~18 层。花架在烤房中架好后送入热风，此后花蕾的烘干经历塌架、缩身、干燥三个阶段。温度曲线为 40~50~60~70℃，温度逐渐升高，此间要利用轴流风机进行强制通风除湿，整个干燥过程历时 16~20 小时，待烤干后装袋保存。

菊 花

菊花有何药用价值？

菊花为菊科植物菊 *Chrysanthemum morifolium* Ramat. 的干燥头状花序，性味甘，

苦；微寒，归肺，肝经。有养肝明目、疏风清热的功能。主治感冒风热、头痛、耳鸣、目赤、咽喉肿痛等症。菊花作为一种天然保健品具有极大的开发利用前景。市场上已有的菊花相关食品主要形式为：作为烹调主料或配料直接食用；制成营养保健茶；加工成各种食品或饮料；提炼香精或香油等各类香料。近年来，为了提高菊花的附加值，有关企业及科研人员进行了提取菊花硒、黄酮类化合物、挥发油等方面的研究，取得了一些进展。但菊花有效营养成分的综合、充分利用方面还是空白，将菊花提取物黄酮类物质和挥发油用于新型保健食品的开发，将有巨大的潜在市场和发展空间。

菊花的生物学特性有哪些？

菊花为多年生宿根草本，株高 60~150cm，全株密被白色绒毛。茎直立，基部木质化，上部多分枝，枝略具棱。单叶互生，具叶柄，叶片卵形或窄长圆形，边缘有短刻锯齿，基部心形。头状花序顶生或腋生，总苞半球形，绿色；舌状花着生花序边缘，舌片白色、淡红色或淡紫色，无雄蕊；雌蕊 1；管状花位于花序中央，两性，黄色，先端 5 裂；聚药雄蕊 5；雌蕊 1，子房下位。

菊花每年春季气温稳定在 10℃以上时，宿根开始萌发，在 25℃范围内，随着温度的升高，生长速度加快，生长最适温度为 20~25℃。在日照短于 13.5℃小时，夜间温度降至 15℃、昼夜温差大于 10℃时，开始从营养生长转入生殖生长，即花芽开始分化。当日照短于 12.5℃小时，夜间温度降到 10℃左右，花蕾开始形成，此时，茎、叶、花进入旺盛生长时期。9~10 月进入花期，花期 40~50 天，朵花期 5~7 天。

头状花序由 300~600 朵小花组成，一朵菊花实际上是由许多无柄的小花聚宿而成的花序，花序被总苞包围，这些小花就着生在托盘上。边缘小花舌状，雄性，中央的盘花管状，两性。从外到内逐层开放，每隔 1~2 天开放一圈，头状花序花期为 15~20 天。小花开放后 15 小时左右，雄蕊花粉最盛，花粉生命力 1~2 天，雄蕊散粉 2~3 天后，雌蕊开始展羽，一般上午 9 时开始展羽，展羽 2~3 天凋萎。

菊花喜光，对土壤要求不严格，旱地和稻田均可栽培。但宜种于阳光充足、排水良好、肥沃的砂质土壤，宜在 pH 6~8 范围内。过黏的土壤或碱性土中生长发育差，重茬发病重。低洼积水地不宜种植。

菊花适合在我国哪些地方种植？在生产中有哪些品种类型？

菊花在我国分布面广，主要分布于安徽、浙江、河南、河北、湖南、湖北、四川、山东、陕西、广东、天津、山西、江苏、福建、江西、贵州等省。药材种植时，要考虑花的产量，黄河以北地区宜选择花期早的品种，以免霜期到来时药材还不能采收，造成经济损失。一般来说，东北地区和西北地区不适合种植菊花。菊花喜肥，在疏松肥沃、含腐殖质丰富、排水良好的砂质壤土中生长良好，花多产量高。土壤酸碱度以中性至微酸性或微碱性为宜。凡土壤黏重、地势低洼、排水不良、盐碱性大的地块不宜栽培。忌连作。

药材按产地和加工方法不同，分为贡菊、杭菊、滁菊、亳菊、怀菊、济菊、祁菊、川菊。杭菊主产于浙江省桐乡、海宁、嘉兴和吴兴等地，是著名的浙八味之一；滁菊主产于安徽全椒、滁县和歙县；亳菊主产于安徽亳州、涡阳和河南商丘；怀菊主产于河南省焦作市所辖的泌阳、武涉、温县、博爱等地，是我国著名的四大怀药之一；贡菊主产于安徽省歙县（徽菊）、浙江省德清（德菊），清代为贡品，故名贡菊花；济菊主产于山东省嘉祥、禹城一带；祁菊主产于河北省安国；川菊主产于四川省绵阳、内江等地，近年来由于产销问题，主产区已很少种植。药用菊花中贡菊、杭菊、滁菊、亳菊为我国四大药用名菊；以长江为界，在长江以南的杭菊、贡菊以做茶用为主，兼顾药用；而长江以北的滁菊、亳菊则以做药用为主，兼顾茶用。

菊花如何选地、整地?

宜选地势高燥、排水良好、向阳避风的砂壤土或壤土地栽培。土壤以中性至微酸性为好，忌连作。于前作收获后，每亩施用尿素 20kg、氯化钾 10kg、过磷酸钙 8kg 作基肥，深耕 2 次，耙平做宽 1.3m、高 30cm 的畦，沟宽 30cm，以利排水，若前作为小麦、油菜等作物，可少施或不施基肥。应选地势平坦、排水良好的地块，翻耕、耙细、整平后再掺 50% 的清洁细河沙，做成高 30cm 的插床，压实待插。

菊花的繁殖方法有哪几种?

可用分株、压条、扦插繁殖。扦插繁殖生长势强、抗病性强、产量高，故目前生产上常用；分株繁殖易成活，劳动强度小。

（1）分株繁殖 秋季收菊花后，选留健壮植株的根蔸，上盖粪土保暖越冬，翌年 3~4 月，将土扒开，并浇稀粪水，促进萌枝迅速生长。4~5 月，待苗高 15~25cm 时，选择阴天将根挖起、分株，选择粗壮和须根多的种苗，斩掉菊苗头，留下约 20cm 长，按行距 40cm，株距 30cm，开 6~10cm 深的穴，每穴栽一株，栽后覆土压实，并及时浇水。浙江桐乡由于前茬是榨菜，榨菜清明后即可采收，故多用此法。

（2）压条繁殖 压条是将枝条压入土中，使其生根，然后分开成为独立植株。菊花用压条繁殖，只在下列情况下采用：菊花局部枝条有优良性状的突变时；菊花枝条伸得过长，欲使其矮化时；繁殖失时，采取补救时。具体方法是：6 月底至 7 月初，将母株枝条引伸弯曲埋入土中，使茎尖外露。在进入土中的节下，刮去部分皮层。不久伤口便能萌发不定根，生根后剪断而成独立植株。在生根过程中得到母株的营养，故成活率 100%。由压条所得的植株一般花较小，枝茎短缩而分枝多。非特殊情况一般不用此法。

（3）扦插繁殖 在优良的母株上取下插条，插条长 8cm，下部茎粗 0.3cm 为最佳，插条长度的差别应小于 0.5cm。如插条的长度差异太大影响切花菊的整齐度及一级花出产率。将采下的插条去除 2/3 的下部叶片，将它插入预先做好的基质内（基质应选用透水性、通气性良好的材料），株行距 3cm × 3cm。扦插后应保持较高的环境温度，一般白天 22~28℃，夜间 18~20℃，不能低于 15℃。以间歇式喷雾的方法维持空气及基质湿润，在开始的 3~4 天，每隔 3 分钟喷雾 10 秒，以后每隔 8~10 分钟喷雾 10~12 秒，至生根发芽。从扦插开始上遮阳网至生根发芽以后撤遮阳网。

如何进行菊花移栽?

分株苗于 4~5 月、扦插苗于 5~6 月移栽。选阴天或雨后或晴天的傍晚进行，在整好的畦面上，按行珠距各 40cm 挖穴，穴深 6cm，然后，带上挖取幼苗，扦插苗每穴栽 1 株，分株苗每穴栽 1~2 株。栽后覆土压紧，浇定根水。

菊花田间管理措施有哪些?

（1）土壤管理 一是提倡轮作，连作地种植前要消毒土壤。二是适期适时监测土壤，监测指标包括肥力水平和重金属元素含量等方面，以为进行适宜的土壤改良提供参考。应每 2 年检测 1 次。三是完善坡耕地水土保持设施。

（2）摘心打顶 应选择晴天分别在移栽时或移栽后 20~25 天、6 月中旬左右、6 月底至 7 月上旬、后期长势过旺时对分株苗进行摘心打顶。根据不同品种，第 1 次摘心打顶离地 5~15cm 摘（剪）除，以后各次保留 5~15cm 的芽，摘（剪）除上部顶芽。对于移栽较迟的扦插苗，应减少摘心打顶次数。摘心打顶必须在 7 月底前完成。摘（剪）下的顶芽应带出地块销毁。

（3）中耕除草 全年中耕除草 4~5 次。要求第 1、2 次锄草宜浅，以后各次宜深。后期除草时，均要培土壅根，既能保护根系，又能防倒伏。

（4）搭架 对于易倒伏品种，应在植株旁搭架，以促进通风透光，减轻病虫害发生。

（5）肥水管理 一是科学管水：雨季注意排水；夏秋季节干旱时，要及时浇水；确保孕蕾期不缺水。严格控制灌溉用水质量，使之符合 NY 5120 规定。二是合理施肥：菊花喜肥，施足肥料是菊花增产的关键措施。一般追肥 3 次。第 1 次在定植后菊花幼苗开始生长时，每亩施尿素 6.67kg；第 2 次在植株开始分枝时，每亩施用尿素 10kg；第 3 次在孕蕾前，每亩施用尿素 10kg、过磷酸钙 13.33kg。也可选择磷酸二氢钾 800 倍液，用喷雾器在无风的下午或傍晚喷施于叶面，能够收到增产的效果。遵照配方和平衡施肥的原则，底肥要足，适时追肥为辅，合理补微肥。增施腐熟的有机肥，有针对性地配合推广使用生物菌剂、生物有机肥，改善土壤团粒结构，拮抗有害菌，增强植株抗病抗逆能力，大大提升植株的健康增产潜力。

如何防治菊花病害?

菊花主要病害有白粉病、褐斑病等，此类病害在蔬菜、瓜果、茶叶等绿色生产、控害减灾方面多采用如下措施。

（1）白粉病

①病原及症状：属于子囊菌亚门、菊科白粉菌。主要发生在菊花上部叶枝和蕾上，受害部位表面覆有一层灰白色的菌丝，由点成片，形成一层污白色粉状物。初期在叶片上呈现浅黄色小斑点，以叶正面居多，后逐渐扩大，病叶上布满白色粉霉状物，在温湿度适宜时病斑可迅速扩大，并连接成大面积的白色粉状斑，发病后期表面密布黑色颗粒。病情严重的叶片扭曲变形或枯黄脱落，病株发育不良，矮化，花蕾不能正常开放。甚至出现死亡现象。阴雨多、光照不足、排水不良、湿度大，易引起病菌流行。但在干旱条件下病势也会加重。另外，氮肥过多，植株倒伏，或施肥不足，植株生长衰弱，抗病能力差，均易引起白粉病的发生。北方病菌随病残体留在土表越冬，翌年放射出子囊孢子进行初侵染和再浸染。棚室病菌在寄主上越冬，条件适宜时借气流传播，春、秋冷凉，湿度大易发病。

②防治方法

农业防治：合理密植，适时灌溉。避免过多施用氮肥，增施磷钾肥和腐熟的有机肥，合理补微肥，推广使用生物菌剂和生物有机肥，提高植株抗病抗逆能力。栽培上注意剪除过密和枯黄株叶，拔除病株，清扫病残落叶，集中烧毁或深埋，减少菌源。

生物防治：参照“射干锈病”。

科学用药防治：发病初期开始喷药，保护性药剂选用80%全络合态代森锰锌可湿性粉剂1000倍液，或25%嘧菌酯可湿性粉剂1000倍液等。发病后选用治疗性药剂，可用25%吡唑醚菌酯悬浮剂2000倍液，75%肟菌·戊唑醇水分散粒剂2000倍液，或50%嘧菌环胺水分散粒剂1000倍液，或10%苯醚甲环唑水分散粒剂1500倍液，或25%乙嘧酚磺酸酯微乳剂700倍液，或40%醚菌酯·乙嘧酚（25%乙嘧酚+15%醚菌酯）悬浮剂1000倍液，或25%丙硫菌唑乳油2000倍液，或10%戊菌唑乳油3000倍液等喷雾防治，隔7~10天/次，连续防治2~3次。其他防治方法和选用药技术参照“金银花白粉病”。

（2）褐斑病

①病原及症状：属半知菌亚门、腔孢菌纲、球壳孢目、壳针孢属、菊壳针孢菌。又名菊花斑枯病，初期在叶上出现圆形、椭圆形或不规则形大小不一的紫褐色病斑，后期变成黑褐色或黑色，直径2~10mm。感病部位与健康部位界限明显，后期病斑中

心变浅，呈灰白色，出现细小黑点。病斑多时可相互连接，叶色变黄，进而焦枯。当病叶上有 5~6 个病斑时，叶片变皱缩，进而叶片由下而上层层变黑，严重时仅留上部 2~3 张叶片，发黑干枯的病叶悬挂于茎秆上，干枯后一般不能自行脱落。

②防治方法

农业防治：合理密植。发现病叶、病果及时摘除，集中销毁或深埋。发病严重的地区实行轮作。及时排除积水。免过多施用氮肥，增施磷钾肥和腐熟的有机肥，合理补微肥，推广使用生物菌剂和生物有机肥，提高植株抗病抗逆能力。

科学用药防治：临发病之前或发病初期保护性用药防治，控制发生和蔓延。发病后治疗性用药防治，及时控制危害。其他防治方法和选用药技术参照“金银花褐斑病”。

（3）枯萎病

①病原及症状：属半知菌亚门、尖镰孢菌菊花专化型真菌。发病初期下部叶片失绿发黄，失去光泽，接着叶片开始萎蔫下垂、变褐、枯死，下部叶片也开始脱落，植株基部茎秆微肿变褐，表皮粗糙，间有裂缝，湿度大时可见白色霉状物；茎秆纵切，可见维管束变褐色或黑褐色。有的植株一侧枝叶变黄萎蔫或烂根。病菌主要在土中越冬，或进行较长时间的腐生生活。在田间主要通过灌溉水传播，也可随病土借风吹往远处。病菌发育适温 24~28℃。该菌只为害菊花，遇适宜发病条件病程 2 周即现死株。潮湿或水渍田易发病，特别雨后积水、高温阴雨、施氮肥过多、土壤偏酸易发病。

②防治方法

农业防治：选择抗病品种，并从无病植株上采集枝条繁殖；控制土壤含水量，宜选用排水良好的基质；重病株及时拔除烧毁，病穴用生石灰等消毒；合理密植。配方和平衡施肥，增施腐熟的有机肥和磷钾肥，合理补微肥，推广使用生物菌肥、生物有机肥。

科学用药防治：移栽后缓苗期可用 30% 噁霉灵水剂 500 倍液灌根。其他防治方法和选用药技术参照“百合枯萎病”。

（4）锈病

①病原及症状：属担子菌亚门、菊柄锈菌、堀柄锈菌和蒿层锈菌 3 种真菌。主要为害叶片，花和茎部都可浸染。叶片和茎部受害，受害初期有淡黄色小点后变褐色隆起小脓疤状（夏孢子堆）破裂后散出黄褐色粉末（夏孢子），叶背也布满一层黄粉。发病后期，在叶背或在叶柄和茎上出现深褐色突起，上被有栗褐色的粉状物，即病菌的冬孢子堆。病斑组织最后枯死，受害叶萎谢。花受害，病初花茎表皮覆盖泡状斑点后表皮破裂散出黄褐色粉状物，花蕾干瘪凋谢脱落；病菌在病株或病残体上越冬。翌年春末初夏发病。病菌从叶片气孔侵入，侵染适温为 16~27℃。温暖及相对湿度 85% 以上的环境有利于发病。

②防治方法

农业防治：配方和平衡施肥，避免过多施用氮肥，增施磷钾肥和腐熟的有机肥，合理补微肥，推广使用生物菌剂和生物有机肥，提高植株抗病抗逆能力。雨后注意排水；秋冬及早春发现病枝病叶及时剪除烧毁。浇水方式采用地面浇灌，避免喷淋。

生物防治：参照“射干锈病”。

科学用药防治：早春发芽前喷1次保护性药剂，可用27%寡糖·硫黄悬浮剂600倍液，或2~3波美度石硫合剂或45%晶体石硫合剂30倍液。发病初期开始喷施治疗性杀菌剂，可用25%戊唑醇可湿性粉剂1500倍液等喷雾防治。其他防治方法和选用药技术参照川贝母锈病和大黄黑粉病。

如何防治菊花虫害?

菊花主要害虫有天牛、蚜虫等，此类害虫在蔬菜、瓜果、茶叶等绿色生产、控害减灾方面多采用如下措施

（1）天牛 属鞘翅目、天牛科。

①为害状：春末夏初天牛成虫在接近菊花嫩芽处咬破株茎表皮产卵，咬伤处不久变黑，出现长条形斑纹，茎梢因失水而萎蔫或折断。卵孵化后幼虫沿茎秆向下蛀食，直达根部，为害严重时整株枯萎而死。

②防治方法

农业防治：清除枯枝，进行人工捕捉成、幼虫。在茎干或枝条找有虫粪排出的虫孔将虫孔虫粪挖出，用钢丝插入新的虫孔刺杀；对严重受害的植株要及时砍伐处理，清理虫源。

物理防治：规模化运用灯光诱杀成虫于产卵之前。也可用糖醋液诱杀成虫，配制方法：糖:醋:酒:水=6：3：1：10的比例混拌均匀，田间摆放诱杀。

生物防治：在种植基地规模化应用性诱剂诱杀雄虫于交配之前。卵孵化期幼虫未钻蛀前喷施2.5%多杀霉素悬浮剂1500倍液，或6%乙基多杀菌素悬浮剂2500倍液。

科学用药防治：用注射器向蛀孔灌注70%吡虫啉2000倍，也可注入10%溴氰虫酰胺可分散油悬浮剂2000倍液，或20%氯虫苯甲酰胺悬浮剂1000倍液，或5%虱螨脲乳油2000倍液等，然后用泥封严虫孔口。或用20%氯虫苯甲酰胺悬浮剂原液浸过的药棉塞入虫孔，用泥封住，毒杀幼虫；产卵盛期喷药射杀，幼虫尚未蛀入内部以前及时喷药，除以上药剂以外，还可用22%氟啶虫胺腈悬浮剂1000倍液、15%唑虫酰胺乳油1500倍液，或用20%氯虫苯甲酰胺悬浮剂1000倍液及相应复配制剂，相互科学复配喷施并加入展透剂更好。10天喷1次，视虫情把握防治次数。

（2）蚜虫 防治方法和选用药技术参照“金银花蚜虫”。

（3）菊花瘿蚊 属双翅目，瘿蚊科。

①为害状：幼虫在菊株叶腋、顶端生长点及嫩叶上为害，形成绿色或紫绿色、上尖下圆的桃形虫瘿，为害重的菊株上虫瘿累累，植株生长缓慢，矮化畸形，影响座蕾和开花。

②防治方法

农业防治：清除田间菊科植物杂草，减少虫源；避免从菊花瘿蚊发生区引种菊苗（菊花瘿蚊发生较早，苗期即可携带卵和初孵幼虫），结合打顶摘除虫瘿。

生物防治：菊花收获之后采集虫瘿，里面往往有大量瘿蚊幼虫和天敌寄生蜂，将采集的大量虫瘿冷藏保存，待来年瘿蚊发生时释放到田间，增强自然天敌对菊花瘿蚊的控制能力。成虫发生初期喷施6%乙基多杀菌素悬浮剂2500倍液。

科学用药防治：成虫发生期用25%噻嗪酮可湿性粉剂2000倍液，或亩用10%吡丙醚乳油35~60ml均匀喷雾，可最大限度地保护自然天敌资源和传媒昆虫。其他药剂可用92.5%双丙环虫酯可分散液剂15000倍液，或22.4%螺虫乙酯悬浮液4000倍液等喷雾防治，10%烯啶虫胺可溶性粉剂2000倍液等喷雾防治。其他选用药剂可参照“金银花蚜虫”。

如何进行菊花的采收?

进行菊花采收时应采用清洁、通风良好的竹编筐篓等，一般应选择晴天露水干后采收。特殊情况下，如遇雨或露水，则应将湿花晾干，否则容易腐烂、变质，并且后期加工色泽也较差，影响品质。采花时，用两个手指将花向上轻托，不仅省时省力，而且花不带叶、花梗短。采收时应将好花、次花分开放置，并且防止其他杂质混入花内。收花盛放时不能紧压，以免损坏花瓣，并且过紧或过多堆放易因不透气而造成变色、变质，影响品质。

菊花产品加工方法有哪些?

菊花产品加工场所应宽敞、干净、无污染源，加工期间不应存放其他杂物，要有阻止家禽、家畜及宠物出入加工场所的设施。允许使用竹子、藤条、无异味木材等天然材料和不锈钢、铁制材料，食品级塑料制成的器具和工具应清洗干净后使用，烘制时不能用塑料器具。严格加工操作程序。加工干制后的产成品质量符合NY 5119—2002的要求。干制后的菊花所用包装材料应符合食品包装要求，直接接触菊花的包装用纸应达到GB 11680的要求。菊花的加工方法因栽培品种、栽培地点以及传统加工不同而有所差异。

（1）滁菊 主要是安徽滁县一带栽培，是菊中珍品，花瓣细长而浓密，色白，呈绒球状，气味清芳幽郁。其加工方法是：采摘后，将花朵放在竹匾上阴干，不宜曝晒。

（2）贡菊 采下鲜花要摊开薄放，防止积压发热引起变色变质。要立即在烘房内烘焙。先将鲜花摊放在竹帘或竹匾上，要求单层均匀排放不见空隙。烘焙炭火要求盖灰不见明火，温度保持40~50℃。晴天干花第1轮烘焙需2.5~3小时，雨天水花第1轮烘焙需5.5~6小时。待烘焙至九成干后再转入第2轮烘焙，先调节炭火约第1轮的

1/3 火力，烘房温度低于 40℃，时间需 1.5~2.5 小时，当花烘焙至象牙白色时，即取出干燥阴凉。在整个烘焙过程中，要经常检查火力和温度（可用温度计观察），温度过高，花易焦黄；温度过低，花易变色降质。

（3）杭菊　主要采用蒸花的方法，蒸花的特点是干燥快、质量佳。具体方法是：将在阳光下晒至半瘪程度的花放在蒸笼内，铺放不宜过厚，花心向两面，中间夹乱花，摆放 3cm 左右厚之后准备蒸花。蒸花时每次放三只蒸匾，上下搁空，蒸时注意火力，既要猛又要均匀，锅水不能过多，以免水沸到蒸匾卜形成“浦汤花”而影响质量，以蒸 1 次添加 1 次水为宜，水上面放置一层竹制筛片铺纱布，可防沸水上窜。每锅以蒸汽直冲约四分钟为宜，如过久则使香味减弱而影响质量，并且不易晒干。没有蒸透心者，则花色不白，易腐变质。将蒸好的菊花放在竹制的晒具内，进行曝晒，对放在竹匾里的菊花不能翻动。晚上菊花收进室内也不能挤压。待晒 3~4 天后可翻动 1 次，再晒 3~4 天后基本干燥，收贮起来几天，待“还性”后再晒 1~2 天，晒到菊花花心（花盘）完全变硬，便可贮藏。

（4）黄菊花　烘菊花通常以黄菊花为主，将鲜花置烘架上，用炭火烘焙，并不时翻动，烘至七八成干时停止烘焙，放室内几天后再烘干或晒干。蒸花后若遇雨天多，产量大，也可以用此法烘花。此法的缺点是成本大，易散瓣。

（5）亳菊　主产于安徽亳县一带，是主要的药用菊花之一，其加工方法是：将茎连花叶一齐割下，倒挂在房檐下，阴晾干，也可搭架阴干。阴干时间 30~70 天，干后分档采花。

祁菊、济菊的加工方法同亳菊。

（6）怀菊　主产在河南温县、武陟一带，是药用菊花的类型之一。其加工方法是：将整个菊花植株割下，打成捆倒挂在屋里阴晾，去一些水分后，剪下花头放在席上晒干。晒干后的菊花再喷少量水（每 100kg 干花用水 2~5kg），这样花朵不易散碎。

款冬花

款冬花有哪些药用价值？

款冬花的菊科植物款冬 *Tussilago farfara* L. 的干燥花蕾，别名冬花、蜂斗菜、艾冬花、九九花等。款冬花性味辛温，具有润肺下气，化痰止嗽的作用。主治新久咳嗽、气喘、劳嗽咯血等。

如何根据款冬花生长习性选地和整地？

款冬花喜凉爽潮湿环境，耐严寒，较耐荫蔽，忌高温干旱，宜栽培于海拔 800m 以上的山区半阴坡地。在气温 9℃以上就能出苗，适宜生长温度 16~24℃，超过 36℃

就会枯萎死亡，3~8月营养生长，款冬花蕾从9月开始分化，10月后花蕾形成，翌年2月花茎出土，开花结实。种植款冬花宜选择半阴半阳、湿润、含腐殖质丰富的微酸性的砂质壤土。前作物收获后，每亩撒施腐熟有机肥1500kg，随后深翻，耙细整平，作宽1.3m、高20cm的高畦，四周开好排水沟。

款冬花如何繁殖？

栽培款冬多采用无性繁殖方法，有性繁殖因种子成熟度差和生长时间长，故生产上很少采用。

（1）无性繁殖 用根状茎繁殖。于秋末冬初，选择粗壮多花、颜色较白的没有病虫害的根状茎做种栽，老根状茎及白嫩细长的根状茎不宜做繁殖材料。栽种时期分春栽、冬栽两种。春栽的种苗可于上年冬季收花时，将做种栽的根状茎就地埋于土中贮藏，也可在室内堆藏或窖藏，堆藏应于地面上先铺一层湿润的细沙，然后放一层根状茎再铺一层细沙，如此堆放至33cm高，其上盖草席或茅草即可，窖藏时要窖口高出地面；冬栽则结合收花挖取根状茎，随挖随栽种。春栽于2月上旬至3月下旬，冬栽于10月上旬至11月上旬进行。栽前将选好的根状茎剪成10~13cm小段，每段保留2~3个芽苞。在整好的畦面上，按行距33cm，穴距23~27cm，开8~10cm深的穴，每穴栽3段，摆成三角形，然后覆土填平，适当镇压。每亩种栽量30~40kg。

（2）有性繁殖

①采种：于款冬种子成熟时，将果实带座摘下，用纸包上，置于阳光下晒干，搓去冠毛，待作种用。②育苗：将春季收获的成熟种子，均匀撒播于已整好的畦面上，然后覆一层薄薄的细土，上面再覆盖一层蒿草。约一周后陆续出苗。③移栽：于秋末冬初或第二年早春土壤解冻后进行移栽。

生产上款冬花多采用地下根状茎繁殖。于秋末冬初采收花蕾后，挖起地下根茎，选择生长粗壮、色白、无病虫害的新生根状茎，剪成10~12cm长的根段，每段至少具有2~3个芽。若初冬栽种可随挖随栽，若在翌年早春栽种，必须将种根置室内堆藏或室外窖藏。其方法是：先在底层铺1层湿润的清洁河沙，其上铺1层种根，如此相间堆放数层；堆高30cm左右，上面覆盖稻草和草帘。层积贮藏期间要经常检查，发现堆内发热或过早发芽，要及时翻堆处理。

款冬花如何栽种？

款冬花多于初冬或翌年早春解冻后栽种。

（1）穴栽 在整好的畦面上，按行距25~30cm、株距15~20cm挖穴，深8~10cm，每穴栽种苗3节，摆成三角形，栽后随即覆土盖平。

（2）沟栽 按行距25cm开沟，深8~10cm，每隔10~15cm（株距）平放入种根1

节，随即覆土压紧与畦面齐平。若天气干旱，应浇 1 次水。款冬花的适宜栽培密度为 4500~5000 株 / 亩。

如何进行款冬花的田间管理？

（1）中期除草 8 月以前中耕不宜太深，同时在 6~8 月中耕时，结合进行根部培土，以防花蕾分化后长出土表变色，影响质量。

（2）肥水管理 生长前期一般不追肥，以免生长过旺。生长后期要加强肥水管理，9 月上旬，每亩追施腐熟有机肥 1000kg；10 月上旬，每亩追施复合肥 15~20kg，于株旁开沟或挖穴施入，施后用畦沟土盖肥，并进行培土，以保持肥效，避免花蕾长出地面，影响款冬花质量。款冬花喜湿、怕积水，所以春季干旱，连续浇水 2~3 次，经常保持湿润以保证全苗。雨季到来之前做好排水准备，防止田间积水。

遵照配方和平衡施肥的原则，底肥要足，适时追肥为辅，合理补微肥。增施腐熟的有机肥，有针对性地配合推广使用生物菌剂、生物有机肥，改善土壤团粒结构，拮抗有害菌，增强植株抗病抗逆能力，大大提升植株的健康增产潜力。

（3）植株调整 6~7 月叶片生长旺盛，叶片过密时，可去除基部老叶、病叶，以利通风；9 月上中旬可割去老叶，只留 3~4 片心叶，以促进花蕾生长。

款冬花病虫害如何防治？

款冬主要病害有褐斑病、叶枯病等，主要害虫有蚜虫等，此类病虫害在蔬菜、瓜果、茶叶等绿色生产、控害减灾方面多采用如下措施。

（1）褐斑病

①病原及症状：属半知菌亚门、壳霉目、壳多孢属、款冬花壳多孢菌。危害叶片，病斑圆形或近圆形，中央褐色，边缘紫红色，严重时叶片枯死。高温高湿时发病严重。

②防治方法

农业防治：采收后清洁田园，集中烧毁残株病叶；雨季及时疏沟排水，降低田间湿度。

科学用药防治：预计临发病前或发病初期喷施 42% 寡糖·硫黄悬浮剂 600 倍液，或 25% 嘧菌酯悬浮剂 1500 倍液，或 1∶1∶100 波尔多液（硫酸铜 1 份，氢氧化钙 1 份，水 100 份）等保护性防治。发病初期或发病后用 65% 代森锌 500 倍液喷雾，每 7~10 天 1 次，连喷 2~3 次。其他防治方法和选用药及技术参照“金银花褐斑病”。

（2）叶枯病

①病原及症状：属半知菌类真菌。危害叶片，雨季发病严重，病叶由叶缘向内延伸，形成黑褐色、不规则的病斑，致使叶片发脆干枯，致使局部或全叶枯干，严重时可蔓延至叶柄。最后萎蔫而死。

②防治方法

农业防治：生长期发现病叶及时剪除并集中烧毁深埋。

科学用药防治：发病初期或发病前，用75%肟菌·戊唑醇水分散剂2000倍液，或65%代森锌500倍液，每7~10天1次，连喷2~3次。其他防治方法和选用药及技术参照“川芎叶枯病”。

（3）蚜虫

①为害状：属同翅目、蚜总科。夏季干旱时，发生较为严重。以刺吸式口器刺入叶片吸取汁液，受害苗株，叶片发黄，叶缘向背面卷曲萎缩，严重时全株枯死。

②防治方法

农业防治：收获后清除杂草和残株病叶，消灭越冬虫口。

科学用药防治：把握无翅蚜点片发生时的防治指标，可用92.5%双丙环虫酯可分散液剂15000倍液，或25%噻嗪酮可湿性粉剂2000倍液等及时喷雾防治，视虫情把握防治次数，一般7~10天防治1次。其他防治方法和选用药及技术参照“金银花蚜虫”。

物理防治和生物防治参照“金银花蚜虫”。

款冬花如何采收加工？

栽种当年立冬前后，当花蕾尚未出土，苞片呈现紫红色时采收。过早，因花蕾还在土内或贴近地面生长，不易寻找；过迟花蕾已出土开放，质量降低。采时，从茎基上连花梗一起摘下花蕾，放入竹筐内，不能重压，不要水洗，否则花蕾干后变黑，影响药材质量。

花蕾采后立即薄摊于通风干燥处晾干，经3~4天，水气干后，取出筛去泥土，除净花梗，再晾至全干。遇阴雨天气，用木炭或无烟煤以文火烘干，温度控制在40~50℃。烘时花蕾摊放不宜太厚，5~7cm即可；时间也不宜太长，而且要少翻动，以免破损外层苞片，影响药材质量。以蕾大、肥壮、色紫红鲜艳、花梗短者为佳。

红　花

红花有何药用价值？

红花为菊科植物红花 *Carthamus tinctorius* L. 的干燥花。红花主要含有二氢黄酮衍生物，如红花苷、红花醌苷及新红花苷等，具有活血通经、散瘀止痛的功效，常用于闭经、痛经、恶露不行、癥瘕痞块、胸痹心痛、瘀滞腹痛、胸胁刺痛、跌打损伤、疮疡肿痛等症。除药用外，红花也是一种很好的油料作物，种子中不饱和亚油酸的含量为73%~85%，对心血管疾病等有很好的预防作用。红花中还含有大量天然红色素和黄色素，是提取染料、食用色素和化妆品配色的重要原料。

红花生产中有哪些栽培品种，各具有什么特点？

红花在世界各地均有栽培，品种类型较多，按其应用一般分为花用、油用及油花兼用三种类型。我国栽培红花以采花入药为主，其主要品种有：

（1）“杜红花” 主要集中分布于江苏、浙江一带，株高 80~120cm；分枝 27~30 个；花球 30~120 个；花瓣长；叶片狭小，刺多硬而尖锐，干花品质好，呈金黄色。

（2）“怀红花” 主要分布于河南一带，株高 80~120cm；分枝 6~10 个；花球 7~30 个；花瓣短；花头大；叶片缺刻浅，刺少不尖锐。

（3）“AC-1 无刺红” 主要分布于新疆一带，是从引种的 AC-1 中选出的品种，植株无刺，花红色；分枝 4~6 个；种子含油率达 44.8%；是一种优良的油花兼用品种。

（4）“大红袍” 为河南省延津县品种，株高近 90cm；叶缘无刺；花鲜红色，该品种具有分枝能力强、花蕾多、抗性强等特点，含油率达 25.4%，是一种优良的油花兼用品种。

（5）“UC-26” 由北京植物园 1978 年从美国引进，该品种特点是分枝与主茎形成的角度很小，适宜密植；叶缘无刺，该品种单位面积花球数较多，每花球小花数也较多，因此花的产量较高，其缺点是种子含油率低，主要以采花为主。

（6）“川红 1 号” 四川中药研究所选育出的高产品种，特点是株高约 124cm，植株有刺，分枝低而多，花色橘红。

以上各红花品种中，“大红袍”“川红 1 号”“AC-1 无刺红”和“UC-26”为优良品种。

油用红花以榨油为主，国外应用较多，目前主要分布在印度、墨西哥和美国，我国产油红花主要分布在新疆地区。特点是种子含油率高。其主要品种有：

（1）“UC-1” 该品种的特点是早熟，植株有刺；花黄色；千粒重 45g，含油率可达 36.72%，同时具有一定的抗涝性。该品种中油酸、亚油酸、硬脂酸和软脂酸比例与一般红花不同，与橄榄油相似，分别为 15.2%、78.3%、1.2% 和 5.3%。

（2）“AC-1” 该品种为早熟品种，为中国科学院植物研究所北京植物园筛选出的高含油率品种，出油率高达 42%，油中亚油酸含量 82.2%。此品种株高 100cm 左右，有刺，花初开黄色，后变橘红色，适合我国西北地区栽培。其缺点是抗逆性较差，容易发生根腐病。

（3）“犹特” 该品种是 1977 年从美国引进的，其特点是分枝多，花球和种子较小，花初开黄色，后来变为橙色，千粒重 31.5g，含油率 35.8%，产量较高，对锈病、根腐病抵抗力较强。

（4）“李德” 该品种是在 1977 年从美国引进的，其特点是花色橘红，千粒重 40g，含油率可达 35.79%，产量较“犹特”等要高。同时具有较强的抗锈病和根腐病的能力。

（5）“墨西哥矮” 该品种 1978 年引入我国，其特点是无刺，花球小，种子大，千粒重 69g，含油率 26.31%，对日照长短反应不敏感，适合于我国南方特别是三熟地区种植。缺点是种子含油率低。

种植红花如何选地、整地？

红花抗旱怕涝，应选地势高燥，排水良好，土层深厚，中等肥沃，pH 值为 7~8 的壤土和砂质壤土为好，地下水位高、土壤黏重的地区不适宜栽培红花。红花病虫害严重，忌连作，可以与玉米、大豆、马铃薯实行 2~3 年的轮作。红花的根系可达 2m 以上，整地时必须深耕，达到 25cm 以上，结合深耕，每亩施用腐熟的农家肥 2000kg，加过磷酸钙 20kg 作基肥。雨水多的地区作 1.3~1.5m 宽的高畦，四周开好排水沟，以利于排水。

如何确定红花的播种时期？

红花主要采用种子繁殖。红花种子在平均气温达到 3℃和 5cm 地温达到 5℃以上时就可以萌发，一般我国北方 3 月中旬解冻后即可播种，最晚不能迟于 4 月上旬。早播可使红花有一个较长的营养生长时期，为生殖生长作好物质储备，为提高产量奠定基础。另外，红花生长对水分很敏感，尤其是在分枝阶段，孕蕾以后，若遇长期阴雨，会加重病害，降低产量，因此春季早播可使红花的花期避开雨季，提高产量。南方则适宜在 10 月中旬 ~11 月上旬播种，播种过早，幼苗生长过旺，来年开花早，植株高，产量低。秋季晚播有利于提高产量，还可使开花期躲过雨季。因此，红花播期的选择应坚持“北方春播宜早，南方秋播宜晚”的原则。

种植红花如何选种、处理种子和播种？

首先在果熟期选择无病、丰产、种性一致的植株留种，成熟时采收，播种时再进行精选。在苗期和根部虫害严重的地区，播前可用 50% 辛硫磷可湿性粉剂按种子量的 0.2% 拌种，堆闷 24 小时后播种。也可用 50℃温水浸种 10 分钟，放入冷水中冷却晾干后待播，可加快出苗。

红花播期应坚持北方春播宜早的原则。播种方法主要有条播和穴播，条播行距为 30~50cm，开沟深 5~6cm，覆土 2~3cm。穴播行距同条播，穴距 20~30cm，穴深 6cm，穴径 15cm，穴底平坦，每穴播种 4~6 粒。每亩用种量：条播 3~4kg，穴播 2~3kg。每亩密度应保持在 1.5 万 ~2.5 万株。

种植红花如何进行田间管理？

根据红花的生长发育阶段适时、科学地进行田间管理是红花获得优质高产的重要保证。

（1）追肥　追肥2~3次，第1次在定苗后，以充分腐熟的有机肥为主；秋播于12月结合浇冻水进行第二次追肥；第三次在孕蕾期，重施为宜，一般可施充分腐熟的有机肥每亩2500~3000kg，配加过磷酸钙20kg，促进茎秆健壮、多分枝、花球大，并可防止植株倒伏，避免根腐病的发生，还可根外喷施0.2%磷酸二氢钾溶液1~2次，以促使蕾多蕾大。遵照配方和平衡施肥的原则，底肥要足，适时追肥为辅，合理补微肥。增施腐熟的有机肥，有针对性地配合推广使用生物菌剂、生物有机肥，改善土壤团粒结构，拮抗有害菌，增强植株抗病抗逆能力，大大提升植株的健康增产潜力。

（2）灌溉　红花根系强大，较耐旱，但在分枝期至开花期需水较多，需水高峰期在盛花期，此阶段灌水有利于提高产量。

（3）打顶、培土　土壤条件好的地块在红花抽茎后摘去顶芽，以促使其多分枝，增加花蕾数，但密植或土壤条件差的地块一般不进行打顶，以免枝条过密，影响通风，降低产量。红花分枝多，容易发生倒伏，因此可以结合最后1次追肥进行中耕培土，以利于防止倒伏。

（4）安全越冬　秋播红花在12月下旬要培土，结冻前浇1次冻水，保持田间湿润，防止干冻，以利安全越冬。

红花有哪些易发病害，如何防治？

红花发生的主要病害有锈病、炭疽病、根腐病等，此类病害在蔬菜、瓜果、茶叶等绿色生产、控害减灾方面多采用如下措施。

（1）锈病

①病原及症状：属担子菌亚门、红花柄锈菌。主要危害叶片和苞叶。苗期染病子叶、下胚轴及根部密生黄色病斑，其中密生针头状黄色颗粒状物，即病菌性子器。后期在性子器边缘产生栗褐色近圆形斑点，即锈子器，表皮破裂后散出锈孢子。成株叶片染病，叶背散生栗褐色至锈褐色或暗褐色稍隆起的小疱状物，即病菌的夏孢子堆。疱斑表皮破裂后，孢子堆周围表皮向上翻卷，逸出大量棕褐色夏孢子，有时叶片正面也可产生夏孢子堆。进入发病后期，夏孢子堆处生出暗褐色至黑褐色疱状物，即病菌的冬孢子堆。严重时叶面上孢子堆满布，叶片枯黄，病株常较健株提早15天枯死。病菌以冬孢子随病残体遗留在田间或黏附在种子上越冬，翌春冬孢子萌发产生担孢子引起初侵染，5月下旬叶斑上产生夏孢子堆，通过风雨传播引致再侵染，8月中旬植株衰老产生冬孢子堆和冬孢子越冬。该病一般在6月中旬开始流行，高温多湿或多雨季节易发病，连作地往往发病重。

②防治方法

农业防治：选地势高燥、排水良好的地块或高垄种植。与非寄主植物合理轮作。选用健康无菌的种子。增施磷钾肥和腐熟的有机肥，合理控氮肥和补微肥，有针对性地配合推广使用生物菌剂、生物有机肥。因地制宜选育和种植抗病或早熟避病的品种。

生物防治：参照“射干锈病”。

科学用药防治：播种前用2.5%咯菌腈悬浮种衣剂药种比1∶125拌种。发病初期用27%寡糖·嘧菌酯水乳剂1000倍液，或25%乙嘧酚磺酸酯微乳剂700倍液，或40%醚菌酯·乙嘧酚（25%乙嘧酚+15%醚菌酯）悬浮剂1000倍液，或28%寡糖·肟菌酯悬浮剂1500倍液，或40%氟硅唑乳油3000倍液等喷雾防治。

（2）炭疽病

①病原及症状：无性态属半知菌亚门、胶孢炭疽菌；有性态属子囊菌亚门、围小丛壳菌。苗期、成株期均可发病，茎叶、叶柄和花蕾均可受害。叶片染病初生圆形至不规则形褐色病斑，多发生在叶片边缘。茎部染病初呈水渍状斑点，后扩展成暗褐色梭形凹陷斑，严重的造成烂茎，轻者不能开花结实。叶柄染病症状与茎部相似。天气潮湿时，病斑上出现橙红色的点状黏稠物，严重时造成植株烂梢、烂茎、倒折甚至死亡。病菌潜伏在种子里或随病残体在土壤中越冬。翌年发病后借风雨传播进行再侵染。气温20~25℃，相对湿度高于80%利于发病。雨日多，降雨量大易流行。品种间感病性有差异：一般有刺红花较无刺红花抗病。氮肥过多，徒长株往往发病重。

②防治方法

农业防治：因地制宜选用抗病的有刺红花品种。建立无病留种田，提供无病良种。选地势高燥，排水良好的地块种植。忌连作；发现病株及时拔除并集中烧毁。氮肥施用不宜过多或过晚，增施磷钾肥和腐熟的有机肥，合理补微肥，有针对性地配合推广使用生物菌剂、生物有机肥。

科学用药防治：预计临发病之前或发病初期用10%苯醚甲环唑水乳剂1000倍液或80%全络合态代森锰锌可湿性粉剂1000倍液等喷雾预防。发病初期可用10%苯醚甲环唑水分散粒剂和25%吡唑醚菌酯悬浮剂按2∶1复配2000倍液或30%噁霉灵水剂+25%咪鲜胺水乳剂按1∶1复配1000倍液，或50%醚菌酯干悬浮剂3000倍液等喷雾，视病情每隔7~10天喷雾1次，连续2次左右。

（3）根腐病

①病原及症状：属半知菌亚门、茄病镰刀菌。根腐病又称枯萎病。主要发生在根部和茎基部，以幼苗期和开花期症状明显。受侵染的幼苗根茎部变黑萎缩，在中午前后光照强、蒸发量大时，植株上部叶片出现萎蔫，但夜间又能恢复。严重的根茎腐烂，叶片萎蔫、干枯，整株死亡。苗床低温高湿和光照不足利于发病。另外，根部受到地下害虫、线虫的危害后伤口多，有利病菌的侵入。高温高湿的环境中利于发病。

②防治方法

农业防治：选用抗病品种，选无病健株留种。增施磷钾肥和腐熟的有机肥，合理控氮肥和补微肥，有针对性地配合推广使用生物菌剂、生物有机肥，提高植株抗病抗逆能力；注意排水，并选择地势高燥的地块种植。合理轮作，与禾本科作物实行3~5年轮作。发现病株应及时剔除，并携出田外处理。

生物防治：预计临发病之前或发病初期用每1g含10亿活芽孢的枯草芽孢杆菌500倍液淋灌根部和茎基部。

科学用药防治：预计临发病之前或发病初期用10%苯醚甲环唑水乳剂1000倍液，或80%全络合态代森锰可湿性粉剂1000倍液等淋灌根部和茎基部保护性防治。用30%噁霉灵水剂+10%苯醚甲环唑水乳剂按1∶1复配1000倍液等淋灌根部和茎基部治疗性防治，视病情把握用药次数，一般7~10天喷灌1次。示范应用氯溴异氰尿酸、啶酰菌胺。

如何防治红花的虫害？

红花发生的主要虫害有红花实蝇、潜叶蝇等，此类虫害在蔬菜、瓜果、茶叶等绿色生产、控害减灾方面多采用如下措施。

（1）**红花实蝇** 属双翅目、实蝇科。

①为害状：又称蕾蛆、钻心虫，以幼虫在花序内取食嫩茎苞叶、管状小花及幼嫩种子，1个花序内可有多条幼虫，造成花序枯萎，不能正常开花结果。

②防治方法

农业防治：栽培过程中注意避免与蓟属、矢车菊属植物轮作或间套作。选育利用抗虫品种。清洁田园。

物理防治：规模化运用食诱剂诱杀成虫于产卵之前。运用复合粘板（性诱+色诱）诱杀成虫。

生物防治：成虫发生期和卵孵化期及时喷施6%乙基多杀菌素悬浮剂2000倍液，或2.5%多杀霉素悬浮剂1000倍液。

科学用药防治：在红花花蕾现白期，优先选用25%噻嗪酮可湿性粉剂2000倍液，或10%吡丙醚乳油1500倍液，或5%虱螨脲乳油2000倍液喷雾防治，最大限度地保护自然天敌和传媒昆虫。其他药剂可用20%氯虫苯甲酰胺悬浮剂1000倍液，或用50%辛硫磷乳油1000倍液喷施。相互合理复配喷施更佳。

（2）**潜叶蝇** 属双翅目、芒角亚科、潜叶蝇科。

①为害状：主要是油菜潜叶蝇，也称叶蛆，幼虫潜入红花叶片内取食叶肉，形成弯曲的隧道孔，严重时叶肉大部分被破坏，以致叶片枯死脱落。

②防治方法：参照“红花实蝇”。

如何适时采收红花？

春播红花当年、秋播红花第二年4~6月花朵开放，红花初开花冠顶端为黄色，后逐渐变成橘黄色或橘红色，最后变成暗红色，采花标准以花冠顶端金黄色、中部橘红色为宜，过早成品颜色发黄，过迟成品发黑、发干且无油性。红花开花时间短，一般开花2~3天便进入盛花期，要在盛花期抓紧采收，一般10~15天采收完。根据红花干物质积累规律以及有效成分的动态变化规律，红花每朵花的适宜采收期应为开花后第3天早晨6点~8点半。每个头状花序可连续采收2~3次，每隔2天采1次。采收时注意不要弄伤基部的子房，以便继续结籽。一般每亩产干花15~30kg，折干率20%~30%。

山银花

山银花有何药用价值?

山银花为忍冬科植物灰毡毛忍冬 *Lonicera macranthoides* Hand.–Mazz.、红腺忍冬 *Lonicera hypoglauca* Miq.、华南忍冬 *Lonicera confusa* DC. 或黄褐毛忍冬 *Lonicera fulvotomentosa* Hsu et S. C. Cheng的干燥花蕾或带初开的花。夏初花开放前采收，干燥。山银花味甘，寒。归肺、心、胃经。具有清热解毒，疏散风热的功效。用于痈肿疔疮，喉痹，丹毒，热毒血痢，风热感冒，温病发热等症。

山银花与金银花有什么区别和共同之处?

山银花药材的来源是忍冬科植物灰毡毛忍冬、红腺忍冬、华南忍冬、黄褐毛忍冬的干燥花蕾或带初开的花，金银花药材的来源是忍冬科植物忍冬的干燥花蕾或带初开的花。药典中山银花检测的成分是绿原酸、灰毡毛忍冬皂苷乙、川续断皂苷乙，金银花检测的成分是绿原酸和木犀草苷。山银花和金银花的功效都是清热解毒，疏散风热。用于痈肿疔疮，喉痹，丹毒，热毒血痢，风热感冒，温病发热。

山银花繁殖育苗的主要方法有哪几种?

山银花繁殖育苗的主要方法有扦插育苗、压条育苗两种，大量育苗是以扦插育苗为主，需要苗木数量较少时可用压条育苗法。

扦插育苗中如何选取插条?

在生长开花季节，将那些品种纯正、生长健壮、花蕾肥大的植株做上标记，作为优良母株，于秋末在选取的母株上选取1~2年生枝作插条，每根至少有3个节位，长度25~40cm，扦条粗度为0.5~1.5cm，将插条下端茎节处剪成平滑斜面，上端在节位以上1.5~2cm处剪平，剪好的插条每50或100根搭成1捆，用500mg/L IAA水溶液快速浸蘸下端斜面5~10分钟，同时可用10%苯醚甲环唑水乳剂1000倍液等溶液进行药剂处理，稍晾干后立即进行扦插。插条要求：节间短、长势壮、无病虫害。

山银花扦插育苗如何操作?

选择肥沃的砂质土壤，翻耕时每亩施过磷酸钙200kg，厢宽1.0cm左右、厢距30~40cm，用75%的甲基托布津1000倍溶液对土壤进行消毒处理。凡有灌水条件，一年四季都可进行扦插育苗，在平整好的苗床上，按行距15cm定线开沟，沟深10cm。沟开好后按株距5cm直埋于沟内，或只松土不挖沟，将插条1/2~2/3插入孔内，压实按紧。待一厢扦插完毕，应及时顺沟浇水，以镇压土壤，使插穗和土壤密接。水渗下后再覆薄土一层，以保墒保温。插穗埋土后上露5cm为宜，以利新芽萌发和管理。扦插后要切实加强育苗圃地管理，根据土壤墒情，适时浇水，并进行除草以及幼苗的病虫害防治。

种植山银花如何选地、整地?

山银花栽培对土壤要求不严，抗逆性较强。但从优质高产角度考虑，为便于管理，以平整、有利于灌水、排水的地块较好。宜选择海拔在600~1400m之间，土层深厚、肥沃、排水良好的土壤才能获优质高产。地形地貌以背风向阳的缓坡地、开阔平地为最好。一般每亩挖50cm×50cm穴74个，每穴施入腐熟的有机肥5~10kg，磷肥0.5kg，土肥搅拌均匀再盖15cm厚的熟土壤隔肥。

大田如何栽植山银花?

栽植宜在早春萌发前或秋、冬季休眠期进行。大田栽植一般行距3m，株距3m，定植穴50cm×50cm见方，每亩栽74株左右。为了提高土地利用率，提高前期产量，可按行距1.5m，株距1.5m栽植。之后根据生长情况（行间是否郁闭），或第四年隔行隔株移出另栽，大田栽植要先挖穴，每穴栽壮苗1株，根系要分散，保证主杆枝垂直，填土压紧、踏实，浇透定根水。

山银花生长期如何进行肥水管理?

山银花一般在春季3月松土时进行施肥，每株施尿素100g+过磷酸钙400g+氯化钾80g+硼肥10g。届时可翻挖松土，深度以20cm左右为宜。通地翻挖，可使土壤通气增温，促进根系活动。施肥时以树冠的滴水线为边，开挖深15cm绕树一周的沟进行施肥，然后盖土。花期追肥，在采花前20天左右，施坑肥0.5~1kg（有机肥+钾肥10%），后盖土。采花后，每株施腐熟的猪、牛粪或复合肥750g+尿素250g。施肥方法：翻挖深度20cm，以树冠的滴水线为边，开挖深15cm绕树一周的沟进行施肥，然后盖土。为防烧苗和提高肥效，施肥应在大雨前或大雨后进行，或在施肥后进行浇水。遵照配方和平衡施肥的原则，底肥要足，适时追肥为辅，合理补微肥。增施腐熟的有机肥，有针对性地配合推广使用生物菌剂、生物有机肥，改善土壤团粒结构，拮抗有害菌，增强植株抗病抗逆能力，大大提升植株的健康增产潜力。

山银花幼树如何进行整形修剪？

山银花定植后两年内要基本完成整形工作，形成丰产树形。山银花生长快，需修枝、整形成墩式圆头形。修剪后一定要做清园处理。冬剪最好在每年的12月下旬至翌年的早春尚未发出新芽前进行。定植后应及时进行打顶去尖，新梢萌发后留一条梢作主干培养，其余抹除，主干培养枝长至60cm长时打顶促分枝，力争培养出3~4个健壮分枝，50cm以下主干上的萌发枝要全部抹除，促其增粗直立成墩，在前3年培养主干期间，应当依次进行新枝打顶促分枝，向四周分枝扩展，形成上小下大，内空外圆的伞状圆头形树形。

山银花盛花期怎样进行修剪？

盛花期修剪是调节植株营养生长与生殖关系的基本手段。在一定的栽培条件下，可达到控制树冠、稳定产量、改善光照、减少病虫、提高品质的目的，维持树体的正常生命活动，最大限度地延长树体经济生长年限。修剪强度以轻剪为主；修剪方式以疏剪为主，适当短截；剪去病虫枯枝、重叠枝、无用大枝，疏除密生枝、短截部分衰老枝。基本原则是去弱留强，去密留稀，去上留下，去内留外。抹芽、疏梢、摘心等根据需要随时进行。

山银花植株生长达到一定年限或受不良栽培条件的影响，出现植株衰老，产量下降时如何修剪？

此时山银花修剪以回缩更新为主，将副主枝上的各级枝梢回缩到有自然更新枝出现的节位，无自然更新枝出现的植株回缩到副主枝发侧枝的节位。特别指出，更新修剪必须以良好的肥水管理为前提才能有效；更新修剪后应搞好主干主枝刷白和伤口涂药（用石硫合剂等），加强树体保护；修剪后新梢萌发时应加强疏梢、定梢、摘心等枝梢管理工作，促进新树形的快速形成。

山银花植株缺氮、磷、钾的表现有哪些？

缺氮植株表现：地上枝茎生长缓慢、瘦弱、矮小，叶绿素含量低，致使叶片变黄，且小而薄，花蕾少而小，地下根系比正常的色白而细长，且数量较少，或出现淡红色。

缺磷植株表现：植株生长较慢，分枝和分蘖较少，植株显得矮小，叶片多易脱落，植株表现为叶色呈暗绿色或灰绿色，有时出现紫红色，严重时叶片枯死。同时，花期向后推延，根系易老化，多呈锈色。缺磷症状山银花早期就能表现出来，容易诊断。

缺钾植株表现：老叶或叶由绿发黄变褐，常呈焦枯烧灼状。叶片上出现褐色斑点或斑块，严重时整个叶片呈红棕色甚至干枯状，坏死脱落。根系较短而且较少，易衰老，严重时根会腐烂。缺钾症状在中后期才表现出来，早期不易发现。

怎样防治山银花病害?

山银花主要病害有白粉病、褐斑病等，此类病害在蔬菜、瓜果、茶叶等绿色生产、控害减灾方面多采用如下措施。

（1）白粉病

①病原及症状：属囊菌亚门真菌。主要危害叶片，有时也危害茎和花。叶上病斑初为白色小点，后期往往整片叶布满白粉层，严重时叶发黄变形甚至落叶。茎上病斑褐色，不规则形，上生有白粉，花扭曲，严重时脱落。

病菌在病残体上越冬，翌年子囊壳释放子囊孢子进行初侵染和再侵染。温暖干燥或株间荫蔽易发病。施用氮肥过多，干湿交替发病重。

②防治方法

农业防治：发病初期注意摘除病叶，减少病原；雨季及时排水，适当修剪，改善通风透光条件；合理控氮肥和补微肥，增施磷钾肥和腐熟的有机肥，有针对性地配合推广使用生物菌剂、生物有机肥，拮抗有害菌，增强植株抗病抗逆能力。因地制宜选用抗病品种。

科学用药防治：在预计临发病之前或初期（4~5 月期间），用 80% 全络合态代森锰锌可湿性粉剂 1000 倍液等保护性防治。发病后用 68.75% 嗯酮 · 锰锌（6.25% 嗯唑菌酮 +62.5% 代森锰锌）水粉散粒剂 1500 倍，或 25% 戊唑醇可湿性粉剂或 10% 苯醚甲环唑水分散粒剂 2000 倍液，或 40% 醚菌酯 · 乙嘧酚（25% 乙嘧酚 +15% 醚菌酯）悬浮剂 1000 倍液等喷雾治疗性防治，视病情把握用药次数，每隔 7~10 天喷洒 1 次，一般连喷 2 次左右。

其他防治方法和选用药及技术参照“金银花褐斑病”。

（2）褐斑病

①病原及症状：属半知菌亚门、尾孢属真菌。主要危害叶片，造成植株长势衰弱。多在生长后期发病，发病初期在叶上形成褐色小点，后扩大成褐色圆病斑或不规则病斑。病斑背面生有灰黑色霉状物，发病重时，能使叶片脱落。多雨潮湿的条件下利于发病。7~8 月多雨季节往往发病严重。

②防治方法

农业防治：发病初期注意摘除病叶，减少病原；雨季及时排水，适当修剪，改善通风透光条件；合理控氮肥和补微肥，增施磷钾肥和腐熟的有机肥，有针对性地配合推广使用生物菌剂、生物有机肥，拮抗有害菌，增强植株抗病抗逆能力。因地制宜选用抗病品种。

科学用药防治：在预计临发病之前或初期（4~5 月期间），用 80% 全络合态代森锰锌可湿性粉剂 1000 倍液等保护性防治。发病后用 68.75% 噁酮·锰锌（6.25% 噁唑菌酮 +62.5% 代森锰锌）水粉散粒剂 1500 倍，或 25% 戊唑醇可湿性粉剂或 10% 苯醚甲环唑水分散粒剂 2000 倍液喷雾治疗性防治，视病情把握用药次数，每隔 7~10 天喷洒 1 次，一般连喷 2 次左右。

其他防治方法和选用药及技术参照“金银花褐斑病”。

怎样防治山银花虫害?

山银花主要害虫有蚜虫、蛴螬等，此类害虫在蔬菜、瓜果、茶叶等绿色生产、控害减灾方面多采用如下措施。

（1）蚜虫　属同翅目、蚜总科。

①为害状：主要刺吸植株的汁液，使叶变黄、卷曲、皱缩。

②防治方法

农业防治：保护蚜虫的天敌，如食蚜蜗、食蚜瓢虫等；有翅蚜发生初期开始，规模化应用黄色粘板诱杀有翅蚜；清洁田园，将枯枝、烂叶集中烧毁或埋掉。

生物防治：在保护利用自然天敌的基础上主动抓好早期防治，可用洗衣粉 400~500 倍液喷雾防治（可封闭蚜虫气孔并有触杀作用），或选用植物源药剂（1% 苦参碱可溶液剂 500 倍液、0.5% 藜芦碱可溶液剂 1000 倍液等）喷雾。

科学用药防治：在植株未发芽前用 42% 寡糖·硫黄悬浮剂 600 倍液，或 2~3 波美度石硫合剂或 45% 晶体石硫合剂 30 倍液喷 1 次，能兼治多种病虫害。无翅蚜发生后未扩散前，优先选用 5% 虱螨脲乳油 1000 倍液，或 10% 吡丙醚乳油 1500 倍液，或 20% 噻嗪酮可湿性粉剂（乳油）1000 倍液喷雾防治，最大限度地保护天敌资源和传媒昆虫。其他药剂可用 15% 茚虫威悬浮剂 3000 倍液，或 92.5% 双丙环虫酯可分散液剂 15000 倍液喷雾，7 天 1 次，连喷数次，最后 1 次用药须在采摘前 25~30 天进行。

其他防治方法（包括物理防治）和选用药及技术参照“金银花蚜虫”。

（2）蛴螬（金龟子幼虫）　属鞘翅目、金龟甲科。

①为害状：主要咬食山银花的根系，造成营养不良，严重的导致植株衰退或枯萎而死。

②防治方法

物理防治：成虫（金龟子）发生初期未产卵之前，在山银花基地成方连片规模化安装杀虫灯，傍晚开灯集中诱杀或使用自动光控诱虫灯。

生物防治：每亩用蛴螬专用型白僵菌（每 1g 含孢子 1 亿以上）2~3kg，拌 50kg 细土，于初春或 7 月中旬，开沟埋入根系周围。

科学用药防治：根据观测灯诱测金龟子情况，在成虫活动高峰期的傍晚进行1次喷药防治，用50%辛硫磷乳油1000倍液均匀地喷洒在山银花植株上，加入适量展透剂更好。或用3%辛硫磷颗粒剂撒于地表并进行浅锄划，防治成虫，控制成虫发生量；幼虫低龄危害初期可用50%辛硫磷乳油1000倍液，进行田间灌根效果较好。

其他防治方法和选用药及技术参照“金银花蛴螬”。

如何确定山银花采摘期？

根据山银花的用途不同，可分为药用花和茶用花。药用花的采摘标准是当花蕾前上部已膨大，但尚未开放，颜色由青变白，即“头白身青”俗称“二白针”时采摘；最迟在花蕾完全变白，俗称“大白针”时采摘。此期间，产量高，有效成分含量也高；过早采摘，花蕾青绿，嫩小，产量低。过迟采摘，花蕾开放，产量降低，有效成分降低，质量较差。茶用花采收应选择晴天从花序基部采下，轻采轻放，不用手压，采摘标准是银花三青期。此时，花蕾绿带黄色，棒状，上部膨大不明显，长3~4cm；过早采摘，产量不足，过迟采摘，则花蕾变白或开放，品质下降。

目前山银花加工法主要有哪几种？

（1）土炕烘干法　本法是在自制土坑烘干房内进行加温、通风并结合传统晾晒而将山银花干燥。其具体操作方法为：先将采回的花蕾放在最下层，逐渐上移，直到最上层。烘烤房温度是上高、下低。底层30~40℃、中层50℃、高层58~60℃。温度过高，烘干过急，花蕾发黑，质量下降；温度太低，烘干时间过长，花色不鲜，变成黄白色，也影响质量。因此，必须注意控制其温度范围：开始烘干时温度为30℃，2小时后为40℃，5~10小时为45~50℃，10小时后为55~58℃，最高60℃，烘干总时间为24小时。

（2）蒸汽杀青－热风循环烘干法　本法是在特制设备，采取蒸汽高温130℃杀青，并以循环热风而将山银花干燥。具有无污染、成色佳、质量好等优点，但成本较高。其具体操作方法为：将采摘的鲜花用蒸汽杀青去叶绿素，以花蕾经过脱水冷却后还原本色为标准；然后进入外表脱水冷却到30~35℃；最后进入连续烘干机，温度控制在80℃左右，时间约为60分钟左右，冷却后装袋，花蕾失水率约95%。

槐　花

槐花有何药用价值？

槐花是豆科植物槐 *Sophora japonica* L. 的干燥花及花蕾。夏季花开放或花蕾形成时采收，及时干燥，除去枝、梗及杂质。前者习称“槐花”，后者习称“槐米”。另外槐的成熟果实，冬季采收后，除去杂质，干燥后习称“槐角”，也是一味药材。槐花苦、微寒，归肝、大肠经，具有凉血止血，清肝泻火的功能，主治便血、痔血、血痢、崩漏、吐血、肝热头痛、眩晕目赤。现代研究证明，槐花具有降压、抗炎、解痉、抗溃疡、降血脂、抑病毒等作用。

槐树的植物学特征有哪些?

槐树为落叶乔木，高 8~20m。树皮灰棕色，具不规则纵裂，内皮鲜黄色，具臭味；嫩枝暗绿褐色，近光滑或有短细毛，皮孔明显。奇数羽状复叶，互生，长 15~25cm，叶轴有毛，基部膨大；小叶 7~15 对，柄长约 2mm，密生白色短柔毛；托叶镰刀状，早落；小叶片卵状长圆形，长 2.5~7.5cm，宽 1.5~3cm，先端渐尖具细突尖，基部宽楔形，全缘，上面绿色，微亮，背面被白色短毛。圆锥花序顶生，长 15~30cm；萼钟状，5 浅裂；花冠蝶形，乳白色，旗瓣阔心形，有短爪，脉微紫，翼瓣和龙骨瓣均为长方形；雄蕊 10，分离，不等长；子房筒状，有细长毛，花柱弯曲。荚果肉质，串珠状，长 2.5~5cm，黄绿色，无毛，不开裂，种子间极细缩。种子 1~6 颗，肾形，深棕色。花期 7~8 月，果期 10~11 月。

槐树对生长环境有何要求?

槐树喜光，喜干冷气候，但在高温高湿的华南也能生长。要求深厚、排水良好的土壤，石灰性土、中性土及酸性土壤均可生长，在干燥、贫瘠的低洼处生长不良。能耐烟尘，适应城市环境。深根性，萌芽力不强，生长中速，寿命很长。

槐树苗的繁殖方法有哪几种?

槐花的繁殖方法主要有种子繁殖和根蘖繁殖两种，生产上多采用种子繁殖方法育苗。

槐花根蘖繁殖时，可挖取成龄树的根蘖苗，按株行距 1.8m × 1.3m 开穴，每穴 1 株，一般 4~5 年可成株。

如何用种子繁育槐树苗?

（1）选地整地　选择向阳、肥沃、疏松、排水良好的壤土。每亩施用腐熟有机肥 500kg，圈肥 3000~4000kg 撒于畦面，深翻 60cm，整平耙细，作畦，畦宽 70cm。

（2）种子处理　选成熟、饱满的种子先用 70~80℃温水浸种 24 小时，捞出控水后掺 2~3 倍细沙拌匀，堆放在 20℃左右的环境中进行催芽，在催芽过程中，要经常翻动，保证上下温度基本一致，有利发芽整齐，一般需 7~10 天，待种子裂口 25%~30% 时即可播种。

（3）播种 于春、秋季条播或穴播，条播法按播幅 10~15cm，覆土 2~3cm，播后镇压，每亩用种量 10~15kg；穴播法按穴距 10~15cm 播种，每亩用种量 4~5kg。

（4）苗圃管理 当幼苗出齐后，进行 2~3 次间苗，播种当年按 10~15cm 定苗，5~6 月份追施适量的硫酸铵或腐熟的有机肥，7~8 月间注意除草、松土。每亩育苗圃使用 25% 除草醚 0.75kg，施用时除草剂中掺混适量的湿润细土，然后撒到幼苗四周，应用化学除草剂，效果好，节省劳力。遵照配方和平衡施肥的原则，底肥要足，适时追肥为辅，合理补微肥。增施腐熟的有机肥，有针对性地配合推广使用生物菌剂、生物有机肥，改善土壤团粒结构，拮抗有害菌，增强植株抗病抗逆能力，大大提升植株的健康增产潜力。

（5）假植移栽 在北方秋末落叶后，土壤冻结前起苗，假植越冬，挖假植沟，沟宽 100~120cm，深 60~70cm。

槐树栽植应抓好哪些关键技术?

（1）避免在低洼积水处建园 该品种耐旱不耐涝，在低洼积水处生长不良，甚至落叶死亡。

（2）栽植时间 秋栽在 10 月下旬 ~11 月上旬或早秋趁雨带叶栽植，春栽以 3~4 月份栽植容易成活。

（3）栽植 一般按株行距 3m × 3m 或 3m × 4m，按 60cm × 40cm 规格挖穴栽植，栽后及时浇透水。

（4）及时除草 树周围长出许多杂草，手动松土、除草，将草连根拔除。

如何进行槐树的整形修剪?

整形宜采用改良疏散分层形。即：干高 1~1.2m，主枝 6~8 个，分为 3~5 层，树高 3.5~5m。第一层 3 个主枝，第二层 2~3 个主枝，层间距 1m 左右，第三层以上每层 1 个主枝，4.5~5m 时，视情况决定落头开心。一般情况无需拉枝，在长腿枝上适当刻芽或重剪，增加枝量。修剪以冬剪为主，疏除弱小枝、过密枝、交叉枝、竞争枝。

如何防治槐树病虫害?

槐树主要病虫害有腐烂病、皱蝽、刺槐谷蛾等，此类病害在蔬菜、瓜果、茶叶等绿色生产、控害减灾方面多采用如下措施。

（1）腐烂病

①病原及症状：属半知菌亚门、镰刀菌属真菌。表现出枯梢和干腐两种类型，其

中干腐型较常见。枯梢型多发生在侧枝及顶梢上，病初患部皮层变色，病部枝梢失水枯死；干腐型多发生在西南方向成年的主干和大枝上，形成表面溃疡，患部初期出现暗褐色水渍状病斑，菱形，内有酒糟味，皮层腐烂变软，后失水下陷，有时龟裂。当病斑包围树干1周时上部枯死。三至四月为槐树腐烂病盛发期。发病适宜温度在16℃以下，高温不易发病。早春出现异常低温冻害、土壤pH值偏大都是发病的诱因。一般发生在1~6年生幼树上，春季3月上旬~5月中旬为发病盛期，6月份气温升高发病缓慢或不发展。病斑多发生在冻伤、灼伤等处，胸径1~5cm的幼树发病率较高。

②防治方法

农业防治：对移栽的大苗，特别是新移栽的幼苗、幼树根部不要暴露时间太长，要及时浇水保墒，尽快恢复健壮生长势，增强抗逆能力。对苗木管理时，尽量避免苗木受撞伤。及时剪除病枯枝并烧毁。早春树干涂白（生石灰5kg，硫黄粉1.5kg，水36kg），防止病菌侵染。

科学用药防治：对伤口病斑涂抹80%全络合态代森锰锌可湿性粉剂30倍液或42%寡糖·硫黄悬浮剂50倍液，或结合树干涂白与杀菌剂混配使用。不用刮树皮，把病疤用小刀划成网状结构，然后用20%噻唑锌悬浮剂200倍液均匀涂抹或喷雾，每隔7天1次，加渗透剂并连用2~3次效果最佳。用250g/L吡唑醚菌酯乳油1000倍液喷淋枝干，或用27%寡糖·吡唑醚菌酯水剂1000倍液，或用植物诱抗剂海岛素（5%氨基寡糖素）水剂800倍液或6% 24-表芸·寡糖水剂1000倍液+25%吡唑醚菌酯悬浮剂或50%嘧菌环胺水分散粒剂1000倍液均匀喷淋树干或伤口，安全增效，提高抗病抗逆能力。

（2）皱蝽　属半翅目、蝽科。

①为害状：别称九香虫，北方为小皱蝽。主要以若虫群聚刺吸受害槐树的枝条，危害严重时致幼树整株枯死。1年发生1代，以成虫聚集在槐树下的土表层越冬，越冬场所杂草丛生。翌年3月中旬越冬成虫开始活动，日落前回到地表。随着天气变暖，多集中在萌发比较早的杂草上及刺槐根际处。刺槐开花时（4月上、中旬）开始取食槐树汁液，6月下旬~7月中旬为产卵盛期。6月下旬卵开始孵化，若虫集中在卵块周围的1~4年生枝梢上取食，历期约55天，8月中旬开始羽化，成虫自9月下旬开始下树越冬，至11月上旬全部进入越冬场所。

②防治方法

农业防治：冬季清除林间枯枝落叶及石块等越冬场所。剪除有卵枝条集中销毁。

生物防治：卵刚孵化后或低龄若虫期，用1%苦参碱可溶液剂500倍液、0.5%藜芦碱可溶液剂1000倍液等喷雾防治。

科学用药防治：6~7月份若虫发生期及时防治，消灭在扩散之前。优先选用5%虱螨脲乳油2000倍液喷雾防治，最大限度地保护自然天敌和传媒昆虫。其他药剂可用15%甲维盐·茚虫威悬浮剂4000倍液，或10%溴氰虫酰胺可分散油悬浮剂2000倍液，或20%氯虫苯甲酰胺悬浮剂1000倍液等均匀喷雾防治。加展透剂更佳。

（3）刺槐谷蛾 属鳞翅目、谷蛾科。

①为害状：又称刺槐串皮虫。1 年发生 2 代，以不同龄期的幼虫在树皮下坑道内结薄丝茧越冬。来年 3 月下旬活动取食，5 月中旬为成虫羽化盛期。第 1 代卵发生在 6 月上旬 ~7 月中旬，6 月中旬出现幼虫，7 月中旬开始化蛹，7 月下旬 ~9 月上旬羽化为成虫，8 月中旬达羽化高峰。第 2 代，卵发生在 8 月上旬 ~9 月中旬，8 月中旬孵化为幼虫，至 10 月下旬幼虫陆续越冬。成虫白天静伏不动，晚间交尾、产卵。初孵幼虫潜入皮下取食皮层，在韧皮部和木质部之间蛀成纵向坑道，以树皮缝隙作出入孔，孔口覆盖以丝缀连的虫粪。被害部经反复受害后，坑道重叠，组织增生膨大，树皮翘裂、剥离，皮下充塞腐烂组织，皮缝缀连虫粪。可导致树势衰弱甚至整株枯死。最后老熟幼虫身体缩短变白色，爬于坑道孔口处结茧化蛹。

②防治方法

物理防治：示范应用食诱剂诱杀成虫于产卵之前。

生物防治：示范应用性诱剂诱杀雄虫于交配之前。7 月和 9 月份幼虫孵化期用 2.5% 多杀霉素悬浮剂 1500 倍液喷雾防治。

科学用药防治：7 月和 9 月份卵孵化期及时防治。优先选用 5% 虱螨脲乳油 2000 倍液喷雾防治，最大限度地保护自然天敌和传媒昆虫。成虫羽化盛期可喷洒 20% 氯虫苯甲酰胺悬浮剂喷雾防治。成虫发生期产卵之前应用高效自走式大型机动药械超低量喷雾防治，毒杀成虫。幼虫危害期可用 20% 氯虫苯甲酰胺悬浮剂和煤油按 1∶30 倍液，或与柴油按 1∶20 倍液涂刷虫斑或于树干被害部位下方刮皮涂环，或喷射树干防治、喷洒被害部位。示范应用 15% 甲维盐 · 茚虫威悬浮剂 3000 倍液喷雾防治。

如何进行槐花的采收与加工？

一般在夏季花蕾形成或花开放时采收，槐米有三成花蕾开放时即可采收，使用剪刀人工采收，米穗有多长就剪多长，不可剪得过重，一般于晴天上午 10：00 前采，采后及时晒干。

带穗的槐米在特制的大锅中蒸 10 分钟左右再晒至干，可以有效防止褐变。花全部开放后，在树下铺布、席、塑料薄膜等，将花打落，收集晒干。

槐树优良品种有哪些？

山西主栽的优良品种有双季槐及米槐 1 号、米槐 2 号、高槐 1 号等系列米槐良种。

何为双季槐？

双季槐，是由山西省运城市农民雷茂端团队培育出的旱塬特色经济树种，一年可以收获2次槐米的槐优良树种，第1次在7月上中旬，第二次在9月中下旬，槐米产量大，抗旱、抗冻、抗瘠薄，非常适合在北方干旱瘠薄山地栽种。目前主要在山西省运城市栽培，河北、甘肃、陕西等周边省份也有引种。

月季花

月季花有何药用价值？

月季花为蔷薇科植物月季 *Rosa chinensis* Jacq. 的干燥花。全年均可采收，花微开时采摘，阴干或低温干燥。月季花味甘，性温，归肝经。具有活血调经，疏肝解郁的功效，用于气滞血瘀，月经不调，痛经，闭经，胸肋胀痛等症。

月季的生物学特性有哪些？

月季为常绿灌木或藤本，株高1~2m，茎棕色稍带绿色，有弯曲的尖刺或无。小枝绿色，叶为墨绿色，奇数羽状复叶，多数互生；小叶3~5，少数7，宽卵形，长2~6cm，宽1~3cm，前端渐尖，有尖齿，叶缘有锯齿，两面无毛，光滑；托叶与叶柄合生，叶边缘有腺齿，顶端呈耳状。花生于枝顶，单生或数朵聚生成伞房状，花梗长，散生短腺毛；萼片卵形，先端尾尖，羽裂，边缘有腺毛；花瓣以红色或玫瑰色较常见，花色丰富，多数重瓣，直径约5cm，微香；雄蕊多数，着生于花萼筒边缘的花盘上；雌蕊多数，包于壶状花托的底部，子房有毛。果卵圆形或梨形，长1~2cm，黄红色，萼片宿存。花期4~9月，果期6~11月。

月季喜日照充足、空气流通、排水良好、避风的环境，切忌将月季种植在阴坡、高墙或树荫之下，但在盛夏炎热时需适当遮阴。冬季气温低于5℃时即进入休眠；夏季高温持续30℃以上则生长减慢，开花减少，进入半休眠状态；但在-15~35℃的温度区间内都能存活。月季对水分比较敏感，适于在空气相对湿度75%~80%的环境中生长，整个生长过程中不能脱水，尤其从萌芽开始至茎叶生长、开花过程中消耗水分较多，应充分浇水，保持土壤湿润，有利于茎叶生长，花朵肥大，花色鲜艳。进入休眠期后，要控制水分，不宜过多。

月季的繁殖方法有哪几种？

生产上月季花繁殖育苗以扦插育苗和嫁接育苗两种方法为主，种子播种的繁殖方法主要是生产砧木。嫁接法是繁殖月季花常用的方法，但没有一定养花经验者常因操作不规范造成成活率不高。扦插法可以大量繁殖月季种苗，较易成活，可保持品种的优良特性，操作方法又相对简单，因此，采用者较多。

月季如何嫁接育苗？

嫁接育苗是月季繁殖的主要手段之一。嫁接苗一般比扦插苗生长快，但寿命较短。休眠期嫁接采用枝接，生长期嫁接则采用芽接。月季嫁接一般在 7~8 月，伏天芽接成活率最高。

（1）芽接方法 首先要选枝条壮、根系发达的植株作砧木。芽接前 3 天施 1 次液肥，芽接当天要浇适量水。在高于地面 3cm 左右的部位选择光滑无节的一面，先横割一刀，再直割一刀成“T”字形，长 2cm 左右，深达木质部，然后将皮层轻轻撬开。接穗应选取腋芽饱满的常开花枝，剪去顶梢和基部，留取中段，剪掉叶子和刺，保留叶柄。从芽的下部向上削，长 3~4cm，芽削下后将木质剔掉，插入砧木的“T”字形皮层内，接口贴实。最后用 1cm 宽的塑料薄膜缠绕接口，露出叶柄和芽点。嫁接时最好在晴天，温度高细胞分生力强，愈合快，成活率高。

（2）芽接后管理 芽接后进行遮阴，避免阳光直射。1 周后，如果是绿色，叶柄发黄，并用手轻触叶柄即全脱落，表示嫁接成功；如果呈黑色，叶柄干枯则表明死亡。接活后的植株可以去掉遮阴物进行阳光照射，并把砧木上发出的幼芽剥除，但砧木上的老叶要保留。当新芽长到 15~20cm 时，要立支柱，砧木可适当修短。等其木质化并发第 2 次新芽时，可将砧木上的枝叶全部剪除，并解除塑料带。

月季如何扦插育苗？

一年四季都可以进行扦插，秋冬季主要扦插月季花的梗枝，夏季则可以直接扦插绿枝。繁殖的最佳时间段为 4~5 月或 9~10 月，此期间气温在 20~25℃，适宜扦插。

（1）扦插方法 扦插繁殖首先要准备好扦插床，扦插基质可用净沙土或蛭石，为避免沙土过于疏松，也可掺少量黄土。如果需全年进行扦插，就必须使用可加底温的扦插床。选择当年生的半木质化的健壮枝条，早晨带露水剪下，长度 10cm 左右，一般枝条有 3 个芽眼，要把插条下部的叶片全部剪掉，只留顶端两片叶子进行光合作用。将插条的基部剪成“马蹄”斜形，先用木棒扎孔再扦插，后用手按实，插的深度为插条的 1/3 左右，株行距 30cm × 30cm。

（2）扦插后管理 扦插完毕要及时用喷壶浇透水，后用塑料薄膜把温床盖好，遮阴 1 周。每天清晨用水喷叶片 1 次，天气酷热时，应于下午再加喷 1 次。伤口约 1 周以后开始愈合，1 个月左右可生根。注意检查基质的含水量，方法是用手插入土壤深 8~10cm 处，取出少许，若手捏成团则说明水分合适，捏不成团则表明土壤缺水。

月季如何选地、整地？

选择地势平坦，排水通风良好的向阳地栽培，土壤以疏松、富含腐殖质、中性至微酸性的砂质壤土为好。栽前要深耕 50~60cm，结合整地亩施腐熟有机肥 3500~4000kg 作基肥，耕后整细耙平。

如何进行月季移栽？

月季花一般于春季 2~3 月芽萌动前进行裸根移植，在栽植时要进行修剪，小苗保留 2~3 根枝条、4~6 个花芽即可。栽植株行距和栽植穴的大小以苗木大小和需要而定，一般直立品种株行距为 60cm × 60cm，扩张品种株行距为 80cm × 80cm，丛生品种株行距为 40cm × 50cm。嫁接苗的接口最好低于地面 2~3cm，扦插苗可保持原有深度。每穴栽苗 1 株，填土压紧，浇水定根。

月季生长期如何进行肥水管理？

（1）追肥 由于月季花期长，需消耗大量养分，在管理过程中应注意及时追肥，在定植后的 2~3 个月内结合中耕施肥 1 次。盛花期每隔 15~20 天追施速效性肥 1 次或春、秋两季盛花期前，各追施1次饼肥，饼肥要经过充分腐熟才可使用。冬季休眠期，可施 1 次有机肥和过磷酸钙作基肥。

（2）浇水 水在月季栽培过程中显得尤为重要，过干植株易枯萎，过湿伤根落叶。在春、秋两季每天下午浇水 1 次，冬季休眠期每星期浇 1 次水，以保持土壤湿润为宜，雨季高温要注意排涝。浇水后土壤会变得板结，要及时进行中耕松土，同时清除杂草，以减少土壤肥力的消耗。

月季如何进行整形修剪？

为保证月季的稳产和高品质，必须定期对植株进行修剪定形。整形修剪的主要目的是保持月季苗的树型，使枝条分布均匀，节约养分，控制徒长。

月季的修剪一般在早春新芽尚未萌动前进行。修剪的主要内容有：剪除砧木上的全部萌蘖，减少树体养分的流失与浪费；剪除全部的病枝、干枯枝和弱枝，减少树体之间病害的传播；剪除横向生长枝、交叉枝和遮阳枝，剪除使植株偏向生长的分枝，使树体匀称，改善树体的通风透光条件，提高植株的光合作用。另外根据月季的品种特性，一般在距地面 45~90cm 处重短截，修剪应在枝条饱满的部位进行，剪口在健壮芽的上方 0.5~1cm 处，为了不使芽萌发成过密的枝，应选留植株外侧上方的健壮芽。并要结合应用目的及生长情况进行剪枝，对长势差的植株强剪，即保留2~3个主枝，剪去2/3；对长势正常、株型端正的中剪，即剪去1/2左右；对长势健壮、开花频繁的植株轻剪，即剪去1/3。生长季节每次花后要剪去残花，并进行除萌、疏蕾，促使生长发育，保证花大色艳。

如何防治月季病害？

月季主要病害有黑斑病、白粉病和灰霉病等，此类病害在蔬菜、瓜果、茶叶等绿色生产、控害减灾方面多采用如下措施。

（1）黑斑病

①病原及症状：属半知菌亚门、腔孢菌纲、黑盘孢目、放线孢属。也被称为“褐斑病”，以危害叶片为主，其次是叶柄、叶梢、幼嫩枝和花梗。发病初期叶片上出现紫褐色至褐色小点，后扩展为黑色或深褐色，直径2~12mm的圆形或不规则形病斑，边缘纤毛状；后期病斑上生黑色、有光泽的疱状小点；病部周围叶发黄，使得病斑成为带有绿色边缘的小岛。叶柄、嫩枝染病，病斑呈长椭圆形至条形，紫褐色至黑褐色。花茎和花萼染病，病斑小且不明显。病害严重发生时，整个植株下部及中部叶片全部脱落，仅留顶部几片新叶。一般老叶较抗病，新叶易感病，叶片展开6~14天时最易感病。

病菌在病枝、病叶或病落叶上越冬，翌年早春产生分生孢子借风雨、飞溅水滴传播危害。露地栽培的月季一般雨季来得早发病也早，降雨量大则发病重。温室栽培月季，在25℃以下，空气相对湿度越大，越有利于病害发生。病原菌分生孢子萌发的最适温度为23~25℃，萌发后直接穿透叶面角质层侵入寄生。多雨、多雾、多露时易发病，一般梅雨季节和台风季节发病重，炎夏高温干旱季节病害扩展缓慢。植株衰弱时容易感病。品种间抗病性存在差异，但无免疫品种。

②防治方法

农业防治：秋季彻底清除枯枝落叶，并结合冬季修剪剪除有病枝条，集中烧毁；生长期随时清扫落叶，摘去病叶，减少浸染源；不在晚间浇水，以免叶片上有水不能很快干燥，有利病菌入侵；采用滴灌、沟灌或沿盆边浇水，切忌喷灌，灌水时间最好是晴天的上午，以便使叶片保持干燥；生长期应及时修剪，避免徒长，创造良好的通风透光条件；施足底肥，注意氮、磷、钾肥合理搭配，切忌偏施氮肥，增施腐熟的有机肥和磷钾肥，合理补微肥，推广使用生物菌肥、生物有机肥；选用抗耐病品种，如和平、伊丽莎白、黑千层、大卫、汤普森等品种；盆栽要及时更换新土；露地栽培要合理密植，保持良好的通风透光性。

科学用药防治：用1%硫酸铜喷洒表土，或用厚度8mm左右的木糠、粉碎秸秆等覆盖表土，可抑杀地表部分病菌，减少侵染机会。翌年春季，在月季萌发前应开始喷药进行保护性防治，可喷施42%寡糖·硫黄悬浮剂600倍液，或45%晶体石硫合剂100倍液，或80%全络合态代森锰锌可湿性粉剂1000倍液，或80%代森锌可湿性粉600倍液等。同时，夏季新叶刚刚展开时也应喷药保护，视病情把握用药次数，一般7~10天1次。发病期间可喷施50%嗪氨灵可湿性粉剂1000倍液，或75%肟菌·戊唑醇水分散剂2000倍液，或27%寡糖·吡唑醚菌酯水剂1000倍液，或25%吡唑醚菌酯悬浮剂1500倍液。冬季修剪后可喷2~3波美度石硫合剂，或45%晶体石硫合剂30倍液，或42%寡糖·硫黄悬浮剂600倍液以铲除病菌。

（2）白粉病

①病原及症状：属子囊菌亚门、核菌纲、白粉菌目、单丝壳属、蔷薇单丝壳菌。主要危害月季的叶片、嫩梢、花蕾及花梗等部位。发病初期在叶片表面上出现白色霉点，并逐渐扩展为霉斑，在适宜条件下，迅速扩大连成一片，使整个叶面布满白色粉状物；发病后期会在白色霉斑上出现许多黑色小颗粒；嫩叶染病后，叶片皱缩、卷曲呈畸形，有时变成紫红色。嫩梢及花梗受害部位略膨大，节间缩短，向反面弯曲。花蕾受侵染后开花不正常或不能开放，花朵小而少，花姿畸形，花瓣也随之变色。受害部位表面布满白色粉层，这是白粉病的典型特征。

病菌主要在感病植株的休眠芽内越冬，翌年春天芽一展开便布满白粉，这些分生孢子被风传播到幼嫩组织上危害。一般在温暖、干燥或潮湿的环境易发病，但湿度过高不利于病害发生。施氮肥过多、土壤缺钙或钾肥、植株过密、通风透光不良、温度变化剧烈、花盆土壤过干等都将减弱植物的抗病能力，利于病害发生和蔓延。

②防治方法

农业防治：保持适宜的土壤湿度及时浇水；配方施肥，合理控氮和补微肥。增施腐熟的有机肥和钾、钙肥，有针对性地配合推广使用生物菌剂、生物有机肥，拮抗有害菌，增强植株抗病抗逆能力；适时修剪整形，去掉病梢、病叶，改善植株间通风、透光条件；秋末冬初移入温室前，应仔细检查，发现病叶、病梢立即剪除并烧毁，以免带入温室内传播蔓延；盆栽月季，应置于通风良好、光照充足之处，冬季要控制室内温湿度，夜间要注意通气；选用抗耐病品种。

生物防治：参照“射干锈病”。

科学用药防治：早春发芽前喷2~3波美度石硫合剂，或45%晶体石硫合剂30倍液，或42%寡糖·硫黄悬浮剂600倍液，可消灭芽鳞内的越冬病菌。春季生长期发病前进行保护性防治，可喷施80%全络合态代森锰锌可湿性粉剂1000倍液，或10%苯醚甲环唑水乳剂1000倍液等。发病后选用治疗性的药剂，可用25%烯肟菌酯乳油1500倍液，或25%肟菌酯悬浮剂800倍液，或75%肟菌·戊唑醇水分散剂2000倍液，或25%乙嘧酚磺酸酯微乳剂700倍液，或40%醚菌酯·乙嘧酚（25%乙嘧酚+15%醚菌酯）悬浮剂1000倍液，或25%吡唑醚菌酯悬浮剂1500倍液，视病情把握用药次数，一般10~15天喷1次。

（3）灰霉病

①病原及症状：属半知菌亚门、丝孢科、葡萄孢属真菌。在叶缘和叶尖发生时，起初为水渍状淡褐色斑点，光滑稍有下陷，后扩大腐烂。花蕾发病，产生水渍状不规则小斑，病斑可扩大至整个花蕾，最后全蕾变软腐败，病蕾枯萎后挂于病组织之上

或附近；在温暖潮湿的环境下，病部可大量产生灰色霉层，病斑灰黑色，可阻止花开放，病蕾变褐枯死。花受侵害初时为水渍状不规则小斑，稍下陷，部分花瓣变褐色皱缩、腐败。灰霉病菌也侵害折花之后的枝端，黑色的病部从侵染点可下沿数厘米。在温暖潮湿的环境下，灰色霉层可以完全长满受侵染部位。

病菌潜伏于病部越冬，翌年借风雨传播，从伤口侵入或从表皮直接侵入危害。温室月季室内湿度大易发生灰霉病。凋谢的花和花梗摘除不及时，往往从衰败的组织上先发病，然后再传到健康的花和花蕾上。土壤黏重、板结或低洼积水也易导致根部发病。

②防治方法

农业防治：去除发病花苞、花、枝条并烧毁；保持良好的通风透光条件，合理控制温、湿度；棚室覆盖选用无滴薄膜；配方施肥，合理控氮和补微肥。增施腐熟的有机肥和钾、钙肥，有针对性地配合推广使用生物菌剂、生物有机肥，拮抗有害菌，增强植株抗病抗逆能力。

科学用药防治：预防发病，喷施42%寡糖·硫黄悬浮剂600倍液，或1:1:100倍波尔多液，或80%全络合态代森锰锌可湿性粉剂1000倍液，2周喷药1次。发病后可选用50%啶酰菌胺水分散粒剂1000倍液，或50%啶酰菌胺水分散粒剂1000倍液+50%腐霉利可湿性粉剂1500倍液，或50%乙烯菌核利可湿性粉剂或悬浮剂1000倍液，或50%腐霉利可湿性粉剂1000~2000倍液，或50%异菌脲可湿性粉剂1000倍液，或50%灭霉灵（二甲嘧酚）可湿性粉剂800倍液，或28%灰霉克（丙烯酸+香芹酚）可湿性粉剂1000倍液，或40%嘧霉胺悬浮剂1200倍液，视病情隔10~15天喷1次，可连续防治2~3次。棚室栽培优先使用烟雾法，每亩用10%腐霉利烟剂250g，熏3~4小时，也可用粉尘法，于傍晚每亩喷撒10%杀霉灵（苦参、羊蹄、明矾、硫黄、水杨酸、蛇床子等粉末混合配制）粉尘剂1kg，10天左右1次，连续使用或与其他防治方法交替使用2~3次。

如何防治月季虫害?

月季主要害虫有烟夜蛾、月季造桥虫、蚜虫、月季叶蜂和金龟子等，此类害虫在蔬菜、瓜果、茶叶等绿色生产、控害减灾方面多采用如下措施。

（1）烟夜蛾　属鳞翅目、夜蛾科。

①为害状：主要是以幼虫钻蛀花蕾及危害叶片，最后导致落花、落蕾和不开花。

以蛹在土壤中越冬，翌春5月上旬成虫羽化。1年发生2~5代，世代重叠。成虫一般将卵产在嫩叶表皮下、叶脉内。幼虫于5~6月开始危害，昼伏夜出，有假死和转移危害的习性，持续到10月下旬。幼虫老熟后入土吐丝结泥土化蛹其中。该虫喜温暖湿润的环境。

②防治方法

农业防治：冬季翻耕土壤，消灭土中虫蛹；人工捕杀幼虫。

物理防治：规模化利用杀虫灯诱杀成虫于产卵之前。

生物防治：用性诱剂诱杀雄虫于交配之前。其他方法参照“牛膝银纹夜蛾”。

科学用药防治：防治方法和用药技术参照“牛膝银纹夜蛾”。

（2）月季造桥虫（玫瑰巾夜蛾） 属鳞翅目、夜蛾科。

①为害状：幼虫食叶成缺刻或孔洞，也危害花蕾及花瓣。

以蛹在土壤中越冬，翌年4月下旬~5月上旬羽化。华东地区1年发生3代，成虫多在夜间交配，卵多产于叶背，1叶1粒，一般1株月季有幼虫1头，多在枝条上或叶背面，拟态似小枝。幼虫期1个月，蛹期10天左右，6月上旬1代成虫羽化。

②防治方法：农业防治、生物防治、物理防治、科学用药防治均参照“牛膝银纹夜蛾”。

（3）蚜虫 属同翅目、蚜总科。

①为害状：以若蚜、成蚜群集于新梢、嫩叶和花蕾上危害，受害的嫩叶和花蕾生长停滞，不易伸展，还常因排泄物黏附叶片，影响观赏价值。严重时会诱发煤污病，造成植株死亡。

②防治方法

农业防治：秋后剪除有虫枝条，及时清除杂草和落叶，消灭虫源；注意保护天敌昆虫，如寄生蜂和捕食性瓢虫；采用黄色黏胶板诱杀蚜虫；注意防除周边其他作物上的蚜虫。

生物防治：参照“山银花蚜虫”。

科学用药防治：防治方法和用药技术参照“地榆蚜虫”。

（4）月季叶蜂 又名蔷薇三节叶蜂，属膜翅目、叶蜂科。

①为害状：初孵幼虫群集危害，常数十头群集在叶片上，大量蚕食叶肉，速度较快，发生严重时可将叶肉全部吃光，仅留下叶脉和叶柄，严重影响植株光合作用，甚至导致植株死亡。

以幼虫作茧在土壤中越冬，翌年4月化蛹，5~6月羽化为成虫。1年发生2代，产卵时用产卵管在月季新梢上刺成纵向裂口，卵孵化后，新梢完全变黑破折。

②防治方法

农业防治：冬季翻土或冬、春季在花木附近挖茧消灭越冬虫茧；在成虫产卵盛期剪除带卵枝梢；幼虫发生期人工捕捉幼虫，摘除受害叶片，带出田块集中处理。

科学用药防治：防治方法和用药技术参照“山药叶蜂”。

（5）金龟子 属鞘翅目、金龟科。

①为害状：危害月季的主要有铜绿金龟子、暗黑金龟子、小青花金龟子、白星金龟子和大黑金龟子等，多数种类于春季开始为害嫩叶及花蕾。成虫在地上危害叶片和花朵，使叶片出现孔洞、花朵脱落。幼虫蛴螬在地下咬食花卉根部，影响生长，导致植株枯黄，同时根茎被害后易受到土传病害及线虫病害侵染，致幼苗死亡。

金龟子发生多为1年1代或1年2代，以老熟幼虫或成虫在土壤中越冬，一般5月初出现成虫，5月中旬~7月上旬和9月份分别为成虫的两个取食期，对幼苗的危害以春、秋两季较重。

②防治方法

农业防治：清洁田园，秋冬要及时清理植株残枝，日常管理中注意除草；人工捕捉，幼虫危害严重时，清晨到田间扒开新被害药苗周围或被害残留茎叶洞口附近的表土，捕捉害虫，集中处理；苗圃地周围、区间种植蓖麻作为诱杀带；使用充分腐熟的基肥作底肥，避免滋生蛴螬。

物理防治：规模化运用频振式杀虫灯或糖醋液（糖:醋:酒:水＝6∶3∶1∶10）诱杀成虫于产卵之前。

生物防治：运用性诱剂诱杀雄虫于交配之前。每亩用蛴螬专用型白僵菌（每1g含孢子1亿以上）2~3kg，拌50kg细土，于初春或7月中旬开沟埋入根系周围。保护蛴螬的天敌，如食虫虻幼虫，寄生蛴螬的寄生蜂、寄生螨、寄生蝇等。

科学用药防治：将吃过的西瓜皮残瓤涂抹上20%氯虫苯甲酰胺悬浮剂或5%甲维盐乳油10倍药液，置于苗圃间步道沟中，每7m放置一块，瓜瓤朝上，隔3~4天换瓜皮1次。金龟子发生期间，在植株上喷洒20%氯虫苯甲酰胺悬浮剂1000倍液，能够很好地防止金龟子的侵害。其他防治方法和用药技术参照“金银花蛴螬”。

月季花如何进行采收和加工？

月季花全年均可采收，进行月季花采收时应采用清洁、通风良好的竹编筐、篓，一般应选择晴天露水干后采收。采收时选择紫红色、半开放的花蕾，以气味清香者为佳。盛放时收花不能紧压，以免损坏花瓣，且堆放过多易造成花朵变色、变质，影响品质。

采收后在竹匾中或竹晒席上及时摊开，放置在通风处阴干或在低温下迅速烘干，以免有效成分散失。

洋金花

洋金花有何药用价值？

洋金花为茄科植物白花曼陀罗 *Datura metel* L. 的干燥花。4~11月花初开时采收，晒干或低温干燥。洋金花味辛，温；有毒。归肺、肝经。具有平喘止咳，解痉定痛的功效。用于哮喘咳嗽，脘腹冷痛，风湿痹痛，小儿慢惊；外科麻醉。

洋金花的生物学特性有哪些？

喜温暖湿润气候，怕涝，对土壤要求不甚严格，一般土壤均可种植，但以富含腐殖质和石灰质的土壤为好。以向阳、土层疏松肥沃、排水良好的砂质壤土栽培为宜。

种子容易发芽，气温5℃左右种子开始发芽，发芽适温15℃左右，发芽率约40%，花果期3~12月；霜后地上部枯萎，气温低于2~3℃时，植株死亡，年生育期约200天。忌连作，前作不宜选茄科植物。

洋金花的主产地在哪里？

白花曼陀罗生于山坡、草地或住宅附近，分布于江苏、浙江、福建、湖北、广东、广西、四川、贵州、云南；上海、南京等地有栽培。

洋金花的种植方法是什么？

用种子繁殖，直播或育苗移栽法。直播法：在3月下旬~4月中旬进行，行株距43cm×33cm，每穴播种6~7颗，每1公顷用种量7.5kg。育苗移栽法：在3月播种育苗，5~6月上旬幼苗有4~6片真叶时移栽。

如何进行洋金花选地整地？

选向阳、肥沃、排水良好的土地，忌连作。前作不宜选茄科植物。冬前耕翻30cm，结合耕翻每亩施入腐熟有机肥2000kg，耙细整平；开春后再翻1次，打碎土块，整细耙平，做成1.5m宽的平畦。

洋金花的种植方法有哪几种？

用种子繁殖，直播或育苗移栽法。

（1）直播法　在3月下旬~4月中旬进行，行株距43cm×33cm，每穴播种6~7颗，每亩用种量7.5kg。

（2）育苗移栽法　在套种、间种田中或前作还未成熟时，为经济利用土地，可在3月播种育苗，5~6月上旬幼苗有4~6片真叶时移栽。

洋金花田间管理措施有哪些？

苗高10~12cm时匀苗、补苗，每穴留壮苗1~2株，结合中耕除草、施人畜粪水1次。苗高33cm时，再中耕除草、追肥1次，并培土以防倒伏。追肥前期以氮肥为主，后期施氮肥配合磷钾肥，做到前轻后重，有利总生物碱含量增加。留种应选主干的第1个分枝所结的果实取出种子，用水洗净晒干。

遵照配方和平衡施肥的原则，底肥要足，适时追肥为辅，合理补微肥。增施腐熟的有机肥，有针对性地配合推广使用生物菌剂、生物有机肥，改善土壤团粒结构，拮抗有害菌，增强植株抗病抗逆能力，大大提升植株的健康增产潜力。

如何防治洋金花病害?

洋金花主要病害有黑斑病，此类病害在蔬菜、瓜果、茶叶等绿色生产、控害减灾方面多采用如下措施。

（1）病原及症状 属半知菌亚门、粗链格孢菌。主要危害叶片，病斑初为浅褐色，近圆形，大小2~14mm，后变成灰褐色或褐色，有同心轮纹。湿度大时，病部生出黑色霉状物。蒴果染病产生类似的病斑。

病菌在病残体上越冬。翌年春夏温湿度适宜时借风雨传播进行初侵染和再侵染。东北、华北6月发生，7~8月进入发病盛期，9月病情停滞下来。高温、高湿天气多，降雨频繁发病重。

（2）防治方法

农业防治：合理密植，注意通风透气。科学配方施肥，增施磷钾肥和腐熟的有机肥，合理补微肥，有针对性地配合推广使用生物菌剂、生物有机肥，拮抗有害菌，增强植株抗病抗逆能力。适时灌溉，雨后及时排水，防止湿气滞留。秋收后清洁田园，病残体及时深埋或烧毁。

科学用药防治：预计临发病前或初期及时用药，用80%全络合态代森锰锌可湿性粉剂1000倍液，或25%嘧菌酯可湿性粉剂1000倍液等预防性防治。发病后选用治疗性药剂，可用27%寡糖·吡唑醚菌酯水剂2000倍液，或25%吡唑醚菌酯悬浮剂或75%肟菌·戊唑醇水分散粒剂2000倍液等喷雾防治。喷施杀菌剂与植物诱抗剂海岛素（5%氨基寡糖素）水剂1000倍液或6% 24-表芸·寡糖水剂1000倍液混配喷施，安全增效、提质增产、增强抗逆抗病能力。

如何防治洋金花虫害?

洋金花主要害虫有烟青虫、桃蚜等，此类害虫在蔬菜、瓜果、茶叶等绿色生产、控害减灾方面多采用如下措施。

（1）烟青虫 属鳞翅目、夜蛾科。

①为害状：杂食性害虫，洋金花现蕾前危害新芽与嫩叶，吃成小孔洞或缺刻，但随叶片生长孔洞增加。现蕾后危害蕾和花果。还能钻入嫩茎、蕾、果取食，造成幼芽、嫩叶、蕾等枯死。

②防治方法

生物防治：可在幼虫刚孵化后低龄期未钻蛀前喷施0.36%苦参碱水剂800倍液，或1.1%烟碱乳油1000倍液，或2.5%多杀霉素悬浮剂1500倍液等喷雾防治。视虫情把握防治次数，一般7天喷治1次。

科学用药防治：幼虫低龄期未钻蛀前及时防治，初孵期或低龄幼虫期未钻蛀前优先选用5%氟铃脲乳油1000倍液，或5%氟啶脲乳油或25%灭幼脲悬浮剂2500倍液，或25%除虫脲悬浮剂3000倍液，或5%虱螨脲乳油2000倍液喷雾防治，最大限度地保护天敌资源和传媒昆虫。其他药剂可用10%溴氰虫酰胺可分散油悬浮剂2000倍液，或20%氯虫苯甲酰胺悬浮剂1000倍液，或50%辛硫磷乳油1000倍液等喷雾防治。视虫情把握防治次数，一般7天喷治1次。

（2）**桃蚜**　防治方法和选用药技术参照“地榆蚜虫”。

（3）**二十八星瓢虫**　鞘翅目、瓢甲科。

①为害状：二十八星瓢虫是茄科植物与瓜类作物上常见的害虫，成虫和幼虫食叶肉，残留上表皮呈网状，严重时全叶食尽，影响产量和质量。

②防治方法

农业防治：人工捕捉成虫。利用成虫的假死性，用盆承接，并叩打植株使之坠落，收集后杀灭。人工摘除卵块。雌成虫产卵集中成群，颜色艳丽，极易发现，及时摘除。及时清洗田园，处理残株，降低越冬虫源基数。

生物防治：在幼虫孵化期或未扩散前用0.36%苦参碱水剂800倍液，或1.1%烟碱乳油1000倍液，或2.5%多杀霉素悬浮剂1500倍液喷雾防治。

科学用药防治：在幼虫孵化期或未扩散前及时喷药防治，优先选用5%虱螨脲乳油2000倍液喷雾防治，最大限度地保护天敌资源和传媒昆虫。其他药剂可用50%辛硫磷乳油1000倍液，或10%溴氰虫酰胺可分散油悬浮剂2000倍液，或20%氯虫苯甲酰胺悬浮剂1000倍液，或10%联苯菊酯乳油1000倍液，或16%甲维盐·茚虫威（4%甲氨基阿维菌素苯甲酸盐+12%茚虫威）悬浮剂4000倍液等均匀喷雾，加展透剂更佳，重点喷叶背面。

如何进行洋金花的采摘？

在7月下旬~8月下旬盛花期，于下午4~5时采摘、晒干，采果采花到夏季起开始开花结果，果球陆续成熟，随熟随采，也可采花。以种子花的药性最烈。

洋金花采收加工方法是什么？

4~11月花初开时即可开始采收，晒干或低温干燥。

洋金花有毒吗？

洋金花原植物白花曼陀罗的花、叶、果实、种子均能使人中毒，中毒的发生常见于春季，中毒患者往往误将曼陀罗叶与野菜一同煮食而中毒，深秋（9、10月份）的中毒以果实（种子）为主，误食的中毒量，种子为2~30粒，果实为1/4~10枚（一般中毒量约为3枚，有服5枚致死者，但亦有服12枚而得救者），干花为1~30g，用叶而致中毒的病例往往见于外敷。

洋金花中毒症状是什么？

中毒可出现口干、吞咽困难、声音嘶哑、皮肤干燥、瞳孔散大、脉快、颜面潮红、谵语幻觉、抽搐等，甚则使血压下降而致死，严重者进一步发生昏迷及呼吸衰竭而死亡。

鸡冠花

鸡冠花都有哪些功效和作用？

鸡冠花为苋科青葙属植物鸡冠花 *Celosia cristata* L. 的干燥花序。别名：鸡公花。本品很久以前在安国就已种植。清乾隆年间修订的《祁州志》有记载。

鸡冠花以花和种子入药。花可凉血止血，有止带、止痢功效。主治功能性子宫出血，白带过多，痢疾等。是一味妇科良药。种子有消炎、收敛、明目、降压、强壮等作用，可治肠风便血，赤白痢疾，崩带，淋浊，眼疾等。

鸡冠花花色美丽鲜艳，作为观赏植物，花序酷似鸡冠，不但是夏秋季节一种艳丽可爱的常见花卉，可进行公园、行道、庭院绿化，又可观赏、收获药材，还可制成良药和佳肴。

鸡冠花的生物学特性有哪些？

鸡冠花为一年生草本植物，株高30~90cm；全体无毛。茎直立，粗壮，稀分枝。茎绿色或紫红色，上端扁平。单叶互生，叶片长椭圆形至卵状披针形，先端渐尖，基部渐狭而成叶柄，全缘。穗状花序扁平，生于茎的先端或分枝的末端，常呈鸡冠状；花色鲜艳，分紫红色、白色、黄色或杂色，花密生，花期7~9月。果期9~10月。胞果成熟时横裂，内有细小黑色种子2至数枚，略带肾形，有光泽。花入药。

种植鸡冠花如何选地整地？

鸡冠花喜欢向阳温暖、湿润气候，不耐干旱、寒冷；怕涝（成株比较耐涝），对土壤要求不严，一般土壤及庭院都能种植，但以排水良好的夹砂土栽培较好。鸡冠花可选大田、空闲地进行种植，种植前选地整地，深耕25~30cm，每亩施用充分腐熟的农家肥 2000~3000kg，捣细撒于地内；亩施氮、磷、钾三元素复合肥 50~75kg，结合耕地与土壤混匀，耙细整平。育苗可做成 1m 宽的平畦。直播可做成 3m 宽的平畦待播。

鸡冠花是如何进行种植的？

鸡冠花用种子繁殖，分育苗移栽和直播两种，每亩用种子 1kg。

（1）育苗移栽 在华北地区，清明至谷雨节选地施足基肥，整地做畦宽 1m，将种子均匀撒在畦面上，覆一层薄土，搂平，脚踩一遍，浇水。气温 18~20℃，10 天可出苗。当苗长出真叶后间苗，苗距 3~4cm；当苗高 10~12cm 时进行移栽。如栽到麦田，可于小麦收割后浅耕灭茬，整地作畦或耠沟，按行距 40~50cm，株距 20~30cm 挖穴栽植，每穴一株，栽后连浇两次水即可成活。

（2）直播 春播在谷雨节，夏播在芒种节后。夏播要抢茬早播，既可播到夏茬地上，也可与多年生药材如白芍、牡丹皮等进行套种。在其行间划浅沟，将种子均匀撒入沟内，用大锄顺沟推一遍，将种子埋严，浇水，以后每隔 3~5 天浇 1 次水，15 天左右可出苗。株距与移栽相同。直播每亩需种子 0.5kg。

鸡冠花如何进行田间管理？

（1）中耕与间苗 鸡冠花种植后在苗期要经常松土除草，保持土壤疏松。不太干旱尽量少浇水；苗高达 6cm 左右时进行间苗，去弱留强，苗高 10~15cm 时进行定苗。

（2）追肥与浇水 苗高 30cm 左右时进行追肥，每亩追施尿素或磷酸二铵 25~30kg。追肥后及时浇水，抽穗至开花期间，需水量较大，应适当增加浇水次数。为了通风透光，养分集中顶穗，可将下部老叶子及不规则的叶腋花去掉。雨季低洼积水处注意排水防涝。要配方和平衡施肥，合理补微肥。增施腐熟的有机肥，有针对性地配合推广使用生物菌剂、生物有机肥，改善土壤团粒结构，拮抗有害菌，增强植株抗病抗逆能力，大大提升植株的健康增产潜力。

（3）选种 在管理工作同时，注意选种，近些年不少地区鸡冠花出现花穗小、分叉多的现象，影响产量。于开花前挑选花冠扁形肥大无叉的留种，将分叉多的植株拔掉，以防传粉。

如何防治鸡冠花病害？

鸡冠花主要病害有黑斑病、猝倒病和立枯病等；此类病害在蔬菜、瓜果、茶叶等绿色生产、控害减灾方面多采用如下措施。

（1）黑斑病

①病原及症状：属半知菌亚门、链格孢属、青葙链格孢菌。危害叶片。病斑近圆

形、椭圆形或不规则形，直径5~12mm，暗褐色至褐色，后期中央色淡，有轮纹，上生浓黑色霉层，为病原菌的分生孢子梗和分生孢子。发生严重时病斑连片，叶片脱落。病原菌主要在病株残体上越冬，翌春条件适宜时产生分生孢子形成初侵染。生长季节病斑上产生的分生孢子，借风雨传播又不断造成再侵染。植株长势弱，连续阴雨天时发生严重。7~8月为发病盛期。

②防治方法

农业防治：秋季清洁田园，扫除病残叶集中烧掉。加强肥水管理，合理控氮肥和补微肥。增施腐熟的有机肥和磷钾肥，有针对性地配合推广使用生物菌剂、生物有机肥，拮抗有害菌，增强植株抗病抗逆能力。雨季注意排涝。

科学用药防治：预计临发病之前或初期，一般6月中旬开始喷保护性药剂科学用药防治，可选用80%全络合态代森锰锌可湿性粉剂1000倍液，或25%嘧菌酯悬浮剂1500倍液喷雾，视病情一般每10天左右喷药1次。发病后及时喷治疗性药剂，可用50%异菌脲可湿性粉剂600倍液，或用25%吡唑醚菌酯悬浮剂或75%肟菌·戊唑醇水分散粒剂2000倍液，或27%寡糖·吡唑醚菌酯水乳剂2500倍液等喷雾防治，根据病情决定喷药次数。

（2）猝倒病和立枯病

①病原及症状：鸡冠花猝倒病属鞭毛菌亚门、瓜果腐霉菌。病害主要发生在幼苗期。发病部位多在幼苗茎基部。发病初期病部出现水渍状斑，以后逐渐凹陷缢缩变褐色。病斑迅速绕茎基部一周，使幼苗倒伏。此时，幼苗依然保持绿色。最后，病苗腐烂或干枯。该病从种子萌发至出土前也可发生，导致种芽腐烂。

鸡冠花立枯病有性态属担子菌门、瓜亡革菌；无性态属半知菌亚门、立枯丝核菌。主要侵染幼苗的茎基部及根部。发病后幼苗茎基部或地下根部出现水渍状椭圆形或不整形暗褐色病斑，逐渐凹陷，边缘较明显，病斑扩大绕茎一周时，茎部以上干枯死亡，一般不折倒，故称为立枯病。早期不易与猝倒病区别。发病初期个别植株白天萎蔫，夜间恢复，病情扩展较缓慢，病程也较长，不同猝倒病染病后马上猝倒。此外，立枯病病部常有不大明显的灰白色至灰褐色蛛丝状霉，湿度大时常长出灰褐色或灰白色菌膜，即担子和担孢子，有别于猝倒病。病菌在土中越冬，可在土中腐生2~3年。病菌可通过主动接触寄主或水流、农具传播引致再侵染。病菌发育适温24℃，适宜pH值3~9.5。播种过密、间苗不及时、温度过高易诱发本病。

②防治方法

农业防治：加强栽培管理，选择排水较好、通风透光的地段育苗。土壤不宜过湿，合理密植，播种不宜过密。

生物防治：播种前可用每1g含10亿以上的枯草芽孢杆菌、蜡质芽孢杆菌、哈茨木霉菌等处理土壤。

科学用药防治：土壤消毒，可用植物诱抗剂海岛素（5%氨基寡糖素）水剂600倍液（或6% 24-表芸·寡糖水剂1000倍液）分别与30%土菌消（噁霉灵水剂）800

倍液、38% 嗯霜嘧铜菌酯 1000 倍液、10% 苯醚甲环唑水乳剂 1000 倍液混配淋土壤，或按每亩用药 2~3kg 拌适量的细土均匀撒施。然后用塑料布覆盖 7 天左右。一周后再播种。发病初期，除应用以上药剂以外，还可用 75% 肟菌·戊唑醇水分散粒剂 2000 倍液，或 80% 全络合态代森锰锌可湿性粉剂 800 倍液，38% 嗯霜嘧铜菌酯 1000 倍液，或 69% 烯酰吗琳·锰锌可湿性粉剂或水分散粒剂 800 倍液喷淋或灌溉病株。视病情把握用药次数，一般 7 天左右淋灌 1 次。

（3）鸡冠花疫病

①病原及症状：属半知菌亚门、疫霉属真菌。主要侵染叶片，多自叶缘开始，初为暗绿色小斑，后扩展为不规则形大斑，继而可侵染叶片的 1/3~1/2，甚至全叶。高湿时病部呈软腐状，低湿时呈淡褐色干枯状。茎部被侵染，则出现褐色长条状或不规则病斑，严重时茎部腐烂，整株倒伏。病原菌随病残体在土壤中越冬。翌年温湿度适宜时产生孢子囊，借雨水、灌溉水传播。地势低洼、排水不良、施用未经充分腐熟带有病残体的厩肥、偏施氮肥、使用重茬地等发病重。多雨的年份，尤其是高温高湿的 7~8 月份发病重。

②防治方法

农业防治：加强栽培管理，合理施肥灌水，增强植株抵抗力。合理密植，调节通风透光。雨季注意排水，保持适当温湿度。及时清理病残体，集中烧毁或深埋。

科学用药防治：预计临发病前或初期及时用药，可用 14% 络氨铜水剂 300 倍液，或 42% 寡糖·硫黄悬浮剂 600 倍液，或 80% 全络合态代森锰锌可湿性粉剂 1000 倍液，或 10% 苯醚甲环唑水乳剂 1000 倍液，或 687.5g/L 银法利（氟吡菌胺 62.5g/L+ 霜霉威盐酸盐 625g/L）悬浮剂 2000~2500 倍液喷雾防治。强调喷匀打透，视病情一般隔 10 天左右 1 次，连续防治 2~3 次。

鸡冠花虫害如何防治？

鸡冠花主要虫害有蚜虫、小菜蛾等；此类虫害在蔬菜、瓜果、茶叶等绿色生产、控害减灾方面多采用如下措施。

（1）蚜虫 属同翅目、蚜科。

①为害状：蚜虫常群聚在叶片、嫩茎、花蕾和顶芽上危害，蚜虫以刺吸式口器刺吸植株体内的养分，引起鸡冠花植株畸形生长，造成叶片皱缩、卷曲以致脱落，甚至使鸡冠花植株枯萎、死亡。

②防治方法

农业防治：消灭越冬虫源，清除附近杂草，进行彻底清园。

物理防治：有翅蚜发生初期成方连片规模化推行黄板诱杀，推迟发生期，降低发生程度，轻发生年甚至可不用药防治。可采用市场出售的商品黄板，每亩 30~40 块。

生物防治：前期蚜量少时保护利用瓢虫等天敌，进行自然控制；无翅蚜发生后适期早治，选用生物源杀虫剂 0.5% 苦参碱水剂或 5% 天然除虫菊素乳油 1000 倍液等植物源杀虫剂。

科学用药防治：无翅蚜发生后未扩散前及时防治，可优先选用25%噻嗪酮可湿性粉剂或10%吡丙醚乳油2000倍液或5%虱螨脲水剂2000倍液，或22.4%螺虫乙酯悬浮液4000倍液均匀喷雾，最大限度地保护自然天敌和传媒昆虫。其他药剂可用10%烯啶虫胺可溶性粉剂2000倍液，或92.5%双丙环虫酯可分散液剂15000倍液等喷雾防治。

（2）小菜蛾 属鳞翅目、菜蛾科。

①为害状：又称小青虫、两头尖。初孵幼虫潜叶危害，造成细小隧道。2龄以后在叶上取食叶肉，留下一层表皮，俗称“开天窗”。较大幼虫则将叶片咬成缺刻或孔洞。抗药性强，一旦错过防治关键期，防治难度加大。1年生4~19代不等。北方发生4~5代，长江流域9~14代，华南17代。在北方以蛹在残株落叶、杂草丛中越冬，在南方终年可见各虫态，无越冬现象。成虫昼伏夜出，白昼多隐藏在植株丛内，日落后开始活动。有趋光性，以19~23时是扑灯的高峰期。幼虫性活泼，受惊扰时可扭曲身体后退，或吐丝下垂，待惊动后再爬至叶上。小菜蛾发育最适温度为20~30℃。此虫喜干旱条件，潮湿多雨对其发育不利。

②防治方法

农业防治：避免十字花科蔬菜周年连作；收获后应及时清理田间残株、落叶和杂草，并深翻土壤。

生物防治：运用性诱剂诱杀雄虫于交配之前。卵孵化期或幼虫刚孵化未钻蛀前，可用0.36%苦参碱水剂800倍液，或6%乙基多杀菌素悬浮剂2000倍液，或2.5%多杀霉素悬浮剂1000倍液喷雾防治。视虫情把握防治次数，一般7天喷治1次。

物理防治：规模化运用杀虫灯诱杀成虫于产卵之前。

科学用药防治：初孵期或幼虫低龄期未钻蛀前及时防治，优先选用5%氟铃脲乳油1000倍液，或5%氟啶脲乳油或25%灭幼脲悬浮剂2500倍液，或5%虱螨脲乳油2000倍液，或25%除虫脲悬浮剂3000倍液喷雾防治，最大限度地保护自然天敌和传媒昆虫。其他药剂可用10%溴氰虫酰胺可分散油悬浮剂2000倍液，或20%氯虫苯甲酰胺悬浮剂1000倍液，或15%甲维盐·茚虫威悬浮剂3000倍液，或38%氰虫·氟铃脲（氰氟虫腙+氟铃脲）悬浮剂2000倍液，或15%甲维·氟啶脲水分散粒剂10000倍液等喷雾防治。加展透剂，视虫情把握防治次数，一般7天喷治1次。

鸡冠花如何进行采收加工？

9~10月待花序（花轴）已充分长大，下部的种子变黑色而有光泽，用手轻击，有种子散出时，就可将整个花序剪下，打下种子，在通风处阴干或晒干，即可供药用。约1.5kg左右鲜花序可加工1kg干货；亩产花150kg左右。以花序大、色泽鲜艳、无叶、无梗者为佳。

黄花菜

黄花菜有何药用价值?

黄花菜又名金针菜、柠檬萱草、忘忧草。主要功效：性味甘凉，有止血、消炎、清热、利湿、消食、明目、安神等功效。可用于吐血、大便带血、小便不通、失眠、乳汁不下。可作为病后或产后的调补品。

现代研究表明，黄花菜的花有健胃、通乳、补血的功效，哺乳期妇女乳汁分泌不足者食之，可起到通乳下奶的作用；根有利尿、消肿的功效，可用于治疗浮肿，小便不利；叶有安神的作用，能治疗神经衰弱，心烦不眠，体虚浮肿等症。

黄花菜有较好的健脑、抗衰老功效，是因其含有丰富的卵磷脂，这种物质是机体中许多细胞，特别是大脑细胞的组成成分，对增强和改善大脑功能有重要作用，同时能清除动脉内的沉积物，对注意力不集中、记忆力减退、脑动脉阻塞等症状有特殊疗效，故人们称之为“健脑菜”。

黄花菜能显著降低血清胆固醇的含量，有利于高血压患者的康复，可作为高血压患者的保健蔬菜。黄花菜中还含有效成分能抑制癌细胞的生长，丰富的粗纤维能促进大便的排泄，因此可作为防治肠道癌的食品。

黄花菜的生物学特性有哪些?

黄花菜耐瘠、耐旱，对土壤要求不严，地缘或山坡均可栽培。对光照适应范围广，可与较为高大的作物间作。黄花菜地上部不耐寒，地下部耐 -10℃低温。忌土壤过湿或积水。平均温度 5℃以上时幼苗开始出土，叶片生长适温为 15~20℃；开花期要求较高温度，20~25℃较为适宜。

黄花菜的主产地在哪里?

中国南北各地均有栽培，多分布于中国秦岭以南，湖南、江苏、浙江、湖北、江西、四川、甘肃、陕西、吉林、广东与内蒙古草原等地均有分布。四川渠县被称为“中国黄花之乡”。邵东县、祁东县被命名为“黄花菜原产地”。甘肃庆阳生产的黄花菜品质优良，远销海外。

黄花菜繁殖育苗的主要方法有哪些?

（1）**分株繁殖**　将母株丛全部挖出，重新分栽；另一种是由母株丛一侧挖出一部分植株做种苗，留下的让其继续生长。

（2）切片育苗繁殖 黄花菜采收完毕后，将根株挖出，再按芽片一株一株分开，除去短缩茎周围的毛叶、已枯死的叶，然后留叶长3~5cm，剪去上端；再用刀把根茎从上向下先纵切成两片，分切后用10%苯醚甲环唑水乳剂1000倍液浸种，捞出摊晒后用细土或草木灰混合黄土拌种育苗。

（3）扦插繁殖 黄花菜采收完毕后，从花葶中、上部选苞片鲜绿，且苞片下生长点明显的，在生长点的上下各留15cm左右剪下，将其略呈弧形平插到土中，使上、下两端埋入土中，使苞片处有生长点的部分露出地面，稍覆细土保护；或将其按30°的倾角斜插，深度以土能盖严芽为宜。

黄花菜的栽培要点有哪些？

（1）合理密植 采用密植可发挥群体优势，增加分蘖、抽薹和花蕾数，达到提高产量的目的。一般多采用宽窄行栽培，宽行60~75cm，窄行30~45cm，穴距9~15cm，每穴栽2~3株，栽植3000~5000株/亩，盛产期10万~15万株/亩。

（2）适当深栽 黄花菜的根群从短缩茎周围生出，具有1年1层，自下而上发根部位逐年上移的特点，因此适当深栽利于植株成活发旺，适栽深度为10~15cm。植后应浇定根水，秋苗长出前应经常保持土壤湿润，以利于新苗的生长。

（3）中耕培土 黄花菜为肉质根系，需要肥沃疏松的土壤环境条件，才能有利于根群的生长发育，生育期间应根据生长和土壤板结情况，中耕3~4次，第1次在幼苗正出土时进行，第2~4次在抽薹期结合中耕进行培土。

如何进行黄花菜生长期肥水管理？

黄花菜要求施足冬肥（基肥），早施苗肥，重施薹肥，补施蕾肥。配方和平衡施肥，合理补微肥。增施腐熟的有机肥，有针对性地配合推广使用生物菌剂、生物有机肥，改善土壤团粒结构，拮抗有害菌，增强植株抗病抗逆能力，大大提升植株的健康增产潜力。

（1）冬肥（基肥） 应在黄花菜地上部分停止生长，即秋苗经霜凋萎后或种植时进行，以有机肥为主，每亩施优质农家肥2000kg、过磷酸钙50kg。

（2）苗肥 苗肥主要用于出苗、长叶，促进叶片早生快发；苗肥宜早不宜迟，应在黄花菜开花前施用。

（3）薹肥 黄花菜抽薹期是从营养生长转入生殖生长的重要时期，此期需肥较多，应在花薹开始抽出时追施，每亩追施尿素15kg、过磷酸钙10kg、硫酸钾5kg。

（4）蕾肥 蕾肥可防止黄花菜脱肥早衰，提高成蕾率，延长采摘期，增加产量；应在开始采摘后7~10天内，每亩追施尿素5kg。同时采摘期每隔7天左右叶面喷施

0.2% 的磷酸二氢钾，加 0.4% 尿素，加 1%~2% 过磷酸钙（经过滤）水溶液，另加 15~20mg/kg 赤霉素于 17:00 后喷 1 次，对壮蕾和防止脱蕾有明显效果。

黄花菜常见病害及其防治方法是什么？

黄花菜主要病害有锈病、叶枯病等，此类病害在蔬菜、瓜果、茶叶等绿色生产、控害减灾方面多采用如下措施。

（1）锈病

①病原及症状：属担子菌门、冬孢菌纲、锈菌目、柄锈菌科、柄锈菌属。危害叶片及花茎，锈病危害严重时，常造成全株叶片枯死，花茎变红褐色，花蕾干瘪或凋谢脱落。

病菌以冬孢子及夏孢子在被害部越冬。夏孢子通过气流传播，长江流域一般在 5 月中、下旬开始发病，6 月中旬 ~7 月上旬为发病盛期。7 月下旬以后气温高，黄花菜已到采收盛期，病害逐渐停止蔓延。10 月气温下降，几次秋雨后，锈病又开始危害秋苗。气温 20℃、相对湿度在 85% 左右时开始发病，平均气温在 24~26℃、伴有雨湿时，有利锈病的发生和蔓延。

②防治方法

农业防治：选用高产抗病良种。雨后及时排水，防止田间积水或地表湿度过大。采收后拔薹割叶集中烧毁，并及时翻土；早春松土、除草。合理施肥，增施腐熟的有机肥，合理补微肥，推广使用生物菌剂和生物有机肥。

生物防治：参照“射干锈病”。

科学用药防治：在发病初期及时防治，可用 10% 苯醚甲环唑水乳剂 1000 倍液、65% 代森锌可湿性粉剂 600 倍液等喷雾，视病情把握防治次数，隔 7~10 天喷 1 次。

其他防治方法和选用药参照“红花锈病”。

（2）叶枯病

①病原及症状：属半知菌亚门、腔孢菌纲、黑盘孢科、黑盘孢目、炭疽菌属。主要危害叶片和花苔。叶片染病多始于叶尖或叶缘，病斑褐色，边缘明显，后期病斑内部呈深褐色，有时多个病斑连成褐色条斑，致局部叶片枯死。花薹染病，多在距地表 35cm 处呈水渍状病变，后变褐色至深褐色、长圆形或椭圆形斑，呈赤褐色枯死，湿度大时，斑面生黑色霉层。往往叶螨危害严重也加重病害发生。

病原菌在病残体上越冬，第二年春季通过气流、风雨传播，梅雨季节雨水多、湿度大，平均温度 18~23℃条件下，最适于病害流行。一般种植密度大、通风透光不好，偏施氮肥、生长过嫩，土壤黏重、偏酸，多年重茬、田间病残体多，肥力不足、耕作粗放、杂草丛生的田块，种苗带菌、肥料未充分腐熟、有机肥带菌或肥料中混有病残体，地势低洼积水、排水不良、土壤潮湿，气候温暖、春雨绵绵等均利于发病或加重发病程度。

②防治方法

农业防治：选用沙苑金针菜等抗病性强的品种。雨后及时排水，避免田间积水或湿度过大。合理施肥，增施腐熟的有机肥，合理补微肥，推广使用生物菌剂和生物有机肥。春季出苗、抽薹前、采收旺期分别追施出苗肥、催薹肥、催蕾肥，每次追肥应以速效氮为主，氮磷钾配方和平衡施用。收获结束后及时清出田间病残体并集中带出田外销毁。合理密植，发病时及时清除病叶、老叶，并带出田外烧毁。

科学用药防治：发病初期及时喷药，可用2%嘧啶核苷类抗菌素水剂150~300倍液+70%代森联干悬浮剂600~800倍液；50%克菌丹可湿性粉剂400~600倍液；53.8%氢氧化铜干悬剂1000~1500倍液；20%噻唑锌悬浮剂600~800倍液；80%全络合态代森锰锌可湿性粉剂1000倍液等喷雾，视病情隔7~10天喷1次。

黄花菜常见虫害及其防治方法是什么？

黄花菜主要害虫有红蜘蛛、蚜虫等，此类害虫在蔬菜、瓜果、茶叶等绿色生产、控害减灾方面多采用如下措施。

（1）红蜘蛛 属蛛形纲、蜱螨目。

①为害状：主要危害叶片，成虫和若虫群集叶背面，刺吸植株汁液。被害处出现灰白色小点，严重时整个叶片呈灰白色，最终枯死。

②防治方法

生物防治：卵期或若螨期用2.5%浏阳霉素悬浮剂1500倍液均匀喷雾防治。其他用药和防治方法参照“地榆红蜘蛛”。

科学用药防治：卵期或若螨期用24%联苯肼酯悬浮剂1000倍液防治。其他方法和选用药剂参照“地榆红蜘蛛”。

（2）蚜虫 属同翅目、蚜总科。

①为害状：蚜虫主要发生在5月份，先危害叶片，渐至花、花蕾上刺吸汁液，被害后花蕾瘦小，容易脱落。

②防治方法

生物防治：参照“山银花蚜虫”。

其他防治方法和选用药剂参照“地榆蚜虫”。

如何掌握黄花菜适宜的采摘期？

采收的最适期为含蕾带苞，即花蕾饱满未开放、中部色泽金黄、两端呈绿色、顶端尖嘴处似开非开时。黄花菜采摘时间要求极为严格，过早过晚均不好，太早则为青蕾，糖分含量少，鲜蕾重量轻、颜色差，造成成品色泽差，产量低；过迟采摘花蕾成熟过度，出现裂嘴松苞，且汁液易流出，产品质量差，不易保藏。

采收季节一般为6~8月底。采收适期为花蕾裂嘴前1~2小时，这时黄花菜产量高，质量好。采摘的最佳时间为13:00~14:00。采回的花蕾要及时蒸制，以防裂嘴开花。

黄花菜的贮藏需要注意什么？

鲜黄花菜不耐贮藏，在0~5℃和95%以上的相对湿度条件下可贮藏1周。

干燥后的黄花菜相对于鲜品而言，易于贮藏。但是应该注意若黄花菜贮藏在密闭的空间，应避免太阳光的照射和高温的环境，放于阴影处；若黄花菜贮藏在非密闭空间，应放于通风的地方，或是经常晾晒，让其始终保持绝对的干燥。

黄花菜的加工方法有哪些？

无公害黄花菜外观要求：色泽金黄无油渍状，气味芬芳，干燥清爽，挺直不结块，根条长短均匀，肉质肥厚，无虫蛀。内质要求：含水量低于13%，总酸量小于3%，总糖量大于37.5%，蛋白质含量大于11%，并经检测符合安全卫生指标。目前，加工无公害黄花菜主要有三种方法。

（1）冻干法 采用科学方法和现代装备，将鲜菜通过漂烫、速冻、脱水、真空干燥等程序进行加工。整个加工过程不使用任何化学和食品添加剂，其产品营养成分损失少，色泽、形态好，具有很好的复水性和复原性，保质期长，完全可达到国际绿色食品标准。此法适宜于规模化、工厂化集中加工。

（2）蒸煮法 将采摘回的鲜花立即装筛，每筛装7~8kg，要多留空隙，中间要留一孔穴通至筛底，使蒸气分布均匀。装筛后立即用荷叶锅一筛一筛地蒸。要求锅内蒸气温度上升到70~80℃，维持7~10分钟即可，切忌蒸制过熟。出锅后要逐筛晾摊，不可堆积，冷却后即可摊晒。

（3）焖制法 晴天中午在晒场或水泥地板上垫一层清洁薄膜，将采摘的鲜蕾叠放其上，厚度在10cm以内，再用清洁薄膜覆盖，四周用方木压实密封，阳光直射2~3小时待“杀青”后取出，即可摊晒。摊晒时最好置于竹垫上，厚度以1~2层为宜，中午翻垫。晒3~4天，即可出售或贮存。以上两种方法适宜家庭小规模加工。

黄花菜的分级是什么？

（1）一等菜　色泽金黄，油性大，条子长，粗壮均匀，少量裂嘴不超过1cm，无霉变、无杂质、无虫蛀。

（2）二等菜　色泽黄，油性中，条子粗壮均匀，少量裂嘴不超过1.5cm，半截轻油条不超过5%，无霉变、无杂质、无虫蛀。

（3）三等菜　色泽淡黄，油性少，条子细短，裂嘴多，半截油条菜不超过10%，无霉变、无杂质、无虫蛀。

第十一章 果实及种子类

薏苡仁

薏苡仁有何药用价值?

薏苡仁为禾本科植物薏苡 *Coix lacryma-jobi* L. var. *mayuen*（Roman.）Stapf 的干燥成熟种仁。秋季果实成熟时采割植株，晒干，打下果实，再晒干，除去外壳、黄褐色种皮和杂质，收集种仁。薏苡仁味甘、淡、凉。归脾、胃、肺经。具有利水渗湿，健脾止泻，除痹，排脓，解毒散结的功能。用于水肿，脚气，小便不利，脾虚泄泻，湿痹拘挛，肺痈，肠痈，赘疣，癌肿。

种植薏苡如何选地、整地?

薏苡适应性强，水田和旱田均可种植，但以向阳肥沃的壤土或黏壤土有利于薏苡生长，可选向阳有流水的渠边、河边、溪边、田边等零星地段或山岙平地和山冈坡地种植，也可选排灌方便，潮湿的水稻田种植。前作收获后及时进行耕翻；耕深20~25cm，结合整地亩施腐熟的有机肥2000~2500kg，氮、磷、钾复合肥50kg，整平耙细，做1.5~2m宽的平畦，畦长依地势而定，整好地后待播。

如何做好薏苡种子播前处理?

薏苡用种子繁殖，一般情况下黑穗病发生较重，所以，播种前要进行种子处理。首先通过种子清选将病粒、秕粒、青粒去掉后，再把饱满无病种子进行以下处理。

药剂浸种：种子装入布袋，用5%石灰乳或1∶1∶120倍波尔多液浸种24~48小时，用清水冲洗2遍后播种。药物拌种：用苯醚甲环唑种衣剂进行拌种。开水烫种：将种子装入筐内，先用冷水浸泡12小时，再转入沸水中烫8~10秒，立即取出摊晾散热，晾干种子表面水分后播种。

种植薏苡如何播种?

薏苡种子繁殖以直播为主，可分为春播和夏播，春播在4月中下旬，以土壤深5cm处地温稳定在15℃以上为宜；夏播在油菜或大、小麦收获后播种，因生育期短，植株矮小，适当增加密度。

直播：一般采用条播或穴播，以穴播通风透光、不宜倒伏为好。穴播方法：按行距 50cm，穴（株）距 40~45cm，每穴 6~10 粒，覆土 3cm 左右；气温在 20℃左右时，15 天出苗，出苗前不浇水。穴播每亩用种子 5kg。目前大面积种植可以用播种机进行机械化播种。

如何进行薏苡田间管理?

（1）中耕除草及间苗定苗 出苗后多松土，勤中耕除草少浇水，以利蹲苗；如太旱可适当浇水；薏苡封行前进行 2~3 次中耕除草。第 3 次结合中耕除草进行培土防倒伏。苗高 7~10cm 或长有 3~4 片真叶时进行间苗，去弱留强，去小留大，去密留匀；每穴留苗 4~6 株，遇缺苗及时补栽。

（2）追肥和灌排水 一般一年生薏苡追肥 1 次。追肥以三元复合肥或复混肥为宜，亩用量 40~50kg，在薏苡封行前开沟施入，追后及时浇水。花期注意浇水，保持土壤湿润，否则瘪粒多，产量低。遇积水注意及时排水。

（3）人工辅助授粉 薏苡是雌雄同株异穗风媒花植物，同一花序中雄小花先成熟，往往需要异株花粉授精。花期如雌花授粉不良，易形成白粒或空壳。辅助授粉是提高薏苡结实率并增产的主要措施。选在薏苡开花盛期的晴天上午 10~12 时进行。两人相隔数垄，横拉绳，顺垄沟同向走动，使其茎秆振荡，花粉飞扬。在花期每隔 3~5 天可进行 1 次人工辅助授粉，进行多次。

如何防治薏苡病害?

薏苡主要病害有黑穗病、叶枯病等，此类病害在蔬菜、瓜果、茶叶等绿色生产、控害减灾方面多采用如下措施。

（1）黑穗病

①病原及症状：属担子菌亚门、薏苡黑粉菌。主要危害穗部，也可侵害叶片及叶鞘。病株苗期不表现症状，10 片叶以后在上部嫩叶和叶鞘上出现单个或成串的紫红色瘤状突起，严重时叶片扭曲，瘤状突起干瘪后呈褐色，内有黑粉；穗部受害时，子房膨大，最初紫红色，后变为暗褐色，比正常果实大，子房壁不易破裂，内部充满黑粉。病株主茎及分蘖茎的每个生长点都变成一个黑粉病疱，籽粒变成菌瘿。

病菌附着在种子上或土壤里越冬。翌春土温升到 10~18℃时，土壤湿度适当即可侵入薏苡的幼芽，后随植株生长上升到穗部，致组织遭到破坏而变成黑穗，当黑穗上的小黑疱裂开时，又散出黑褐色粉末，借风雨传播到健康种子上或落入土中，引起下年发病。连年种植或不进行深翻的田块易发病。

②防治方法

农业防治：建立无病留种田并经常检查，发现病株立即拔除烧掉；施用充分腐熟的有机肥，配方和平衡施肥，合理补微肥，配合推广使用生物菌肥、生物有机肥，增强抗病抗逆能力；对重病地块实行3年以上轮作，不与禾本科轮作；选种时先株选后粒选，剔除黑穗病侵染的种子。

科学用药防治：播前药剂拌种处理，可用3.5%满适金（1%精甲霜灵+2.5%咯菌腈）种衣剂（药种比1∶1000），或30%苯醚甲环唑悬浮种衣剂拌种。与植物诱抗剂海岛素（5%氨基寡糖素）水剂800倍液混用拌种更佳。

（2）叶枯病

①病原及症状：属半知菌亚门、薏苡平脐蠕孢菌。主要危害叶片和叶鞘，出现黄色小斑，病斑椭圆形、梭形或长条形，浅褐色，边缘颜色较深，后期病部生黑色霉层。

通常下部老叶先发病，逐步向上部叶片蔓延。叶片病斑多时可相互汇合导致叶片枯死。雨季发生严重。

②防治方法

农业防治：薏苡收获后将病残株集中烧掉；与非禾本科作物轮作；选择抗病的矮秆品种，并统一播种期；合理密植，注意通风透光；加强田间管理，配方和平衡施肥，增施腐熟的有机肥，合理补微肥；配合推广使用生物菌肥、生物有机肥，增强抗病抗逆能力。

科学用药防治：发病初期及时防治，可用42%寡糖·硫黄悬浮剂600倍液，或植物诱抗剂海岛素（5%氨基寡糖素）水剂1000倍液+10%苯醚甲环唑水乳剂1000倍液（或80%全络合态代森锰锌可湿性粉剂1000倍液、75%肟菌·戊唑醇水分散剂2000倍液、25%嘧菌酯悬浮剂1500倍液等）喷雾防治。每7~10天喷1次，连续喷施2~3次。

如何防治薏苡虫害?

薏苡主要害虫有玉米螟、黏虫等，此类害虫在蔬菜、瓜果、茶叶等绿色生产、控害减灾方面多采用如下措施。

（1）玉米螟 属鳞翅目、螟蛾科。

①为害状：1~2龄幼虫钻入幼苗心叶中咬食叶肉或中脉，常见1排整齐的小孔洞。2~3龄幼虫钻入茎内危害，往往被蛀成空心而倒折，即使不折断也形成白穗。

老熟幼虫在薏苡或玉米秆内越冬。1年发生2~4代，世代重叠。以8~9月的第3代危害薏苡仁最重。部分幼虫在薏苡秆内化蛹。产卵在叶背中脉附近。

②防治方法

农业防治：在早春玉米螟羽化前，把玉米秆和薏苡秆集中沤肥处理，以消灭越冬虫源；加强植株心叶部位的虫情检查，及时拔除钻心苗子集中销毁。

物理防治：规模化利用杀虫灯诱杀成虫于产卵之前。

生物防治：应用性诱剂诱杀雄虫于交配之前。心叶展开时和抽穗前后喷每1g含100亿孢子Bt生物制剂300~500倍液，或0.36%苦参碱水剂800倍液，或2.5%多杀霉素悬浮剂1500倍液等喷雾防治。

科学用药防治：幼虫未钻蛀前及时喷药，可用5%虱螨脲乳油2000倍液，或10%溴氰虫酰胺可分散油悬浮剂2000倍液，或20%氯虫苯甲酰胺悬浮剂1000倍液，或16%甲维盐·茚虫威（4%甲氨基阿维菌素苯甲酸盐+12%茚虫威）悬浮剂3000倍液等喷雾防治。

（2）黏虫 属鳞翅目、夜蛾科

①为害状：黏虫属于迁飞性暴发性害虫，幼虫具有群居集中危害的特点，暴发时可在短期内把作物叶片食光，往往对作物危害极大。我国从北到南一年可发生2~8代。河北省1年发3代，以危害玉米最重。迁入薏苡种植区域往往受害。

②防治方法

生物防治：雄虫交配之前规模化应用性诱剂诱杀。在低龄幼虫期未扩散前，可及时选用昆虫生长调节剂进行防治，降低污染，保护天敌。

科学用药防治：低龄幼虫期及时防治，优先选用5%氟虫脲乳油50~75ml，或20%除虫脲悬浮剂10ml，或25%灭幼脲悬浮剂30~40ml喷雾防治，可最大限度地保护天敌资源和传媒昆虫。其他药剂可用50%辛硫磷乳油1000倍液，或2.5%溴氰菊酯乳油2500倍液，或20%氯虫苯甲酰胺悬浮剂1000倍液等喷雾防治。

薏苡如何采收和产地加工？

9月底~10月，当茎叶变枯黄，80%果实呈浅褐色或黄色时，选择晴天割下带果穗的茎秆，收割的茎秆集中立放3~4天后再脱粒，使未完全成熟的种子继续灌浆。

采用打谷机脱粒，用孔径比薏苡大的筛网和风车除去碎叶和杂质，并扬去空壳、瘪粒。选择晴朗天气，在干净的晒场上摊晒薏苡。摊晒时将薏苡耙成波浪形，厚度不超过5cm，1~2小时翻动1次，用风车扇去碎壳屑、瘪壳等杂质。用脱壳机碾去外壳，得白色光亮的薏苡仁，用风车扇去壳皮、黄色种皮、粉尘及碎屑。

王不留行

王不留行有何药用价值？

王不留行为石竹科植物麦蓝菜 *Vaccaria segetalis*（Neck.）Garcke的干燥成熟种子，性平，味苦，归肝、胃经。王不留行具活血通经，下乳消肿，利尿通淋之功效，用于经闭，痛经，乳汁不下，乳痈肿痛，淋证涩痛等症。现代药理研究表明，王不留行有降低胆固醇、收缩血管平滑肌、抗肿瘤、抗早孕、兴奋子宫、促进乳汁分泌等作用。

临床用于治疗乳腺癌、乳难不下、产后缺乳、痈疮疔肿、睾丸炎肿、针入疼痛、带状疱疹、流行性腮腺炎等。王不留行方剂有复方王不留行片、消症丸、涌泉散、胜金散、王不留行散、王不留行汤等。此外，王不留行作为饲料添加剂用量较大，兽药催奶灵散以王不留行为主要原料，主要用于奶牛、母猪气血不足、产后体虚、食欲不振或气滞血瘀造成的乳汁不下等。除华南外，全国各地均有王不留行分布，主产于河北、河南、黑龙江、辽宁、山东、甘肃等省，目前以河北省内丘县人工栽培面积和产量最大。

种植王不留行如何选地和整地？

王不留行对土壤要求不严，土层较浅、地力较低的山地、丘陵也能种植，但产量较低。王不留行喜凉爽湿润气候，较耐旱和耐寒，但过于干旱植株生长矮小，产量低。王不留行忌涝，低洼积水地或土壤湿度过大时根部易腐烂，地上枝叶枯黄直至死亡。因此，王不留行适宜种植于疏松肥沃、排水良好的砂壤土或壤土。播前结合整地，每亩施腐熟有机肥 2000kg 或氮磷钾复合肥 100kg，然后用旋耕机旋耕 15~20cm，整平，做畦。

如何选择合格的王不留行种子？

王不留行用种子繁殖，目前生产中尚未选育出优良品种，但在生产中应提高播种材料的种子质量。合格的王不留行种子，应去除杂质和破损、霉变及不饱满籽粒，依据发芽率、净度、千粒重和水分等指标将其分级，选色黑饱满的一、二级种子作种。一级种子发芽率应不低于 85%，净度不低于 98.5%，千粒重不低于 4.5g，水分不高于 10.0%；二级种子发芽率不低于 65%，净度不低于 96.0%，千粒重不低于 4.0g，水分不高于 11.0%。达不到上述要求者为不合格种子，不能作为播种材料使用。

王不留行应如何播种？

王不留行种植以大行距、小株距种植为宜，可人工点播、撒播或机械播种。点播：按行穴距 30cm × 20cm 挖穴，穴深 3~5cm，将种子与草木灰混合拌匀，制成种子灰，每穴均匀地撒入一小撮，种子 8~10 粒，覆土 1~2cm，亩用种量 0.5kg。条播：按行距 30~40cm 开浅沟，沟深 3cm 左右，将种子与 2~3 倍的细沙拌匀，均匀地撒入沟内，覆土 1.5~2cm，亩用种量 1.5kg 左右。机械播种：将种子与细沙或草木灰拌匀，用播种机械按 25~30cm 行距开沟播种，覆土 1.5~2cm，亩用种量 2kg 左右。

如何进行王不留行田间管理？

王不留行田间管理主要包括定苗、追肥、中耕除草及灌排水等。

（1）定苗 苗高7~10cm时及时定苗，株距15cm左右。

（2）追肥 春季中耕除草后，每亩追施尿素5kg，过磷酸钙20kg；4月上旬植株开始现蕾时，每亩追施氮磷钾复合肥25~35kg，也可用0.3%磷酸二氢钾溶液叶面喷施，间隔7天连喷2~3次，以促进果实饱满。有针对性地配合推广使用生物菌剂、生物有机肥，改善土壤团粒结构，拮抗有害菌，增强植株抗病抗逆能力，可提升植株的健康增产潜力。

（3）中耕除草 结合定苗进行第1次中耕除草，以后视杂草滋生情况进行1~2次，保持土壤疏松和田间无杂草。除草应在晴天露水干后或孕蕾前进行，生长后期不宜除草，以免损伤花蕾。

（4）灌排水 早春萌芽期间和初冬季节，适当浇水；王不留行忌涝，低洼地及降水量大时注意排水。追肥后及时灌水，提高水肥耦合效应。

如何防治王不留行病虫害?

王不留行主要病害有黑斑病等，害虫有蚜虫、棉小造桥虫、红蜘蛛等，此类病害虫在蔬菜、瓜果、茶叶等绿色生产、控害减灾方面多采用如下措施。

（1）黑斑病

①病原及症状：属半知菌亚门、丝孢菌纲、交链孢属真菌。危害叶片，从叶尖或叶缘先发病，使叶尖或叶缘褪绿，呈黄褐色，并逐渐向叶基部扩散，后期病斑为灰褐色或白灰色。湿度大时，病斑上产生黑色雾状物。一般在4月上旬开始发病，4月下旬湿度大时发病严重。

②防治方法

农业防治：清除病枝落叶；及时排出积水；配方和平衡施肥，合理补微肥。增施腐熟的有机肥，配合推广使用生物菌剂、生物有机肥，拮抗有害菌，增强植株抗病抗逆能力。

科学用药防治：播种前用3.5%满适金（1%精甲霜灵+2.5%咯菌腈）种衣剂（药种比1∶1000）拌种。发病初期用10%苯醚甲环唑水乳剂1000倍液，或50%异菌脲可湿性粉剂1000倍液，或80%全络合态代森锰锌可湿性粉剂800倍液，或25%嘧菌酯悬浮剂1500倍液等喷雾防治，视病情一般10天左右1次，连续2~3次，喷药时避开中午高温。主张以上拌种和喷药与植物诱抗剂海岛素（5%氨基寡糖素）水剂800倍液混用，安全高效，增强抗病抗逆能力。

（2）蚜虫

①为害状：属同翅目、蚜总科。蚜虫群集危害嫩叶、嫩尖等，造成畸形、萎缩，影响生长而减产。

②防治方法

物理防治：于有翅蚜发生初期，在规模化基地运用黄板诱杀，每亩挂30~40块。

生物防治：前期蚜虫少时保护利用瓢虫等天敌，进行自然控制。无翅蚜发生初期，用 0.3% 苦参碱水剂 800 倍液等生物源药剂进行喷雾防治。

科学用药防治：在无翅蚜发生初期，用 50% 抗蚜威（辟蚜雾）可湿性粉剂 2000~3000 倍液，或 20% 噻虫胺悬浮剂 2000 倍液，或 92.5% 双丙环虫酯可分散液剂 15000 倍液，或 20% 呋虫胺悬浮剂 6000 倍液，或 25% 噻虫嗪可湿性粉 5000 倍液，或 50% 烯啶虫胺可溶粒剂 4000 倍液等喷雾防治，要交替轮换用药。其他防治方法和选用药剂参照“地榆蚜虫”。

（3）棉小造桥虫

①为害状：属鳞翅目、尺蠖蛾科。1、2 龄幼虫取食下部叶片，稍大转移至上部危害，4 龄后进入暴食期，严重时将大部分叶肉吃光。低龄幼虫受惊吐丝下垂，老龄幼虫在苞叶间吐丝卷包，在包内化蛹。

②防治方法

物理防治：成虫发生初期开始，在基地成方连片规模化实施灯光诱杀，消灭在产卵之前。

生物防治：应用性诱剂诱杀雄虫于交配之前。卵孵化盛期用每 1g 含 100 亿活芽孢的苏云金芽孢杆菌可湿性粉剂 600 倍液，或在低龄幼虫期用 0.36% 苦参碱水剂 800 倍液，或用 1.1% 烟碱乳油 1000 倍液，或用 2.5% 多杀霉素悬浮剂 1500 倍液等喷雾防治。7 天喷 1 次，防治 2~3 次。

科学用药防治：在卵孵化盛末期到幼虫 3 龄以前优先选用 5% 氟啶脲乳油或 25% 灭幼脲悬浮剂 2500 倍液，或 25% 除虫脲悬浮剂 3000 倍液，或 5% 氟虫脲乳油 2500~3000 倍液，或 5% 虱螨脲乳油 2000 倍液喷雾防治，最大限度地保护天敌资源和传媒昆虫。其他药剂可用 1.8% 阿维菌素乳油 3000 倍液，或 10% 溴氰虫酰胺可分散油悬浮剂 2000 倍液，或 20% 氯虫苯甲酰胺悬浮剂 2000 倍液，或 50% 辛硫磷乳油 1000 倍液，或 16% 甲维盐·茚虫威（4% 甲氨基阿维菌素苯甲酸盐 +12% 茚虫威）悬浮剂 2000 倍液等喷雾防治。加展透剂。视虫情把握防治次数，一般隔 7 天喷 1 次。注意交替用药。

（4）红蜘蛛

①为害状：属蛛形纲、蜱螨目。以成螨或若螨危害叶片、花蕾、花等。往往多集中在叶背面主脉两侧刺吸汁液危害。叶片被害后出现淡黄色斑点，并有一层丝网沾满尘土，叶片渐变焦枯。花蕾和花受害后，枯萎脱落。

②防治方法

生物防治：点片初发期选用植物源杀螨剂 0.5% 苦参碱水剂 1000 倍液，或每亩用 1kg 韭菜榨汁 + 肥皂水（大蒜汁）100 倍液，或 10% 浏阳霉素乳油 1000 倍液喷雾防治。

科学用药防治：田间点片初发期，卵期或若螨期用 24% 联苯肼酯悬浮剂 1000 倍液喷雾防治。未扩散之前及时防治，可用 1.8% 阿维菌素乳油 1000 倍液，或 73% 克螨特乳油 1000 倍液，或 20% 双甲脒乳油 1000 倍液等喷施防治。加展透剂和 1% 尿素水更佳。其他防治方法和选用药剂参照“地榆红蜘蛛”。

王不留行如何采收和加工?

秋播于第二年 5 月下旬 ~6 月上旬，春播于当年秋季，当果皮尚未开裂，种子多数变黄褐色，少数已变黑时收获。于早晨露水未干时，将地上部分齐地面割下，置通风干燥处后熟干燥 5~7 天，待种子全部变黑时，脱粒，扬去杂质，再晒至种子含水量 10% 以下。采用联合收割机械，可 1 次完成收割、脱粒，然后再晒干、清选去杂，省工省时。

山　楂

山楂有何药用价值?

山楂为蔷薇科山楂属植物山里红 *Crataegus pinnatifida* Bge. var. *major* N. E. Br. 或山楂 *Crataegus pinnatifida* Bge. 的干燥成熟果实，其味酸、甘，性微温，归脾、胃、肝经，具有消食健胃，行气散淤，化浊降脂等功效，常用于肉食积滞、胃脘胀满、泻痢腹痛、瘀血经闭、产后瘀阻、心腹刺痛、胸痹心痛、疝气疼痛、高脂血症等。现代药理研究认为，山楂具有降血脂、降血压、强心、抗心律不齐等作用。山楂内的黄酮类化合物牡荆素，是一种抗癌作用较强的成分，山楂提取物对癌细胞体内生长、增殖和浸润转移均有一定的抑制作用。山楂又是重要的药、果兼用树种。果实可生吃或作果脯、果糕、果汁等，具有很高的药用及食用保健价值。

种植山楂如何选地与整地?

山楂对土壤质地、土层厚度、土壤肥力的要求不严，虽根系不深，但分布广远可以弥补根浅不足。要使山楂生长发育良好，以选择地势较为平坦、土层深厚、土质疏松肥沃、排水良好、光照充足、空气流通、坡度不超过 15° 的中性或微酸性砂壤土为最适宜。黏壤土，通气状况不良时，根系分布较浅，树势发育不良；山岭薄地，根系不发达，树体矮小，枝条纤细，结果少；涝洼地易积水，易发生涝害、病害，根系也浅；盐碱地易发生黄叶病等缺素症。整地作畦，以南北畦为好，畦宽 1m，施足量农家肥，灌 1 次透水，待地皮稍干即可播种。

山楂如何育苗?

用山楂种子培育的苗木，称为实生砧木苗。实生砧木苗一般均需嫁接才能成为供栽培的山楂苗。山楂种子壳厚而坚硬，种子不易吸水膨胀或开裂。另外，种仁休眠期长，出苗困难。因此，山楂在播种前，种子一定要在秋季进行沙藏层积处理，才能保证其发芽。山楂播种主要采取条播和点播两种方法，每畦播四行，采用大小垄种植。带内行距 15cm，带间距离 50cm，边行距畦埂 10cm。畦内开沟，沟深 1.5~2cm；撒入少量复合肥和土壤混合。沟内坐水播种。条播将种子均匀撒播于沟内，点播按株距 10cm，每点播 3 粒发芽种子，覆土 0.5~1cm，地面再覆盖地膜。播种后一般 7~10 天出苗。幼苗长出 2~3 片真叶时揭去地膜，3~4 片真叶时，按 10cm 的株距定苗，保证每亩留苗 2 万株以上。

山楂如何嫁接?

嫁接时间一般在 7 月中旬 ~8 月中旬。主要采用芽接。先在山楂接穗上取芽片，在接芽上方 0.5cm 处横切一刀，深达木质部，在芽的两侧呈三角形切开，掰下芽片；在砧木距地面 3~6cm 处选光滑的一面横切一刀，长约 1cm，在横口中间向下切 1cm 的竖口，成“丁”字形。用刀尖左右一拨。撬起两边皮层，随即插入芽片，使芽片上切口与砧木横切口密接，用塑料条绑好即可。

如何规范栽植山楂?

山楂栽植，春、秋季均可。秋栽在秋季落叶后到土壤封冻前进行。秋末、冬初栽植时期较长，此时苗木贮存营养多，伤根容易愈和，立春解冻后，就能吸收水分和营养供苗木生长之需，栽植成活率高。春季栽植，以土壤解冻后至山楂萌芽前为宜。

山楂一般是按行距 4~5m，株距 3~4m 栽植，因土壤肥力状况而异。栽植时，先将栽植坑内挖出的部分表土与肥料拌均匀，将另一部分表土填入坑内，边填边踩实。填至近一半时，再把拌有肥料的表土填入。然后，将山楂苗放在中央，使其根系舒展，继续填入残留的表土，同时将苗木轻轻上提，使根系与土密切接触，并用脚踩实，表土用尽后，再填生土。苗木栽植深度以根颈部分比地面稍高为度，避免栽后灌水、苗木下沉造成栽植过深现象。栽好后，在苗木周围培土埂，浇水，水渗后封土保墒。在春季多风地区，避免苗木被风吹摇晃使根系透风，在根颈部可培土 30cm。

山楂如何整形修剪?

山楂是喜光树种，树冠郁闭，光照通风不良，果实小，果面不光洁，上色差，并且病虫害严重。山楂整形要因树制宜，以纺锤形、疏层形和开心形为主。主枝分布要合理，同方向的主枝间距在 40cm 以上，要去掉重叠、交叉、密挤枝。山楂极性强，控制不好结果部位易外移，导致下部枝条细弱，甚至枯死。所以在修剪时，要抑前促后，外围少留枝，做到外稀内密，对结果枝和结果枝组要及时回缩，使之变紧凑。疏除过密枝、衰弱枝。主枝下部光秃的部位，可在发芽前每隔 15~20cm 用刀环割至木质部，促使潜伏芽萌发，萌发后的新梢长到 30~40cm 时，留 20~30cm 摘心，促发分枝和花芽形成，培养成结果枝组。

山楂修剪按照时期可分为冬季修剪和夏季修剪。

（1）冬季修剪 采用疏、缩、截相结合的原则，进行改造和更新复壮，疏去轮生骨干枝和外围密生大枝及竞争枝、徒长枝、病虫枝，缩剪衰弱的主侧枝，选留适当部位的芽进行小更新，培养健壮枝组。山楂修剪中应少用短截的方法，以保护花芽。要及时进行枝条更新，以恢复树势。

（2）夏季修剪 及早疏除位置不当及过旺的发育枝。对花序下部侧芽萌发的枝一律去除，克服各级大枝的中下部裸秃，防止结果部位外移。

种植山楂如何进行田间管理？

（1）追肥 每年追施 3 次肥。第 1 次在树液开始流动时，每株追施尿素 0.5~1kg；第二次在谢花后，每株追施尿素 0.5kg。第三次在花芽分化前每株施尿素 0.5kg、过磷酸钙 1.5kg、草木灰 5kg。配方和平衡施肥，合理补微肥。增施腐熟的有机肥，有针对性地配合推广使用生物菌剂、生物有机肥，改善土壤团粒结构，拮抗有害菌，增强植株抗病抗逆能力，大大提升植株的健康增产潜力。

（2）灌水与排水 每年浇 4 次水，春季在追肥后浇 1 次水，以促进肥料的吸收利用。花后结合追肥浇水，以提高坐果率。在麦收后浇 1 次水，以促进花芽分化及果实的快速生长。浇封冻水，以利树体安全越冬。

如何防治山楂的主要病害？

山楂主要病害有白粉病，此类病害在蔬菜、瓜果、茶叶等绿色生产、控害减灾方面多采用如下措施。

（1）病原及症状 有性态属子囊菌亚门、蔷薇科、叉丝单囊壳真菌；无性态属半知菌亚门、山楂粉孢霉真菌。叶片染病，叶两面产生白色粉状斑，严重时白粉覆盖整个叶片，表面长出黑色小粒点，即病菌闭囊壳。新梢染病初生粉红色病斑，后期病部布满白粉，新梢生长衰弱或节间缩短，其上叶片扭曲纵卷，严重的枯死。幼果染病果面覆盖一层白色粉状物，病部硬化、龟裂，导致畸形。果实近成熟期受害，产生红褐色病斑，果面粗糙。

病菌在病叶或病果上越冬，翌春释放子囊孢子，借气流传播进行再侵染。春季温暖干旱、夏季有雨凉爽的年份病害易流行。偏施氮肥，栽植过密发病重。实生苗易感病。

（2）防治方法

农业防治： 清洁果园，清除病枝、病叶、病果，集中烧毁；耕翻树行间，铲除自生根蘖及野生苗；不偏施氮肥，合理疏花、疏叶。

生物防治：临发病前或发病初期及时喷药防治，可选用1%蛇床子素微乳剂500倍液喷雾，或用4%农抗120水剂300倍液喷雾或灌根。其他参照“射干锈病”。

科学用药防治：发芽前喷42%寡糖·硫黄悬浮剂600倍液，或5波美度石硫合剂或45%晶体石硫合剂30倍液，或80%全络合态代森锰锌可湿性粉剂1000倍液喷雾保护性防治。发病后选用治疗性科学用药防治，可用12.5%腈菌唑可湿性粉剂1500倍液，或40%醚菌酯·乙嘧酚（25%乙嘧酚+15%醚菌酯）悬浮剂1000倍液等喷雾。视病情一般7~10天喷1次，连喷2次左右。其他防治方法和选用药技术参照“山银花白粉病、褐斑病”。

如何防治山楂的主要虫害?

山楂主要虫害有桃小食心虫、红蜘蛛等，此类虫害在蔬菜、瓜果、茶叶等绿色生产、控害减灾方面多采用如下措施。

（1）桃小食心虫 属鳞翅目、食心虫科。

①为害状：桃小食心虫幼虫主要危害山楂果实。受害果蛀入孔有针眼大小，初有泪状果胶，干涸后呈白色蜡状，随着果实生长，蛀入孔变成褐色。幼果受害，果实畸形，成为“猴头果”。桃小食心虫先在果皮下蛀食，以后蛀孔直达果心，排粪于果内，形成“豆沙馅”，往往使果实失去商品价值。

②防治方法

农业防治：土壤结冻前，翻开距树干约50cm，深10cm的表土，使虫茧受冻而亡；幼虫出土前在冠下挖捡越冬茧，集中杀死；捡拾蛀虫落果，深埋或煮熟作饲料。

物理防治：在种植基地规模化运用灯光诱杀成虫于产卵之前；规模化用性诱剂（宁波纽康）诱杀雄虫于交配之前，或用迷向丝（性诱剂迷向散发器）干扰交配，连续使用持续绿色控害效果明显。

生物防治：在低龄幼虫期用0.36%苦参碱水剂800倍液，或1.1%烟碱乳油1000倍液，或2.5%多杀霉素悬浮剂1500倍液，或6%乙基多杀菌素悬浮剂2000倍液喷雾防治。视虫情把握防治次数，一般7天喷治1次。

科学用药防治：卵孵化期，幼虫未钻蛀之前及时喷药，优先选用5%氟啶脲乳油或25%灭幼脲悬浮剂2500倍液，或25%除虫脲悬浮剂3000倍液，最大限度地保护自然天敌资源和传媒昆虫。其他药剂可用20%氯虫苯甲酰胺悬浮剂1000倍液，或50%辛硫磷乳油1000倍液等喷雾。

其他用药和防治方法参照“射干钻心虫”。

（2）红蜘蛛 属蛛形纲、蜱螨目。

①为害状：红蜘蛛吸食叶片及初萌发芽的汁液，芽受害严重时不能继续萌发而死

亡；叶片受害后，初呈现很多失绿小斑点，随后扩大连成片，终至全叶焦黄而脱落。

②防治方法

农业防治：早春刮除树上老皮、翘皮烧毁，消灭越冬成虫。

生物防治：发生初期用0.36%苦参碱水剂800倍液，或5%天然除虫菊素乳油1000倍液等喷治。

科学用药防治：卵期或若螨期优先选用24%联苯肼酯悬浮剂1000倍液喷雾防治，最大限度地保护自然天敌资源和传媒昆虫。点片发生初期未扩散之前及时防治，用1.8%阿维菌素乳油2000倍液，或73%克螨特乳油1000倍液，或5%噻螨酮（尼索朗）乳油1500~2000倍液喷雾防治。

其他防治方法和选用药剂参照“地榆红蜘蛛”。

山楂如何采收与加工？

9月下旬~10月下旬相继成熟，应注意适时采收。采收方法有剪摘法、摇晃、敲打三种。剪摘，就是用剪子剪断果柄或用手摘下果实，这种方法能保证果品质量，有利贮藏，但费时费工。往往采用地下铺塑料薄膜，用手摇晃树或用竹竿敲打，将果实击落的采收方法。

鲜食山楂，采收后装入聚乙烯薄膜袋中，每袋装5~7.5kg，放在阴凉处单层摆放，5~7天后扎口（山楂呼吸强度高，膜厚的袋口不要扎紧），前期注意夜间揭去覆盖物散热，白天覆盖，待最低温度降至-7℃时，上面盖覆盖物防冻，此法贮至春节后，果实腐烂率在5%之内。

药用者采收后将山楂切片，放在干净的席箔上，在强日下暴晒。初起要摊薄些，晒至半干后，可稍摊厚些。另外，暴晒时要经常翻动，要日晒夜收。晒到用手紧握，松开立即散开为度。制成品可用干净麻袋包装，置于干燥凉爽处保存。

枸杞子

枸杞子药用价值有哪些？

枸杞子味甘、性平，具有滋阴补血，益精明目等作用。中医常用于治疗因肝肾阴虚或精血不足而引起的头昏目眩、腰膝酸软、阳痿早泄、遗精、白带过多及糖尿病等症。

枸杞子对特异性、非特异性免疫功能均有增强作用，还有免疫调节作用，枸杞子有抗肿瘤、抗氧化、抗衰老、保肝及抗脂肪肝、刺激机体的生长、对某些遗传毒物所诱发的遗传损伤具有明显的保护作用。枸杞子对造血功能有促进作用，并且能影响下丘脑-垂体-性腺轴功能，并有较好降血糖作用。枸杞子可增强生殖系统功能，加强离体子宫的收缩频率、张力及强度；另外枸杞子可增加小鼠皮肤羟脯氨酸的含量，显著增强小鼠的耐缺氧能力，延长其游泳时间，抗疲劳。枸杞子还有一定的降压作用。

枸杞如何进行育苗？

枸杞育苗首先要选地整地，育苗地应选灌溉方便，地势平坦，阳光充足，土层深厚，排水良好的砂壤土处。在播种前一年的秋末冬初深翻地25~30cm，结合整地每亩施入腐熟有机肥2500~3000kg，灌冬水，待翌年春土壤解冻10cm时，再整地耙细，起120~130cm高畦，整平打碎畦面土，以待播种或扦插育苗。

巨鹿种植的枸杞多是“中华枸杞”，“中华枸杞”俗称二果，其育苗以插条育苗为主，春、夏、秋季插条均可，但以夏季为主，夏果采摘后结合夏剪剪育苗枝条，剪无病虫害一年生健壮枝条，条长16~18cm，上口平，下口呈马蹄形，剪口距第一芽1cm，插前用100mg/L的ABT1号生根粉溶液浸泡12小时，以促进生根，铲沟深20cm缝，顺缝插进，按照株行距为8cm×50cm扦插，条顶与地面平，用脚踩实，浇足水。苗期注意追肥浇水，促苗生长。

枸杞怎样进行大田栽植？

栽植前要选地整地，大田种植地宜选择排灌方便的、土层深厚的砂壤土、轻壤土、壤土，含盐量在0.3%以下。在头年冬进行翻耕，使土壤风化。到第2年种植前翻耕1次，再按株行距100cm×200cm挖穴，深宽各40cm，每穴施下腐熟有机肥5kg，回土与肥拌匀，上覆细土10cm，以待种植。

种植以春栽最好，巨鹿县以3月中下旬萌芽期为宜，亩栽330株，株行距1m×2m，挖30cm见方坑，每坑施腐熟有机肥1kg、N 40g、P_5O_2 50g、K_2O 75g和锌肥10g与表土混合均匀，先往坑内填一部分约10cm，用脚踩实，而后把苗放在坑中心，继续填表土，将根埋实，浇水，栽深度超过原土印3~6cm，最后围树干培一堆土，再浇1次“保命水”。

枸杞田间管理技术？

田间管理包括耕翻、施肥、浇水、中耕除草等。耕翻以春季为主，解冻立即进行，越早越好，结合春季耕翻施基肥，亩施基肥1m^3，复合肥30kg，并浇第1次水，追肥一般每年2次，在每次开花盛期追，以尿素、复合肥为主，亩追尿素15kg或亩追复合肥30kg，每追1次肥后浇1次水，每次浇水或下雨后，及时中耕除草。

在结果盛期，喷叶面肥补充对肥料的需要，尿素0.5%，磷酸二氢钾0.3%，亩喷50~60kg肥液。

遵照配方和平衡施肥的原则，合理补微肥。增施腐熟的有机肥和磷钾肥，配合推广使用生物菌剂、生物有机肥，改善土壤团粒结构，拮抗有害菌，增强植株抗病抗逆能力，大大提升植株的健康增产潜力。

枸杞整形修剪技术？

（1）幼树整形　第一年于苗高 50~60cm 处截顶定干，在截口下选 4~5 个在主干周围分布均匀的健壮枝做主枝，在主干上部选 1 个直立徒长枝，于高于冠面 20cm 处摘心，待其发出分枝后选留 4~5 个分枝，培养第 2 层树冠。第 3~4 年仿照第 2 年的做法，对徒长枝进行摘心利用，培养 3 层、4 层、5 层树冠，一般 4 年基本成型。

（2）休眠期修剪　一般在 2~3 月份进行。剪：剪除植株、根茎、主干、膛内、冠顶着生的无用徒长枝及冠层病、虫、残枝和结果枝组上过密的细弱枝、老结果枝。截：短截树冠中、上部交叉枝和强壮结果枝。

（3）夏季修剪　在夏果采摘后，剪除主干、根茎、膛内、树冠顶部的徒长枝和冠顶内部过密枝组。对结果母枝留 10~20cm 短截，促发分枝结秋果。

如何防治枸杞主要病害？

枸杞主要病害有白粉病、炭疽病等，此类病害在蔬菜、瓜果、茶叶等绿色生产、控害减灾方面多采用如下措施

（1）白粉病

①病原及症状：属半知菌亚门、丝孢目、粉孢属真菌。枸杞白粉病发生时，叶面覆盖白色霉斑和粉斑，严重时枸杞植株外呈现一片白色，病株光合作用受阻，叶片琢渐变黄脱落，导致枸杞生长势下降。后期病组织发黄、坏死。在寒冷地区，病菌以闭囊壳随病组织在土表面及病枝梢的冬芽内越冬，翌年春季开始萌动，在枸杞开花及幼果期侵染引起发病。日夜温差大有利于此病的发生、蔓延。在温暖地区，病菌主要以无性态分生孢子进行初侵与再侵，完成病害周年循环。温暖多湿的天气利于发病。但病菌孢子具有耐旱特性，在高温干旱的天气条件下，仍能正常发芽侵染致病。

②防治方法

农业防治： 秋末春初，结合修剪、耕翻、施基肥等田间管理措施，彻底清除园区落叶、杂草、病残体，集中深埋或烧毁。增施腐熟的有机肥和磷钾肥，合理补微肥。配合推广使用生物菌剂、生物有机肥，拮抗有害菌，增强植株抗病抗逆能力。生长期及时疏除过密枝条，保证园内通风透光，减少发病几率。

生物防治： 参照“射干锈病”。

科学用药防治： 预计未发病之前或初期，选用 42% 寡糖·硫黄悬浮剂 600 倍液，或 80% 全络合态代森锰锌可湿性粉剂 1000 倍液等保护性防治。发病后选用 40%

醚菌酯·乙嘧酚（25%乙嘧酚+15%醚菌酯）悬浮剂1000倍液等治疗性科学用药防治。视病情一般隔7~10天喷1次，果实采收前按照农药安全间隔期把握最后用药时间，不能确定的药剂应于采收前30天停止用药。

其他防治方法和选用药剂技术参照“山楂白粉病”。

（2）炭疽病

①病原及症状：属半知菌亚门、胶胞炭疽菌；有性态属子囊菌亚门、围小丛壳真菌。俗称黑果病，是枸杞上重要病害，严重影响枸杞产量和品质。主要危害青果、嫩枝、叶、蕾、花等。青果染病初在果面上生小黑点或不规则褐斑，遇连阴雨病斑不断扩大，半果或整果变黑，干燥时果实皱缩；湿度大时，病果上长出很多橘红色胶状小点；嫩枝、叶尖、叶缘染病产生褐色半圆形病斑，扩大后变黑，湿度大呈湿腐状，病部表面出现橘红色小点。病菌在病果及病枝叶上越冬。翌年主要借风雨传播，孢子萌发后直接侵入或经自然孔口或伤口侵入。降雨多、湿度大，病害迅速蔓延。病菌分生孢子萌发需90%以上的相对湿度，低于75%则不萌发。分生孢子萌发最适温度范围25~30℃。

②防治方法

农业防治：秋末春初，结合修剪、耕翻、施基肥等田间管理措施。彻底清除园区落叶、杂草、病残体，集中深埋或烧毁。施腐熟的有机肥和磷钾肥，合理补微肥。配合推广使用生物菌剂、生物有机肥，拮抗有害菌，增强植株抗病抗逆能力。生长期及时疏除过密枝条，保证园内通风透光，减少发病几率。

科学用药防治：预计临发病前或初期，可喷施80%全络合态代森锰锌可湿性粉剂1000倍液，或25%溴菌腈可湿性粉剂500倍液等喷雾防治。视病情一般隔10天左右1次，一般连续防治2~3次。

其他防治方法和选用药剂技术参照“红花炭疽病”。

如何防治枸杞主要害虫？

枸杞主要害虫有瘿螨、负泥虫等，此类害虫在蔬菜、瓜果、茶叶等绿色生产、控害减灾方面多采用如下措施。

（1）瘿螨（叶瘤） 属蛛形纲、蜱螨目、瘿螨科。

①为害状：又称大瘤瘿螨，成若螨可刺吸叶片、嫩茎和果实。叶部被害后形成紫黑色痣状虫瘿。受害严重的叶片扭曲变形，顶端嫩叶卷曲膨大成拳头状，提前脱落，造成秃顶枝条，停止生长。嫩茎受害，在顶端叶芽处形成长3~5mm的丘状虫瘿。以成螨在枸杞树隙和腋芽内越冬，翌年4月越冬成螨开始出蛰活动，每年5、6月份和8、9月份出现2次危害高峰，1月成螨开始越冬。

②防治方法

农业防治：在开春修剪时剪去带病的枝梢，集中深埋或烧毁；夏季结合铲园去除徒长枝和根蘖苗，防止瘿螨滋生和扩散。扦插育苗时选用无病枝条，以减少虫源。对异地调运的种苗要经过严格检疫。做好发芽、开花和果实膨大期的追肥，按照夏水灌透、冬水灌好的原则，及时灌水，保持适当湿度，以增强树势，提高植株的抗逆性。

生物防治：扦插之前，用植物诱抗剂海岛素（5%氨基寡糖素）水剂800倍液+1.8%阿维菌素乳油800倍液浸泡15分钟，然后进行扦插，安全高效。当早期枸杞田发现瘿螨出现时及时防治。可选用0.36%苦参碱水剂500倍液，1%苦参碱可溶液剂800倍液、0.5%藜芦碱可溶液剂1000倍液，或1.1%烟碱乳油1000倍液，2.5%浏阳霉素悬浮剂1000倍液等喷雾防治。叶螨天敌有瓢虫、草蛉、小花蝽、塔六点蓟马等。要尽量使用植物源杀螨剂并适期早喷治，保护自然天敌。

科学用药防治：扦插之前用植物诱抗剂海岛素（5%氨基寡糖素）水剂800倍液+27%阿维·螺螨酯悬浮剂3000倍液浸泡15分钟，灭卵及若虫。枸杞发芽前越冬成螨出现，在产卵期喷施杀卵剂，可选用27%阿维·螺螨酯悬浮剂3000倍液，或10%四螨嗪可湿性粉剂1000倍液，或13%唑螨酯·炔螨特乳油1500倍液，或18%阿维·乙螨唑悬浮剂4000倍液等喷雾防治。越冬成螨大量出现时是防治适期，可喷27%寡糖·硫黄悬浮剂600倍液。或5波美度的石灰硫黄合剂30倍液，也可采用45%~50%硫黄胶悬剂300倍液。生长期防治，瘿螨出现未扩散前及时防治，可用1.8%阿维菌素乳油1000倍液喷雾，药剂之间相互科学复配使用，加展透剂和海岛素（5%氨基寡糖素）水剂1000倍液喷施，增效抗逆，保护天敌，安全性提高。视虫情一般7~10天喷施1次，连续防治3次左右。

（2）负泥虫　属鞘翅目、叶甲科。

①为害状：该虫为暴食性食叶害虫，以成、幼虫食害叶片幼芽和花蕾。幼虫危害比成虫严重，以3龄以上幼虫危害严重。幼虫食叶使叶片造成不规则缺刻或孔洞，严重时全部吃光，仅剩主脉，并在被害枝叶上到处排泄粪便，早春越冬代成虫大量聚集在嫩芽上危害，导致枸杞不能正常抽枝发叶。成虫主要危害嫩枝条，成虫和幼虫交替危害，被害叶往往成不规则的缺刻或孔洞，后残留叶脉，叶片、枝条被排泄物污染，影响生长和结果；严重的叶片、嫩梢被害，影响产量和质量。一年生5代。4~9月间在枸杞上可见各虫态。成虫喜栖息在枝叶上，把卵产在叶面或叶背面排成人字形。幼虫老熟后入土吐白丝黏和土粒结成土茧，化蛹于其中。

②防治方法

农业防治：每年春季结合修剪清洁枸杞园，尤其是田边、路边的枸杞根蘖苗、杂草，要干净彻底地清除1次。春季越冬幼虫和成虫复苏活动时，结合田间管理灌溉松土，破坏其越冬环境，以消灭越冬虫口。

生物防治：越冬代成虫开始活动时期和幼虫危害初期，喷施6%乙基多杀菌素悬浮剂2500倍液。

科学用药防治：4月份越冬代成虫开始活动时期，可用50%辛硫磷乳油800倍液+70%吡虫啉水分散剂（或60%吡虫啉悬浮剂，或25%噻虫嗪水分散剂等）1000倍液等，兑适量的水制成毒土撒入枸杞田内或均匀喷洒地面，然后中耕。幼虫和成虫危害期及时喷药，可选用20%氯虫苯甲酰胺4000倍液，或50%辛硫磷乳油1000倍液，或15%甲维盐·茚虫威悬浮剂3000倍液等喷雾防治。加展透剂。相互合理复配并交替使用为宜。视虫情把握防治次数，一般间隔10天左右喷1次，可连喷3次左右。摘果前严格按照农药安全间隔期把握最后用药时间，不能确定的药剂应于采收前30天停止用药。禁止使用任何剧毒农药和果、菜、茶等鲜食品限用的农药品种及激素等。

（3）蜗牛 属软体动物门、腹足纲。

①为害状：蜗牛觅食范围非常广泛，在枸杞上特别喜欢吃细芽、嫩叶、嫩果。

②防治方法

农业防治：清洁田园、铲除杂草、及时中耕、排干积水等措施，破坏蜗牛栖息和产卵场所；利用其雨后出来活动的习性，抓紧雨后锄草松土，以及在产卵高峰期中耕翻土，使卵暴露土表而爆裂。秋后及时耕翻土壤，可使部分越冬成贝、幼贝暴露于地面冻死，卵被晒爆裂；人工诱集捕杀，用树叶、杂草等在枸杞田做诱集堆，白天蜗牛躲在其中，可集中捕杀。撒施生石灰，在沟渠边、苗床周围和枸杞行间撒10cm左右的生石灰带，每亩用生石灰5~7.5kg（温室内也可撒施生石灰或者草木灰以及食盐），蜗牛从上面爬过沾上生石灰、草木灰、食盐后会导致脱水死亡。

科学用药防治：毒饵诱杀，用10%蜗牛敌（多聚乙醛）颗粒剂配制成含5%~6%有效成分的豆饼（磨碎）或玉米粉等毒饵，傍晚时均匀撒施在枸杞垄上进行诱杀。撒颗粒剂，用8%灭蛭灵（四乙基硫代焦磷酸酯）颗粒剂或10%多聚乙醛颗粒剂每亩用2kg均匀撒于田间进行防治，或亩用12%蜗螺净（四聚乙醛）颗粒剂400~500g（干燥的情况下才能发挥作用，遇水软化效果会大大降低）撒施。喷洒药液，当清晨蜗牛未潜入土中时，可用50%四聚乙醛可湿性粉剂1000倍液喷施。

（4）木虱 属半翅目、木虱科。

①为害状：主要以若虫和成虫危害枸杞嫩枝叶和果实，若虫期多在叶背，初期不易发觉，往往造成暴发态势，严重时导致新叶变形，提前落叶，若虫分泌物易诱发叶片多种病害。枸杞木虱北方年生3~4代，以成虫在寄主周围土缝、枯枝落叶及枝杈处越冬，翌年4月上旬开始活动，4月下旬枸杞开始发芽开花时，成虫即寻找适宜的叶片产卵，把卵产在叶背或叶面，黄色，密集如毛，俗称黄疸。5月上旬幼虫开始活动，6、7月大量出现，8月后为盛发期。

②防治方法

农业防治：结合夏剪剪掉虫害枝集中焚烧销毁。成虫越冬期破坏其越冬场所，清理枯枝落叶，减少越冬成虫数量。早春刮树皮，春天成虫开始活动前，进行灌水或翻土，消灭部分虫源。早春在树体喷施仿生胶可有效阻挠其上树产卵。枸杞生长期及时摘除有卵叶、剪除枸杞木虱若虫密布枝梢并毁掉、成虫高峰期人工网捕成虫杀灭，降低发生程度。

生物防治：选用植物源药剂适期早治，可选用0.36%苦参碱水剂500倍液，1%苦参碱可溶液剂800倍液、0.5%藜芦碱可溶液剂1000倍液，或6%乙基多杀菌素悬浮剂2500倍液均匀喷雾。

科学用药防治：本着适期早治的原则控制成、若虫蔓延和危害，优先选用25%噻嗪酮可湿性粉剂2000倍液，或22.4%螺虫乙酯悬浮液4000倍液，或亩用10%吡丙醚乳油35~60ml均匀喷雾，最大限度地保护枸杞木虱寄生蜂（枸杞木虱啮小蜂）、捕食性天敌食虫齿爪盲蝽等及传媒昆虫。其他药剂可用1.8%阿维菌素乳油或20%氯虫苯甲酰胺悬浮剂1000倍液，或新烟碱类（20%呋虫胺悬浮剂5000倍液），或92.5%双丙环虫酯可分散液剂15000倍液，或16%吡虫啉·噻虫嗪可湿性粉剂等。相互合理复配用药，加入展透剂和海岛素（5%氨基寡糖素）水剂1000倍液，增效抗逆，保护天敌，提高安全系数和促进植株长势。强调喷匀打透，不能惜水不惜药。

枸杞子的采收和加工技术

在果实八九成熟，即果实变成红色或橙红色，果肉稍软，果蒂疏松时，立即采摘，先摘外围上部，后摘内堂和下部。采摘后轻轻倒在果盘上，厚度不超过2cm，盘装好后先在阴凉通风干燥处放半天至一天，等果实萎缩后，再在阳光下晾晒，3~5天即可晒干。果实未晒硬前不要翻动，可用棍从盘底轻轻敲打，使果松开。果实晒干后，去杂、分级、包装。

瓜　蒌

瓜蒌有何药用价值？

瓜蒌为葫芦科植物栝楼 *Trichosanthes kirilowii* Maxim. 或双边栝楼 *Trichosanthes rosthornii* Harms 的干燥成熟果实。其味甘、微苦，性寒。归肺、胃、大肠经。具有清热涤痰，宽胸散结，润燥滑肠的作用。用于肺热咳嗽，痰浊黄稠，胸痹心痛，结胸痞满，乳痈，肺痈，肠痈，大便秘结等症。现代药理研究表明瓜蒌、瓜蒌子有抑制癌细胞作用和抑菌作用。

栝楼栽培中有哪些种质类型？

栝楼为葫芦科栝楼属多年生攀缘草本，其果实（瓜蒌）和根（天花粉）入药。在我国大部分地区均有栽培，主产区有山东、河南、河北、安徽、江苏、湖北、四川、广西和贵州等省区。山东肥城、长清为瓜蒌道地产区，河南安阳、河北安国为天花粉道地产区。栝楼在长期的栽培过程中形成了较多各具特色的地方性种质类型，如海市栝楼、八棱栝楼、尖瓜蒌、糖栝楼、铁皮栝楼、短脖1号、皖蒌系列等，各种质类型的植物学特征、生物学特性、产量潜力和活性成分含量存在差异，各地在种植时应选择适宜的种质类型。

如何进行栝楼栽前的选地整地及底肥施用?

栝楼地下根可作为天花粉药用，生产过程中根的生长较发达，土壤养分消耗大。因此选地以土层深厚、土质疏松、肥力充足、排灌方便不积水的砂壤土为好。同时，要选择阳光充足、通气条件好、无污染的环境。大田栽培，秋收后每亩施腐熟农家肥3000kg均匀撒于地表，深翻25cm，耙细整平。如黏性重的土壤，可在翻耕前撒施一些河沙改良土壤。

栝楼有几种繁殖方法?

生产上栝楼一般采用种子繁殖和分根繁殖。

(1)种子繁殖 选粒大饱满的种子，在40℃左右温水中浸泡1昼夜，捞出沥干播种。播种期在4月中旬。在准备好的田地里，按行距70cm，株距50cm穴播，每穴播种2~3粒，覆土后浇水，每亩需种子2kg左右。用种子繁殖，开花结果晚，且难于控制雌雄株，故生产天花粉适宜采用此法。

(2)分根繁殖 春季4月上中旬，选直径2~3cm的新鲜无病地下根，掰成5~7cm小段，放置一晚，然后用10%苯醚甲环唑水乳剂1000倍液浸种，晾干水分备用。在准备好的田地里，按行距70cm，株距50cm，挖5cm浅坑，每坑放1段种根，覆土踩实即可。栽种时科学搭配雄株，按照雌株:雄株=10∶1左右的比例配置。1个月左右幼苗即可长出。每亩需种根60kg左右。

栝楼生长期管理技术要点有哪些?

栝楼生长期田间管理技术措施有扶苗上架、适时追肥、水分管理等。

(1)扶苗上架 当栝楼主茎长到0.3~0.5m时，插好竹竿等攀缘物，用软质绳将苗固定在攀缘物上，促其向上生长，使之尽早到达架面。

(2)适时追肥 早施轻施提苗肥，定植活棵后，追1~2次速效氮肥，一般每次每亩追稀释腐熟的人畜粪250~300kg。重施花果肥，6~8月份，栝楼营养生长与生殖生长进入并盛时期，需要吸收大量的养分。此期追有机肥与钾肥为主，重施2~3次花果肥，一般每次每亩用腐熟人畜粪1000kg，硫酸钾15kg，在距离根部20cm外开环状或放射状浅沟施下，然后培土，严防伤根烧根。果实膨大期，结合喷药，加入0.2%磷酸二氢钾和0.3%尿素溶液，进行根外追肥。遵照配方和平衡施肥的原则增施腐熟的有机肥和磷钾肥，合理补微肥，配合推广使用生物菌剂、生物有机肥，改善土壤团粒结构，拮抗有害菌，增强植株抗病抗逆能力，大大提升植株的健康增产潜力。

(3)水分管理 多年生栝楼根系发达，较耐旱，但在生长盛期和果实膨大期，如遇干旱，应及时浇水防旱，遇涝要随即排水。

栝楼可以采取哪些种植模式？

目前生产上栝楼的种植模式有多种：平地种植、搭人字形架、搭棚架、麦茬种植模式等。采用合理的种植模式是提高瓜蒌产量的有效措施。

（1）平地种植　采用合适密度进行种植，茎蔓铺地生长。

（2）搭人字形架　3~4 株为一组，在根部用竹竿或其他材料搭成人字形架，顶端固定。使栝楼茎蔓匍匐在架上生长。

（3）搭棚架　搭棚棚架要牢固，尽可能降低棚架成本，方便人工架下作业，提高架面覆盖率。具体方法：地面按 3.5m × 3.5m 标准立柱，柱上端选用 10 号不锈钢丝拉成 3.5m × 3.5m 的方格，再用 10 号钢丝拉对角线，然后在上面放上尼龙网固定住。搭架要在移栽前或出苗前结束，避免搭架操作伤苗。

（4）麦茬模式　麦田准备：秋季在整好的地块上播种小麦。种植栝楼：春季 4 月上中旬按照分根繁殖方法在麦地套种栝楼，一般 5 月中旬陆续出苗，麦收时苗高 10~20cm，不影响小麦机收。收麦：于 6 月份正常机收小麦，留麦茬高度 25~30cm，收麦后栝楼秧迅速生长，以麦茬作为支架，枝叶爬伏于麦茬上。种麦：收获瓜蒌后可按正常方法旋耕土地、施肥、种植小麦，对栝楼无影响；翌年麦苗返青，栝楼地下根 5 月份出土发芽，小麦收割后，栝楼可继续生长。一般 4~5 年挖栝楼根（天花粉）1 次。

如何进行栝楼病害的综合防治？

栝楼主要病害有根腐病、根结线虫病等，此类病害在蔬菜、瓜果、茶叶等绿色生产、控害减灾方面多采用如下措施。

（1）根腐病

①病原及症状：属半知菌亚门、镰刀菌属真菌。主要危害茎基部和根部。块根发病先从上端开始。向下发展，严重时导致块根腐烂，致植株地上部生长不良。苗期发病表现出苗晚，矮小纤弱。成株发病表现细弱，叶小、花少、结果率低，果实小，影响产量和质量。

栝楼种植时间越长往往根腐病发病越重。病菌在土壤中或随残体在土壤中越冬，从 3 月下旬、4 月上旬开始发病，5 月份后进入高温高湿季节，病害也进入盛发期。土壤板结、通透性差、地下害虫和线虫危害等，均利于根腐病发生。

②防治方法

农业防治：与禾本科作物实行 3~5 年轮作；增施腐熟的有机肥和磷钾肥，合理补微肥，配合推广使用生物菌剂、生物有机肥，拮抗有害菌，增强植株抗病抗逆能力，提升植株的健康增产潜力；及时拔除病株烧毁，用石灰穴位消毒。清洁田园，减少菌源。

生物防治：参照“川贝母根腐病”。

科学用药防治：预计发病之前或发病初期用10%苯醚甲环唑水乳剂1000倍液或80%全络合态代森锰锌可湿性粉剂1000倍液等喷淋穴或浇灌病株根部保护性防治。选用50%琥胶肥酸铜（DT杀菌剂）可湿性粉剂350倍液，或30%噁霉灵水剂+10%苯醚甲环唑水乳剂按1∶1复配1000倍液等淋灌根部和茎基部治疗性防治，视病情把握用药次数，一般7~10天喷灌1次。

其他防治方法和选用药剂技术参照“当归根腐病”。

（2）根结线虫病

①病原及症状：属垫刃目、根结线虫科、南方根结线虫。

根结线虫用锋利的口针穿刺根系，根组织细胞受刺激而膨大增生，在主根、须根、侧根上产生大量大小不等的虫瘿，解剖根结可发现当中有很多细小的乳白色线虫。受害根部出现不长新根、黑根、烂根、根腐等现象。造成植株生长缓慢、矮小、发育不良，结实性差，甚至枯萎而死。

②防治方法

农业防治：实行与禾本科作物轮作，和葱、蒜轮作2年以上，或在行间种葱、蒜趋避线虫；增施腐熟的有机肥和磷钾肥，合理补微肥，配合推广使用生物菌剂、生物有机肥，拮抗有害菌，增强植株抗病抗逆能力，提升植株的健康增产潜力；用植物诱抗剂海岛素水剂800倍液淋灌，杀线虫，促根壮苗、提质增效、提高抗病抗逆能力。

生物防治：用海岛素（5%氨基寡糖素）水剂600倍液+1.8%阿维菌素1000倍液灌根，7天灌1次，或每亩穴施淡紫拟青霉菌（每1g含2亿孢子）2kg，或每亩用每1g含10亿活芽孢的蜡质芽孢杆菌4kg。其他参照“山药线虫病”。

科学用药防治：亩用5%寡糖·噻唑膦（一方净土）颗粒剂1.5kg，或10%噻唑膦颗粒剂1.5kg，或亩用42%威百亩水剂5kg处理土壤（遵照说明安排与种植时间的间隔期），轮换或交替用药。

其他防治方法和选用药剂技术参照“丹参线虫病”。

如何进行栝楼虫害的综合防治?

栝楼主要虫害为蚜虫，在蔬菜、瓜果、茶叶等绿色生产、控害减灾方面多采用如下措施。

蚜虫属同翅目、蚜总科。

（1）为害状 6~8月发生，危害嫩叶及顶部，使叶卷曲，影响植株生长，严重时全株萎缩死亡。

（2）防治方法

物理防治：在种植基地规模化实施黄板诱杀有翅蚜，有翅蚜初发期可用市场上出售的商品黄板；或用60cm×40cm长方形纸板或木板等，涂上黄色油漆，再涂上一层机油，挂在行间或株间，每亩挂30~40块，当黄板沾满蚜虫时，再涂一层机油。

生物防治：前期蚜虫少时保护利用瓢虫等天敌，进行自然控制。无翅蚜发生初期，用0.3%苦参碱乳剂800~1000倍，或50%抗蚜威2000~3000倍液，或5%天然除虫菊素乳油1000倍液等喷雾防治。

科学用药防治：无翅蚜发生尚未扩散前及时防治，用92.5%双丙环虫酯可分散液剂15000倍液，或20%呋虫胺悬浮剂6000倍液，10%烯啶虫胺可溶性粉剂2000倍液，或其他有效药剂，交替喷雾防治。

其他防治方法和选用药剂技术参照“地榆蚜虫”。

如何进行瓜蒌的适期采收？

果实于9~11月先后成熟，当果皮表面开始有白粉、蜡被较明显，并稍变为淡黄色时表示果实成熟，便可分批采摘。采摘过早，果实不成熟，糖分少，质量差，种子亦不成熟；如果过晚，水分大，难干燥，果皮变薄，产量减少。

瓜蒌如何进行产地加工？

将果实带30cm左右茎蔓割下来，均匀编成辫子，不要让两个果实靠在一起，以防霉烂。编好的辫子将栝楼蒂向下倒挂于室内阴凉干燥通风处，阴凉10余天至半干，发现底部瓜皮产生皱缩时，再将栝楼向上并用原藤蔓吊起阴干即成。这样干燥可使栝楼不发霉或腐烂，切开时瓜瓤柔软呈新鲜状态。不可在烈日下暴晒，日光晒干的色泽深暗，晾干的色鲜红。如果采摘适时，晾干得当，有两个多月可干。若需瓜蒌皮、瓜蒌子，可在果柄处成“十”字形剪开，掏出瓜瓤，外皮干后即可做中药瓜蒌皮。把瓤在水中冲出种子，晒干即为瓜蒌子。全瓜蒌的加工，将吊挂干燥的瓜蒌抢水洗一遍（防止外果皮在后边加工中破碎，同时使瓜蒌进一步洁净）。将洗好的瓜蒌码放在大的蒸笼内，锅底加适量的水，盖上笼盖，武火加热至大气出，像蒸馒头一样，30~40分钟后停火。开盖晾凉，然后用特制机械将其压扁压实，使瓜蒌皮和内瓤紧密地粘在一块，于切药机上切成一致的瓜蒌条，将切好的瓜蒌条晾晒至干。

酸枣仁

酸枣药材资源的现状如何？

酸枣自然野生于干旱山坡、沟边路旁，长期以来无人管理，人们随意采摘，有些地方砍割酸枣摘取果实，资源破坏十分严重。随着人们对野生酸枣营养成分、药用成分、药理作用的认识深入，以酸枣为原料开发的保健品、饮品等不断问世，酸枣用量大幅攀升，酸枣和枣仁价格不断上涨，酸枣抢青采收现象普遍，造成酸枣仁质量明显下降，甚至一些以酸枣肉为原料制作酸枣饮品的企业，难以收到成熟酸枣。

随着酸枣收益提高以及对酸枣质量的要求，一些地方出现酸枣人工栽培，河北邢台县人工种植酸枣 2000 多亩，河北阜平等地开始进行酸枣野生抚育和人工管护。酸枣实生繁殖，类型较多，据调查从不同产区收集的不同性状的酸枣类型达 115 个。江苏省沂源县选育出了 4 个小枣新品种，邢台学院选育出邢州 1 号、邢州 4 号、邢州 6 号、邢州 9 号 4 个品种，酸枣人工栽培出现品种化。2013 年 7 月份河北省质量技术监督局颁布实施了《酸枣仁》（DB13/T 1738—2013）质量标准，对酸枣仁水分、色泽、杂质、千粒重，以及酸枣仁皂苷含量等有了明确质量要求。

河南、山西、陕西、山东等省酸枣生产仍以采集野生酸枣为主，基本没有人工栽培的报道。

酸枣资源分布如何？

根据历代本草和史料记载，今河北、山西、陕西、甘肃、河南、辽宁、内蒙古、山东、安徽等地都曾是酸枣仁的道地产区。酸枣在我国分布较为普遍，集中产区分布在河北、陕西、山西、山东、辽宁等省，在宁夏、新疆、湖北、四川等地也有分布。辽宁省主要分布在西北及南部，约有酸枣 40 多万亩；陕西酸枣主要分布在陕北黄河沿岸及无定河、渭河、洛河、泾河流域；山西酸枣主要分布在太行山南部山区；山东酸枣主要分布在蒙阴、平邑、青州、莱芜、淄博等地。

酸枣仁是河北省道地药材，主产地为邢台、邯郸、保定的西部山区各县，尤其邢台枣仁粒大、仁饱、色红、鲜亮，名满全国，称为“邢枣仁”。邢枣仁的加工集中在邢台内丘县柳林乡，多以散户加工。除了当地产的酸枣外，主要从山西、陕西、辽宁三省购进大量酸枣进行枣仁加工。目前，内丘县已经成为全国最大枣仁生产、加工、销售集散地。年加工酸枣 6 万吨，酸枣仁 5000 吨左右，销售到河南安阳、安徽亳州、河北安国等药材市场，且出口韩国、日本及东南亚各国。

河北太行山区野生酸枣资源丰富，从水平分布看，酸枣在太行山的分布以中南部偏多，北部偏少。大量酸枣集中在邢台地区的沙河、邢台、内丘、临城四县，酸枣产量占全区 40% 左右，达 290 多万公斤。除此之外，赞皇、平山、阜平、易县的酸枣资源量大，年产均在 50 万公斤以上。其次是涉县、武安、井陉、唐县、灵寿等县，酸枣的分布也较多，河北的燕山山区迁安、迁西、遵化等也有大量分布。

酸枣生产中有哪些种质类型？

种质 1：树势极强，干性较强，骨干枝角度较小，结果后逐渐开张。果实圆形，平均纵径 1.69cm、横径 1.74cm，平均果重 3.0g，最大果重 3.9g，整齐度 0.64。果皮较薄，紫红色，果肉黄白色，质地致密，较脆，汁液适中，味酸甜，鲜酸枣可溶性固形物含量32%，可食率81.2%，含仁率100%，种仁饱满。树体较小，树势开张，树形柱形，在一般山区均能正常生长。早果早丰，酸枣树高接换头当年可结果，2~3年进入丰产期，栽后3~5年即可丰产，连续结果能力强。该品种在邢台地区花期4~5月，果实9~10月成熟。该品种适应性强，耐瘠薄，抗干旱。抗病能力强，很少发生各种病害，是比较理想的制汁、生产枣仁的品种。

种质2：树势极强，干性较强，骨干枝角度较小，结果后逐渐开张。果实圆形，平均纵径1.86cm、横径1.87cm，平均果重3.7g，最大果重4.8g，整齐度0.52。果皮较薄，深枣红色，果肉黄白色，质地致密，较脆，汁液适中，味酸甜，鲜枣可溶性固形物含量31%，可食率89.3%，含仁率80%，种仁饱满。树体较小，树势开张，树形柱形，在一般山区均能正常生长。早果早丰，酸枣树高接换头当年可结果，2~3年进入丰产期，栽后3~5年即可丰产，连续结果能力强。该品种在邢台地区花期4~5月，果实9~10月成熟。该品种适应性强，耐瘠薄，抗干旱。抗病能力强，很少发生各种病害，是比较理想的制汁、生产枣仁的品种。

种质3：树势极强，骨干枝角度较小，结果后逐渐开张。果实椭圆形，平均纵径2.51cm、横径2.12cm，平均果重5.3g，最大果重6.8g，整齐度0.67。果皮较薄，枣红色，果肉黄白色，质地致密，较脆，汁液适中，味甜，鲜枣可溶性固形物含量28.7%，可食率88.2%，含仁率100%，种仁饱满。树体较小，树势开张，树形开心形，在一般山区均能正常生长。早果早丰，酸枣树高接换头当年可结果，2~3年进入丰产期，栽后3~5年即可丰产，连续结果能力强。该品种在邢台地区花期4~5月，果实9~10月成熟。该品种适应性强，耐瘠薄，抗干旱。抗病能力强，很少发生各种病害，是比较理想的生食、生产枣仁的品种。

种质4：树势极强，干性较强，骨干枝角度较小，结果后逐渐开张。果实圆形，平均纵径1.77cm、横径1.77cm，平均果重2.9g，最大果重3.4g，整齐度0.86。果皮较薄，枣红色，果肉黄白色，质地致密，较脆，汁液适中，味酸甜，鲜枣可溶性固形物含量27.5%，可食率84.4%，含仁率93%，种仁饱满。树体较小，树势开张，树形柱形，在一般山区均能正常生长。早果早丰，酸枣树高接换头当年可结果，2~3年进入丰产期，栽后3~5年即可丰产，连续结果能力强。该品种在邢台地区花期4~5月，果实9~10月成熟。该品种适应性强，耐瘠薄，抗干旱。抗病能力强，很少发生各种病害，是比较理想的制汁、生产枣仁的品种。

酸枣的繁殖方法有哪几种?

种子繁殖和分株繁殖。种子繁殖：9月采收成熟果实，堆积，沤烂果肉，洗净。春播的种子须沙藏处理，在解冻后进行。秋播在10月中、下旬进行。按行距30cm开沟，撒入种子，覆土2~3cm，浇水保湿。育苗1~2年即可定植，按行株距（2~3）

m×1m 开穴，穴深宽各 30cm，每穴 1 株，培土一半时，边踩边提苗，再培土踩实、浇水。分株繁殖：在春季发芽前和秋季落叶后，将老株根部发出的新株连根劈下栽种，方法同定植。

如何进行酸枣种子育苗?

（1）选地整地 酸枣喜温暖干旱气候，耐寒、耐旱、耐碱，不宜在低洼水涝地种植。苗圃地应选择稍有些坡度的平肥地，地下水位应在 1.5m 以下，在一年中水位升降变化不大，且容易排水的地方。苗圃地土壤应以砂壤土或壤土为宜。选择育苗地时要有灌溉条件，因枣树幼苗生长期间根系浅，耐寒能力弱，对水分的要求特别强。10 月中下旬，每亩施腐熟农家肥 2000~3000kg，经土壤耕翻、精细整地，然后耙平做畦。

（2）种子采集 采集母树充分成熟呈深褐色的果实，除去果肉、杂质，用清水洗净并阴干，机械脱壳后晾干备用，要求种仁净度达 95% 以上，发芽率达 80% 以上。

（3）播前种子处理 播种前用清水浸泡种子 24 小时，中间换水 1 次，使种子充分吸水。然后用 40~50℃温水浸种 48 小时，中间可换水 1~2 次。

（4）播种、定苗 土壤解冻后进行，播种时期一般以 3 月下旬 ~4 月下旬为宜，每亩播种量 3~4kg。播种采用宽窄行沟播法，宽行行距 60cm，窄行行距 30cm，沟深 2~3cm，播种后覆土、耙平，用扑草净封闭土壤（扑草净用量为 $0.2g/m^2$），然后覆膜。幼苗出土后，顺沟向割膜，幼苗长出 5~7 片真叶时定苗，每亩留苗量 6000~8000 株。

（5）灌水和中耕除草 定苗后，去膜浇水灌苗，中耕除草。

（6）追肥 定苗后结合浇水追肥，每亩施尿素 7.5~10kg，第二次追肥在 6 月下旬，每亩施复合肥 15~20kg。

（7）出圃标准 酸枣种苗高度 50cm 以上。

酸枣如何进行建园?

（1）园地选择 园地适宜海拔高度 1300m 以下，年平均气温 8~14℃。选择土层深厚，土壤肥沃，pH 值 6.5~8.5，排水良好的砂壤土或壤土建园，山地建园坡度应在 25° 以下。周围没有严重污染源。

（2）土壤整理 定植前，平原建园应进行土地平整，沙荒地应进行土壤改良，山区或丘陵地应修筑水平梯田。

（3）栽植时间 春、夏、秋季均可栽植。以 4 月初栽植为宜。

（4）栽植密度 宽窄行 1m×2m 和 1m×1m。

（5）栽植方法 采取沟栽或坑栽方法，沟深或坑深 50~60cm，下部 20~30cm 施腐熟有机肥，覆土后踩实，栽植深度高于原地痕 3~5cm，栽后立即灌水并扶正培土。

酸枣林间管理的技术措施有哪些？

（1）中耕除草 每年雨季之前和初冬各进行土壤深翻1次，深度15~20cm，翻后耙平。树盘内或行间进行作物秸秆覆盖，厚度15~20cm。对质地不良的土壤进行改良，黏重土壤应掺砂土，山区枣园扩穴改土。栽后1~2年，每年中耕2~3次，除草5次，保持土壤疏松无杂草。

（2）追肥 每年追肥2~3次，以农家肥为主。于早春在根冠外围挖沟施有机肥，施后培土，生长期采用环状施肥，环状沟的位置由树冠大小决定，沟深15~20cm。野生枣林可撒施有机肥。6月上旬和7月中旬果实膨大期喷施尿素或磷酸二氢钾，间隔7~10天再喷1次，可提高坐果率。野生枣林主要采取叶面喷肥方法。遵照配方和平衡施肥的原则增施腐熟的有机肥和磷钾肥，合理补微肥，配合推广使用生物菌剂、生物有机肥，改善土壤团粒结构，拮抗有害菌，增强植株抗病抗逆能力，大大提升植株的健康增产潜力。

（3）灌水 发芽前、开花前、果实膨大期和果实成熟期各灌水1次。一般采用畦灌或沟灌。干旱缺水和丘陵山区采用穴贮肥水方法，有条件的地区，提倡采用滴灌、喷灌等节水灌溉方法。

（4）花果管理 当开花量达50%时，喷施300倍硼砂和300倍尿素，以提高坐果率，减少不利天气对花期的影响。

（5）整形修剪 落叶后至萌芽前进行修剪。人工建园栽培定植后第一年修剪时上部留5~6个分枝，离地面30cm以下的分枝不再保留。定植后第二年修剪时上部留7~8个分枝，离地面60cm以下不应留分枝。三年后增加树冠体积。初始时下部可适当多留枝，多结果，以后上部树枝结果多后可逐渐去掉下部主枝。十年后老树高头换接，及时更新复壮，培育新的结果枝。稀植可修剪成开心形树形，密植可修剪成中心干型树形。野生枣林剪去过密枝、病虫枝，培养树势。去除酸枣树底部树丛，清理树盘，使之有一定株距。

如何进行酸枣各种病害的综合防治？

酸枣主要病害有枣锈病、枣疯病等，此类病害在蔬菜、瓜果、茶叶等绿色生产、控害减灾方面多采用如下措施。

（1）枣锈病

①病原及症状：属担子菌亚门、枣层锈菌。主要危害叶片，有时也侵害果实。严重时病叶渐变灰黄色，失去光泽，干枯脱落。树冠下部先落叶，逐渐向树冠上部发展。

在华北区域一般年份在6月下旬~7月上旬降雨多、湿度高时开始侵染，7月中下旬开始发病，8 月下旬往往大量落叶。雨季早，降雨多、气温高的年份发病早而严重。地势低洼，排水不良，行间种植高粱、玉米或西瓜、蔬菜的利于发病。病菌一般在枣树落叶上越冬，在气温环境适合时，随风传播。

②防治方法

农业防治：冬春清扫落叶，集中烧毁，清理病原；发现病情，及时剪除，增强树势；行间不种高秆作物和西瓜、蔬菜等经常灌水的作物；配方和平衡施肥，增施腐熟的有机肥和磷钾肥，合理控制氮肥和补微肥，推广使用生物菌肥、生物有机肥；及时防治锈壁虱。

生物防治：参照“射干锈病”。

科学用药防治：发病初期及时防治，可用 42% 寡糖·硫黄悬浮剂 600 倍液，或 2~3 波美度石硫合剂或 45% 晶体石硫合剂 30 倍液等保护性防治。治疗性杀菌剂可用 25% 戊唑醇可湿性粉剂 1500 倍液等喷雾防治。其他防治方法和选用药技术参照“红花锈病”。

（2）枣疯病

①病原及症状：属类菌原体，简称 MLO，介于病毒和细菌之间的多形态质粒。枣疯病的病原在活着的病树内存活，发病的枣树又叫“公枣树”，生产上经分株繁殖、嫁接繁殖和叶蝉（橙带拟菱纹叶蝉、中华拟菱纹叶蝉、红闪小叶蝉、凹缘菱纹叶蝉等）刺吸危害传病。枣树地上、地下部均可染病。地上部染病主要表现为：花柄加长为正常花的 3~6 倍，萼片、花瓣、雄蕊和雌蕊反常生长，成浅绿色小叶。树势较强的病树，小叶叶腋间还会抽生细矮小枝，形成枝丛；发育枝正副芽和结果母枝，一年多次萌发生长，连续抽生细小黄绿的枝叶，形成稠密的枝丛；全树枝干上原是休眠状态的隐芽大量萌发，抽生黄绿细小的枝丛；地下部染病，主要表现为根蘖丛生。一旦发病就不能根治。

病害潜育期在 25 天 ~1 年以上。金丝小枣最易感病。土壤干旱瘠薄及管理粗放的枣园发病严重。

②防治方法

农业防治：加强栽培管理，提高树势；发现病株，连根刨除销毁，补栽健苗；树穴用 5% 石灰水浇灌；增施腐熟的有机肥和磷钾肥，合理补微肥，配合推广使用生物菌剂、生物有机肥，拮抗有害菌，增强植株抗病抗逆能力；选择抗病性强的品种或砧木；选用无病的接穗、接芽或分根进行嫁接繁育苗木，培育无病苗木。

科学用药防治：预计将发病的植株或初现症状的轻病株（春季枣树萌芽期、盛花期至生理落果前）及时用药控制，用植物诱抗剂海岛素（5% 氨基寡糖素）水剂 600 倍液（或 6% 24- 表芸·寡糖水剂 800 倍液）+30% 毒氟磷可湿性粉剂 500 倍液或 0.5% 大黄素甲醚水剂 600 倍液，或 2% 嘧肽霉素水剂 800 倍液，或 98% 土霉素粉剂 500 倍液或四环素等（按照推荐使用说明）打孔输液或足药量灌根。及时防治叶蝉，消灭传毒媒介，优先选用 10% 吡丙醚乳油 1500 倍液或 25% 噻嗪酮可湿性粉剂 1000 倍液喷雾防治，最大限度地保护天敌资源和传媒昆虫，其他药剂可用10%烯啶虫胺可溶性粉剂2000倍液，或20%呋虫胺悬浮剂5000倍液，或92.5%双丙环虫酯可分散液剂15000倍液等喷雾防治。相互合理复配用药，同时兼治飞虱、蓟马、蝽象等。喷匀打透。根据虫情把握用药次数。

如何进行酸枣各种虫害的综合防治？

酸枣主要虫害有木虱、蓑蛾、桃小食心虫等，此类虫害在蔬菜、瓜果、茶叶等绿色生产、控害减灾方面多采用如下措施。

（1）木虱 属同翅目、木虱科。

①为害状：成、若虫刺吸幼芽、嫩枝和叶的汁液，幼芽被害常枯死，被害叶多向背面卷曲，严重者枝梢死亡，削弱树势，大量落花、落果。年生1代，以成虫在落叶、杂草、树皮缝及树干上枯卷叶内越冬。翌年3月气温达6℃时开始活动。4月上旬~6月上旬交配产卵，萌芽期卵产于芽上。5月上旬开始孵化，下旬进入盛期。若虫期45~50天，5龄若虫危害最重，排出的蜜露往往使枝叶发亮。6月中旬~7月羽化。成虫寿命长达一年左右，白天群集叶背危害，至10月下旬气温达0℃以下时进入越冬。

②防治方法

农业防治：及时疏除带虫的枝梢并集中烧毁；结合修剪剪除虫枝；秋后清洁果园，清除落叶、杂草等并集中处理。

生物防治：若虫发生初期未扩散为之前，用6%乙基多杀菌素悬浮剂2000倍液喷雾防治。

科学用药防治：本着适期早治的原则控制成、若虫蔓延和危害，发生初期未扩散之前进行防治，优先选用10%吡丙醚乳油1500倍液，或25%噻嗪酮可湿性粉剂1000倍液，或22.4%螺虫乙酯悬浮液4000倍液等喷雾防治，最大限度地保护天敌资源和传媒昆虫。其他药剂可用20%呋虫胺悬浮剂6000倍液等。

其他防治方法和选用药剂技术参照“枸杞木虱”。

（2）蓑蛾 属于鳞翅目、蓑蛾科。

①为害状：蓑蛾种类很多，一般为雌、雄异型，幼虫破坏树木，尤其是常绿树。大发生时常把树叶吃光，在树上挂满蓑囊。吃光树叶后还能转移到附近的作物上继续危害。蓑蛾一年发生的代数因种类而异。多以幼虫和卵越冬。初龄幼虫性活泼，群集蓑囊表面，吐丝下垂，随风飘散，随后在叶面、树枝上吐丝造囊，藏于其中。老熟幼虫将囊用丝固定悬挂在植物上，在囊内化蛹。雌蛾产卵在囊内或将受精卵留在腹中。幼虫除取食植物叶片和嫩枝梢外，还危害植物的花蕾、花、幼果和果。另外，有的蓑蛾幼虫还能捕食寄主植物上的蚜虫，如碧皑蓑蛾可捕食多种蚜虫。

②防治方法

农业防治：人工摘除虫苞以减少虫源。

科学用药防治：卵孵化期幼虫未形成蓑囊之前及时防治，优先选用5%虱螨脲乳油2000倍液喷雾防治，最大限度地保护天敌资源和传媒昆虫，其他药剂可用10%溴氰虫酰胺可分散油悬浮剂2000倍液，或20%氯虫苯甲酰胺悬浮剂2000倍液等，或50%辛硫磷乳油1000倍液等喷雾防治。加展透剂，视虫情把握防治次数，一般7天左右喷治1次。

（3）桃小食心虫 属鳞翅目、蛀果蛾科。

①为害状：除危害枣以外，还危害苹果、梨、海棠、木瓜、桃、李、杏等植物。幼虫蛀果危害最重，从蛀果孔流出泪珠状果胶，干后呈白色透明薄膜，幼虫在果内串食果肉并排粪，形成“豆沙馅”果，幼果受害呈畸形。被害枣果提前变红，过早脱落，不能食用。

②防治方法

农业防治：土壤结冻前，翻开距树干约50cm，深10cm的表土，撒于地表，使虫茧受冻而亡；幼虫出土前在冠下挖捡越冬茧，集中烧毁。捡拾蛀虫落果或随时摘除虫果，深埋或煮熟作饲料；初冬或早春季节，清扫落叶，剪除病虫枝条，刮除老翘皮。清理后的落叶和病虫枝条集中烧毁或深埋；地膜覆盖，用宽幅地膜覆盖在树盘地面上，防止越冬代成虫飞出产卵。拍土防治，在树干1m内压3.3~6.6cm新土，并拍实，压死夏茧中的幼虫和蛹；筛除冬茧，用直径2.5mm的筛子筛除距树干周围1m，深14cm范围内土壤中的冬茧。石块诱集，清除树盘内的杂草及其他覆盖物，整平地面，堆放石块诱集幼虫，随时捕捉；绑草绳诱杀，在越冬幼虫出土前，用草绳在树干基部缠绑2~3圈，诱集出土幼虫入内化蛹，定期检查捕杀。

物理防治：规模化运用灯光诱杀成虫于产卵之前。在越冬代成虫发生期配制糖醋液（白糖:食醋:白酒或95%乙醇:水=5：20：3：80）诱杀成虫。

生物防治：规模化运用性诱剂诱杀雄虫于交配之前。卵孵化期幼虫未钻蛀前及时喷施2.5%多杀霉素悬浮剂1500倍液，或6%乙基多杀菌素悬浮剂2500倍液。

科学用药防治：每亩用白僵菌（每1g含孢子1亿以上）粉剂2kg加5%虱螨脲乳油0.1kg，兑水150kg喷洒树盘，喷后覆草或浅锄。卵孵化期，幼虫未钻蛀之前及时喷药，优先选用5%虱螨脲乳油2000倍液等喷雾防治，最大限度地保护自然天敌和传媒昆虫。其他药剂可用20%氯虫苯甲酰胺悬浮剂1000倍液喷雾防治。视虫情把握用药次数。

其他防治方法和选用药剂技术参照“山楂桃小食心虫”。

如何进行酸枣的适期采收？

不同地理条件、不同种类的酸枣成熟期存在差异。在采收过程中，因酸枣加工利用的目的不同，采收适宜期也不相同。如以加工酸枣仁和酸枣面为目的，则以完熟期采收为宜，此时果实充分成熟，果肉内养分积累最多，不仅制干率高，而且制成品质量也最好，同时酸枣仁籽粒饱满，色泽最佳，不仅出仁率高，而且药用效果也最好。而过晚采收，酸枣不仅容易造成浆包烂枣和鸟兽危害的现象，也会减少产量和降低枣肉的质量。以生食为主要目的的酸枣，以脆熟期采摘为宜。

目前采收酸枣的方法大多数是待酸枣成熟后，用枣杆震枝，使枣果落地，再捡拾。近几年来，由于酸枣的加工利用途径逐渐增多，而要求也越来越严，所以采收的方法也在逐步改进，利用乙烯利催落采收酸枣。此方法比用枣杆打枣提高工效 10 倍左右，在适当剂量处理下，喷施第 2 天即有效果，第 3 天进入落果高峰，5、6 天便能完全催落成熟的果实。

酸枣仁如何进行加工?

传统的加工方法是将洗好晒干的酸枣核平铺于石碾上反复滚压，注意酸枣核要适量，太少时容易压碎枣仁。待酸枣核破碎后，用簸箕、筛子或是用手扬法筛选出部分酸枣核壳和酸枣仁，然后将剩下的较难分离的核壳与仁的混合物上碾再进一步破碎，最后放在水中用水选法筛选出酸枣仁。水选后的酸枣仁必须摊于席上晾晒，使之充分干燥。

连　翘

连翘有何药用价值?

连翘为木犀科植物连翘 *Forsythia suspensa*（Thunb.）Vahl 的干燥果实。其味苦，微寒。归肺、心、小肠经。具有清热解毒，消肿散结，疏散风热功效。用于痈疽，瘰疬，乳痈，丹毒，风热感冒，温病初起，温热入营，高热烦渴，神昏发斑，热淋涩痛等症。研究表明，连翘叶对高血压、痢疾、咽喉痛等有很好的治疗效果。

连翘就是迎春吗?

连翘为木犀科连翘属落叶灌木，果实入药。迎春花 *Jasminum nudiflorum* Lindl. 为木犀科素馨属落叶灌木。连翘与迎春花的主要区别：

①连翘植株外形呈灌木或类乔木状，较高大，枝条不易下垂；迎春花植株外形呈灌木丛状，较矮小，枝条呈拱形、易下垂。

②连翘的小枝颜色较深，一般为浅褐色；迎春花的小枝为绿色。

③连翘枝条中空无髓；迎春花的枝条是充实的。

④连翘是单叶或三叶对生；迎春花是三小复叶。

⑤连翘叶卵形、宽卵形或椭圆状卵形，叶片较大，边缘除基部以外有整齐的粗锯齿；迎春花叶全呈十字形对称生长，叶片较小，卵状椭圆形，全缘，先端狭而突尖。

⑥连翘只有四个花瓣，而迎春花则有六个花瓣。

⑦连翘结实，迎春花很少结实。

连翘的繁殖方法有哪几种?

分为种子繁殖、扦插繁殖、压条繁殖和分株繁殖四种方法，一般大面积生产主要采用播种育苗，其次是扦插育苗，零星栽培也有用压条或分株育苗繁殖者。

（1）种子繁殖育苗 选择生长健壮、枝条节间短而粗壮、花果着生密而饱满、无病虫害的优良单株作采种母株。于9~10月采集成熟的果实，薄摊于通风阴凉处后熟几天，阴干后脱粒，选取籽粒饱满的种子，沙藏备作种用。

春播在清明前后，冬播在封冻前进行（冬播种子不用处理，第2年出苗）。在畦面上按行距30cm开浅沟，沟深3.5~5cm，再将用凉水浸泡1~2天后稍晾干的种子均匀撒于沟内，覆薄细土1~2cm，略加镇压，再盖草，适当浇水，保持土壤湿润，15~20天出苗，齐苗后揭去盖草。在苗高15~20cm时，追施尿素，促使旺盛生长，当年秋季或第二年早春即可定植于大田。

（2）扦插繁殖育苗

①嫩枝扦插：苗床准备，挖深40cm，宽1~1.3m的池，选用普通塑料袋做成长20cm，直径10cm桶状，装满土，紧密排列于苗床内，浇水。插穗选择，6月份开始从生长健壮的3~4年生母株上剪取当年生的嫩枝，截成15cm左右长的插穗，下切口距离底芽侧下方0.5~1cm，切口平滑。节间长的留2片叶，短的留3~4片叶。插穗处理，将选择好的插穗在配制的200mg/ml的NAA溶液中浸泡1~2分钟。扦插，将处理好的插穗在整好的苗床上一个营养袋内插入一棵，插入深度4cm左右，插完后浇水。覆膜，把竹片做成拱形，间距20cm左右固定于苗床上，覆膜，四周用土密封，遮阴，一个月之内不可掀开塑料膜。炼苗，一个月后，在插穗生根后，揭去塑料膜，减少喷水次数，减小苗床相对湿度进行炼苗。

②硬枝扦插：插条选择，冬季封冻前从母株上剪取芽饱满的枝条，截成10cm长的插穗。沙藏，将剪成的插穗50~100枝捆成1捆，埋入沙或土中，覆土5~6cm，翌年春天刨出。苗床准备，挖深40cm，宽1~1.3m的池，选用普通塑料袋做成长20cm，直径10cm桶状，装满土，紧密排列于苗床内，浇水。插穗处理，将选择好的插穗在配制的200mg/ml的NAA溶液中浸泡1~2分钟。扦插，将处理好的插穗在整好的苗床上一个营养袋内插入一棵，插入深度4cm左右，插完后浇水。覆膜，把竹片做成拱形，间距20cm左右固定于苗床上，覆膜，四周用土密封，遮阴，一个月之内不可掀开塑料膜。炼苗，一个月后，在插穗生根后，揭去塑料膜，减少喷水次数，减小苗床相对湿度进行炼苗。

（3）压条繁殖 用连翘母株下垂的枝条，在春季将其弯曲并刻伤后压入土中，地上部分可用竹竿或木杈固定，覆上细肥土，踏实，使其在刻伤处生根而成为新株。当年冬季至第二年春季，将幼苗与母株截断，连根挖取，移栽定植。

（4）分株繁殖 连翘萌发力极强，在秋季落叶后或春季萌芽前，可将连翘树旁萌发的幼苗（根蘖苗）带根挖出，另行定植。成活率达 99.5%。

如何进行连翘栽前的选地整地及底肥施用？

种子育苗地最好选择土层深厚、疏松肥沃、排水良好的壤土或砂壤土地；扦插育苗地，最好采用砂壤土地，靠近水源，便于灌溉。种植地要选择背风向阳的山地或者缓坡地成片栽培，利于异株异花授粉，提高连翘结实率，一般只挖穴种植。亦可利用荒地、路旁、田边、地角、房前屋后、庭院空隙地零星种植。

播前或定植前，深翻土地，施足基肥，每亩施腐熟的有机肥 3000kg，均匀撒到地面上。深翻 30cm 左右。若为丘陵地成片造林，可沿等高线作梯田栽植；山地采用梯田、鱼鳞坑等方式栽培。栽植穴要提前挖好，施足基肥后栽植。

连翘林间管理的技术措施有哪些？

（1）定植 苗床深耕 20~30cm，耙细整平，作宽 1.2m 的畦，于冬季落叶后到早春萌发前均可进行。先在选好的定植地块上，按行株距 2m × 1.5m 挖穴。然后，每穴栽苗 1 株，分层填土踩实，使其根系舒展。栽后浇水。

连翘属于同株自花不孕植物，自花授粉结实率极低，只有 4%，如果单独栽植长花柱或者短花柱连翘，均不结实。因此，定植时要将长、短花柱的植株相间种植，这是增产的关键措施。

（2）中耕除草 苗期要经常松土除草，定植后于每年冬季中耕除草 1 次，植株周围的杂草可铲除或用手拔除。

（3）施肥 苗期勤施少量肥，在行间开沟，每亩施硫酸铵 10~15kg，以促进茎、叶生长。定植后，每年冬季结合松土除草施入腐熟有机肥，幼树每株用量 2kg，结果树每株 10kg，采用在连翘株旁挖穴或开沟施入，施后覆土，壅根培土，以促进幼树生长健壮，多开花结果。有条件的地方，春季开花前可增加施肥 1 次。在连翘树修剪后，每株施入火土灰 2kg、过磷酸钙 200g、饼肥 250g、尿素 100g。于树冠下开环状沟施入，施后盖土、培土保墒。遵照配方和平衡施肥的原则增施腐熟的有机肥和磷钾肥，合理补微肥，配合推广使用生物菌剂、生物有机肥，改善土壤团粒结构，拮抗有害菌，增强植株抗病抗逆能力，大大提升植株的健康增产潜力。

如何提高连翘坐果率？

连翘的花芽全部在一年生以上枝上分化着生，花有两种：一种花柱长，称长花柱花；一种花柱短，称短花柱花，这两种不同类型的花生长在不同植株上。

研究表明：短花柱型连翘花粉发芽率较高，长花柱型连翘花粉发芽率较低。两种连翘花粉均在 15% 蔗糖 +400mg/L 硼酸的培养基上萌发率最高，花粉管长度最长。因此，在连翘盛花期时喷施 15% 蔗糖 +400mg/L 硼酸溶液能够有效地提高坐果率。

人工种植连翘如何进行修剪?

连翘每年春、夏、秋抽生三次新梢，而且生长速度快。春梢营养枝能生长 150cm，夏梢营养枝生长 60~80cm，秋梢营养枝生长近 20cm。因此，连翘定植后 2~3 年，整形修剪是连翘综合管理过程中不可缺少的一项重要技术措施。通过整形修剪调整树体结构，改善通风透光条件，调节养分和水分运输，减少病虫危害，提高开花量和坐果率。

“修剪”是指对连翘植株的某些器官，如茎、枝、叶、花、果、芽、根等部分进行剪截或剪除的措施。一年之中应进行三次修剪，即春剪、夏剪和冬剪。春剪：及时打顶，适当短截，去除根部周围丛生出的竞争枝。夏剪：于花谢后进行。为了保持树形低矮，对强壮老枝和徒长枝可以短截 1/3~1/2。短截后，剪口下易发并生枝、丛生枝，在冬剪时应把并生枝、交叉枝、细弱枝进行疏剪整理。冬剪：幼树定植后，幼龄树高达 1m 时，于冬季落叶后，在主干离地面 70~80cm 处剪去顶梢，第二年选择 3~4 个发育充实、分布均匀的侧枝，将其培养成主枝。以后在主枝上再选留 3~4 个壮枝，培养成副主枝。在副主枝上放出侧枝，通过几年的整枝修剪，使其形成矮干低冠、通风透光的自然开心形树形，从而能够早结果、多结果。在每年冬季，将枯枝、重叠枝、交叉枝、纤弱枝和病虫枝剪除。对已经开花结果多年、开始衰老的结果枝，也要截短或重剪，即剪去枝条的 2/3，可促使剪口以下抽出壮枝，恢复树势，提高结果率。

“整形”是指对连翘植株施行一定的修剪措施而形成某种树体结构形态。在生产实践中，整形方式和修剪方法是多种多样的，以树冠外形来说，常见的有圆头形、圆锥形、卵圆形、倒卵圆形、杯状形、自然开心形等。常用的整形方法有短剪、疏剪、缩剪，用以处理主干或枝条；在造型过程中也常用曲、盘、拉、吊、扎、压等办法限制生长，改变树形，培植有利于多开花、多结果的树形。

野生连翘生长有哪些特点?

连翘的萌生能力强。平茬后的根桩或干支均能繁殖萌生，较快地增加分株的数量，增大分布幅度。连翘枝条更替比较快，但随树龄增加，萌生枝以及萌生枝上发出的短枝，其生长均逐年减少，并且短枝由斜向生长转为水平生长。据调查，8~12 年生植株，4 年萌生枝上的 1 年生短枝是最多的，以后逐渐减少。连翘的丛高和枝展幅度不同年龄阶段变化不大。连翘枝条更替快，萌生枝长出新枝后，逐渐向外侧弯斜，所以尽管植株不断抽生新的短枝，但是高度基本维持在一个水平上。

野生连翘结果特性如何？

野生连翘为蔓生落叶灌木，高 1~3m，3~5 月份花先于叶开放，4~5 月开始萌发生长出新枝叶，花开放后 10~20 天逐渐凋落，20 天左右幼果出现，9~10 月果实成熟。连翘实生苗，一般当年可长至 60~80cm，生长 4~5 年后开花结果。连翘枝一般分营养枝和结果枝。连翘株丛一般为 6~10 个萌生枝组成一个灌丛，高为 1.5m 左右，个别株丛 2.5~3m 高。新发营养枝条一般由根部或老枝上抽出，长 1.5~2.1m 之间，二小叶对生或三小叶轮生。新萌生的营养枝条为来年植株骨架，由萌生枝上发生的短枝形成结果枝。小短枝长 20~40cm 不等，每一萌生枝上形成结果枝数量 2~9 个不等，组成结果枝串；连翘结果多少和结果短枝的数量和生长长短有关。结果短枝在萌生枝上最多 15~17 个，每个结果短枝上结果数量 2~19 个不等，结果多的每个小果枝上有 25~30 个果实，稀的 1~2 个甚至无果。

野生连翘结果与树龄的关系如何？

连翘从实生苗开始，4~5 年后可以开花结果，但 7~8 年以上的植株结果量才高，此时整个植株一般有十几条营养生长骨架，每年均会在枝条上长出结果短枝，并且每个结果短枝上的叶腋处会形成 1~2 个花芽，并在第二年春天开花结果。在自然状态下 15 年以上的植株生长势逐渐衰弱，结果量逐渐减少。

野生连翘种群是由不同株龄的个体组成，属于异龄级种群类型。不同年龄时期的连翘个体，对环境的要求和反应各不一样，在种群中的地位和作用也不相同。连翘植株个体根据其生长发育状态，可分为：幼龄期（1~4 年）、壮龄期（5~15 年）、老年期（15 年以上）。连翘的结果繁殖能力与其年龄有着密切的关系，据调查，幼龄期、壮龄期和老年期植株的结果率分别为 48.65%、47.53% 和 17.09%。幼龄期植株虽然结果率高，但树势较小结果数少，所以产量低。

如何进行野生连翘的人工抚育？

连翘结果早，5~12 年为结果盛期，12 年后产量明显下降，需采取更新复壮措施。连翘枝条的结果龄期较短，其产量主要集中在 3~5 年生枝条上，5 龄以后每个短枝上的平均坐果数逐年降低，产量明显下降。树冠的不同部位结果量也是不同的。树冠上部多于中部，树冠下部几乎没有果实，树冠的阳面多于阴面，树冠的内侧多于外侧。针对野生连翘的分布特点和生境，应该分别建立多个野生老连翘更新复壮抚育区、人工补植抚育区、连翘优势群落抚育区，并加强管理，通过野生抚育措施的实施，使连翘的产量和质量得到提高。

如何进行连翘各种虫害的综合防治?

连翘主要害虫有钻心虫、蜗牛等，此类害虫在蔬菜、瓜果、茶叶等绿色生产、控害减灾方面多采用如下措施。

（1）钻心虫 属鳞翅目、螟蛾科。

①为害状：以幼虫钻入茎秆木质部髓心危害，严重时被害枝不能开花结果，甚至整枝枯死。

②防治方法

农业防治：冬季及时清理落叶枯枝等以清除虫卵。及时修剪枝条处理受害枝叶。

物理防治：规模化运用性诱剂诱杀雄虫于交配之前。

生物防治：卵孵化期幼虫未钻蛀之前用每1g含100亿活芽孢的苏云金芽孢杆菌可湿性粉剂、每1g含100亿孢子的白僵菌和绿僵菌等1000倍液喷雾防治，或用0.36%苦参碱水剂500倍液，1%苦参碱可溶液剂800倍液、0.5%藜芦碱可溶液剂1000倍液，或用2.5%多杀霉素悬浮剂1500倍液等喷雾防治。有条件的可在产卵初期开始按一定数量的蜂卵比例（赤眼蜂:钻心虫卵）分次释放人工饲养的赤眼蜂，消灭卵于孵化之前。保护自然天敌，如寄生性天敌稻螟赤眼蜂、黑卵蜂和啮小蜂等，捕食性天敌蜘蛛、草蜻蛉、隐翅虫等。

科学用药防治：幼虫孵化期未钻蛀前用药，优先选用5%虱螨脲乳油2000倍液喷雾防治，最大限度地保护自然天敌资源和传媒昆虫。其他选用药剂和防治方法参照“射干钻心虫”。对已钻蛀的幼虫可用20%氯虫苯甲酰胺悬浮剂原液药棉堵塞蛀孔毒杀。

（2）蜗牛 属软体动物门、腹足纲。

①为害状：主要危害花及幼果。4月下旬~5月中旬转入药材田，危害幼芽、叶及嫩茎，叶片被吃成缺口或孔洞，直到7月底。若9月以后潮湿多雨，仍可大量活动危害，10月转入越冬状态。上年虫口基数大、当年苗期多雨、土壤湿润，蜗牛可能大发生。

②防治方法

农业防治：于傍晚、早晨或阴天蜗牛活动时，捕杀植株上的蜗牛；或用树枝、杂草、蔬菜叶等做诱集堆，使蜗牛潜伏于诱集堆内，集中捕杀。彻底清除田间杂草、石块等可供蜗牛栖息的场所并撒上生石灰，减少蜗牛活动范围。并可在地头或行间撒10cm左右的生石灰带，阻止蜗牛扩散危害并杀死沾上生石灰的蜗牛。适时中耕，翻地松土，使卵及成贝暴露于土壤表面提高死亡率。

科学用药防治：以下三种防治方法任选其一或配套使用。一是毒饵诱杀，在蜗牛产卵前或有小蜗牛时，每亩用6%蜗克星（甲萘威·四聚乙醛）颗粒剂0.5kg或10%蜗牛敌（多聚乙醛）颗粒剂2kg，与麦麸（或饼肥研细）5kg混合成毒饵，傍晚时均匀撒施在田垄或田间进行诱杀。二是撒施毒土或颗粒剂，每亩用10%多聚乙醛颗粒剂或6%蜗克星颗粒剂（甲萘威·四聚乙醛）2kg拌细（沙）土5kg，或用6%密达（四聚乙醛）杀螺颗粒剂每亩0.5~0.6kg，制成毒土，于天气温暖、土表干燥的傍晚均匀撒在作物附近的根部行间。三是喷药防治，用50%辛硫磷乳油和20%氯虫苯甲酰胺悬浮剂按1∶1混合，稀释成500倍液，或用10%溴氰虫酰胺可分散油悬浮剂（或20%氯虫苯甲酰胺悬浮剂）2000倍液与30%食盐水混合加入适量中性洗衣粉喷雾防治，或当清晨蜗牛未潜入土中时，用30%四聚乙醛·甲萘威650倍液喷雾防治，隔7~10天喷1次，视发生情况掌握喷药次数，一般连喷2次左右。

其他用药和防治方法参照“枸杞蜗牛”。

（3）蝼蛄 属直翅目、蝼蛄科。俗名耕狗、拉拉蛄、扒扒狗、土狗崽等。

①为害状：以成虫、幼虫咬食刚播下或者正在萌芽的种子或者嫩茎、根茎等，咬食根茎呈麻丝状，造成受害株发育不良或者枯萎死亡，特别对作物幼苗伤害极大。有时也在土表钻成隧道，造成幼苗吊死，严重的也出现缺苗断垄。

②防治方法

农业防治：有条件的实施水旱轮作。使用充分腐熟的有机肥，避免将虫卵带到土壤中去。

物理防治：利用灯光诱杀成虫。

科学用药防治：毒土，发现危害可每亩用5%辛硫磷颗粒剂1~1.5kg与15~30kg细土混匀后撒入地面并耕耙，或于定植前沟施毒土。毒饵，用50%辛硫磷乳油100ml，兑水2~3kg，拌麦种50kg，拌后堆闷2~3小时进行诱杀。

其他用药和防治方法参照“天麻蝼蛄防治”。

（4）吉丁虫 属鞘翅目、吉丁虫科。俗称爆皮虫、锈皮虫。

①为害状：成虫咬食叶片造成缺刻，幼虫蛀食枝干皮层，被害处有流胶，危害严重时树皮爆裂，甚至造成整株枯死。

②防治方法

农业防治：在冬季清除枯死或被幼虫蛀食后的植株，深埋或用火烧毁。挖幼虫，幼虫初进入枝干时，可用工具挖出小幼虫。成虫羽化前剪除虫枝集中处理，杀灭幼虫和蛹。

生物防治：卵孵化期幼虫未钻蛀前及时用2.5%多杀霉素悬浮剂1500倍液，或6%乙基多杀菌素悬浮剂2000倍液喷雾防治。

科学用药防治：成虫发生期和幼虫孵化期优先选用5%虱螨脲乳油2000倍液喷雾防治，最大限度地保护天敌自然资源和传媒昆虫。其他药剂可用50%辛硫磷乳油1000倍液，或10%溴氰虫酰胺可分散油悬浮剂2000倍液，或20%氯虫苯甲酰胺悬浮剂2000倍液等喷雾防治。根据成虫白天活动的特点及时对植株周围树木花草喷洒以上杀虫剂消灭成虫。对虫眼注射杀虫剂，并用稀泥封口。

如何进行连翘的适期采收?

青翘在果皮呈青色尚未老熟时采摘。老翘在果实熟透变黄，果壳开裂或将要开裂时采摘。研究表明：野生老树开花、坐果、果实成熟均早于人工栽培小树；连翘果实7月底千果重达到峰值，7月底~9月底千果重和连翘苷含量变化均较小，连翘苷含量均能达到药典标准，考虑到连翘大规模生产时采摘周期较长，所以7月底~9月底是青翘的最佳采收期；9月底之后，青翘逐渐成熟成为老翘，此时果实的千果重和连翘苷含量都急剧下降，所以老翘应在青翘转入老翘初时及时采收。

如何进行连翘初加工?

（1）青翘　将采收的青色果实，用蒸笼蒸15分钟后，取出晒干即成。青翘以身干、不开裂、色较绿者为佳。

（2）老翘　将采摘熟透的黄色果实，晒干或烘干即成。老翘以身干、瓣大、壳厚、色较黄者为佳。

（3）连翘芯　将老翘果壳内种子筛出，晒干即为连翘芯。

决明子

决明子有何药用价值?

本品为豆科植物钝叶决明 *Cassia obtusifolia* L. 或小决明 *Cassia tora* L. 的干燥成熟种子。别名：决明子、假绿豆、夜关门，秋季采收成熟果实，晒干，打下种子，除去杂质。主要有清肝益肾、祛风明目、润肠通便作用。决明子又称“还瞳子”，含有多种维生素和丰富的氨基酸、脂肪、碳水化合物等，近年来其保健功能日益受到人们的重视。由于决明子具有清肝火、祛风湿、益肾明目等功能，常饮决明子茶，可使血压正常，大便通畅，老眼不花。临床实验证明，喝决明子茶可以清肝明目、防止视力模糊、降血压、降血脂、减少胆固醇等，对于防治冠心病、高血压都有不错的疗效；而且决明子富含维生素A及锌，可防治夜盲症以及避免小儿缺锌。此外，决明子茶润肠通便的功能也能解决现代人肠胃及便秘的问题，可以治疗大便燥结，帮助顺利排便。决明子茶的泡法十分简单，只要将15~20g决明子用热开水冲泡即可，也可依个人喜好放入适量的糖，当茶饮用，每日数次，若能配上枸杞子及菊花，效果更佳。

决明子的植物学特征如何？

决明子为一年生草本，以其有明目之功而名之。茎直立、绿色，株高50~100cm。基部木质，上部多分枝并有纵棱。叶为偶数羽状复叶，互生；长4~8cm，叶柄上无腺体，叶轴上每对小叶间有棒状的腺体1枚，小叶3对，纸质，倒心形或倒卵状长椭圆形，长2~6cm，宽1.5~2.5cm，顶端钝而有小尖头，基部渐狭，偏斜，两面被柔毛，小叶柄长1.5~2mm，托叶线形，被柔毛，早落。花盛夏开放，腋生，通常2朵聚生，总梗长6~10mm，花梗长1~1.5cm，丝状，萼片5枚，膜质，下部合生成短管，外面被柔毛，长约8mm，花瓣5，黄色，下面两片略长，发育雄蕊7枚，子房无柄，被白色柔毛。荚果细长，棍棒形，长达17cm，微弯，近四棱形。内有种子多枚，菱形，绿褐色，有光泽，种皮质硬。花期7~9月。果期8~10月。种子入药。

决明子有何生长习性？

决明子喜温暖、湿润气候。适应性较强，常生于村边、路旁和旷野等处。在寒冷和温暖的地方都能种植，但以温暖地区生长较好。不耐寒，怕霜冻，幼苗及成株受霜冻后，叶片脱落甚至死亡，种子也不能成熟供药用。对土壤要求不严，一般土壤都能种植。怕干旱，有喜水、抗涝特性。分布区域较广，河北、山西、河南、安徽、广西、四川、浙江、广东等省都有种植。

如何种植决明子？

决明子的种植方法是用种子繁殖；在河北省中南部于谷雨节前后，选择排灌条件较好的平地或向阳坡地，忌连作，每亩施用充分腐熟的农家肥2000kg；配加三元素（N、P、K为19-19-19）复合肥60~80kg作基肥。深翻，整细耙平，作成2m宽的平畦待播。

选择当年产的新鲜饱满、无病虫害的种子做种用；将种子用两开一凉的温水浸泡一昼夜，捞出后晾一天，然后在整好的地内，按行距50~65cm进行播种，播深2~3cm，播后用大锄推一下即可。如小面积种植，可于畦内按行距50~65cm开沟条播，每亩用种量2.5kg左右。有适当温度10天左右即可出苗；播种密度可根据土壤肥力状况进行适当掌握，如土壤较肥沃可适当加大株行距，以免因密度过大造成疯秧形成减产或影响决明子的质量，反之如土壤比较贫瘠或风沙地，可适当减小株行距，增加一些密度。播种期不宜太晚，以免后期遇霜种子不能成熟，影响产量和质量。如果土壤墒情较好，不用种子处理，用干种子按上述方法直接播种即可。

生长期间决明子如何进行田间管理？

（1）中耕松土 决明子出苗后适时松土除草。当长出一片真叶后间苗1次，去弱留强，去病留壮；苗高10~15cm时，按株距12~15cm定苗，以后加强中耕，进行蹲苗。苗高30cm左右时，可适当加深中耕，以保持土壤疏松、无杂草。植株上部分枝封垄后，停止松土中耕。松土时注意将土培在植株根旁，逐渐形成小垄，防止被大风吹倒。

（2）追肥浇水 一般播种后6~7天即可出苗。出苗后如遇干旱，适当浇水；定苗后，除追肥后浇水外，一般不需浇水。定苗后现蕾时开始进行第1次追肥浇水，将圈肥（数量不限）与尿素混合拌匀，撒于行间或穴旁；浅锄一遍，以土盖肥。第二次追肥在“立秋”前后，每亩施尿素或复合肥等，亩追化肥15~20kg即可，开沟施于行间。追肥时注意不可将化肥撒到植株的茎叶上。追肥后需立即浇水。7~8月间，如发现有不开花的植株，应及时拔除，以免消耗地力。到白露节停止浇水。遵照配方和平衡施肥的原则增施腐熟的有机肥和磷钾肥，合理补微肥，配合推广使用生物菌剂、生物有机肥，改善土壤团粒结构，拮抗有害菌，增强植株抗病抗逆能力，大大提升植株的健康增产潜力。

决明子经常发生哪些病害？如何防治？

决明子主要病害有灰斑病、轮纹病等；此类病害在蔬菜、瓜果、茶叶等绿色生产、控害减灾方面多采用如下措施。

（1）灰斑病

①病原及症状：属半知菌亚门、丝孢纲、丛梗孢目、尾孢属真菌。主要危害叶片。开始时，叶片中央出现稍淡的褐色病斑，后期病斑上产生灰色霉状物。病菌5~6月开始浸染危害，7~8月梅雨季节高温高湿，加之植株郁闭、通风透光不良，往往发病严重。传播途径主要是种子或种植地枯枝落叶带菌，遇适宜条件传播发病。

②防治方法

农业防治：清除田间病残体，集中烧毁植株残体，并实行秋耕。合理密植，以利于通风透光。与非豆类作物实行2~3年轮作。选用抗、耐病品种。

科学用药防治：预计临发病前或初期（7月上旬开始）及时喷施42%寡糖·硫黄悬浮剂（或25%络氨铜水剂）600倍液+海岛素（5%氨基寡糖素）水剂800倍液或6% 24-表芸·寡糖水剂1000倍液保护性控害。发病后及时喷治疗性杀菌剂控制危害，选用药剂和其他防治方法参照“玉竹灰斑病”。视病情把握防治次数，一般间隔10~15天1次。

（2）轮纹病

①病原及症状：属半知菌亚门、丝孢纲、球壳孢目、球壳孢科、壳二孢属真菌。

主要危害决明的茎、叶、荚。受害部位病斑近圆形，褐色有轮纹，后期密生黑色小点（为病原菌之分生孢子器），严重时病叶枯萎。病原菌在种子和枯枝落叶处越冬，翌年在决明生长期遇适宜条件即危害茎、叶和荚果，尤其在雨季，高温高湿，加之植株郁闭，影响通风透气，往往病情加重。

②防治方法

农业防治：及时清洁田园，集中处理病残体。选用无病豆荚，单株脱粒留种。科学施肥，增施腐熟的有机肥、生物菌肥和生物有机肥。

科学用药防治：预计临发病之前或初期及时喷保护性药剂控制发生和蔓延，可用42%寡糖·硫黄悬浮剂600倍液，或3~5波美度石硫合剂30倍，或80%全络合态代森锰锌可湿性粉剂1000倍液。发病后及时喷治疗性药剂，选用27%寡糖·吡唑醚菌酯水剂2000倍液，或25%吡唑醚菌酯悬浮剂2000倍液（或75%肟菌·戊唑醇水分散粒剂2000倍液，或50%嘧菌环胺水分散粒剂1000倍液）等喷雾防治。每次用药与植物诱抗剂海岛素（5%氨基寡糖素）水剂800倍液或6% 24-表芸·寡糖水剂1000倍液混用，安全增效，强身壮株。保护性杀菌剂和内吸性治疗剂要交替使用和合理复配使用。视病情把握用药次数，一般10天左右喷1次。

如何防治决明子虫害?

决明子主要虫害为蚜虫；此类虫害在蔬菜、瓜果、茶叶等绿色生产、控害减灾方面多采用如下措施。

蚜虫属同翅目、蚜总科。

（1）为害状 春末夏初易发生蚜虫，苗期危害严重，吸食叶片的汁液，使被害叶卷曲变黄，幼苗长大后，蚜虫常聚生于嫩梢、花梗、叶背等处，使苗茎叶卷曲皱缩，以至全株枯萎死亡。

（2）防治方法

物理防治：黄板诱杀，有翅蚜发生初期成方连片规模化推行黄板诱杀，推迟发生期，降低发生程度，轻发生年甚至可不用药防治。可采用市场出售的商品黄板，每亩35~40块。

生物防治：前期蚜量少时保护利用瓢虫等天敌，进行自然控制。无翅蚜发生初期，用0.3%苦参碱乳剂800~1000倍液，或5%天然除虫菊素乳油1000倍液等植物源杀虫剂。

科学用药防治：可优先选用25%噻嗪酮可湿性粉剂或10%吡丙醚乳油2000倍液或5%虱螨脲水剂2000倍液，或22.4%螺虫乙酯悬浮液4000倍液均匀喷雾，最大限度地保护自然天敌和传媒昆虫。其他药剂可用15%茚虫威悬浮剂4000倍液，或50%烯啶虫胺可溶粉剂4000倍液等交替喷雾防治。

决明子如何进行收获加工？

秋分至寒露节果实成熟后，将全株割下脱粒，去掉杂质，晒干入药。亩产200~250kg。或用小麦联合收割机对决明子进行机械化采收，效果很理想，采收快，采收的种子质量也好。

苦杏仁

苦杏仁有什么药用价值？

苦杏仁为蔷薇科植物山杏 *Prunus armeniaca* L. var. *ansu* Maxim.、西伯利亚杏 *Prunus sibirica* L.、东北杏 *Prunus mandshurica*（Maxim.）Koehne 或杏 *Prunus armeniaca* L. 的干燥成熟种子。夏季采收成熟果实，除去果肉和核壳，取出种子，晒干。苦杏仁味苦，微温；有小毒。归肺、大肠经。具有降气止咳平喘，润肠通便等功效。用于咳嗽气喘，胸满痰多，肠燥便秘。

杏树的生长习性和主要产地有哪些？

杏树喜欢凉爽、干燥的气候，适应性强，抗盐碱，耐旱，耐瘠薄，抗寒。夏天在44℃高温下可以正常生长；在 -40℃的低温下仍可以安全越冬。对土壤要求不严，在平地和山坡上都可以种植，在土壤深厚、疏松肥沃、排水良好的土壤中生长最好。主要生长于海拔 400~2000m 的干燥向阳山坡、丘陵草原的灌木丛或杂木林中。

多栽培于低山地或丘陵山地。主产于三北地区（华北、东北、西北），以内蒙古、吉林、辽宁、河北、山西、陕西为多。其中，河北省平泉县为全国最大的苦杏仁产地。

种植杏树时如何进行选地、整地？

（1）育苗　育苗地要选择背风、土层深厚肥沃、排灌条件良好的砂壤土或壤土做苗圃地，注意不要在前茬为核果类和向日葵的土地上育杏树苗。

育苗前，要精细整地，深翻 25cm 以上，每亩施入腐熟的有机肥 4000~5000kg 或10~15kg 磷酸二铵，整细耙平后，使土壤和肥料混匀，作畦或开垄，做好排水沟，防止积水。

（2）造林　杏树对生长环境的适应性强，对土壤要求不严。在干燥向阳的丘陵坡地或平原种植均可，但应尽量选择那些土壤条件较好，土层较厚，土质比较肥沃，光照充足的阳坡或半阳坡，土壤以 pH 6.5~8.5 的砂壤土和轻壤土为宜，忌低洼处。

在移栽杏树前期，进行深翻整地。常用整地方法为鱼鳞坑整地和水平沟整地。前者根据植株根茎的大小挖出一个直径 0.8~1m，深 0.6~0.8m 土坑，挖好后将土回填；后者，沿着田地等高线挖深、宽各 0.8~1m 的沟，挖好后将土回填。栽植时，再挖直径 50cm、深 60cm 的定植穴，定植穴的大小可根据实际植株大小进行调整，穴内施腐熟的有机肥 15~20kg，并与土混匀，防止烧苗。栽植后，将土踩实，浇透水。

杏核如何进行育苗前的处理？

（1）沙藏 采摘成熟果实，搓去果肉，大粒每 50kg 出种子 5~10kg，小粒每 50kg 出种子 8~15kg，以湿沙混合进行沙藏。将种子:湿沙 =1∶3 的比例进行混匀，沙子的湿度以手握成团而不滴水，一碰即散为宜。与湿沙混合前将种子于清水中浸泡 48 小时，同时除去杂质。沙藏坑以深 1m 为宜，长度和宽度根据实际情况决定。种子和湿沙混合后放置坑中，在上方覆盖 15cm 湿沙贮藏。一般沙藏时间为 120~150 天。

（2）催芽 在播种前 20 天左右将沙藏的种子取出，堆放在背风向阳处进行催芽。可覆盖一些秸秆或草帘，保持沙子湿润，每隔 3~5 天要上下翻动 1 次。当种子有 30% 破壳开裂时即可播种。

苦杏仁树的繁殖方式有哪些？

苦杏仁的繁殖方式主要有种子繁殖和嫁接繁殖两种，其中以嫁接繁殖为优。

（1）种子繁殖 一般有春播和秋播两种。春播于土壤解冻 50cm 以上时播种，一般于 3 月下旬 ~4 月上旬进行，春播种子需要进行前处理。秋播在土壤封冻前进行，种子不需要处理，播后适当浇水即可，一般于 11 月下旬进行。常按行距 40cm，株距 10~15cm 进行播种，点播，每穴 2~3 粒种子，播后覆土 4~5cm（约为种子直径的 3 倍），稍加镇压，浇水，苗期保持土壤湿润。

（2）嫁接繁殖 杏树嫁接繁殖时，砧木通常用杏播种的实生苗或山杏苗。主要分为芽接和枝接两种。枝接常于 3 月下旬，芽接一般于 7 月上旬 ~8 月下旬进行。

育苗地的杏树何时进行移栽较好？

一般培育 2 年时进行移栽，秋季落叶后早春萌发前，按行株距 5m × 5m 开穴，穴宽、深各 0.8m，穴底要平，施腐熟有机肥 15~20kg，每穴栽种 1 株，填土踏实，浇足定根水。移栽时可以用生根粉蘸根提高存活率。起苗时若土壤干旱，可在前一周浇水 1 次，起苗深度一般为 25cm，起苗时要防止伤根和碰伤苗木，合格苗为根系完整，侧根在 3 条以上，长 15cm，根粗 0.5cm 左右，苗高 60cm。

杏树嫁接繁殖时有哪些问题需要注意?

（1）芽接 芽接4~10月份均可进行，但以6~7月份成活率较好。嫁接前，若干旱，应及时浇水，可提高成活率。最好选择晴天进行，可避免病菌感染。芽接以1~3年生的芽成活率最高。生长期芽接后15~20天即可确定其是否成活。芽接成活后，应在30天后解除包扎物。如果解缚过早或过晚都会影响其成活率和后期生长发育。秋季嫁接的苗木，当年不解缚，可到明年春天再解缚。

（2）枝接 在嫁接前浇水。保证嫁接成活的关键是使砧木本身充分吸水。接穗一定要用1年生枝条，随采随用。嫁接时动作要快，减少病菌感染。枝接用的接穗要削得平且长，使接穗和砧木接触面尽量大，以利于伤口愈合，嫁接牢固。嫁接时，砧木和接穗的形成层要齐，便于嫁接口愈合。嫁接后，绑缚要紧严。嫁接成活后，当苗木长到30cm后，及时解开绑缚物，否则会勒入木质部，影响苗木生长发育。

杏树育苗地如何管理?

（1）间苗、补苗 幼苗出土后，要多注意观察，幼苗长出3~4片真叶后进行第1次间苗，待苗长出7~8片真叶时进行第二次间苗。发现缺苗断垄处要用过密处的幼苗带土移栽补齐。间苗时结合中耕除草同时进行，方便松土，以利于幼苗生长。中耕时要浅锄，防止伤苗。

（2）追肥、浇水 种子出土前要保持土壤湿润，以利于幼苗出土。出苗后，浇水以少量多次为宜，浇水后及时松土，以利于幼苗生长。在苗长到25cm时每亩追施尿素20kg，施肥后及时浇水，浇水后必须松土。

杏疔叶斑病如何防治?

（1）病原及症状 属子囊菌亚门、杏疔座霉真菌。主要危害新梢和叶片，也危害杏树的花和果实。新梢发病后生长缓慢，节间短粗，叶片簇生，病叶变红黄向下卷曲。最后病叶变黑褐色，质脆易碎，潮湿时有橘红色黏液产生，成簇留在枝上不易脱落。病梢初为暗红色，以后变为黄绿色，上有黄褐色小粒点。花受害后萼片肥大，不易开放，花萼及花瓣不易脱落。果实染病后生长停止，果面散生黄褐色小点。后期病果干缩脱落或挂在枝上。5月间出现症状，10月间叶变黑，在叶背产生子囊越冬。

（2）防治方法

农业防治：选择抗耐病品种，品种间有差异。结合冬剪，剪除病梢、病叶，清除地上落叶、病枝，集中处理。

科学用药防治：春季芽萌动前全树均匀喷布42%寡糖·硫黄悬浮剂600倍液，

或4~5波美度石硫合剂或45%晶体石硫合剂30倍液，或1∶1∶100（硫酸铜1份，氢氧化钙1份，水100份）波尔多液等。杏树展叶时隔10~15天喷药1次，可用42%寡糖·硫黄悬浮剂600倍液，或1∶1.5∶200倍波尔多液，或25%络氨铜水剂500倍液（或80%乙蒜素乳油1000倍液、12%松脂酸铜乳油800倍液、30%琥胶肥酸铜可湿性粉剂800倍液等），或80%全络合态代森锰锌1000倍液等均匀喷施。从小杏脱萼期开始，每隔15天左右喷1次以上杀菌剂。以上各喷药环节主张与植物诱抗剂海岛素（5%氨基寡糖素）水剂800倍液或6% 24-表芸·寡糖水剂1000倍液混合喷施，增效提质，安全性高，强身促壮，抗病抗逆。

提醒：无机铜制剂（硫酸铜、碱式硫酸铜、氧氯化铜、氧化亚铜、氢氧化铜）容易产生药害，花期和幼果期禁用；有机铜制剂较为安全，一般不会产生药害，花期和幼果期也可以使用。与海岛素水剂混用安全性加倍提高。

如何防治苦杏仁虫害?

苦杏仁主要虫害有蚜虫、杏象甲等，此类病害在蔬菜、瓜果、茶叶等绿色生产、控害减灾方面多采用如下措施。

（1）蚜虫

①为害状：属同翅目、蚜总科。多发生在春末夏初，蚜虫成虫或若虫吸食叶片、花蕾叶液，造成植株枯黄，引发其他病害。

②防治方法

生物防治：参照“山银花蚜虫”。

科学用药防治：把握在蚜虫发生初期未扩散前用药，用10%烯啶虫胺可溶性粉剂2000倍液，或92.5%双丙环虫酯可分散液剂15000倍液喷雾防治。其他防治方法和选用药技术参照“地榆蚜虫”。

（2）杏象甲

①为害状：为鞘翅目、卷象科。成虫食芽、嫩枝、花、果实，产卵时先咬伤果柄造成果实脱落。幼虫孵化后于果内蛀食。年生1代。以成虫在土中、树皮缝、杂草内越冬，翌年杏花、桃花开时成虫开始出土，一般春旱出土少并推迟，雨后常集中出土。成虫喜在8~16时活动，11~14时尤为活跃，常停息在树梢向阳处，受惊扰假死落地，产卵时先在幼果上咬1小孔，每孔产1粒卵，上覆黏液干后呈黑点，成虫产卵期30天，幼虫期20余天，老熟后脱果入土，多于5cm土层中结薄茧化蛹，蛹期30余天。

羽化早的当秋出土活动，取食不产卵，秋末潜入树皮缝、土缝、杂草中越冬。多数成虫羽化后不出土，于茧内越冬。由于成虫出土期和产卵期长，所以，发生期很不整齐。

②防治方法

农业防治：成虫出土期清晨震树，下接布单等捕杀成虫，每5天左右进行1次。

及时捡拾落果，集中处理消灭其中幼虫。冬至发芽前，清园、剪病枝，刮除老树皮并深埋。

生物防治：实施性诱剂诱杀雄虫于交配之前。成虫发生期在树上时和卵孵化期幼虫未钻蛀前喷洒2.5%多杀霉素悬浮剂1500倍液，或1%苦参碱可溶液剂800倍液、0.5%藜芦碱可溶液剂1000倍液等喷雾防治。

科学用药防治：开花前用5波美度石硫合剂喷枝干，把握在成虫产卵之前和幼虫未钻蛀前防治。成虫发生期在树上时和卵孵化期幼虫未钻蛀前，优先喷洒5%虱螨脲乳油2000倍液（保护天敌），其他药剂选用20%氯虫苯甲酰胺悬浮剂1500倍液，或10%溴氰虫酰胺可分散油悬浮剂2000倍液，或50%辛硫磷乳油1000倍液等喷雾防治。加展透剂，视虫情把握防治次数，一般隔10~15天喷1次，连喷2次左右。

其他防治方法和选用药技术参照“甘草叶甲”。

生长、生殖期杏树如何进行追肥和灌溉？

（1）追肥 春季花开前和夏季杏采收前进行追肥，每株每年追施尿素0.5kg。每年冬季在植株附近开沟环施10~20kg充分腐熟的有机肥，追肥过后及时浇水。

（2）灌溉 有灌溉条件的地方，可根据当年降水情况，分别在花芽萌动期（4月）、果收期（6月）、落叶后封冻期3个阶段进行灌溉。杏树怕涝，雨季要注意及时排水。

杏树为什么要挖树盘？怎么挖？

挖树盘可以创造疏松的根际环境条件，提高天然降水的利用率，改善根部土壤理化性状，增强通透性，促进根系生长，达到除草、松土、蓄水以及壮根健树的目的。

挖树盘每年可进行1~3次，即在每年的春、夏、秋三季都可以进行。春季挖树盘在土壤解冻后至杏树发芽前进行，夏季挖树盘在果实采收后进行，秋季挖树盘在落叶后至结冻前进行。挖树盘要掌握“里浅外深，春浅秋深”的原则，一般深度为20~30cm，直径要大于树冠。挖树盘的同时要清除根蘖、石块和杂草等。如果在土层薄、坡度大的石质山地，要挖成穴状。

杏树如何进行整形剪枝？

苗高达45cm，可在芽接前摘去嫩尖。冬季11月至翌年3月进行修剪，分3种树形：自然圆头形，疏散分层形，自然开心形。

（1）幼树的修剪 幼树初期生长旺盛，此期修剪的原则是：整形为主，夏剪为主，冬剪为铺，尽早成形结果。主要任务是对主枝和侧枝的延长枝进行短截或摘心，促进分枝，适时疏除过密枝，并用拉枝、扭梢等技术促进早成花、早丰产。杏树发枝力弱，短截后仅剪口下2~3个芽萌发。短截程度以剪去新梢长度1/3~2/5为宜，掌握"粗枝少留，细枝多留；长枝多剪，短枝少剪"的原则。对于主侧枝上的背上枝要及时疏除或极重短截，剪留长度2cm；对延长枝以下的主枝和有饱满芽的中长枝要缓放。中心干上选2~3个枝短截，培养中、小型结果枝组。对树冠内膛的直立、交叉枝、内向枝、密生枝等要及时疏除。

（2）初果期树的修剪　初果期树的树形已基本形成，修剪的主要任务是继续扩大树冠，合理调节营养生长和生殖生长之间的关系。采取冬剪与夏剪相配合，仍以夏剪为主。初果期杏树对各类营养生长枝的处理基本与幼果期相同。仅对各类结果枝或果枝组作适当调整。此期间结果枝均应保留，对坐果率不高的长果枝可进行短截，促其分枝培养成结果枝组，中短果枝是主要结果部分，可隔年短截，既可保产量，又可延长寿命，并避免了结果部分外移。花束状结果枝、针状小枝不动，对生长势衰弱和负载量过大的结果枝组要进行适当回缩或疏除。

（3）盛果期的修剪　此时整形任务已完成（一般5~6年），修剪主要任务是调节结果与生长的关系，平衡树势，保持丰产枝稳产。对树冠外围的主侧枝长进行短截，一般可剪去1/3~1/2，使其继续抽生健壮的新梢，以维持树势。对树冠内部的长、中、短果枝也要短截，一般短果枝截去1/2，中果枝截去1/3。对衰弱的主侧枝和多年生结果枝组、下垂枝，应在强壮的分枝部位回缩更新或抬高角度，使其恢复树势；对连续结果5~6年的花丛状果枝在基部潜芽处回缩，促生新枝，重新培养花丛状果枝。对主侧枝上的中型枝（手指粗细）和过长的大枝，可回缩到二年生部位，以免其基部的小枝枯死，避免结果部位外移。内膛抽生的徒长枝，只要有空间尽量保留，可在生长季连续摘心，或冬季重短截，促生分枝，培养新的结果枝组。注意清除病虫枝、枯死枝。

杏树剪枝中应注意哪些问题？

（1）如何决定修剪的树形　根据杏树的生长发育特性，树形培养时应综合考虑地理条件、栽培密度、品种特性和管理水平等综合因素，采取与之相适应的树形。根据栽植情况，对于栽植株行距为3m×4m、品种干性较强的，适宜采用的树形为小冠疏层形，品种干性弱的采用自然开心形；栽植株行距为4m×5m以上、品种干性较强的，适宜采用的树形为疏散分层形，品种干性弱的采用自然圆头形。无论采取哪种树形，都要保持主枝具有较强的生长势，建立合理的树体骨架，培养足够数量的结果枝，创造和保持合理的树体结构，从而达到丰产优质的目的。

（2）如何决定骨干枝的数量　主枝数量一般选择控制在7个以内，并且主枝要有明显的层次，大树冠一般第1层留3~4个，第2层留2~3个，第3层留1~2个，层内主枝间上下距离20~30cm，层与层之间的距离应为60~80cm。各主枝上每间隔

40~50cm 留 1 个侧枝，侧枝上下左右分布要均匀。对于主枝数量过多的树，应随树作形，因树修剪，选 5~7 个方位好、距离适宜、生长健壮的大枝做主枝，其余则重回缩或疏除，但注意不可操之过急，应分年度、分批处理。领导干明显的可培养成疏散分层形，否则培养成自然开心形。对于留枝过低的树，根据树体枝量情况进行疏除。枝量少的可暂时保留，去强留弱，缓放结果后疏除，枝量大的可直接疏除。保证第一主枝留在主干 40cm 以上，且以偏南方向为最好。为避免主枝角度过大或过小，主侧枝延长枝应选择生长势较强，外延角度、方向合适的短截（原则上生长势强者要轻剪，弱者要重剪），其余的长枝作为长果枝处理或疏除。同时，可结合夏季修剪，采用拉枝的办法，调整主枝角度和方位，保持旺盛的树势，维持各主枝间的协调关系。疏除树冠中、上部的过密枝、交叉枝、重叠枝，以增加树膛内光照。对衰弱的枝组，可回缩到延长枝的基部或多年生枝的分枝部位，促使基部枝条旺盛生长，形成新的结果枝组。对树冠内膛新萌发出的徒长枝，在枝条生长到 40~50cm 时，进行夏季摘心，当年即可形成分枝，或在冬季修剪时短截，促生分枝培养成结果枝组。也可以将多余的主枝加以回缩，在不影响其他主枝和树体通风透光的情况下，改造成侧枝和枝组。

（3）培养健壮牢固的树体骨架 合理的树形是树体的骨架，是负载产量的基础，是丰产、优质、高效的基本条件。只有坚实的树体骨架，才能保证叶幕能最大限度地截获光能和负载较高的产量。因此，针对骨干枝衰弱，角度过分开张或下垂的树，修剪应采取重回缩的办法，及时回缩交叉的骨干枝，对过弱的、下垂的骨干枝回缩到斜上生长较好的侧枝上，重度短截，抬高延长枝角度，增强树势，促进生长。

（4）重视夏剪 夏季修剪能提高有效枝量，减少树体养分消耗，更直接、更快、更明显地调节营养生长和生殖生长，保证树体良好的通风透光条件，减轻冬季修剪量。萌芽后到新梢生长初期，抹去并生萌发芽、剪锯口潜伏芽、萌发过密的轮生芽、主侧枝背上生长势过旺的直立芽以及主侧枝延长枝剪口下生长非常弱且方向不合适的第一芽等。对树冠内部光照条件较好、位置合适的徒长枝、新萌发的更新枝、背上的直立中庸枝等，当生长到 40cm 左右时即可摘心。萌芽前，对直立旺盛生长枝条，按照所需方向和角度进行拉枝，可以开张角度缓和生长势，促生短枝提早结果。

苦杏仁如何留种?

选择健壮、无病害、品种好的植株，在6月份左右，果实完全成熟后，采收果实，去掉果肉，以湿沙混合进行沙藏。

如何进行产地加工?

夏季果实成熟后采收，食用果肉或置于袋中闷 2~3 天，将果肉和果核分离，具体时间根据采收果实的成熟度决定。选择晴天平铺至干燥处晾晒干，果核平铺不宜超过两层，防止发霉，晾干程度以手摇至果核内有响声为准。晾干后，破壳取仁，贮藏在阴凉干燥处，密封贮藏更佳。

苦杏仁炮制的方法有哪些？

（1）苦杏仁　除去杂质、残留的硬壳及霉烂者，筛去灰屑，用时捣碎。成品黄棕色，有特殊香气。

（2）焯苦杏仁　取去杂后的苦杏仁，置沸水锅中略烫，至外皮微胀时捞出，用凉水稍浸，搓去种皮，晒干后簸净，取仁。成品表面乳白色，有特殊香气。

（3）炒苦杏仁　取焯苦杏仁置锅内，用文火加热，炒至表面为黄色，取出放凉。成品表面为黄色，略带焦斑，有香气。

苦杏仁贮藏运输时有哪些要注意的地方？

应放置在干燥、避光和阴凉低温的仓库或室内贮藏，切忌受潮。运输工具必须清洁、干燥、无异味、无污染。运输时不能与其他有毒、有害的物质混装。运输过程中应有防雨、防潮、防污染等措施。

君迁子

君迁子的药用及经济价值？

本品为属柿树科、柿树属、君迁子 *Diospyros lotus* Linn. 的干燥成熟果实，别名黑枣、软枣。性味甘、涩、凉，归大肠、肺经，有清热、止渴的功效，用于烦热、消渴。多用于补血和作为调理药物，对贫血、血小板减少、肝炎、乏力、失眠有一定疗效。现代药理研究表明君迁子具有抗突变的作用。君迁子含有丰富的维生素，有极强的增强体内免疫力的作用，并对贲门癌、肺癌、吐血有明显的疗效。维生素 C 在医药上通称抗坏血酸，在人的新陈代谢中，能阻止致癌物二甲基亚硝酸盐的形成，对预防各种癌症能起重要作用。君迁子含有丰富的脂肪、淀粉、蛋白质、碳水化合物及各种维生素与矿物质，以含维生素 C 和钙质、铁质最多，像保护眼睛的维生素 A，帮助身体代谢的维生素 B 群和矿物质——钙、铁、镁、钾等。除此之外，含有丰富的膳食纤维与果胶，可以帮助消化和软便。

君迁子种子含油量 20%~25%，可以榨油，制作肥皂，未成熟的果实可榨取其汁（漆），用来涂制雨衣、雨伞等，君迁子的树体含鞣质酸，可做烤胶的原料。君迁子的木材纹理通直、细致，美观、可雕刻各种工艺品。

君迁子有哪些种类?

君迁子按其嫁接与否分实生株和嫁接株；君迁子花单性或两性，雌、雄同株或异株，因此按其花的性质又分雄株（俗称公软枣树、拐枣树）、雌株和单性结实株；按其有核与否分有核君迁子和无核君迁子。栽培面积较大和经济效益较高的是无核君迁子。无核君迁子又称为白节枣，按其品质特性可分为牛奶枣和葡萄黑枣。

（1）牛奶枣 无核类型之一，嫁接繁殖。树形为圆头形或自然半圆形，主干枝较稀，小枝稠密，呈羽状排列于主、侧枝两侧。叶片梭形，叶背面有大量银白色的茸毛，叶缘由基部到叶尖全呈细波状。果实较大，纵径 2.18cm，横径 1.76cm，单果重 4.87g，果粉多，果形椭圆、丰满，像牛奶头，故得名牛奶枣。该枣多数无核，偶有 1~2 核，果肉纤维少，质地绵、浆汁少，味道甘甜，经济价值高。

（2）葡萄黑枣 别名枪子，无核类型之一，嫁接繁殖。树形圆头形或自然半圆形，小枝羽状排列。叶片小，纺锤形，背面白色茸毛多，边缘细波状、尾尖基部钝尖。果实小，纵径 1.91cm，横径 1.6cm，单果重 2.93g，果粉较少，果实圆形、无核，纤维中等细长，含淀粉较多，吃时有绵的感觉，经济价值较高。

种植君迁子怎样选地与整地?

（1）选地 君迁子喜光，适应性强，抗风、抗寒、抗旱、抗瘠薄、抗病虫害强，属深根树种，一般要求土层厚度在 50cm 以上，通风透光的梯田、沟谷、闲散空地均可，但忌在狭窄谷地、低洼潮湿地种植。

（2）整地 丘陵山地高差较大，可按等高线修筑石堰梯田，梯田阶面宽应不小于 4m；里低外高，内侧修排水、蓄水沟。坡度陡，阶面过窄的，可隔阶栽植。缓坡平地可全面平整，平整后高差 6%~10% 为宜。上述土层较浅或砂石较多的局部地块需用客土改良土壤。

君迁子如何进行种子育苗?

用种子培育的苗木称为实生砧木苗，实生砧木苗一般均需嫁接才能成为可栽培的黑枣苗。种子育苗主要掌握以下几点：

一是选好种。选择品种纯正、生长健壮、种子含量高、无病虫害的植株。采集充分成熟的果实，堆积软化后，搓去果肉、杂质、洗净种子并阴干。

二是做好种子处理。春播，在播种前需要进行层积处理，即将充分阴干的种子与湿沙混合后装入木箱等容器中，然后埋藏在地下 80cm 深处，同时埋入秸秆束等用来通风，沙藏时间 90 天以上；层积时注意沙子湿度不可过大，以防种子霉烂。

三是催芽播种。3月中旬~4月上旬，当日平均气温达5℃，地温（地表下5cm处）8~10℃时即可播种。层积或干藏的种子播种前2~3天，将贮藏的种子取出放入较大容器中用冷水或45℃温水浸种，当种子充分吸水膨胀后，置于向阳温暖处进行短期催芽，待1/3种子裂嘴露出白芽时播种。

四是做畦条播，行距30cm，每畦5行。每亩用种量2.5~3.0kg。播种深度不浅于2~3cm，覆土后耙平镇压。

五是播后管理。当幼苗长出2~3片真叶时按株距10cm定苗或移栽，每亩1万~1.1万株；幼苗长出5~7片真叶时进行断根，促生侧根；土壤干旱，可进行灌水；雨季以后，及时中耕除草，防治病虫害。

无核君迁子如何进行嫁接育苗？

选用君迁子的实生种子苗作砧木，选无核君迁子作接穗，其技术要点是：

（1）嫁接方法及采集接穗 嫁接方法分为芽接和枝接。芽接接穗选木质化程度较高、生长旺盛的新梢，随采随用，接穗采集后，立即剪除叶片保留叶柄，注意保湿降温；枝接接穗选发育充实的一年生发育枝或结果母枝，进入休眠期至萌芽前采集，采后保湿低温贮藏，嫁接前接穗封蜡。运回苗圃放在背风处进行沙藏。秋季芽接的接穗最好随接随采。

（2）嫁接时期、部位和方法 在春季（4月上中旬）进行枝接或芽接。芽接采用带木质部芽接（嵌芽接），接后及时断砧。秋季（8月中旬~9月上旬）主要进行芽接，不断砧。嫁接部位要求砧木距地面30cm左右，较光滑部位芽接或枝接，以提高君迁子抗性。

（3）嫁接苗管理 嫁接后一个月检查成活率，45天后解除绑缚物及时除萌芽、萌蘖。枝接当新梢长至30cm时要立支柱，将新梢适度的绑缚于支柱上。5~6月份是嫁接苗快速生长期，土壤干旱，苗木较弱的，可适当灌水，以后的肥水管理视苗情、墒情而定。7月份以后，控肥控水，防止植株徒长。生长季节加强中耕除草，防治病虫害。

君迁子栽培技术要点有哪些？

（1）栽植时间 春季、雨季、秋季均可进行栽植。如果苗源较近、小规模栽植可在雨季连阴天栽植，省工省时，成活率高。

（2）密度要求 平地种植君迁子株行距一般为3m×4m或3m×5m，梯田田面宽3m以下一行，株距3~4m。一般挖50cm×50cm×50cm的定植穴，将底土和表土分放两侧，每坑施有机肥10~15kg，与表土混合均匀填于坑底。

（3）栽植方法 将苗木扶正立坑中央，填土至地面10cm处，提苗至根颈与地面平，舒展根系，踩实土壤，再加土稍高出地面，再踩实与地面平，做树盘，浇水。

君迁子的主要病害有哪些？如何防治？

君迁子主要病害有柿角斑病、柿圆斑病等，此类病害在蔬菜、瓜果、茶叶等绿色生产、控害减灾方面多采用如下措施。

（1）柿角斑病

①病原及症状：属半知菌亚门、柿尾孢真菌。危害果叶和果蒂。初发病时叶片正面出现黄绿色病斑，无明显边缘，以后病斑颜色加深呈黑色，病斑中央淡褐色。由于细脉所限形成不规则的多角形。后期病斑上密生黑色小点。果蒂受害，多在果蒂四周发生，无一定形状，呈深褪色，发病严重时，提早一个月落叶，果实变黑，变软，大量脱落，病蒂残留在树上。病菌在果蒂及病叶中越冬，翌年 6、7 月份温湿度适宜时产生分生孢子借风、雨传播。一般 8 月初开始发病，往往在 9 月份可造成大量落叶落果。

②防治方法

农业防治：君迁子种植区严禁混栽柿树。调整树体结构改善通风透光条件。彻底剪除树上残留的枣蒂及枯死枝条，清除园中的枯枝落叶，集中烧毁。增施腐熟的有机肥和磷钾肥，合理补微肥，推广使用生物菌剂和生物有机肥，提高树体抗病抗逆能力。

科学用药防治：春季芽萌动前全树均匀喷布 42% 寡糖·硫黄悬浮剂 600 倍液，或 4~5 波美度石硫合剂或 1∶1∶100 波尔多液等预防。在 6 月下旬 ~7 月下旬，即落花后 20~30 天喷药保护性防治，可用 42% 寡糖·硫黄悬浮剂 600 倍液，65% 的代森锌可湿性粉剂 500~600 倍液，80% 全络合态代森锰锌可湿性粉剂 1000 倍液等喷雾，治疗性药可选用 27% 寡糖·吡唑醚菌酯水剂 2000 倍液，或植物诱抗剂海岛素（5% 氨基寡糖素）水剂 800 倍液或 6% 24–表芸·寡糖水剂 1000 倍液，或 25% 吡唑醚菌酯悬浮剂 2000 倍液（或 75% 肟菌·戊唑醇水分散粒剂 2000 倍液、25% 络氨铜水剂 500 倍液、80% 乙蒜素乳油 1000 倍液、30% 琥胶肥酸铜可湿性粉剂 800 倍液等）等喷雾防治。保护性杀菌剂和内吸性治疗剂要交替使用和合理复配使用。视病情把握用药次数，一般间隔 20 天喷 1 次。

（2）柿圆斑病

①病原及症状：属子囊菌亚门、柿叶球腔菌。主要危害叶片和柿蒂，叶片受害初期产生圆形小斑点，正面浅褐色，无明显边缘，以后病斑渐变为深褐色，中心色浅，外围有黑色边缘，在病叶变红的过程中，病斑周围出现黄绿色晕环，后期在病斑背面出现黑色小粒点，发病严重时，病叶在 5~7 天内即可变红脱落，仅留柿果，接着柿果也变红、变软、脱落、柿蒂上的病斑圆形，褐色，出现时间晚于叶片，病斑一般也较小。病菌在病叶上越冬。一般上一年病叶多，当年 6~8 月雨水多时病害往往发生严重，另外，树势衰弱利于发病。

②防治方法

农业防治：秋末冬初至第2年6月，彻底清除落叶，集中烧毁或沤肥。增施腐熟的有机肥和磷钾肥，合理补微肥，推广使用生物菌剂和生物有机肥，提高树体抗病抗逆能力。合理修剪，田间不积水。

科学用药防治：发芽前喷施42%寡糖·硫黄悬浮剂600倍液，或4~5波美度石硫合剂等预防。落花后（5~6月）进行保护性科学用药防治，可用42%寡糖·硫黄悬浮剂600倍液、1∶5∶（400~600）的波尔多液、65%代森锌可湿性粉剂500倍液、80%全络合态代森锰锌可湿性粉剂1000倍液、10%苯醚甲环唑水乳剂1000倍液等喷雾，视病情隔15天喷药1次，一般喷药1~2次。

（3）柿炭疽病

①病原及症状：属半知菌亚门、胶孢炭疽菌。主要危害果实和枝条，叶片上很少发生，果实发病初期，果面出现深褐至黑褐色斑点，逐渐扩大形成近圆形深色凹陷病斑，病斑中部密生灰色至黑色隆起小点，略呈同心轮纹状排列，潮湿时涌出粉红色黏质分生孢子团。果肉形成黑硬结块，病果变软。新梢染病发生黑色小圆斑，病斑渐扩大，呈长椭圆形，褐色，凹陷，纵裂，长10~20mm，并产生黑色小点。病部木质腐朽，易折断。柿叶发病，先自叶脉、叶柄变黄，后变黑，叶片病斑呈不规则形。病菌主要在枝梢病斑组织中越冬，也可在叶痕、冬芽、病果中越冬。翌年初夏随风雨传播。在北方柿区，枝梢在6月上旬开始发病，到雨季进入发病盛期。果实从6月下旬~7月上旬开始发病，7月中旬开始落果。多雨年份发病严重。

②防治方法

农业防治：冬季清园剪除病枝和发芽前剪除病枝，烧毁或掩埋，清除侵染源。生长期随时剪除园内的病枝、病果和病叶，清除地下落果，集中烧毁或深埋。增施腐熟的有机肥和磷、钾、硫、钙肥，合理补微肥，推广使用生物菌剂和生物有机肥，提高树体抗病抗逆能力。创造良好的通风透光条件，减少土壤蒸发，降低空气湿度。

科学用药防治：发芽前喷施42%寡糖·硫黄悬浮剂600倍液，或4~5波美度石硫合剂等预防。发芽后喷施20%噻唑锌悬浮剂800倍液，或80%全络合态代森锰锌可湿性粉剂1000倍液保护性防治。预计发病前或发病初期（5月份）开始喷施10%苯醚甲环唑水乳剂1000倍液，20%噻唑锌悬浮剂800倍液，27%寡糖·吡唑醚菌酯水剂2000倍液，或植物诱抗剂海岛素（5%氨基寡糖素）水剂800倍液或6%24-表芸·寡糖水剂1000倍液，或25%吡唑醚菌酯悬浮剂2000倍液（或75%肟菌·戊唑醇水分散粒剂2000倍液、25%络氨铜水剂500倍液、80%乙蒜素乳油1000倍液）等。视病情把握用药次数，一般每月喷治1次，相互合理复配和交替轮换用药。

君迁子的主要虫害有哪些？如何防治？

君迁子主要害虫有柿蒂虫、柿绵蚧壳虫等，此类害虫在蔬菜、瓜果、茶叶等绿色生产、控害减灾方面多采用如下措施。

（1）**柿蒂虫** 属鳞翅目、举肢蛾科。

①为害状：初孵幼虫吐丝缠住枣蒂与果柄，从蒂处蛀入果心危害，食害果肉，蛀孔有虫粪和丝混合物。一年发生2代，以老熟幼虫在干枝老皮下、根颈部、土缝中、树上挂的干果、柿蒂中结茧越冬。翌年4月下旬化蛹，5月中、下旬为成虫羽化盛期，卵产于果柄与果蒂之间，卵期5~7天。第一代幼虫自5月下旬开始蛀果，先吐丝将果柄与柿蒂缠住，使柿果不脱落，后将果柄吃成环状，或从果柄蛀入果实。一头幼虫可为害5~6个果。6月下旬~7月下旬幼虫老熟后一部分留在果内，另一部分在树皮下结茧化蛹。第二代幼虫于8月上旬~9月中旬为害，造成柿果大量脱落。8月中旬开始陆续老熟，8月底~9月上旬下树陆续越冬。

②防治方法

农业防治：2月中旬起彻底刮除树干、主枝老翘皮，摘除虫蒂。树干下培土堆，高20cm以上，范围距树基60cm，6月中旬后扒除。8月中旬在树干上绑草把诱杀越冬幼虫。人工树上摘虫果，地下捡落果、集中深埋。堵树洞。用黄土掺石灰（或药剂），3∶1混合，堵严抹死，压低越冬虫量。

生物防治：卵孵化期或幼虫未钻蛀之前，喷施2.5%多杀霉素悬浮剂1500倍液，或1%苦参碱可溶液剂800倍液、0.5%藜芦碱可溶液剂1000倍液等喷雾防治。

科学用药防治：在7月下旬~8月上旬，全树喷药预防性控害，可用42%寡糖·硫黄悬浮剂600倍液，或3~5波美度石硫合剂或45%晶体石硫合剂30倍液；5~8月份，正值幼虫发生高峰期，把握在幼虫未钻蛀之前每月应各喷一遍药，优先选用5%虱螨脲乳油2000倍液喷雾防治，最大限度地保护天敌资源和传媒昆虫，每次用药间隔10~15天。如虫量大时应增加防治次数。还可喷洒10%溴氰虫酰胺可分散油悬浮剂2000倍液，或20%氯虫苯甲酰胺悬浮剂2000倍液，或50%辛硫磷乳油1000倍液，或10%虫螨腈悬浮剂1500倍液等喷雾防治。加展透剂，视虫情把握防治次数，着重喷果实、果梗、枣蒂处，及时消灭成虫、卵及初孵化的幼虫。

（2）**柿绵蚧壳虫** 属同翅目、珠蚧科。

①为害状：也称柿绒蚧（柿绵蚧），带有白色的黏毛一样的蚧壳，看上去像是杨絮一样，如果将蚧壳虫抹烂会有红色的液体流出。危害君迁子嫩枝、幼叶和果实。嫩枝被害后，出现黑斑，轻者生长细弱，重则干枯，难以发芽。叶片上主要危害叶脉，叶脉受害后亦有黑斑，严重时叶畸形，早落。危害果实时，若虫和成虫群集在果肩或果实与蒂相接处，被害处出现凹陷，由绿变黄，最后变黑。甚至龟裂，使果实提前软化，不便加工和贮运。长江以北一年发生4代，长江以南为4~5代，华南以西为5~6代。5月下旬、7月中旬、8月中旬、9月下旬、10月中下旬是蚧壳虫孵化期，也是主要危害期。初龄若虫一般在3~4年生枝条和当年生枝条的基部主干皮缝、树孔、果柄基部处越冬，次年4月中下旬出蛰开始危害幼嫩枝叶，5~9月为各代若虫危害盛期，主要危害果实，以第三代若虫危害最为严重。

②防治方法

农业防治：落叶后到发芽前剪除枯枝，冬季清洁田园，发现有蚧壳虫幼虫及时刮除。及时将树上的枯枝、病枝修剪掉，并集中焚烧和深埋，不可存留在果园内。刮除全树枝干老翘皮，摘除残留果蒂，并集中烧毁。在柿子树主干距地面30cm处绑一个草环，诱虫越冬，第二年春季柿子树发芽前解下，集中烧毁。树体用5波美度石硫合剂进行刷白。

生物防治：把握在若虫孵化期表面还没有蜡质层保护时选用植物源药剂（1%苦参碱可溶液剂500倍液、0.5%藜芦碱可溶液剂1000倍液等），或用6%乙基多杀菌素悬浮剂2000倍液喷雾防治，加展透剂或有机硅助剂，同时保护黑缘红瓢虫、红点唇瓢虫、草蜻蛉等天敌。

科学用药防治：刮皮后和出蛰盛期分别喷施1次5波美度石硫合剂，或1:5:600倍波尔多液，或42%寡糖·硫黄悬浮剂500倍液，隔15天喷1次。把握在若虫孵化期表面没有蜡质层保护时及时喷药，可优先选用25%噻嗪酮可湿性粉剂或10%吡丙醚乳油2000倍液或5%虱螨脲水剂2000倍液，或22.4%螺虫乙酯悬浮液4000倍液均匀喷雾，最大限度地保护自然天敌和传媒昆虫。其他药剂可用60%烯啶虫胺·呋虫胺可湿性粉剂2000倍液，15%茚虫威悬浮剂3000倍液等喷雾防治，相互合理复配并适量加入展透剂喷雾效果极佳。交替轮换用药。视虫情把握防治次数，间隔15天左右喷1次。

（3）草履蚧壳虫 属昆虫纲、同翅目、盾蚧科。

①为害状：又称草鞋蚧壳虫、柿裸蚧。以若虫和雌成虫刺入嫩芽和嫩枝吸食汁液，致使树势衰弱，发芽迟，叶片瘦黄，枝梢枯死，危害严重时，造成早期落叶落果，甚至整株死亡。若虫喜欢在隐蔽处群集危害，尤其喜欢在嫩枝、芽等处吸食汁液。一般3日龄前不太活跃，3日龄后行动比较活泼。在树冠下裂缝或土块、烂草中完成化蛹、产卵等。每年发生1代，以卵在树根附近土缝里、树皮缝、枯枝落叶层及石块下成堆越冬。次年2月下旬开始出现若虫陆续上树危害，大量集中在1~2年生枝条上吸食汁液，以4月危害最重。5月中下旬雌成虫下树潜入树根土缝产卵以卵越冬，产卵后即死亡。小若虫有日出上树，午后下树的习性，稍大后则不再下树。虫体呈草鞋状。

②防治方法

农业防治：秋冬季落叶后，立即清洁田园，残体集中烧毁，消灭其中的虫卵。12月下旬~1月上旬若虫出土前，在树干的基部（离地50cm左右）将树干的翘皮刮除（上下高度在20cm左右），在刮皮处缠上10cm左右宽的粘虫胶带，在胶带的上下分别绑上附有胶剂的毒绳，防止若虫上树。秋末初冬，将树盘刨翻10cm深，挖出虫卵囊碾碎、冻死或拣净土壤中的卵囊，集中烧毁。

科学用药防治：利用若虫的群聚性，在若虫刚出土还未上树危害时立即喷药杀灭（石硫合剂、波尔多液、42%寡糖·硫黄悬浮剂等），树盘下和树基部全喷到。由于草履蚧若虫孵化期不同，在1周内要连续喷药2~3次效果最佳，加展透剂，喷匀打透。选用药剂和使用方法参照“柿绵蚧壳虫”。

（4）柿毛虫 属鳞翅目、毒蛾科、毒蛾属。

①为害状：又名舞毒蛾、秋千毛虫、毒毛虫。春季柿树发芽时，初孵的幼虫即开始危害幼芽，最初危害时钻一小孔，树叶长大后成筛子状的窟窿眼。幼虫2龄后即叶片被食光后萌发出二次新梢，第2年春季1年生枝条容易枯死而影响下1年的产量。柿毛虫1年发生1代，以卵块在树干裂缝、主枝背下或梯田石缝过冬。初孵幼虫有群集习性，3龄以后分散为害，白天潜藏在树皮缝、枝杈、树下杂草及石块下，傍晚上树为害。幼虫蚕食叶片，严重时整树叶片被吃光。

②防治方法

农业防治：早春结合整地，刨树盘搜杀卵块。4月上旬可在树干光滑处涂50cm宽的触杀剂药环，阻止幼虫上树危害。利用幼虫白天下树潜伏习性在树干基部堆砖石瓦块，诱集2龄后幼虫，白天捕杀。冬季或早春结合刮树皮、剪枝，刮掉树缝和枝干背面的虫卵块集中销毁。在树下堆积石块引诱幼虫入内，然后利用幼虫白天下树晚间上树的特点，在树干较光滑处把老树皮一周削光宽60cm，缠绕塑料胶条，迫使幼虫钻入树下的石块下。同时涂抹松香加废机油混合剂，黏住上下树的幼虫阻止上树并人工杀灭。在主干距地面30~50cm处刮去糙皮，缠胶带，涂粘虫胶，阻止幼虫上树。

生物防治：在低龄幼虫期用0.36%苦参碱水剂800倍液，或用1.1%烟碱乳油1000倍液，或用2.5%多杀霉素悬浮剂1500倍液等喷雾防治。

物理防治：成虫羽化期开始，把握在产卵之前，规模化利用灯光诱杀。配制糖醋液诱杀，减少虫源基数。

生物防治：应用性诱剂或迷向丝（性诱剂迷向散发器）诱杀或扰乱、阻止雄、雌成虫交尾，使雌成虫产下未受精卵不能孵化出幼虫。

科学用药防治：把握在低龄幼虫期用药防治，树上和树冠下都应喷药，加展透剂。选用药剂技术参照“王不留行棉小造桥虫”。

君迁子何时采收？采后如何加工贮藏？

农谚有“立冬打软枣”之说，就是说君迁子采收应当在立冬前后，即11月上中旬果实成熟时采收。采收时用手采摘或在树下铺一布单，将果实震落在布单上，装筐，及时晾晒。君迁子贮藏时采取低温贮藏，将果实用瓦楞纸箱包装后，置于0~1℃大型冷库，可有效保鲜1个月。

急性子

急性子有什么样的药用价值？

急性子为凤仙花科植物凤仙花 *Impatiens balsamina* L. 的干燥成熟种子。夏、秋季果实即将成熟时采收，晒干，除去果皮和杂质。急性子味微苦、辛，温；有小毒。归肺、肝经。具有破血，软坚，消积的功效。用于癥瘕痞块，经闭，噎膈。

凤仙花的植物学特征有哪些?

一年生草本植物，高 60~80cm。茎直立，肉质，圆柱形，上部多分枝，下部的节常膨大，紫红色，多汁。单叶互生，叶柄两侧有腺体，叶片似桃叶，披针形，先端渐尖，基部楔形，边缘有细锯齿。花大，单生或 2~3 朵簇生于叶腋，花有红、桃红、白、紫、大红或雪青等颜色，有单瓣和重瓣之分；重瓣品种有蔷薇型、山茶型、石竹型等花型。蒴果纺锤形，密生茸毛。果皮具弹性，成熟时易裂，弹出种子。种子呈卵扁圆形或卵圆形，表面灰褐色或棕褐色。花期 6~9 月，果期 9~10 月。

凤仙花适合种植在什么地方?

凤仙花喜温暖湿润、阳光充足的环境，怕寒冷。每天要接受至少 4 小时的散射日光。适宜生长温度 16~26℃，花期环境温度应控制在 10℃以上。冬季要入温室，防止寒冻。适应性较强，在多种气候条件下均能生长，一般土地都可种植，但以疏松肥沃的砂质壤土为好，涝洼地或干旱瘠薄地生长不良。在全国范围内均可种植，主产区在安徽、河北、湖北、河南、江苏、云南等省。

凤仙花栽培如何选地、整地?

（1）选地　对土壤要求不严，一般土壤均可种植。应选择阳光充足、地势平坦、排水良好、疏松肥沃的砂质壤土种植。

（2）整地　在选好的地块利用人工或者机械整地，深翻 25cm 以上，亩施腐熟有机肥 3000~4000kg 作基肥，种植前每亩施含氮磷钾各 15% 的三元复合肥 30kg，深翻入土，混合均匀后施入耕层做基肥，整平耙细，作畦，一般畦高 20cm 为宜，浇足底墒水。

凤仙花的繁殖方式有哪些?

凤仙花种子小，但寿命较长，在室内存放 3 年的种子，其发芽率仍可达 79.9% 以上。一般于清明节前后播种。急性子常用种子繁殖，条播、穴播、撒播均可；也可育苗后移栽。

如何种植凤仙花？

（1）直播 一般选择于每年4月中下旬~5月上旬进行条播，按行距30cm开浅沟，沟宽20cm，沟深1~1.5cm，将种子均匀撒于沟内，覆土1~1.5cm，稍加镇压，浇水，保持土壤湿润。每亩用种量2.5~3kg。

（2）育苗 将凤仙花种子均匀地撒于整好的畦面上，覆土1~1.5cm，浇水保墒，以利出苗，每亩播种量5kg。

凤仙花如何间苗、定苗和补苗？

当苗高10cm左右时进行间苗，拔去弱苗、畸形苗，并将幼苗过密处移栽至缺苗断垄处，苗高15cm左右时，按株距20~25cm定苗。并结合中耕除草，松土1次，保持土壤疏松，促使植株扎根、茎秆粗壮，防止倒伏。

凤仙花如何浇水和追肥？

在种子出土前要保持土壤湿润，干旱时及时浇水，以利于出苗。幼苗期若遇干旱须及时浇水，花期不可缺水，但高温多雨季节应注意及时排水防涝。浇水后结合中耕除草及时松土，保持土壤疏松不板结，以利于幼苗生长发育。当苗高40cm左右时，可去掉植株下部的老叶，摘去顶尖，促其多发枝。此时可适当浇施稀粪水，肥不宜过浓，否则易引起根和茎的腐烂。开花前追施1次腐熟的有机肥，每株1kg左右，在植株旁开沟施入后覆土，施肥后浇水。遵照配方和平衡施肥的原则增施腐熟的有机肥和磷钾肥，合理补微肥，配合推广使用生物菌剂、生物有机肥，改善土壤团粒结构，拮抗有害菌，增强植株抗病抗逆能力，大大提升植株的健康增产潜力。

凤仙花育苗后移栽要注意什么？

凤仙花幼苗长至10cm左右高时即可移栽。移栽前将定植地整平耙细，按行株距30cm×25cm的规格挖穴，穴的深浅依苗的根系长短来定，将带土坨的小苗栽植于穴内，用手压紧后浇定根水，待水渗下后培土封穴。凤仙花耐移植，盛开时仍可移植。移栽时最好选阴雨天气进行。

凤仙花如何进行花期控制？

如果要使花期推迟，可在7月初播种。也可采用摘心的方法，同时摘除早开的花朵及花蕾，使植株不断扩大，每15~20天追肥1次。9月以后可以形成更多的花蕾，使它们在国庆节开花。

如何防治凤仙花病害？

凤仙花主要病害有白粉病、褐斑病等，此类病害在蔬菜、瓜果、茶叶等绿色生产、控害减灾方面多采用如下措施。

（1）白粉病

①病原及症状：属子囊菌亚门、白粉目、凤仙花单囊壳菌。主要危害叶、茎和花，也危害果实。染病叶片上布满白粉。茎、花染病产生与叶片类似的症状，严重的造成植株衰弱，叶片变黄提早枯死。

病菌在病残枯枝叶中越冬，翌年夏季随风雨飞散传播，侵染叶片。气温适宜，空气潮湿时，病菌大量繁殖。在河南5~6月及10~11月发生，浙江多发生在9~10月间。通风不良往往发病重。

②防治方法

农业防治：清洁田园，在采收期或发病期将病叶、枯枝烂叶集中处理。合理密植，使通风透光良好。加强管理，科学施肥，增强植株抗病和抗逆能力。

生物防治：参照“射干锈病”。

科学用药防治：预计临发病之前或发病初期喷施42%寡糖·硫黄悬浮剂600倍液，或80%全络合态代森锰锌可湿性粉剂1000倍液，或30%嘧菌酯悬浮剂1500倍液等喷雾保护性防治，发病后选用治疗性科学用药防治，可用唑类杀菌剂（10%苯醚甲环唑水分散粒剂1500倍液、25%丙硫菌唑乳油2000倍液、10%戊菌唑乳油3000倍液等），或25%乙嘧酚磺酸酯微乳剂700倍液，或40%醚菌酯·乙嘧酚（25%乙嘧酚+15%醚菌酯）悬浮剂1000倍液等喷雾防治。视病情把握防治次数，隔10~15天喷洒1次。每次用药与海岛素水剂800倍液混配使用，增效、提质、抗病、抗逆、促花、延长花的采摘期。

（2）褐斑病

①病原及症状：属半知菌亚门、腔孢纲、球壳孢目、尾孢属真菌。又称凤仙花叶斑病，在我国南北各地均有发生。主要发生在叶片上。叶面病斑初为浅黄褐色小点，后扩展成圆形或椭圆形，以后中央变成淡褐色，边缘褐色，具有不明显的轮纹。严重患病的叶片上，病斑连片，导致叶片变得枯黄，直至植株死亡。高温多雨的季节，易发病。

病菌在凤仙花病残体及土壤植物碎片上越冬。翌年当环境条件适宜时，病菌借风雨飞散传播。一般8~9月发病，10月逐渐减少。老叶易发病。

②防治方法

农业防治：高温多雨季节，注意及时排水，防涝；秋末及时将病叶、病株集中清除销毁，减少来年传染源。在无病、健壮的植株上采种。早期发现病叶及时摘除。

科学用药防治：播前用用 0.8% 高锰酸钾溶液＋植物诱抗剂海岛素（5% 氨基寡糖素）水剂 800 倍液（或 6% 24-表芸·寡糖水剂 1000 倍液）浸种 15 分钟，增效抗逆，可提高发芽率 15% 并增强发芽势。预计临发病前或发病初期用 42% 寡糖·硫黄悬浮剂 600 倍液、10% 苯醚甲环唑水乳剂 1000 倍液保护性防治。发病初期或见病后选用治疗性杀菌剂防治，如唑类杀菌剂、吡唑醚菌酯等。选用药和使用技术参照“白粉病”。

（3）立枯病

①病原及症状：属半知菌亚门、立枯丝核菌。主要侵染植株根茎部，致病部变黑或缢缩，潮湿时其上生白色霉状物，植株染病后，数天内即见叶萎蔫、干枯，继而造成整株死亡。

病菌在土壤或病残体内越冬，土壤中营腐生生活，不休眠。田间主要靠病部接触传染。此外，种子、农具及带菌堆肥等都可传播蔓延。病菌生长适温为 20~30℃。冷凉干燥的土壤，一般相对湿度 98% 以上适宜发病和蔓延。土温过高、过低，黏重而潮湿的土壤均有利于发病。

②防治方法

农业防治：秋末及时将病叶、病株等病残体集中清除销毁，减少来年传染源。高温多雨季节，雨后注意及时排水，保持适当湿度。选用抗耐病良种。增施腐熟的有机肥和磷钾肥，合理补微肥，配合推广使用生物菌剂、生物有机肥和亚磷酸钾＋聚谷氨酸，拮抗有害菌，增强植株抗病抗逆能力，控制土传病害，活化土壤，强根壮株。及时锄划，提温调墒。发病初期拔除病株深埋。

科学用药防治：预计临发病前或初期及时喷淋或喷灌相应药剂，可用 10% 苯醚甲环唑水乳剂 1000 倍液，或 80% 全络合态代森锰锌可湿性粉剂 1000 倍液，或 75% 肟菌·戊唑醇水分散粒剂 2000 倍液，或 30% 噁霉灵水剂 +10% 苯醚甲环唑水乳剂按 1∶1 复配 1000 倍液等喷淋或喷灌。相互合理复配和交替轮换用药，主张与植物诱抗剂海岛素（5% 氨基寡糖素）水剂 800 倍液或 6% 24-表芸·寡糖水剂 1000 倍液混配用药，提质增效，生根壮苗，提高抗病抗逆和安全控害能力。视病情把握用药次数，一般 10~15 天防治 1 次，连续防治 2~3 次。相互科学复配使用。示范 20% 二氯异氰尿酸可溶性粉剂和 85% 三氯异氰尿酸可溶性粉剂。

急性子何时采收？

急性子一般于 7~9 月份果实由青变黄尚未开裂时采收。因其成熟不一致，可分批采摘。也可当大部分果实成熟后，将全株割下，脱粒、晒干、去杂后即可入药出售。亩产量一般在 150kg 左右。

凤仙花怎样留种？

选择生长健壮、无病虫害的优势植株作为种株，待7月份果实开始成熟时，随熟随采，晾晒或阴干使种子脱粒，清除杂质及空粒、瘪粒，储存于专用袋中。

如何鉴定急性子？

急性子呈椭圆形、扁圆形或卵圆形，长2~3mm，宽1.5~2.5mm。表面棕褐色或灰褐色，粗糙，有稀疏的白色或浅黄棕色小点。种脐位于狭端，稍突出。质坚实，种皮薄，子叶灰白色，半透明，油质。无臭，味淡、微苦。

沙 棘

沙棘有何药用价值？

沙棘，别称醋柳、酸刺、达日布，是蒙古族、藏族习用药材，为胡颓子科植物沙棘 *Hippophae rhamnoides* L. 的干燥成熟果实。秋冬二季果实成熟或冻硬时采收，除去杂质，干燥或蒸后干燥。具有健脾消食、止咳祛痰、活血散瘀的功能，主治脾虚食少，食积腹痛，咳嗽痰多，胸痹心痛，瘀血经闭，跌扑瘀肿。现代研究证明，沙棘可降低胆固醇，缓解心绞痛发作，还有防治冠状动脉粥样硬化性心脏病的作用。

沙棘有何食用价值及保健功能？

沙棘为药食同源品种。沙棘鲜果可以直接食用、榨汁食用或制成功能性食品，沙棘油是高档食用油。

果实中富含维生素，尤其是维生素C和β胡萝卜素含量高，素有维生素C之王的美称；沙棘油及其果汁具有抗疲劳、降血脂、抗辐射、抗溃疡、保肝及增强免疫功能等。

沙棘在我国的分布状况？

沙棘分布于我国华北、西北、西南等地。主产于河北、内蒙古、山西、陕西、甘肃、青海、四川西部。野生资源常生于海拔800~3600m温带地区向阳的山嵴、谷地、干涸河床地或山坡，多砾石、砂质土壤或黄土上。

沙棘的生物学特性有哪些?

沙棘喜光、耐寒、耐酷热、耐风沙及干旱气候，对土壤适应性强，极耐贫瘠土壤。沙棘是阳性树种，喜光照，在疏林下可以生长，但对郁闭度大的林区不能适应；沙棘对于土壤的要求不严，在粟钙土、灰钙土、棕钙土、草甸土上都有分布，在砾石土、轻度盐碱土、砂土，甚至在砒砂岩和半石半土地区也可以生长，但不喜过于黏重的土壤；对降水有一定的要求，一般应在年降水量 400mm 以上，如果降水量不足 400mm，但属河漫滩地、丘陵沟谷等地亦可生长，但不喜积水；沙棘对温度适宜范围宽泛，可耐极端最低温度 -50℃，极端最高温度可达 50℃；适宜年日照时数 1500~3300 小时。

沙棘植物学特征有哪些?

沙棘植物属于落叶灌木或小乔木，高 1~5m，高山沟谷处生长的植株可高达 18m。棘刺较多，粗壮，顶生或侧生；嫩枝褐绿色，密被银白色而带褐色鳞片或有时具白色星状毛，老枝灰黑色，粗糙；芽大，金黄色或锈色。单叶通常近对生，叶柄极短，叶片纸质，狭披针形或长圆状披针形，长 3~8cm，宽约 1cm，两端钝形或基部近圆形，上面绿色，初被白色盾形毛或星状毛，下面银白色或淡白色，被鳞片。果实圆球形，直径 0.4~0.6cm，橙黄色或橘红色；果梗长 0.1~0.25cm。种子小，黑色或紫黑色，有光泽。花期 4~5 月，果期 9~10 月。

沙棘的育苗方式有哪些?

沙棘育苗以播种育苗为主，亦可扦插育苗。

（1）播种育苗　播种育苗在春、夏、秋三季均可，但以春季为宜。秋季播种，一般要晚，以防种子发芽遭霜寒而影响成活率。秋季播种不需要催芽，只播干种子。播种育苗时，要提前深耕整地、做床，并在播种前 5~6 天，灌足底水，待表土稍干后即可播种。行距 20~25cm，播幅 10~15cm，开沟深度 2~3cm。播种后，覆盖细沙土轻轻镇压，再覆盖地膜，以利保墒。播种量以每亩 3.5~4.5kg 为宜。沙棘种子小，种皮厚且硬，并附有油脂状棕色胶膜，妨碍吸水，春季播种要对种子提前进行催芽处理。具体方法是：先将一定量的 40~60℃的温水倒入容器中，然后将种子倒入容器内，种子高度低于水面 30cm 左右，边倒边搅，搅至水温自然冷却到室温为止，及时将漂起的瘪籽及杂物清理出来，每隔 12 小时换 1 次水，浸泡 24 小时，然后将种子捞出，置于温暖处（温度为 9~10℃时，种子即可发芽，14~20℃时最为适宜）控水进行催芽，每天翻搅 3~4 次。翻动前，必须用温水喷洒籽种，喷水量以地面溢出水为宜，5~6 天后待有 30%~40% 的种子裂嘴时，即可播种。

（2）硬枝扦插育苗 在早春，选 1~2 年生健壮、无病虫害、无干缩、无破皮损伤、完全木质化的枝条，剪取插条长 15~25cm，粗 0.5~1cm，保持 3~4 个饱满芽，剪后按 50 或 100 条成捆，在清水中浸泡 24~48 小时，只浸根部 3~4cm。为了促进生根，可用 ABT1 号生根粉浓度为（50~100）$\times 10^{-6}$ 的溶液浸泡 10~24 小时，浸后立即扦插，床温保持 25~28℃。

（3）嫩枝扦插育苗 在 6~7 月份，选择长势良好、结果好的母树，选用当年生半木质化插条，将插条剪成长 10~15cm，粗 0.5~1cm 的接穗，剪口要平滑，上口平剪，下口马耳状，保留上部 4~6 片小叶，下部的叶片及侧枝剪掉，将 50 或 100 条的成捆接穗浸入 ABT6 号生根粉浓度为 200×10^{-6} 溶液中，基部浸深 3~5cm，浸 2~4 小时后插入塑料大棚或温室内，遮阴管理。要随采、随剪、随做生根处理、随运、随扦插。

育苗田如何进行管理?

（1）播种育苗田间管理 播种后覆盖地膜，一般在 7~10 天就可出土，在苗高 8~10cm 时，要进行通风炼苗（或者有 15% 的幼苗探出土层后要及时放苗），以防烧伤嫩苗。苗高 15cm 时，每亩用尿素 15kg 追肥 1 次，7 天后，叶面喷施浓度为 1∶200 的磷酸二氢钾溶液 250ml/m^2，可使叶色浓绿，增强光合作用，从而促进沙棘小苗生长，提高一级苗的数量。6 月上旬进行人工间苗、松土、除草、培土；6~7 月每个月追肥 1 次，每次追肥量按每亩 8~10kg，将灌水与追肥有机结合起来；7 月下旬停止追肥，以免苗木贪长影响木质化。遵照配方和平衡施肥的原则增施腐熟的有机肥和磷钾肥，合理补微肥，配合推广使用生物菌剂、生物有机肥，改善土壤团粒结构，拮抗有害菌，增强植株抗病抗逆能力，大大提升植株的健康增产潜力。

（2）插条的抚育管理 根原基形成期，10~15 天插条根原基形成，插条愈合组织出现，不定根原基突起，茎尖、叶片未出现分化，这时候要求气温较高，保持在 30~35℃之间，地温在 25℃为宜，相对湿度保持在 90% 以上，每天喷水约 6 次左右，且量要少；隔 3~5 天喷 1 次 10% 苯醚甲环唑水乳剂 1000 倍液和 0.1% 磷酸二氢钾。

成苗期大约需要 15~25 天。这一阶段不定根出现，伤口完全愈合后，插条略有生长，气温要控制在 30℃左右，地温 20℃以上为好，相对湿度可略低于第一阶段，每天喷水 5~7 次，并逐渐减少；每隔 5~7 天喷 1 次 10% 苯醚甲环唑水乳剂 1000 倍液和 0.1% 磷酸二氢钾。

炼苗期苗木根系由白色变为褐色，苗木生长迅速，棚内温度逐渐降低，以便适应外界气温，增加光照，进行揭膜炼苗，适应全光环境，并且逐渐增加通风量；每隔 10 天喷 1 次 0.1% 的尿素进行叶面追肥，促进苗木生长；10 月中旬揭去塑料棚，11 月份灌 1 次冻水，第二年苗木萌动可以出圃。

沙棘何时栽植好?

春、夏、秋季均可植苗造林，春季要适当早栽，采取顶浆造林，具体时间是 4 月 5 日 ~25 日；夏季在下了第一场保墒雨后用沙棘冷藏苗造林，具体时间在 6 月下旬或 7 月上、中旬；秋季在封冻前造林。

沙棘栽植前如何选地?

沙棘耐瘠薄、耐盐碱、抗严寒、抗干旱能力强，在废弃的农田牧场或宜林荒山荒坡（荒沟）及河川两岸均可造林，更是砒砂岩区造林的先锋树种。

沙棘栽植前如何整地?

（1）整地时间 在丘陵山区，造林要提前一年整地。整地的好坏直接影响造林的成活率，一般在造林前的头一年雨季进行，这样既截地表径流，又淤积沃土，增加坑内土壤含水量，为幼苗提供良好的生长环境。

（2）整地方法 一是挖鱼鳞坑，直径 120cm，半径 90cm，深 50cm，呈“品”字形排列，同时修筑“V”字形地埂，起到汇集径流作用。株行距 2m×3m 或 2m×4m；二是采用机械开沟整地（即水平沟整地），在比较平坦的造林地或坡度在 15° 以下丘陵坡地，用大中型拖拉机开沟，沿等高线开一条 50cm 深，60cm 宽，行距 3~6m 的植树沟，然后在沟内筑埂；三是穴状整地法（边栽边整地）。

沙棘如何栽植?

（1）栽植密度 每亩为 220 株。株行距 1.5m×2m。沙棘树是雌雄异株，雌雄比例是 8∶1 或 9∶1。树穴的规格依树苗的大小而定，一般为直径 35cm，深 35cm。树苗以苗龄是二年生的嫩枝扦插苗为好。

（2）栽植方法 栽树时就怕窝根，如根系偏长，可适当修剪，使根长保持在 20~25cm 即可。在填土过程中要把树苗往上轻提一下，使根系舒展开。适量浇水。树穴填满土后，适当踩实，然后在其表面覆盖 5~10cm 松散的土。

沙棘树如何进行整形修剪?

沙棘的整形修剪是为了保持树势平衡，改善通风透光条件，培育高产稳产的优质树形。沙棘树形一般剪成“一把伞”“自然开心形”“三层楼”等。其中以“三层楼”

为好，树高 2~2.5m，树冠直径 1.5~2m，从主干上直接分生出的主枝较多，主枝在中央干上呈有间隔的三层分布，这样能有效地利用空间通风透光，产量高、质量好。

怎样防治沙棘病虫害？

沙棘主要病虫害有干缩病、苹小卷叶蛾、春尺蠖等，此类病虫害在蔬菜、瓜果、茶叶等绿色生产、控害减灾方面多采用如下措施。

（1）干缩病

①病原及症状：属半知菌亚门、丝孢纲、拟枝孢镰孢菌（过去有资料称：有性阶段属座囊菌目、座囊菌科、沙棘双丝孢座属；无性阶段为胡颓子小色二孢属）。沙棘干缩病是一种严重的毁灭性病害，发病时叶片失去光泽，逐渐变黄脱落，果实皱缩，大枝条先干缩死亡，然后整株干缩死亡。一般在越冬后出现大枝和整株干缩现象。

②防治方法

农业防治：在栽植时应选择抗病品种，同时加强田间管理，定期松土，增强土壤通透性，防止沙棘的根和地上部分受到严重的机械损伤。发病初期及时剪除病枝并深埋或烧毁。

科学用药防治：刮皮涂药，用 30% 噁霉灵水剂 100 倍液 +10% 苯醚甲环唑水乳剂 100 倍液 + 海岛素水剂 400 倍液，或海岛素水剂 400 倍液 +50% 氯溴异氰尿酸可溶性粉剂 500 倍液涂抹刮皮后的病部。在进入 4 月份开始，预计临发病之前开穴浇灌药剂，可用 10% 苯醚甲环唑水乳剂 1000 倍液，或 80% 全络合态代森锰锌可湿性粉剂 800 倍液，或 75% 肟菌·戊唑醇水分散粒剂 2000 倍液，或 30% 噁霉灵水剂 +10% 苯醚甲环唑水乳剂按 1∶1 复配 1000 倍液等喷淋或喷灌。相互合理复配和交替轮换用药，主张与植物诱抗剂海岛素（5% 氨基寡糖素）水剂 800 倍液或 6% 24-表芸·寡糖水剂 1000 倍液混配用药，提质增效，生根壮苗，提高抗病抗逆和安全控害能力。视病情把握用药次数，每月 1 次，连续 3~5 次。

（2）苹小卷叶蛾　属鳞翅目、卷叶蛾科。

①为害状：又称苹卷蛾、黄小卷叶蛾、溜皮虫。春季果树萌芽时出蛰，危害新芽、嫩叶、花蕾。幼虫吐丝缀连叶片，潜居缀叶中食害，新叶受害严重，常将叶片缀连在果实上，幼虫啃食果皮及果肉，并可转果危害。一年发生 3~4 代，辽宁、山东 3 代，黄河故道和陕西关中一带可发生 4 代。以幼龄幼虫在粗翘皮下、剪锯口周缘裂缝中结白色薄茧越冬。第二年果树萌芽后出蛰危害，长大后则多卷叶危害，老熟幼虫在卷叶中结茧化蛹。

②防治方法

农业防治：冬、早春清除枝干上的枯枝叶，消灭越冬幼虫。春季摘除虫苞。

物理防治：在成虫发生期产卵之前规模化用糖酒醋液（糖 5 份、醋 20 份、酒 5

份、水 80 份）诱杀。规模化运用灯光诱杀。

生物防治：运用性诱剂诱杀雄虫于交配之前。有条件的情况下可人工释放赤眼蜂卵，同时，卵孵化期幼虫未卷叶之前喷施每 1g 含 10 亿孢子的 Bt 生物制剂 300~500 倍液，或 0.36% 苦参碱水剂 800 倍液，或 2.5% 多杀霉素（菜喜）悬浮剂 1500 倍液喷雾防治。保护和利用自然天敌（茧蜂、小蜂、广赤眼蜂、甲腹卵蜂、舞毒蛾、黑瘤姬蜂、广大腿小蜂、扑食性蜘蛛类等）。

科学用药防治：幼虫未卷叶之前及时喷药，优先选用 5% 虱螨脲乳油 2000 倍液，或 5% 氟虫脲乳油 50~75ml 或 25% 灭幼脲悬浮剂 30~40ml 或 20% 除虫脲悬浮剂 10ml，兑水 50kg 均匀喷雾防治，最大限度地保护自然天敌和传媒昆虫。其他药剂可用 10% 溴氰虫酰胺可分散油悬浮剂 2000 倍液，或 20% 氯虫苯甲酰胺悬浮剂 2000 倍液，或 15% 甲维盐·茚虫威悬浮剂 3000 倍液等喷雾防治。加展透剂。

（3）春尺蠖 属鳞翅目、尺蠖蛾科。

①为害状：春尺蠖以幼虫危害幼芽、幼叶、花蕾，严重时将树叶全部吃光。此虫发生期早，初孵幼虫取食沙棘芽，幼虫发育快，3 龄后食量大，常暴食成灾，严重时吃的枝光叶净、枝梢干枯，树势衰弱。幼虫吐丝下垂借风力转移危害。夏秋温暖干旱、冬季降雪量大，利于越冬存活。

②防治方法

农业防治：秋季中耕翻土，杀灭土内虫蛹。成虫产卵后孵化前集中摘产卵的虫苞（初孵幼虫有群集虫苞的特点）。利用成虫爬上树习性，可用束草、束纸等方法阻杀。束草时将草把扎于树干离地面 50cm 处，待成虫于内产卵后烧毁草把。束纸于树干，喇叭口向下，将雌虫阻在内，清晨便可捕捉。

物理防治：成虫发生初期未产卵之前规模化实施灯光诱杀。

生物防治：运用性诱剂诱杀雄虫于交配之前，其他方法参照“苹小卷叶蛾”。

科学用药防治：卵孵化盛期幼虫低龄期及时喷药。参照“苹小卷叶蛾”。

（4）蚜虫

生物防治：参照“山银花蚜虫”。

其他防治方法和选用药技术参照“地榆蚜虫”。

（5）柳蝙蛾 属鳞翅目、蝙蝠蛾科。

①为害状：是危害沙棘的主要害虫，幼虫主要钻蛀主干基部、少数在枝茎 2cm 左右的侧枝上危害，也有的在主干中部危害，一般 1 株树 1 头，地径 8~10cm 沙棘树也有 2~3 头的。虫道口常呈现出环形凹陷，幼虫往往边蛀食，边用口器将咬下的木屑送出，虫道口有咬下的木屑和幼虫排泄物。受害枝条生长衰弱，易遭风折，受害重时枝条枯死。在黑龙江省一般 2 年 1 代，少数 1 年 1 代，以卵和幼虫越冬。幼虫越冬翌年春季 4 月中下旬开始危害，至 7 月下旬。幼虫停止进食以后，于近虫道口 2cm 处吐丝结白膜封闭虫道，开始化蛹。8 月中旬为羽化盛期。以卵越冬翌年春季 5 月中下旬 ~6 月上旬开始孵化，孵出的幼虫于地下或草丛中长至 2~3 龄后，7 月中旬 ~8 月上旬陆

续转移到树上危害。10月上旬以后幼虫在树干基部越冬。

②防治方法

农业防治：及时清除园内杂草，集中深埋或烧毁。生长期间及时剪除被害枝并深埋或烧毁。用稀释的酒精或清水灌注虫道迫使幼虫爬出捕杀；在幼虫及蛹期，用细铁丝沿虫道插入，直接触杀。

科学用药防治：在低龄幼虫钻蛀树干前及时防治，优先选用5%虱螨脲乳油2000倍液喷雾防治，最大限度地保护自然天敌和传媒昆虫。其他药剂可用20%氰戊菊酯2000倍液，或10%溴氰虫酰胺可分散油悬浮剂2000倍液，或20%氯虫苯甲酰胺悬浮剂2000倍液，或15%甲维盐·茚虫威悬浮剂3000倍液等进行地面或树干基部喷药，每隔7天喷1次，视虫情把握用药次数，一般连续用药2~3次。用上述药剂浸蘸棉球塞入虫道或沿虫道直接用注射器注下1~2ml药剂触杀幼虫。

沙棘怎样进行采收加工?

沙棘果实成熟期一般为8月中下旬~9月上中旬，沙棘果实由黄绿色变为橙黄色或橘黄色、橘红色时即可采收，多采用剪枝方法，剪时注意轻剪并保护一年生枝条，新鲜果实应经催熟处理后及时保鲜，鲜果保鲜温度应控制在0℃以下，相对湿度控制在90%~95%。对于没有及时采收的果实，也可以在沙棘果冻结后，打击树干，在树下铺塑料布收集脱落果实。

沙棘资源如何进行开发与利用?

沙棘的果实酸甜，既可以鲜食，也可以用于果汁饮料、果酒的加工，还可以用于维生素C浓缩剂的提取等。

（1）制作果汁　果汁的提取主要是要对新鲜的果实进行榨汁、过滤，然后通入适量的0.2%氧化硫气体，后进行装罐密封，就可以得到果汁了。

（2）酿酒　沙棘果酒也是沙棘资源开发利用的一个重要途径，沙棘果酒呈金黄色，有菠萝的香味，常用的配置方法就是等到果渣发酵之后，用膨润土对果汁进行净化过滤，在贮藏20天后加入适量的酒精和糖，就可以制成甜酒了。

（3）维生素C浓缩剂提制　维生素C浓缩剂是沙棘资源开发的有效途径之一。一般是先把沙棘的果实制作成果汁，然后通过这种果汁半成品完成维生素C浓缩剂的提制。具体加工流程为：对果汁进行离心过滤处理，将残渣除去之后，留以待用；紧接着就是真空压缩，真空度以650~700mm为适宜，而浓缩的温度则应该控制在50~60℃；然后就是配料，把果实倒到双重锅中，进行加温，等到50℃的时候，加入适量白糖，混合均匀；最后就是包装，维生素C浓缩剂的成品一般是装在棕色瓶子中的，对瓶子进行压盖和密封之后，贴上标签，标明日期，就成为商品成品了。

花 椒

花椒有哪些药用和经济价值?

花椒的果皮、果梗、种子及根、茎、叶，均可入药。花椒性味辛、温，归脾、胃、肾经。具有温中行气、逐寒、止痛、杀虫、止痒等功效。主治积食停饮、心腹冷痛、呕吐、噫呃、咳嗽气逆、风寒湿痹、泄泻、痢疾、疝痛、齿痛、蛔虫病、蛲虫病、阴痒、疮疥等。又作表皮麻醉剂。花椒还可用来防治仓储害虫。

花椒果皮中富含挥发油及辛辣物质，高达4%~9%，是重要的调味品，能去腥膻，开胃增食，麻香宜人，风味别致，在我国人民生活中占有相当重要的地位。花椒也是木本油料树种，种子含油率25%~29%，含蛋白质14%~16%，粗纤维28%~32%，非氮物质20%~25%。花椒油具有花椒特有的麻香味，可食用，也可作为制皂、油漆、润滑等工业用油。

花椒嫩枝幼叶，具有特殊的麻香味，腌食或炒菜，均有丰富的营养和独特的风味。

花椒的木材质地坚硬，可制作手杖，雅观别致。种子榨油后的油饼，可作饲料，也可做肥料。

花椒的种类有哪些?

《中国药典》(2020年版一部)记载花椒为芸香科植物青椒 *Zanthoxylum scchinifolium* Sieb. et Zucc. 或花椒 *Zanthoxylum bungeanum* Maxim. 的干燥成熟果皮。

(1)青椒 小叶细小，分果瓣有平滑、无油点、色泽较淡的狭窄边缘，顶部无或几无芒尖。多为2~3个上部离生的小蓇葖果，集生于小果梗上，蓇葖果球形，沿腹缝线开裂，直径3~4mm。外表面灰绿色或暗绿色；内表面类白色，光滑，内果皮常由基部与外果皮分离，残存种子呈卵形，长3~4mm，直径2~3mm，表面黑色，有光泽。气香，味微甜而辛。全国各地大部分地区都有野生或栽种，以辽宁、河北、河南、山东、陕西、江西、湖南、贵州分布较多。一般野生或栽种于低山疏林地或林缘、灌丛间。

(2)花椒 花椒在我国分布很广，除了东北地区和新疆，其他各地均有分布，以河北、山东、山西、北京、陕西、四川、云南、贵州、甘肃、青海产量较多。太行山区、沂蒙山区、秦巴山区、陕北高原南缘、川西高原东部及云贵高原为主产区，其中河北涉县、武安、山西晋东南一带所产的小红椒以及陕西韩城、凤县所产的大红袍，以品质优良而闻名。花椒按其树形、果实特征分为以下几个栽培种。

①大红袍：也称狮子头、大红椒、疙瘩椒，是分布最广的栽培种。丰产性强，高

产、稳产。果梗较短，果穗紧密，成熟的果实浓红色，表面有粗大疣状腺点，晒干的椒皮呈浓红色，品质上乘，虽风味不及小红椒，但果粒大、色泽鲜艳，商品性好。成熟期 8 月下旬 ~9 月上旬，属晚熟品种，成熟的果实不易开裂，采收期较长。此品种喜肥水，抗旱性、抗寒性较差，适于较温暖的气候和肥沃的土壤；若立地条件瘠薄，则易形成“小老树”。

②大红椒：也称油椒、二红袍、二性子。各主要产区均有栽培。丰产性强，抗逆性较强。果梗较长，果穗较松散，果粒中等，成熟的果实鲜红色，表面有粗大疣状腺点，晒干后的椒皮呈绛红色，品质上乘，麻香味浓，商品性极佳。成熟期8月中下旬，属中熟品种。此品种喜肥水，种植在肥沃土壤的植株，树体高大，产量稳定，在河北涉县最高单株产鲜果 66kg，但在肥水较差的条件下，也能正常生长结实。

③小红椒：也称小红袍、小椒子、马尾梢。河北、山东、河南、山西、陕西都有栽培，以山西省晋东南地区和河北省西部太行山区栽培较多。果梗较长，果穗较松散；果粒小，成熟时果实鲜红色，晒制的椒皮颜色鲜艳，麻香味浓，特别是香味大，出皮率高，小红椒为早熟品种，一般 8 月上中旬即成熟，果穗中果粒不甚整齐，成熟也不一致，成熟后果皮易开裂，需及时采收，采收期短。在大面积发展时，应与中晚熟品种适当配置。

④白沙椒：也称白里椒，白沙旦。山东、河北、河南、山西栽培较普遍。丰产性强，几无隔年结果现象。果梗较长，果穗蓬松，采收方便。果粒中等，8 月中下旬成熟，属中熟品种，成熟的果实淡红色，晒干的椒皮褐红色，风味中上，但色泽较差。在土壤深厚肥沃的地方，树体高大健壮，产量稳定；在立地条件较差的地方，也能正常生长结实。麻香味浓，存放几年，风味不减，但其色泽较差，商品性差。

⑤枸椒：也称臭椒，在河北、山东、山西、河南有少量栽培。丰产性强，单株产量高。果穗较大，果梗较短，果粒大，成熟时果实枣红色，色泽浓艳，晒干后的椒皮呈紫红色，成熟晚，9 月上中旬成熟，成熟后果皮不易开裂，一直到 10 月上中旬果实也不脱落，采收期长。适于土壤条件较好且肥水充足的地方栽培，土壤瘠薄时树体寿命短，易形成“小老树”。鲜果有异味，麻而不香，但晒干后异味减退，品质较差。

花椒栽培需要怎样的环境条件?

花椒一般栽种于山坡谷地，宜在气候凉爽、阳光充足的环境栽培。

（1）**温度**　花椒属温带树种，以年平均气温 10~14℃的地方栽培较宜。当春季平均气温稳定在 6℃以上时，芽开始萌动，10℃左右时发芽生长，花期适宜温度为 16~18℃，果实生长发育期的适宜温度为 20~25℃。春季气温对花椒当年的产量影响较大。春季低温，特别是“倒春寒”常会造成花椒减产。

（2）**水分**　花椒属浅根性树种，对土壤水分的要求较为敏感，难于忍耐严重干旱，同时耐水性也较差，土壤含水量过高或排水不良，都会影响花椒的生长和结果。一般 4~5 月份降水量在 80~150mm 范围内，适于花椒开花至结果关键期的需水要求。

（3）**光照**　花椒属喜光树种。日照充足，一是利于花椒着色；二是利于花椒果皮增厚，产量增加，着色良好，品质提高。光照不足表现为树枝不开张，分枝少，枝条细弱，果穗和果粒小，产量低，色泽暗淡，品质下降，甚至霉变。

（4）**土壤**　一般要求土壤厚度 80cm 以上，以质地疏松、保水保肥性强和透气良好的砂壤土和中壤土较为适宜，土壤板结，可使椒树死亡。花椒喜钙，在石灰岩山地生长尤好。

（5）**地势**　花椒的适应性强，适宜栽培在平原地区或丘陵山地，在土层比较浅薄的山地能生长结果，但适宜在地势开阔、背风向阳的地方生长。

种植花椒如何选地、整地？

（1）**选地**　花椒植株较小，根系分布浅，适应性强，可充分利用荒山、荒地、路旁、地边、房前屋后等空闲土地栽植花椒。山顶、地势低洼、风口、土层薄、岩石裸露处或黏重土壤上不宜栽植。

（2）**整地**　深翻 30~50cm，耕前施足基肥，耙平耙细，栽植点挖成 1m×1m 的大坑；山地种植，也可按等高线修成水平梯田或反坡梯田；在地埂、地边等处栽椒时，可挖成直径 60cm 或 80cm 的大坑，在回填时，每坑应混入 20~25kg 的有机肥。

花椒育苗方式有哪几种？

花椒育苗方式有种子、嫁接、扦插和分株四种方法。生产中以种子育苗为主。

（1）**种子育苗**　分春播和秋播。春播一般在“春分”前后，秋播在秋季土壤封冻前播种为好。可开沟条播，每畦 4 行，行距 20cm，沟深 5cm，种子均匀撒入沟内，覆土 1cm，春播后床面覆草保湿，出苗后分次揭去；秋播后将两边的土培于沟上。当苗高 4~5cm 时间苗定苗，保持苗距 10~15cm。花椒苗最怕涝，雨季到来时，苗圃要做好防涝排水工作。1 年生苗高 70~100cm，即可出圃定植。

（2）**嫁接育苗**　一般在种子实生苗育苗基础上，采用芽接和枝接进行嫁接。芽接多用“T”字形、“Z”字形芽接，枝接常用劈接、切接、腹接等方法。嫁接应根据当地的物候期选择适宜的嫁接时期，一般在树液开始流动、生理活动旺盛时，有利于愈伤组织生成，北方地区，枝接在 3 月下旬 ~4 月上旬，芽接在 8 月上旬 ~9 月上旬。嫁接苗的管理，包括及时解绑、剪去砧稍、除去砧芽、设立支柱、肥水管理及防治病虫害等。

花椒种子育苗时如何进行种子处理?

花椒种壳坚硬，外具较厚的油脂蜡质层，不易吸收水分，发芽困难，所以种子育苗在播种前必须进行种子处理。常用以下方法。

（1）湿沙贮藏 即把种子与5~6倍的湿沙混合均匀，沙的湿度以手握成团，但不出水为宜。选择地势高燥、排水良好、避风背阴处挖贮藏坑，坑深50~80cm，长宽以种子的多少而定，坑底先铺10cm深的湿沙，然后把混沙的种子放入，离地面10~20cm再盖上一层湿沙与地面相平。在地面以上培一土堆，土堆大小可按当地气温增减，四周设排水沟，以防雨雪渗入。第二年2月下旬以后，要经常检查种子的发芽情况，一般到3月中下旬，有部分种子的尖端露白时即可播种。

（2）开水烫种 将种子放入缸或其他容器中，然后倒入种子量2~3倍的开水，急速搅拌2~3分钟后注入凉水，到不烫手为止，浸泡2~3小时，换清洁凉水继续浸泡1~2日，然后从水中捞出，放温暖处，盖几层湿纱布，每日用清水淋洗2~3次，3~5日后即可播种。

（3）温汤浸种 将种子放入缸或其他容器中，然后倒入60℃左右的温水，用木棍轻轻搅拌，待水温降至常温后，换清洁的凉水继续浸泡，以后每日换水1~2次，浸泡2~3日，然后从水中捞出，在背阴处摊开晾干，即可播种。

（4）碱水浸种 按100kg种子，用碱面（碳酸钠）3~5kg，再加适量的温水，浸泡3~4小时，用力反复揉搓，去净油皮，使种壳失去光泽，表面现出麻点，将去掉油皮的种子用清水淋洗2~3次，在背阴处摊开晾干，即可播种。

大田如何栽植花椒?

（1）栽植时期 花椒栽植时期可分为春栽、秋栽和雨季栽。

春季栽植应选择在土壤解冻后至发芽前进行，宜早不宜迟，以利根系提早恢复生长。秋季栽植应选取在落叶后至土壤结冻前进行。雨季栽植要提前整好地，趁墒进行，雨季栽后要有2~3日以上的连阴天，才能保证成活。否则，晴天栽或栽后立即放晴时成活率很低。

（2）栽植形式

①地埂栽植：充分利用山区、丘陵的坡台田和梯田地埂栽植花椒，株距3m左右。

②纯花椒园：营造纯花椒园，如在平川地栽植，行距3m，株距2m；在山地栽植，按照梯田的宽窄确定株行距，复杂的山地，可“围山转”栽植。

③椒林混交：花椒可以和其他生长缓慢的树木混合栽植，如核桃、板栗，可在株间夹栽一二株花椒，也可隔行混栽。

④营生篱：用花椒营造生篱，栽植的密度要比其他形式的密度大，行距

30~40cm，株距 20cm，可三角形配置，栽成 2 行或 3 行。

（3）栽植密度 花椒宜稀不宜密，在干旱、半干旱地区，花椒成龄后的密度应在每亩 100~120 株的范围内。在土层深厚、土质好、雨量适中的地区，成龄密度为每亩 60 株左右。初建椒园时，一般行距 2m，株距 1.5m，条件好的地方保持行距 4m，株距 1.5m。

（4）栽植方法 栽植时，先将一部分表土与底土混合均匀，填入坑底，然后将苗木放入，使根系舒展，分层填土踏实，使其与地面向平，做好树盘，充分灌水，待水渗下去后用土封严，苗木栽植深度可比原土印深 3cm 左右，栽后 7~10 天再灌 1 次水。

花椒生长期如何管理?

（1）苗期管理 定植是关键，以芽刚开始萌动时栽植成活率最高，栽后应浇透水，生长季节追肥 2~3 次。

（2）施肥管理 初春土壤解冻后，将花椒树根系周围的土壤深刨 30~50cm，每株施腐熟的有机肥 10~15kg；花椒树进入 7 月份后应停止追施氮肥，以防后季疯长。同时基肥应尽早于 9~10 月份施入，有利于提高树体的营养水平。遵照配方和平衡施肥的原则增施腐熟的有机肥和磷钾肥，合理补微肥，配合推广使用生物菌剂、生物有机肥，改善土壤团粒结构，拮抗有害菌，增强植株抗病抗逆能力，大大提升植株的健康增产潜力。

（3）修剪管理 夏季结合采收花椒，及时进行修剪。对衰弱树剪除部分大枝及病虫枝，秋季再抽去多余的大枝，最后每株保留 5~7 个主枝，同时适当疏除冠内密集枝，疏枝量一般不超过 25%，并缩剪部分弱枝到壮芽处；中短枝一般不短截，以疏为主，并注意保护顶芽，对长果枝适当短截，保留大芽。9~10 月份对直立旺枝采取拉、别和摘心等措施来削弱旺枝的长势。

（4）越冬管理 采用主干培土和幼苗整株培土的有效防护措施，加强对树体的保护；在主干上进行树干涂白保护（涂白保护剂用生石灰 5 份 + 硫黄 0.5 份 + 食盐 2 份 + 植物油 0.1 份 + 水 20 份配制成）。

花椒如何采收加工?

（1）适时采摘 农谚有“立了秋，摘一沟”，即花椒采收期一般在立秋前后的果实成熟期，以选晴天上午采收为宜。

（2）及时晾晒 一是采摘应选择晴朗的天气，避免阴雨或带露水采收；二是边采边晒，上午采收，中午、下午晾晒，晒不干时要摊放在屋内，不要堆积，否则会增加呼吸作用强度容易发霉；三是晾晒一定要铺芦席，并用木棍支撑起来以利通风透气；四是晾晒不要铺得太厚，3cm 左右最为适宜，隔 0.5~1 小时用竹篼翻搅 1 次；五是不要在水泥地面上直接暴晒，这样容易烫伤胚种，影响出苗率和出油率；六是采收时若遇连阴雨天气，一定要将果实摊开，打开门窗，勤翻勤晾，注意通风。

花椒采收后如何管理？

（1）防旱保树 土壤水分含量低，土层瘠薄的地块，要在晴天早晨灌水保湿，最好树盘覆盖作物秸秆。

（2）施好产后肥 在采摘结束后，加过磷酸钙 25~50g 和硫酸钾 10~25g。

（3）整形修剪 应根据品种和树龄的不同而整形修剪。幼壮树应以疏剪为主，使其迅速扩大树冠成形。生长健壮的树，修剪宜轻；生长衰弱、结果过多的，修剪宜重。

花椒有哪些病害？如何防治？

花椒主要病害有根腐病、锈病等，此类病害在蔬菜、瓜果、茶叶等绿色生产、控害减灾方面多采用如下措施。

（1）根腐病

①病原及症状：属半知菌亚门、茄形镰刀菌。常发生在苗圃和成年椒园中。是由腐皮镰孢菌引起的一种土传病害。受害植株根部变色腐烂，有异臭味，根皮与木质部脱离，木质部呈黑色。地上部分叶形小而色黄，枝条发育不全，严重时全株死亡。

②防治方法

农业防治：合理调整布局，改良排水不畅，环境阴湿的椒园，使其通风干燥。及时挖除病死根，死树，并烧毁，消除病原。增施腐熟的有机肥和磷钾肥，合理补微肥，配合推广使用生物菌剂、生物有机肥，拮抗有害菌，增强植株抗病抗逆能力。早期及时拔除病苗，用石灰穴位消毒。

生物防治：预计临发病之前或发病初期用 10 亿活芽孢/克的枯草芽孢杆菌 500 倍液淋灌根部和茎基部。

科学用药防治：预计临发病之前或发病初期用 10% 苯醚甲环唑水乳剂 1000 倍液，或 80% 全络合态代森锰锌可湿性粉剂 1000 倍液等淋灌根部和茎基部保护性防治。用 30% 噁霉灵水剂 +10% 苯醚甲环唑水乳剂按 1∶1 复配 1000 倍液等淋灌根部和茎基部治疗性防治，视病情把握用药次数，一般 10 天左右喷灌 1 次。

其他防治方法和选用药剂参照“当归根腐病”。

（2）锈病

①病原及症状：属担子菌亚门、锈菌目、栅锈菌科、鞘锈菌属、花椒鞘锈菌。主要危害叶片，也危害叶柄。发病初期，在叶片正面出现直径为 2~3mm 的水浸状褪绿斑，与病斑相对应的叶背面出现圆形黄褐色的疱状物（夏孢子堆），周围往往排列成

环状或散生许多小夏孢子堆。这些疱状物破裂后释放出橘黄色粉状夏孢子。而后叶背夏孢子堆基部产生褐色或橘红色蜡质冬孢子堆，排列成环状或散生。发病严重时叶柄上也出现夏孢子堆及冬孢子堆。一般于6月中下旬见病，7~9月上旬为发病盛期。降雨多，特别是秋季降雨频繁的情况下易导致病害流行。病害多从树冠下部叶片发生，并由下向上蔓延，花椒果实成熟前病叶大量脱落，至10月上旬病叶全部落光，新叶陆续生长。病菌可通过气流传播。阳坡的椒园较阴坡发病轻，大红袍发病最重。椒树行间种植高秆作物，通风透光不良，可加重发病。

②防治方法

农业防治：晚秋及时清除枯枝落叶杂草并烧毁。增施腐熟的有机肥和磷钾肥等，合理补微肥，推广使用生物菌剂、生物有机肥，拮抗有害菌，增强植株抗病抗逆能力。铲除杂草，合理修剪，保持良好通透性。选种抗病品种。可通过无性繁殖或嫁接等方法培养抗病品种。

生物防治：参照“山银花蚜虫”。

科学用药防治：发病初期及时防治，可用42%寡糖·硫黄悬浮剂600倍液，或2~3波美度石硫合剂或45%晶体石硫合剂30倍液等保护性防治。治疗性杀菌剂可用25%戊唑醇可湿性粉剂1500倍液等喷雾防治。其他防治方法和选用药技术参照“红花锈病”。

（3）流胶病

①病原及症状：属半知菌亚门、镰刀菌属、三线镰孢菌和小穴壳菌属。花椒流胶病俗称干腐病，主要危害树干和茎基部，严重时也危害树冠上的枝条。导致流胶病的发生有以下几个方面：一是受真菌侵染，枝干受害后，会形成瘤状突起，之后树皮开裂溢出树脂，造成流胶，随着病菌侵染，受害部位细胞坏死，导致枝干枯死。同时溢出的胶体中含有大量的病菌，胶体随枝流下会导致根茎受病菌侵染。病菌形成的孢子在病枝里越冬，第二年春季3~4月份时开始活跃，随气温升高而加速蔓延，一年有两次高峰，分别是5~6月和8~9月。二是机械损伤，虫害、冻害等造成伤口，从而发生流胶。尤其是在早春树液流动时，由于存在根压，常发生此类流胶，流出的胶体都是树体合成的营养成分，易被腐菌浸染，导致枝干腐烂的发生。三是土壤黏重导致植物根系生长不良，吸收养分能力弱，从而造成树体生长势不良，以及偏施氮肥导致树体虚旺，细胞不紧密，树体营养不足，抗病性差。同时偏施氮肥也会造成土壤板结、酸化，土壤中有益微生物活性降低，从而影响树体的生长势。具有很强的传染性，能迅速引起树干基部韧皮部坏死、腐烂、流胶液，导致叶片黄化及枝条枯死。严重削弱树势，影响产量、品质和植株寿命。

②防治方法

农业防治：清园消毒，在冬季清理应彻底，将病虫枝叶集中烧毁或深埋。合理的修剪及时去除病虫枝。增施腐熟的有机肥和磷钾肥等，合理控制氮肥用量和补微肥，推广使用生物菌剂、生物有机肥，拮抗有害菌，增强植株抗病抗逆能力。进行深翻作业时避免伤及大根，减少非浸染性病害。加强对树体保护，对主干、主枝、副主枝、大侧枝上进行涂白保护（涂白保护剂用生石灰5份+硫黄0.5份+食盐2份+植物油0.1份+水20份配制成）。选用抗耐病良种。

科学用药防治：流胶病常伴随天牛、吉丁虫而发生，故因此应及时防治天牛等蛀干害虫。采摘后、落叶时（似落叶似不落叶时）及时喷施植物诱抗剂海岛素（5%氨基寡糖素）水剂800倍液或6% 24-表芸·寡糖水剂1000倍液，提质增效，生根壮苗，修复伤口同时防冻，提高抗病抗逆和安全控害能力。早春和秋末各喷1次42%寡糖·硫黄悬浮剂600倍液，或5波美度石硫合剂或50倍等量式波尔多液，防治越冬病害。刮除病斑流胶后，用海岛素水剂400倍液+50%氯溴异氰尿酸可溶性粉剂500倍液涂抹，或用5波美度石硫合剂进行伤口消毒。

花椒有哪些害虫？如何防治？

花椒主要害虫有天牛、蚧壳虫等，此类害虫在蔬菜、瓜果、茶叶等绿色生产、控害减灾方面多采用如下措施。

（1）天牛 属鞘翅目、天牛科。

①为害状：成虫取食花椒叶、嫩梢，幼虫危害树干，在树干下部倾斜向上钻蛀进入木质部并将粪便排出虫道，上下蛀食，致使大部分输导组织毁坏，引起树体枯萎、流胶，严重时整树死亡。危害花椒树的天牛有多种，主要有虎天牛、星天牛、二班黑绒天牛、薄翅锯天牛、红颈天牛等。一般一年或两年发生1代。

②防治方法

农业防治：及时收集当年枯萎死亡植株，集中烧毁。在7月伏天借成虫在椒树上交尾产卵之际，于晴天早晨和下午进行人工捕捉成虫。树干茎部的皮刺、翘皮全部刮除。对被害的死树要及时挖除烧毁，彻底消灭虫源。

生物防治：规模化运用性诱剂诱杀雄性成虫于产卵之前。

科学用药防治：将吸型和触杀型的20%氯虫苯甲酰胺悬浮剂200倍液，或50%二嗪磷乳油200倍液，用棉球蘸药液塞入蛀食孔（拔除蛀食孔内堵塞物后进行），或在虫孔内注射药剂，然后用胶布或泥土封口即可。幼虫孵化期尚未蛀入木质部以前及时喷药，优先选用5%虱螨脲乳油2000倍液喷雾防治，最大限度地保护自然天敌和传媒昆虫。其他药剂可用60%烯啶虫胺·呋虫胺可湿性粉剂2000倍液，或10%溴氰虫酰胺可分散油悬浮剂2000倍液，或20%氯虫苯甲酰胺悬浮剂1000倍液，或15%甲维盐·茚虫威悬浮剂3000倍液等喷杀初孵幼虫。相互科学复配喷施，加入展透剂更好。10天喷1次，视虫情把握防治次数。

（2）蚧壳虫 属同翅目、蚧总科。

①为害状：是危害花椒的蚧类统称，有草履蚧、桑盾蚧、杨白片盾蚧、梨园盾蚧等。它们的特点都是依靠其特有的刺吸性口器，吸食植物芽、叶、嫩枝的汁液。造成

枯梢、黄叶，树势衰弱，严重时死亡。花椒蚧类 1 年发生 1 代或多代，5 月、9 月均可见大量若虫和成虫危害。

②防治方法

农业防治：冬、春用草把或刷子抹杀主干或枝条上越冬的雌虫和茧内雄蛹。

生物防治：在卵孵化期喷施生物源药剂。参照“黑枣柿绵蚧壳虫”，同时保护寄生蜂、瓢虫、草蛉等天敌。

科学用药防治：参照“黑枣柿绵蚧壳虫”。

其他防治方法和用药技术参照“黑枣柿绵蚧壳虫”。

（3）红蜘蛛 属蛛形纲、蜱螨目。

①为害状：以若虫和成虫危害花椒芽、花椒叶、花序、幼果、新枝等，在天气干旱的盛花期红蜘蛛危害最为严重，造成大量落花。一年发生 6~9 代，高温干旱有利于发生。以受精雌螨、幼螨、卵在土缝、树皮、杂草根部等地方越冬。第二年早春 2~3 月，处于不同生育期的螨开始活动危害花椒，进入 3 月下旬 ~4 月中旬（20~25℃）大量成螨危害花椒。

②防治方法

农业防治：早春刮除树上老皮、翘皮烧毁，消灭越冬成虫。及时施肥、灌水、修剪，增强树势，创造不利于红蜘蛛活动的环境。

生物防治：发生初期用 0.36% 苦参碱水剂 800 倍液，或 5% 天然除虫菊素乳油 1000 倍液，与植物诱抗剂海岛素（5% 氨基寡糖素）水剂 1000 倍液混合喷施，安全增效、强身壮株、提质增产。

科学用药防治：点片发生初期未扩散之前及时防治，优先选用 24% 联苯肼酯悬浮剂 1000 倍液喷雾防治，最大限度地保护自然天敌和传媒昆虫。其他药剂可用 1.8% 阿维菌素乳油 2000 倍液 +73% 克螨特乳油 1000 倍液，或 5% 噻螨酮乳油 1500~2000 倍液喷雾防治。

其他防治方法和选用药剂参照“地榆红蜘蛛”。

蓖麻子

蓖麻子有何药用和经济价值?

《中国药典》收载蓖麻子为大戟科植物蓖麻 *Ricinus communis* L. 的干燥成熟种子。性味甘、辛，平；有毒，归大肠、肺经。具有泻下通滞，消肿拔毒功能。用于大便燥结，痈疽肿毒，喉痹，瘰疬。《涉县中药志》载述蓖麻根，性味辛，平；有毒，归肝、心经。有祛风止痉，活血消肿的功效。用于破伤风，癫痫，脑卒中，偏瘫，跌打损伤，疮痈肿毒，瘰疬，脱肛，子宫脱垂。明·李时珍《本草纲目》记载蓖麻叶，有毒，主治脚气风肿不仁，止鼻衄，治痰喘咳嗽。

蓖麻种子含油量50%左右。蓖麻油黏度高，凝固点低，既耐严寒又耐高温，在-10~-8℃不冰冻，在500~600℃不凝固和变性，可制表面活性剂、脂肪酸甘油酯、脂二醇、干性油、癸二酸、聚合用的稳定剂和增塑剂、泡沫塑料及弹性橡胶等，是化工、轻工、冶金、机电、纺织、印刷、染料等工业和医药的重要原料。

蓖麻的新鲜叶片可饲养蓖麻蚕，蓖麻叶片可作为制造杀虫农药的原料。蓖麻茎秆皮层中含有丰富的纤维，是造纸和人造棉的廉价原料，也可制绳索或作燃料。蓖麻籽榨油后的饼粕是制作照相软片的好原料，也是一种优质肥料。

蓖麻有何毒性，如何解毒?

蓖麻传入我国已有1400余年，迄今已查明的蓖麻毒素有4种：一是类似吡啶酮的生物碱，称为蓖麻碱；二是毒蛋白；三是一种能使人过敏的物质——变应原；四是混在毒蛋白中的血球凝集素。人们误食蓖麻子或蓖麻油中毒后有腹泻、头晕、恶心、呕吐（有时能吐出胆汁）、食欲不振、疲倦无力、面色苍白等症状。

蓖麻毒素存在于种子及茎叶中。种子里的毒素含量为2.8%~3%，幼嫩茎叶中的含量为0.7%~1%，干茎叶中的含量可达3.3%。家畜家禽误食蓖麻种子、茎叶或未经脱毒的蓖麻子饼，都能引起中毒发病。马骡对蓖麻毒素最敏感，致死剂量为30~50g；反刍类动物抵抗力较强，致死剂量牛为350~450g，绵羊为30g，山羊为100~140g；其他动物，猪为60g，兔为1.5g，鸡为1.8g。

家畜家禽误食大量蓖麻种子、茎叶后，2~3小时内就出现中毒症状。食欲不振，呕吐、腹泻和便血，心跳减弱，严重的突然倒地，四肢发抖，连声惊叫。

一旦发生误食中毒现象，可速采用以下办法急救：一是中毒初期对病畜用0.5%~1%的鞣酸或0.2%高锰酸钾溶液洗胃；内服盐类泻剂或碳酸氢钠；皮下注射强心剂；用乌洛托品利尿。二是进行放血处理，或静脉注射复方氯化钠注射液。三是用绿豆、甘草水煎内服。

蓖麻对环境条件有哪些要求?

（1）土壤 蓖麻对土壤要求不严格，有极广泛的适应性，从轻砂壤土到黏土，从偏酸性土壤到轻盐碱下湿地，地头地埝、渠旁路边、房前屋后等边角隙地，几乎在各种类型的土壤上都能生长。

（2）肥料 蓖麻植株高大，茎叶繁茂，消耗的营养物质较多，属于喜肥作物。

（3）水分 蓖麻耐旱但不耐涝，土壤湿度过大、历时过长将发生渍害。苗期气温低、植株小，消耗的水分相对较少，应适当控水蹲苗，促使根系下扎。

（4）温度 蓖麻属喜温作物，不耐冻，幼苗遇到倒春寒，气温下降到-0.8~1℃时，即受冻致死。成长的植株不抗秋霜，气温下降到-3~-2℃时即被冻死。

（5）光照 生育前期充分的光照能使茎叶繁茂、分枝增多、果穗增长。生育后期明朗的天气、充足的光照有利于籽实灌浆和油分积累。蓖麻可分为长日照与短日照两种类型。短日照品种的生育特点是花序出现以前植株增长量最大。长日照品种和中间类型的品种与此相反，花序出现以后植株增长量最大。

种植蓖麻如何选地、整地？

（1）选地 蓖麻的适应性很强，各种土质均可种植，可利用沟边路旁、房前屋后的空隙地零星种植；也可利用荒山荒坡成片种植。

（2）整地 蓖麻是主根系作物，深厚疏松的耕层是种好蓖麻的前提条件。播前要清除碎石、杂物，做到地平土细，上虚下实，为播种创造良好的土壤条件。成片种植时，播前4~6周进行深耕整地，耕深20~25cm，便于接纳雨水，零星种植同样应提前深耕整地，并挖成深、宽各35cm的穴。在荒地种植蓖麻，把斜坡改成环山带状梯田，以保持水土不流失和便于管理、采收。坡度在25°以上的陡坡地适宜挖穴种植。

蓖麻如何精细播种？

（1）催芽播种 在播种前，用"两开一凉"（水温40~50℃）温水把种子浸泡24小时后捞出，埋在湿润的沙子里进行催芽播种，也可用温水浸泡种子48小时，使硬壳变软，籽粒吸足水分后催芽播种。

（2）适时播种 当10cm地温稳定在10℃以上时，一般在终霜前25~30天即可露地播种，华北地区一般在"惊蛰"至"立夏"播种。

（3）科学播种 播种方法有直播和移栽两种。直播每窝2~3粒种子，籽粒间距3~5cm，盖土2~3cm厚。也可待苗出土长出3~4片真叶时，带泥移栽。栽后要浇定根水。密度一般以1.7~2m见方栽植，亩栽植160株左右。陡坡地、缓坡地种植也可适当稍密些。

蓖麻田间管理措施有哪些？

（1）间苗定苗、中耕除草培土 当苗高10cm时进行间苗，拔除生长过密的细弱幼苗，并结合中耕除草1次。在苗高15~20cm时定苗，每穴选留健壮苗一株。并进行第二次中耕除草。在荒山荒坡上种植的，定苗可推迟一些。在开花前可进行第三次中耕除草，结合中耕进行培土，固定根部，起到抗旱、抗风、抗倒的作用。

（2）打顶、摘心、整枝 当蓖麻长出7~8片真叶时，进行打顶（即把植株主茎的顶尖剪去），以后应根据蓖麻的长势，可把各分枝长出的顶尖再剪1次，促进分枝，以增加产量。同时使植株矮化，便于采果。在植株长到 55~60cm 时，进行整枝，把干枯枝、病虫枝剪去，以促进多抽新枝和防病虫蔓延。整枝时要用剪子，动作要轻，不可用手掰，防止损伤蓖麻的茎皮、花穗。

（3）施肥 蓖麻的吸肥力强，前期需要氮肥多，开花后以施磷钾肥为主。施肥方法：大片种植的可实行开沟施肥，零星种植的可穴施，播种后用草木灰拌细泥土盖窝。若在开垦荒地种植，可在出苗后在蓖麻行间种上大豆、花生。遵照配方和平衡施肥的原则，合理补微肥。增施腐熟的有机肥和磷钾肥，配合推广使用生物菌剂、生物有机肥，改善土壤团粒结构，拮抗有害菌，增强植株抗病抗逆能力，大大提升植株的健康增产潜力。

如何防治蓖麻病害?

蓖麻主要病害有枯萎病、灰霉病等，此类病害在蔬菜、瓜果、茶叶等绿色生产、控害减灾方面多采用如下措施。

（1）枯萎病

①病原及症状：属半知菌亚门、尖孢镰刀菌蓖麻转化型。又称萎蔫病，主要发生在 4~5 月间，根据出现的时期可分为幼芽腐烂型和苗期猝倒型两种。幼芽腐烂型在幼芽或种子刚破口甚至种子未发芽即可染病而烂于土中，也有幼芽尚未出土，白嫩幼茎被感染连带种子一并烂掉。苗期猝倒型在幼苗出土后至 5~6 片真叶阶段，近地面的幼茎基部被红褐色或黑褐色水渍状病斑绕茎，病处缢缩腐烂，阴雨天倒地死亡。天晴时幼茎干细如丝而直立，子叶垂萎。幼苗数片真叶时茎基染病变褐，腐烂或剥落，叶片青枯，腐烂有时会发生在茎的一边。

蓖麻是喜光耐旱不耐渍的作物，因此，种植地低洼积水、黏性重；与黄瓜、辣椒、豆类及许多草本花卉等感病作物连作；播种后低温多雨、光照不足；虫伤、机械伤或未成熟种子播后出土慢、长势差，以上均利于发病。

②防治方法

农业防治：与非寄主植物合理轮作4~5年。选用营养生长旺盛的耐病蓖麻品种。生长期及时拔除已染病的单株，集中烧毁，病穴石灰消毒。选用抗耐病品种。增施腐熟的有机肥和磷钾肥，合理补微肥。配合推广使用生物菌剂、生物有机肥，改善土壤团粒结构，拮抗有害菌，增强植株抗病抗逆能力。加强中耕除草，增强通透性，不要伤及根部，培育壮苗。注意田间不要积水，排水防涝。

科学用药防治：药剂拌种。用海岛素水剂 600 倍液 +10% 苯醚甲环唑水乳剂 1000 倍液浸种 10 小时。每亩用植物诱抗剂海岛素（5% 氨基寡糖素）水剂 600 倍液 +10% 苯醚甲环唑水乳剂 1000 倍液配制成毒土均匀施于穴内。预计临发病前或初期用药及时淋灌茎基部和根部，可用 10% 苯醚甲环唑水乳剂 1000 倍液，或 80% 全络合态代森锰锌可湿性粉剂 1000 倍液，或用 30% 噁霉灵水剂 +10% 苯醚甲环唑水乳剂按 1∶1

复配1000倍液等淋灌根部和茎基部，与海岛素水剂800倍液混配使用，安全增效、生根壮苗、提高抗病抗逆能力。视病情把握用药次数，一般10天左右淋灌1次。

（2）蓖麻疫病

①病原及症状：属鞭毛菌亚门、霜霉目、寄生疫霉菌。发病初叶片边缘呈水浸状绿色斑。随病情发展，病斑不断扩大，病健交界处病斑灰绿色，潮湿时上生白色霜状霉，干燥时内部呈黄褐色轮纹状，遇雨即变褐腐烂。茎、叶柄、果柄、幼果被害后初呈褐色，后变黑褐色水浸状，潮湿时病健交界处也生白色霉状物，最后叶柄、果柄软化，叶片因之下垂，蒴果不能成熟，幼果腐烂脱落。病原菌在病残株及土中越冬，借风雨传播，高湿有利于病害发生。

②防治方法

农业防治：实行轮作。深翻土地，清除田间残株病叶，集中烧毁。加强田间中耕，增强通透性，不要伤及根部。及时清沟排渍，田间不要积水，保持适宜的湿度。增施腐熟的有机肥和磷钾肥，合理控氮肥和补微肥。配合推广使用生物菌剂、生物有机肥，改善土壤团粒结构，拮抗有害菌，增强植株抗病抗逆能力。

生物防治：发病之前，特别是苗期、花蕾和幼果期，喷施植物诱抗剂海岛素（5%氨基寡糖素）水剂800倍液或6% 24–表芸·寡糖水剂1000倍液，提质增效，生根壮苗，修复伤口，防冻抗高温，提高抗病抗逆和安全控害能力。

科学用药防治：种子处理。用3%苯醚甲环唑悬浮种衣剂20~30g拌种10kg，或62.5g/L精甲·咯菌腈悬浮种衣剂按药种比1：500进行包衣等。预计临发病之前或初期喷淋或灌根预防性保护防治，特别要雨后补治，可选用80%全络合态代森锰锌可湿性粉剂1000倍液，或50%氟吗锰锌（氟吗啉·锰锌）可湿性粉剂600倍液，或68%精甲霜·锰锌水分散粒剂1000倍液，或50%氟啶胺悬浮剂2000倍液，或38%噁霜嘧铜菌酯（30%噁霜灵+8%嘧铜菌酯）1000倍液等，视病情把握防治次数，一般间隔7天左右喷淋1次，连喷2~3次。每次用药与生物防治使用剂量混配或加海岛素水剂800倍和展透剂更佳。

（3）灰霉病

①病原及症状：属半知菌亚门、灰葡萄孢菌。主要危害幼花、幼果、嫩茎、叶、果梗等，造成褐腐。天气潮湿病组织上长出许多灰色霉层。果实受害，变褐腐烂或病果干枯籽粒空瘪。花序受害，连同花轴形成无定形褐腐，不能结实。果梗嫩茎亦可受害，在上形成梭形病斑，病斑中央灰褐色，边缘深褐色。茎上病斑较大，病组织软化，容易折断。叶片受害形成失绿斑块，干时病部易破碎。病原菌在病残体或土中越冬，借风、雨或气流传播。遇连阴雨天气，土壤含水量处于饱和状态，相对湿度达80%以上，持续时间长或无风，连降大雾等天气，灰霉病迅速流行。天气晴朗、通风、干燥时，病害停止发展。

②防治方法

农业防治：参照“蓖麻疫病”。

生物防治：参照“蓖麻疫病”。

科学用药防治：药剂拌种。用海岛素水剂600倍液+10%苯醚甲环唑水乳剂1000倍液浸种10小时。每亩用海岛素水剂600倍液+10%苯醚甲环唑水乳剂1000倍液配制成毒土均匀施于穴内。预计临发病之前或发病初期及时喷药保护性防治，可用42%寡糖·硫黄悬浮剂600倍液，或波尔多液（1份硫酸铜+1份生石灰+100倍水），或80%全络合态代森锰锌可湿性粉剂1000倍液等，9天1次，连续2~3次。发病初期或发病后喷治疗性药剂为主，45%嘧霉胺可湿性粉剂500倍，50%异菌脲可湿性粉剂1500倍，或50%腐霉利可湿性粉剂2000倍液，25%啶菌噁唑乳油800倍液喷雾等，保护剂和治疗剂相互合理复配使用，注意交替轮换用药。视病情把握用药次数，一般7~10天用1次药。

（4）细菌性叶斑病

①病原及症状：蓖麻细菌性叶斑病是由细菌引起的病害。主要危害叶片，苗期病斑常发生在子叶，然后蔓延到真叶，最初叶上产生水浸状暗绿色圆形斑点，以后扩展为不规则多角形病斑，内部暗褐色，边缘水浸状。多个病斑可以连成大斑。病斑干枯后破裂穿孔，叶片呈破碎状，严重时只留下叶脉，或整叶脱落。病菌在病叶中越冬。病菌可通过种子和土壤传播。生长季节高温、多雨利于发病。

②防治方法

农业防治：及时摘除病叶，集中烧毁。与非寄主植物实行3年以上轮作。低洼地块雨后及时排除积水，降低土壤湿度。其他措施参照“蓖麻疫病”。

生物防治：用海岛素水剂600倍液+88%土霉素可溶性粉剂500倍液，或3%中生菌素可湿性粉剂400倍液拌种或浸种2小时。预计临发病前或发病初期可用海岛素水剂1000倍液分别与2%农抗120（嘧啶核苷类抗菌素）水剂200倍液、3%中生菌素可湿性粉剂1000倍液、2%春雷霉素水剂1000倍液、蜡质芽孢杆菌300亿菌体/克可湿性粉剂2500倍液、80%乙蒜素乳油1500倍液等混配均匀喷雾防治，增效壮苗，安全抗逆。

科学用药防治：药剂拌种。用海岛素水剂600倍液+50%琥胶肥酸铜可湿性粉剂（用种子重量0.3%）拌种。发病初期及时喷药，50%琥胶肥酸铜可湿性粉剂1000倍液、12%松脂酸铜乳油800倍液、20%噻菌铜悬浮剂700倍液、38%噁霜嘧铜菌酯（30%噁霜灵+8%嘧铜菌酯）1000倍液、25%络氨铜水剂500倍液，或40%春雷·噻唑锌（5%春雷霉素+35%噻唑锌）悬浮剂3000倍液、40%噻唑锌悬浮剂800倍液、20%叶枯唑可湿性粉剂300倍液、47%春雷·王铜（2%春雷霉素+45%氧氯化铜）可湿性粉剂1000倍液等喷淋，随配随用，精准用药。视病情7天用药1次。喷药时加展透剂和海岛素（5%氨基寡糖素）水剂600倍液（或6% 24-表芸·寡糖水剂1000倍液）喷淋，提质增效，生根壮苗，修复伤口，防冻抗高温，提高抗病抗逆和安全控害能力。

（5）黑斑病

①病原及症状：属半知菌亚门、链孢霉目、黑霉科、链格孢属。主要危害叶片和

果穗。叶片染病初生不规则形褐色病斑，有轮纹，大小 2~15mm，病斑两面均生黑色霉状物，严重时病斑融合致病叶枯死。果穗染病变黑腐烂。病菌在病残体上越冬，翌年借风雨传播进行重复侵染。蓖麻生育中、后期多雨或连续阴雨、多雾，往往病情扩展迅速。连作地利于发病。

②防治方法

农业防治：选育抗病品种。收获后及时深翻。与非寄主植物实行 3 年以上轮作。适期晚播种，躲过发病高峰期。其他措施参照“蓖麻疫病”。

生物防治：参照“蓖麻疫病”。

科学用药防治：预计发病之前或发病初期及时防治，防治方法和选用药剂技术参照“鸡冠花黑斑病”。

如何防治蓖麻虫害？

蓖麻主要害虫有地老虎、棉铃虫等，此类害虫在蔬菜、瓜果、茶叶等绿色生产、控害减灾方面多采用如下措施。

（1）地老虎 属鳞翅目、夜蛾科。

①为害状：地老虎种类比较多，危害严重的是小地老虎。

②防治方法

农业防治：低龄幼虫发生期清晨人工捉虫。

物理防治：成虫产卵前活动期用糖醋液（糖:酒:醋 =1∶0.5∶2）放在田间 1m 高处诱杀，每亩放置 5~6 盆；或成方连片规模化实施灯光诱杀。

生物防治：运用性诱剂诱杀雄虫于交配之前。

科学用药防治：幼虫低龄期及时采取毒饵或毒土诱杀及喷灌用药防治。防治方法和选用药剂参照“北苍术小地老虎”。

（2）棉铃虫 属鳞翅目、夜蛾科。

①为害状：棉铃虫是华北等地区蓖麻田间常见的食叶性害虫。由于一年发生 3~4 代，早代害虫危害蓖麻叶片，晚代虫咬食蓖麻花蕾和花朵，较大龄的幼虫危害蒴果果皮，甚至蛀入果内啃食籽粒，造成落花落果，损失严重。

②防治方法

农业防治：进行冬耕冬灌，消灭越冬蛹。有条件的情况下，可利用蓖麻周围和行间的空间种植玉米诱杀带（特别是第一代卵），使玉米抽雄期与棉铃虫产卵期相吻合，诱集棉铃虫在雄穗上产卵，还能保护多种天敌栖息并可每天早晨在玉米芯捉蛾杀灭。棉铃虫产卵期过后可砍除玉米，既不影响蓖麻生长空间，还可作绿肥或青饲料。

物理防治：成虫发生初期产卵之前，特别是越冬代成虫，在田间成方连片规模化安装诱虫灯进行诱杀，一般 50 亩地一台灯。

生物防治：运用性诱剂诱杀雄成虫或运用迷向丝（性诱剂迷向散发器），降低交配率，减少虫源基数。卵孵化盛期用10亿孢子/克的Bt生物制剂300~500倍液均匀喷雾。或在低龄幼虫期用0.36%苦参碱水剂800倍液，或1.1%烟碱乳油1000倍液，或2.5%多杀霉素悬浮剂3000倍液喷雾防治。强调喷匀打透，加展透剂。视虫情把握防治次数，一般5天左右喷1次。有条件的可在成虫产卵开始时释放赤眼蜂灭卵，一般3天释放1次，赤眼蜂:棉铃虫卵（新卵）=100：1为宜，根据虫卵情况释放蜂量还可适当增加。

科学用药防治： 卵孵化盛期或低龄（2龄）幼虫未钻蛀之前及时防治，优先选用5%氟啶脲乳油或25%灭幼脲悬浮剂2500倍液，或25%除虫脲悬浮剂3000倍液，或5%虱螨脲乳油1500倍液喷雾防治，最大限度地保护自然天敌和传媒昆虫。其他药剂可用3%甲胺基阿维菌素苯甲酸盐乳油2000倍液，或10%联苯菊酯乳油3000倍液，或15%茚虫威悬浮剂4000倍液，或1.8%阿维菌素乳油1000倍液，或10%溴氰虫酰胺可分散油悬浮剂2000倍液，或5%甲维盐·虫螨腈水乳剂1000倍液，或30%甲维盐·茚虫威悬浮剂4000倍液，或10%虫螨腈悬浮剂1000倍液等进行防治，或以上药剂相互合理复配喷施并加展透剂效果更佳，减量控害。

（3）蓖麻夜蛾 属鳞翅目、夜蛾科。

①为害状：在我国分布较广，华北、西南、华南均有发生。蓖麻夜蛾主要以幼虫危害叶片、嫩芽，有时啃咬茎表皮和青嫩蒴果。在广东、广西年生4~5代，以蛹在土中或草堆中越冬。翌年3~4月羽化，5~6月、9~10月进入幼虫危害蓖麻盛期，成虫吸食果实汁液，多把卵产在嫩叶背面。低龄幼虫遇惊扰即吐丝下垂，受触动时，幼虫口吐青水坠地假死，老熟后吐丝卷叶，在卷叶中化蛹。

②防治方法

农业防治： 清除田间杂草、枯枝落叶和石块等，可以消灭部分幼虫、秋蛹和越冬虫蛹。人工捕杀，利用夏秋时间及时摘除虫卵、幼虫和蛹。

物理防治： 成虫发生初期开始，在田间成方连片规模化安装诱虫灯进行诱杀，消灭在产卵之前。一般50亩地一台灯。

生物防治： 参照“棉铃虫”。

科学用药防治： 参照“棉铃虫”。

如何及时收获和脱粒蓖麻子？

（1）收摘时间 当主茎果穗上有1/3的蒴果由绿色变褐色或深褐色，刺毛变硬，蒴果缝隙凹陷并有裂痕时，就收摘第一批，把蒴果从穗轴上捋下来，装入麻袋运出地外。蒴果不易开裂的品种，可待果穗上大部分蒴果成熟后再收摘。大面积种植的可用镰刀或果树剪子整穗割下，装入麻袋。

（2）分批收摘 主茎穗先成熟，分枝穗后成熟，熟一批摘一批。主穗收获后隔7~10天再收分枝果穗，一般要收3~4次，至降霜前后全部收完。小块地可在早晨趁露水未干、蒴果皮壳疲韧时收摘，以减少蒴果炸裂脱粒。

（3）脱粒方法　采摘下的蒴果运回场上，堆放在阴凉处，堆高 80cm、宽 1m 长条形，3 天后摊开晾晒，干燥后脱粒。留作种子的蒴果不应堆积，一旦堆内发热霉沤过度，易降低种子活力。

如何安全贮藏蓖麻子？

蓖麻种子长期贮藏时要求含水量为 11%。入库前要翻晒，晒种过程中要避免曝晒。曝晒易造成种子内外水分移动的脱节现象。种皮干燥得快，细胞收缩硬化，通透性不良，阻碍内部水分继续向外扩散，发生外干内湿现象。为保证种子干燥，还须清除混在其中的杂质，如破碎的果壳、种皮及穗轴等。

存放蓖麻的仓库要保持低温、干燥和通风，经常检查气温、仓温、种温和大气湿度，及时采取通风、密闭和翻晒等措施，保证种子安全贮藏。

丝瓜络

丝瓜络有何药用价值？

丝瓜络为葫芦科植物丝瓜 *Luffa cylindrica*（L.）Roem. 的干燥成熟果实的维管束。夏、秋二季果实成熟、果皮变黄、内部干枯时采摘，除去外皮和果肉，洗净，晒干，除去种子。丝瓜络味甘，平。归肺、胃、肝经。具有祛风，通络，活血，下乳的功效。用于痹痛拘挛，胸胁胀痛，乳汁不通，乳痈肿痛等症。

丝瓜的主产地及其主要品种有哪些？

丝瓜起源于热带亚洲，原产于印度尼西亚，国内主要有两个品种，即普通丝瓜和粤丝瓜（有明显的棱角）。前者大江南北均有栽培，后者主要在华南栽培。

什么样的土壤适合种植丝瓜？

丝瓜是适应性较强、对土壤要求不严格的蔬菜作物，在各类土壤中，都能栽培。但是为获取高额产量，应选择土层厚、有机质含量高、透气性良好、保水保肥能力强的壤土、砂壤土为好。

如何进行丝瓜种子处理？

根据丝瓜品种的不同，选择以常温浸种、温汤浸种、药物浸种三种方式，对丝瓜种子进行催芽处理。经历浸泡过程后，将其清洗干净，便可静置于约为25℃的恒温环境中，催芽。

丝瓜的种植方法是什么？

丝瓜喜温，低温下幼苗生长缓慢，可行育苗移栽或直播。播种前一般先行催芽，将种子浸水8~10小时，取出后用湿布包好，放在温暖处，经2~3天露芽后，播于育苗床上。当幼苗具1~2片真叶时定植，每亩用种量200~300g，露地直播者于4月下旬~5月上旬，每穴播种子3~4粒，播后覆土1.5cm，并充分浇水，3~4天出苗；中国华南地区大面积栽培以有棱丝瓜为主，可分三个播种期，春播2~3月，夏播4~5月，育苗移植，秋播于7~8月上旬直播，以延长供应期。

大田如何定植丝瓜？

当秧苗有4叶1心时，在4月中旬选择晴天定植。定植前要施足基肥，一般每亩用腐熟有机肥3000kg、过磷酸钙80~120kg、尿素25~30kg，然后深耕20cm，耙平后建畦，亩栽苗2800株左右。

如何搭建瓜棚？

种植丝瓜必须要搭建大棚，可以用树桩或者水泥建成地基头。棚的高度不宜过低，因为丝瓜是爬蔓型作物，应在2m以上。丝瓜棚应做成半圆形或三角形，要能承受成熟瓜的重量，也要经受得住暴雨天气的摧残。

如何进行丝瓜的引蔓？

在丝瓜蔓长到30cm和65cm左右时要进行压蔓，晴天可在田中开一条小沟把藤蔓压到沟中再用土掩盖，如果是雨天则直接在土壤上压，防止藤蔓在水中沤烂。引蔓上篱时，一般都是等雄花出现才开始，上篱之后，按Z字形去引蔓。要适当地把枯叶病叶去掉，叶子长得过多时，要在每个位置均匀摘除，保持通风透光。

丝瓜生长期如何进行水肥管理？

丝瓜虽然具有一定的抗旱能力，但是湿度适宜的气候和土壤条件，可以促进丝瓜的快速生长。缓苗后及时浇透缓苗水，坐果前适当控水蹲苗，结果期看天、看地、看苗浇水，保证土壤见干见湿，大雨后及时排水。坐瓜后，要及时追肥。一般每公顷要用磷酸二铵 225~300kg，追肥后要及时灌溉。

是否需要摘除丝瓜的部分雄花？

当植株上雄花过多的时候，需要摘花，把多余的雄花剪掉，只留少量的雄花，可以节约养分。剪掉的雄花可以煲汤、炒菜。摘花的时候可以顺便疏叶，把过密的叶子、老叶、黄叶都剪掉，通风透光，减少丝瓜病虫害的发生。

丝瓜缺氮磷钾的表现及预防方法有哪些？

（1）缺氮植株表现　植株生长受阻，果实发育不良。新叶小，呈浅黄绿色。老叶黄化，果实短小，呈淡绿色，一般干旱脱肥时容易出现。

预防方法：施用新鲜的有机物作基肥，增施氮肥或施用完全腐熟的堆肥。叶面喷施 0.2%~0.5% 的尿素液或每亩追施 7.5kg 尿素，也可以 15~20kg 碳铵兑水 500~700kg 喷施。

（2）缺磷植株表现　植株矮化，叶小而硬，叶暗绿色，叶片的叶脉间出现褐色区。尤其是底部老叶表现更明显，叶脉间初期缺磷出现大块黄色水渍状斑，并变为褐色干枯。

预防方法：丝瓜是对磷敏感的作物。土壤缺磷时，除了施用磷肥外，预先要培肥土壤；苗期特别需要磷，注意增施磷肥；施用足够的堆肥等有机质肥料；应急措施：可喷 0.2% 的磷酸二氢钾或 0.5% 的过磷酸钙水溶液。

（3）缺钾植株表现　老叶叶缘黄化，后转为棕色干枯，植株矮化，节间变短，叶小，后期叶脉间和叶缘失绿，逐渐扩展到叶的中心，并发展到整个植株。

预防方法：施用足够的钾肥，特别是在生育的中、后期不能缺钾；施用充足的堆肥等有机质肥料；应急措施：可用硫酸钾平均每亩 3~4.5kg，1 次追施。或叶面喷 0.3% 磷酸二氢钾或 1% 草木灰浸出液。遵照配方和平衡施肥的原则，合理补微肥。增施腐熟的有机肥和磷钾肥，配合推广使用生物菌剂、生物有机肥，改善土壤团粒结构，拮抗有害菌，增强植株抗病抗逆能力，大大提升植株的健康增产潜力。

丝瓜的病害如何防治？

丝瓜主要病害有绵腐病、霜霉病等，此类病害在蔬菜、瓜果、茶叶等绿色生产、控害减灾方面多采用如下措施。

（1）绵腐病

①病原及症状：属鞭毛菌亚门、瓜果腐霉菌和德里腐霉菌。丝瓜绵腐病的危害时期分苗期和结瓜期，苗期主要在幼苗长出 1~2 片真叶时染病引起猝倒。果实染病始于

脐部或从伤口侵入，后引致全果腐烂。丝瓜果实生长期长，绵腐病往往发生重。

病菌在土壤中越冬或渡过不利环境条件并能长期存活，条件适宜时可侵染瓜苗引起猝倒病，靠风雨或流水及带菌有机肥传播，侵入果实上形成绵腐。秋后病菌又在病部组织里形成卵孢子越冬。结瓜期阴雨连绵、湿气滞留易发病。

②防治方法

农业防治：增施腐熟的有机肥和磷钾肥，合理控氮和补微肥。配合推广使用生物菌剂、生物有机肥，改善土壤团粒结构，拮抗有害菌，增强植株抗病抗逆能力。定植时采用高畦或起垄种瓜，防止雨后畦面积水。瓜期遇多阴雨天气，湿度大时要早防勤防。选用耐湿耐病的品种。丝瓜架棚要搭得高些，下垂的果实不要与地面接触，同时要注意通风，防止湿气滞留。北方要注意及时插架，前期少浇水，多中耕，棚室栽培时要注意放风、降湿。

生物防治：苗期预计临发病之前用每1g含10亿孢子以上的枯草芽孢杆菌或哈茨木霉菌500倍液淋灌根部。

科学用药防治：苗期预计临发病之前或发病初期用植物诱抗剂海岛素（5%氨基寡糖素）水剂600倍液（或6% 24-表芸·寡糖水剂1000倍液）分别与30%噁霉灵水剂800倍液喷淋（灌）根部。生长期及时均匀喷雾保瓜。也可用72.2%霜霉威盐酸盐水剂600倍液或72%霜脲氰·锰锌可湿性粉剂800倍液，或27%寡糖·吡唑醚菌酯水剂2000倍液，或植物诱抗剂海岛素（5%氨基寡糖素）水剂800倍液或6% 24-表芸·寡糖水剂1000倍液+或25%吡唑醚菌酯悬浮剂2000倍液（或75%肟菌·戊唑醇水分散粒剂2000倍液、25%络氨铜水剂500倍液、80%乙蒜素乳油1000倍液等）喷雾。视病情把握用药次数，一般隔10天左右1次，连续防治2~3次。相互合理复配和交替轮换用药。采收前严格遵照农药安全间隔期停止最后1次用药，没有说明的采摘前一个月停止用药。

（2）霜霉病

①病原及症状：属于鞭毛菌亚门、假霜霉属、古巴假霜霉菌。一般环境条件下不易发生。发生时主要危害叶片，发病初期在叶片正面出现不规则的褐黄色斑，逐渐扩展成多角形黄褐色病斑，湿度大时，病斑背面长白灰黑色霉层，后期斑连片整叶枯死。病斑累累，瓜叶干枯，植株早衰，瓜条弯曲、瘦小，产量和质量下降。

在南方周年种植丝瓜地区，病菌在病叶上越冬或越夏，借风雨和昆虫传播。在北方病菌主要借季风从南方或邻近地区吹来，进行初侵染和再侵染。结瓜期阴雨连绵或湿度大，发病重。

②防治方法

农业防治：选用抗病品种。病害初见时应及时摘除病叶，以减少病菌扩展。增施腐熟的有机肥和磷钾肥，合理补微肥。配合推广使用生物菌剂、生物有机肥，改善土壤团粒结构，拮抗有害菌，增强植株抗病抗逆能力。注意引蔓整枝，保证株间通风透光通气。合理实施轮作。

生物防治：预计临发病之前加强保护，特别抓住丝瓜幼苗期、抽蔓期、初花期、坐果期、盛果期，分别叶面喷施植物诱抗剂海岛素（5% 氨基寡糖素）水剂 800 倍液或 6% 24–表芸·寡糖水剂 1000 倍液，激发丝瓜生根促壮、增产提质、抗病抗逆的基础上喷施每 1g 含 10 亿以上的枯草芽孢杆菌或哈茨木霉菌 500 倍液，或 0.36% 苦参碱水剂 800 倍液，或 2.5% 多杀霉素悬浮剂 1500 倍液。以上与海岛素水剂混用效果更佳。

科学用药防治：种子处理，春丝瓜播种前 2~3 天，用 55℃温水浸种 30 分钟，并不断搅拌，待水温下降后捞起用纱布等包好在冰箱里冷冻 4 小时，然后取出再用清水浸种 12 小时，沥干水后用植物诱抗剂海岛素（5% 氨基寡糖素）水剂 600 倍液 +10% 苯醚甲环唑水分散剂 1000 倍液浸种 2~3 小时，然后放在 25~30℃的恒温箱中催芽。苗床消毒，选择土质好、肥力高的土壤作培养料，加入适量有机肥和少量石灰、草木灰进行杀菌，混合料中使用 72% 霜脲氰·锰锌可湿性粉剂 800 倍液对土壤进行喷雾处理。预计临发病之前或初期及时喷药，在丝瓜幼苗期、抽蔓期、初花期、坐果期、盛果期，分别叶面喷施植物诱抗剂海岛素（5% 氨基寡糖素）水剂 800 倍液或 6% 24–表芸·寡糖水剂 1000 倍液，激发丝瓜生根促壮、增产提质、抗病抗逆的基础上及时喷药防治，可选用 72.2% 霜霉威盐酸盐水剂 600 倍液，或 72% 霜脲氰·锰锌可湿性粉剂 800 倍液，或 52.5% 噁唑菌酮·霜脲氰（抑快净）1000 倍液，或 47% 春雷·王铜（2% 春雷霉素 +45% 氧氯化铜）可湿性粉剂 1000 倍液，或 27% 寡糖·吡唑醚菌酯水剂 2000 倍液，或 25% 吡唑醚菌酯悬浮剂 2000 倍液（或 75% 肟菌·戊唑醇水分散粒剂 2000 倍液、25% 络氨铜水剂 500 倍液等）均匀喷雾。同时可兼治其他多种病害。

丝瓜的害虫如何防治？

丝瓜主要害虫有野螟等，此类害虫在蔬菜、瓜果、茶叶等绿色生产、控害减灾方面多采用如下措施。

野螟属鳞翅目、螟蛾科。

（1）为害状　一年发生数代，以 7~9 月发生数量最大，并世代重叠，危害严重，主食叶肉，严重时大面积叶片仅留叶脉，严重影响丝瓜产量和质量。

（2）防治方法

农业防治：收获后结合积肥，集中烧毁枯藤落叶，减少虫源。幼虫发生初期及时摘除被害的卷叶，消灭部分幼虫。

生物防治：卵孵化盛期喷施 10 亿孢子 / 克的 Bt 生物制剂 300~500 倍液，或 0.36% 苦参碱水剂 800 倍液，或 2.5% 多杀霉素悬浮剂 1500 倍液。

科学用药防治：卵孵化盛期后，低龄幼虫处于盛发期时立即防治，优先选用 5% 虱螨脲乳油 1500 倍液喷雾防治，最大限度地保护天敌资源和传媒昆虫。其他药剂可用 10% 溴氰虫酰胺可分散油悬浮剂 2000 倍液，或 20% 氯虫苯甲酰胺悬浮剂 2000 倍液，或 50% 辛硫磷乳油 1000 倍液，10% 虫螨腈悬浮剂 1500 倍液等喷雾防治，同时兼治蓟马等。加展透剂，喷匀打透，视虫情把握用药次数。

如何采摘丝瓜？

丝瓜有很强的连续结果性，它在夏季结果速度非常快。养护管理得当，3~4 天便可以结 1 次果。开花后 10~14 天，在果实充分长大且比较脆嫩时要及时采收。采摘宜在早晨进行，用剪刀从果柄处剪下。注意不要用手拉扯，以免把藤蔓扯断。

如何加工丝瓜络？

（1）**丝瓜络**　取原药材，除去杂质及残留的种子，击扁，切成小块，筛去灰屑。

（2）**丝瓜络炭**　取净丝瓜络块，置炒制容器内，用武火加热，炒至表面焦黑色，内部焦褐色，喷洒清水熄灭火星，取出，晾干。

水飞蓟

水飞蓟有哪些药用价值？

水飞蓟为菊科植物水飞蓟 *Silybum marianum*（L.）Gaertn. 的干燥成熟果实，秋季果实成熟时采收果序，晒干，打下果实，除去杂质，晒干。水飞蓟味苦，凉。归肝、胆经。具有清热解毒，疏肝利胆的功效。用于肝胆湿热，胁痛，黄疸等症。

水飞蓟的主要药用成分是什么？

《中国药典》规定，水飞蓟按干燥品计算，含水飞蓟宾（$C_{25}H_{22}O_{10}$）不得少于 0.60%。水飞蓟全草还含有黄酮类化合物，种子主要含黄酮醇类化合物，主要由水飞蓟宾、异水飞蓟宾、脱氢水飞蓟宾、水飞蓟宁、水飞蓟亭等聚合物组成，一般将其统称为水飞蓟素，其具有修复细胞的作用。

水飞蓟有哪些生物学特性？

水飞蓟又名水飞雉、奶蓟、乳蓟子，为菊科水飞蓟属一年或二年生植物。水飞蓟植株高一般在 100~150cm 之间，茎直立，多分枝。叶为大型羽状或椭圆形披针状，无叶柄，表面亮绿色，有乳白色斑纹，头状花序，管状花，有紫色、白色两种花色。果实（即种子）为长椭圆形，长 5~7mm，宽约 3mm，成熟后呈暗棕色、灰白色或黑色。

成熟的果实千粒重 20~27g，果实主要由种子胚和外皮两部分构成，没有胚乳。水飞蓟素主要存在于果实外皮（即种壳）中，含量为壳的 3%~5%。

水飞蓟的分布及我国的种植情况？

水飞蓟原为地中海和北非地区本土植物，后来生长和种植遍及欧洲、北非、美洲和澳大利亚。我国从 20 世纪 70 年代开始引种种植，在我国多地均有试种，其喜好凉爽、干燥的气候，具有耐高温、低温、干旱、寒冷的特性，在我国分布特点明显，主产区：辽宁省盘锦地区、黑龙江省黑河地区、内蒙古自治区的呼伦贝尔等地，主产区产量约占全国总产量的 70% 左右。次产区：吉林省的延吉地区，甘肃省平凉市，陕西省临潼、渭南、华县、洋县等地。次产区水飞蓟产量约占全国总产量的 30% 左右。此外，北京、天津、江苏、广西、四川、浙江和新疆等地也有小面积试种。

种植水飞蓟如何选地、整地？

水飞蓟对土壤要求不严格，在荒地、林边、沟旁、山坡等地均能生长，水飞蓟怕涝，因此要选择排水良好的向阳地块。药物残留对水飞蓟生长影响较大，前茬施用过高残留、残效期长的农药如虎威、普施特、绿磺隆、豆磺隆等药剂的地块，不能种植水飞蓟。整地时每亩可施有机肥 2000kg、磷酸二铵 10~15kg，尿素 8~12kg。

水飞蓟播种前，如何选择或处理种子？

选择粒大、色黑、饱满、无病害、发芽率高的种子，千粒重要达到 25g 以上，以保证出苗后长势整齐一致。异地调种最佳，如果第二年留种，最好进行人工筛选，割晒后摘取成熟度最好的籽粒。可用 10% 苯醚甲环唑水分散剂 1000 倍液，与海岛素（5% 氨基寡糖素）水剂 800 倍液混配使用拌种防治病害。用 70% 吡虫啉种子处理可分散剂 15g 拌种 10kg，或用 60% 吡虫啉悬浮种衣剂 50g 拌种 50kg，或 30% 噻虫嗪种子处理悬浮剂 100g 拌种 50kg 处理种子防治地下害虫等。

水飞蓟适宜在什么季节播种？

水飞蓟是耐低温药材，需要低温春化。北部地区在 4 月下旬至 5 月上旬之间播种，经历 0~10℃的自然低温过程，若播种较晚，则春化阶段就会被延长而影响开花和结实。南方地区宜在秋季播种，该季节雨水较多有利于水飞蓟种子的萌芽，经过冬季自然低温过程，第二年春末夏初即可收获。水飞蓟种子播种前可用大豆种衣剂拌种，可防地下害虫吃掉种子，提高出芽率，并能够加快苗期的生长，控制杂草生长。

水飞蓟播种量及播种方法如何?

一般情况下，播种量为每亩0.5~1kg。保苗2000~6000株/亩，因土壤肥力、地域、播种方式不同，保苗数量差异较大。

机械平播：在整平耙细的土壤上，用平播机械，如用24行或48行播种机，株距10cm，行距60cm，为机械收获创造条件。

垄上埯种：埯距20~30cm，埯深8~10cm，每穴施二铵2~3g，覆土4cm，上面播种2粒，再覆土3~4cm；也可不施肥直接播种，种子间距10~15cm，种子覆土3~4cm，播后压实，以利出苗。

机械垄上播种：可用机械精量播种机，经适当的改装和调整，使其株距在20~30cm，深施肥8~10cm，覆土3~4cm即可。

种植水飞蓟如何间苗、定苗?

当幼苗长至4片真叶时，进行间苗，每穴可留2株；当长至5~6片叶时，或株高6~10cm时进行定苗，以株距18~20cm定植，每穴留壮苗1株。

种植水飞蓟如何中耕除草?

苗出齐后（2叶期）首先深松1次，然后铲除杂草，既疏松土壤、通风透气，又利苗生长；在幼苗和基生叶生长期可除草2~3次。苗期可喷拿普净、高效盖草能除草。

种植水飞蓟对水分有何要求?

水是水飞蓟生育过程中较重要的因素之一。水飞蓟种子萌发需要充足的水分，播种后需及时浇灌。若表土干燥板结，则出苗不齐，或不能出苗。苗期虽然较耐干旱，但干旱条件下生育缓慢，莲座期延长；若干旱严重，水飞蓟植株矮小，形成老化苗。土壤冻结前要浇1次防冻水，以利越冬。水飞蓟开花时，对水分十分敏感，此时，植物体内新陈代谢最为旺盛，对水分的要求达到高峰，需充足水分，如遇干旱天气要及时灌水。否则，种子不饱满，秕粒种子增多。植株进入开花结实后期时，植株繁茂，光合作用和蒸腾作用都较强，同化作用旺盛，为保证植株生长旺盛，种子成熟饱满，水分是一个主要因素。总之，在其个体发育中要求水分适中，以现蕾开花为中心，前后10~15天为水分临界期，在此期间土壤持水量保证70%左右为好。

种植水飞蓟如何追肥？

定植后和花蕾生长期可进行追肥，一般每亩用尿素10~15kg，可同时喷洒磷酸二氢钾溶液，15天喷1次，连续3次，以增加果重。每次每亩施入尿素10kg，还应加施钾肥，每亩加氯化钾1kg。遵照配方和平衡施肥的原则，合理补微肥。增施腐熟的有机肥和磷钾肥，配合推广使用生物菌剂、生物有机肥，改善土壤团粒结构，拮抗有害菌，增强植株抗病抗逆能力，大大提升植株的健康增产潜力。

怎样防治水飞蓟病害？

水飞蓟主要病害有猝倒病、立枯病等，此类病害在蔬菜、瓜果、茶叶等绿色生产、控害减灾方面多采用如下措施。

（1）猝倒病和立枯病

①病原及症状：猝倒病属鞭毛菌亚门、腐霉属、瓜果腐霉菌；立枯病属半知菌亚门、立枯丝核菌。猝倒病和立枯病是苗期的重要病害，往往交织发生，根颈处变褐缢缩，后腐烂，甚至造成死苗。立枯病苗枯死而不倒，猝倒病苗死而猝倒。

②防治方法

农业防治：选用抗病品种。早期发现病株，立即连根挖除，集中深埋或烧毁。使用充分腐熟的有机肥，增施磷钾肥并合理补微肥，推广使用生物菌剂和生物有机肥，拮抗有害菌，促根壮苗，提高植株抗病抗逆能力。选用抗耐病品种。培育壮苗，及时锄划，提温调墒。

生物防治：播种前可用每1g含10亿以上的枯草芽孢杆菌、蜡质芽孢杆菌、哈茨木霉菌等处理土壤。

科学用药防治：预计临发病之前或发病初期及时喷淋（灌）药剂，可用植物诱抗剂海岛素（5%氨基寡糖素）水剂600倍液（或6% 24-表芸·寡糖水剂1000倍液）分别与30%噁霉灵水剂800倍液、75%肟菌·戊唑醇水分散粒剂2000倍液、38%噁霜嘧铜菌酯1000倍液、42.8%氟吡菌酰胺·肟菌酯悬浮剂1500倍液混配后喷淋（灌）到茎基部和根部。视病情把握用药次数，一般隔7~10天1次，防治1~2次。

（2）软腐病

①病原及症状：由欧氏植物菌引起的一种毁灭性的细菌病害，接触地面的根茎部往往先出现症状，向上蔓延，发病部位呈水渍状，严重时软化、腐烂，散发出臭味，甚至整株枯死。

②防治方法

农业防治：选用抗病品种。适期早播，使植株抽薹现蕾期提前。择排水良好的无积水地块进行种植。避免重茬种植。田间发现零星软腐病株应立即拔除并带出田外销毁，病穴撒上生石灰或药剂消毒。结合配方和平衡施肥推广使用生物菌肥、生物有机肥。

生物防治：预计临发病前开始，用80%乙蒜素乳油1000倍液、蜡质芽孢杆菌300亿菌体/克可湿性粉剂2500倍液、2%春雷霉素水剂500倍液喷淋或灌根。7天用药1次。连续2~3次。

科学用药防治：预计临发病前或发病初期及时用药防治，可用80%盐酸土霉素可湿性粉剂1000倍液，或25%络氨铜水剂500倍液（或30%琥胶肥酸铜可湿性粉剂800倍液、40%噻唑锌悬浮剂800倍液、20%叶枯唑可湿性粉剂300倍液、38%噁霜嘧铜菌酯1000倍液）+海岛素（5%氨基寡糖素）水剂600倍液（或6%24-表芸·寡糖水剂1000倍液）喷淋或灌根，也可用38%噁霜嘧铜菌酯（30%噁霜灵+8%嘧铜菌酯）800倍液，或40%春雷·噻唑锌（5%春雷霉素+35%噻唑锌）悬浮剂3000倍液喷淋或灌根，随配随用，精准用药。视病情7~10天用药1次。建议示范验证50%氯溴异氰尿酸可溶性粉剂1000倍液+海岛素水剂800倍液喷淋或灌根的效果。

（3）霜霉病

①病原及症状：属鞭毛菌亚门真菌。主要危害叶片、嫩茎、花梗和花蕾。病叶褪绿，叶斑不规则，界限不清，初呈浅绿色，后变为黄褐色，病叶皱缩，叶背面菌丝较稀疏，初污白或黄白色，后变淡褐或深褐色。春季发病严重时致幼苗弱或枯死，秋季染病严重时整株枯死。

②防治方法

农业防治：选用抗病品种。加强肥水管理，防止积水及湿气滞留。春季发现病株及时拔除，集中深埋或烧毁。

科学用药防治：预计临发病前或发病初期立即用药防治，可用25%嘧菌酯悬浮剂5ml+25%双炔酰菌胺悬浮剂10ml+水15kg，或69%安克·锰锌（9%烯酰吗啉+60%代森锰锌）可湿性粉剂800倍液均匀喷雾，视病情间隔7~10天喷1次，连喷2~3次。

其他防治方法和选用药技术参照“丝瓜霜霉病”。

（4）白绢病

①病原及症状：属半知菌亚门、无孢目、小核菌属。有性态属担子菌亚门真菌。发生在水飞蓟茎基部，病部呈褐色，长有白色绢丝状菌丝体，导致茎叶腐烂，茎叶凋萎。

②防治方法

农业防治：与非寄主植物实施轮作。发病严重的植株拔掉，带土移出田外深埋或烧毁，并用石灰粉处理病穴。增施腐熟的有机肥和磷钾肥，合理补微肥，推广使用生物菌剂、生物有机肥，拮抗有害菌，增强植株抗病抗逆能力。

科学用药防治：可用24%噻呋酰胺悬浮剂600倍液，或42%寡糖·硫黄悬浮剂500倍液，或25%络氨铜水剂500倍液或47%春雷·王铜（2%春雷霉素+45%氧氯化铜）可湿性粉剂800倍液或20%噻唑锌悬浮剂800倍液+海岛素（5%氨基寡糖素）水剂600倍液（或6% 24-表芸·寡糖水剂1000倍液）淋灌根茎部或茎基部，安全性高，增强植株抗逆能力，强身壮棵。视病情把握用药次数，7~10天喷1次，一般连喷3次左右。

其他防治方法和选用药剂技术参照“北苍术白绢病”。

怎样防治水飞蓟虫害？

水飞蓟主要害虫有蚜虫、金龟子等，此类害虫在蔬菜、瓜果、茶叶等绿色生产、控害减灾方面多采用如下措施。

（1）蚜虫 属同翅目、蚜总科。

①为害状：以成虫和若虫吸食嫩尖、叶片、花蕾叶液，造成植株枯黄，并引发其他病害。

②防治方法

物理防治：参照“地榆蚜虫”。

生物防治：参照“山银花蚜虫”。

科学用药防治：把握在无翅蚜发生初期未扩散前用药，用92.5%双丙环虫酯可分散液剂15000倍液喷雾防治。其他选用药技术参照“地榆蚜虫”。

（2）金龟子 属鞘翅目、金龟甲科。

①为害状：成虫咬食嫩枝、叶、花及果实，常常造成枝叶残缺不全、生长缓慢。幼虫（蛴螬）危害根部，严重的造成植株生长势衰弱甚至枯死。

②防治方法

农业防治：清洁田园，秋冬要及时清理植株残枝，日常管理中注意除草。苗圃地周围、区间种植蓖麻作为诱杀带。人工捕捉，幼虫为害，则清晨到田间扒开新被害药苗周围或被害残留茎叶洞口附近的表土，捕捉害虫，集中处理。

物理防治：规模化运用频振式杀虫灯诱杀成虫，利用糖醋液规模化诱杀成虫（糖:醋:酒:水=6∶3∶1∶10），将成虫消灭在交配和产卵之前。

科学用药防治：金龟子发生期间在水飞蓟上喷洒20%氯虫苯甲酰胺悬浮剂1000倍液，能够很好地防止金龟子的侵害。

其他防治方法和选用药技术参照“金银花蛴螬”。

（3）苜蓿夜蛾 属鳞翅目、夜蛾科。

①为害状：食性很杂，初龄幼虫将叶片卷起，潜伏其中食害。受惊后迅速后退，长大后则不再卷叶，蚕食大量叶片，形成缺刻和孔洞，并能食害花蕾。熟幼虫受惊后则卷成环形，落地假死。每年发生2代。以蛹在土中越冬。第1代幼虫7月份入土做土茧化蛹，成虫于8月羽化产卵。第2代幼虫9月份入土做土茧化蛹越冬。

②防治方法

农业防治：利用幼虫假死性，用手振动植株，使虫落地，就地消灭。

物理防治：规模化运用杀虫灯诱杀成虫于产卵之前。配制糖醋液（糖:醋:酒:水=6：3：1：10）诱杀成虫。

生物防治：运用性诱剂诱杀雄虫于交配之前。

科学用药防治：在幼虫低龄期（3 龄以前）喷药防治，可用 16% 甲维盐·茚虫威（4% 甲氨基阿维菌素苯甲酸盐 +12% 茚虫威）悬浮剂 3000 倍液，或 1.8% 阿维菌素 1000 倍液等喷雾防治。视虫情隔 10~15 天喷施 1 次。其他防治方法（包括生物防治）和选用药剂技术参照“牛膝银纹夜蛾”。

（4）菜青虫 属鳞翅目、粉蝶科。

①为害状：1~2 龄幼虫在叶背啃食叶肉，留下一层薄薄的表皮，3 龄以上的幼虫食量很大，可把叶片吃成孔洞或缺刻，影响植株正常生长，严重时叶片全部被吃光，仅剩下叶脉和叶柄。发生代数因地而异，华北 1 年 4~5 代，在浙江一带 1 年发生 7~8 代。以蛹越冬，成虫喜欢在白昼强光下飞翔，终日飞舞在花间吸蜜。

②防治方法

农业防治：人工逮或捏掉菜叶上的菜青虫蛹和幼虫。

生物防治：将整枝下来的新鲜黄瓜蔓，加少许水捣烂，滤去残渣，用汁液加 3 倍水喷洒。用新鲜红辣椒 0.5kg（越辣越好），捣烂加水 5kg，加热煮 1 小时，取其滤液喷洒。用 1%~3% 石灰水溶液喷雾可除虫卵。卵孵化盛期喷施 100 亿孢子 / 克 Bt 生物制剂或青虫菌 300~500 倍液，或 0.36% 苦参碱水剂 800 倍液，或 2.5% 多杀霉素悬浮剂 1500 倍液。

科学用药防治：低龄幼虫期防治，可优先选用 5% 虱螨脲乳油 1500 倍液，或 5% 氟虫脲乳油 50~75ml 或 25% 灭幼脲悬浮剂 30~40ml 或 20% 除虫脲悬浮剂 10ml，兑水 50kg 均匀喷雾，还可最大限度地保护天敌资源和传媒昆虫。其他药剂可用 10% 溴氰虫酰胺可分散油悬浮剂 2000 倍液，或 20% 氯虫苯甲酰胺悬浮剂 2000 倍液，或 50% 辛硫磷乳油 1000 倍液，10% 虫螨腈悬浮剂 1500 倍液等喷雾防治，同时兼治蓟马等。加展透剂，喷匀打透，视虫情把握用药次数。

水飞蓟如何采收？

水飞蓟最佳采摘期在 8 月上旬，此期间果实陆续成熟，即可收获。

（1）人工采摘 中心蕾成熟后在早晨露水未干时采摘，其他分枝蕾过一周采摘，一般采 2~3 次。人工采摘后的水飞蓟不可大堆堆放，必须散开通风，以免捂坏变质。水飞蓟晒干，收获种子即为成品，亩产量 100~150kg。

（2）机械收获 当花苞发黄外翻，花絮部分外飞，分枝桃发黄时，用自走式割晒机割晒，一般割晒后连续晒 6~8 天后捡拾。收割机低速慢割，风量小些，可减少损失。收获后充分晾晒，水分降至 15% 以下装袋入库。

水飞蓟市场前景如何？

水飞蓟在我国只有十多年的栽培历史，是个新发展起来的品种。由于该药材在治疗肝胆病、脑血管病等领域有特殊疗效，我国已有数十家制药厂对水飞蓟进行深加工，有的制成成品药，有的提取水飞蓟素出口德国、日本、美国等。近几年来种植面积虽然不断扩大，但仍满足不了市场需求，市场价格一直处于坚挺状态，所以应抓住时机，大力发展水飞蓟栽培产业。

莱菔子

莱菔子有何药用价值？

莱菔子，又名萝卜籽、萝白子、菜头子，为十字花科植物萝卜 *Raphanus sativus* L. 的干燥成熟种子。类圆形或椭圆形，略扁，长 2~4mm，宽 2~3mm。种皮薄，表面红棕色、黄棕色或深灰棕色，乳黄色，肥厚，有纵密褶，气微，味略辛。

种子主要成分包括硫苷类、水溶性生物碱类、挥发油及脂肪酸类、黄酮及多糖类等。辛、甘，平。归肺、脾、胃经。具消食除胀，降气化痰之功效，可用于饮食停滞、脘腹胀痛、大便秘结、积滞泻痢、痰壅喘咳等。该品辛散耗气，故气虚无食积、痰滞者慎用，不宜与人参同用。

萝卜的生物学特性有哪些？

萝卜为二年或一年生草本植物，高 20~100cm；肉质直根，长圆形、球形或圆锥形，外皮绿色、白色或粉色；茎有分枝，无毛，稍具粉霜。基生叶和下部茎生叶大头羽状半裂，长 8~30cm，宽 3~5cm，顶裂片卵形，侧裂片 4~6 对，长圆形，有钝齿，疏生粗毛，上部叶长圆形，有锯齿或近全缘。

总状花序顶生及腋生；花白色或粉红色，直径 1.5~2cm；花梗长 5~15mm；萼片长圆形，长 5~7mm；花瓣倒卵形，长 1~1.5cm，具紫纹，下部有长 5mm 的爪。

长角果圆柱形，长 3~6cm，宽 10~12mm，在种子间处缢缩，并形成海绵质横隔；顶端喙长 1~1.5cm；果梗长 1~1.5cm。种子 1~6 个，卵形，微扁，长约 3mm，红棕色，花期 5~6 月，果期 7~8 月。

萝卜为半耐寒性植物，生态类型多样，全国各地普遍栽培。种子在 2~3℃便能发芽，适温为 20~25℃。幼苗期能耐 25℃左右较高的的温度，也能耐 −3~−2℃的低温。萝卜茎叶生长的温度为 5~25℃，适温为 15~20℃。肉质根生长的温度为 6~20℃，适温为 18~20℃，当温度低于 −2~−1℃时，肉质根会受冻。

萝卜属长日照植物，生长发育需要充足的光照，完成春化的植株在长日照（12 小时以上）及较高的温度条件下，花芽分化及花枝抽生较快。

萝卜的播种应注意哪些问题?

播种期及播种量：甘肃河西地区一般 7 月中旬播种，撒播，每亩用种量 200g。

整地：地深翻，结合翻地每亩施 30kg 磷酸二铵，用磙子将地压平，将种子均匀撒在地表，再覆盖 1cm 厚的河沙，浇透水即可。为满足苗期的正常生长需浇 4~5 次水，浇第三水的时候再随水施尿素 20kg，11 月上旬起苗窖藏。

母根窖藏应注意哪些问题?

选向阳避风地块进行窖藏；窖宽 1m，深度 1.3m，长度根据萝卜的数量而定，将挖出的萝卜拧去叶子，整齐堆放在窖底，萝卜厚度为 30cm，底部铺 10cm 湿土，土的湿度以捏在手中松开不散为准，根据天气情况逐渐盖土，以防温度过高造成烂根现象，盖土总厚度为 1m。

母根移栽应注意哪些问题?

翌年 3 月份，待地解冻后逐渐挖去窖藏萝卜上的覆土，3 月底移栽。移苗前每亩施 40~50kg 磷酸二铵或复合肥，将地深翻整平，平地覆 70cm 或 140cm 地膜，地膜上挖穴移栽，母根必须栽实，以防漏空造成死苗。株距 33cm，行距 40cm，亩保苗 5000 株，整个生长需浇 5~6 次水，如遇多雨天，可适当少浇水，随水每亩追施尿素 20kg。及时中耕，清除田间杂草。遵照配方和平衡施肥的原则，合理补微肥。增施腐熟的有机肥和磷钾肥，配合推广使用生物菌剂、生物有机肥，改善土壤团粒结构，拮抗有害菌，增强植株抗病抗逆能力，大大提升植株的健康增产潜力。

萝卜的病虫害怎样防治?

萝卜主要病害有萝卜病毒病、黑腐病、蚜虫、菜青虫等，此类病虫害在蔬菜、瓜果、茶叶等绿色生产、控害减灾方面多采用如下措施。

（1）萝卜病毒病

①病原及症状：萝卜病毒病系病毒性病害，其毒源有芜菁花叶病毒（TuMV）、黄瓜花叶病毒（CMV）、花椰菜病毒（CAMV）、萝卜耳突花叶病毒（REMV）和萝卜叶缘黄化病毒（RYEV）五种。发病后出现花叶。叶片皱缩，畸形，植株矮小，根部膨大、发育不良，造成严重缺株减产。该病毒由蚜虫传播，高温（28℃以上）干旱有利

于该病发生。一般秋季发生较重。

②防治方法

农业防治：因地制宜选用抗病优良品种。配方和平衡施肥，施足基肥，适当追肥。增施腐熟的有机肥和磷钾肥，合理补微肥，推广使用生物菌剂、生物有机肥，增强植株抗病抗逆能力。及时蹲苗，增强植株抗病力。不与其他早熟十字花科作物邻作，并及时清除田间杂草。

物理防治：防治蚜虫为防治萝卜病毒病的关键。苗期用银灰膜或塑料反光膜、铝光纸反光避蚜。黄板诱杀有翅蚜。

生物防治：早期防治蚜虫，消灭传毒介体，用新鲜红辣椒 0.5kg（越辣越好），捣烂加水 5kg，加热煮 1 小时，取其滤液喷洒。用 0.36% 苦参碱水剂 800 倍液，或 2.5% 多杀霉素悬浮剂 1500 倍液均匀喷雾。

科学用药防治：防治蚜虫优先选用 25% 噻嗪酮可湿性粉剂或 10% 吡丙醚乳油或 5% 虱螨脲水剂 2000 倍液均匀喷雾，还能最大限度地保护自然天敌和传媒昆虫，在控制传毒媒介蚜虫的基础上，作为病毒病预防，或在发病初期可选用 80% 盐酸吗啉胍水分散粒剂 600~1000 倍液，或海岛素（5% 氨基寡糖素）水剂 800 倍液，或 6% 24-表芸 · 寡糖水剂 1000 倍液，30% 毒氟磷可湿性粉剂 1000 倍液，或 2% 嘧肽霉素水剂 800 倍液，或宁南霉素水剂 500~1000 倍液，或 20% 吗胍 · 乙酸铜可湿性粉剂（迁毒）200~400 倍液等药剂均匀喷雾。发病初期喷 85% 三氯异氰尿酸 1500 倍水溶液 + 海岛素水剂 1000 倍液茎叶喷雾。每隔 7~10 天 1 次，连续 2~3 次，并注意药剂的轮换使用。及时防治蚜虫，选用药剂和使用技术参照“地榆蚜虫”。

（2）黑腐病

①病原及症状：属细菌、野油菜黄单胞杆菌、野油菜黑腐病致病型。萝卜黑腐病俗称黑心、烂心，是细菌病害。主要危害叶和根。幼苗期发病子叶呈水浸状，根髓变黑腐烂。叶片发病，多从叶缘和虫伤口处开始，叶缘多处产生黄色斑，向内形成“V”字形或不规则形黄褐色病斑，最后病斑可扩及全叶，叶脉变黑呈网纹状，逐渐整叶变黄干枯。感病后根部维管束变黑，肉质根内部变黑腐烂，并产生恶臭。

②防治方法

农业防治：播种前或收获后，清除田间及四周杂草和农作物病残体，集中烧毁或沤肥。深翻地灭茬，促使病残体分解，减少病原和虫原。与非本科作物轮作，水旱轮作最好。选用抗病品种，选用无病、包衣的种子，如未包衣则种子须用拌种剂或浸种剂灭菌。适时早播，早间苗、早培土、早施肥，及时中耕培土，培育壮苗。雨后及时排水，防止湿气滞留。增施腐熟的有机肥和磷钾肥，合理补微肥，推广使用生物菌剂、生物有机肥，增强植株抗病抗逆能力。不用带菌肥料，施用的有机肥不得含有植物病残体。及时防治黄条跳甲、蚜虫等害虫，减少植株伤口，减少病菌传播途径。发病时及时清除病叶、病株，并带出田外烧毁，病穴施药或生石灰。

物理防治：播种前用 52℃温水浸种 20 分钟后立即在冷水中冷却，捞出晾干后播种，可杀死种子上的病菌。

生物防治：种子灭菌，用2%嘧肽霉素水剂800倍液+3%中生菌素（农抗751）可湿性粉剂100倍液15ml浸拌20kg种子，吸附后阴干播种。及时喷药，预计临发病前或初期，用2%嘧肽霉素水剂800倍液+3%中生菌素可湿性粉剂500倍液、1%中生菌素水剂1000倍液均匀喷雾。

科学用药防治：种子处理，用100ml水中加入0.6ml醋酸、2.9ml硫酸锌溶解后，温度控制在39℃，浸种20分钟，冲洗3分钟后晾干播种，或45%代森铵水剂300倍液浸种15~20分钟，冲洗后晾干播种；或用50%琥胶肥酸铜可湿性粉剂按种子重量的0.4%拌种，可预防苗期黑腐病的发生。及时喷药，预计临发病前或发病初期及时用药防治，可用25%络氨铜水剂500倍液（或30%琥胶肥酸铜可湿性粉剂800倍液、12%松脂酸铜乳油600倍液）+海岛素（5%氨基寡糖素）水剂600倍液（或6%24-表芸·寡糖水剂1000倍液），或40%春雷·噻唑锌（5%春雷霉素+35%噻唑锌）悬浮剂3000倍液喷淋，随配随用，精准用药。视病情7~10天用药1次。

（3）蚜虫 属同翅目、蚜总科。

①为害状：主要危害萝卜的叶及嫩荚。成群聚集在叶的背面和心叶吮吸汁液，使受害叶缘向后卷曲，叶片皱缩，并逐渐失水枯黄，使植株矮小，发育不良，直至枯死。此外蚜虫还能传播病毒病。

②防治方法

物理防治：参照“地榆蚜虫”。

生物防治：早期防治蚜虫，消灭传毒介体，用新鲜红辣椒0.5kg（越辣越好），捣烂加水5kg，加热煮1小时，取其滤液喷洒。用0.36%苦参碱水剂800倍液，或2.5%多杀霉素悬浮剂1500倍液均匀喷雾。

科学用药防治：科学用药防治把握在无翅蚜发生初期未扩散前用药，优先选用25%噻嗪酮可湿性粉剂或10%吡丙醚乳油或5%虱螨脲水剂2000倍液喷雾防治，最大限度地保护自然天敌和传媒昆虫。其他药剂可用92.5%双丙环虫酯可分散液剂15000倍液喷雾防治。其他选用药技术参照“地榆蚜虫”。

（4）菜青虫 属鳞翅目、粉蝶科。

①为害状：成虫产卵于叶子背面，似竖直的麦粒状，孵化后危害菜叶，吃成很多缺刻。随着虫龄增加，危害逐渐加重，有时仅残留叶脉，影响植株生长发育。

②防治方法：农业防治、生物防治、科学用药防治技术参照“水飞蓟菜青虫”。

种子如何采收?

7月底8月初，种荚完全变黄时即可采收。一般采用人工，用镰刀收割，采收时应轻拉秸秆，以防种荚掉落。及时晾晒、打碾或用拖拉机脱粒，晾晒、精选，封装保存。

牛蒡子

牛蒡子有何药用、食用及保健价值?

本品为菊科植物牛蒡 *Arctium lappa* L. 的干燥成熟果实，俗名然然子、鼠粘子，性寒，味辛、苦。具疏散风热、宣肺透疹、解毒利咽功效。用于风热感冒，咳嗽痰多，麻疹，风疹，咽喉肿痛，痄腮，丹毒，痈肿疮毒。除药用外，其当年生肥大直根还可食用或制作成牛蒡饮片，对糖尿病、肾病有一定的治疗作用。

牛蒡分布于我国哪些地区?

牛蒡具有广泛的适应性，国内分布广泛，产地分散。分布于东北、华北、西北、西南等地区，多自产自销；一般认为，野生品以东北产量最大，质量以浙江所产为佳。

种植牛蒡如何选地整地、施肥?

种植牛蒡时，宜选择土层深厚、肥沃、土质疏松、具备排灌条件、无连作的地块，前茬作物以小麦、薯类为宜。深耕 40~50cm，每亩施入磷酸二铵 50kg、尿素 30kg、农家肥 4000kg 或有机肥 80~100kg，耙细整平，结合深翻每亩用 500ml 辛硫磷乳油兑 10kg 油渣制成毒饵施入土内，杀灭地下害虫，减轻来年虫源。

牛蒡有哪些种植模式?

牛蒡是二年生草本植物，第一年营养生长，叶面积较小；第二年生殖生长。采用套种或复种的方法，可以提高土地的利用率。

地膜玉米 + 牛蒡套种模式：半覆膜玉米套种牛蒡子。起垄覆膜，垄高 5~10cm，垄宽 30~40cm，垄间距 15~20cm，玉米播于垄上，牛蒡子播于垄间。牛蒡子播种时间应在玉米播种完成后，也可在玉米定苗完成后进行。玉米品种应选择生育期较短的鲜食早熟品种，适当减小玉米种植密度，每亩以 3000 株为宜。玉米成熟后应尽早收获割去地上茎叶，给牛蒡子提供充足光照时间和良好的秋季生长环境。收获玉米时，尽可能地保护地膜，提高土壤的抗旱抗寒能力，做到 1 次覆膜，两年使用。

牛蒡如何播种?

采用种子穴播。种子应选用当年健壮、无病虫害的植株采收的种子，避免使用陈年种子，纯度≥98.0%，净度≥95.0%，含水量≤10.0%，发芽率≥80.0%。春、夏、秋均可播种，但以春播为好。春播时间3月下旬~4月上旬，秋播在8~9月。株行距50~60cm。采用种子穴播，每穴点入种子3~4粒，播后覆土2~3cm，稍加镇压。每亩用种子2~3kg。

如何对牛蒡进行中耕除草?

幼苗期或第二年春季返青后要进行松土，同时前期要特别注意除草，除草原则是除早、除小、除了；后期叶子较大时停止中耕除草。

何时对牛蒡进行间苗定苗?

当苗长至4~5片真叶时，按株距50cm间苗定苗，间下的苗如有缺苗处，可带土移栽。

如何对牛蒡追肥?

一般播种当年生长期（营养生长期）不进行追肥，第二年生殖生长期进行追肥，对提高产量和质量有明显效果。土壤肥力好、长势旺的地块于开花前追1次肥，每亩追施磷酸二铵20kg；地力差、长势弱可在返青后和抽薹前各追1次肥。追肥种类一般返青后追肥以氮肥为主，每亩追施尿素15~20kg；抽薹前追肥以磷钾肥为主，可促使植株分枝增多和籽粒饱满。如要追施农家肥，可在土壤解冻前运到田间撒开，返青后结合中耕除草和追肥施入土壤。遵照配方和平衡施肥的原则，合理补微肥。增施腐熟的有机肥和磷钾肥，配合推广使用生物菌剂、生物有机肥，改善土壤团粒结构，拮抗有害菌，增强植株抗病抗逆能力，大大提升植株的健康增产潜力。

如何防治牛蒡病害?

牛蒡主要病害有叶斑病、白粉病等，此类病害在蔬菜、瓜果、茶叶等绿色生产、控害减灾方面多采用如下措施。

（1）叶斑病

①病原及症状：属半知菌亚门真菌。多发生于7~8月多雨季节。危害叶片，病斑黄色，严重时整个叶片变成灰褐色枯萎死亡。

②防治方法

农业防治：清洁田园，清除枯枝残体，对种植田块及周边进行人工除草；增施腐熟的有机肥，合理补微肥。配合推广使用生物菌剂、生物有机肥，拮抗有害菌，增强植株抗病抗逆能力；生长期发现病叶，立即摘除烧毁，及时拔除重病株深埋或烧毁；合理实行轮作倒茬。

生物防治：预计临发病之前或发病初期，选用0.5%小檗碱水剂30~50ml+沃丰素［植物活性苷肽≥3%、壳聚糖≥3%、氨基酸、中微量元素≥10%（锌≥6%、硼≥4%、铁≥3%、钙≥5%）］25ml+80%大蒜油5~15ml+农用有机硅2000倍液，兑水15kg定期喷雾。

科学用药防治：预计临发病之前或发病初期及时喷药防治，可选用42%寡糖·硫黄悬浮剂600倍液，或1∶1∶150的波尔多液等均匀喷雾。发病初期也可喷施10%苯醚甲环唑水乳剂1000倍液，或80%络合态代森锰锌1000倍液等。视病情把握用药次数，一般7~10天喷1次，连续3次左右。其他选用药剂和防治方法参照“芍药叶斑病”。

（2）白粉病

①病原及症状：属子囊菌亚门、单囊壳菌。多发于高温干旱天气，危害叶片。白粉病初期在叶片上呈现浅黄色小斑点，以叶正面居多，后逐渐扩大，病叶上布满白色粉霉状物，在温湿度适宜时病斑可迅速扩大，并连接成大面积的白色粉状斑。潮湿和通风光线不好时利于发病，发病后叶的两面有一层灰白色粉末，而后生出黑点，最后全部干枯脱落。

②防治方法

农业防治：注意田间通风透光，摘除病叶烧掉，合理密植，选择南北行种植为宜。增施腐熟的有机肥，合理控氮肥和补微肥。配合推广使用生物菌剂、生物有机肥，拮抗有害菌，增强植株抗病抗逆能力。选用抗耐病良种。

生物防治：参照“射干锈病”。

科学用药防治：预计临发病前或初期及时用药，可用42%寡糖·硫黄悬浮剂600倍液，或10%苯醚甲环唑水乳剂1000倍液等保护性防治。治疗性药剂可选用40%醚菌酯·乙嘧酚（25%乙嘧酚+15%醚菌酯）悬浮剂1000倍液，或唑类等杀菌剂。防治方法和选用药及技术参照“凤仙花白粉病”。视病情把握用药次数，一般7~10天喷1次药。

如何防治牛蒡虫害？

牛蒡主要害虫有蚜虫、红蜘蛛等，此类害虫在蔬菜、瓜果、茶叶等绿色生产、控害减灾方面多采用如下措施。

（1）蚜虫　属同翅目、蚜总科。

①为害状：蚜虫对牛蒡在高温干旱的条件下危害较重，严重时可造成绝产。在5~9月间发生较为严重，成、若虫均聚集在新芽、未展开叶片或者花上，吸取植物汁液。使心叶皱缩不能展开，危害花正常授粉，并导致叶片留下点斑痕，严重影响植株生长。

②防治方法

物理防治：参照“地榆蚜虫”。

生物防治：早期防治蚜虫，消灭传毒介体，用新鲜红辣椒0.5kg（越辣越好），捣烂加水5kg，加热煮1小时，取其滤液喷洒。用0.36%苦参碱水剂800倍液，或2.5%多杀霉素悬浮剂1500倍液。

科学用药防治：把握在无翅蚜发生初期未扩散前用药，用92.5%双丙环虫酯可分散液剂15000倍液喷雾防治。其他选用药技术参照“地榆蚜虫”。

（2）红蜘蛛 属蛛形纲、蜱螨目。

①为害状：常群集于植物叶背面。个体很小，不易被发现，一旦发现其为害，往往已受害较重。初期叶片失绿，被害处呈黄色小斑点，后逐渐扩展到全叶，叶缘卷曲，以致焦枯、脱落，严重时植株死亡。

②防治方法

农业防治：清洁田园，将枯枝、烂叶集中烧毁或埋掉。

生物防治：成、若螨零星出现，用0.36%苦参碱水剂800倍液，或5%天然除虫菊素乳油1000倍液，或0.5%藜芦碱可湿性粉剂600倍液，或2.5%浏阳霉素悬浮剂1000倍液，或亩用1kg韭菜榨汁+肥皂水（大蒜汁）等均匀喷雾。

科学用药防治：把握灭卵关键期。当田间零星出现成、若螨时及时喷施杀卵剂，24%联苯肼酯悬浮剂1000倍液（保护天敌），或34%螺螨酯悬浮剂4000倍液，或27%阿维螺螨酯悬浮剂3000倍液等均匀喷雾。田间点片出现，预计发生态势上升应立即防治，可优先选用24%联苯肼酯悬浮剂1000倍液，最大限度地保护自然天敌和传媒昆虫。其他药剂可用30%乙唑螨腈悬浮剂4000倍液，或1.8%阿维菌素乳油2000倍液，或73%炔螨特乳油1000倍液，或57%炔螨酯乳油2500倍液等喷雾防治。主张其他杀螨剂与阿维菌素复配喷施，加展透剂和1%尿素水更佳。视情况把握防治次数，一般间隔7~10天喷1次。要喷匀打透。药剂之间可相互合理复配使用，减量控害。注意交替轮换用药。

（3）地下害虫 牛蒡地下害虫主要有：蛴螬、蝼蛄、金针虫、地老虎等。

防治方法：蛴螬防治参照“山银花蛴螬”，蝼蛄防治参照“麦冬蝼蛄”，金针虫防治参照“芍药金针虫”，地老虎防治参照“蓖麻地老虎”。

牛蒡子何时、如何采收？

牛蒡种子成熟期在8~9月份，当总苞变黑时应分期分批将果枝剪下，随熟随采，一般分2~3次便可采收完，应晾晒在通风干燥处。

牛蒡子如何进行产地初加工？

果枝干燥后可用脱粒机脱粒；或者直接搓揉用木棒等敲打脱种子，再用网筛去除枝叶、果柄等杂质，晒干、装袋。

桃 仁

桃仁有哪些药用价值?

桃仁是蔷薇科植物桃 *Prunus persica*（L.）Batsch 或山桃 *Prunus davidiana*（Carr.）Franch. 的干燥成熟种子。果实成熟后采收，除去果肉和核壳，取出种子，晒干。具有活血祛瘀，润肠通便，止咳平喘的功效。主治经闭痛经，癥瘕痞块，肺痈肠痈，跌扑损伤，肠燥便秘，咳嗽气喘等症。桃果汁多味美，芳香诱人，色泽艳丽，营养丰富，不仅可供鲜食，还可加工成多种食品，如果汁、蜜饯、果干、果酱、糖水罐头等，具有较高的经济价值。

桃树如何进行嫁接?

（1）嫁接 苗高 40cm 左右时喷施壮茎灵，可使苗木茎秆粗壮、植株茂盛，同时可提升抗灾害能力，促进苗木粗生长。当苗木地径 0.5~0.6cm 时进行“丁”字芽接，并在接口处涂抹护树将军母液保护伤口，于6月中下旬以前完成，但须注意接穗质量，选用生长充实枝条的成熟芽。

（2）剪砧 嫁接成活后，将接芽上部砧木苗折伤，继续用砧木苗叶片辅养接芽的萌发生长。约 10 天后待接芽展叶时再将接芽上部砧木剪去。另一种方法是抬高接芽部位，即在砧木 10cm 高以上部位芽接，并在接口处涂抹护树将军母液保护伤口，在接口下保留 4~6 片大叶，接芽成活后即可剪砧，待接芽萌发新梢生长达 15cm 左右，再剪去砧木副梢。

种植桃树如何选地?

桃树属于喜温性的温带果树，具有高度的适应性，在年平均气温 12~17℃的地区都能够正常生长和结果。桃树需要干燥的生长环境与良好的光照，空气湿度与土壤湿度需要较低。如在花期阴雨天多的时候会影响授粉、受精与结果整个过程。在桃树果实成熟前如雨水过多则会导致果实品质低下，同时还会伴有裂果的情况。桃树不耐涝，应该在排水性能良好的土壤或砂质土上种植生长，土壤黏度要适中，避免黏度过高或过肥，避免树体生长不良或生长过旺，容易出现流胶病。种植桃树应该选择地势较高，阳光照射充足，交通便利，排水设施完善，土壤深厚肥沃，土质疏松的土壤。同时要注意，以前种植过桃树的土壤不宜再种植桃树，否则容易造成病虫害。

种植桃树如何整地？

土壤管理分为春、夏、秋三季的管理。春季，清耕管理的桃园，春季灌水后进行中耕，中耕深度为20cm，以消灭杂草，松土保墒，提高地温促进根系生长，覆草管理的桃园进行补草，覆盖厚度常年保持在20cm左右，幼龄园进行间作。土壤水分较好的桃园可以实行生草法。夏季，清耕管理的果园要及时中耕除草。进入果实发育硬核期以后宜浅耕，约5cm，尽量少伤新根。除草最好在雨季前进行。秋季，中耕除草，果实采收后，结合施肥，对全园进行一次中耕，中耕深度10~15cm，避免伤主根。

如何进行桃木苗定植？

选择根系发达、须根较多、纯度高、充实健壮的苗木品种，在萌芽前完成定植。在运输苗木的过程中，要避免对根系造成损害。定植沟的宽度为50~60cm，深度为40~50cm，在定植沟内适当施加有机肥。苗木定植后，做好桃树的定干处理，一般定干高度控制在40~60cm之间为最佳。

对桃树进行树体控制的目的，并且怎样控制？

桃树进行树体控制的目的是为了实现桃树的快速投产和经济效益的最大化。桃树的冠径应控制在5~7m，高度控制在2~3m，可采用直接法和间接法控制树体大小。

直接法要求对桃树的树冠进行修剪，待桃采收完后，梳理过强、过密以及较弱的枝条。另外，做好枝条截断处理，一般完成截断处理的枝条控制在5~10cm。

间接法则是截断根系分叉位置的粗根，以避免粗根朝树冠的方向持续生长。

如何对桃树进行肥水管理？

在进行桃树肥水管理的时候需要根据桃树的品种、树龄、产量、肥料性质、气候环境等因素来综合考虑决定。一般100kg果，需施入基肥50~100kg，纯氮0.4kg，磷0.3kg，钾0.5kg。根据枝叶生长、果实发育需要，每年追肥3~5次。

（1）氮肥 桃树新梢生长量大，结出果实较大，对氮素较为敏感。如果桃树幼树时期施入过多的氮肥会导致新梢徒长以及生长延迟的后果，使得生理落果现象更加严重。因此在施入氮肥的时候要给予适当的控制。伴随着树龄增大，产量逐渐增加，施入的氮肥也需要适当增加。如果氮素不足，则会导致新梢不足，则新梢生长量较小，枝条细短，果实小，色泽差、品质较低。

（2）磷肥 桃树所需要施入的磷肥相对于氮肥、钾肥更少，磷肥主要的作用就是在于使得传粉受精更良好，提升果实的含糖量，使得花芽能够形成。如果实缺少磷肥，则会导致色泽暗淡，肉质不紧致、味酸，果实斑点多或裂皮。

（3）钾肥 桃树对钾肥需求量较大，钾肥充足时，果实个头大，含糖量高。钾肥缺少时，则果实小而畸形，早熟。

如何对进行桃树幼苗修剪？

树龄3年以内宜轻度修剪，以扩大树冠、培养主枝和副主枝为主。第1年确定干高，一般为50~60cm，冬季选留好主枝，疏除病枝、密生枝、细弱枝。第2~3年，幼树生长旺盛，于4月上中旬将树冠内的徒长枝及主枝下的竞争芽抹去；5~8月通过拉枝、疏枝、挪枝等措施平衡树势、控制枝条徒长、增加内膛光照；冬季疏除密生枝、轻剪长放延长枝、短截徒长枝。

如何对桃树成树进行修剪？

成树修剪主要为培养树形。桃树树形较多，应用较广的为自然开心形。二主枝自然开心形干高50~60cm，2个主枝方位角各占180°，主枝开张角度45°左右。每个主枝配2个副主枝，第1层副主枝开张角度约75°，位于距主干60~80cm处；第2层副主枝开张角度约60°，距第1层副主枝50~70cm。冬季修剪主要目的是加速树冠扩大、控制树体徒长、增加着果量、缓和果梢矛盾，改善通风透光条件，主要措施是轻剪长放延长枝、培养侧枝、疏除密生枝、短截旺长枝。

如何防治桃树上的桃蛀螟？

属鳞翅目、螟蛾科。

（1）为害状 幼虫蛀食危害桃果，每年发生3~4代。越冬幼虫在4月开始化蛹，5月上中旬羽化，5月下旬为第一代成虫盛发期，7月上旬、8月上中旬、9月上中旬，依次为第二、第三、第四代成虫盛发期，第一、二代主要危害桃果，以后各代转移到石榴、向日葵等作物上危害，最后一代幼虫于9、10月间，在果树翘皮下、堆果场及农作物的残株中越冬。成虫对黑光灯有强烈趋性，对花蜜及糖醋液也有趋性。

（2）防治方法

农业防治： 清除越冬场所，及时处理玉米、向日葵的残株，刮除老树皮，消灭越冬茧。生长季节摘除虫果，拾净落果，消灭果肉幼虫。

物理防治： 规模化实施灯光诱杀成虫于产卵之前（可兼诱红颈天牛、桃小食心虫、梨小食心虫、金龟子等多种害虫）。用红糖∶食用醋∶白酒（50°以上）∶水 = 1∶2∶0.5∶16配成糖酒醋液放入容器中（盆、桶等），悬挂于树冠1.5m高处诱蛾，每2天捞蛾一次。

生物防治：运用性诱剂诱杀雄虫于交配之前，或用迷向丝（性诱剂迷向散发器）扰乱正常交配，控制种群数量。幼虫孵化期或低龄未钻蛀前，喷施2.5%多杀霉素悬浮剂1500倍液，

科学用药防治：在成虫产卵（第一、二代卵）始盛期开始及时喷药，优先选用5%虱螨脲乳油2000倍液，或25%灭幼脲悬浮剂1500倍，或5%氟虫脲（卡死克）乳油50~75ml或20%除虫脲悬浮剂10ml，兑水50kg均匀喷雾，最大限度地保护和利用自然天敌和传媒昆虫。其他药剂可选用10%溴氰虫酰胺可分散油悬浮剂2000倍液，或20%氯虫苯甲酰胺悬浮剂2000倍液，或50%辛硫磷乳油1000倍液，或10%虫螨腈悬浮剂1500倍液等喷雾防治。加展透剂，喷匀打透，视虫情把握用药次数，一般每个产卵高峰期喷2次，间隔7~10天。

如何防治桃树上的病害?

桃树主要病害有褐腐病、疮痂病等，此类病害在蔬菜、瓜果、茶叶等绿色生产、控害减灾方面多采用如下措施。

（1）褐腐病

①病原及症状：有性阶段属子囊菌亚门、链核盘菌属；无性世代属半知菌。又称菌核病、果腐病，主要为害桃果实，从幼果到成熟都能受害，越近成熟受害越重。也为害花、叶和新梢。果实发病最初在果面产生褐色圆形小斑，若条件适宜病斑几天内就会扩及全果，果肉也随之变褐、软腐，最后在病斑表面生出灰褐色霉丛。病果腐烂后，有的脱落，有的失水干缩成僵果悬挂枝上经久不落。油桃易感病，白桃表现抗病较强。病菌最初经皮孔侵入果实，后期主要通过各种伤口侵入。蛀果严重、湿度大，常流行成灾。花期潮湿低温往往形成花腐。该病还危害李、杏、樱桃等核果类果树。

②防治方法

农业防治：结合冬季修剪，在发病期及时清除病株残体、树上树下的僵果、病果、病叶、病枝等。果实易感病的4月下旬~5月上旬要及时防虫减少虫害伤口。落花后至5月下旬重点保护幼果（加海岛素），花腐发生严重地区第一次药要在初花期，以保护花器。配方和平衡施肥，增施充分腐熟有机肥、生物肥和磷钾肥，合理补微等，推广使用植物诱抗剂海岛素（5%氨基寡糖素），发挥免疫诱抗功能。

科学用药防治：预防方案，桃树发芽前喷42%寡糖·硫黄悬浮剂600倍液、5波美度石硫合剂或45%晶体石硫合剂30倍液进行芽前消毒，并兼治缩叶病和叶螨；落花后10天左右（发病前）喷海岛素800倍液+10%苯醚甲环唑水乳剂800倍液、80%全络合态代森锰锌可湿性粉剂或0.5%小檗碱水剂800倍液等。加展透剂，并兼治疮痂病。一般15天用药一次。治疗方案，发病初期喷施0.5%小檗碱水剂800倍液、23%寡糖·乙蒜素1500倍液、80%乙蒜素乳油1000倍液，或75%肟菌·戊唑醇水分散粒剂2000倍液、

50% 异菌脲可湿性粉剂 1000 倍液、27% 寡糖・吡唑醚菌酯水乳剂或 10% 多抗霉素可湿性粉剂 2000 倍液、50% 氯溴异氰尿酸可溶性粉剂 1000 倍液或 25% 吡唑醚菌酯悬浮剂 2000 倍液 + 海岛素 800 倍液等，或相应复配制剂等，一般 10 天用药 1 次；病情严重时 7 天喷施 1 次。单纯化学药剂主张与植物诱抗剂海岛素 1000 倍液混配使用，提质增效、抗病抗逆。除海岛素外，其他化学药剂采前 30 天停止使用。

（2）疮痂病

①病原及症状：属半知菌亚门、嗜果枝孢菌。又称黑星病、黑痣病，主要为害果实，其次为害枝梢和叶片。果实发病，开始出现褐色小圆斑，以后逐渐扩大为 2~3mm 黑色点状，病斑多时汇集成片。由于病菌只为害病果表皮，使果皮停止生长并木栓化，而果肉生长不受影响，所以，病情严重时经常发生裂果。枝条被害初生浅褐色椭圆形小点，秋天变成褐色、紫褐色，严重时小病斑连成大片。病菌主要在枝梢病斑上越冬。温暖潮湿条件利于病害发生。在北方桃区果实 6 月份开始发病、7~8 月发病最多，一般早熟品种发病轻，晚熟品种发病重。

②防治方法

农业防治：清除菌源，秋末冬初结合修剪清除园内树上的病枝、枯死枝、僵果、地面落果等，减少初侵染源。

科学用药防治：在芽萌动前（开花前）喷 42% 寡糖・硫黄悬浮剂 600 倍液、5 波美度石硫合剂或 45% 晶体石硫合剂 30 倍液，或 0.5% 小檗碱水剂 800 倍液 + 适量渗透剂如有机硅，喷干枝，压低越冬菌源基数。从落花后半个月开始喷药保护，用农抗 120（嘧啶核苷类抗菌素）、80% 全络合态代森锰锌可湿性粉剂 800 倍液与植物诱抗剂海岛素（5% 氨基寡糖素）水剂或 6% 24- 表芸・寡糖水剂 1000 倍液混配均匀喷雾保护性治疗。发病后及时选用治疗性科学用药防治，可用 75% 肟菌・戊唑醇水分散粒剂 2500 倍液、17% 吡唑・氟环唑悬浮剂 1500 倍液、18% 氟环唑 + 烯肟菌酯悬浮剂 1000 倍液、50% 氯溴异氰尿酸可溶性粉剂 1000 倍液及相应复配制剂等，与植物诱抗剂海岛素（5% 氨基寡糖素）水剂或 6% 24- 表芸・寡糖水剂 1000 倍液混配均匀喷雾防治，视病情掌握防治次数，一般每隔 10~15 天喷 1 次。注意多种病虫兼治，交替轮换复配用药。套袋前后用 0.5% 小檗碱水剂或农抗 120（嘧啶核苷类抗菌素）800 倍液及以上杀菌剂与海岛素（5% 氨基寡糖素）水剂或 6% 24- 表芸・寡糖水剂 1000 倍液混配均匀交替使用或合理复配使用。

（3）根腐病

①病原及症状：属半知菌亚门、尖镰孢菌。叶片焦边枯萎，嫩叶死亡，新梢变褐枯死，根部表现木质坏死腐烂，严重时整株死亡。急性症状，中午地上部叶片突然失水干枯，病部仍保持绿色，4~5 天青叶破碎，似青枯状，凋萎枯死。慢性症状，病情来势缓慢，初期叶片颜色变浅，逐渐变黄，最后显褐色干枯，有的呈水烫状下垂，一般出现在少量叶片上，严重时，整株枝叶发病，过一段时间萎蔫枯死，严重的根部腐烂。特别在夏天如果遇到连阴雨之后突然放晴，就会导致病株突然死亡。桃树根腐病一般

在夏秋季节侵染。第二年桃树开花后刚坐果时表现为叶黄、叶缘干枯变褐，叶片脱落。有的树秋末叶片发黄，有叶片边缘还有坏死斑。有的桃树到4月下旬或5~6月份全树叶片突然萎蔫，或一大枝叶片突然萎蔫。这些病症已是去年夏秋季节病菌侵染的结果。

发病原因：干旱或浇水过多，土壤透气性差导致根系生命力减弱。桃树负载过量，肥力不足，特别是采后不施肥、不浇水，导致树体衰弱。前茬为杨树、杨槐或红薯、地黄等，残留根系腐烂后导致根腐病。冬季遇到极端低温等恶劣环境。偏重氮肥，磷、钾不足，特别是钾肥不足，微量元素缺乏，使桃树的抗逆性下降。人为或环境因素使根系受伤。

②防治方法

农业防治：配方和平衡施肥，增施腐熟的有机肥和磷钾肥，合理补充中微量元素，推广使用生物菌肥、生物有机肥、土壤调理剂，促使树势强健，增强抗病抗逆力。特别是采果后及时施肥。小树应促根发苗，大树要合理负载，防止树势衰弱。适时修剪，防止徒长、冻害和涝害等。定植前做好根系处理和土壤消毒，防止病菌带入园区，导致根腐病的侵染，或树势衰弱、流胶等症状的产生。合理选择施用微生物菌剂（解淀粉芽孢杆菌、枯草芽孢杆菌等），拮抗有害菌，配合氨基酸、腐殖酸等改善土壤环境。扒土晒根，在根部的毛细根区挖土至毛细根，对于有根瘤病害的应割除根瘤并消毒。

生物防治：预计临发病前或最初期及时用10亿活芽孢/克枯草芽孢杆菌500倍液灌根，7天灌1次，连灌3次以上。花前和花后叶面喷施植物诱抗剂海岛素（5%氨基寡糖素）水剂或6% 24-表芸·寡糖水剂1000倍液+有机硅，强壮树体，提高抗冻、抗日灼、抗病和抗逆能力。晾根，灌药杀菌，挖出根系后使用20%根基宝（黄芪多糖、绿原酸）300倍液+大蒜油1000倍+沃丰素［植物活性苷肽≥3%、壳聚糖≥3%、氨基酸、中微量元素≥10%（锌≥6%、硼≥4%、铁≥3%、钙≥5%）］600倍液+有机硅兑水进行灌根，重点在毛细根区，以灌透为目的，药液渗完后薄覆表土，不要立刻掩埋根系。到立冬前覆土，越冬。灌施药液向下引导根系生长、杀灭病菌，向上供给养分。叶面喷施植物诱抗剂海岛素（5%氨基寡糖素）水剂或6% 24-表芸·寡糖水剂1000倍液+中微量元素叶面肥，增强树势和抗病能力。

科学用药防治：发现症状及时淋灌根部。可用25%寡糖·乙蒜素微乳剂1000倍液，或植物诱抗剂海岛素水剂800倍液+30%噁霉灵水剂+10%苯醚甲环唑水乳剂按1∶1复配1000倍液喷淋或灌根，或海岛素800倍液+75%肟菌·戊唑醇水分散粒剂2000倍液、80%全络合态代森锰锌可湿性粉剂1000倍液、80%乙蒜素乳油1000倍液、32.5%苯甲·嘧菌酯悬浮剂1500倍液、48%苯甲·嘧菌酯悬浮剂1000倍液等混配淋灌根部。

（4）炭疽病

①病原及症状：属半知菌亚门、盘长孢菌。主要危害果实，也危害叶片和新梢。发病初期果面产生浅褐色小圆斑，随着果实发育病斑扩大呈红褐色并凹陷；后期湿度大时病斑上长出小黑粒点，果实采收前若空气潮湿则发病重，症状与幼果发病相似，

只是果面病斑显著凹陷，其上产生的小黑粒点呈同心轮纹状排列，最终果实软腐脱落。高湿是发病的重要因子。成熟期越早的果实发病越重。靠风、雨、昆虫等传播。病菌生长的适温为25℃，低于12℃或高于33℃时很少发生。全年以幼果阶段受害重，如果早春枝梢上发病时不注意防治，到幼果阶段遇到连续阴雨、天气闷热的适宜条件，往往会突然暴发。

②防治方法

农业防治：冬季修剪除去树上的枯枝、僵果和残桩集中销毁。对过高和过大的树冠适当回缩。在芽萌动至开花前后及时剪除初次发病枯枝。对出现卷叶症状的病梢及病果也要及时清除。选栽抗病品种。配方和平衡施肥，增使腐熟的有机肥和磷钾肥，合理补微肥，推广使用生物菌肥、生物有机肥，增强植株抗逆能力。及时防治蝽象、食心虫等蛀果害虫，减少伤口。

科学用药防治：喷药保护。发芽前一周喷施42%寡糖·硫黄悬浮剂600倍液、5波美度石硫合剂或1∶1∶100波尔多液、80%全络合态代森锰锌可湿性粉剂800倍液+海岛素（5%氨基寡糖素）水剂800倍液等，消灭越冬病菌。抓住盛花末期、花后及幼果期防治，控制发生和蔓延，可用25%络氨铜水剂500倍液（或80%乙蒜素乳油1000倍液、12%松脂酸铜乳油800倍液、30%琥胶肥酸铜可湿性粉剂800倍液等）或75%肟菌·戊唑醇水分散粒剂2500倍液、17%吡唑·氟环唑悬浮剂1500倍液、33%寡糖·戊唑醇悬浮剂3000倍液等均匀喷雾防治，每次用药与植物诱抗剂海岛素（5%氨基寡糖素）水剂或6%24-表芸·寡糖水剂1000倍液混配喷施，可安全增效、提高抗病抗逆能力。视病情掌握防治次数，一般每隔10~15天喷一次。注意多种病虫兼治，交替轮换复配用药。注意雨后须及时防治。

（5）细菌性根癌病

①病原及症状：属细菌，土壤野杆菌属、根癌土壤杆菌，又名桃树根部肿瘤病。主要表现在根部，通常为球形，小如豌豆，大如拳头。初生癌瘤无色或略显肉色，光滑质软，渐变褐色直至深褐色。表面粗糙，凹凸不平，龟裂成大小不等的肿瘤。染病后树势衰弱，易遭霜害，直至死亡。病菌借助雨水和灌溉水传播。嫁接工具、机具以及根部害虫等也能传播病菌，苗木远距离运输可带病传播。病菌从伤口侵入寄主，如机械伤、虫伤、嫁接伤口等在与土壤接触处，均易受侵染。通常湿度大的土壤中发病率高，微碱性和疏松土壤利于病害发生。为此，微碱性土壤中比酸性土壤中发病重，排水良好的沙土中比在黏土重。果树根部伤口的多少与发病成正比。近年来，由于气候异常、施肥量过大、施肥方法不当、过度追求高产等，导致根癌病多发。

②防治方法

农业防治：选择无根癌病的地块建立苗圃。选用健康苗木进行嫁接，嫁接刀要用高锰酸钾消毒，并防止苗木产生各种伤口。初期割除未破裂的病瘤并集中处理。整条根腐烂者要从基部锯除，直至将病根挖净。清理患病部位后在伤口处涂抹杀菌剂；对较大的伤口要糊泥或包塑料布加以保护。严格检疫，控制传播。推广使用生物菌剂、生物有机肥，改善土壤团粒结构，拮抗有害菌。不要在生长有柳树的河滩地、其他旧林迹地、以前育过苗并发现病害的苗圃地等处育苗或建园。对于带菌土壤，要彻底清除树桩、残根、烂皮等病残体；对土壤进行翻晒、晾晒、灌水或休闲、与非寄主植物轮作 2 年，定植前仍应进行土壤消毒，有条件者可用聚乙烯薄膜覆盖土壤过夏。发现受害症状明显的苗木及时拔除烧毁，清除病株。

科学用药防治：苗木栽植前消毒，用 1% 硫酸铜 +0.5% 硫酸亚铁溶液浸泡 15 分钟，用清水冲洗干净后，再用海岛素 600 倍液 +80% 乙蒜素乳油 1000 倍液浸泡 15 分钟栽植。对于初发病株，用刀切除病瘤，然后用石灰乳、20% 二氯异氰尿酸可溶性粉剂、85% 三氯异氰尿酸可溶性粉剂、50% 氯溴异氰尿酸可溶性粉剂 300 倍液 + 海岛素 600 倍液涂抹伤口，或用 88% 水合霉素可溶性粉剂 1500 倍液、3% 中生菌素可溶性粉剂 800 倍液与海岛素 800 倍液混配做皮下注射或浸泡病根。对严重发病的树穴要灌药杀菌或另换无病新土。可用 1∶1∶150 的波尔多液、2% 石灰水、3% 中生菌素可溶性粉剂 800 倍液、2% 春雷霉素水剂 1000 倍液、80% 乙蒜素乳油 1000 倍液，或 25% 寡糖·乙蒜素微乳剂 1000 倍液、寡糖·乙蒜素微乳剂 1000 倍液 +12% 松脂酸铜乳油 800 倍液（30% 琥胶肥酸铜可湿性粉剂 800 倍液等）灌根、浸种、浸根、浸条和伤口保护（有条件的可用放射土壤杆菌 *Agrobacterium radiobacter*）。土壤处理，增施腐熟的有机肥料、生物菌剂等，与适量 0.5% 硫酸亚铁同时施入，改变土壤酸碱度，或喷施海岛素 800 倍液或 6% 24–表芸·寡糖 1000 倍液，提高植株抗病抗逆能力。从外地来的苗木用 80% 乙蒜素乳油 1000 倍液 + 植物诱抗剂海岛素 600 倍液消毒后栽培。已发病的大树可切除根瘤，然后用 3% DT（琥珀酸铜）可湿性粉剂 50 倍液或 33% 春雷霉素·喹啉铜悬浮剂 500 倍液涂抹伤口，同时将周围的土壤挖走换新土，防止病原菌传播。

如何选择桃子适宜的采收期?

桃采后几乎没有后熟过程，果实的风味、品质和色泽，在采后就已基本固定。一般鲜食宜在 8~9 月成熟时采收，远距离运输可在 7~8 月成熟时采收。采收后根据果实外观色泽、可溶性固形物含量或果实大小等进行分级包装。如果条件允许，应尽快放入果实低温贮藏库或气调库，以便集中运输。

如何贮藏桃仁?

桃仁含丰富的脂肪油。夏季遇热易走油，受潮还易发霉、酸败、变色与生虫。因此，必须贮藏于通风、凉爽、干燥处。其有效成分受潮遇热会被分解破坏。如发霉，不宜火烘、日晒，最好摊晾于通风处，防止走油。桃仁质实而不坚，含油多，在码垛时不宜重压。夏季要经常检查，防止受潮变质。

大皂角

皂荚有哪些药用及经济价值？

皂荚 *Gleditsia sinensis* Lam. 为豆科皂荚属植物，是我国重要的优质经济树种。其果实为大皂角，棘刺为皂角刺，不育果实为猪牙皂，种仁为皂角米。皂角具有祛痰开窍，散结消肿功效。用于中风口噤，昏迷不醒，癫痫痰盛，关窍不通，喉痹痰阻，顽痰喘咳，咳痰不爽，大便燥结；外用可治痈肿。皂角米又称为雪莲子，胶质半透明，香糯润口，是调和人体脏腑功能的珍贵纯天然绿色滋补食品，入药可以润肠通便，被誉为"植物燕窝"。皂角刺是传统的中药，具消肿托毒，排脓，杀虫功效，中医临床上多用做治疗乳腺癌、肺癌等多种癌症常用的配伍药之一，被列为"抗癌中草药"。猪牙皂，具有祛痰开窍，散结消肿的功效。皂荚为生态经济型树种，耐旱节水，根系发达，可用做防护林和水土保持林。皂荚耐热、耐寒抗污染，可用于城乡景观林、道路绿化。

皂荚种植应如何选地？

皂荚为喜阳植物，宜在海拔 1000m 以下、阳坡、土质肥沃、灌溉便利的环境种植。适宜皂荚生长的条件包括：平均气温为 10~20℃，冬季温度不能低于 −15℃；超过 180 天的无霜期；超过 2400 小时的光照期。皂角树栽培地应选择灌溉方便、排水良好的杂木林或次生林山区沟谷地、缓坡地带（坡度不超过 10°~15°）。如果选择山坡为林地，要对其进行有效的改造形成水平带状林地。

皂荚育苗地如何整地？

选好地块后要深耕耙平，做成苗床，苗床高 10cm，宽 120cm。做床前，每亩要用 5% 辛硫磷颗粒剂进行防虫处理，每亩用量为 1.5kg；用 30% 噁霉灵水剂 800 倍液喷洒土壤，进行灭菌。整地时，因地制宜，施足基肥，一般每亩用堆肥 3000~5000kg，磷酸二铵 20~30kg。肥料施用过程中堆肥要充分腐熟，基肥不能与苗木根系直接接触。如果选山坡为林地，则要将其改造成穴状或者带状。穴状林地，要将其周围 $100cm^2$ 的石块及木桩全部清除，确保整地深度大于 30cm；对于带状林地，带距 3~4m，带宽 2m。

什么是铁子皂角种子？

皂角中部分种子在生长过程中发育不良，缺乏甚至没有亲水蛋白质，遇水泡不开，故称为铁子，还有一部分种子在生长过程中外种皮致密，形成水分较难浸入的保护屏障。形成保护机制的铁子皂角子，经过土壤侵蚀和充分浸泡后就发芽了，从而挑起物种延续的重担。该部分种子在播种催发后，对于未吸胀的种子要单独挑出，作特殊催芽处理后才能播种。

皂角种子如何催芽?

皂角种子种皮较厚，发芽慢且不整齐，播种前，须进行催芽处理：①将皂荚种子放入瓷缸或塑料大盆等容器内，倒入100℃开水，边倒水边搅拌到不烫手为止，后浸泡48小时，用淘米法筛选出吸水膨胀的种子催芽。未膨胀的种子，用上述方法连续浸种3~5次，种子绝大多数膨胀即可进行混沙催芽。②浓硫酸处理（因此方法存在操作技术难度大，需具有防护措施并由有经验人员操作）。将皂荚种子放入非金属容器中，加入98%浓硫酸充分搅拌、浸种18~22分钟，如发现有30%左右的皂荚种子种皮有细小的裂纹时，则应马上停止浸泡，倒出硫酸液并迅速用清水冲洗干净种子，接着在容器中用种子体积5~6倍、40~60℃的温水，对种子连续浸泡2~3天，每天需换等体积的温水2次，使种子充分吸水膨胀。值得注意的是，在种子处理的过程中，切忌不要用手直接接触种子，浓硫酸用量约为处理种子重量的1/10。用浓硫酸浸种法处理皂荚种子，一般不留硬粒，且速度快发芽齐，省工省时，发芽迅速。③采用1：（4~5）碱水浸泡48小时，再用清水泡24小时，发芽率可达80%~92%。也可在秋末冬初，将净选的种子放入水中，待其充分吸水后，捞出混合湿沙贮藏催芽，次春种子种皮开裂后，进行播种。

如何培育皂荚实生苗?

每年3月中旬前后，皂荚种子催芽后，即播种，采用条播，条距30~40cm，播种20~30粒/米。播种前苗床要灌透水，播后覆土3~4cm，并保持土壤湿润。用播种花生用的播种器进行机播，可大大提高工效，每亩播种量50~60kg，每亩可产苗3万~4万株。幼苗出土前后要及时防治蝼蛄等地下害虫。幼苗刚出土时严防床面板结，以免灼伤嫩苗。由于幼苗出土不整齐，所以幼苗出土期间不能中耕松土，只能用手耙轻轻地疏松表层，以免损伤嫩苗。苗高10cm左右时间苗定苗，株距10~15cm。6~8月苗木生长快，应根据天气和苗木生长状况，适量适时灌溉和追肥，同时注意防治蚜虫。当年苗高可达50~100cm。于秋末苗木落叶后，按0.5m×0.5m的株行距换床移植。移植苗除加强水肥管理、防治病虫外，还要及时抹芽、除枝，促进苗干通直生长，培育成根系良好、树冠圆满的大苗。

皂荚树苗管理要点有哪些?

播种后7~10天即可出苗，10天后幼苗高度到3~5cm时第一对真叶完全展开，此时需及时破除地膜解放幼苗，避免真叶被灼伤。苗高10cm时进行间苗，定苗，去除弱苗。待苗出齐后及时进行田间管理，浇水、松土、除草每月追施氮肥一次。6月下旬植株进入生长旺盛期，应加强水肥管理追施磷钾肥一次，9月下旬开始控水、控肥，避免徒长，提高木质化程度和抗寒性，10月下旬开始落叶，11月中旬浇冬灌水开始越冬，当年平均生长量65cm。

皂荚树苗田如何排水?

皂荚小苗既怕旱又怕涝，土壤过于黏湿易导致根系腐烂死亡，土壤过于干燥又易失水死亡。因此在冬季结合施肥培土进行清沟，通过中耕锄草，少量补肥，再加深田间沟系，做到排水畅通，大雨后田间不积水。遇到干旱要及时进行灌溉，防止苗木死亡，灌水以湿润土壤为宜，灌溉方法有地面灌溉、喷灌、滴灌，以喷灌、滴灌方式为佳。

皂荚树苗如何移栽?

种植前，适当修剪苗木根系。种植时扶正苗木，埋土至根际处，用手轻提苗木，使根系舒展，然后踏实。种植后，浇透定根水，上盖松土，要领即“三埋两踩一提苗”。

皂荚栽植密度多少为宜?

要根据实际情况确定密度，密度越大单位面积采刺量越高，经济效益越好，但管理起来难度也比较大，一年生树苗以每亩400~500株为宜，5~6年后株间树冠交接可考虑去密留稀以保证林间通风透光。

皂荚如何嫁接?

嫁接砧木为1~2年生实生苗，地径粗1cm较好。

采集接穗时，要选择发育好，健壮，髓心小，无病虫害和机械损伤的已结果的树的一年生枝，粗度在0.8~1.5cm，将其截成4~6cm且含有2个以上腋芽的短节。在80~90℃下进行接穗蜡封，接穗蘸蜡后，要立即摊开风凉，防止霉变。用蜡封好的接穗在地窖中沙藏，沙土的含水量掌握在用手握能成团、一碰即散为宜，每隔 15 天左右测量一次储藏气温，储存气温不要超过 8℃。

嫁接时间最宜在每年的 4~5 月进行，嫁接方法有插皮接、劈接、带木质部芽接 3 种，以带木质部芽接为宜。

如何进行施肥？

根据土壤养分状况和树种特性，合理选用肥料，一般比例为氮∶磷∶钾 =2∶3∶1。基肥最好在耕地前施用，以农家肥最佳。追肥每年 2 次为宜，首次 3~4 月，第二次 10~11 月，以沟施和撒施方式为主，可以结合中耕除草同时进行。

如何中耕除草？

皂荚苗移栽成活后，选晴天及时松土除草。松土宜浅不宜深，避免伤害苗木根系，将表土锄松让阳光照入，可提高地温，促进苗木根系生长。育苗期每年中耕除草 4 次，分别在 4、6、8、10 月进行。

如何整形修剪？

皂荚树幼龄期，要对枝干进行整形修剪，使树体结构和形态合理，可调控枝条生长发育和均衡树势，保证通风透光，达到早产、多产、稳产优质的目的。结合整形修剪，及时剪去顶部直立徒长枝，同时要及时剪掉枝条顶端的秋梢，可有效提高皂角刺的产量和质量。树形主要有高干形、中干形、低干形和丛状形等。

高干形：干高 150cm，主干上 3~4 个主枝交错排列，与主干呈 50° 倾角，主枝长 80cm。每个主枝上再选留 3 个左右侧枝。

中干形：干高 100~130cm，培育主枝总数 3~5 个，每个主枝上再选留 3 个左右侧枝。

低干形：干高 60~80cm，培育主枝总数 5~7 个，每个主枝上再选留 3~4 个侧枝。

丛状形：基本无主干，40cm 定干，培育 3~5 个长势好、角度适宜的主枝，然后在主枝上培育侧枝。

皂荚栽培如何套种？

坡度平缓的幼林地或坡耕地造林可套种花生、豆类、小辣椒、桔梗、丹参、牡丹、白术、板蓝根、柴胡、地黄等经济作物、中草药材或禾本科绿肥。作物与皂荚间应保持 100cm 距离。

皂荚都有哪些主要病害及防治措施?

皂荚主要病害有立枯病、褐斑病等，此类病害在蔬菜、瓜果、茶叶等绿色生产、控害减灾方面多采用如下措施。

（1）立枯病

①病原及症状：属半知菌亚门、立枯丝核菌。幼苗感染后根茎部变褐，病部缢缩萎蔫枯死但不倒伏。成年植株受害后，从下部开始变黄，导致树势衰弱，严重的整株枯黄以至死亡。

②防治方法

农业防治：合理密植，通风透光良好。合理安排种植密度。与非寄主植物合理轮作。及时清除病残体并集中处理销毁。疏松土壤，田间不要积水。配方和平衡施肥，增施腐熟的有机肥和磷钾肥，合理控氮和补微肥，推广使用生物菌肥、生物有机肥，改善土壤团粒结构，拮抗有害菌，增强植株抗逆能力。

生物防治：预计临发病之前或发病初期，用10亿活芽孢/克枯草芽孢杆菌500倍液灌根，7天淋灌1次，连续3次左右。

科学用药防治：土壤消毒，在播种和移栽前用10%苯醚甲环唑水乳剂800倍液处理土壤。预计临发病前或发病初期，用10%苯醚甲环唑水乳剂1000倍液，或80%全络合态代森锰锌1000倍液等灌根保护性防治。发病初期或发病后用30%噁霉灵水剂+10%苯醚甲环唑水乳剂按1∶1复配1000倍液灌根，或75%肟菌·戊唑醇水分散粒剂2000倍液灌根，或10%苯醚甲环唑水分散粒剂和25%吡唑醚菌酯悬浮剂按2∶1复配2000倍液等灌根。视病情把握用药次数，一般10天左右淋（灌）1次，连续淋（灌）3次左右。使用以上化学药剂与植物诱抗剂海岛素（5%氨基寡糖素）水剂或6%24-表芸·寡糖水剂1000倍液混配使用，提质增效、抗逆抗病、促根壮株、安全控害。

（2）褐斑病

①病原及症状：属半知菌亚门真菌。主要侵害叶片，发病初期病斑为大小不一的圆形或近圆形，少许呈不规则形；病斑为紫黑色至黑色，边缘颜色较淡。随后病斑颜色加深，呈现黑色或暗黑色，与健康部分分界明显。后期病斑中心颜色转淡，并着生灰黑色小霉点。发病严重时，病斑连接成片，整个叶片迅速变黄，并提前脱落。褐斑病一般初夏开始发生，秋季危害严重。在高温多雨，尤其是暴风雨频繁的年份或季节易暴发；通常下层叶片比上层叶片易感染，从下部叶片开始发病，后逐渐向上部蔓延，

②防治方法

农业防治：发现病枝、病叶及时清除并集中烧毁。加强栽培管理、整形修剪，使植株通风透光。配方和平衡施肥，增施腐熟的有机肥、生物菌肥和生物有机肥。

科学用药防治：预计临发病之前或初期喷施植物诱抗剂海岛素（5%氨基寡糖素）水剂1000倍液或6%24-表芸·寡糖水剂1000倍液+10%苯醚甲环唑水乳剂

1000倍液（或80%全络合态代森锰锌可湿性粉剂1000倍液、25%醚菌酯1500倍液等）保护性安全控害。发病初期及以后选用治疗性为主的科学用药防治，可用海岛素（5%氨基寡糖素）水剂或6% 24-表芸·寡糖水剂1000倍液+40%腈菌唑可湿性粉剂3000倍液（或25%吡唑醚菌酯悬浮剂2000倍液、10%的苯醚甲环唑水分散粒剂1500倍液，或75%肟菌·戊唑醇水分散粒剂3000倍液，或25%腈菌唑乳油2000倍液，或40%灭菌丹可湿粉600倍液，或50%克菌丹可湿粉800倍液等）喷雾防治，提质增效，促根壮苗、抗病抗逆。视病情把握用药次数，一般10天左右喷1次。

（3）炭疽病

①病原及症状：属半知菌亚门（参照猫豆炭疽病病原菌鉴定的报道，可能是胶孢炭疽菌）。主要危害叶片，也能危害茎。叶片上病斑圆形，或近圆形，灰白色至灰褐色，具红褐色边缘，其上生有小黑点。后期病斑破碎形成穿孔。病斑可连接成不规则形。发病严重时能引起叶枯。茎、叶柄和花梗感病形成长条形病斑。秋季生长在潮湿地段上的植株发病严重。

②防治方法

农业防治：及时将病株残体清除并集中销毁。加强栽培管理，注意整形，保持透光通风的生长环境。配方和平衡施肥参照“立枯病”。

科学用药防治：预计临发病前或初期预防性控制病害，可喷淋42%寡糖·硫黄悬浮剂600倍液、1∶1∶100波尔多液。其他用药和防治方法参照“立枯病”。

（4）白粉病

①病原及症状：属子囊菌亚门真菌。主要危害叶片，并且嫩叶比老叶容易被感染，也危害枝条、嫩梢、花芽及花蕾。发病初期，叶片上出现白色小粉斑，扩大后呈圆形或不规则形褪色斑块，上面覆盖一层白色粉状霉层，后期白粉状霉层会变为灰色。花受害后，表面被覆白粉层。受白粉病侵害的植株会变得矮小，嫩叶扭曲、畸形、枯萎，叶片不开展、变小，严重时整个植株都会死亡。

②防治方法

农业防治：对重病植株冬季可剪除所有当年生枝条并集中烧毁，彻底清除病原。选用抗病品种。配方和平衡施肥参照“立枯病”。合理密植，增强田间通风透光性。

生物防治：参照“射干锈病”。

科学用药防治：春季萌芽前喷洒42%寡糖·硫黄悬浮剂600倍液、3~4波美度石硫合剂或45%晶体石硫合剂30倍液。在生长季节，预计临发病前或初期及时选用保护性为主的药剂，可用80%全络合态代森锰锌可湿性粉剂800倍液、23%寡糖·嘧菌酯悬浮剂或25%嘧菌酯悬浮剂1000倍液等。发病初期或发病后选用治疗性为主的药剂及时控害。可用25%吡唑醚菌酯悬浮剂或27%寡糖·吡唑醚菌酯水剂2000倍液、60%百泰（5%吡唑醚菌酯+55%代森联）水分散粒剂1000倍液、75%肟菌·戊唑醇水分散粒剂2000倍液、33%寡糖·戊唑醇悬浮剂3000倍液，或唑类杀菌剂（20%苯醚甲环唑水乳剂、25%丙硫菌唑乳油2000倍液、10%戊菌唑乳油3000倍液等），或

25% 乙嘧酚磺酸酯微乳剂 700 倍液等喷雾防治。视病情把握防治次数，隔 10~15 天喷洒 1 次。每次用药与植物诱抗剂海岛素（5% 氨基寡糖素）水剂 800 倍液或 6% 24-表芸·寡糖水剂 1000 倍液混用，提质增效、抗逆促壮，安全控害。要交替轮换用药，相互合理复配使用。

（5）煤污病

①病原及症状：属半知菌亚门、丝孢目、尾孢属。又名煤烟病，主要侵害叶片和枝条，病害先是在叶片正面沿主脉产生，后逐渐覆盖整个叶面，严重时叶片表面、枝条甚至叶柄上都会布满黑色煤粉状物。这些黑色粉状物会阻塞叶片气孔，妨碍正常的光合作用。往往蚧壳虫、蚜虫等排泄物会诱发和加重霉污病发生。

②防治方法

农业防治：加强栽培管理，合理密植。及时修剪病枝和多余枝条，以利于通风、透光。及时控制蚧壳虫、蚜虫等，减少排泄物产生。

科学用药防治：春季萌芽前喷洒 42% 寡糖·硫黄悬浮剂 600 倍液、3~4 波美度石硫合剂或 45% 晶体石硫合剂 30 倍液，消灭越冬病原。在生长季节发病初期及时防治，可用 5% 络氨铜水剂 600 倍液、77% 的氢氧化铜可湿性粉剂或 60% 的琥胶肥酸铜可湿性粉剂 500 倍液等均匀喷雾，7 天左右用药 1 次。其他用药和防治方法参照“白粉病”。

怎样防治皂荚豆象？

属鞘翅目、豆象科。

（1）为害状 是皂荚果实的主要虫害，成虫体长 4.5~6.5mm，宽 2.5~3.8mm，略呈卵形，1 年 1 代，7 月下旬 ~8 月上旬成虫出现。卵散产于荚果表面及种子附近的凹陷处，以幼虫在种子内越冬，来年 4 月中旬咬破种子钻出，等结荚后产卵于荚果上，幼虫孵化后钻入种子内为害。分布范围及广。

（2）防治方法

农业防治：可用 90℃热水浸泡 20~30 秒钟消灭种子内的幼虫。采收种子后用 0.5%~1.0% 食盐水漂选，将带虫种子去除并歼灭其中害虫。

生物防治：成虫发生初期及时喷施 6% 乙基多杀菌素悬浮剂 2000 倍液。

科学用药防治：成虫出现以后及时喷药防治，优先选用 5% 虱螨脲乳油 1500 倍液，最大限度地保护自然天敌和传媒昆虫。其他药剂可选用 10% 虫螨腈悬浮剂 1500 倍液、15% 甲维盐·茚虫威悬浮剂 3000 倍液、10% 溴氰虫酰胺可分散油悬浮剂 2000 倍液、20% 氯虫苯甲酰胺悬浮剂 2000 倍液等喷雾防治。视虫情把握防治次数，相互复配使用加展透剂增加防治效果。卵孵化期幼虫钻蛀之前及时防治，除以上药剂以外，还可选用 38% 氰虫·氟铃脲（氰氟虫腙 + 氟铃脲）悬浮剂 3000 倍液，或 30% 噻虫嗪·噻嗪酮悬浮剂 2000 倍液等，并兼治蚧壳虫和蚜虫等。相互合理复配加展透剂增加防治效果。熏蒸，常温下皂角种子每立方米用氰硫酸 30~35g，密闭熏蒸 2~3 天。

低温条件下氟硫酸 35~40g 熏蒸 3~4 天。

注：氟硫酸与水反应生成 HF 和 H_2SO_4，它是最强的液态酸之一，也是一种强氟化剂。氟硫酸蒸馏时，可用普通的玻璃器皿在常压或减压下蒸馏。氟硫酸毒性比三氟甲磺酸大，应绝对避免与之接触或吸入。

怎样防治皂荚食心虫？

属鳞翅目、小卷叶蛾科。

（1）为害状 又名荔枝小卷蛾、荔枝黑点褐卷叶蛾。以幼虫为害皂荚并在果荚内或枝干皮缝内结茧越冬，每年发生 3 代，第 1 代 4 月上旬化蛹，5 月初成虫开始羽化。第 2 代成虫发生在 6 月中下旬，第 3 代在 7 月中下旬。

（2）防治方法

农业防治：秋后至翌年 3 月前处理荚果，防止越冬幼虫化蛹成蛾。生长期及时处理被害荚果，消灭幼虫。

生物防治：规模化运用性诱剂诱杀雄虫于交配之前或迷向丝（性诱剂迷向散发器）扰乱交配，控制虫源基数和可持续控害防灾。卵孵化期或幼虫刚孵化未钻蛀前，优先使用生物源杀虫剂，可用 0.36% 苦参碱水剂 800 倍液，或 0.4% 蛇床子素乳油 1500 倍液，或 2.5% 多杀霉素悬浮剂 1500 倍液喷雾防治。视虫情把握防治次数。

科学用药防治：卵孵化期或幼虫刚孵化未钻蛀前及时防治，优先选用 5% 虱螨脲乳油 1500 倍液，最大限度地保护自然天敌和传媒昆虫。其他科学用药防治技术和选用药剂参照“皂荚豆象”。可同时兼治蚜虫、蚧壳虫等。

皂荚种子如何选择、采收？

选择树干通直，生长较快，发育良好，种子饱满的 30~100 年生盛果期的壮龄母树，10 月中下旬采种。采收的果实要摊开曝晒，干后将荚果去果皮，风选，即得净种，种子阴干后装袋干藏。采用人工手剪皂角段的方法，把长皂角剪成段，然后剥出皂角种子。

皂角刺应如何采收？

皂角刺的最佳采收时间应选择晚秋初冬进行，采收时仅留主干和主枝，而将刺连同一年生枝条全部剪下来。采刺过程要尽量减少对树体造成的创伤，修剪口要平滑，有利于伤口愈合，用手锯剪大枝时，锯口要平，不留桩。锯除后的枝条伤口，要用锋利的刀子削平，直径大于 1cm 的伤口，要涂愈伤防腐膜，不能让伤口暴露在空气中。其次，应当结合冬剪施入足量的有机肥料，以弥补养分损失。

白 果

白果有哪些药用价值？

白果为银杏科植物银杏 *Ginkgo biloba* L. 的干燥成熟种子，又名灵眼、佛指甲、佛指柑。其营养丰富，是一种可以药食两用的名贵果品。《本草纲目》记载："其气薄味厚，性涩而收，益肺气，定喘嗽，缩小便。"白果，甘、苦、涩，平；有敛肺定喘、止带缩尿的功能，可用于痰多喘咳、带下白浊、遗尿尿频。中医实践认为经常食用白果有温肺益气、定喘祛痰、健身美容、延年益寿等功效。现代医学研究发现，白果果仁中富含白果酸、白果醇等物质，种皮中含有蛋白质，氨基酸，糖类，微量元素等，有控血压、扩张血管、增加冠状动脉血流量，降低心肌耗氧量、镇咳祛痰、呼吸道平滑肌解痉、防衰老等功效，具有预防心脑血管疾病，延缓衰老，美容养颜的保健作用，又可以消炎抗菌。外用对皮肤病有良好的治疗作用。生白果内含有氢氰酸毒素，毒性很强，遇热后毒性减小，故银杏果必须加工熟制后食用，且不宜多食。

银杏有哪些优良品种？

银杏的优良品种主要有以下几种。①金坠子：该品种具有生长快，结果早，产量高的特点，分布于于山东郯城。②大佛指：丰产性强，是嫁接用的良种，主产于江苏、浙江。③大马铃：种仁糯性强，味甜，产浙江、江苏等省。④大梅核：是嫁接用的常用砧木，分布于江苏、浙江、广西等地区。⑤大白果：种仁饱满，味美。产湖北、广西等省、自治区。⑥圆底佛手：最稀有珍贵，种仁具香味。主产于江苏。⑦家佛手：具有稳产、丰产、晚熟的特点，为近年新选育的良种，主产于江苏、广西等省、自治区。⑧调庭皇：为著名大型白果，种子大，饱满，产于江苏洞庭山。

银杏种植如何选地整地？

银杏喜温暖和阳光充足的环境，以地势高燥，光照充足，土层深厚，肥沃，排水良好的砂壤土为宜，以微酸性至中性的壤土为宜，年平均温度在 10~20℃为宜。温差大，地差大，风沙大，土层薄及干旱地区不宜栽培银杏树。播种育苗用的苗床，宜选土层深厚、疏松肥沃、排水良好的砂质壤土；扦插育苗用的苗床，宜选用壤土，将土壤耙细整平，作成宽 1.3m、高 20cm、中间稍高、四边略低的龟背形畦面，四周开好排水沟，以防积水。育苗地附近需备有水源，以便灌溉。

银杏种子如何处理?

采收后用2倍体积的细沙拌土，保持湿润，放在10℃左右的通风背光处，保持通气，适当遮阴，待种胚发育完全，种皮开始破裂时，将种子取出做育苗播种。

银杏如何播种育苗?

秋冬随采随播，第二年春季就可出苗。

春播的种子需要沙藏催芽，一般2~3月份在苗床上条播或者点播，行距25~30cm，沟深5~8cm，沟底要平整，每隔10cm播入一粒催芽籽，胚芽向上向南，盖上细土，要保持土壤湿润，床面盖上草，半个月后即可出苗。等苗出齐后去掉草盖然后间苗追肥。苗高5~7cm时进行分栽。入冬前要在苗床上盖防寒土，进行冬灌，苗地要建防风障来保障幼苗越冬。生长3~4年后就可以移栽至大田。

银杏如何进行定植?

一般在冬季或春季进行。按行株距4m×5m挖穴栽植，穴直径和深度为50cm左右，穴底土需挖松15cm，栽植时，在定植穴内垫放1张瓦片或石片，以免垂直根系直接往下生长，可促使植株提早开花结实。每穴施入腐烂有机杂肥和磷饼肥混合堆沤的复合肥20kg，与底土掺和均匀，上面盖10cm的细土。最后，挖取银杏苗栽入穴内，根系要舒展伸平，盖土稍高于原土平面，栽直、栽稳、踩实，并浇一次水。因为银杏为雌雄异株，定植时，每亩应该搭配5%的雄株，以利授粉，确保开花结果。

银杏如何进行肥水管理?

幼苗期施肥：种子发芽后，4~5月和9~10月各中耕除草一次，并追施人畜粪水或土杂肥一次。育苗期5月份追施人畜粪便，7月份追施尿素。

定植后土壤追肥：以少量多次为宜。幼树一年用开沟法施两次肥，夏季亩施尿素40kg左右，过磷酸钙20kg左右；冬季亩施人粪尿约3000kg。结果大树一年施三次肥，4月底~5月初亩施尿素、磷酸二氢铵各40kg左右，7月中旬，亩施尿素各50kg左右，收白果后亩施迟效肥2000~3000kg，草木灰1000kg。沟施与全面撒施交替进行。

叶面追肥：常用喷液浓度为尿素0.3%~0.5%、硫酸锌0.1%~0.2%、硫酸铜0.01%~0.02%、硼酸0.2%、硫酸二氢钾0.3%。

银杏如何嫁接育苗?

一般在母株萌发前 15 天左右采集，留 2~3 个芽。雄树嫁接苗的接穗应该从长势旺盛，品种纯正的 30 年左右的雄树上采集；雌树接穗的母树应符合丰产、稳产、优质特征，选择出核率、出仁率高，单核重、大，无明显病虫害的 30 年左右的雌树。接穗的枝条应该是当年的嫩枝或者是 3 年左右的长枝。去叶封蜡保存，嫁接方法有劈接和切接，嫁接最好在阴天进行。

银杏如何扦插育苗?

分为嫩枝扦插和硬枝扦插。嫩枝扦插是用当年生的未木质化的新枝稍做插穗，一般在 6~7 月进行，在树冠中上部外围剪取枝条作为插穗，扦插时剪成 10cm 左右，上面留有 2~3 片叶片，下端剪成马耳形。扦插时，插穗要用生根粉浸泡 1 小时，留上 2 个左右的芽，其余部分全部插进土中。株行距 6m × 9m，要注意庇荫防止失水。

硬枝扦插一般在 3~4 月进行，插穗采用的是一年生或者半木质化的枝条，选择开始结果的品种优良、生长健壮的母株采取枝条，必须采集树冠上部或外部的枝条作为插穗。扦插时，插穗剪成 15cm 左右的短枝，上面留有 2 个左右的饱满芽，上端剪成平口，封蜡，下端斜剪，用生根粉浸泡 1 小时后扦插。用木棒提前打好直孔，株行距为 5~10cm，然后把接穗插进土内 2/3，盖土，使切口与土壤接合，插后浇水，加盖薄膜与阴棚，盖草防止温度过高灼伤扦插苗。扦插苗成活后开始追肥，灌溉，除草，注意防治病虫害。

银杏如何整形修剪?

银杏树剪枝整形不宜过早，生长前期应尽量留较多枝叶，有利于增粗；后期要及时剪枝修形，将直立交叉枝、横生枝、重叠枝剪除，修整出挺拔的树形。一般在初冬或早春进行修剪，严寒时节不宜修剪。每年的养护修剪，要剪除竞争枝、徒长枝、枯死枝、下垂衰老枝等，使枝条上短枝多，进行顶梢回缩等。夏季修剪可进行抹芽、摘心、环割、环剥等工作。银杏萌蘖力强，春夏季要及时除去主干中下部的萌蘖，以减少养分的损耗。①果用型：树体总高 3m 左右，在干高 0.7~0.8m 处剪裁定干，四年左右培养 3 个向四周均匀分布的主枝，每个主枝保留 2~3 个侧枝，结果期要树枝多而壮，保持内部透光。②果材兼用型：侧枝上小枝摘心，培养成辅养枝。③材用型：树体总高 10m 左右，修剪宜早，修剪量不宜大。

银杏主要有哪些病害如何防治?

银杏主要病害有干枯病、茎基腐病等，此类病害在蔬菜、瓜果、茶叶等绿色生产、控害减灾方面多采用如下措施。

（1）干枯病

①病原及症状：属子囊菌纲、球壳菌目、内座壳属、栗疫枝枯病菌。又称银杏胴枯病，在我国分布很广，除危害银杏外，还危害板栗等树种。病原菌为弱寄生性，由伤口侵入，在光滑的树皮上产生光滑的病斑，圆形或不规则形。以后病斑继续扩大，树皮出现纵向开裂。春季，在受害树皮上可见许多枯黄色的疣状子囊孢子座，直径1~3mm。天气潮湿时，从子囊孢子座内会挤出一条条淡黄色至黄色卷须状分生孢子角。秋季，子座变橘红色到酱红色，中间逐渐形成子囊壳。病树皮层和木质部间，可见羽毛状扇形菌丝体层，初为污白色，后为黄褐色。病害一般发生在主干和枝条上，随着病斑蔓延甚至迅速包围枝干，树皮成环状坏死，最后造成银杏树整株死亡。病菌在病枝中越冬。长江流域及长江以南，3月底~4月初开始出现症状，并随气温的升高而加速扩展，直到10月下旬停止。分生孢子借助雨水、昆虫、鸟类传播，并能多次反复侵染。

②防治方法

农业防治：加强管理，配方和平衡施肥，增施腐熟的有机肥，合理补微肥，推广使用生物菌肥、生物有机肥，改善土壤结构，拮抗有害菌，增强树势，提高植株抗性。重病株和患病死亡的枝条应及时清除并集中销毁，彻底清除病原。

生物防治：预计寒流临发生2~3天前喷施植物诱抗剂海岛素（5%氨基寡糖素）水剂800倍液，强壮植株，抗寒抗逆。预计临发病前及时喷药保护，可用海岛素（5%氨基寡糖素）水剂800倍液+0.15%梧宁霉素水剂800倍液或80%乙蒜素乳油1500倍液，或25%寡糖·乙蒜素微乳剂1500倍液均匀喷雾。

科学用药防治：及时刮除病斑后涂药防治，可用42%寡糖·硫黄悬浮剂200倍液，或5波美度石硫合剂30倍液，或1∶1∶100波尔多液，或20%二氯异氰尿酸可溶性粉剂、85%三氯异氰尿酸可溶性粉剂、50%氯溴异氰尿酸可溶性粉剂300倍液涂刷伤口，然后用塑料膜包裹保护。

（2）茎基腐病

①病原及症状：属球壳孢目、球壳孢科、大茎点属、碳腐病菌。又叫苗枯病，是银杏苗期的主要病害，主要发生在夏季（6~9月）。发病初期幼苗基部变褐，叶片失去正常绿色，并稍向下垂，但不脱落。感病部位迅速向上扩展，以至全株枯死。病苗基部皮层出现皱缩，皮内组织腐烂呈海绵状或粉末状，色灰白，并夹有许多细小黑色的菌核。往往也能侵入幼苗木质部，逐渐扩展使根皮皮层腐烂。如用手拔病苗，只能拔出木质部，根部皮层则留于土壤之中。高温使苗木茎基部受损伤后易引发此病。苗木木质化程度越低、发病率越高，地势低洼、长期积水的育苗地，苗木生长不良，发病更为严重。一般

来说，病菌侵染自6月中旬开始，直至9月中旬才停止，7~8月为发病盛期。

②防治方法

农业防治：适期早播种，在土壤解冻时即行播种，促使苗木提早木质化，增强抗病力。合理密播，加强管理，增强苗木对不良环境的抵御能力。播种前防治地下害虫，防止虫伤。防止苗木机械损伤根茎。遮阴降温，育苗地应采取搭荫棚、行间覆草、种植玉米、插枝遮阳等措施以降低对幼苗的危害。适当灌水和喷水，特别在高温季节应及时灌水喷水以降低地表温度，推行喷灌节水，有效减少病害的发生。配方和平衡施肥，增施腐熟的有机肥，合理补微肥，推广使用生物菌肥、生物有机肥，改善土壤结构，拮抗有害菌，增强树势，提高植株抗性。

生物防治：预计高温临发生2天前喷施植物诱抗剂海岛素（5%氨基寡糖素）水剂800倍液，强壮植株，增强抗旱、抗高温、抗日灼等抗逆能力。预计临发病前及时喷药保护，参照"干枯病"。

科学用药防治：整地时用3%的硫酸亚铁溶液+植物诱抗剂海岛素（5%氨基寡糖素）水剂800倍液喷洒土壤，同时，于发病初期叶面喷施。于5月下旬、6月上旬、6月中旬各喷1次药剂控制发生和蔓延，可用海岛素800倍液或6% 24-表芸·寡糖水剂1000倍液+10%苯醚甲环唑水乳剂1000倍液（或80%全络合态代森锰锌可湿性粉剂800倍液、75%肟菌·戊唑醇水分散粒剂2500倍液），或28%寡糖·肟菌酯悬浮剂1500倍液等喷雾防治。在喷药防治过程中，可针对实际情况与有关微量元素混合喷施，一喷多效。

怎样防治银杏虫害?

银杏主要害虫有银杏大蚕蛾、超小卷叶蛾等，此类害虫在蔬菜、瓜果、茶叶等绿色生产、控害减灾方面多采用如下措施。

（1）银杏大蚕蛾　属鳞翅目、大蚕蛾科、胡桃大蚕蛾属。

①为害状：分布范围广，除危害银杏树外，还有核桃、苹果、梨、李、柿、漆树、杨、桦、栎、樟树、枫香等20科、30属、38种植物。幼虫取食银杏等寄主植物的叶片成缺刻或食光叶片，严重影响产量。

②防治方法

农业防治：冬季人工摘除卵块。利用初孵或低龄幼虫期聚集在树冠下部的叶子背面的特点，及时人工摘除有虫叶片集中销毁。7月中、下旬人工捕杀老熟幼虫或人工采茧烧毁。

物理防治：8~9月份雌蛾产卵前实施规模化灯光诱杀成虫。规模化实施性诱剂诱杀雄虫于交配前或迷向丝（性诱剂迷向散发器）扰乱雌雄交配，有效控制虫源。

生物防治：赤眼蜂灭卵。于成虫产卵初期开始，按照适宜的比例进行人工饲养释放赤眼蜂灭卵。低龄幼虫期用0.36%苦参碱水剂800倍液，或0.4%蛇床子素乳油

1500倍液，或2.5%多杀霉素悬浮剂1500倍液喷雾防治。视虫情把握防治次数，一般7天左右喷治1次。

科学用药防治：卵初孵期或幼虫低龄期优先选用5%氟铃脲乳油1000倍液，或5%氟啶脲乳油或25%灭幼脲悬浮剂2500倍液，或5%虱螨脲乳油2000倍液，或25%除虫脲悬浮剂3000倍液喷雾防治，最大限度地保护自然天敌和传媒昆虫。其他药剂可用90%晶体敌百虫1000倍液，或10%溴氰虫酰胺可分散油悬浮剂2000倍液，或20%氯虫苯甲酰胺悬浮剂1000倍液，或15%甲维盐·茚虫威悬浮剂3000倍液，或10%虫螨腈悬浮剂1500倍液，或38%氰虫·氟铃脲（氰氟虫腙+氟铃脲）悬浮剂3000倍液等喷雾防治。加展透剂，视虫情把握防治次数。

（2）**超小卷叶蛾** 属鳞翅目、小卷叶蛾科。

①为害状：分布范围广，年平均温度低于14℃的北方地区，都没有见到超小卷叶蛾的危害。发生区域虫口密度也随着纬度和海拔的升高而降低。幼虫多蛀入短枝和当年生长枝内危害，使短枝上叶片和幼果全部枯死脱落，长枝枯断。1年1代，以蛹越冬。一般3月下旬~4月中旬为成虫羽化期，4月中旬~5月上旬为卵期，4月下旬~6月下旬为幼虫危害期，7月后幼虫呈滞育状态，11月中旬化蛹。幼虫一般于树干中、下部树皮中作蛹室结薄茧化蛹。羽化时，蛹蠕动钻向孔口，半露于孔外，很容易辨认。一般树势差的老龄树容易受害。

②防治方法

农业防治：发现被害枝上的叶及幼果出现枯萎时，及时人工剪除被害枝烧毁，消灭枝内幼虫。同时清除病枝枯枝落叶，并集中烧毁。在成虫羽化前用涂白剂涂刷树干，有效抑制成虫羽化。根据成虫羽化后9时前栖息树干的特性，于4月份每天9点前进行人工捕杀成虫。加强管理，增强树体抗性，以减轻危害程度。

生物防治：规模化实施性诱剂诱杀雄虫于交配之前或迷向丝（性诱剂迷向散发器）扰乱雌雄交配，有效控制虫源。卵孵化期和低龄幼虫未蛀入树皮前及时喷施6%乙基多杀菌素悬浮剂2000倍液。其他选用药剂和防治方法参照“银杏大蚕蛾”。视虫情把握防治次数。

科学用药防治：用油雾剂喷洒已蛀入树皮内的幼虫。卵刚孵化期或幼虫未蛀入树皮之前及时用药防治，选用药剂和防治方法参照“银杏大蚕蛾”。

怎样栽培叶用银杏树?

一般采用密植矮化培育法。

其育林方法，可采用实生苗也可用扦插苗培育，适当加大初植密度利于提高叶片产量。土壤瘠薄、品种发枝量少而直立的银杏，宜密；土壤肥沃、品种发枝量多的银杏，宜稀。

合理修剪控制生长，苗干高度一般为高干80cm、中干50cm、低干30cm。叶用银杏多用中干型，保幼苗定植后，当苗高长 80~100cm 时要剪去顶芽，以促进侧芽的生长，保留 4~5 个分布均匀的健壮侧枝，让其向上生长，作为 1 级枝，每年早春都要进行修减，促进多发各级分枝，剪断过长的分枝，使各级枝条多而短，分布均匀，结构紧凑，通风透光好，树形宜采用圆头形、丛状形或伞字形。修剪的原则主要是先去除病枝枯枝和发育不好的枝条。要注意中耕除草，排水，灌溉，防治病虫害等。一年追肥两次，冬肥以厩肥、土杂肥或饼肥等迟效性肥料为主，4~5 月份用人畜粪尿或尿素等速效肥。

银杏叶怎么采集？

9~10 月，叶子全绿还未变黄是采叶的最佳时期，选晴天或露水消退后采叶。分为人工采叶和机械采叶，人工采叶要分批采集，先底后顶，先基后梢。每棵树可分三批采集，每次隔 7~10 天，鲜叶不可以一次采完，不可以伤及腋芽。对于大面积采叶园可用往复切割、螺旋滚动和水平旋转钩刀式等切割式采叶机采叶。

绿叶采集后应及时通风干燥或者烘干至含水量少于 10%，打包后置于通风干燥处保存。

白果怎么采集？

当银杏果实外种皮表面有一层薄白色的“果粉”，同时外种皮变成呈褐色或者青褐色，用手捏之较松软，这时就达到了采收期。采收前应该准备好钩镰、搭钩、箩筐、手套等工具。可以用升降机震落法采种，也可以用竹竿震落或者采用钩镰勾住侧枝摇落，地面拾取。

白果怎么脱皮？

银杏果实采收后，应堆放在有控水设施的场地，厚度低于 30cm，上面覆盖湿草，3 天左右种皮会腐烂，穿干净雨靴轻踏或者用木棒轻击，或戴橡胶手套直接搓去外种皮。注意，银杏外种皮不宜直接接触皮肤。可选用使用银杏剥皮机，可以大大提高速率。除去外种皮后，应立即放在水中漂洗，漂洗后应及时干燥，避免变色。漂洗用水沉淀处理后，可用于灌溉，不得食用或给牲畜饮用。

白果如何储藏？

未脱皮鲜果储藏：银杏果采摘后应堆放在阴湿处，最好阳光照射不到的地方，平放高度不超过 30cm。如果有条件最好能放在瓷缸或者大的塑料袋里，把塑料袋的口扎紧，放在阳光照射不到的地方，这样银杏果的外皮就会自行腐烂。

脱皮作种用白果储存：①砂藏法，阴凉房间的泥地或者水泥地上铺好 10cm 左右的湿砂，以手捏不成团为宜，将 10cm 左右厚的白果铺在其上面，再铺上 5cm 左右的湿砂，可以铺多层，但不得超过 60cm 高，并经常检查保持湿润。②冷藏法，冷库温度 0~3℃，将白果装入麻袋或竹篓中，放入冷库，每 10 天左右喷一次水。③水藏法，将白果放入清水池或水缸中，要经常换水。

作药用或食用白果储存：干燥后储存在密封塑料袋内。

山茱萸

山茱萸有什么药用价值？

山茱萸又名山萸、枣皮，为我国临床常用名贵中药，具有涩精固脱、补益肝肾、收敛止汗的功能，有良好的调节免疫功能、抗氧化、降血压、降血糖等保健作用。山茱萸营养成分丰富，富含多种微量元素、维生素等，是一种为人们所熟知的药食两用药材。现代药理研究发现，山茱萸能增加心肌收缩力，提高心脏效率，扩张外周血管，增加心脏泵血功能，有抗心律失调作用。还可以提高免疫力，抗菌消炎，有预防风湿性关节炎的功效，还可以抗糖尿病、抗衰老、抗肿瘤等。现已开发出山茱萸保健酒、山茱萸保健饮料、山茱萸保健食品等等。山茱萸不仅是一种药用价值很高的经济林树种，而且也是一种极具观赏性的绿化树种，市场需求量很大。

山茱萸种子为何发芽率低？如何处理种子？

山茱萸的种皮坚硬，具有休眠特性，因此必须经过特殊处理才能打破种子的休眠，提高发芽率。处理种子通常采用沙藏法：采果时选果肉饱满，个头大，色泽红、无病虫的果，剥离果肉，冲洗干净。在向阳处挖长 2m × 1m、深 30cm 左右的坑，坑底整平，铺一层湿砂，上面铺一层种子，再铺一层湿砂，依次共铺 3 层种子和湿砂，最上面铺一层 4cm 厚的湿砂，上面再盖一层干草，草上再盖 30cm 厚的细土以防寒保湿，如有 30%~40% 的种子萌芽，就可取出播种。

山茱萸种植如何选地整地？

山茱萸为耐阴又喜阳植物，选择地势平坦或坡度小于 10° 的背风阳坡或半阳缓坡地，以土层质地疏松肥沃、深厚的砂壤土为宜，要求地下水位在 1m 以下，排灌方便，以下是最适宜山茱萸生长的条件：①生长适温为 20~30℃；②不小于 230 天的无霜期；③年降雨量在 820mm 以上；④在海拔 800~1000m 内生长良好。光照水分充足且温差大，有利于它的生长。

播种前，将育苗地深耕 1 遍，打碎耙平，拣去树根、杂草和石砾等。按南北方向，做成 1m 宽的畦或 1m 宽、10cm 高的垄，垄间距 30cm。并施入腐熟的农家肥和硫酸亚铁。

山茱萸如何播种育苗?

一般在每年 3 月份开始播种，在畦（垄）面上开 3 行沟，间距 30cm，沟深 5cm，将种顺沟均匀撒入，盖 2cm 左右厚的细土或沙土，覆盖地膜或者秸秆，每亩需种子约 50kg。当幼苗出土率到达 70% 左右的时候，要逐步揭掉地膜和秸秆。当幼苗长出 2~3 片真叶时进行间苗，苗距 10cm 左右。当苗高 10~20cm 时，要注意防旱，庇荫。6~7 月时要加强水肥管理，根据土壤墒情适时浇水，追肥 2~3 次，8~9 月份及时剪除幼苗根颈部的萌蘖。如水肥条件好，当年生的苗株可长至 70~100cm。入冬前浇一次防冻水。

山茱萸苗木如何压条繁殖?

压条繁殖是山茱萸较好的一种无性繁殖方法。压条应该选择 5 年生的山茱萸实生苗，在压条前一年 5 月份在母株干基 10cm 左右处用消毒小刀划破树皮并环切两圈，进行促萌处理。冬天去除母株基部的部分萌芽条，并留长 0.5~1cm 的木桩。4 月份对已经萌发出的 1 年生枝条环切 2 圈，切入深度为枝条木质部的 1/3，用偃枝压条法进行压条，压条的埋土厚度为 15cm 左右。压条后应勤浇水，保持土壤湿润以促进生根，还可以少量施用农家肥。压条第二年春，就可与母株分开，定植。

山茱萸如何嫁接繁殖?

接穗：一般在 3 月份进行，从成年的品种优良、生长健硕无病虫害的山茱萸树的外围阳面中上部采集芽体饱满的一年生枝条，封蜡低温保存。

嫁接：一般在 3~4 月进行，砧木一般选择 2 年生的实生苗，在离地 20cm 左右，粗度大于 0.7cm 的部位进行嫁接，一般采用嵌芽接法，所削的芽片宽 0.8cm 左右，长 2.5cm 左右，嵌合紧密后，采用全芽绑扎方式捆扎起来，芽体上下部位要绑紧，而芽体处要稍松。嫁接后一个月及时解绑，剪砧除萌，加强嫁接后的管理。

山茱萸如何整形修剪?

定植后第二年春，当山茱萸树长至 60cm 左右时，需要摘掉顶芽，目的是促进主枝和侧枝的生长。主枝的第一层可以留 3 条，第二层和第三层留 2 条或者 3 条，互相错开，达到通风透光的效果以后每年 2~3 月份萌芽前都要进行修剪摘心。修剪时一定要注意，要求树膛通风透光，能充分利用空间，利于叶片充分进行光合作用，使树势强壮。通过这样修剪一般可提前2年挂果。由于山茱萸树在10~15年进入盛果期，在此期间的修剪要维持树的长势，调节主枝和侧枝之间的平衡，防止早衰和强果枝上移。平行枝、交叉枝、病虫枝、受伤枝等枝干可以直接去除。冬季和春季都要进行修剪，夏季要适当修剪。

山茱萸种植如何进行肥水管理?

苗期：6~7月追肥2~3次，每亩施尿素2~3kg或棉籽饼100kg，以加速幼苗生长。9月，为加速其木质化，要增施磷、钾肥。只要苗期田间管理好且水肥供给及时、充足，当年生苗株高可达80cm左右。

幼树定植成活3~4年内，每年春冬两季各施一次有机肥。春季施追肥，时间为3~4月，冬季施基肥，时间11~12月，施肥量一般每株施腐熟厩肥或堆肥10~15kg和过磷酸钙1~3kg。成年结果树在每年3月中旬~4月中旬应追施一次人畜粪水10~15kg，11~12月每株增施农家肥或人粪尿20~25kg。根据园地土壤及树木生长状况，对有机肥施量不足的成年结果树适量增施碳酸氢铵1~1.5kg，过磷酸钙1~2.5kg或每亩同时施腐熟农家肥2500~3000kg。

山茱萸蛀果蛾如何防治?

属鳞翅目、蛀果蛾科。

（1）为害状 又名石枣虫、萸肉虫、药枣虫。1年发生1代，以老熟幼虫在树冠下土壤内作扁圆形茧越冬。翌年7~8月破茧到地表化蛹，8月中旬羽化为成虫，8~9月产卵。9月幼虫孵出，多为1果1虫。幼虫在果内将果肉蛀成纵横虫道，蛀空的果实内堆满虫粪，其危害随果实成熟而加重。9月下旬~10月上旬，果实成熟为危害高峰期。

（2）防治方法

农业防治：人工摘除虫囊。9~10月份及时清理落果并深埋处理。果实成熟后及时采收。

生物防治：规模化运用性诱剂诱杀雄虫与交配之前。保护各种寄生性及捕食性天敌，如鸟类、寄生蜂、寄生蝇等。

科学用药防治：土壤处理，7月底或8月上旬越冬幼虫出土前，用3%辛硫磷颗粒剂处理土壤，平均每株树撒施20~30g，或用50%辛硫磷（50%二嗪磷）乳油100倍液喷洒地面，施药后立即浅覆，将药剂翻入土内，毒杀越冬幼虫和已化的蛹。树冠喷药，优先选用5%虱螨脲乳油2000倍液树冠喷施，最大限度地保护自然天敌和传媒昆虫。其他药剂可用10%溴氰虫酰胺可分散油悬浮剂、20%氯虫苯甲酰胺悬浮剂、10%虫螨腈悬浮剂等2000倍液，或15%唑虫酰胺乳油2000倍液等进行树冠喷洒，一般在8月上中旬成虫羽化期和8月下旬~9月上旬前后分别喷药防治一次，消灭成虫于产卵之前或幼虫孵化钻蛀之前。

山茱萸主要有哪些病害，如何防治?

山茱萸主要病害有炭疽病、白粉病等，此类病害在蔬菜、瓜果、茶叶等绿色生产、控害减灾方面多采用如下措施。

（1）炭疽病

①病原及症状：属半知菌亚门、胶孢炭疽菌；有性态属子囊菌亚门、围小丛壳菌。山茱萸炭疽病又称黑斑病、黑果病、黑疤痢。该病有果炭疽和叶炭疽两种类型。果炭疽以果实发病为主。幼果染病多从果顶侵入，病斑从果顶向下扩展，病斑黑色，边缘红褐色，严重时病斑扩展到全果，变黑干缩，一般不脱落。成果染病初在绿色成果上生棕红色小点，后扩展成圆形至椭圆形黑色凹陷斑，病部边缘红褐色，四周现红色晕圈，湿度大时，病斑上产生黑色小粒点及橘红色孢子团。病斑融合，致全果发黑。果实染病后，病菌沿果柄扩展到果苔，果苔染病后，病菌又从果苔扩展到果枝的韧皮部，造成枝条干枯而死。叶炭疽病主要侵染叶片，初在叶面上产生红褐色小点，后扩展成褐色圆形病斑，大小1~4mm，病斑边缘红褐色，四周具黄色晕圈。严重的一张叶片上有十多个到数十个病斑，后期病斑穿孔，病斑多时融合成片致叶片干枯。果炭疽也侵染叶片，大小1~2mm，发病轻，别于叶炭疽。

病菌在病果、病果苔、病枝、病叶等病残组织上越冬。翌年4月中下旬进行初侵染。叶炭疽4月下旬能见到病叶，果炭疽5月上旬出现病果。借风雨、昆虫传播。5~6月叶炭疽进入发病盛期，6~8月果炭疽进入发病盛期。4~5月雨日多，降雨量大往往发病早且重。管理粗放及树龄老、生长衰弱的发病重。

②防治方法

农业防治：果实采收后于深秋冬初及时剪掉病枝、病果，清洁田园，病残体集中烧毁。配方和平衡施肥，增施腐熟的有机肥和磷钾肥，合理控氮肥和补微肥，推广使用生物菌肥、生物有机肥，改善土壤团粒结构，提高土壤肥效和肥力，促进作物健壮生长，增强植株抗逆抗病性。选种抗耐病品种，如石磙枣、珍珠红等抗病类型。生长期发现病果及时摘除，集中深埋，防止蔓延。加强管理，合理密植，田间不积水。

生物防治：预计临发病之前2~3天用药，选用哈茨木霉菌叶部型（3×10^8 CFU/g）可湿性粉剂300倍液结合土壤灌溉冲施进行预防。

科学用药防治：预计临发病之前用42%寡糖·硫黄悬浮剂600倍液、1∶1∶100的波尔多液，或27%高脂膜（无毒高脂膜）乳剂200倍液。发病初期及时防治，可用30%噁霉灵水剂或25%吡唑醚菌酯悬浮剂1000倍液，或75%肟菌·戊唑醇水分散粒剂2000倍液，或80%全络合态代森锰锌可湿性粉剂1000倍液、25%溴菌腈可湿性粉剂500倍液、12%松脂酸铜乳油600倍液等喷淋。于春梢生长后及6月各喷药 1 次；8~9 月盛发期视病情把握用药次数。提倡每次用药防治与植物诱抗剂海岛素 1000 倍液混配喷施，安全增效、提质增产。

（2）白粉病

①病原及症状：属子囊菌亚门、白粉病目。主要危害叶片，一般叶片患病后，自尖端向内逐渐失去绿色，正面变成灰褐色或淡黄色褐斑，背面生有白粉状病斑，以后散生褐色至黑色小黑粒，最后干枯死亡。

②防治方法

农业防治：清除周边有白粉病发病病史的植株，集中处理。合理密植，增强通风透光性。休眠期清除病株并集中处理。选种抗耐病品种。冬季适量施肥。配方和平衡施肥参照“炭疽病”。

生物防治：参照“射干锈病”。

科学用药防治：发病初期用 42% 寡糖・硫黄悬浮剂 600 倍液、50% 多・硫悬浮剂 500~800 倍液、45% 石硫合剂结晶 30 倍液、80% 全络合态代森锰锌可湿性粉剂 1000 倍液、25% 嘧菌酯可湿性粉剂 1000 倍液保护性防治。发病初期或发病后用 75% 肟菌・戊唑醇水分散粒剂 2000 倍液，或唑类杀菌剂（20% 苯醚甲环唑水乳剂或 25% 戊唑醇可湿性粉剂 1000 倍液等），或 25% 吡唑醚菌酯悬浮剂 2000 倍液，或 27% 寡糖·吡唑醚菌酯水乳剂 1000 倍液，或 40% 醚菌酯·乙嘧酚（25% 乙嘧酚 +15% 醚菌酯）悬浮剂 1000 倍液等喷雾防治。以上杀菌剂与植物诱抗剂海岛素 1000 倍液混配喷施，可增加药效、提质增产、安全控害。视病情把握防治次数，一般隔 7 天左右喷 1 次。

（3）角斑病

①病原及症状：属半知菌亚门、柱隔胞菌。近年新发生的病害，河南、安徽等省发病较重。主要为害叶片和果实。叶片染病初叶面出现不规则紫红色小斑，边缘不明显。发病中期叶面形成棕红色角斑，边缘趋于明显，叶背面症状不明显。进入发病后期病斑呈褐色角斑，叶背面也出现相同的角斑，病斑组织枯死。湿度大时，病部背面出现绒状黑色小点。叶尖、叶缘也常发病，后期病斑融合成片，叶片干枯而死。果实染病果实上产生锈褐色小圆点，大小约 1mm，病斑多时融合成片，致果顶部出现锈褐色，一般只侵害果皮不深入果肉。

病菌在病残体上越冬。翌年 4 月中下旬进行初侵染，5 月上旬可出现病斑，近地面叶片先发病，逐渐向上扩展。借风雨或昆虫传播，一直持续到 10 月底，一般 7 月份进入发病高峰期。4 月中、下旬日均温高于 15℃，相对湿度达到 80% 或以上则发病早，4 月底即出现病斑。若气温低于 15℃，相对湿度小于 70% 则发病晚，5 月上旬才出现病斑。及时修剪、施肥，树势健壮则发病轻，管理粗放、树势生长弱发病重。在河南区域发现品种间抗病性有差异。

②防治方法

农业防治：选用抗病的大型果品种。加强管理，雨后及时排水，防止湿气滞留，提高抗病力。配方和平衡施肥参照“炭疽病”。

科学用药防治：防治方法和选用药技术参照"炭疽病"。

（4）灰色膏药病

①病原及症状：属担子菌亚门真菌。主要危害枝干，病斑贴在枝干上，在皮层上形成圆圈、椭圆形或不规则厚膜，形似膏药。所以，称它为灰色膏药病。一般发生成年植株上，特别是20年以上的老树树干或枝条上，通常活枝和死枝都能受害。受害后，树势减弱，严重的不能开花结果，甚至枯死。凡土壤贫瘠，排水不良，土壤湿度大，通风透光性差，植株长势较弱时发病严重。

②防治方法：

农业防治：有病植株要及早伐除或剪除。配方和平衡施肥，增施腐熟的有机肥和磷钾肥，合理控氮肥和补微肥，推广使用生物菌肥、生物有机肥，改善土壤团粒结构，提高土壤肥效和肥力，促进作物健壮生长，增强植株抗逆抗病性。

科学用药防治：刮治病斑。个别枝条上的病斑要及时先用刀割除病斑，然后涂刷42%寡糖·硫黄悬浮剂200倍液或石灰乳或5波美度石硫合剂或45%晶体石硫合剂10倍液，并用塑料膜包裹进行保护治疗。发病初期及时防治，可全园喷施42%寡糖·硫黄悬浮剂600倍液、10%多抗霉素可湿性粉剂1500倍液，或43%戊唑醇悬浮剂或33%寡糖·戊唑醇悬浮剂3000倍液、80%全络合态代森锰锌可湿性粉剂800倍液、75%肟菌·戊唑醇水分散粒剂2000倍液、75%肟菌·戊唑醇水分散粒剂2000倍液等防治。视病情把握用药次数，一般10天左右喷1次，可连续喷3次左右。

山茱萸如何采收?

山茱萸栽植后2年开花结果，3~15年后进入盛果期。10月果实开始变红时，一般认为经霜打后质量最好，故常在霜降到冬至开始采收。采收要轻摘，要注意保护下年的花蕾，防止将果枝折断。

山茱萸如何加工?

果实采收后放几天使之稍干。一般要加工去子，去子方法有水煎法和火烘法。

（1）水煎法 用砂锅煮。将果实倒入锅中，不停搅动，15分钟后，捞出放凉水中，用手捏皮。最后将萸肉与核分开，晒干即成。

（2）火烘法 将采收的果放入竹笼内，用小火烘至果肉膨胀，温度35℃左右，20分钟，取出摊开，等稍凉后，将果核挤出，然后晒干或用小火烘干。

第十二章 皮类及茎木类

牡丹皮

牡丹皮有何药用价值？

牡丹皮为毛茛科植物牡丹 *Paeonia suffrticosa* Andr. 的干燥根皮。牡丹皮味苦、辛，性微寒，归心、肝、肾经；具有清热凉血，活血散瘀之功效，用于温毒发斑、吐血衄血、夜热早凉、无汗骨蒸、经闭痛经、痈肿疮毒、跌扑伤痛等症。

现代研究表明牡丹具有多种用途。

①作药用，牡丹皮不仅供中医临床配方使用，同时还可为200多种中成药提供原料，牡丹皮对心血管系统、血液系统、中枢神经系统、免疫系统、消化系统、泌尿系统均有一定的影响，并有较好的抗菌、抗病毒、抗炎、降血糖作用。

②用于化妆品领域，首先牡丹可提取香精，其次牡丹花粉中含有多种营养成分，开发美容保健制品有很大发展潜力。

③开发保健食品，牡丹种子含油率较高，牡丹子油是一种高档食用油，牡丹花用蜜浸可制成牡丹蜜，还可用酒浸制成牡丹酒。

④用作观赏，牡丹花是一种名贵花卉，有很强的观赏价值。

种植牡丹如何选地整地？

牡丹属于典型的温带植物，喜温暖、湿润、凉爽、阳光充足的环境，较耐寒、耐旱，稍耐半阴，怕高温、水涝。适宜在土层较深厚、肥沃、疏松、通透性好的中性、微酸性土壤中生长，忌黏性土。因此种植基地应选择土层深厚、土壤肥沃的砂性土壤，忌连作，前作以芝麻、花生、黄豆为佳。地势选向阳缓坡地，以15°~20°为宜。栽种前1~2个月，每亩施腐熟的农家肥3000kg和饼肥100~200kg；撒匀，翻地30~50cm深，然后耙细整平作畦。

牡丹的繁殖方式有哪几种？

牡丹的繁殖方式有种子繁殖、分株繁殖、扦插繁殖三种。

（1）种子繁殖　种子采集：选4~5年生，无病害健壮植株，8月中下旬~9月上旬，当荚果陆续成熟，果实呈现蟹黄色，腹部开始破裂时分批摘下，摊放室内阴凉潮湿地上，经常翻动，待大部分果壳开裂，筛出种子，选粒大饱满的作种，立即播种。若不能及时播种，要用湿沙土分层堆积在阴凉处。贮藏时间不能超过9个月，时间过长种子会在沙中生根。每亩用种量30~35kg。

种子处理：播种前进行水选，去掉浮水杂质及不成熟的种子，取沉在底部的大粒饱满种子用50℃温水浸种24小时，或用250mg/kg赤霉素溶液浸泡3~4小时，有利于提高发芽率。

播种期：牡丹种子一般在8~10月播种。

播种方法：条播或穴播。条播，按行距25cm开沟，沟深5cm，播幅约10cm，将拌有湿草木灰的种子播入沟内，然后覆细土3cm，最后盖草。每亩用种30~50kg。穴播，行株距30cm×20cm，挖圆穴，穴深4~6cm，每穴均匀播4~5粒种子，覆细土约4cm，再盖草厚4cm左右，以防寒保湿。每亩播种量12~15kg。如遇干旱应注意浇水。一般幼苗于第2年9~10月移栽，大小苗要分别栽种，便于管理。

（2）分株繁殖 无性繁殖多采用分株方法，种株以3年生的为好。在采收时将牡丹全株挖起，抖落泥土，顺着自然生长的形状，用刀从根茎处分开。分株数目视全株分蘖多少而定，每株留芽2~3个。栽植时宜选小雨后进行，按行株距各40~50cm打穴，每亩3000穴左右，栽法同育苗移栽。

（3）扦插繁殖 9月间选1~2年生粗壮枝条，于秋分前后，剪成带2~3个芽10~15cm长的插穗，两端斜面，用萘乙酸（NAA）500mg/kg或吲哚乙酸（IBA）300mg/kg溶液处理插穗下部，按株行距6cm×10cm将插穗2/3插入土中，压紧，土壤保持湿度，20~30天产生不定根，2个月后形成6~10cm长根系时，可以移栽定植。当年生健壮萌芽枝更容易产生不定根。扦插至移栽前，如遇天气干旱，及时浇水保持土壤湿润。

如何进行牡丹的移栽定植?

牡丹移栽定植一般以9月中旬~10月下旬为宜。移栽前先选苗，选根系发达、植株健壮、伤根较少，叶无病斑或变黑、芽饱满无损伤、根部无黑斑或白绢菌丝的种苗。然后将大苗、小苗分开，分别移栽，以免混栽植株生长不齐。

移栽时按行距50cm、株距40cm挖穴，一般穴深15~20cm、长20~25cm，穴底先施入腐熟的菜籽饼肥，使其与底土混合，每穴栽1~2株。栽时将芽头靠紧穴壁上部，理直根茎，深度以根茎低于地面2cm左右为宜，向穴中填土至半穴时轻轻提苗并左右摇晃，再继续填土，使根部舒展，覆土压紧，浇透水，1周后视土壤干湿情况再浇1次水。每亩可栽苗3000~5000穴。在牡丹幼苗期和移栽后第一年可间作少量芝麻，以遮阴防旱。

牡丹田间管理的技术要点有哪些?

（1）中耕除草 牡丹萌芽出土和在生长期间，应经常松土除草，尤其是雨后初晴要及时中耕松土，保持表土不板结。自栽后第2年起，每年中耕除草3~4次，中耕要浅，以免伤根。秋后封冻前的最后1次中耕除草时，同时培土，防寒过冬。

（2）施肥　牡丹喜肥，每年开春化冻、开花以后和入冬前各施肥1次，每亩施有机肥1500~2000kg，或施腐熟的土杂肥、厩肥3000~4000kg，也可施腐熟的饼肥150~200kg，肥料可施在植株行间的浅沟中，施后盖上土，及时浇水。在追肥时，不论饼肥还是粪肥，均不宜直接浇到根部茎叶，一般在距苗20cm处挖3~4cm深的小穴将肥施入，然后盖上薄土。遵照配方和平衡施肥的原则，增施腐熟的有机肥和磷钾肥，合理补微肥。配合推广使用生物菌剂、生物有机肥，改善土壤团粒结构，拮抗有害菌，增强植株抗病抗逆能力，大大提升植株的健康增产潜力。

（3）灌溉排水　牡丹育苗期和生长期遇干旱，可在早、晚进行沟灌，待水渗足后，应及时排除余水。对刚种植一年的苗地也可铺草防止水分蒸发。牡丹怕涝，积水时间过长易烂根，故雨季要做好排涝工作

（4）亮根　4~5月间，选择晴天，将移栽3~4年生的牡丹根际泥土扒开，亮出根蔸，接受光照2~3天，有促进根部生长的作用。

（5）摘蕾与修剪　为了促进牡丹根部的生长，除采种的植株外，生产上均将花蕾摘除，使养分供根系生长发育。采摘花蕾应选在晴天露水干后进行，以利伤口愈合，防止病菌侵入。秋末对生长细弱的单茎植株，从基部将茎剪去，次年春即可发出3~5枚粗壮新枝，这样也能使牡丹枝壮根粗、提高产量，同时，剪除枯枝黄叶与徒长枝集中烧毁，以防病虫潜伏越冬。

牡丹的主要病害如何防治？

牡丹发生的主要病害有叶斑病、灰霉病、紫纹羽病、线虫病、根腐病等，此类病害在蔬菜、瓜果、茶叶等绿色生产、控害减灾方面多采用如下措施。

（1）叶斑病

①病原及症状：属半知菌亚门、壳霉目、杯霉科、双毛壳孢属真菌。又名红斑病，主要危害叶片、茎部，叶柄也会受害。受害叶片上可见近圆形褐色斑块，边缘不明显，严重时叶片扭曲，甚至干枯、变黑。茎和叶柄上的病斑呈长条形，花瓣感染严重时会造成边缘枯焦。雨季为发病高峰期。一般在花后15天左右开始发病，7月中旬随温度的升高日趋严重。初期叶背面有谷粒大小褐色斑点，边缘色略深，形成外浓中淡、不规则的圆心环纹枯斑，相互融连，以致叶片枯焦凋落。叶柄受害产生墨绿色绒毛层；茎、柄部染病产生隆起的病斑；病菌在病株茎叶和土壤中越冬。

②防治方法

农业防治：立冬前后，清洁田园，集中烧掉，以消灭病原菌。生长期发现带病的茎、叶，及时剪除、并清扫落叶集中烧毁，防止叶斑病蔓延。合理安排栽植密度，控制土壤湿度。增施腐熟的有机肥和磷钾肥，合理控氮肥和补微肥。配合推广使用生

物菌剂、生物有机肥，拮抗有害菌，增强植株抗病抗逆能力。雨后及时排去积水，保持适宜的湿度环境。

生物防治：在早春发芽前喷药预防，选用药技术参照“牛蒡子叶斑病”。

科学用药防治：在早春发芽前喷药预防性控害，选用 42% 寡糖·硫黄悬浮剂 600 倍液，或 1∶1∶150 的波尔多液等均匀喷雾。发病初期用选用 10% 苯醚甲环唑水乳剂 1000 倍液，或 80% 全络合态代森锰锌可湿性粉剂 800 倍液，或 25% 醚菌酯悬浮剂 1500 倍液，或 27% 寡糖·吡唑醚菌酯水剂 2000 倍液，或 25% 吡唑醚菌酯悬浮剂 2000 倍液喷雾防治。每个环节用药与植物诱抗剂海岛素（5% 氨基寡糖素）水剂 800 倍液或 6% 24-表芸·寡糖水剂 1000 倍液混配喷施，能安全增效、抗逆壮株、提质增产。视病情把握用药次数，一般 7~10 天 1 次，连续 3 次左右。

（2）灰霉病

①病原及症状：属半知菌亚门、牡丹葡萄孢菌。主要危害植株下部叶片，也可危害叶柄、茎及花。叶片染病初在叶尖或叶缘处生近圆形至不规则形紫褐色水渍状斑，后病部扩展，大小 1cm 或更大，病斑褐色至灰褐色或紫褐色，有的产生轮纹。湿度大时病部长出灰色霉层。叶柄和茎部染病生水浸状暗绿色长条斑，后凹陷褐变软腐，造成病部以上的倒折。花染病花瓣变褐色、干枯或腐烂，产生灰色霉层，在病组织里形成黑色小菌核。病菌随病残体或在土壤中越冬，翌年 3 月下旬 ~4 月初开始侵染贝母。气温 19~23℃、连阴雨，病情扩展快。

②防治方法

农业防治：参照“叶斑病”。

科学用药防治：预计临发病之前或发病初期及时喷药保护性防治，可用 42% 寡糖·硫黄悬浮剂 600 倍液，或波尔多液（1 份硫酸铜 +1 份生石灰 +100 倍水），或 80% 全络合态代森锰锌可湿性粉剂 1000 倍液等，7~10 天 1 次，连续 2~3 次。发病初期或发病后喷治疗性药剂为主，45% 嘧霉胺可湿性粉剂 500 倍液，或 50% 腐霉利可湿性粉剂 2000 倍液，或 25% 啶菌噁唑乳油 800 倍液喷雾等，保护剂和治疗剂相互合理复配使用，注意交替使轮换用药。视病情把握用药次数，一般 7~10 天用 1 次药。

（3）紫纹羽病

①病原及症状：属担子菌亚门、桑卷担菌。又名黑疙瘩头病，俗称紫色或黑色根腐病。主要危害根部，受害植株生长势减弱、黄化、叶片变小，呈大小年开花，严重时部分枝干或整株枯死。老根腐烂，不生新根，生长受阻，一旦根颈处冒出棉絮状菌丝体，地下大部分根株已腐烂，植株会很快枯死。病菌以菌丝体、根状菌索或菌核在病根上或土壤中越冬，条件适宜时，根状菌索和菌核产生菌丝体，在土表或土壤中延伸，接触寄主根系后，直接侵入为害。此病危害期长，罹病的牡丹并不会马上枯死，要经过三五年或更长时间。

②防治方法

农业防治：选择土质疏松、排水良好的高燥地块种植，3~4 年轮作 1 次。增施腐熟的有机肥和磷钾肥，合理控氮肥和补微肥。配合推广使用生物菌剂、生物有机肥，拮抗有害菌，增强植株抗病抗逆能力。发现病株立即拔除，并对病株周围的土壤用石灰消毒。雨后及时排去积水，保持适宜的湿度环境。

科学用药防治：浸根。分栽前苗木剪去病残根，用植物诱抗剂海岛素（5% 氨基寡糖素）水剂 600 倍液（或 6% 24–表芸·寡糖水剂 1000 倍液）分别与 70% 噁霉灵可湿性粉剂 3000 倍液或 30% 土菌消（噁霉灵水剂）800 倍液或用 30% 噁霉灵水剂 +10% 苯醚甲环唑水乳剂按 1∶1 复配 1000 倍液浸根 20 分钟，晾干后栽植。按照老办法用 20% 的石灰水浸根半小时，或 100 倍的波尔多液浸根 1 小时，再用 1% 硫酸铜溶液浸根 3 小时。然后用清水洗净后移栽。淋灌。预计临发病前或初期及时用药淋灌根茎部和根部，可用植物诱抗剂海岛素（5% 氨基寡糖素）水剂 800 倍液 +65% 代森锌 1000 倍液（30% 噁霉灵水剂 800 倍液、30% 噁霉灵水剂 +10% 苯醚甲环唑水乳剂按 1∶1 复配 1000 倍液）等淋灌根部和茎基部，每株灌 500ml 以上，淋透根部，浇后覆土。

（4）根结线虫病

①病原及症状：属垫刃目、根结线虫属、北方根结线虫。主要危害根部，在细根上产生很多直径 3mm 的根结，受害严重时，被害苗木根系瘿瘤累累，根结连结成串，后期瘿瘤龟裂、腐烂，根功能严重受阻，致使根末端死亡。病株地上部分生长衰弱、矮小、黄化，有的甚至整株枯死。线虫多在土壤 5~30cm 处生存，常以卵或雌虫随病残体在土壤中越冬，病土、病苗及灌溉水是主要传播途径。春季，随着地温、气温逐渐升高，4 月中下旬越冬卵开始孵化，2 龄幼虫在土壤中移动寻找根尖，由根冠上方侵入，定居在生长锥内，使根形成虫瘿或称根结。牡丹根结线虫一年重复侵染 3 次，完成其生活史。

②防治方法

农业防治：与禾谷类、棉花等作物轮作；分根繁殖时选无根结者做种根。其他措施参照“瓜蒌根结线虫病”。

生物防治：参照“瓜蒌根结线虫病”。

科学用药防治：亩用 5% 寡糖·噻唑膦颗粒剂 1.5kg，或每亩施 10% 噻唑膦颗粒剂 1.5~2.0kg，或亩用 42% 威百亩水剂 5kg 处理土壤（遵照说明安排与种植时间的间隔期），轮换或交替用药。

（5）炭疽病

①病原及症状：属半知菌亚门、盘长孢属真菌。主要为害叶片、花梗、叶柄及嫩枝。叶片染病时，叶面出现褐色小斑点，逐渐扩大成圆形至不规则形大斑，发生在叶缘的为半圆形，病斑扩展受主脉及大侧脉限制，病斑多为褐色，有些品种叶斑中央灰白色，边缘黄褐色，后期病斑中央开裂，有时呈穿孔状，7、8 月病斑上长出轮状排列的黑色小粒点，湿度大时溢出红褐色黏孢子团，成为识别该病的特征病状。嫩茎、花柄、花梗染病产生梭形稍凹陷的条斑，红褐色，大小 3~7mm，后期灰褐色，边缘红褐色。病原菌在病株中越冬，次年环境适宜时借风雨传播。高温多雨、田间通透性差利

于发病。通常以8、9月降雨多时为发病高峰。

②防治方法

农业防治：冬季清洁田园，集中烧毁或掩埋残体，清除侵染源。生长期间发现病株后及时除去，集中烧毁或深埋。增施腐熟的有机肥和磷、钾、硫、钙肥，合理补微肥，推广使用生物菌剂和生物有机肥，提高树体抗病抗逆能力。合理密植，创造良好的通风透光条件，减少土壤蒸发，降低空气湿度。

科学用药防治：预计发病前或发病初期喷施42%寡糖·硫黄悬浮剂600倍液，或4~5波美度石硫合剂或45%晶体石硫合剂30倍液等预防。发病初期喷施20%噻唑锌悬浮剂600~800倍液，或80%全络合态代森锰锌可湿性粉剂1000倍液保护性防治。发病初期开始喷施10%苯醚甲环唑水乳剂1000倍液+20%噻唑锌悬浮剂800倍液，27%寡糖·吡唑醚菌酯水剂2000倍液，或植物诱抗剂海岛素（5%氨基寡糖素）水剂800倍液或6% 24-表芸·寡糖水剂1000倍液，或25%吡唑醚菌酯悬浮剂2000倍液，或75%肟菌·戊唑醇水分散粒剂2000倍液、25%络氨铜水剂500倍液、23%寡糖·乙蒜素1500倍液、80%乙蒜素乳油1000倍液等治疗性防治。视病情把握用药次数，一般每15天左右喷治1次，相互合理复配和交替轮换用药。

（6）锈病

①病原及症状：属于担子菌纲、锈菌目、栅锈科、松芍柱锈菌。主要危害叶片，植株受浸染后叶片出现圆形、椭圆形或不规则形的褐色病斑，叶片褪绿，叶背着生黄褐色孢子堆，夏孢子可在草本寄主上重复侵染。该锈菌为转主寄生菌，在松树上4~6月产生性孢子和锈孢子，借风雨传播到草本植株上，草本植株受侵染后。夏孢子可在草本寄主上重复侵染。生长后期产生冬孢子，冬孢子萌发产生出担孢子浸染松树进入越冬。

②防治方法

农业防治：收获后将病株残叶集中烧毁。选择地势高燥、排水良好的土地，作高畦种植。秋末清除草本寄主的病株和病残体。

生物防治：参照“射干锈病”。

科学用药防治：预计临发病之前或发病初期喷施42%寡糖·硫黄悬浮剂600倍液，或80%全络合态代森锰锌可湿性粉剂1000倍液或30%嘧菌酯悬浮剂1500倍液等喷雾保护性防治。发病初期开始防治，可用唑类杀菌剂（25%戊唑醇可湿性粉剂1500倍液、10%苯醚甲环唑水分散粒剂1500倍液、25%丙硫菌唑乳油2000倍液、10%戊菌唑乳油3000倍液等），或25%乙嘧酚磺酸酯微乳剂700倍液，或25%吡唑醚菌酯悬浮剂2000倍液等喷雾进行治疗性防治。每个环节用药与植物诱抗剂海岛素（5%氨基寡糖素）水剂800倍液或6% 24-表芸·寡糖水剂1000倍液混配喷施，能安全增效、抗逆壮株、提质增产。视病情把握防治次数，隔10~15天喷洒1次。每次用药与海岛素（5%氨基寡糖素）水剂800倍液混配使用，增效、提质、抗病、抗逆、促花、延长花的采摘期。

（7）根腐病

①病原及症状：属半知菌亚门、茄腐镰孢菌属。又称烂根病。主要为害根部，支根和须根染病根变黑腐烂，且向主根扩展。主根染病初在根皮上产生不规则黑斑，且不断扩展，致大部分根变黑，向木质部扩展，造成全部根腐烂，病株生长衰弱，叶小发黄，植株萎蔫直至枯死。病菌在病残根上、土壤中或进入肥料中越冬，病菌经虫伤、机械伤、线虫伤等伤口侵入。虫伤或机械伤、连作的牡丹田、多雨季节往往发病重，常出现大面积死苗，地下害虫为害严重的发病亦重。

②防治方法

农业防治：采用营养钵育苗移栽，减少根部伤口。注意轮作，及时排除积水；及时拔除病株，病穴用石灰消毒。施腐熟的有机肥和磷、钾、硫、钙肥，合理补微肥，推广使用生物菌剂和生物有机肥，提高树体抗病抗逆能力。

生物防治：预计临发病之前或发病初期用10亿活芽孢/克的枯草芽孢杆菌可湿性粉剂500倍液淋灌根部和茎基部。

科学用药防治：预计临发病之前或发病初期用海岛素（5%氨基寡糖素）水剂800倍液或6% 24-表芸·寡糖水剂1000倍液+80%全络合态代森锰锌可湿性粉剂1000倍液或10%苯醚甲环唑水乳剂1000倍液等淋灌根部和茎基部保护性防治。发病初期开始，用海岛素（5%氨基寡糖素）水剂800倍液或6% 24-表芸·寡糖水剂1000倍液+30%噁霉灵水剂+10%苯醚甲环唑水乳剂按1∶1复配1000倍液（或75%肟菌·戊唑醇水分散粒剂2000倍液、70%噁霉灵可湿性粉剂3000倍液、30%噁霉灵水剂800倍液等）淋灌根部和茎基部治疗性防治，视病情把握用药次数，一般10天左右喷灌1次。

牡丹的主要虫害有哪些？如何防治？

牡丹发生的主要虫害有蛴螬、小地老虎等，此类虫害在蔬菜、瓜果、茶叶等绿色生产、控害减灾方面多采用如下措施。

（1）蛴螬（金龟子幼虫） 属鞘翅目、金龟甲科。

①为害状：危害根部，造成地上部分长势衰弱或枯死。

②防治方法：蛴螬防治方法（农业防治、物理防治、生物防治、科学用药防治）参照“金银花蛴螬”。

（2）小地老虎 属鳞翅目、夜蛾科。

①为害状：又名“地蚕”。是一种杂食性的地下害虫。常从地面咬断幼苗或咬食未出土的幼芽造成缺苗断株。一般在春、秋两季危害最重。

②防治方法：农业防治和物理防治参照“蓖麻地老虎”。

科学用药防治：幼虫低龄（3龄前）期，用20%氯虫苯甲酰胺悬浮剂或50%辛硫磷乳油0.5kg分别拌细土15kg制成毒土围棵保苗，或50%辛硫磷乳油1000倍液浇灌。

幼虫发生期也可采用毒饵诱杀，每亩用50%辛硫磷乳油100~150g兑水3~5kg，喷洒在15~20kg切碎的鲜草或其他绿肥上，边喷边拌均匀，傍晚顺行撒在幼苗周围，进行诱杀。

如何进行牡丹皮的采收与产地加工？

分株繁殖生长3~4年，种子播种生长4~6年，采收季节多为每年枝叶黄萎时进行，河北一般在10月中下旬的秋后进行，此时采挖的牡丹皮，肉厚，肉色粉白，质硬，可久存，产量和质量都较好。采挖时要选择晴天，先深挖四周，将泥土刨开，再将根部全部挖起，抖去泥土，结合分根繁殖，将大中根条自基部剪下加工供药用，较细的根连同其上的蔸芽留作繁殖材料。

将剪下的牡丹鲜根堆放1~2天，待失水稍变软后，剪下须根，晒干即为“丹须”。用手紧握鲜根，用力捻转顶端，使一侧破裂，再把木心顺破裂口往下拉，边分离边剥除木心，晒干。在摊晒时，应趁根皮柔软时，将根理直，严防雨水或冰冻，以免色泽泛红甚至变质。牡丹皮一般亩产干货250~350kg，高产时可达500kg，折干率为35%~40%。

关黄柏

关黄柏有何药用价值？

关黄柏来源于芸香科植物黄檗 *Phellodendron amurense* Rupr. 的干燥树皮。关黄柏性寒，味苦。归肾、膀胱经。具有清热燥湿，泻火除蒸，解毒疗疮之功效。用于湿热泻痢，黄疸尿赤，带下阴痒，热淋涩痛，脚气痿躄，骨蒸劳热，盗汗，遗精，疮疡肿毒，湿疹湿疮。

黄檗对环境条件的要求？

黄檗能耐严寒，喜温和、湿润的气候环境。黄檗适宜于常年平均温度15~25℃、年降水量1200mm、海拔＜2000m的山地丘陵湿润生态区。黄檗能耐-36℃低温，较耐大气干旱，在极端高温达39℃、空气相对湿度40%、降水量216mm、蒸发量1600mm，有灌溉条件的情况下能正常生长。黄檗抗高温的能力：成年树＞幼苗，长龄幼苗＞短龄幼苗。幼树易遭冻害，嫩梢易受晚霜为害，致使分叉，干形不良。黄檗忌干旱，怕涝，土壤干旱使黄檗种子丧失发芽力，幼苗生长非常缓慢，幼苗和成年树在湿润环境条件下生长发育良好。

黄檗宜稍荫蔽环境，苗期稍耐阴，成年树喜阳光。刚出土幼苗怕强光，长出真叶后逐渐解除怕强光的特性。野生常于河岸、肥沃的谷地、低山坡、阔叶混交林等，多生长在避风而又稍为荫蔽的山间、河谷及溪流附近，或混生于杂木林中，如在强烈日光照射或空旷的环境下种植，则生长不良，甚至会形成矮树和伞形树冠。

黄檗喜土层深厚、肥沃、富含腐殖质、排水良好的微酸性或中性砂壤土。黄檗能耐轻度盐碱，瘠薄的土壤种植，根系发育差，植株生长缓慢。

种植黄檗如何选地整地?

黄檗为速生树种，根系较深，抗风、抗寒力强。1~2 年幼苗即可出圃，5 年以上的树即可开花结果，15~25 年为成材期。幼苗无分枝，根系发达，主根明显，入土深，须根少。

种植黄檗宜选择疏松肥沃、能排能灌的土壤。秋季或早春，每亩施用经过无害化处理后的腐熟有机肥 1500~2000kg，氮磷钾复合肥 100kg，充分混匀撒施，随后翻耕土壤 20~30cm，耙细整平做畦待播。

如何进行黄檗育苗?

黄檗主要采用种子繁殖、育苗移栽方式，也可以采用扦插和分根繁殖。种子育苗应注意抓好如下技术。

（1）种子处理　黄檗种子属于低温湿润休眠类型。播种前，先将黄檗种子取出，日晒 1~2 天，然后用清水或 40℃温水浸种 1~2 天，捞出种子，再用 0.5% 的 $KMnO_7$ 溶液对种子消毒处理 2~3 小时，捞出稍晾干后，即可播种。

（2）整地做畦　选地整地技术如前所述。整好地后，按畦宽 1.5m，畦高 20~25cm、沟宽 30cm 做畦。地势低洼地块，四周开好排水沟，以便排水。

（3）播种育苗　黄檗可秋播或春播，以晚秋播种为佳。播种时，于做好的畦面上，按行距 27~30cm 横向开宽 10cm、深 3cm 的浅沟，将种子均匀地播入沟内，上盖草木灰和细土厚约 1cm，适时镇压，最后用草覆盖畦面保湿。每亩用种量 2~3kg。

黄檗苗期应如何管理?

（1）揭去盖草　播种 40~50 天后，幼苗陆续出苗，可揭去盖草。

（2）间苗定苗　苗高 6~9cm 时进行间苗，以每隔 3cm 左右留一株为宜。苗高 15~18cm 时按株距 6~9cm 进行定苗。

（3）中耕除草　苗期应勤除杂草，除草宜早、宜彻底。中耕除草时间及次数，视具体情况而定，以保持土壤疏松无杂草危害为度。

（4）水分管理　播种后应保持土壤湿润，以利其发芽出苗。幼苗阶段，遇旱应适时浇水，以免因缺水、高温导致幼苗枯萎死亡。

（5）追肥 苗期结合间苗、中耕除草或浇水追肥2~3次，每次每亩用腐熟有机肥1500~2000kg，配合氮肥10kg，开沟施入，施后覆土。

黄檗如何定植？

（1）定植时期 以秋季落叶至来年新芽萌发前定植为宜。在较温暖的地区12月中旬~1月中旬较为适宜，北方山区以落叶后至上冻前定植为宜。

（2）种苗出圃 种苗挖掘时，应深挖掘起苗木，不必带土。如根皮有损伤，可从损伤处剪去，切面要平整。主根过长亦可剪去部分。苗圃离定植地较远，应将种苗扎成小捆，便于运输。

（3）定植技术 按照行株距4m×3m挖穴定植。根据种苗大小挖穴，穴长宽各45~60cm，深40~60cm。每穴施用腐熟有机肥5kg，栽苗1株，填一半土后，将种苗向上稍提一下，使根部舒展，再逐层填土压实，要求种苗要栽直、栽稳，根要伸展，最后浇水，水渗后盖土高于地面保墒。

黄檗栽植最好是大面积造林，或与其他木本中药材混合造林，也可以利用地边、沟边、路旁种植。进行造林能使黄檗长成通直的树干，以收获更大的黄檗树皮。

如何进行黄檗田间管理？

（1）水分管理 定植后遇干旱，应及时浇水保墒，保持土壤湿度，确保树苗成活。

（2）中耕除草 定植后的2~3年内，每年的夏、秋季应中耕除草2~3次，中耕深度以不伤黄檗树根为度，适宜浅锄表土。第4年以后，树木已长大成林，就不再每年中耕除草，可每隔2~3年在夏季中耕1次，疏松土层，将杂草翻入土中。

（3）整枝修剪 在冬季，剪去病、虫、残枝和过密枝叶，培育主干林。

（4）施肥培土 每年春、秋两季各施肥1次。春肥：每株施用纯氮0.5kg，配合腐熟有机肥。秋肥：每株施用腐熟饼肥0.5~1kg，配合复合肥0.25kg，开沟环施，结合培土壅根。

如何防治黄檗病害？

黄檗在高海拔山区种植病害较少，在海拔较低的丘陵地区种植病害较多。常见病害有锈病、轮纹病、褐斑病、炭疽病、白粉病等，此类病害在蔬菜、瓜果、茶叶等绿色生产、控害减灾方面多采用如下措施。

（1）锈病

①病原及症状：属担子菌亚门、冬孢菌纲、锈菌目、鞘锈属、黄檗鞘锈菌。为害黄檗叶部，发病初期叶片上出现黄绿色近圆形斑，边缘有不明显的小点，发病后期叶背呈

橙黄色微突起小疙斑，疙斑破裂后散出橙黄色夏孢子，叶片上病斑增多以至叶片枯死。

②防治方法

农业防治：选用抗耐病品种。合理密植，保持适宜的通透性。油松和黄檗不能混栽。

生物防治：参照“射干锈病”。

科学用药防治：发病初期及时喷药防治，可选用唑类（25%戊唑醇可湿性粉剂1500倍液、50%咯菌腈可湿性粉剂5000倍液、10%苯醚甲环唑水分散粒剂1500倍液、25%丙硫菌唑乳油2000倍液、10%戊菌唑乳油3000倍液等），或25%乙嘧酚磺酸酯微乳剂700倍液，或40%醚菌酯·乙嘧酚（25%乙嘧酚+15%醚菌酯）悬浮剂1000倍液，或25%吡唑醚菌酯悬浮剂2000倍液等喷雾。视病情把握防治次数，隔10~15天喷洒1次。每次用药与海岛素（5%氨基寡糖素）水剂800倍液混配使用，增效、提质、抗病、抗逆、促花、延长花的采摘期。

（2）轮纹病

①病原及症状：属子囊菌亚门真菌，无性世代为半知菌亚门。发病初期叶片上出现近圆形病斑，直径4~12mm，暗褐色，有轮纹，后期病斑上生小黑点。病菌在病枯叶上越冬。

②防治方法

农业防治：秋末清洁园地，集中处理病株残体。

科学用药防治：发病初期喷施42%寡糖·硫黄悬浮剂600倍液，或1∶1∶160（硫酸铜1份，氢氧化钙1份，水160份）的波尔多液，或80%络合态代森锰锌800倍液，或10%苯醚甲环唑水乳剂1000倍液；发病盛期喷洒25%醚菌酯悬浮剂1500倍液，或40%醚菌酯·乙嘧酚（25%乙嘧酚+15%醚菌酯）悬浮剂1000倍液，或75%肟菌·戊唑醇水分散剂2000倍液喷雾，连续喷2~3次。

（3）褐斑病

①病原及症状：属半知菌亚门、黄檗生尾孢菌。叶片病斑圆形，直径1~3mm，灰褐色，边缘明显，为暗褐色，病斑两面均生淡黑色霉状物。病菌在病枝叶上越冬。翌春条件适宜时产生分生孢子进行初侵染和再侵染。东北、华北、西北于7~9月发生。

②防治方法

农业防治：开花结束后，彻底清洁田园，将清除的病残体，集中销毁，减少侵染来源。培育壮苗，以增强植株的抗病能力。增施腐熟的有机肥、磷钾肥，合理控氮肥和补微肥，推广使用生物菌剂、生物有机肥，拮抗有害菌，增强植株抗病抗逆能力。生长期及时剪除病枝、病叶，处理烂果，减少越冬病原。

科学用药防治：预计临发病之前或初期喷施植物诱抗剂海岛素（5%氨基寡糖素）水剂1000倍液或6%24-表芸·寡糖水剂1000倍液+10%苯醚甲环唑水乳剂1000倍液（或80%全络合态代森锰锌可湿性粉剂1000倍液、25%醚菌酯悬浮剂1500倍液等）保护性安全控害。发病初期及以后选用治疗性为主的科学用药防治，可用海岛素（5% 氨基寡糖素）水剂 1000 倍液或 6% 24–表芸 · 寡糖水剂 1000 倍液 +40% 腈菌唑可湿性粉剂 3000 倍液（或 25% 吡唑醚菌酯悬浮剂 2000 倍液、75% 肟菌 · 戊唑醇水分散粒剂 2000 倍液等）喷雾防治，提质增效，促根壮苗、抗病抗逆。重点保护新梢、幼果。视病情把握用药次数，一般 7~10 天喷 1 次，连喷 2~3 次。

防治黄檗褐斑病的同时，可兼治叶枯病等叶部病害。

（4）炭疽病

①病原及症状：属半知菌亚门、炭疽菌属、胶孢炭疽菌。主要为害未成熟或已成熟的果实，也可为害花、叶。病菌可通过伤口侵入，直接表现症状，也可侵染未损伤的绿色果实而潜伏为害。初生黑色或黑褐色圆形小斑点，后迅速扩大并相连成片，2~3 天全果变黑并腐烂，病斑上产生大量橙红色黏状粒点，即病菌分生孢子盘和分生孢子。

②防治方法

农业防治：参照“褐斑病”。

科学用药防治：发病初期用 10% 苯醚甲环唑水乳剂 1000 倍液喷雾，预防病害发生蔓延；发病期用 10% 苯醚甲环唑水分散粒剂和 25% 吡唑醚菌酯悬浮剂按 2∶1 复配 2000 倍液或 30% 噁霉灵水剂 +10% 苯醚甲环唑水乳剂按 1∶1 复配 1000 倍液喷雾，或 50% 醚菌酯悬浮剂 3000 倍液，或 27% 寡糖 · 吡唑醚菌酯水剂 2000 倍液，或植物诱抗剂海岛素（5% 氨基寡糖素）水剂 800 倍液或 6% 24–表芸 · 寡糖水剂 1000 倍液，或 25% 吡唑醚菌酯悬浮剂 2000 倍液均匀喷雾防治，视病情发生情况掌握防治次数，一般 7~10 天喷施 1 次。其他选用药技术和使用方法参照“褐斑病”。

（5）白粉病

①病原及症状：属子囊菌亚门、小檗叉丝壳菌。主要发生在叶片上。叶片两面初现稀疏白色粉状斑，叶面多于叶背，后不断增厚或密集成片，后期变成灰白色。

②防治方法

农业防治：合理密植，注意株间通风透光。选用抗（耐）病品种。增使腐熟的有机肥和磷、钾肥，配方和平衡施肥，合理控氮肥和补微肥，推广使用生物菌剂、生物有机肥，增强植株长势，提高抗病和抗逆能力。

生物防治：参照“射干锈病”。

科学用药防治：预计临发病前或发病初期，选用保护性科学用药防治，可用 42% 寡糖 · 硫黄悬浮剂 600 倍液，或 45% 晶体石硫合剂 30 倍液喷雾防治。发病后及时选用治疗性科学用药防治，可用唑类杀菌剂、吡唑醚菌酯等。选用药剂和防治技术参照“牛蒡子白粉病”。

如何防治黄檗虫害?

危害黄檗的主要虫害有蛞蝓、黄凤蝶、牡蛎蚧等，此类害虫在蔬菜、瓜果、茶叶等绿色生产、控害减灾方面多采用如下措施。

（1）蛞蝓

①为害状：属腹足纲、柄眼目。蛞蝓是一种软体动物，又称鼻涕虫，3~11 月发生，咬食嫩叶、茎和幼芽，一般白天潜伏阴湿处，夜间爬出活动为害，露水大或雨天为害较重。

②防治方法

农业防治：参照“黄连蛞蝓”。

科学用药防治：于蛞蝓发生始盛期，每亩用 6% 密达（四聚乙醛）颗粒剂 700g，或 2% 灭旱螺（四聚乙醛）毒饵 500g，用 6% 蜗克星（甲萘威·四聚乙醛）颗粒剂 500g，或 10% 多聚乙醛颗粒剂 1000g。均匀撒施于植株周围。若遇雨水较大天气时，药粒易被冲散至土壤中，致药效减低，需重复施药。毒饵诱杀：在蜗牛产卵前或有小蜗牛时，用 10% 蜗牛敌（多聚乙醛）颗粒剂 2kg，与麦麸（或饼肥研细）5kg 混合成毒饵，傍晚时均匀撒施在田垄或田间进行诱杀。撒施毒土或颗粒剂：每亩用 10% 多聚乙醛颗粒剂或 6% 蜗克星颗粒剂（甲萘威·四聚乙醛）2kg 拌细（沙）土 5kg，或用 6% 密达（四聚乙醛）杀螺颗粒剂每亩 0.5~0.6kg，制成毒土，于天气温暖和、土表干燥的傍晚均匀撒在作物附近的根部行间。用 50% 辛硫磷乳油和 20% 氯虫苯甲酰胺悬浮剂按 1 : 1 混合，稀释成 500 倍液，或用 10% 溴氰虫酰胺可分散油悬浮剂 2000 倍液，或 20% 氯虫苯甲酰胺悬浮剂 2000 倍液与 30% 食盐水混合加入适量中性洗衣粉喷雾防治，或当清晨蛞蝓未潜入土中时，用 30% 甲萘威·四聚乙醛 650 倍液喷雾防治，隔 7~10 天喷 1 次，视发生情况掌握喷药次数，一般连喷 2 次左右。

（2）黄凤蝶

①为害状：属鳞翅目、凤蝶科，又名柑橘凤蝶。幼虫危害黄檗叶，5~8 月发生。幼虫孵化后先食卵壳，然后食害芽和嫩叶及成叶，共 5 龄，老熟后多在隐蔽处吐丝作垫，以臀足趾钩抓住丝垫，然后吐丝在胸腹间环绕成带，缠在枝干等物上化蛹（缢蛹）越冬。

②防治方法

农业防治：实施人工捕杀，保护天敌。

生物防治：有条件的情况下，人工捕捉幼虫或采蛹时将其放入纱笼内保护，寄生在蛹内的寄生蜂也就受到保护，使寄生蜂羽化后释放到田间，抑制凤蝶发生程度。卵孵化盛期或幼虫低龄期，用 Bt 生物制剂（每克含孢子 100 亿）300 倍液，或 0.36% 苦参碱水剂 800 倍液，或 5% 天然除虫菊素乳油 1000 倍液，或 0.5% 藜芦碱可湿性粉剂 600 倍液等均匀喷雾。低龄幼虫期用 0.36% 苦参碱水剂 800 倍液，或 2.5% 多杀霉素悬浮剂 3000 倍液均匀喷雾。每隔 10 天左右 1 次，连续 2~3 次。

科学用药防治：在低龄幼虫期，优先选用 5% 氟啶脲乳油 2500 倍液，或 25% 灭幼脲悬浮剂 2500 倍液喷雾防治，可最大限度地保护天敌资源和传媒昆虫。其他药剂可用 50% 辛硫磷乳油 1000 倍液，或 10% 溴氰虫酰胺可分散油悬浮剂 2000 倍液，20% 氯虫苯甲酰胺悬浮剂 1000 倍液、16% 甲维盐·茚虫威（4% 甲氨基阿维菌素苯甲

酸盐 +12% 茚虫威）悬浮剂 2500 倍液等均匀喷雾防治。7 天喷 1 次，一般连喷 2~3 次。

（3）牡蛎蚧

①为害状：同翅目、盾蚧科。以若虫、成虫在茎干、枝干上刺吸为害，严重者茎干上布满蚧壳，致使植物生长不良以至不能孕蕾开花，干枯死亡。

②防治方法

农业防治：结合冬季修剪，剪除虫枝，集中烧毁。

生物防治：用 1% 苦参碱可溶性液剂 1000 倍液均匀喷雾。

科学用药防治：早春发芽前喷 42% 寡糖・硫黄悬浮剂 600 倍液，或 2~3 波美度石硫合剂或 45% 晶体石硫合剂 30 倍液，或 20~25 倍的机油乳剂保护。抓住各代卵孵化期至若虫低龄期的防治关键期用药，优先选用 25% 噻嗪酮可湿性粉剂或 5% 虱螨脲乳油 2000 倍液，或 10% 吡丙醚乳油 2000 倍液均匀喷雾，可最大限度地保护天敌资源和传媒昆虫。其他药剂可喷施新烟碱制剂（60% 烯啶虫胺・呋虫胺可湿性粉剂 2000 倍液），或 16% 甲维盐・茚虫威（4% 甲氨基阿维菌素苯甲酸盐 +12% 茚虫威）悬浮剂 3000 倍液，或 22.4% 螺虫乙酯悬浮液 4000 倍液等喷雾防治。以上药剂相互合理复配并适量加入展透剂喷雾，防治效果更佳。交替轮换用药。视虫情把握用药次数，一般每隔 10~15 天喷 1 次，连续喷 3 次左右。

黄檗如何留种和采种?

（1）选留种株 选择散生在较向阳环境生长的 15 年生左右无病虫害的健壮黄檗植株做采种优良母株。

（2）适时采种 9~10 月，当黄檗果实呈黑青色或紫黑色、较硬、尚未开裂、用手挤压能挤出种子时，适时人工采收。

（3）果实处理 采摘果实运回室内，存放于屋角或桶内，盖上篾席和稻草，堆沤 10~15 天，或将果实堆放 3 天后放于水缸中用清水浸泡 5~7 天，待果实完全变黑破裂且有臭味时取出，搓揉除去果肉和果皮，洗净种子阴干或晒干，黄檗种子忌炕干。通常每 100kg 果实可得到 8~9kg 干燥种子，1kg 种子 5~7 万粒。

（4）种子贮藏 黄檗种子宜贮藏于阴凉、通风、干燥的环境，贮藏期的种子安全含水量不得过 12%。室温不得过 15℃。产区通常将种子装入布袋中，悬挂于室内通风干燥处。在生产上，黄檗最好使用当年生的种子种植。黄檗种子贮藏不得过 1 年。

关黄柏如何适期采收?

（1）茎枝树皮药材的采收 采用传统种植方式生产的黄檗，定植 10~20 年后即可采收，采收年限过早，皮薄质次产量低。选择 5 月上旬 ~6 月下旬的晴天或阴天采收，忌雨天采收。采收方法有砍树剥皮法和环状剥皮法，后者有利于资源的多次利用。

环状剥皮技术要点：选择阴天或晴天日落后，在黄檗树干基部地面以上20cm和100cm处，用利刀环状割断树皮（以不伤木质部为度），再沿中线纵向将树皮割断，用木或竹制小刀轻轻剥开树皮，用手将树皮轻轻剥下。忌雨水淋或用铁器、手触及树干木质部。树干剥皮后，务必在当天内进行处理，及时向树干伤面喷保护剂，再用无菌洁净的白色塑料薄膜将树干防雨透气式地包裹起来。待7~15天后，树皮白色木质部表面开始出现由黄白→黄绿→绿色的愈伤组织，表明环剥成功，即可取下包裹的塑料薄膜。如果树皮白色木质部表面变黑，表明黄檗细胞组织死亡，以后植株逐渐枯死。秋冬季修剪下的树枝，直径小于5cm的枝条，剥下树皮作枝皮。

（2）根皮的采收 采用速生密植技术生产的黄檗，种植3年的黄檗植株，在晚秋树叶全部枯萎后，选择晴天采挖全植株，除去残余茎叶等杂质，洗净根部泥土后，运回室内做黄檗提取物的原料。

如何进行关黄柏的产地加工？

黄檗主干剥下的树皮，南方将树皮晒到半干，用重物压平后，将表层粗皮刨净至显黄色为度，再用竹刷刷去刨下的皮屑，晒干；东北地区则是将新鲜的树皮，趁鲜刮去粗皮，至显黄色为度，在阳光下晒至半干，重叠成堆，用石板压平，再晒干。黄檗枝条剥下的枝皮，切制成段后直接炕干或晒干即可。

厚　朴

厚朴有何药用价值？

厚朴为木兰科植物厚朴 *Magnolia officinalis* Rehd. et Wils. 或凹叶厚朴 *Magnolia officinalis* Rehd. et Wils. var. *biloba* Rehd. et Wils. 的干燥干皮、根皮及枝皮。4~6月剥取，根皮和枝皮直接阴干；干皮置沸水中微煮后，堆置阴湿处，“发汗”至内表面变紫褐色或棕褐色时，蒸软，取出，卷成筒状，干燥。厚朴味苦、辛，性温。归脾、胃、肺、大肠经。具有燥湿消痰，下气除满功能。用于湿滞伤中，脘痞吐泻，食积气滞，腹胀便秘，痰饮喘咳。

厚朴的生长发育特性有哪些？

厚朴为多年生木本植物，一年生种子苗高仅30~40cm。一般3~4月平均气温15℃左右开始萌芽，气温22~25℃、月降雨量200mm以上生长较快，10月开始落叶。厚朴主根不明显，侧根发达。萌蘖力强，但树龄10年以下很少萌蘖。厚朴树5年生以前生长较慢，5~6年生增高长粗最快，15年后生长不明显；皮重增长以6~16年生最快，16 年以后不明显。20 年生高达 15m，胸径达 20cm。栽培适地生长快，10 年以前年高生长量 0.5~1m，以后生长缓慢。树龄 8 年以上才能开花结果，20 年后进入盛果期，一般气温 18~20℃花叶同时开放，每朵花持续期 15 天左右，花期 5~6 月，果期 8~10 月。15 年左右可间伐剥皮，50 年生厚朴高 15~20m，胸径 30~35cm，在林间能长成直干良材。寿命可长达 100 余年。

厚朴适合哪些地方种植?

厚朴适宜生长环境为：年平均温度 9~20℃，生育期要求年均气温 16~17℃；1 月份平均温度 2~9℃，最低温度不低于 -8℃；≥ 10℃年积温为 4500~5500℃，无霜期 260~300 天；年降水 800~1400mm，相对湿度 70% 以上。年平均日照 1200~1500 小时左右。土壤以结构疏松、土层深厚、肥沃、腐殖质含量高、排水保湿性良好，既不怕干旱又不怕水涝的微酸性或中性的土壤为佳；在海拔 800~1800m 山地林间肥沃、疏松、腐殖质丰富、排水良好的山地黄壤亦可。但土层板结、黏性重、瘠薄、凸形坡等不宜立地。厚朴主要分布于大巴山脉、武陵山脉及大渡河两岸，即四川、重庆、贵州北部及东北部、陕西南部、甘肃南部、河南东南部、湖南西南部。生于海拔 300~1500m 的山地林间。此外，长江流域及以南诸省如江西南部、浙江及广西等有零星小片人工林，野生厚朴罕见。

厚朴繁殖育苗的主要方法有哪几种?

厚朴在生产上多采用种子繁殖育苗，也可采用压条繁殖、分蘖繁殖或扦插繁殖等无性繁殖方法进行育苗。

厚朴种子繁殖技术要点有哪些?

选健壮厚朴母树，在 9~10 月或 10~11 月，当厚朴果露出红色种子时，即可采收。选果大、种子饱满、无病虫害的种子作为繁殖材料。播种前，将种子立即用粗砂混合，多次揉搓，除去蜡质，搓去外种皮，再将种子放入约 50℃温水中，浸 3~5 天后捞出晾干备用。厚朴种子播种冬、春均可，冬播 11~12 月，春播 2~4 月。厚朴种苗繁育地应选择土壤肥沃、质地疏松或新开垦的缓坡地块为宜，深翻 30~40cm，清除草根、残茬等，耙细整平，按畦宽 1m，高 25cm 作畦，长度按地形而定。在整好的畦床上按行距 20~25cm，开深 2~4cm 浅沟，沟内每隔 3~6cm 播种子 1 粒，并覆盖草木灰或细土厚约 3cm，踏实，畦面再盖 3cm 厚的稻草或麦秆保温。厚朴春播 30~60 天出苗，苗高 3cm 时揭去盖草，并根据田间情况采取中耕除草、施肥灌水、病虫害防控等适宜措施进行田间管理。厚朴播种育苗后，当年苗高可达 30cm 以上。在苗高不低于 30cm、地径不小于0.8cm时，可出圃移栽。

厚朴分蘖繁殖如何操作？

立冬前或早春1~2月，选高0.6~1m，基部粗3~5cm的厚朴萌蘖，挖开母树根基部的泥土，沿萌蘖与主干连接处的外侧，用利刀以35°左右斜割萌蘖至髓心，握住萌蘖中下部，向切口相反的一面适加压力，使苗木切口处向上纵裂，裂口长5~7cm，然后插入一小石块，将萌条固定于主干，随即培土至萌蘖割口上15~20cm处，稍加压实，施入腐熟的有机肥3~5kg，促进生根。培育1年后，将厚朴苗木从其母树兜部割下移栽。

厚朴如何选地、造林？

厚朴造林地应选择土壤肥沃，土层深厚，质地疏松的向阳山坡地。于白露后挖穴待种植；一般穴长60cm，宽40cm，深30cm。厚朴繁殖的幼苗，应于2~3月或10~11月落叶后定植；按株行距3m×4m或3m×3m开穴，每穴栽苗1株。栽种时切除主根，根部充分蘸足泥浆，栽于预先开好的穴内，入土深度较原来旧土痕深3~8cm，回表土于穴内，手执苗木根茎，稍上提抖动，使根系自然伸展，填土适度，踏实，使根系与土壤密接，并盖上一些松土，以减少土壤水分蒸发。栽种深度以厚朴苗茎露出地面5cm为宜。干旱的地方要浇定根水，再盖上一些松土。

厚朴栽种后如何进行田间管理？

（1）补苗 移栽成活后，须全面检查，发现死亡缺株者，应及时补栽同龄苗木，以保证全苗生产。

（2）套种与除草 厚朴幼林郁蔽前，可以适当套种豆类、花生、薏苡或玉竹、黄精、淫羊藿等矮秆喜荫作物或药材。并结合对套种作物进行适当除草、松土、施肥等耕作，可促进厚朴幼树生长。未套种的厚朴林地，头3年内亦应适当进行除草、松土、施肥等耕作。对郁蔽的厚朴林，每隔1~2年，在夏、秋季杂草生长旺盛期，要中耕培土1次，并除去基部的萌蘖苗。中耕深度约10cm，不能过深，否则易伤厚朴根系。

（3）合理施肥 厚朴定植后前几年，应结合中耕培土进行施肥。一般选择阴天或晴天下午，于距移植厚朴苗6cm处挖的小穴内，每亩施用腐熟的有机肥500kg。特别要加强对厚朴种子林的培育，其种子林应在一般施肥的基础上，每隔2~3年亩施过磷酸钙50kg，以促使其生长茁壮，枝叶繁茂，花多、果大、种子饱满。

（4）合理修剪 厚朴成林后，要不定期地进行修枝整形，修剪弱枝、下垂枝和过密的枝条，以利养分集中供应主干和主枝，促使其枝叶生长良好，繁茂茁壮。

（5）越冬管理 厚朴冬季生长缓慢，应适量施以农家肥为主的冬肥，并适当培土，以利来年生长。还应注意适时清园，将园林中的枯枝落叶等杂物清除，并除去林间地埂杂草，集中堆沤或烧毁，以作堆肥并可有效减少来年病虫害的发生。

怎样防治厚朴病害？

厚朴主要病害有根腐病、叶枯病等，此类病害在蔬菜、瓜果、茶叶等绿色生产、控害减灾方面多采用如下措施。

（1）根腐病

①病原及症状：属半知菌亚门、镰孢属、尖镰孢菌。发病植株地上部生长势衰弱，并逐渐由下向上萎蔫枯死。地下部首先是须根受害，向主根逐渐发展，受害根皮层腐烂脱落，后期受害株根茎部纵裂变褐枯色，纵切病部可见维管束变褐色。根腐病主要发生在幼苗期和移栽定植期内，患病苗木根部皮层和侧根腐烂，植株往往枯萎，极易拔起。一般于6~8月多雨季节发病较重。

②防治方法

农业防治：增施腐熟的有机肥和磷、钾、硫、钙肥，合理补微肥。配合推广使用生物菌剂、生物有机肥，拮抗有害菌，增强植株抗病抗逆能力。科学修剪，保持良好的通风透光环境。注意排水，防止内涝。秋冬和早春清洁田园，集中销毁处理残体。育苗选地势高燥、排水良好、疏松肥沃的砂质土壤作苗圃。与非寄主植物合理轮作3年以上。

生物防治：预计临发病之前或发病初期用每1g含10亿活芽孢的枯草芽孢杆菌500倍液淋灌根部和茎基部。其他用药和防治方法参照“半夏根腐病”。

科学用药防治：参照“牡丹根腐病”。视病情把握用药次数，一般每7~10天喷洒浇灌1次，一般连续2~3次。

（2）叶枯病

①病原及症状：属半知菌亚门真菌。发病初期叶片病斑呈黑褐色，圆形，直径0.2~0.5cm，以后逐渐扩大布满全叶导致叶片干枯而死。病菌在土壤中越冬，翌年借风雨传播。一般在7月开始发病，8~9月为发病盛期，10月以后病害逐渐停止蔓延。高温、高湿最有利于病菌的侵染。

②防治方法

农业防治：冬季清除病叶，发病后及时摘除病叶，集中烧毁或深埋，以减少病菌的来源。其他措施参照“厚朴根腐病”。

科学用药防治：发病初期及时防治，可用42%寡糖·硫黄悬浮剂600倍液，或80%全络合态代森锰锌可湿性粉剂1000倍液，或20%噻唑锌悬浮剂600~800倍液，或用1∶1∶100波尔多液喷雾保护性防治。每7~10天喷1次，连续喷施2~3次。治疗性药剂可用2%嘧啶核苷类抗菌素水剂150~300倍液+70%代森联干悬浮剂600~800倍液，或25%络氨铜水剂500倍液（或30%琥胶肥酸铜可湿性粉剂800倍液、12% 松脂酸铜乳油 600 倍液，或 53.8% 氢氧化铜干悬剂 1000 倍液，或 50% 克菌丹可湿性粉剂 500 倍液）喷雾防治。视病情把握防治次数，一般 7~10 天喷 1 次。相互合理复配用药，与植物诱抗剂海岛素（5% 氨基寡糖素）水剂 600 倍液或 6% 24-表芸·寡糖水剂 1000 倍液混合喷施，安全高效、促根壮苗、增强抗病抗逆能力，综合效果更佳。

其他防治方法和选用药及技术参照“款冬花叶枯病”。

（3）煤污病

①病原及症状：属子囊菌亚门真菌。多发生在海拔 300m 以下通风不良的阴坡林地。当日平均气温在 13℃（10~22℃）时，并有雾露，厚朴煤污病就往往迅速蔓延发生。发病时厚朴树干和叶面有一层煤烟状物，叶片脱落，生长衰弱。蚜虫、日本壶链蚧往往诱发煤污病发生。

②防治方法

农业防治：合理密植，保持良好的通透性。增施腐熟的有机肥和磷、钾肥，合理补微肥，推广使用生物菌剂和生物有机肥，提高树体抗病抗逆能力。

科学用药防治：首先控制厚朴新丽斑蚜、日本壶链蚧，控制诱发煤污病发生的虫源，在这些虫害发生初期扩散蔓延之前及时防治，优先选用 5% 虱螨脲乳油 1000 倍液，或 10% 吡丙醚乳油 1500 倍液，或 20% 噻嗪酮可湿性粉剂（乳油）1000 倍液，或 22.4% 螺虫乙酯悬浮液 4000 倍液等喷雾防治，最大限度地保护天敌资源和传媒昆虫。其他药剂可用 60% 烯啶虫胺·呋虫胺可湿性粉剂 2000 倍液，或 16% 甲维盐·茚虫威（4% 甲氨基阿维菌素苯甲酸盐 +12% 茚虫威）悬浮剂 3000 倍液均匀喷雾。相互合理复配并适量加入展透剂喷雾效果极佳。交替轮换用药。发病初期及时喷药控制，可选用 42% 寡糖·硫黄悬浮剂 600 倍液，或 27% 寡糖·吡唑醚菌酯水乳剂 2000 倍液，或用植物诱抗剂海岛素（5% 氨基寡糖素）水剂 1000 倍液或 6% 24-表芸·寡糖水剂 1000 倍液 +10% 苯醚甲环唑水乳剂 1000 倍液［或 80% 全络合态代森锰锌可湿性粉剂 1000 倍液、47% 春雷·王铜（2% 春雷霉素 +45% 氧氯化铜）可湿性粉剂 1000 倍液、25% 嘧菌酯悬浮剂 1000 倍液、25% 吡唑醚菌酯悬浮剂 2000 倍液等］均匀喷雾。视病情把握用药次数，一般每隔 10~14 天喷 1 次。连续 2~3 次。

怎样防治厚朴虫害?

厚朴主要害虫有褐天牛、金龟子，此类害虫在蔬菜、瓜果、茶叶等绿色生产、控害减灾方面多采用如下措施。

（1）褐天牛　属鞘翅目、天牛科。

①为害状：成虫咬食厚朴嫩枝皮层，造成枯枝。幼虫危害植株茎干。2 年 1 代。7 月上旬以前孵化出的幼虫，次年 8 月上旬 ~10 月上旬化蛹，10 月上旬 ~11 月上旬羽化为成虫，在蛹室中越冬，第三年 4 月下旬成虫外出活动。8 月以后孵出的幼虫，需经

历2个冬天，第三年5~6月化蛹，8月以后成虫才外出活动。卵多产于树干上的裂缝内、洞口边缘及树皮凹陷不平处，每处产卵1粒，个别2粒。初孵幼虫先在卵壳附近皮层下横向蛀食并有泡沫状物流出。7~20天后幼虫体长10~15mm时即开始蛀入木质部，通常先横向蛀行，然后多转为向上蛀食。低龄幼虫的虫粪一般呈白色粉末并附着于被害孔口外；中龄幼虫的虫粪呈锯木屑状且散落于地面；高龄幼虫的虫粪呈粒状，若其虫粪中杂有粗条状木屑，则幼虫已老熟，开始作蛹室。

②防治方法

农业防治：冬季剪枝，清除虫枝并烧毁。夏季检查树干，见树干上有新鲜蛀孔，即用钢丝钩杀褐天牛幼虫。5~7月成虫盛发期，在清晨检查有洞孔的树干，捕杀成虫，同时在裂口处刮除卵粒及初孵幼虫。树干涂抹白剂（生石灰:硫黄:水＝1∶1∶40比例混合制成）防止产卵。对严重受害的植株要及时砍伐处理，清理虫源。枝干上的洞要用水泥、河沙或黏土堵塞，使树干表面保持光滑。

物理防治：规模化应用糖醋液诱杀成虫（糖:醋:酒:水＝6∶3∶1∶10）消灭在产卵之前。

生物防治：运用性诱剂诱杀雄虫于交尾之前。

科学用药防治：卵孵化期或幼虫未钻蛀前，及时喷施5%虱螨脲乳油1500倍液，最大限度地保护天敌资源和传媒昆虫。用药棉浸20%氯虫苯甲酰胺悬浮剂原液塞入树干蛀孔，用泥封孔，杀死幼虫。卵孵化后，低龄幼虫尚未蛀入木质部以前及时喷药防治，可用60%烯啶虫胺·呋虫胺可湿性粉剂2000倍液，或16%甲维盐·茚虫威（4%甲氨基阿维菌素苯甲酸盐+12%茚虫威）悬浮剂3000倍液，或10%溴氰虫酰胺可分散油悬浮剂2000倍液，或20%氯虫苯甲酰胺悬浮剂1000倍液，或22%氟啶虫胺腈悬浮剂1000倍液，或15%唑虫酰胺乳油1500倍液，或10%虫螨腈悬浮剂1500倍液等均匀喷雾。相互科学复配喷施，加入展透剂更好。10天喷1次，视虫情把握防治次数。用注射器向蛀孔灌注20%氯虫苯甲酰胺悬浮剂1000倍液或注入以上药剂，然后用泥封严虫孔口毒杀幼虫。

（2）金龟子（幼虫：蛴螬） 属鞘翅目、金龟甲科。

①为害状：成虫蚕食叶片、嫩尖、嫩芽等，影响树势生长。幼虫（蛴螬），危害刚萌发的种子、无性繁殖材料、幼苗根等，造成缺苗断垄。危害植株根部，造成地上部分长势衰弱或枯死。

②防治方法

农业防治：冬前耕翻土地，可将部分成、幼虫翻至地表，使其风干、冻死或被天敌捕食、机械杀伤等。施用充分腐熟的有机肥，防止招引成虫飞入田块产卵。清洁田园。秋冬要及时清理植株残枝，日常管理中注意除草。厚朴生长期间，清晨到田间扒开新被害药苗周围或被害残留茎叶洞口附近的表土，捕捉幼虫杀灭。同时，利用成虫的假死性，在其停落的植株上震落捕杀。有条件的地块，苗圃地周围、区间种植蓖麻作为诱杀带。

物理防治：诱杀成虫。在厚朴种植基地，金龟子发生期产卵之前规模化使用频振式杀虫灯诱杀成虫。用糖醋液规模化诱杀成虫（糖:醋:酒:水 =6：3：1：10），消灭在产卵之前。

生物防治：运用性诱剂诱杀雄虫于交尾之前。在蛴螬卵期或幼虫期，每亩用蛴螬专用型白僵菌（含10亿孢子以上/克）杀虫剂2~3kg，与15~25kg细土拌匀，在作物根部土表开沟施药并盖土。或者开沟埋入根系周围或顺垄条施，施药后随即浅锄，能浇水更好。90亿/克球孢白僵菌油悬浮剂500倍生物制剂淋灌，或用100亿/克的乳状菌每亩用1.5kg菌粉，或卵孢白僵菌用量为每平方米2.0×10^9孢子（针对有效含菌量折算实际使用剂量）。

科学用药防治：毒土，每亩用50%辛硫磷乳油0.25kg与20%氯虫苯甲酰胺悬浮剂0.25kg（1：1）混合，拌细土30kg，均匀撒施田间后浇水，提高药效。或用3%辛硫磷颗粒剂3~4kg混细沙土10kg制成药土，在播种或栽植时撒施。毒饵防治，用20%氯虫苯甲酰胺悬浮剂2g兑水1~1.5kg，拌入炒香的麦麸或饼糁2.5~3kg，或拌入切碎的鲜草10kg配备毒饵，或用5%氯虫苯甲酰胺悬浮剂与饵料（炒香的豆饼、麦麸等）按药:饵料 =1：100的比例配制，或用10%溴氰虫酰胺可分散油悬浮剂按药:饵料 =1：200的比例配制，充分拌匀制成毒饵后于傍晚时撒于田间诱杀幼虫。药液浇灌防治，在幼虫发生期用50%辛硫磷，或以上药剂1000倍液（其中10%溴氰虫酰胺可分散油悬浮剂2000倍液）等浇灌或灌根。毒土（粪）闷杀，用20%氯虫苯甲酰胺悬浮剂1000倍液，或70%吡虫啉水分散剂，或60%吡虫啉悬浮剂，或25%噻虫嗪水分散剂等，按药:细土（沙）=1：100的比例配制成毒土或喷匀混入腐熟的粪肥中，做畦时均匀撒入畦底层或底肥上面覆土闷杀。金龟子发生期间在厚朴植株上喷洒以上药剂加展透剂，可防止金龟子的侵害。

如何采收厚朴？

厚朴一般于定植造林20年左右，开始剥皮采收；剥皮采收时间以4~8月最适宜。此时树身水分充足，有黏液，剥皮比较容易。一般采用环剥技术剥取部分厚朴树皮，让原树继续生长，以后再剥。厚朴局部剥皮应选择树干直、生长势强的树为宜，于阴天（相对湿度最好为70%~80%）进行环剥。先在离地面6~7cm处，向上取一段30~35cm长的树干，在上下两端用环剥刀绕树干横切，上面的刀口略向下，下面的刀口略向上，深度以接近形成层为度。然后呈“丁”字形纵割一刀，在纵割处将树皮撬起，慢慢剥下。被剥处用透明塑料薄膜包裹，保护幼嫩的形成层，包裹时上紧下松，要尽量减少薄膜对木质部的接触面积，整个环剥操作过程手指切勿触到形成层。剥后25~35天，被剥皮部位新皮生长，即可逐渐去掉塑料薄膜。第2年，又可按上法在树干其他部位剥皮。

目前厚朴加工方法主要有哪几种?

（1）阴干法　将厚朴皮置通风干燥处，按皮的大小、厚薄不同分别堆放，经常翻动，大的尽量卷成双筒，小的卷成筒状，然后将两头锯齐，放过三伏天后，一般均可干燥。切忌将皮置阳光下曝晒或直接堆放在地上。

（2）水烫发汗法　将剥下的厚朴皮自然卷成筒状，以大筒套小筒，每3~5筒套在一起，再将套筒直立放入开水锅中烫至皮变软时取出，用青草塞住两端，竖放在大小桶内或屋角，盖上湿草发汗。待皮内表面及横断面变为紫褐色至棕褐色并出现出油润光泽时，取出套筒，分开单张，用竹片或木棒撑开晾干。亦可将套筒厚朴蒸软，取出，用稻草捆紧中间，修齐两头，晾干。夜晚可将皮架成"井"字形，易于干燥。

秦 皮

秦皮有哪些经济价值?

秦皮为木犀科植物苦枥白蜡树、白蜡树、尖叶白蜡树或宿柱白蜡树的干燥枝皮或干皮。具有清热燥湿、收涩止痢、止带、明目的功效。主治湿热泻痢、赤白带下、目赤肿痛、目生翳膜等症。其树形态优美，枝叶茂密，适宜作庭荫树和行道树，是我国北方地区优良的城市绿化树种。

如何进行白蜡树种子繁殖?

（1）种子处理　选种，精选色泽光亮、籽粒饱满、大小一致，外观上无破损的种子；晒种，播种前一周选晴天将种子摊在干燥向阳的地上或席子上晒2~3天提高发芽率、杀死部分病原物。根据田间病虫害常年发生情况选择相应的药剂拌种。

（2）低温层积催芽　选择地势较高、排水良好、背风向阳的地方挖沟。沟的深度原则上在冻土层以下、地下水位以上，沟的宽度为100cm左右，沟的长度视种子的数量而定。沟底铺一些碎石、大粒基质和沙土，约20cm厚。然后将消过毒的白蜡种子与湿沙按种子∶湿沙 =1∶3的比例混合放入沟内。注意沙土湿度不能太大，含水量保持在50%~60%即可。将沙土与种子的混合物放至距沟沿20cm左右时停止。然后加盖上纯湿沙，随后再覆土使顶部呈屋脊状。在沟中央直通到沟底部放一捆秸秆，以利通气。期间注意检查湿度状况，及时调整水分，不可过干过湿。一般处理时间为60~80天。

（3）快速高温催芽　用40℃的温水浸种，自然冷却后再浸泡2~3天，每天换水1次，捞出种子，按种子∶湿沙 =1∶3的比例混合，放在温炕上催芽。温度宜保持在20~25℃，每天翻动，保持湿润。20天左右露胚根和裂嘴的种子之和达到种子总数的

30% 时即可播种。

种植白蜡树如何进行选地、整地？

选择土层深厚、土壤疏松肥沃、排灌条件良好的地块精心整地，清除杂物，施足有机肥，苗床走向以南北向为宜，床面宽 120cm，左右步道宽 30~40cm，高 15~18cm，利于灌溉并且保墒性能好。

白蜡树如何进行扦插繁殖？

春季 3 月下旬 ~4 月上旬进行，扦插前细致整地，施足基肥，使土壤疏松，水分充足。插穗应从无病虫害的健壮母树上选取一年生萌芽枝条，一般枝条粗度为 1cm 以上。长度 5~20cm，上端平剪，下端斜剪呈马耳形。在马耳形背面轻刮刀，长 3~5cm，深达形成层，促进生根随采随插，扦插时，可先用小木钎在苗床上打孔。然后将插穗下端插入孔内，再将其周围土壤压实，株行距 15~25cm，插后及时喷水保持苗床湿润，1 个月左右即可生根发芽。

如何对白蜡树进行整形修剪？

（1）定干 通常在早春对植株进行截干，依据各有所需，定干高度在 1.0~2.0m 之间。

（2）修剪 是在进入生长季节后进行的，植株会从截干处萌生出 2~4 个主枝，主枝长至 10~15cm 以上时，对主枝实施短截，等到主枝再长出新的侧枝后，对侧枝再行短截，这样经过 3~4 次修剪，植株的树形就接近了球形。

如何对白蜡树进行田间管理？

（1）灌溉 根据苗木生长不同时期，合理确定灌溉时间和数量。在种子发芽期，床面要经常保持湿润，灌溉应少量多次；幼苗出齐后，子叶完全展开，进入旺盛生长期，灌溉量要多，次数要少，每 2~3 天灌溉 1 次，每次要浇足浇透。

（2）松土除草 本着“除早、除小、除了”的原则，及时拔除杂草，除草最好在雨后或灌溉后进行，苗木进入生长盛期应松土，松土深度初期宜浅，后期稍深，以不伤苗木根系为准。苗木硬化期，为促进苗木木质化，应停止浇水。

（3）苗木施肥 应以基肥为主，但其营养不一定能满足苗木生长需要，为使苗木速生粗壮，在苗木生长旺盛期应施化肥加以补充。幼苗期施氮肥，苗木速生期多施氮肥、钾肥或几种肥料配合使用，生长后期应停施氮肥，多施钾肥，追肥应以速效性肥料，如尿素、磷酸二氢钾、过磷酸钙为主，少量多次施用。

如何防治白蜡树病害？

白蜡树主要病害有流胶病、褐斑病等，此类病害在蔬菜、瓜果、茶叶等绿色生产、控害减灾方面多采用如下措施。

（1）流胶病

①病原及症状：白蜡树流胶病一般分为生理性流胶，如冻害、日灼，机械损伤造成的伤口、蛀干害虫造成的伤口等；还有侵染性流胶，细菌、真菌引起的流胶，如白蜡干腐病、腐烂病等。主要发生在主干上。早春树液开始流动时此病发生较多，表现为从病部流出半透明黄色树胶。浇完返青水后流胶现象更为严重，发病初期病部稍肿胀，呈暗褐色，表面湿润，后病部凹陷裂开，溢出淡黄色半透明树胶，流出的树胶与空气接触后变为红褐色，呈胶冻。干燥后变为红褐色至茶褐色的坚硬胶块。树体流胶致使树木生长衰弱，叶片变黄，变小，严重时枝干或全株枯死。

②防治方法

农业防治：加强管理，增强树势。合理修剪，冬季防寒、夏季防日灼，使树体健壮增强抗病能力。增施腐熟的有机肥和磷钾肥等，合理控制氮肥用量和补微肥，推广使用生物菌剂、生物有机肥，拮抗有害菌，增强植株抗病抗逆能力。进行深翻作业时避免伤及大根，减少非浸染性病害。加强对树体保护，对主干、主枝、副主枝、大侧枝上进行涂白保护（涂白保护剂用生石灰 5 份 + 硫黄 0.5 份 + 食盐 2 份 + 植物油 0.1 份 + 水 20 份配制成）。适时灌溉与排涝，及时浇返青水、封冻水等。

科学用药防治：流胶病常伴随天牛、吉丁虫等发生，应及时防治天牛等蛀干害虫。早春白蜡树萌动前每 10 天喷 1 次 42% 寡糖 · 硫黄悬浮剂 600 倍液，或 5 波美度石硫合剂或 30 倍等量式波尔多液，连喷治 2 次。防治越冬病害。发病期喷施 10% 苯醚甲环唑水乳剂 1000 倍液或 80% 络合态代森锰锌可湿性粉剂 1000 倍液 + 植物诱抗剂海岛素（5% 氨基寡糖素）水剂 800 倍液或 6% 24- 表芸 · 寡糖水剂 1000 倍液，提质增效，生根壮苗，修复伤口，同时提高抗病抗逆和安全控害能力。刮除病斑流胶后，用海岛素水剂 400 倍液 +50% 氯溴异氰尿酸可溶性粉剂 500 倍液涂抹，或用 5 波美度石硫合剂原液进行伤口消毒。

（2）褐斑病

①病原及症状：属半知菌亚门，白蜡尾孢菌属丛梗孢目、尾孢霉属。是近年来新发生的病害。主要危害白蜡树的叶片，引起早期落叶，影响树木当年生长量。病菌着生于叶片正面，散生多角形或近圆形褐斑，斑中央灰褐色，直径 1~2mm，大病斑 5~8mm。斑正面布满褐色霉点，即病菌的子实体。

②防治方法

农业防治：播种苗应及时间苗，前期加强肥、水管理，增强苗木抗病力。秋季清扫苗床地面上的病落叶，彻底清洁田间病残体，集中深埋或烧掉；减少越冬菌源。

配方和平衡施肥，增施腐熟的有机肥，推广使用生物菌剂和生物有机肥。

生物防治：预计临发病前，喷施10%多抗霉素可湿性粉剂2000倍液+植物诱抗剂海岛素（5%氨基寡糖素）水剂800倍液或6% 24-表芸·寡糖水剂1000倍液。

科学用药防治：6~7月喷42%寡糖·硫黄悬浮剂600倍液，或1∶2∶200倍波尔多液，或5波美度石硫合剂。预计临发病前喷施42%寡糖·硫黄悬浮剂（或25%络氨铜水剂600倍液、80%络合态代森锰锌可湿性粉剂1000倍液）+植物诱抗剂海岛素（5%氨基寡糖素）水剂800倍液或6% 24-表芸·寡糖水剂1000倍液进行保护性控害。发病后（初期）及时喷施27%寡糖·吡唑醚菌酯水剂2000倍液，或海岛素（5%氨基寡糖素）水剂800倍液或6% 24-表芸·寡糖水剂1000倍液+25%吡唑醚菌酯悬浮剂2000倍液（或75%肟菌·戊唑醇水分散粒剂2000倍液、50%嘧菌环胺水分散粒剂1000倍液、10%苯醚甲环唑水分散粒剂1500倍液、25%丙硫菌唑乳油2000倍液、10%戊菌唑乳油3000倍液、25%乙嘧酚磺酸酯微乳剂700倍液等）喷雾防治。视病情把握防治次数，隔10天左右喷洒1次，一般连喷2~3次。

如何防治白蜡树虫害?

白蜡树主要害虫有白蜡蠹蚧、白蜡窄吉丁等，此类害虫在蔬菜、瓜果、茶叶等绿色生产、控害减灾方面多采用如下措施。

（1）白蜡蠹蚧 属半翅目、蜡蚧科。

①为害状：一般幼虫以群居生活，该害虫以若虫和成虫在白蜡小苗的枝条上危害，造成小苗生长缓慢，弱势生长，甚至引起植株死亡。

②防治方法

农业防治：种植不带有蚧虫的健康苗木。加强养护管理，结合修剪及时去除白蜡蠹蚧的枝条，携出田外销毁。

生物防治：若虫孵化期，用6%乙基多杀菌素悬浮剂2000倍液均匀喷雾，同时保护捕食螨、瓢虫等自然天敌。

科学用药防治：早春喷施42%寡糖·硫黄悬浮剂600倍液，或1∶2∶200倍波尔多液，或5波美度石硫合剂。把握在若虫孵化期表面没有蜡质层保护时及时喷药，优先选用25%噻嗪酮可湿性粉剂或5%虱螨脲乳油2000倍液，或10%吡丙醚乳油2000倍液，或22.4%螺虫乙酯悬浮液4000倍液均匀喷雾，最大限度地保护自然天敌和传媒昆虫。其他药剂可用新烟碱制剂（60%烯啶虫胺·呋虫胺可湿性粉剂2000倍液）等喷雾防治，相互合理复配并适量加入展透剂。交替轮换用药。视虫情把握防治次数，一般间隔10天左右喷1次。

（2）白蜡窄吉丁 属鞘翅目、吉丁总科、吉丁科。

①为害状：白蜡窄吉丁以幼虫在树木的韧皮部、形成层和木质部浅层蛀食为害，形成扁圆形横向弯曲的虫道切断输导组织，粪便不外排，外部几乎没有任何症状。危

害严重时，树皮会有纵裂，春天树干上有萌枝，树冠衰弱。一般为一年一代。以不同龄期的幼虫在韧皮部与木质部或边材坑道内越冬。翌年4月上、中旬开始活动，4月下旬开始化蛹，5月中旬为化蛹盛期。成虫于5月中旬开始羽化，6月下旬为羽化盛期。成虫羽化孔为"D"形。成虫羽化后在蛹室中停留5~15天之后破孔而出。6月中旬~7月中旬产卵。幼虫于6月下旬孵化后，即陆续蛀入韧皮部及边材内为害。10月中旬，开始在坑道内越冬。白蜡窄吉丁危害白蜡大树时，先危害树干上部和大枝的下部，所以会有部分树冠先衰弱死亡。最后危害下部树干，往往导致整株白蜡树死亡。因其隐蔽性强，防治极为困难。

②防治方法

农业防治：5月上中旬成虫羽化出孔前，用生石灰:硫黄:水=1：0.1：4的比例制成的涂白剂对树干2m以下的部位涂白，减少卵的附着量和孵化率。及时伐除已经危害致死或濒死的树木，移出林间集中烧毁，或浸入水中，以减少下代虫源基数。选抗虫树种。树皮十分光滑、不开裂的植株受害轻。树皮薄而光滑的植株茧蜂的寄生率高。

生物防治：保护天敌。人工创造环境保护和招引啄木鸟，如在林间悬挂或捆绑心腐木段供啄木鸟营巢定居。利用白蜡吉丁柄腹茧蜂、棒小吉丁矛茧蜂等天敌控制白蜡窄吉丁，通过人工扩大繁殖，助长天敌种群的数量。如在每年白蜡窄吉丁的幼虫盛发期（6~8月）人工释放饲养的茧蜂成蜂。成虫羽化初期开始规模化应用性诱剂诱杀雄虫，消灭在交配之前。

科学用药防治：成虫发生期和幼虫孵化期及时防治，重点保护树干，消灭在产卵之前和幼虫钻蛀之前，用50%辛硫磷乳油1000倍液，或10%溴氰虫酰胺可分散油悬浮剂2000倍液，或20%氯虫苯甲酰胺悬浮剂2000倍液，或5%虱螨脲乳油2000倍液等喷雾防治。视虫情把握防治次数，一般连喷2次，间隔10天左右。根据成虫白天活动的特点及时对植株周围树木花草喷洒以上杀虫剂消灭成虫。在6月下旬幼虫孵化初期，用20%氯虫苯甲酰胺悬浮剂与煤油1：20的混合液+渗透剂涂抹为害处，并用塑料包裹杀皮下幼虫。

（3）云斑天牛 属鞘翅目、天牛科。

①为害状：成虫主要危害新枝皮和嫩叶，幼虫蛀食枝干，蛀食后在枝干表面留下很多"钻孔"，如成人拇指般粗细。从外观看孔洞如同被电钻钻成，"洞口"极其规则，呈圆形，孔壁平滑没有糙刺，孔洞边上存留着一些碎木屑。云斑天牛钻进树中后一般不出来，外边很难找到它们。孔洞在树干里弯曲变形，从外面用铁丝也难以捅到它们。往往树木被钻空，生长势衰退，大树枝干不再结实，遇恶劣天气容易倒伏，乃至死亡。

云斑天牛外形很大，身长约5cm，外观类似"老牛"，长有长长的触角，呈灰色，身上有黑点。一般在5月份成虫在白蜡树表面树皮里产卵，经过半个多月，虫卵变成幼虫并开始蛀食树木枝干进入到内部，慢慢长成成虫。经过冬天到次年5月份，成虫由树干中钻出产卵。至此，云斑天牛即完成一个生命周期，产卵后成虫一般会死亡。

②防治方法

农业防治：树干涂白，冬季用石灰5kg、硫黄0.5kg、食盐0.25kg、水20kg拌匀后，涂刷白蜡树干基部，防成虫产卵并杀灭幼虫。人工捕杀，成虫发生盛期于早晨人工捕捉，杀灭在产卵之前。

物理防治：规模化诱杀成虫，实施灯光诱杀消灭在产卵之前。运用性诱剂诱杀雄虫于交配之前或迷向丝（性诱剂迷向散发器）扰乱交配。

生物防治：人工创造环境保护和招引啄木鸟，如在林间悬挂或捆绑心腐木鸟巢招引啄木鸟营巢定居。有条件的可人工培养云斑天牛的天敌管氏肿腿蜂、花绒寄甲等，幼虫发生期进行释放控制天牛种群数量。

科学用药防治：于卵孵化盛期，在产卵刻槽处涂抹50%辛硫磷乳油或50%二嗪磷乳油10倍药液杀死初孵化出的幼虫。成虫发生初期和卵孵化期喷施5%虱螨脲乳油2000倍液，最大限度地保护自然天敌和传媒昆虫。在幼虫蛀干危害期，发现白蜡树干上有粪屑排出时，可用10%溴氰虫酰胺可分散油悬浮剂、20%氯虫苯甲酰胺悬浮剂、10%虫螨腈悬浮剂等150倍液注入“孔洞”中，并用药棉等封住洞口，杀灭云斑天牛幼虫或成虫。6、7月份成虫发生期未产卵之前及时喷药防治，或15%唑虫酰胺乳油1500倍液、10%虫螨腈悬浮剂1000倍液，或2%噻虫啉微囊悬浮剂2000倍液等。

秦皮如何采收加工?

选择清明节前后或霜降前后采收秦皮。伐树法，对生长10年以上，达到药用要求及厚度的白蜡树实施间伐，树离地面30cm以上伐木后，及时剥取枝皮和干皮，以条长宽大、厚者为优；剥取树皮后的枝干作木材使用。环剥法，即每次剥取不超过干皮的30%，保持有足够树皮输送水分，剥取的部位用泥土封闭。待树皮恢复后，再剥取其他部位树皮。剥取的树皮，进行分类后晾干，打包。

秦皮如何储藏?

采用打包机进行扎捆包装后，置放于常温库保存。秦皮在干燥过程中应避免雨淋、暴晒。秦皮储存期不能超过一年。

杜　仲

杜仲有哪些药用价值?

杜仲为杜仲科植物杜仲 *Eucommia ulmoides* Oliv. 的干燥树皮，具有补肝肾，强筋骨，安胎等功能，主治肝肾不足，腰膝酸疼，筋骨无力，头晕目眩，妊娠漏血，胎动不安等症。现代研究证明，杜仲还具有清除体内垃圾，加强人体细胞物质代谢，防止肌肉骨骼老化，平衡人体血压，分解体内胆固醇，降低体内脂肪，恢复血管弹性，利尿清热，广谱抗菌，兴奋中枢神经，提高白细胞数量，增强人体免疫力等显著功效。

杜仲的植物学特征有哪些？

杜仲为落叶乔木，高达20m。小枝光滑，黄褐色或较淡，具片状髓。皮、枝及叶均含胶质。单叶互生，椭圆形或卵形，长7~15cm，宽3.5~6.5cm，先端渐尖，基部广楔形，边缘有锯齿，幼叶上面疏被柔毛，下面毛较密，老叶上面光滑，下面叶脉处疏被毛；叶柄长1~2cm。花单性，雌雄异株，与叶同时开放，或先叶开放，生于一年生枝基部苞片的腋内，有花柄；无花被；雄花有雄蕊6~10枚；雌花有一裸露而延长的子房，子房1室，顶端有2叉状花柱。翅果卵状长椭圆形而扁，先端下凹，内有种子1粒。花期4~5月，果期9月。干燥树皮，为平坦的板片状或卷片状，大小厚薄不一，一般厚0.3~1cm，长40~100cm。外表面灰棕色，粗糙，有不规则纵裂槽纹及斜方形横裂皮孔，有时可见淡灰色地衣斑。

杜仲是如何生长发育的？

杜仲的种子较大，千粒重80g左右。种子果皮内含有胶质，阻碍吸水，沙藏处理后的种子在地温9℃时开始萌动，在15℃条件下2~3周即可出苗。实生苗8~10年开花结果。以后年年开花结果。幼龄期结实少，易落花落果。15年以上的雌株作采种树较好，种子饱满。成年杜仲每年3月萌动，4月放叶，同时现蕾开花，果期7~9月，10月后开始落叶，11月进入休眠期。

杜仲的根系较发达，再生能力较强，其根被砍伤后，便可萌发新根蘖，茎枝扦插、压条都可繁殖新个体。在不损伤木质部的情况下，环剥茎皮，3年便可恢复正常生长。

杜仲的生长发育与环境条件有什么关系？

杜仲喜阳光充足、温和湿润气候，耐寒，对土壤要求不严，丘陵、平原均可种植，也可利用零星土地或四荒地栽培。

杜仲属于阳性植物，宜栽培在阳光充足的地方，在隐蔽环境中树势较弱，甚至死亡。气温稳定在10℃以上时发芽，11~17℃时发芽较快，25℃左右为杜仲最适生长温度，成株可耐 –21℃低温。在年降水量600mm，相对湿度70%以上的地区均能种植。

过湿、过干、过黏、过酸及过于贫瘠的土壤均生长不良。适宜在800~1200m的海拔生长。

杜仲繁殖的主要方法有哪几种？

繁殖方法主要有种子、扦插、压条及嫁接繁殖。生产上以种子繁殖为主。

（1）**种子繁殖** 宜选新鲜、饱满、黄褐色有光泽的种子于冬季11~12月或春季2~3月月均温达10℃以上时播种，一般暖地宜冬播，寒地可秋播或春播，以满足种子萌发所需的低温条件。种子忌干燥，故宜趁鲜播种。如需春播，则采种后应将种子进行层积处理，种子与湿沙的比例为种子:湿沙=1∶10。或于播种前，用20℃温水浸种2~3天，每天换水1~2次，待种子膨胀后取出，稍晒干后播种，可提高发芽率。条播，行距20~25cm，每亩用种量8~10kg，播种后盖草，保持土壤湿润，以利种子萌发。幼苗出土后，于阴天揭除盖草。每亩可产苗木3万~4万株。

（2）**嫩枝扦插** 春夏之交，剪取一年生嫩枝，剪成长5~6cm的插条，插入苗床，入土深2~3cm，在土温21~25℃下，经15~30天即可生根。可用0.05ml/L奈乙酸处理插条24小时，插条成活率可达80%以上。

（3）**根插繁殖** 在种苗出圃时，修剪根苗，取径粗1~2cm的根，剪成10~15cm长的小段进行扦插，粗的一端微露地表，在断面下方可萌发新稍，成苗率可达95%以上。

（4）**压条繁殖** 春季选强壮枝条压入土中，深15cm，待萌蘖抽生高7~10cm时，培土压实。经15~30天，萌蘖基部可发生新根。深秋或翌春挖起，将萌蘖一一分开即可定植。

（5）**嫁接繁殖** 用二年生苗作砧木，选优良母本树上一年生枝作接穗，于早春切接于砧木上，成活率可达90%以上。

杜仲种子繁育圃如何进行田间管理？

种子出苗后，注意中耕除草，浇水施肥。幼苗忌烈日，要适当遮阴，旱季要及时喷灌防旱，雨季要注意防涝。结合中耕除草追肥4~5次，每次每亩施尿素1~1.5kg，或腐熟稀粪肥3000~4000kg。实生苗若树干弯曲，可于早春沿地表将地上部全部除去，促发新枝，从中选留1个壮旺挺直的新枝作新干，其余全部除去。

杜仲苗什么时间定植好？

杜仲按栽植时间通常分成秋栽与春栽两种。秋栽为每年11~12月，春栽为每年3~4月，通常为随起随栽，选择1~2年生、高度达1m以上的苗进行移栽定植。

栽植杜仲时如何选地整地？

新栽杜仲园需要平整土地。如土壤浅薄，则需要从其他地方运送优良土壤；如为山坡地，则需要挖掘好高梯田或者鱼鳞坑。自留宽度150cm左右的营养带，冬季时可以深翻封冻，还可以蓄水保墒，发挥提高地温、提高土壤通透性的作用，从而使土壤理化性能得到显著改善。

如何栽植杜仲苗？

具体方式为山地等高线栽植和平地栽植。

山地等高线栽植通常株距为4m，行距为5m；平地栽植通常株距为4~5m，行距为5~6m，也有选择密植行距3m，株距3m或2m。据上述株行距挖穴，每穴施入土杂肥25kg，与穴土混匀，穴底要平，每穴栽入壮苗1株；栽时要求根系舒展，分层覆土压实，浇透定根水，水下渗后再盖少许松土。幼树生长缓慢，宜加强抚育，每年春夏应进行中耕除草，并结合施肥，秋天或翌春要及时除去基生枝条，剪去交叉过密枝。北方地区8月停止施肥，避免晚期生长过旺而降低抗寒性。

杜仲如何进行肥水管理？

（1）施肥 一是基肥。秋冬季节主要施有机肥料，在树冠投影区域的树干两侧挖深、宽各为40cm的平行沟，具体长度根据实际确定。每棵成龄杜仲树施用基肥的量为60~70kg，翌年施肥时，挖沟应选择在树干两侧，两年轮换1次。二是追肥。在杜仲生长的萌芽期与坐果期各追肥两次，每株追施有机肥料1~2kg或者人粪尿2kg。三是喷肥。与防治病虫害工作相结合单独进行喷肥，每年4月下旬~8月中旬可选择0.5%尿素溶液与0.3%磷酸二氢钾进行叶面施肥2~3次。遵照配方和平衡施肥的原则，增施腐熟的有机肥和磷钾肥，合理补微肥。配合推广使用生物菌剂、生物有机肥，改善土壤团粒结构，拮抗有害菌，增强植株抗病抗逆能力，大大提升植株的健康增产潜力。

（2）灌溉 杜仲树在生长的萌芽期、开花期与结果期，需水量非常大，需要各浇水1次，其他特殊生长时期如杜仲树萎蔫、土壤过度干旱时，也需要立即灌溉。目前所使用的灌溉方法主要有喷灌、株灌、畦灌以及沟灌等。

杜仲如何进行修剪整形？

（1）修剪 幼树期修剪应重点培育骨干枝，养成树形与树冠。夏季进行别枝、摘心与拉枝，而冬季则进行长放与疏除。生长结果期的修剪为开张角度，对过密枝与直立枝进行简单疏除。结果更新期修剪主要是从基部剪除中小型枝条，对其进行1次性更新，加快隐芽的发育。

（2）整形 一是自然开心形，没有中央领导干，多主枝全部向四周均匀辐射，在每个主枝上再生2~3个侧枝。二是主干疏层形，中心干非常突出，全树保留5个主枝。

杜仲常见的病害有哪些？如何防治？

杜仲主要病害有立枯病、根腐病等，此类病害在蔬菜、瓜果、茶叶等绿色生产、控害减灾方面多采用如下措施。

（1）立枯病

①病原及症状：属半知菌亚门、立枯丝核菌，有性态属担子菌亚门、瓜亡革菌。在苗圃中常有发生。4~6月多雨季节，杜仲育苗过程中，幼苗尚未木质化前易患病，苗靠地际的茎基部变褐色缢缩凹陷，严重时缢缩腐烂死亡，通常不倒伏。病菌长期在土中存活，多发生在4月下旬~6月下旬，土壤湿度大、苗床不平整、重茬地易发病。

②防治方法

农业防治：选用疏松、肥沃、排水良好的砂壤土作苗床，前作以禾本科作物为好；合理密植，注意通风透气；增施腐熟的有机肥和磷钾肥，合理补微肥，推广使用生物菌剂、生物有机肥，拮抗有害菌，增强植株抗病和抗逆能力。科学肥水管理，适时灌溉。深翻土地，清除田间病残组织。

科学用药防治：整地时每亩施7.5~10kg硫酸亚铁粉，或在播前10天每亩喷40%甲醛溶液3~4kg，然后盖草，进行土壤消毒；播种时用10%苯醚甲环唑水乳剂1kg与细土混合撒在畦面上，或播种沟内；预计临发病之前或发病初期及时喷淋（灌）药剂，可用植物诱抗剂海岛素（5%氨基寡糖素）水剂600倍液（或6% 24-表芸·寡糖水剂1000倍液）分别与30%噁霉灵水剂800倍液、42.8%氟吡菌酰胺·肟菌酯悬浮剂1500倍液混配后喷淋（灌），让药液渗透到受损的根茎部位。视病情把握用药次数，一般隔7~10天1次，防治1~2次。

（2）根腐病

①病原及症状：属半知菌亚门，主要有腐皮镰刀菌、尖孢镰刀菌、弯镰刀菌3种镰刀菌。病菌先从须根、侧根侵入，逐步发展至主根，根皮腐烂萎缩，地上部出现叶片萎蔫，苗茎干缩，乃至整株死亡。病株根部至茎部木质部呈条状不规则紫色纹，病苗叶片干枯后不落，拔出病苗一般根皮留在土壤中。一般杜仲苗木在不同生长发育阶段表现出不同的症状。种芽腐烂，播种后幼苗出土前或苗木刚出土，低温、高湿、土壤板结或播种后覆土过深，易感病。幼苗嫩茎基部出现黑色缢缩，造成苗茎腐烂、倒伏死亡。子叶腐烂，幼苗出土后感病出现湿腐状病斑，使子叶腐烂、幼苗死亡。6~8月份为主要发病期，低温多湿、高温干燥均易发病，1年内往往有2~3个发病高潮。

病菌在田间靠病根相互接触及地下害虫等途径传播，土壤黏重、干旱、缺肥、透气性差、苗木生长弱以及管理粗放等都利于根腐病发生。

②防治方法

农业防治：清洁田园，集中烧毁或深埋，减少菌源。精选优质无病种子进行催芽处理，选择排水良好，地下水位低，向阳的地段种植，注意排灌，保持适当湿度环境。加强管理，及时修枝整形，防止通风不良。施腐熟的有机肥和磷、钾肥，合理补微肥，推广使用生物菌剂和生物有机肥，提高树体抗病抗逆能力。长期种植蔬菜、豆类、瓜类、棉花、马铃薯的地块不宜作杜仲苗圃地，避免重茬。已经死亡的幼苗或幼树要立即挖除烧掉，对病穴用5%石灰水或有关药剂充分杀菌消毒。

生物防治：预计临发病之前或发病初期用10亿活芽孢/克枯草芽孢杆菌500倍液淋灌根部和茎基部。

科学用药防治：种子处理，用海岛素（5%氨基寡糖素）水剂800倍液或6% 24-表芸·寡糖水剂1000倍液+2.5%咯菌腈悬浮种衣剂5ml+10ml水拌种1kg。淋灌。预计临发病前或初期及时用药，用海岛素（5%氨基寡糖素）水剂800倍液或6% 24-表芸·寡糖水剂1000倍液+10%苯醚甲环唑水乳剂1000倍液等浇灌根茎部和根部，让药液渗透到根部发病处。视病情把握用药次数，一般每7~10天喷洒浇灌1次，一般连续2~3次。其他防治方法和选用药技术参照“牡丹根腐病”。

（3）叶枯病

①病原及症状：属半知菌亚门、腔孢纲、球壳孢目、球壳孢科、壳针孢属真菌。杜仲叶枯病成年植株多见。发病初期，被害植株的叶片上出现黑褐色斑点，不断扩大，病斑边缘褐色，中间呈白色，有时病斑破裂穿孔，严重时叶片枯死。

②防治方法

农业防治：冬季结合清洁田园，清扫枯枝落叶，残体集中沤肥或处理。生长期及时摘除病叶，挖坑深埋，避免再传播。

生物防治：预计发病之前或发病初期，喷施80%乙蒜素乳油+0.5%小檗碱水剂1000倍液+植物诱抗剂海岛素（5%氨基寡糖素）水剂1000倍液。7~10天喷1次，连喷2~3次。

科学用药防治：生长期在预计发病之前或发病初期，可选用42%寡糖·硫黄悬浮剂600倍液，或1∶1∶100波尔多液等保护性防治。发病后以治疗剂为主，可用海岛素（5%氨基寡糖素）水剂800倍液或6% 24-表芸·寡糖水剂1000倍液+25%吡唑醚菌酯悬浮剂2000倍液（或2%嘧啶核苷类抗菌素水剂150~300倍液+70%代森联干悬浮剂600~800倍液），或27%寡糖·吡唑醚菌酯水乳剂2000倍液喷雾防治，每隔7~10天喷1次1∶1∶100波尔多液，连续喷洒2~3次。

其他防治方法和选用药技术参照“厚朴叶枯病”。

杜仲主要虫害有哪些？如何防治？

杜仲主要害虫有刺蛾、褐蓑蛾等，此类害虫在蔬菜、瓜果、茶叶等绿色生产、控害减灾方面多采用如下措施。

（1）刺蛾 属鳞翅目、刺蛾科。

①为害状：俗称痒辣子、辣毛虫，危害杜仲的刺蛾主要有黄刺蛾、扁刺蛾、青刺蛾。夏、秋季发生，以幼虫危害叶片，小幼虫吃叶肉，造成缺刻和孔洞。长大后咬食叶片呈不规则缺刻，严重时仅剩叶柄、叶脉。北方年生1代，长江下游地区2代，少数3代。均以老熟幼虫在树下3~6cm土层内结茧以蛹越冬。成虫多在黄昏羽化出土，卵多散产于叶面上。幼虫共8龄，6龄起可食全叶，老熟幼虫多夜间下树入土结茧。

②防治方法

农业防治：挖除树基四周土壤中的虫茧，人工消灭越冬茧。发生期摘除卵块和初孵幼虫叶片，集中消灭。

生物防治：规模化运用性诱剂诱杀雄虫，消灭在交配之前。卵孵化盛期或低龄幼虫期用100亿活芽孢/克苏云金杆菌可湿性粉剂600倍液，或在低龄幼虫期用0.36%苦参碱水剂800倍液，或2.5%多杀霉素悬浮剂3000倍液，或0.5%藜芦碱可湿性粉剂600倍液喷雾防治。有条件的地方，从产卵初期开始释放赤眼蜂灭卵，一般3天释放1次，蜂:卵以100∶1为宜。根据产卵历期安排放蜂次数，根据田间产卵量确定每次放蜂数量。

物理防治：在种植基地规模化利用刺蛾的趋光性进行灯光诱杀，消灭在成虫产卵之前。

科学用药防治：低龄幼虫期及时喷药防治，优先选用5%氟啶脲乳油2500倍液，或5%虱螨脲乳油1500倍液，或25%灭幼脲悬浮剂2500倍液等喷雾防治，最大限度地保护自然天敌和传媒昆虫。其他药剂可用50%辛硫磷乳油800倍液，或15%甲维盐·茚虫威悬浮剂3000倍液，15%茚虫威悬浮剂3000倍液，或10%溴氰虫酰胺可分散油悬浮剂2000倍液，或20%氯虫苯甲酰胺悬浮剂1000倍液，或22%氰啶虫胺腈悬浮剂1000倍液，或15%唑虫酰胺乳油1500倍液，或10%虫螨腈悬浮剂1500倍液等均匀喷雾防治。相互科学复配喷施并加入展透剂更好。视虫情把握防治次数。

（2）褐蓑蛾 属鳞翅目、蓑蛾科。

①为害状：幼虫取食叶片、低龄幼虫咬食叶片下表皮，成长后咬食叶片形成缺刻、孔洞，还取食嫩芽、嫩梢，严重时造成枯枝死树。幼虫吐丝缀合枯枝叶作成袋状护囊，幼虫藏于护囊中取食叶片，挂于枝、叶上。褐蓑蛾在山东每年发生1代，以7龄幼虫在树基部附近群聚越冬。

②防治方法

农业防治：及时摘除有虫护囊，带出园外集中消灭。发现危害中心及时剪除，严防扩散。

生物防治：卵孵化始盛期喷洒10亿活孢子/克的杀螟杆菌或青虫菌进行生物防治。其他生物防治措施参照“杜仲刺蛾”。

科学用药防治：在卵孵化盛期或幼龄幼虫期未形成护囊之前及时喷药，可喷洒20%氯虫苯甲酰胺悬浮剂1000倍液、50%辛硫磷乳油1000倍液等均匀喷雾，加展透剂。其他选用药技术参照“杜仲刺蛾”。视虫情把握防治次数，一般隔7~10天1次。

（3）豹纹木蠹蛾　属鳞翅目、木蠹蛾科、豹蠹蛾属。

①为害状：又名六星黑点蠹物、咖啡黑点蠹蛾，以幼虫在寄主枝条内蛀食为害，分布在河北、河南、东北、山东、山西等省。被害枝基部木质部与韧皮部之间有1个蛀食环，幼虫沿髓部向上蛀食，枝上有数个排粪孔，有大量的椭圆形粪便排出，受害枝上部变黄枯萎，幼虫蛀食树干、树枝，致使树势衰弱，造成中空，遇风易折断。严重时树木干空折裂，全树枯萎。年发生1代。以幼虫在枝条内越冬。翌年春季枝梢萌发后，再转移到新梢为害。5月上旬幼虫开始成熟，于虫道内吐丝连缀木屑堵塞两端，并向外咬一羽化孔即行化蛹。5月中旬成虫开始羽化，于嫩梢上部叶片或芽腋处产卵，7月份幼虫孵化，多从新梢上部腋芽蛀入，并在不远处开一排粪孔，被害新梢3~5天内即枯萎。一头幼虫可为害枝梢2~3个。幼虫至10月中、下旬在枝内越冬。

②防治方法

农业防治：结合冬、夏剪枝，剪除虫枝，清洁田园，残体集中烧毁或深埋。成虫羽化初期，产卵前（约6月初左右）利用涂白剂涂刷树干，降低产卵和孵化率。

物理防治：于成虫发生初期开始（约5月中旬），规模化运用灯光诱杀成虫，消灭在产卵之前。

科学用药防治：卵孵化期幼虫尚未钻蛀之前及时在树干上喷药防治，优先选用5%虱螨脲乳油2000倍液喷雾防治，最大限度地保护自然天敌和传媒昆虫。其他药剂可用10%溴氰虫酰胺可分散油悬浮剂2000倍液，或20%氯虫苯甲酰胺悬浮剂1000倍液，或15%唑虫酰胺乳油1500倍液，或10%虫螨腈悬浮剂1500倍液，或15%甲维盐·茚虫威悬浮剂3000倍液等均匀喷雾。相互科学复配喷施并加入展透剂更好。视虫情把握防治次数。

杜仲如何收获及加工？

（1）采收　杜仲种植一般在5~8年之后才可以开始采收树皮，但为了高产最好是10年以上的树龄才去采收。每年以3、6、7、10月份为采皮适宜期，尤其4~6月是树木生长旺盛期，树皮容易剥落。剥皮方法有两种，即“局部剥皮法”和“大面积环状剥皮法”。

局部剥皮法：局部剥皮时，在树干离地面10~12cm以上部位，交错地剥取树干周围面积1/4或1/3的树皮。

大面积环状剥皮法：大面积环状剥皮时，在树干分枝处以下，浅剥一圈，再于树干离地面10cm处，环剥一圈，不要损伤木质部，而后在两圈之间纵割一刀，沿纵割处用刀将树皮撬起，小心自上而下将皮撕下，迅速用薄膜包裹剥皮的部位，以免碰伤和污染剥面木质部。15天后，表皮呈褐色时可去掉薄膜。一般每隔3~5年可剥皮1次。对于老龄树可全株砍下剥皮，砍伐的老树桩，还会发芽长出新树。

（2）加工 将新采下的杜仲皮，用开水烫一烫，展开重叠放置平地，外用稻草覆盖，然后再用木板压平，经6~7天“发汗”后，内皮黑色时取出晒干，最后再剥除粗糙的外表皮，即成商品。采收杜仲叶，选择种植3~5年后的树龄，于10~11月份落叶前采摘，可随摘随出售（鲜品），或晒干出售。

石榴皮

石榴皮有何药用价值？

石榴皮为石榴科植物石榴 *Punica granatum* L. 的干燥果皮。秋季果实成熟后收集果皮，晒干。石榴皮味酸、涩，性温，归大肠经。具有涩肠止泻，止血，驱虫等功效，用于久泻，久痢，便血，脱肛，崩漏，带下，虫积腹痛等症。

石榴的植物学特征有哪些？

石榴又名安石榴、若榴、丹若、金罂、金庞、涂林等，落叶灌木或小乔木，树皮通常青灰色或淡黄绿色，有纵皱纹及横皮孔。石榴枝干的分枝较多，小枝多呈圆形或微四棱形，顶端光滑无毛，刺状；枝干一般向左方扭曲旋转生长，高2~7m。叶对生或簇生，具短柄，叶片长倒卵形、椭圆状或披针形，先端渐狭，质厚、全缘，表面有光泽，长2~8cm，宽1~2cm，背面中脉突出。花梗单生或数朵生于小枝顶端或叶腋处，花萼钟状，肉质而厚，橘红色或红色，长2~3cm，下部与子房合生，顶端5~8裂，裂片三角状卵圆形，外面有乳突状突起，宿存；花瓣多红色，与萼片同数而互生，倒卵形，基部渐狭，有皱纹；雄蕊多数，着生于萼筒喉部周围，花药淡黄色，椭圆形；雌蕊1，子房下位或半下位，上部6室，具侧膜胎座，下部3室，具中轴胎座，花柱单一，有时3枚分离，柱头2~3裂。浆果近圆形，果皮肥厚革质，熟时红色或黄带红色，顶端有宿存花萼，内具薄隔膜。种子多数，倒卵形，有棱角，具红色肉质多汁的外种皮，内种皮革质，坚硬。花期5~6月，果期7~8月。

石榴适合在我国哪些地方种植？

石榴原产于伊朗、阿富汗等中亚地区，在汉武帝时期传入我国，到现在已有2000

多年的栽培历史。最早在新疆种植，后发展至陕西、河南、山东、安徽一带，现已遍布我国亚热带及温带20多个省区。分布北界为河北的迁安、顺平、元氏，山西的临汾，极端最低气温为-23.5~-18℃。南界为海南最南端的乐东、三亚；西界为甘肃临洮、积石山保安族东乡族撒拉族自治县至西藏贡觉、芒康一线。东至黄海、东海和南海沿岸。其中以安徽、江苏、浙江、河南、山东、四川、陕西、甘肃、广东、广西、云南及新疆等地种植较多。栽培时应注意根据主栽区所处的地理纬度，选择适宜品种。

石榴的繁殖方法有哪几种?

石榴繁殖方法分为有性繁殖和无性繁殖。有性繁殖就是用种子进行播种繁殖，实生植株结果晚、变异性大，生产中一般不采用。无性繁殖主要包括扦插、分株、压条和嫁接繁殖。生产上大量育苗一般采用扦插繁殖的方法，而嫁接繁殖则多用于品种改良。

（1）种子繁殖 2~3月播种，在播种前，将种子浸泡在40℃的温水中6~8小时，待种皮膨胀后再播。将浸泡好的种子按25cm的行距播在培养土上，再覆1~1.5cm厚的土，上覆草，浇1次透水，以后保持土壤湿润。土温控制在20~25℃，1个月左右便可发芽、生根。

（2）扦插繁殖 只要温湿度适宜，四季均可进行，但以春、秋两季扦插较好。一般以春季短扦插为主，在3月中旬~4月中旬进行。落叶后结合冬剪或萌芽前从结果多、品质好的母株上剪取健壮的、灰白色两年生枝条，如需贮藏，可用湿沙全埋。插前，先将刚剪下的或贮藏在湿沙中的插条剪去茎刺和失水干缩的部分，再自下而上将长插条剪成长12~15cm，有2~3个节的短条。将短枝插条下端近节处剪成光滑的斜面，插条上端距芽眼0.5~1cm处剪齐。插条剪好后，应立即将它的下端斜面浸入清水中，浸泡12~24小时，使插条充分吸水。扦插时，在畦内按株行距10cm×30cm，将插条斜面向下地插入土中，使上端的芽眼距地面1~2cm。扦插完毕后及时灌水，使插条与土壤密接，随后用地膜或草覆盖地面保墒。

（3）分株繁殖 利用石榴母树树冠下浅层根系上的根蘖苗进行繁殖的方法。在每年秋末至初春期间，将石榴母树树冠下浅层根系上的根蘖苗尽量多带根系挖出，即为定植用的石榴苗木。为了增加根蘖苗数量，可在春季萌芽前，将品种优良的母树下面表土挖开一层，暴露出一些水平大根，用快刀在大根上每间隔10~20cm进行刻伤，深达木质部，刻伤后封土、灌水，以促生根蘖苗。为使根蘖苗独立生根，且不影响母树的生长和结果，可于7~8月间沿已萌发的根蘖苗，挖去表土，用果树剪或快刀将其与母树的相连处切断，再进行覆土和灌水，使根蘖苗独立，促使其多发新根，秋后即长成可供栽植的根蘖苗。

（4）压条繁殖 萌芽前，将石榴母株根际较大的萌蘖从基部环割造伤促发新根，然后培土8~10cm，并注意保持土壤湿润。秋季落叶后扒开土堆，将生根植株与母树原根剪断，即成独立树苗。也可将萌蘖条于春季弯曲压入土中10~20cm，并用刀刻伤数处促发新根，上部露出顶梢并使其直立，秋季所压的萌蘖已生根，切断与母株的联系将其带根挖起，即可作为石榴苗木用以栽植。

（5）嫁接繁殖 ①皮下枝接：春天树液开始流动到9月中旬前进行。将砧木在适当部位剪断，自剪口向下纵切一道2cm长的接口，深达木质部，并清除砧木接口以下的分枝。接穗留2~4个芽，在芽上方1cm处剪平，留5~8cm长。在接穗下端，顶芽的对面削3~4cm长的光滑平直斜面，再于长斜面的背面削一三角形削面，随后以大斜面面向木质部插入砧木皮层之内，用塑料薄膜绑缚，只露出芽。②劈接法：春分前后砧木不离皮时进行，将砧木截断，从砧木中心向下劈开长4cm左右的接口，随即插入接穗。接穗4~5cm长，每接穗留2~4个芽眼，在其下端，芽两侧各削一长3~4cm的削面，使接穗成为外侧略厚于内侧的楔形。将接穗、砧木形成层对齐，并露出削面0.5cm，根据砧木粗细，可以插入2~4个接穗。接后用塑料薄膜绑紧即可。③切接法：砧木不离皮时进行，与劈接法相似，只是砧木上的切口在木质部外侧，带少量木质部向下直切，深3~4cm，接穗大削面长3~4cm，小削面长约1cm。把大削面向着砧木髓心插入切口，使接穗与砧木形成层对齐密接，插接穗时上端留0.5cm削面，插好接穗后用塑料薄膜带扎紧。

种植石榴如何选地、整地？

应选择背风向阳、质地轻松、灌排水条件良好的土地种植。石榴对土壤要求不严，一般以土层深厚的砂壤土或壤土为宜，在砂质壤土、黄壤土和红壤土中生长良好，黏重度比较大的土壤会影响石榴树体的生长从而降低石榴果实的品质。对土壤的酸碱适应性也很强，pH值4.5~8.2之间均可生长。

石榴如何进行定植？

定植时间，以春季3月上旬和秋季的10月底~11月初为最佳时期。根据地势和方位确定种植行向，最好用南北行向，以利通风透光。株行距一般以3m×3m或3m×4m为宜，定植苗要求地上部高度不低于80cm，苗木粗0.8cm以上，地下部根系完好。取苗后保持根系的湿润，及时定植。定植穴规格一般直径及深度不小于80cm×80cm，挖穴时将表土与底土分开堆放。每个定植穴施入腐熟有机肥30~50kg，磷肥1kg，定植时先将与肥料混匀的土填回穴中，厚度50~60cm，再回填5~10cm表土，将果苗放入穴内，根系伸展，左右前后对行。然后一面回填土，一面用脚将回填土踩紧，使土壤与根系紧密结合，同时用力将苗木向上提一提，使根系伸展，根系周围要回填肥沃的土壤，回填的土要高于四周地面5~10cm，灌水后土下沉和地面相平。最后用底土做一个直径60cm左右的树盘，并盖膜保墒。

石榴田间管理措施有哪些？

（1）浇水 一般在一年中浇 5 次水。第 1 次在封冻之前（封冻水），以保护根部免受冻害；第 2 次在春季花前（花前水），可以促进石榴开花和提高坐果率；第 3 次在谢花后（催果水），能促进幼果生长，提高产量；花后及 8 月中旬可各增加 1 次，此期间果实生长快且温度高，需水量较大。花盛期及石榴成熟前 30 天禁止浇水。

（2）施肥 石榴一般一年施 3 次肥，第 1 次为基肥，在秋季采果后至落叶前，每株以放射沟法施入腐熟有机肥 25~30kg，有利于树势恢复和花芽的继续分化，以及肥料在冬春季节的分解转化。第 2 次在早春惊蛰前施用，以氮肥为主，每株 0.1kg 尿素，以促进开花和提高坐果率。第 3 次在果实转色期施入，以速效磷钾肥为主，每隔 10 天喷 1 次，喷施 0.3% 的磷酸二氢钾，必要时加 0.2% 的尿素，延缓落叶。新植苗木进入雨季后就可以追肥，但施用量要轻。

（3）中耕除草 全年中耕除草 4~5 次，在早春解冻后，及时耕耙或全园浅刨，并结合镇压，以保持土壤水分，提高土温，促进根系活动。6 月下旬 ~8 月中旬，结合浇水中耕 2~3 次，果实成熟前保持树冠下无杂草丛生，10 月中旬采收后结合根部施肥耕翻 1 次。

石榴幼树如何进行整形修剪？

为了使石榴早结果，连年丰产，延长寿命，从幼树开始，即对其进行整形。一般栽植第一年定干，第二年短截主枝延长枝，第三年选配主副枝。2~3 年后，石榴树形骨架基本完成，呈单干树形，主干上着生三个方位角为 120° 的主枝，每个主枝上配置 2~3 个大型副主枝的自然开心形。树冠呈上稀下密、外稀内密、大枝稀小枝密，树高和冠幅应控制在 2.5~3m 范围内，石榴树进入结果期。

在石榴幼龄时期，一般长势旺，枝条直立，结果少，修剪要兼顾早成形、快长树和早结果、早丰产，做到长树结果两不误，因此，对幼树应采用轻剪长放修剪法。为促进新抽生的一年生延长枝夏梢早发，宜及时将生长良好的春梢枝条先端不充实部分尽早摘心；夏梢在其先端萌发后，每个春梢上选 2~3 个夏梢，在长至 8~10 片叶时也摘心，使其早生秋梢，其余的抹除；秋梢抽发后，留 2~3 个，对生长不良的及早疏除。主干上除选留的主枝和辅养枝外，对过密、过低、短小纤弱的春梢及夏梢及时疏除。砧木上的萌芽全部抹除。幼树 1~3 年内不宜结果，见花蕾即疏除。

石榴盛果期怎样进行修剪？

石榴进入结果期后，只需剪除密生枝、徒长枝、枯枝、病虫枝和弱枝即可。冬剪以疏枝为主，短截为辅，疏除冠内的徒长枝、过密枝、细弱病虫枝、干枯枝和萌蘖枝，适当回缩下垂枝和伸向行间过长的枝，对过弱的结果母枝短截复壮，空缺处的徒长枝进行短剪或拉枝。夏季修剪在坐果后进行，切忌剪去大枝；疏除徒长梢、过密枝、病虫枝、细弱下垂枝以及基部和内膛的萌条等，使树体透光率保持在10%~12%，改善树体通风透光条件及缓和树势；健壮枝进行摘心、扭梢，有利于养分节约和培养健壮的结果枝；6月上旬~8月上旬可以选择主干、主枝、侧枝及辅养枝等，进行环割或环剥，缓和枝梢生长，促进花芽分化。

如何防治石榴病害？

石榴主要病害有干腐病、褐斑病等，此类病害在蔬菜、瓜果、茶叶等绿色生产、控害减灾方面多采用如下措施。

（1）干腐病

①病原及症状：半知菌亚门、鲜壳孢属。主要危害花器、果实和枝干。在蕾期、花期发病，最初于花瓣处变褐色，以后扩大到花萼、花托，使整个花变成褐色，重病花提早脱落。幼果发病，首先在表面发生豆粒状大小不规则浅褐色病斑，逐渐扩为中间深褐，边缘浅褐的凹陷病斑；再深入果内，直至整个果实变褐腐烂。在花期和幼果期严重受害后造成早期落花落果，果实膨大期至初熟期，则不再落果，而干缩成僵果悬挂在枝梢。枝干染病，初期出现黄褐色病斑，逐渐变为深褐色，病健交界处往往开裂，病皮翘起以致剥离，发病枝条生长衰弱，叶变黄，最后使全枝干枯死亡。贮藏期可造成果实腐烂，果面上出现密集小黑点。

发病最适温度为24~28℃，相对湿度95%以上利于病菌孢子萌发侵染；相对湿度小于90%时，病孢子几乎不萌发。通常在5月中旬~6月初开始发病。7~8月在高温多雨及蛀果或蛀干害虫的作用下，往往加速病情的发展。

②防治方法

农业防治： 冬春季清洁果园，结合修剪，将病枝、烂果等清除干净；注意除草，清除搜集树上树下干僵病果烧毁或深埋；刮树皮、石灰水涂干；夏季要随时摘除病果、病叶等带出果园集中销毁；坐果后及时套袋；配方和平衡施肥，增施腐熟的有机肥，合理补微肥，推广使用生物菌剂、生物菌肥，拮抗有害菌，提升石榴抗病抗逆能力；人工授粉，疏花疏果，现蕾后在可分辨筒状花和钟状花时，将大部分钟状花疏除，削减养分耗费；坐果后疏除病虫果、晚花果及双果中的小果，避免因成果过多而引起树势虚弱；选育和发展抗病品种。

生物防治： 10亿CFU/g多黏类芽孢杆菌可湿性粉剂100倍液浸种，或发病前用2000倍液喷淋，或500倍液灌根进行预防。花期及幼果期喷施植物诱抗剂海岛素（5%氨基寡糖素）水剂600倍液或6% 24-表芸·寡糖水剂1000倍液+80%乙蒜素乳油1000倍液，间隔20天喷1次，连喷2次，可起到安全增效、提质增产、抗病抗逆，健康促早熟的作用。

科学用药防治：涂抹病斑，可用50%氯溴异氰尿酸可溶性粉剂500倍液、75%肟菌·戊唑醇水分散剂2000倍液、70%噁霉灵可湿性粉剂50~100倍液、1.6%噻霉酮涂抹剂80~120g/m²、3.315%甲硫·萘乙酸涂抹剂原液、20%噻唑锌悬浮剂200倍液、15%络氨铜水剂95ml/m²、2.12%腐殖酸·铜水剂200ml/m²、4.5%腐殖·硫酸铜水剂200~300ml/m²、45%代森铵水剂100~200倍液、3%抑霉唑膏剂200~300g/m²等均匀涂抹病斑，选用以上各药剂与海岛素（5%氨基寡糖素）水剂600倍液混配使用可起到安全增效，增强抗病抗逆性，加快伤口修复的作用。喷淋，从发病前开始，用42%寡糖·硫黄悬浮剂600倍液，或1∶1∶160倍波尔多液，或用植物诱抗剂海岛素（5%氨基寡糖素）水剂1000倍液或6% 24-表芸·寡糖水剂1000倍液+10%苯醚甲环唑水乳剂1000倍液或80%全络合态代森锰锌可湿性粉剂1000倍液或47%春雷·王铜（2%春雷霉素+45%氧氯化铜）可湿性粉剂1000倍液均匀喷雾。一般休眠期涂抹病斑，幼果膨大期喷治干腐病为宜。

（2）褐斑病

①病原及症状：属半知菌亚门、石榴尾孢霉菌。又名角斑病，主要危害叶片和果实，引起前期落果和后期落叶。叶片受害后，初为褐色小斑点，扩展后呈近圆形，边缘黑色至黑褐色，微凸，中间灰黑色斑点，叶背面与正面的症状相同；病斑常连接成片，使叶片干枯，受害严重的植株，叶片发黄，手触即落。果实上的病斑近圆形或不规则形，黑色微凸，亦有灰色绒状小粒点，果着色后病斑外缘呈淡黄白色。

病菌在落叶上越冬。在梅雨期间或秋季多雨季节发病较重，夏季不利于病害发生。另外，其发病与石榴品种的抗病性相关，白石榴、千瓣白石榴和黄石榴一般较抗此病。千瓣红石榴、玛瑙石榴等则易感染此病。

②防治方法

农业防治：合理密植，剪除过密枝、细弱枝，加强园地的通风透光性；冬季清洁果园，结合修剪将病枝、残叶、烂果等清除干净，同时注意除草，集中深埋或销毁残体；夏季要随时摘除病果、病叶等带出果园集中销毁；注意保护树体，防止受冻或受伤；增施腐熟的有机肥，合理补微肥，底肥要足，合理追肥为辅，推广使用生物菌肥、生物有机肥，拮抗有害菌，提升石榴抗病抗逆能力；使用套袋技术可减轻石榴褐斑病的发生与危害；选用适合当地的抗病优良品种。

科学用药防治：预计临发病之前或发病初期喷施植物诱抗剂海岛素（5%氨基寡糖素）水剂1000倍液或6% 24-表芸·寡糖水剂1000倍液+10%苯醚甲环唑水乳剂1000倍液（或80%全络合态代森锰锌可湿性粉剂1000倍液、25%醚菌酯悬浮剂1500倍液等）保护性安全控害。发病初期及以后选用治疗性为主的科学用药防治，可用海岛素（5%氨基寡糖素）水剂1000倍液或6% 24-表芸·寡糖水剂1000倍液+40%腈菌唑可湿性粉剂3000倍液（或25%吡唑醚菌酯悬浮剂2000倍液、10%的苯醚甲环唑水分散粒剂1500倍液、75%肟菌·戊唑醇水分散粒剂2000倍液、25%腈菌唑乳油2000倍液、40%灭菌丹可湿粉600倍液、50%克菌丹可湿粉800倍液等）喷雾防治，提质增效，促根壮苗，抗病抗逆。重点保护新梢、幼果等。套袋石榴套袋前用药，待晾干再套袋。视病情把握用药次数，一般7~10天喷1次，连喷2~3次。

如何防治石榴虫害?

石榴主要害虫有桃蛀螟、桃小食心虫、黄刺蛾和棉蚜等，此类害虫在蔬菜、瓜果、茶叶等绿色生产、控害减灾方面多采用如下措施。

（1）桃蛀螟 属鳞翅目、螟蛾科。

①为害状：桃蛀螟为杂食性害虫。成虫喜欢在枝叶茂密的果实上，或两个以上果实紧靠的地方产卵，以在果实的花萼和胴部产卵最多。初孵化的幼虫多在果柄、花筒内或胴部危害，并排出褐色颗粒状粪便污染果肉或果面。

辽宁1年发生1~2代，河北、山东、陕西3代，河南4代，长江流域4~5代，均以老熟幼虫在玉米、向日葵、蓖麻等残株内结茧越冬。

②防治方法

农业防治：清洁田园，查找害虫越冬场所，消灭越冬幼虫；早春刮树皮、堵树洞；及时清除和处理周围其他寄主植物的残体，如向日葵盘、玉米、高粱等植物的秸秆；摘除被害果实和落果集中沤肥、深埋等处理；在成虫出现前，或成虫刚出现交尾产卵前进行果实套袋；利用桃蛀螟产卵时对向日葵花盘有较强的趋向性特点，可在石榴园内或周围适当种一些向日葵，使向日葵开花与成虫产卵期吻合，届时定向喷药杀灭，同时还可诱杀白星金龟子、茶翅蝽象等害虫；也可种植玉米、高粱等诱集作物，集中诱杀；于花谢后子房开始膨大时（石榴坐果后20天左右）套袋，可有效预防桃蛀螟。

物理防治：利用其趋光性，于成虫发生初期，在种植基地成方连片规模化设置杀虫灯诱杀成虫，消灭在产卵之前。利用糖醋液规模化诱杀成虫（糖∶醋∶酒∶水=6∶3∶1∶10），将成虫消灭在交配和产卵之前。

生物防治：运用性诱剂诱杀雄虫，消灭在交配之前。运用迷向丝（性诱剂迷向散发器）干扰雌雄交配，降低受精卵数量。卵孵化期开始喷施100亿活芽孢/克的苏云金芽孢杆菌可湿性粉剂600倍液。在低龄幼虫未钻蛀之前及时喷施0.36%苦参碱水剂800倍液，或用2.5%多杀霉素悬浮剂3000倍液，或0.5%藜芦碱可湿性粉剂600倍液等。消灭幼虫在钻蛀之前。

科学用药防治：结合刮除树上老翘皮、朽木，用1∶1的黏土和20%氯虫苯甲酰胺悬浮剂合成药泥堵塞树洞，涂抹树上裂缝，消灭越冬幼虫及蛹。果筒塞药棉或药泥，用15%甲维盐·茚虫威悬浮剂3000倍液，或5%虱螨脲乳油1500倍液，或10%联苯菊酯乳油1000倍液，或20%氯虫苯甲酰胺悬浮剂1000倍液，或22%氟啶虫胺腈悬浮剂1000倍液，或15%唑虫酰胺乳油1500倍液，15%茚虫威悬浮剂3000倍液，或 10% 虫螨腈悬浮剂 1500 倍液，掺黄土制成泥团，在花凋谢后子房开始膨大时，将药棉或药泥塞入萼筒。重点抓好花后科学用药防治，除选用以上药剂外，还可喷洒 20% 氯虫苯甲酰胺 2000 倍液，或 50% 辛硫磷乳油 1000 倍液，或 10% 虫螨腈悬浮剂 1500 倍液等喷雾防治，同时兼治蓟马等。加展透剂，喷匀打透，加强监测，根据桃蛀螟在当地的发生世代和每一代的产卵、孵化等情况，视虫情把握用药次数。严格遵照农药安全间隔期。

（2）桃小食心虫 属鳞翅目、蛀果蛾科。

①为害状：桃小食心虫可危害桃、石榴、梨、苹果、海棠、枣、杏、李、山楂等多种植物。幼虫多由果实胴部或底部蛀入石榴果实内，果面上留有针状蛀果孔，呈黑褐色凹点，蛀孔微小，不易发现。幼虫蛀食果肉后，朝向果心或在果皮下取食籽粒，虫道弯曲，充满红褐色虫粪，幼果变黄。老熟幼虫脱果前 3~4 天咬一脱果孔，从中间向外排出粪便，粪便黏附在孔口周围，此时虫果易被发现。幼虫脱果后，果面上脱果孔较大，虫孔可引发石榴软腐病，导致果实腐烂脱落，未腐烂者不脱落。从 7 月下旬到采收均能看到虫果，采果时仍有许多幼虫未脱果被带到果库及市场。

1 年发生 1 代。以老熟幼虫结茧在堆果场和果园土壤中越冬，一般在树干周围 0.6m 范围内较多。翌年 6 月中旬开始咬破茧壳陆续出土，寻找树干、石块、土块、草根等缝隙处结夏茧化蛹。一般 6 月中下旬陆续羽化，7 月中旬为羽化盛期至 8 月中旬结束。卵多产于果实的萼洼、梗洼和果皮的粗糙部位，在叶子背面、果苔、芽、果柄等处也有发现。天干地旱时幼虫几乎不能出土，湿度低时产卵少。

②防治方法

防治策略：准确测报是关键，树下防治为主，树上防治为辅，狠治第 1 代，控制第 2 代。

农业防治：越冬幼虫出土前，用直径 2.5mm 的筛子筛除距树干 1m，深 14cm 范围内土壤中的冬茧或更换成无冬茧的新土，或在越冬幼虫连续出土后，在树干 1m 内压 4~6.5cm 新土并拍实，压死夏茧中的幼虫和蛹；在幼虫出土和脱果前，清除树盘内的杂草及其他覆盖物，整平地面堆放石块诱集幼虫随时捕捉；第一代幼虫脱果前及时摘除虫果，并带出园外集中处理；越冬幼虫出土前，用宽幅地膜覆盖在树盘地面上，防止越冬代成虫飞出产卵，如与地面科学用药防治相结合效果更好。

生物防治：卵孵化期开始喷施 2.5% 多杀霉素悬浮剂 1500 倍液。其他防治方法和用药技术参照“桃蛀螟”。

物理防治：参照“桃蛀螟”。

科学用药防治：抓住地面防治适期，将成虫消灭在上树前。桃树开花前越冬幼虫刚刚出土时，或诱到第 1 头雄蛾时即为地面防治适期，可开始第 1 次地面施药。用 50% 辛硫磷乳油 500 倍液或 16% 甲维盐 · 茚虫威（4% 甲氨基阿维菌素苯甲酸盐 + 12% 茚虫威）悬浮剂 1000 倍液，或 20% 氯虫苯甲酰胺悬浮剂 1000 倍液，或 22% 氟啶虫胺腈悬浮剂 800 倍液，或 15% 唑虫酰胺乳油 800 倍液，或 10% 虫螨腈悬浮剂

800倍液，或50%二嗪磷乳油500倍液等制成毒土地面撒施，或耙松地表后喷施均匀混入土中。对树干周围2m以内全面进行防治，同时，对果窖、落果收购点周围均应进行地面防治。隔1个月施1次药效更佳。抓住树上防治适期，把幼虫消灭在蛀果前。当诱蛾达到高峰后5天，或卵果率达到1%时，或幼虫初孵期（开花期和坐果后）立即向树上喷药，以果实胴部或底部为主。优先选用5%氟虫脲乳油50~75ml，或25%灭幼脲悬浮剂30~40ml，或20%除虫脲悬浮剂10ml等，可最大限度地保护天敌资源和传媒昆虫。其他药剂可选用菊酯类、溴氰虫酰胺、唑虫酰胺等及相应的复配制剂，加展透剂效果更好。防治方法和用药技术参照“桃蛀螟”。要交替轮换用药。此时往往多种病虫交织发生，如叶螨、其他蛀果害虫（桃蛀螟、梨小食心虫等），要加强监测，统筹兼顾，视虫情把握防治次数，充分发挥一药多效的作用。

（3）**黄刺蛾** 属鳞翅目、刺蛾科，俗称“洋辣子”。

①为害状：以幼虫取食叶片，可将叶片吃成很多孔洞、缺刻或仅留叶柄、主脉，严重影响树势和果实产量。

在北方多为1年1代，在长江流域1年2代，秋后老熟幼虫常在树枝分叉、枝条叶柄甚至叶片上吐丝结硬茧越冬。茧椭圆形，灰白色，具数条褐色纵带，形似雀蛋，《本草纲目》中称之为“雀瓮”。翌年初夏，老熟幼虫在茧内化蛹，1个月后羽化为成虫飞出。幼虫于夏秋之间为害。

②防治方法

农业防治：结合修剪清除越冬虫茧，集中杀灭处理；初孵幼虫有群集习性，可人工摘除虫叶灭杀。

物理防治：成虫发生初期未产卵前，在种植基地成方连片规模化实施灯光诱杀成虫，消灭在产卵之前。

生物防治：运用性诱剂诱杀雄虫，消灭在交配之前。在卵孵化期或低龄幼虫未扩散之前及时喷施100亿孢子/克的白僵菌或绿僵菌等1000倍液喷雾防治，或0.36%苦参碱水剂800倍液，或2.5%多杀霉素悬浮剂3000倍液，或0.5%藜芦碱可湿性粉剂600倍液。

科学用药防治：抓住低龄幼虫对药剂敏感的关键时期进行科学用药防治，优先选用5%虱螨脲乳油1500倍液喷雾防治，最大限度地保护天敌资源和传媒昆虫。其他药剂可喷施50%辛硫磷乳剂1000倍液，或15%茚虫威悬浮剂3000倍液等。防治方法和用药技术参照“桃小食心虫”。

（4）**棉蚜** 属同翅目、蚜科、蚜属。

①为害状：石榴蚜虫即是棉蚜，俗称腻虫，寄主范围广泛。第一寄主（越冬寄主）是木槿、花椒、石榴、鼠李等木本植物，还有夏枯草、紫花地丁等草本植物；第二寄主（夏季寄主）有棉花、瓜类、茄科、豆科、菊科和十字花科植物等。成虫、若虫均以口针刺吸汁液。大多栖息在花蕾上，幼嫩叶及生长点被害后造成叶片卷缩。

北方地区年发生10余代，南方地区年发生数十代。长江以北地区在蔬菜上产卵越冬，翌春3~4月孵化为干母，在越冬寄主上繁殖几代后产生有翅蚜，向其他寄主上转移，扩大为害。到晚秋部分产生性蚜，交配产卵越冬。

②防治方法

物理防治：于有翅蚜发生初期，在种植基地成方连片规模化运用黄板诱杀，每亩挂30~40块；悬挂银灰色塑料膜条趋避有翅蚜。

生物防治：用新鲜红辣椒0.5kg（越辣越好），捣烂加水5kg，煮1小时，取其滤液喷洒；用0.36%苦参碱水剂800倍液，或2.5%多杀霉素悬浮剂1500倍液等生物源药剂进行喷雾防治。

科学用药防治：一般石榴树展叶后，把握在无翅蚜发生初期未扩散前用药，用92.5%双丙环虫酯可分散液剂15000倍液，或50%抗蚜威（辟蚜雾）可湿性粉剂2000~3000倍液等喷雾防治，要交替轮换用药。其他防治方法和用药技术参照“地榆蚜虫”。

如何进行石榴的采收与加工？

石榴一般在10月上中旬采收。采用树条编制的采果筐，内壁以柔软层铺衬，用果枝钳从果柄0.5~1cm处剪下放入果筐，轻剪轻放，尽量减少倒筐次数，严禁摇落或击落，两人配合采收，由上至下，由外至内采摘，每筐盛放石榴不宜过多，一般不超过10kg。

采摘果实后，剥开果皮，除去种子及隔膜或食用石榴子时收取果皮，将果皮切成数瓣，于竹匾中或竹晒席上均匀摊开，放置于通风处，晒干即可。

钩 藤

钩藤有何药用价值？

钩藤为茜草科植物钩藤 *Uncaria rhynchophylla*（Miq.）Miq. ex Havil.、大叶钩藤 *Uncaria macrophylla* Wall.、毛钩藤 *Uncaria hirsuta* Havil.、华钩藤 *Uncaria sinensis*（Oliv.）Havil. 或无柄果钩藤 *Uncaria sessilifructus* Roxb. 的干燥带钩茎枝。秋、冬二季采收，去叶，切段，晒干。钩藤味甘，性凉。归肝、心包经。具有息风定惊，清热平肝功能。用于肝风内动，惊痫抽搐，高热惊厥，感冒夹惊，小儿惊啼，妊娠子痫，头痛眩晕等症。

钩藤的生长发育特性有哪些？

钩藤属茜草科多年生木质常绿藤本攀缘状灌木，主根发达。伐后树桩的萌生力较强。其萌生侧枝生长迅速，当年可长 200cm 以上，在侧枝上着生带钩的枝条。不修剪较难产生侧枝。经过修剪的主干次春在枝端二歧对生分枝，部分植株在主茎底部萌生侧枝。种植 3 年的钩藤植株，其分枝可达 8 条以上，可产鲜枝条 1.5kg。

钩藤适合哪些地方种植?

钩藤对环境适应性较强，多生于坡地，喜温暖、湿润，在日照强度相对较弱的环境下生长良好。在海拔 300~2000m 均有生长，多生长在海拔 300~800m 透气良好的松、杉林覆盖灌木中或路边杂木林中。在土层深厚、肥沃疏松、排水良好的土壤上生长良好。钩藤对生态环境的要求如下：年平均温度 18~19℃，≥ 10℃年积温为 3100~5500℃，无霜期 260~300 天，空气相对湿度 80%。年平均日照 1200~1500 小时左右。幼苗能耐阴，成年树喜阳光，但在强烈的阳光和空旷的环境中，生长不良。喜深厚、肥沃、腐殖质含量较多的壤土或砂质壤土。喜肥水，肥水充足，生长最佳，肥水不足，生长不良；水分过多，根系生长不良，地上部分生长迟缓，甚至叶片枯萎，幼苗最忌高温和干旱。以年降雨量为 1000~1500mm，阴雨天较多，雨水较均匀，雨热同季最为适宜。

钩藤繁殖育苗的主要方法有哪几种?

钩藤既可以用种子进行繁殖，也可采用枝条扦插、组培快繁等方法进行育苗。

钩藤用种子繁殖的技术要点有哪些?

在 11~12 月，当钩藤蒴果由绿变黄褐而呈黑青色，果壳尚未裂开之前，用枝剪将果枝剪下，带回室内，选个大、饱满的果实装入麻布袋，置干燥通风处保存。待果实干燥后，揉搓果实，使果皮充分破裂，将揉搓过的果实放入 50 目规格筛子过筛，反复进行揉搓种皮和过筛 3 次；筛选出的种子，贮藏备用。苗圃地应选地势平坦、灌溉排水方便、肥沃、疏松、无污染的地块。每亩施腐熟厩肥 2000~2500kg 作基肥，早春深耕 20~30cm，耙细整平，按宽 1~1.2m 起厢，厢沟深 10cm、宽 30cm。播种时将种子与草木灰和细河沙充分拌匀，拌好的种子在整好土的厢面上均匀撒播，保持苗床的湿度和温度。

钩藤如何进行扦插繁殖?

3 月上旬 ~4 月上旬腋芽萌动时进行，采集生长健壮、无病虫害的茎枝剪截成 15~25cm 长的插穗，每段带有 2~3 个节，上剪口距芽 1.5cm 处剪平（空气干燥时用蜡封住切口），下剪口在侧芽基部或节处 5mm 斜剪（保持剪口平滑），长短、大小基本一致的插穗分类捆扎后将其下部浸泡于 100mg/L 的萘乙酸溶液中 0.5~1 小时，取出扦插。用锄头在预先整好的苗床上按行距 12cm 横向开沟，沟深约 10cm，将插穗保持顶端向上顺着插床方向按株距 8cm 摆好，覆土深度以插穗入土 2/3、约 1/3 露出地面为宜，压实、浇透水。随即覆盖地膜，搭设荫棚。一般插后 20 天形成愈伤组织，50 天左右生根、发芽，待萌芽长至 1~2cm 时及时疏除弱芽、选留壮芽，芽长 5cm 时去除覆盖物，根据田间情况适时松土除草、施肥排灌，次年春季扦插苗就可出圃。

种植钩藤如何选地、整地？

选择海拔 300~1500m，河谷两侧，山腹中下部湿润的地段，山中下部优于山脊，以半阳坡或半阴坡，背风向阳，肥沃、疏松、湿润、土层深厚的中性偏酸地块为宜，缓坡丘陵优于陡坡山地。栽植前按行距 2.5~3m、株距 1.5~2m 开穴，穴径约 40cm，穴深约 30cm，每穴施入腐熟厩肥 5kg 和复合肥 0.25kg，与表土拌匀，备用。

栽种钩藤的技术要点有哪些？

移栽定植在早春进行，应选择地径大于 0.6cm，苗高大于 40cm；根系完整，侧根数不少于 4 条，侧根长度 20cm 以上，无损伤的健壮钩藤苗，定植时按每穴 1 株栽入挖好的定植穴内，扶正苗木，用熟土覆盖根系，填土至穴深一半时，将苗木轻轻往上提一下，以利根系舒展，再踏实土壤，填土满穴，浇透定根水，上覆盖一层干土或干草，以利保湿。

钩藤栽种后如何进行田间管理？

（1）浇水补苗 在定植后的返苗期，需经常浇水，保持土壤湿润。定植成活后，须全面检查，及时补苗。

（2）松土除草 结合中耕，翻土，同时铲除杂草灌木，清洁林地，每年冬末春初中耕 1~2 次，范围为树冠下 30cm 内，中耕深度约 10cm，不漏耕。用宽 15cm 左右的锄头除草，但靠近植株的杂草宜用手拔除。

（3）合理施肥 钩藤苗成活后，视田间生长情况，可每株施尿素 30g；6~7 月开花前结合中耕除草追施 1 次微生物菌肥或有机无机复合肥，按每株 0.5kg 撒施于植株周围，并覆盖细土；11~12 月每株施过磷酸钙 0.5kg，以利植株安全越冬。

（4）修枝整形 当钩藤茎藤长到 50cm 以上时，及时打顶，促进侧枝生长，侧枝多于 3 枝时，应剪去弱枝、枯枝和病虫枝。第二年冬季，保留植株高度在 100cm 左右，分茎数 3~4 株，其余部分用枝剪剪去。以后每年冬季进行修剪，保留植株高度在

150cm 左右，剪去其余部分，清除植株基部的枯枝和病虫枝。

（5）搭架 钩藤定植二年后可搭架以引枝藤攀缘，也可就地利用株旁林木让枝藤攀缘其上。

（6）去花蕾 除预留采种地外，对其余的钩藤在现花蕾时剪去带花序的枝条，以免因养分过度消耗而影响药材产量和品质。

怎样防治钩藤病害?

钩藤主要病害有根腐病、细菌性软腐病等，此类病害在蔬菜、瓜果、茶叶等绿色生产、控害减灾方面多采用如下措施。

（1）根腐病

①病原及症状：属半知菌亚门、镰刀菌属。钩藤叶子变黑落叶，主要是钩藤根腐病所致。根腐病多发生在苗期，主要为害苗圃幼苗，受害后，幼苗根部皮层和侧根腐烂，植株地上部枝叶萎蔫，茎叶变黑，脱落枯死。拔出根部可见根部变黑腐烂，发病严重者植株枯死。

②防治方法

农业防治：开沟排水，防止苗床积水。发现病株及时拔除销毁，病穴用石灰消毒。其他方法参照“杜仲根腐病”。

生物防治：参照“杜仲根腐病”。

科学用药防治：预计临发病之前或发病初期，可选用 10% 苯醚甲环唑水乳剂 1000 倍液喷淋或灌根保护性防治。其他防治方法和选用药技术参照“杜仲根腐病”。

（2）细菌性软腐病

①病原及症状：属欧氏杆菌属细菌性病害，主要是苗期发生，为害全株。患病叶片呈水烫状软腐而成不规则小斑，严重时全株死亡，发出臭味，往往出现臭烘烘、黏糊糊的症状。

②防治方法

农业防治：保持通透性，注意苗圃地不能太湿。选择和推广使用生物菌剂、生物有机肥，改善土壤团粒结构，拮抗有害菌，增强植株抗病抗逆能力。及时摘除病叶，拔除病株并销毁，减少浸染来源。

生物防治：发病前 5~7 天开始保护性控害，可选用 25% 氨基·乙蒜素微乳剂 1000 倍液，或植物诱抗剂海岛素（5% 氨基寡糖素）水剂 600 倍液或 6% 24-表芸·寡糖水剂 1000 倍液 +2% 宁南霉素水剂 300 倍液喷淋或灌根。发病初期可选用植物诱抗剂海岛素（5% 氨基寡糖素）水剂 800 倍液或 6% 24-表芸·寡糖水剂 1000 倍液 +80% 乙蒜素乳油 1000 倍液等喷淋，交替用药，视病情把握用药次数，一般间隔 7~10 天喷 1 次，连喷 2~3 次。

科学用药防治：发病初期立即防治，用植物诱抗剂海岛素（5% 氨基寡糖素）

水剂 600 倍液或 6% 24-表芸·寡糖水剂 1000 倍液 +50% 氯溴异氰尿酸可溶性粉剂 1500~2000 倍液（或 80% 盐酸土霉素可湿性粉剂 1000 倍液，或 25% 络氨铜水剂 500 倍液、12% 松脂酸铜乳油 800 倍液、30% 琥胶肥酸铜可湿性粉剂 800 倍液、38% 噁霜嘧铜菌酯 800 倍液）喷淋，也可用 38% 噁霜嘧铜菌酯 800 倍液（30% 噁霜灵 +8% 嘧铜菌酯）1000 倍液，75% 肟菌·戊唑醇水分散剂 2000 倍液，或 40% 春雷·噻唑锌（5% 春雷霉素 + 35% 噻唑锌）悬浮剂 3000 倍液喷淋，随配随用，精准用药，交替轮换用药。视病情 10 天左右用药 1 次，连喷 2~3 次。

怎样防治钩藤虫害?

钩藤主要害虫有蚜虫、蛀心虫等，此类害虫在蔬菜、瓜果、茶叶等绿色生产、控害减灾方面多采用如下措施。

（1）蚜虫 同翅目、蚜科。

①为害状：在钩藤嫩叶、嫩茎上吸食汁液，可使幼芽畸形，叶片皱缩，严重者可造成新芽萎缩，茎叶发黄、早落死亡。每年 4 月始发生，6~8 月为危害盛期。

②防治方法

物理防治：参照“石榴棉蚜”。

生物防治：参照“石榴棉蚜”。

科学用药防治：无翅蚜发生初期未扩散之前进行防治，可选用 60% 烯啶虫胺·呋虫胺可湿性粉剂 2000 倍液，或 92.5% 双丙环虫酯可分散液剂 15000 倍液喷雾防治。其他防治方法和用药技术参照“石榴棉蚜”。加展透剂，视虫情把握防治次数，一般间隔 7~10 天防治 1 次。交替轮换用药。喷匀打透，不能惜水不惜药。

（2）蛀心虫 蛀心虫是一大类害虫，包括食心虫、天牛、粉蛾幼虫和其他昆虫的幼虫等。

①为害状：幼虫蛀入钩藤茎内咬坏组织，中断水分和养料的运输，致使植株顶部逐渐萎蔫下垂，严重的枯死。

②防治方法

农业防治：每年 5~6 月一般为蛀心虫类的产卵与孵化盛期，也是防治的最佳时期。此时加强监测，检查树干的裂缝伤口处、树皮凹陷部位及近地面树头，及时挖除卵块及初孵幼虫。发现树干或大枝出现蛀孔伤口，从蛀孔中找出幼虫，可用细铁线沿蛀孔刺入刺杀幼虫。发现植株顶部有萎蔫现象时，及时剪除并销毁灭虫。

物理防治：有条件的地方，在钩藤种植基地规模化实施灯光诱杀成虫，消灭在产卵之前。一般 30~50 亩安装一台诱虫灯。运用糖醋液诱杀成虫（糖：醋：酒：水=6：3：1：10）。

生物防治：有针对性选择性诱剂诱杀雄虫，消灭在交配之前。一般在卵孵化盛期或低龄幼虫未钻蛀之前及时喷施生物源杀虫剂，可用 0.36% 苦参碱水剂 800 倍液，或2.5%多杀霉素悬浮剂3000倍液，或0.5%藜芦碱可湿性粉剂600倍液等均匀喷治。

科学用药防治：在成虫盛发期或卵孵化后低龄幼虫未钻蛀之前及时喷药防治，可选用5%虱螨脲乳油1500倍液，或10%吡丙醚乳油2000倍液喷雾防治，最大限度地保护多种天敌资源和传媒昆虫。其他药剂可用20%氯虫苯甲酰胺悬浮剂1000倍液，或15%茚虫威悬浮剂3000倍液喷杀。其他防治方法和选用药技术参照“厚朴褐天牛”。

如何采摘钩藤?

钩藤栽种2年后即可采收药材。在11~12月当钩呈紫红色时，用枝剪剪下或镰刀割下带钩的钩藤枝条，去尽叶片，去除病枝，捆成3~5kg的小把。

目前钩藤加工法主要有哪几种?

钩藤晾干表面水分后，需进行初步拣选，去除夹杂在钩枝中的茎藤、叶片及其他杂质。将拣选后的钩藤枝条直接晒干或晾干。也可用剪刀从采收的钩藤枝条上剪下带钩茎枝（茎枝与钩约等长，2~3cm），晒干或蒸烫片刻再晒干，也可于55℃烘房内烘干。

第十三章 全草类

薄 荷

薄荷有何药用价值?

薄荷为唇形科植物薄荷 *Mentha haplocalyx* Briq. 的干燥地上部分，性辛、凉，归肺、肝经。具有疏散风热、清利头目、利咽、透疹、疏肝行气等功效，常用于风热感冒、风温初起，头痛、目赤、喉痹、口疮、风疹、麻疹、胸胁胀闷等症。工业上也用于提取薄荷脑及挥发油，同时也可作为保健蔬菜食用。

薄荷有哪些栽培品种类型?

薄荷原产我国，在长期的栽培过程中，先后培育出许多优良品种。目前江苏、安徽薄荷主产区采用的品种主要为“73–8”薄荷、“上海 39 号”薄荷、“皁油 1 号”薄荷品系。

“73–8”薄荷：该品种是轻工业部香料工业科学研究所培育的青茎高产品种。该品种生长旺盛，抗逆性强，叶片油腺密度大，挥发油产量较高。

“上海 39 号”薄荷（亚洲 39）：该品种是轻工业部香料工业科学研究所培育的紫茎型薄荷新品种。该品种生长旺盛，“头刀”薄荷株高 90~120cm，“二刀”薄荷 70~80cm，分枝多，抗逆性、适应性强，鲜草产量高。

“皁油 1 号”薄荷：该品系属于青茎类型。该品系生长健壮，抗倒伏、抗逆性强，“头刀”主茎 100~140cm，“二刀”主茎 50~70cm；具有早熟性，比一般品种早开花 7~10 天。

如何根据薄荷的生长习性进行选地和整地?

薄荷对温度适应能力较强，能耐低温。春季地温在 2~3℃时，薄荷根茎开始萌动。薄荷生长最适宜温度为 25~30℃。秋季气温降到 4℃以下时，地上茎叶枯萎死亡。

薄荷不同生育期对水分的要求也不同。“头刀”薄荷在苗期、分枝期要求土壤保持一定的湿度。“二刀”薄荷在苗期需水量大；封垄后对水分的需求逐渐减少，尤其在收割前要求无雨，才有利于高产。

薄荷对土壤要求不严，一般土壤均能种植。整地前每亩施有机肥 800~1000kg，磷钾肥 15~20kg，耙耧平整，做畦。畦宽 3~4m，长 6~10m。在氮、磷、钾三要素中，氮对薄荷产量、品质影响最大。适量的氮可使薄荷生长繁茂，收获量增加。

薄荷的主要繁殖方式有几种？

薄荷有种子繁殖和无性繁殖两种。

（1）种子繁殖 每年4月中旬把种子与少量黑土拌匀，播到预先准备好的苗床内，覆土 1~2cm，适当遮阴，播后浇水。2~3 周后出苗，苗长到 14cm 左右移栽。

（2）无性繁殖

①扦插繁殖：5~7 月剪取未现蕾开花的枝条 10~15cm，修去下端 1~2 对叶片，插入苗床，深度为枝条长度的 1/2 或 2/3，插入后浇水，适当遮阴，保持土壤湿润。待生根后移栽大田。

②分株繁殖：秋季收割后，立即中耕除草和追肥 1 次。翌年 4~5 月，当苗高 15cm 时拔秧移栽。移植地按行距 20cm、株距 15cm 挖穴，每穴栽秧苗 2 株。栽后盖土压紧，再浇定根水。

③根茎繁殖：以地下根茎作繁殖材料是最实用的方法。一般春季或秋末播种，播种前一天将地下根茎挖出，从中选取白色粗壮、节短的一年生根茎作种。最好随挖随插，以免根部水分散失，沟深 7cm 左右，间隔 15cm 顺沟摆放，然后覆土耙平，镇压。

如何进行薄荷的田间管理？

（1）除草、摘心 出苗后或移栽成活后要及时中耕、松土、除草，一般在 6 月中耕 1 次，当 7 月第 1 次收割后，伴随着施肥进行 1 次中耕、松土，可略深些，除去地面的残茎、杂草。

薄荷在种植密度不足或与其他作物套种、间种的情况下，可采用摘心的方法增加分枝数及叶片数，弥补群体不足，增加产量。但是，单种薄荷田密度较高的不宜摘心。

（2）灌溉、施肥 薄荷以茎叶入药，茎叶每年一般收割 2 次，生长期间需肥量较多。因此，应结合中耕除草适时追肥，并以氮肥为主，配以磷钾肥。

高温干燥及伏旱天气时，应该及时浇水。薄荷浇水应结合追肥进行，同时其苗期、分枝期需水较多，但现蕾开花期对水分需求较少。

薄荷如何进行田间病虫害的防治？

薄荷主要病虫害有锈病、斑枯病、黑茎病等，虫害主要有小地老虎、银纹夜蛾等，此类病虫害在蔬菜、瓜果、茶叶等绿色生产、控害减灾方面多采用如下措施。

（1）锈病

①病原及症状：属担子菌亚门、薄荷柄锈菌。主要为害叶片和茎。初发病时，在叶片或嫩茎上发生黄色、橙黄色微拱起的疱斑，有时几个疱斑联合成大斑，疱斑表皮破裂，散出铁锈色粉末（夏孢子）。发病后期（秋季），病部长出黑色粉末状物（冬孢子），被害叶片初期生长不良，病部肥厚畸形，严重影响光合作用。发病后期大都叶片干燥，形成前期落叶。嫩茎发病后，先是病部以上茎萎蔫，后嫩茎枯死，甚至全株枯死。病菌以冬孢子或夏孢子在病部越冬。锈孢子只能存活15~30天，传播主要靠夏孢子在生长期间多次重复侵染，使病害扩展开来。18℃利于夏孢子萌发，25~30℃以上不发芽。冬孢子在15℃以下形成，越冬后产生小孢子进行侵染。该病发生在5~10月，多雨季节利于发病。

②防治方法

农业防治：种植抗病品种。增施充分腐熟的有机肥和磷钾肥，合理控氮肥和补微肥，推广使用生物菌剂、生物有机肥，拮抗有害菌增强植株抗病抗逆能力。春播宜早，必要时可采用育苗移栽避病。清洁田园，加强管理，合理密植。与非寄主的作物实施3年以上的轮作。

科学用药防治：预计临发病前开始喷施42%寡糖·硫黄悬浮剂600倍液，或1∶1∶160的波尔多液，或用植物诱抗剂海岛素（5%氨基寡糖素）水剂1000倍液或6% 24-表芸·寡糖水剂1000倍液+80%全络合态代森锰锌可湿性粉剂或25%嘧菌酯可湿性粉剂1000倍液等喷雾进行保护性防治。发病初期或后选用治疗性药剂进行防治，可用唑类杀菌剂（25%戊唑醇可湿性粉剂1500倍液、10%苯醚甲环唑水分散粒剂1500倍液、25%丙硫菌唑乳油2000倍液、10%戊菌唑乳油3000倍液等）喷雾防治。其他选用药技术参照“牡丹锈病”。一般每隔10~15天喷1次，视病情把握防治次数。严格遵照农药安全间隔期确定最后停止用药日期，没有说明的，收获前30天停止喷施。

（2）斑枯病

①病原及症状：属半知菌亚门、薄荷生壳针孢菌。又称白星病，危害叶部。叶部病斑小而圆，呈暗绿色，以后逐渐扩大变为灰暗褐色，中心灰白色，呈白星状，上着生黑色小点，发病重的病斑周围叶组织变黄，逐渐枯萎，致早期叶脱落或叶片局部枯死。病菌在病残体上越冬。翌年借风雨传播。

②防治方法

农业防治：与非寄主植物隔年轮作。发现病叶及时摘除烧毁。收获后及时清除病残体，以减少菌源。雨后及时疏沟排水，降低田间湿度。

科学用药防治：预计临发病前或发病初期可选用80%全络合态代森锰锌可湿性粉剂1000倍液，10%苯醚甲环唑水乳剂1000倍液，或30%醚菌酯1000倍液喷雾进行保护性防治。发病初期或发病后选用治疗性药剂进行防治，可用12%松脂酸铜乳油500倍液等喷雾防治。其他选用药技术和使用方法参照“地黄斑枯病”。保护性药剂和治疗性药剂合理复配喷施，交替轮换用药，加展透剂喷匀打透，每10天喷1次，一般连续2~3次。

（3）黑茎病

①病原及症状：属半知菌类。薄荷黑茎病主要发生于苗期，主要为害茎，引起薄荷茎基部收缩凹陷，变黑、腐烂，植株倒伏、枯萎等。先发生黑点，后逐渐扩大，发病部位收缩凹陷，髓部变为灰褐色，受害部位表皮层及髓部组织被破坏，水分及养分的输送受阻，发病后引起倒伏，叶片逐渐变黄枯死。严重影响薄荷的生长。

②防治方法

农业防治：选用抗性的品种。与非寄主植物实行三年以上的轮作。及时清理染病的叶片或植株，以防传染。合理密植，防止田间积水，保持良好的通透性和适宜的湿度环境，减少病害的产生。加强田间中耕松土和除草，但忌损伤植株根系。配方和平衡施肥，底肥要足，合理追肥为辅。增施腐熟的有机肥和磷钾肥，合理补微肥，推广使用生物菌剂、生物有机肥，拮抗有害菌，增强植株抗病抗逆能力。

科学用药防治：土壤处理。在薄荷的预留地播种前用植物诱抗剂海岛素（5%氨基寡糖素）水剂600倍液+10%苯醚甲环唑水乳剂1000倍液（或80%全络合态代森锰锌可湿性粉剂）按1份药+25份细土制成药土，亩用10kg结合施肥进行均匀撒施，然后翻耕。发病初期喷药防治，可用唑类杀菌剂（25%戊唑醇可湿性粉剂1500倍液、10%苯醚甲环唑水分散粒剂1500倍液、25%丙硫菌唑乳油2000倍液、10%戊菌唑乳油3000倍液等）或25%吡唑醚菌酯可湿性粉剂2000倍液或65%代森锌可湿性粉剂600倍液等均匀喷雾，喷施以上药剂与植物诱抗剂海岛素（5%氨基寡糖素）水剂800倍液或6% 24-表芸·寡糖水剂1000倍液混配喷施，能安全增效、抗逆壮株、提质增产。交替轮换用药，一般7~10天用药1次，视病情把握防治次数。收割前严格遵照农药安全间隔期确定停止喷药日期。

（4）小地老虎 属鳞翅目、夜蛾科。

①为害状：春季往往被小地老虎幼虫咬断薄荷幼苗，造成缺苗断苗。

②防治方法

农业防治：幼虫低龄期清晨查苗，发现危害症状，在其附近扒开表土捕捉幼虫。

物理防治：成虫发生时期开始，在种植基地规模化运用糖醋液（糖:酒:醋=1:0.5:2）放在田间1m高处诱杀，每亩放置5~6盆。成方连片规模化实施灯光诱杀。

科学用药防治：可采取毒饵或毒土诱杀幼虫及喷灌用药防治。毒饵诱杀，每亩用50%辛硫磷乳油0.5kg，加水8~10kg，喷到炒过的40kg棉籽饼或麦麸上制成毒饵，傍晚撒于秧苗周围。毒土诱杀，低龄幼虫期每亩用20%氯虫苯甲酰胺悬浮剂0.5kg，加细土20kg制成毒土，顺垄撒施于幼苗根际附近。喷灌防治，用20%氯虫苯甲酰胺悬浮剂1000倍液或50%辛硫磷乳油1000倍液喷灌防治幼虫。

（5）银纹夜蛾 属鳞翅目、夜蛾科。

①为害状：以幼虫食害薄荷叶片，造成缺刻和孔洞，发生严重时将叶片食尽。5~10月都有危害，而以6月初至“头刀”收获危害最重。

②防治方法

农业防治：加强栽培管理，冬季清除枯枝落叶，以减少来年的虫口基数。根据残破叶片和虫粪，人工捕杀幼虫和虫茧。

物理防治：参照“小地老虎”。

生物防治：低龄幼虫期用6%乙基多杀菌素悬浮剂2000倍液喷雾防治。其他方法技术参照“牛膝银纹夜蛾”。

科学用药防治：在低龄幼虫期防治效果好，优先选用5%虱螨脲乳油2000倍液喷雾防治，最大限度地保护自然天敌和传媒昆虫。其他药剂可用20%氯虫苯甲酰胺悬浮剂2000倍液，或1.8%阿维菌素乳油1000倍液，或10%溴氰虫酰胺可分散油悬浮剂2000倍液，或5%甲维盐·虫螨腈水乳剂1000倍液，或30%甲维盐·茚虫威悬浮剂4000倍液等进行防治。以上药剂相互合理复配喷施并加展透剂。一般间隔7~10天。

薄荷的采收与加工方法有哪些?

薄荷在全国各地采收期和采收次数不一样，华南地区可采3次，华东、西南、中南地区可采2次，东北地区可采收1次。一般情况下，薄荷适宜采收期分别为7月下旬、10月上中旬。收获时应选择晴天进行。鲜薄荷收割之后，运回摊开阴干2天，然后扎成小把，继续阴干或晒干。晒时经常翻动，防止雨淋着露，防止发霉变质。

荆 芥

荆芥有何药用价值?

荆芥为唇形科植物荆芥 *Schizonepeta tenuifolia* Briq. 的干燥地上部分。荆芥味辛、微苦，性微温，归肺、肝经；具有祛风解表、透疹消疮、止痒、止血之功效，用于感冒、头痛、麻疹、风疹、疮疡初起，炒炭治便血、崩漏、产后血晕等症。荆芥不仅是许多传统方剂的重要组成药味，也是许多中成药的原料，此外，因为荆芥中富含芳香性植物油，用罗勒、荆芥、芫荽按一定的比例配比，经加工可制成营养丰富，且具有一定芳香味的功能性保健油。荆芥的芳香提取物可以用作糖果、口香糖、软饮料、牙膏、漱口剂等的添加剂。因此，可以说荆芥的应用前景非常广阔。

种植荆芥如何选地整地?

（1）选地　种植荆芥以湿润的气候环境为佳，种子出苗期要求土壤湿润，切忌干旱和积水。幼苗期喜稍湿润环境，又怕雨水过多和积水。成苗喜较干燥的环境，雨水多则生长不良。土壤以较肥沃湿润、排水良好、质地为轻壤至中壤的土壤为好，如砂壤土、油砂土、潮砂泥、夹砂泥等。黏重的土壤和易干燥的粗砂土、冷砂土等，均生长不良。地势以日照充足的向阳平坦、排水良好或排灌方便的地方为好。低洼积水、阴蔽的地方不宜种植。忌连作，前作以玉米、花生、棉花、甘薯等为好，麦类作物亦可。

（2）**整地**　整地必须细致，才利于出苗。因播种较密，后期施肥不便，所以整地前宜多施基肥，每亩施腐熟有机肥1500~2000kg，撒布地面。耕地深25cm左右，反复细耙，务使土块细碎，土面平整，然后作畦。

荆芥如何播种?

荆芥种子细小，播后最怕土壤干旱和大雨。播种时要选择土壤墒情好时播种，播种不宜过深，一般掌握0.6~1cm，稍镇压后立即浇水，如不能浇水，要密切关注天气预报，一般应在雨前播种。

（1）**撒播法**　将种子与草木灰混合，均匀撒在畦上，然后加以镇压。

（2）**条播法**　行距20cm，沟深0.5~1cm，将种子播于沟内，覆土镇压，浇水湿润。每亩用种1~1.5kg。

荆芥田间管理的要点有哪些?

（1）**间苗补苗**　及时间、定苗，以免幼苗生长过密，发育纤细柔弱。当苗高7~10cm时定苗，条播7~10cm留苗1株，若有缺苗，用间出的苗补齐。穴播每隔15~20cm留苗1丛（3~4株），撒播的田块，保持株距10~13cm。如有缺苗，以间出的苗补齐。

（2）**中耕除草**　在间、定苗同时进行中耕除草。第1次只浅锄表土，避免压倒幼苗；第二次可以稍深。以后视土壤是否板结和杂草多少，再中耕除草1~2次，并稍培土于基部，保肥固苗。

（3）**施肥**　荆芥需要氮肥较多，为了使秆壮穗多，播种前要施足底肥，生长期适当施用磷钾肥。6~8月于行间开沟追肥1~2次，每次每亩施三元复合肥10kg，施后覆盖培土。

（4）**灌溉排水**　幼苗期间需要水分较多，土壤干燥时须及时浇水。成株后抗旱力增强，最忌水涝，如雨水过多，须及时排除积水，以免引起病害。

如何防治荆芥病害？

荆芥主要病害有茎腐病，此类病害在蔬菜、瓜果、茶叶等绿色生产、控害减灾方面多采用如下措施。

（1）病原及症状 属半知菌类真菌。多发生在7~8月间，由于高温多雨发生，真菌感染后地上部迅速萎蔫，根及根茎变黑、腐烂。主要特征是茎基部变黑，根部腐烂。

（2）防治方法

农业防治： 发病初期，及时拔除病株，用生石灰封穴。增施腐熟的有机肥，合理补微肥，基肥施足，追肥为辅助，推广使用生物菌剂、生物有机肥，拮抗有害菌，增强植株抗病抗逆能力。

生物防治： 预计临发病之前或发病初期用10亿活芽孢/克的枯草芽孢杆菌500倍液淋灌根部和茎基部。

科学用药防治： 预计临发病前或发病初期，用10%苯醚甲环唑水乳剂1000倍液，或30%噁霉灵水剂+10%苯醚甲环唑水乳剂按1∶1复配1000倍液淋灌茎基部和根部，7天喷灌1次，喷灌3次以上。其他防治方法和选用药技术参照“杜仲根腐病”。

如何防治荆芥的主要杂草——菟丝子？

（1）病原及症状 菟丝子属旋花科，又名无根草，一种寄生性攀缘草本植物，一种高等寄生性种子植物，无根和叶片，没有叶绿素，种子萌发后，产生黄白色丝状幼芽，当碰到寄主植物时，则缠绕寄主，脱离土壤，以其茎上产生的吸盘，伸入寄主植物的茎内汲取营养和水分供其自身生长发育，同时抑制植物的生长，还是传播一些病毒的介体。其繁殖和再生能力非常强，1株菟丝子可危害几十株到几百株植物，并且繁殖率惊人，1株可产生种子近百万粒，扩展速度快，不易根除，因此，一旦荆芥田发生菟丝子，往往危害严重。

（2）防治方法

农业防治： 播前筛选种子，清除混入荆芥种子内的菟丝子种子。对菟丝子危害严重的地块，可与禾本科作物轮作，并结合深耕整地，将菟丝子种子深埋。使用的有机肥，一定要高温腐熟处理，以消灭其中的菟丝子种子。浅锄地表，破坏幼苗。在上一年发生严重的地块，当菟丝子出苗时，浅锄地表，减轻其危害。拔除田间发病株，荆芥生长期，发现菟丝子量少时可人工摘除，量大且严重时，应在菟丝子开花前连同荆芥一起拔掉并带出地外深埋。要清除彻底，避免继续蔓延危害。结合田间管理，于菟丝子种子未萌发前进行中耕深埋，一般埋于3cm以下种子便难于发芽出土。

生物防治： 喷施鲁保1号（含活孢子10亿~60亿/克）生物制剂粉剂，使用浓度要求每毫升菌液中含活孢子数不少于3000万个，每亩用2.5kg，于雨后或傍晚及阴天喷洒，隔7天1次，连续防治2~3次。喷药前如能破坏菟丝子茎蔓，人为制造伤口，防效明显提高。

科学用药防治：在菟丝子生长的5~10月间，带防护罩定向喷施88%草铵膦可溶粒剂700倍液。药宜掌握在菟丝子开花结籽前进行。连喷2次，隔10天喷1次。注意不能伤害荆芥。

荆芥何时采收与产地加工？

夏秋两季荆芥花开到顶部，穗绿时采割。采收过晚，茎穗变黄，影响质量。春播者，当年8~9月采收；夏播者，当年10月采收。

采收时，选择晴天，从距地面数厘米处割取地上部分，运回摊放于晒场上，当天晒燥，否则穗色变黑，当晒至半干，捆成小把，再晒至全干；或晒至7~8成干时，收集于通风处，茎基着地，相互搭架，继续阴干；或在晒至半干时，将荆芥穗剪下，荆芥穗于荆芥杆分别晒干。干燥的荆芥应打包成捆，或切成5cm左右的小段，然后装袋，每捆或每袋50kg左右。若遇雨季或阴天采收，不能晒干，可用无烟火烘烤，但温度须控制在40℃以下，不宜用大火，否则易使香气散失。

种子田，需选留种株，待种子充分成熟后再行收割。在半阴半阳处晾干，干后脱粒，除去茎叶杂质收藏。

荆芥一般亩产干货200~300kg，折干率25%。

蒲公英

蒲公英有何药用价值？

据《本草纲目》以及《中国药典》等记载，蒲公英味苦、甘、寒。归肝、胃经。有清热解毒，消肿散结，利尿通淋之功效，可治疗上呼吸道感染、急性扁桃体炎、咽喉炎、结膜炎、腮腺炎、急性乳腺炎、胃炎、肠炎、肝炎、胆囊炎、急性阑尾炎、泌尿系感染、盆腔炎、痈、疖、疮等疾病。此外蒲公英对肺癌的预防也能起到一定的作用，是治疗多种疾病的天然良药。

蒲公英属种质资源及地理分布如何？

中国药典（2020年版）规定本品为菊科植物蒲公英*Taraxacum mongolicum* Hand. –Mazz.、碱地蒲公英*Taraxacum borealisinense* Kitam.或同属种植物的干燥全草。我国有蒲公英70种，1变种。除东南及华南省区外，遍及全国。西北、华北及西南省区最多，华中、华东略少。主要的分类群有18组。如芥叶蒲公英组、蒲公英组、短喙蒲公英组、白花蒲公英组、大头蒲公英组、山地蒲公英组、西藏蒲公英组等。

如何选地整地与选取种源？

（1）选地整地 选择土质深厚、肥沃、水肥条件好的土地，最好是菜园地。整地时施足底肥，每平方米施腐熟有机肥 6~8kg，磷酸二铵 30g，深耕 25~30cm，耙细整平，作成宽 1.2~1.5m 的长畦，以备播种。

（2）选取种源 有人工栽培野生蒲公英经验的，可以自行留种或留种根来年种植。无栽培历史且无种源的，可在 5 月下旬 ~6 月上旬，到山沟荒坡、地头路边采集成熟的野生种子，或于 9~11 月挖取野生的种根，还可以到市场购置野生种根。

怎样播种蒲公英？

蒲公英耐寒力强，当地温 1~2℃即可发芽，每年 3 月末即可播种。春季宜栽种根，秋季宜播种。秋播适宜期为 7~8 月，8~10 月份采收。也可进行育苗移栽，育苗移栽可于 1~2 月份，在大棚温室中播种，3~4 叶时定植，栽后立即浇水，成活率可达 95% 以上。3 月下旬 ~4 月上旬，气温回升到 10℃以上时，开沟或挖穴定植种根，浇水覆土，株行距 20cm × 5cm，每平方米栽 100 株。秋播，处暑以后（8 月下旬）开沟条播，并浇水覆土。行距 20cm，每公顷播种量 3kg。从播种到出苗，畦表面可以盖一层麦秸，在麦秸上适量泼水，保持麦秸和地表土壤湿润，力争 1 次全苗。

如何进行田间管理？

（1）中耕除草 幼苗出齐后进行第 1 次浅锄，以后每 10 天左右中耕除草 1 次，直到封垄为止。封垄后可人工拔草，保持田间土壤疏松无杂草。

（2）水肥管理 播种前浇透底水，分 2 次喷浇。整个出苗期间应保持土壤湿润，如发现干旱可沟灌渗透，但水层不能超过畦面，利于全苗。出苗后适当控制水分，促进根部健壮生长，防止倒伏。茎叶生长期保持田间湿润，促进茎叶旺盛生长。结合浇水进行施肥，一般每亩施尿素 10~15kg，或碳酸氢氨 15~20kg。

蒲公英的常见病虫害有哪些？如何防治？

蒲公英主要病害有斑枯病、白粉病等，主要虫害有蚜虫等，此类病害在蔬菜、瓜果、茶叶等绿色生产、控害减灾方面多采用如下措施。

（1）斑枯病

①病原及症状：属半知菌亚门、球壳孢目、壳针孢属。初于下部叶片上出现褐色

小斑点，后扩展成黑褐色圆形或近圆形至不规则形斑，大小 5~10mm，外部有一不明显黄色晕圈。后期病斑边缘呈黑褐色。

②防治方法

农业防治：与禾本科作物轮作。合理密植，促苗壮发，尽力增加株间通风透光性。配方和平衡施肥，增施腐熟的有机肥和磷钾肥，避免偏施氮肥，合理补微肥，推广使用生物菌剂、生物有机肥，拮抗有害菌，增强植株抗病抗逆能力。结合采摘收集病残体携出田外集中处理。清沟排水，避免积水。

科学用药防治：预计临发病之前或发病初期开始喷药防治，可选用 80% 全络合态代森锰锌可湿性粉剂 800 倍液等保护性防治。用 40% 氟环唑乳油 5000 倍液喷雾治疗性防治。其他选用药技术和防治方法参照“薄荷斑枯病”。

（2）白粉病

①病原及症状：属子囊菌亚门、棕丝单囊壳真菌。初在叶面生稀疏的白粉状霉斑，一般不大明显，后来粉斑扩展，霉层增大，到后期在叶片正面生满小的黑色粒状物，即病原菌的闭囊壳。病菌随病残体留在土表越冬，翌年 4~5 月放射出子囊孢子引起初侵染，通过气流传播。晚秋在病部再次形成闭囊壳越冬。

②防治方法

农业防治：同“斑枯病”。

生物防治：参照“射干锈病”。

科学用药防治：预计临发病前或发病初期，选用 80% 全络合态代森锰锌可湿性粉剂 800 倍液等保护性防治。发病后用 25% 戊唑醇可湿性粉剂 1000 倍液，或 40% 醚菌酯·乙嘧酚（25% 乙嘧酚 +15% 醚菌酯）悬浮剂 1000 倍液等治疗性防治。其他选用药防治技术参照“牛蒡子白粉病”。

（3）蚜虫　属同翅目、蚜科。

①为害状：蚜虫群集伤害嫩叶、嫩梢、花蕾等部位，以致造成畸形发展，叶片背面不规则的皱缩、卷曲、脱落、花蕾变形、花朵减少或变小，甚至全株枯萎。

②防治方法

物理防治：规模化黄板诱杀蚜虫，有翅蚜初发期可用市场上出售的商品黄板，挂在田间，每亩挂 30~40 块。有翅蚜发生期田间悬挂银灰色塑料膜条，趋避有翅蚜。

生物防治：前期蚜虫少时保护利用瓢虫等天敌，进行自然控制。无翅蚜发生初期，用 0.3% 苦参碱水剂 800 倍液，或 5% 天然除虫菊素乳油 1000 倍液，或 10% 烟碱乳油 500~1000 倍液等植物源农药进行喷雾防治。

科学用药防治：可用 50% 抗蚜威可湿性粉剂 2000~3000 倍液喷雾，或 92.5% 双丙环虫酯可分散液剂 15000 倍液交替喷雾防治。其他选用药防治技术参照“石榴棉蚜”。

蒲公英的采收与加工方式有哪些？

（1）采收

①茎叶采收：出苗后 30~40 天即可采收。可用钩刀或小刀挑挖，要求带一段主根防止采收下来后散落叶片。采大留小，最佳采收期为 1~3 月，一直可以采收到 6 月。采收前 1 天不浇水，保持茎叶干爽。亩产量为 5.3~6.7kg。每年可收割 2~4 次，即春季 1~2 次，秋季 1~2 次。

②种子采收：当种子由乳白色变为褐色时就可采收，成熟种子容易脱落，故过迟采收影响种子产量。采收时把整个花序掐下来，放在室内存放 1~2 天，种子半干时用手搓掉绒毛，然后晒干。整个过程防止风吹散种子。最佳采种期为 4~5 月，隔 3~4 天收 1 次，可采收 4~5 次。

（2）加工　蒲公英除鲜食外，还可加工成干菜。即用沸水焯 1~2 分钟，然后浸入凉水冷却，最后晒干或阴干备用。如做药用，可连根挖出，抖净泥土，摘除黄叶，晒干即可。

紫　苏

紫苏有何药用价值？

紫苏 *Perilla frutescens*（L.）Britt. 是药食同源植物之一，入药部分以茎叶及子实为主，紫苏叶有解表散寒，行气和胃的功能。用于风寒感冒，咳嗽呕恶，妊娠呕吐，鱼蟹中毒。紫苏梗有理气宽中，止痛，安胎的功能。用于胸膈痞闷，胃脘疼痛，嗳气呕吐，胎动不安。紫苏子有降气化痰，止咳平喘，润肠通便的功能。用于痰壅气逆，咳嗽气喘，肠燥便秘。种子榨出的油，名苏子油，供食用，又有防腐作用，供工业用。紫苏原产中国，主要分布于中国、日本、朝鲜、韩国等国家，我国华北、华中、华南、西南及台湾省均有野生种和栽培种。紫苏在我国种植应用近 2000 年，近年因其特有的活性物质及营养成分，成为一种倍受世界关注的多用途植物，被医药、食品、精细化工业广泛应用。经常食用苏子油可起到降低血压、血脂、胆固醇的作用。紫苏还具有抗衰老功效，并对过敏反应及肿瘤有抑制作用，对视觉功能和学习行为具有促进作用等。

紫苏如何选地整地？

紫苏适应生长范围很广，我国各地均可栽种，有耐旱涝、抗逆、对土壤要求不严格的优点。每亩施腐熟有机肥 2000~3000kg 作基肥，整细耙平。

紫苏种植方式有几种?

根据用途不同，紫苏的栽培方式分露地栽培和保护地栽培两种。采收叶子为主的以保护地栽培，药用紫苏（紫苏叶、紫苏梗、紫苏子）一般以露地栽培。

紫苏露地栽培如何播种移栽?

露地栽培紫苏可育苗移栽，也可直播。直播：用种子播种，发芽适温为18~23℃，我国北方3~7月均可播种。条播，按行距50cm，开0.5~1cm浅沟，播后覆薄土并稍压实。亩播种量为500g。春季栽培一般亩留苗3000~3500株，夏季栽培亩留苗5000株左右。育苗移栽：亩播种量为100g，当幼苗长有4~5片叶时即可移栽。育苗移栽便于苗期管理，容易保苗，减少占地时间。

如何进行保护地紫苏的种植管理?

采叶紫苏宜采用日光温室、连栋温室等保护设施栽培。

（1）播种　春栽于1月播种育苗，3月移栽，5~8月采收；秋栽于6~7月播种或育苗，10月至翌年3月采收。每亩播种量1.5kg，可种植大田30亩。

（2）移栽　当幼苗生长至第2对真叶时移栽，移栽前2天喷1次水，移栽株距8cm、行距5cm，平行种植，并及时浇水补肥，促进幼苗生长。

（3）大田定植　每畦种4行，夏季栽培的，行距25~30cm，冬季栽培的，行距20~25cm，株距20cm左右，每亩定植10000~15000株。定植后及时浇透水。

（4）整枝打老叶　定植后30~45天（冬季45天，夏季30天），摘除植株第1~2对老叶（即主茎第4~5对真叶），以减少养分消耗，促进侧枝发育。再过10~15天，待侧枝基本定型后去除全部老叶，只留一些侧枝和新芽，同时去除杂草，以后新出的芽可全部剥去，等新叶长大，就可以采叶了。植株定侧枝要根据不同季节和苗情，一般夏季留10~12个侧枝，冬季留15~18个侧枝。

如何防治紫苏病虫害?

紫苏主要病害有斑枯病、锈病等，主要害虫有红蜘蛛、桃蚜等，此类病虫害在蔬菜、瓜果、茶叶等绿色生产、控害减灾方面多采用如下措施。

（1）斑枯病

①病原及症状：属半知菌亚门、紫苏壳针孢菌。发病初期，叶面出现褐色或黑色小斑点，逐步扩大成大病斑，干枯后形成孔洞，直至叶片脱落。病菌主要在病株残体

和种子上越冬，翌年借气流传播。气温在20~25℃，相对湿度90%以上时利于病害发生。重茬地、低洼地、浇水过多、排水不良以及种植过密的地块发病严重。一般初夏发病，直至深秋。

②防治方法

农业防治：参照“蒲公英斑枯病”。

科学用药防治：预计临发病之前或发病初期，用42%寡糖·硫黄悬浮剂600倍液，或1∶1∶200波尔多液，或80%代森锰锌可湿性粉剂800倍液，或25%醚菌酯悬浮剂1500倍液等保护性喷雾防治。发病初期或发病之后选用40%氟环唑乳油5000倍液喷雾治疗性防治。保护性药剂和治疗性药剂相互合理复配使用，注意轮换用药，视病情每7~10天喷1次，一般连喷2次左右。其他选用药技术和防治方法参照“薄荷斑枯病”。

（2）锈病

①病原及症状：属担子菌亚门、紫苏鞘锈菌。主要危害叶片，叶背面散生黄色近圆形裸生的小疱，即病原菌的夏孢子堆，发生严重时病斑数量很多布满叶背，但叶片未见干枯。有时可见到叶背面的夏孢子堆几乎呈白色，系被超寄生菌寄生所致。病菌以冬孢子在病残体上越冬，在温暖的南方夏孢子可终年产生，辗转传播蔓延，有时见不到冬孢子阶段。高温、高湿条件利于发病。

②防治方法

农业防治：清理田园，收获后将清理的残株病叶集中烧毁或深理。选择非寄主植物轮作。合理密植，加强肥水管理，提高植株抗病能力。选用抗病优质品种。

生物防治：参照“射干锈病”。

科学用药防治：临发病之前或发病初期喷42%寡糖·硫黄悬浮剂600倍液，或80%络合态代森锰锌可湿性粉剂800倍液等保护性防治。发病后可选用10%苯醚甲环唑水分散颗粒剂1500倍液，或25%乙嘧酚磺酸酯微乳剂700倍液，或40%醚菌酯·乙嘧酚（25%乙嘧酚+15%醚菌酯）悬浮剂1000倍液治疗性防治，保护性和治疗药剂相互合理复配使用，每7~10天喷1次，一般连喷2次左右。其他用药和防治方法参照“薄荷锈病”。

（3）红蜘蛛

①为害状：红蜘蛛聚集在叶背面刺吸汁液，初期叶片出现黄白色斑点，后在叶面可以看见较大的黄褐色斑点。斑点扩展后全叶变黄，甚至导致叶片脱落。

②防治方法

农业防治：参照“牛蒡子红蜘蛛”。

生物防治：参照“牛蒡子红蜘蛛”。

科学用药防治：卵期或若螨期用24%联苯肼酯悬浮剂1000倍液喷雾防治，最大限度地保护自然天敌资源。其他药剂在卵期选用喷施杀卵剂，成、若虫期选用73%克螨特乳油1000倍液，或1.8%阿维菌素乳油2000倍液等喷雾防治。具体防治方法和选用药技术参照“牛蒡子红蜘蛛”。

（4）桃蚜

①为害状：俗称蜜虫，是昆虫界的“女儿国”，繁殖特快，以成虫、若虫群集在新梢嫩尖和嫩叶上吮吸汁液，导致皱缩，影响叶片的正常伸展及功能的发挥，一旦不及时防治，往往形成灾害。

②防治方法

农业防治：清除杂草和各种残株集中深埋或焚烧。

物理防治：参照“地榆蚜虫”。

生物防治：参照“山银花蚜虫”。

科学用药防治：把握在无翅蚜发生初期未扩散前用药，用10%烯啶虫胺可溶性粉剂2000倍液，或92.5%双丙环虫酯可分散液剂15000倍液均匀喷雾。其他具体防治方法和选用药技术参照“地榆蚜虫”。

（5）银纹夜蛾 属鳞翅目、夜蛾科。

①为害状：初龄幼虫群集在嫩叶背面取食叶肉，留下一层表皮。3龄后幼虫吐丝下垂、分散为害，食叶量随龄期增大，可将叶片咬成孔洞或缺刻，还排泄粪便污染植株。老龄幼虫食害全叶，留下主脉，一般7、8月份多雨利于银纹夜蛾发生。幼虫老熟后多在叶背吐丝结茧化蛹。

②防治方法

农业防治：加强栽培管理，冬季清除枯枝落叶，以减少来年的虫口基数。根据残破叶片和虫粪，人工捕杀幼虫和虫茧。

物理防治：参照“薄荷小地老虎”。

生物防治：参照“牛膝银纹夜蛾”。

科学用药防治：在低龄幼虫期可优先选用5%虱螨脲乳油1500倍液，最大限度地保护天敌资源和传媒昆虫，其他药剂可用10%溴氰虫酰胺可分散油悬浮剂2000倍液，或20%氯虫苯甲酰胺悬浮剂2000倍液，或10%联苯菊酯乳油1000倍液，或50%辛硫磷乳油1000倍液，或5%甲维盐·虫螨腈水乳剂1000倍液，或38%氰虫·氟铃脲（28%氰氟虫腙+10%氟铃脲）悬浮剂2000倍液等喷雾防治。一般间隔7~10天喷1次，视虫情把握防治次数。其他选用药技术参照“牛膝银纹夜蛾”。

药用紫苏何时采收最好？

作紫苏油的紫苏全草，在8~9月花序初现时收割晒干；作药用的紫苏叶、紫苏梗多在枝叶繁茂时采收晒干；紫苏子一般在9~10月份，种子成熟后选晴天全株割下抖出种子即为紫苏子。

紫苏叶如何初加工?

鲜食嫩茎叶，可随时采摘。作出口商品的紫苏叶片，需按标准采收，当第 5 茎节以上的叶片横径宽 6~9cm 时即可采摘，留下足够的功能叶，以使紫苏继续生长。采后及时将茎节发生的腋芽抹去，6 月中、下旬及 7 月下旬 ~8 月上旬，叶片生长迅速，是采收高峰期，每周可采摘 1 次，一般每株紫苏可采收 200 片合格的商品叶片。

肉苁蓉

肉苁蓉有何药用价值?

肉苁蓉为列当科植物肉苁蓉 *Cistanche deserticola* Y. C. Ma 的干燥带鳞叶的肉质茎。春季苗刚出土时或秋季冻土之前采挖，除去茎尖。切段，晒干。肉苁蓉味甘、咸，温。归肾、大肠经。具有补肾阳，益精血，润肠通便的功效。用于肾阳不足，精血亏虚，阳痿不孕，腰膝酸软，筋骨无力，肠燥便秘等症。

肉苁蓉的形态特征是什么?

肉苁蓉的根由初生吸器和吸根毛组成。茎肉质、圆柱形、下部稍粗扁，向上逐渐变细。高度因生长年限的不同而异，一般为 40~160cm，最大的肉质茎长 2m 以上，单株鲜重数十千克。

肉苁蓉的主产地在哪里?

肉苁蓉主产于内蒙古西部的阿拉善盟。宁夏、甘肃及新疆也有分布。内蒙古巴彦淖尔市磴口县、鄂尔多斯市杭锦旗一带也引种成功。

肉苁蓉种子的生物学特性有哪些?

（1）种子细小　肉苁蓉种子细小且多，细小轻盈的种子很容易被风传播，且容易钻进土壤，深入土壤深层，与寄主植物的根接触。

（2）休眠期长　在沙漠环境里，肉苁蓉种子需要经过两个冬季，其胚才能完成后熟过程。人工沙藏两个月以上，胚逐渐长大，经过两次春化处理，胚可完成后熟。

（3）发芽率低　肉苁蓉种子细小，胚仅为种子长度的 1/3 左右，为未分化的球形原胚，并且种子无胚率在 20% 左右。

（4）萌发需接受梭梭根系分泌物的刺激 自然条件下，肉苁蓉种子萌发需要接受寄主植物梭梭根部分泌物的刺激。

（5）吸水性强 肉苁蓉果皮呈蜂窝状，并含有丰富的胶质，具有很强的吸水性。

肉苁蓉生长发育的生物学特性有哪些?

（1）专性寄生 肉苁蓉的根由初生吸器和吸根毛构成，二者侵入梭梭根，在侵入的部位形成了一个明显膨大的器官（吸器），使梭梭根和肉苁蓉茎的维管束连在一起，建立起寄生关系。从而完全地从寄主植物梭梭体内摄取生长发育的全部营养物质和水分。据测定，肉苁蓉含水量80%以上，梭梭根的含水量15%~20%。肉苁蓉的渗透压低于寄主，同化产物源源不断运向肉苁蓉。自然环境下，一年生梭梭接种肉苁蓉后，会严重影响梭梭的生长，甚至导致梭梭死亡。一般认为，寄主梭梭的株龄应在2~3年以上。梭梭株龄和长势及配套措施也是影响肉苁蓉生长发育的重要因素。

（2）喜旱、怕涝 肉苁蓉生长所需水分来自于梭梭。自然环境下，由于沙漠地区的年降雨量少，土壤含水量很低，一般为2%~3%，通气性好，有利于肉苁蓉生长。而土壤含水量高，如连续降雨，易导致肉苁蓉腐烂死亡。肉苁蓉生长土层的土壤含水量以不超过土壤田间持水量的50%为宜。

（3）地下生长习性 肉苁蓉营养生长阶段都在地下进行，生殖生长阶段在地上完成。掩埋愈深，营养生长年限愈长，单株就越大。肉苁蓉茎的伸长速率一般为每年10~20cm。因此，一般埋深20cm，当年即可出土收获；埋深40~50cm，收获需2~3年；70~80cm需3~4年。有流沙掩埋的地方，肉苁蓉株高可达2~3m。

（4）逆境下分枝能力强 正常条件下，肉苁蓉不分枝。但是，当顶端优势去除时，则会在肉质茎鳞叶的叶腋内长出多个分枝。因此，生产中可以此作为提高肉苁蓉无性繁殖产量的措施之一。

（5）耐热抗寒 肉苁蓉能够忍耐−42~42℃的极端温度，但生长的适宜温度为25~30℃。

（6）土壤与耐盐碱 肉苁蓉适宜生长于沙漠、荒漠地区的沙地、固定沙丘、半固定沙丘、干涸老河床、湖盆低地等轻度盐渍化的松软地上，土壤含盐量0.2%~0.3%时，生长良好，土壤含盐量在3%~5%时仍能生长。

肉苁蓉繁殖技术有几种?

肉苁蓉的繁殖方式有种子繁殖和无性繁殖两种。未种植肉苁蓉的地方，须采用种子繁殖法。已经接种肉苁蓉的地方，可采用无性繁殖结合种子繁殖两种方法。

如何进行肉苁蓉接种?

（1）接种期 一般在3月下旬至5月中下旬进行。

（2）种子精选 目前使用的肉苁蓉种子中，秕种、无胚种和不完全成熟种可达36%以上。播种前应对种子进行筛选分级。选择孔径大于0.5mm，粒大饱满、深褐色、有光泽的种子。0.5mm孔径以下的种子不宜选用。

（3）接种处理 接种前对肉苁蓉种子进行处理，具有消毒、杀菌、促进萌发和提高接种率的作用。目前主要应用植物内源激素、营养液、生根粉及抗旱保湿剂等进行处理。

（4）种植方式 种植肉苁蓉一般采用沟种和坑种两种方法。梭梭集中且平整的林地或人工栽培的梭梭林地，采用沟种，便于管理。梭梭稀疏且凹凸不平的林地，采用坑种法。

如何进行肉苁蓉坑种?

一般在寄主一侧或者两侧挖1~2个坑，坑直径0.5m，深0.5~0.6m，将肉苁蓉种子点播于底部，每坑点播10~20粒种子，或者放置1~2张接种纸，覆盖砂土，稍低于地面，浇水至湿透。

如何进行肉苁蓉沟种?

在天然梭梭或人工梭梭植株根部，一般在距梭梭行50~80cm处，挖宽30~40cm、深40~60cm的长沟。浇水5L左右，待水渗下后，在每株梭梭根部附近点播5~10穴，每穴放置10~20粒种子，或者放置3~5张接种纸，也可采用在沟内放置接种带的方法，之后覆土。接近地面20cm时，再灌1次透水，待水渗完后用原土填平。灌水量以接种层达到土壤田间持水量的60%~70%为宜。

肉苁蓉如何进行无性繁殖?

肉苁蓉的无性繁殖法又称为分枝诱导法，收获肉苁蓉时，在肉苁蓉与梭梭根连接处留下5~10cm长的肉质茎。这个残留肉质茎的上部鳞叶内能发生不定芽，不定芽继续长成肉苁蓉。顶端优势是这一栽培方法的理论基础。当肉苁蓉茎的顶端优势被解除后，刺激剩余肉质茎上部鳞叶内的分生组织，发育为不定芽原基，并逐渐长成分枝。

如何划分肉苁蓉主要生育时期?

肉苁蓉的一生可划分为接种寄生期、肉质茎生长期、孕蕾开花期、裂果成熟期。

如何进行肉苁蓉的田间管理?

(1)灌水 肉苁蓉水分是否亏缺取决于寄主植物梭梭体内的含水量。在肉苁蓉快速生长的时期，为了促进肉苁蓉的生长，可于接种后每年4~6月春旱季节灌水，视土壤墒情，酌情喷灌或沟灌1~2次，以扶壮梭梭。灌水量每亩50~60m^3。

(2)施肥 每年施肥1次，结合灌水进行。可在梭梭植株未种肉苁蓉的一侧，挖坑深度40cm左右，混合施肥。亩施附腐熟的有机肥1000kg左右，N、P、K复合肥20kg。遵照配方和平衡施肥的原则，底肥要足，适时追肥为辅，合理补微肥。增施腐熟的有机肥，有针对性地配合推广使用生物菌剂、生物有机肥，改善土壤团粒结构，拮抗有害菌，增强植株抗病抗逆能力，大大提升植株的健康增产潜力。

(3)人工辅助授粉 孕蕾开花期采用人工辅助授粉等技术，可以提高结实率。

如何防治肉苁蓉寄主梭梭的病害?

主要病害有白粉病、根腐病等，此类病害在蔬菜、瓜果、茶叶等绿色生产、控害减灾方面多采用如下措施。

(1)白粉病

①病原及症状：属子囊菌亚门、核菌纲、白粉菌目、内丝白粉菌属、猪毛菜内丝白粉菌。肉苁蓉寄主梭梭在7~10月由于大气湿润，容易发生白粉病，严重时同化枝上形成白粉层，严重的枯死。

梭梭白粉病主要借风力和动物移动带菌传播，病菌在枝条上越冬，低洼潮湿、田间密闭利于发病。在新疆区域，一般7~8月白粉病发生蔓延。9月后病情减缓逐步开始越冬。

②防治方法

生物防治：参照“射干锈病”。

科学用药防治：发病初期及时喷药，可用42%寡糖·硫黄悬浮剂600倍液，或10%苯醚甲环唑水分散粒剂1500倍液、25%嘧菌酯悬浮剂800倍液，或40%醚菌酯·乙嘧酚(25%乙嘧酚+15%醚菌酯)悬浮剂1000倍液等喷雾防治。其他防治方法和选用药剂参照“赤芍白粉病”。

(2)根腐病

①病原及症状：属半知菌亚门、瘤座菌目、镰刀菌属。梭梭根腐病多发生在苗

期，危害根部，严重时腐烂。雨水多，土壤板结、通气不良易引发此病。

②防治方法

农业防治：选排水良好的砂土种植，并加强松土，保持适宜的墒情和通透性。

生物防治：参照“川贝母根腐病”。同时上喷下灌效果更佳。7天左右用药1次，连灌2~3次。

科学用药防治：预计临发病前或初期选药防治，其他防治方法和选用药剂参照“川续断根腐病”。

如何防治肉苁蓉的虫害？

肉苁蓉主要虫害有肉苁蓉蛀蝇等，此类害虫在蔬菜、瓜果、茶叶等绿色生产、控害减灾方面多采用如下措施。

肉苁蓉蛀蝇属双翅目、食蚜蝇科。

（1）为害状 肉苁蓉蛀蝇在肉苁蓉出土开花季节，幼虫为害嫩茎，钻隧道，蛀入肉质茎，为蛀茎害虫，影响植株生长，使整个植株变褐，内部充满虫粪，致使产量和药材质量降低。肉苁蓉一出土蛀蝇成虫就开始在茎尖内产卵，幼虫孵化后危害嫩芽，并逐渐向下蛀入茎内形成隧道。一直蛀到茎基部将整株肉苁蓉蛀成孔状。5月下旬幼虫老熟继而在肉苁蓉蛀茎内化蛹，6月上旬开始羽化为成虫。

（2）防治方法

物理防治：肉苁蓉蛀蝇成虫羽化期开始时，在种植基地规模化实施黑光灯诱杀，消灭成虫于产卵之前，减少虫源。运用食诱剂诱杀成虫。

生物防治：卵孵化期用1.5%苦参碱可溶液剂800倍液或1%苦参碱可溶液剂500倍液灌根。或0.5%藜芦碱可溶液剂1000倍液等植物源杀虫剂喷灌，相互复配使用提高防治效果。

科学用药防治：卵孵化期或针对肉苁蓉蛀蝇的越冬幼虫灌浇药控害，优先选用5%虱螨脲乳油1000倍液，或10%吡丙醚乳油1500倍液，或20%噻嗪酮可湿性粉剂（乳油）1000倍液浇灌防治，最大限度地保护天敌资源和传媒昆虫。其他药剂可用4%吡虫啉·34%噻嗪酮悬浮剂1000倍液，或33%螺虫乙酯·噻嗪酮悬浮剂4000倍液浇灌，保护天敌。也可用25%噻虫嗪悬浮剂1000倍液+25%噻嗪酮可湿性粉剂1000倍液或22.4%螺虫乙酯悬浮液4000倍液浇灌。主张各药剂与植物诱抗剂海岛素（5%氨基寡糖素）800倍液混配使用，增加防治效果，提高安全性和肉苁蓉的抗逆抗病能力。

如何进行肉苁蓉的采挖？

（1）直接采挖法 沿肉苁蓉茎挖至吸盘上方5~10cm处，用木制或竹制刀具割断取出后，覆土回填。注意避免挖断梭梭根系，更不能切断无性繁殖材料吸盘。

（2）去头埋藏法 将肉苁蓉挖出，从距地表10cm处去头，去除其顶端优势，覆土埋藏，翌年采挖，单株产量可增加到原来的5~10倍，这是肉苁蓉高产的一条有效途径。

如何进行肉苁蓉种子的采收？

肉苁蓉种子在5月下旬~6月中旬成熟。待80%以上的种子变褐变硬时，开始采收。用特制布袋或高密度的纺织袋罩在果穗上，从基部绑紧，然后挖坑，从穗下10~15cm处用木制或竹制刀具割断，放于光照充足的地方自然后熟。晒干后，在室内脱粒，除去杂物，选留饱满的种子装入容器，放于阴凉通风处贮存。低温贮存效果更好。

肉苁蓉的加工方法有哪些？

（1）传统加工方法 白天摊晒在沙地上，晚上收集成堆，加以遮盖，防止因昼夜温差大而冻坏肉苁蓉。采用这种方法晒干后，肉苁蓉颜色好，质量高。酒苁蓉：取净肉苁蓉片，依照酒炖或酒蒸法炖或蒸至酒吸尽。

（2）现代加工方法 采用真空冷冻干燥技术。优点：含水率低，脱水彻底；保持鲜活时的形态和颜色；表面不会硬化；复水性好；有效成分损失少。在低温、真空条件下干燥，营养成分和生理活性成分损失率大幅降低。缺点：生产成本相对较高；因冻干后呈多孔海绵状疏松结构，体积大，运输中易破碎；储存、包装需隔湿防潮，或真空、充氮，包装费用较高。

如何进行肉苁蓉的贮藏？

肉苁蓉干品吸湿性强，易生霉，应在干燥、清洁、阴凉、通风、无异味的专用仓库贮藏。为害本品的仓储害虫主要有药材甲、烟草甲、锯谷盗等。贮藏期间，要定期检查，发现受潮、轻度虫蛀应及时拆包摊晾，或用热气蒸透。摊晾后，重新包装保藏。量大或严重时，可密封抽氧充氮保护。

管花肉苁蓉

管花肉苁蓉有何药用价值？

管花肉苁蓉 *Cistanche tubulosa*（Schenk）Wight 为列当科肉苁蓉属植物，专性寄生于柽柳属植物的根部，其干燥带鳞叶的肉质茎入药，药材名为肉苁蓉。肉苁蓉性温，味甘、咸。归肾、大肠经。具补肾阳，益精血，润肠通便之功效。用于肾阳不足，精血亏虚，阳痿不孕，腰膝酸软，筋骨无力，肠燥便秘等症。在历代补肾阳处方中使用频率最高。现代研究表明，肉苁蓉具有提高性功能、抗阿尔茨海默病和帕金森病、提高学习记忆能力、抗衰老、抗疲劳、保肝、通便等多方面的作用，广泛用于中医临床处方、中成药和保健产品，被誉为“沙漠人参”。近年来肉苁蓉也大量用于药膳，还可作为食品、化妆品的添加剂，具有广阔的开发应用前景。

管花肉苁蓉适合哪些地方种植?

管花肉苁蓉是濒危中药材，主产于新疆南部塔克拉玛干沙漠周边地区。在河北省东部滨海盐碱地区，管花肉苁蓉的寄主柽柳资源丰富。2005 年中国农业大学郭玉海课题组将管花肉苁蓉成功引种到河北省平原地区，之后系统研究了管花肉苁蓉的种子萌发和寄生机理、寄生环境及人工栽培技术，并在河北省多地干旱、盐碱、瘠薄砂土条件下成功栽培，药材产量潜力和松果菊苷等活性成分含量优于新疆原产地。由于管花肉苁蓉具有高呼吸强度、耐干旱、耐盐碱、耐瘠薄的特性，因此适于北方广大干旱、盐碱、瘠薄砂土地种植，具有较高的生态、经济和社会价值。

如何进行管花肉苁蓉种子处理?

管花肉苁蓉属于寄生植物，人工栽培时间短，其种子具有明显的寄生植物种子和野生植物种子萌发特性：一是萌发时间参差不齐；二是种子质量差异很大。因此，管花肉苁蓉种子播种前必须进行处理，以提高种子的萌发率和接种率。下面介绍几种常用的处理方法：

（1）种子分级处理　选择饱满、粒大、有光泽、成熟度高的种子。接种前将种子过筛分级，选择大于 0.5mm 筛孔的种子作为生产用种。

（2）低温沙藏处理　将种子装入透气的布袋中置于装有含水量大约 10% 湿沙容器中，于 4℃下低温保藏约 30 天，对接种率的提高有明显的促进作用。

（3）药剂处理　播种前用 1~3g/L 高锰酸钾溶液浸种 20~30 分钟，捞出后与沙土混合拌匀接种。

（4）热水处理　肉苁蓉种子放在 50℃热水中浸泡，待水温降至室温后捞出，控干水分后，于 4℃条件下放置 15 天，然后接种。

（5）植物生长调节剂处理　将肉苁蓉种子置于 0.5μg/ml 赤霉素溶液中浸泡 10 天后捞出，控干水分后，于 4℃条件下放置 15~20 天，然后接种。

（6）曝晒处理　种植前可以将肉苁蓉种子在沙地上曝晒 1~2 周，有利于提高接种率。

（7）种子纸处理　用淀粉加泥浆于 70℃热水搅拌调稠至可黏住纸张为宜，加入适量种子拌匀。用刷子将泥浆均匀刷在一张 10~25cm 宽，长度不限的纸带上，每平方厘米黏附 1~2 粒。

（8）丸粒化处理 将种子过筛分级后，选取直径大于 0.5mm 的种子，经成核、丸粒加大、滚圆、撞光染色得到直径为 1.7~1.9mm，而且有特殊颜色的肉苁蓉丸粒化种子。丸粒化过程中通过加入杀菌剂、微肥、生长素，以缩短接种时间、提高接种率和产量。

如何进行管花肉苁蓉田间接种？

管花肉苁蓉接种前，首先要人工种植柽柳。通常采用茎段扦插方法种植柽柳，柽柳行距 2~3m，株距 0.5~1m，生长 1~2 年后可接种管花肉苁蓉。春季土壤解冻后至冬季土壤结冻前均可接种，最佳接种期为 3~6 月。秋季接种的肉苁蓉，由于气温逐渐降低，翌年才能接种上。管花肉苁蓉的田间接种方法有沟播接种、穴播接种和丸粒化种子接种三种方式，可根据生产实际选择应用。

（1）沟播接种 柽柳生长 1~2 年后，距离柽柳 20~30cm 处开挖接种沟，沟宽 30cm、沟深 50~60cm，将处理过的肉苁蓉种子撒播于沟中，或采用种子纸接种，将种子纸竖铺于沟中，回填土踩实，及时灌溉。撒播单行接种量每亩 100~120g，双行接种量加倍；种子纸单行接种量每亩 10~50g，双行接种量加倍。该接种方法接种率高、产量高，但用种量大，成本较高。

（2）穴播接种 柽柳生长 1~2 年后，距离柽柳主干 30~40cm 处的行间挖 1~2 穴，穴深 50~60cm，将肉苁蓉种子直接撒播于穴底，每穴播种 10~20 粒，用沙土回填约 20cm，灌水，待完全渗入后，覆土踩实。为了提高接种率，也可用 50ppm 浓度的 ABD 生根剂、ABT 生根粉溶液喷洒柽柳毛根及周围沙土，然后撒播种子，加入适量的有机肥，再回填沙土、灌水、覆土踩实。

（3）丸粒化种子接种 有灌溉条件的地区，柽柳生长 1~2 年后，距离柽柳两侧 30cm 处，用机械直接把丸粒化的种子接种到深度为 50~60cm 处。接种量每亩约 50g，双行接种量加倍。

管花肉苁蓉田间管理措施有哪些？

管花肉苁蓉田间管理包括灌溉排水、增施有机肥、中耕除草、整枝修剪及建造保温棚等。

（1）灌溉排水 管花肉苁蓉接种后及时灌溉；6 月和 8 月上旬如遇干旱各灌溉 1 次，灌溉水可采用沟灌（在距柽柳 40cm 处挖深 10~15cm、宽 20cm 的灌溉沟）或者滴灌（距柽柳 30~40cm）。为了节省用水，提高产量，建议规范化生产基地推广滴灌。8 月份必须于上旬之前灌溉，否则容易引起肉苁蓉冻害。秋季接种肉苁蓉的柽柳，接种后及时灌溉；翌年 3、6 月各灌溉 1 次。已接种上肉苁蓉的柽柳，基本不用灌溉，且夏季降水量大或降水集中时，注意排水，做到田间无积水。

（2）增施有机肥 人工接种的肉苁蓉一般不施肥。有条件的可以在整地前把腐熟的有机肥作为底肥施入，每亩施入2000~3000kg，可促进柽柳生长和提高肉苁蓉产量。

（3）中耕除草 及时清除田间杂草，特别是多年生杂草，采用人工除草或机械除草。

（4）整枝修剪 柽柳为灌木或小乔木，具很强的分枝能力，其冠幅和高度近正比。生产中柽柳两年高达3m，冠幅达3m以上，影响田间操作，因此要及时修剪。留1~2个主干，从基部到1m之间的侧枝全部剪除，超过1m的侧枝控制在5个左右，确保通风透光。一般树高不超过3.5m，冠幅在2.5m以内。

（5）建造保温棚 管花肉苁蓉在冬季易受冻害，夏、秋降水较多的年份，土壤含水量高，冻害严重。因此，有条件地区人工栽培管花肉苁蓉可建造简易保温棚，冬季棚内温度在0℃以上，确保管花肉苁蓉安全越冬。

如何进行管花肉苁蓉生长期的病虫害防治？

管花肉苁蓉主要病虫害有根腐病、蛴螬、种蝇等，此类病虫害在蔬菜、瓜果、茶叶等绿色生产、控害减灾方面多采用如下措施。

（1）管花肉苁蓉根腐病

①病原及症状：属半知菌亚门、镰刀菌属。危害地下肉质茎，发病初期生水渍状黄褐色不规则形斑，后变褐，肉质茎腐烂。

②防治方法

农业防治：使用生物菌剂和生物有机肥，配施亚磷酸钾+聚谷氨酸。开沟排水，控制土壤湿度，不宜过高。发现病株及时拔除销毁，病穴用石灰消毒。其他方法参照“杜仲根腐病”。

生物防治：预计临发病之前或发病初期用10亿活芽孢/g枯草芽孢杆菌500倍液淋灌根部和茎基部。参照“杜仲根腐病”。结合滴灌将药液渗入根部，每亩地用0.5%小檗碱水剂1000ml+80%大蒜油500ml+“地力旺”生物菌剂（枯草芽孢杆菌、地衣芽孢杆菌、巨大芽孢杆菌、凝结芽孢杆菌、嗜酸乳杆菌、侧孢芽孢杆菌、5406放线菌、光合细菌、胶冻样芽孢杆菌、绿色木霉菌）1000ml（或相应的生物菌剂）+植物诱抗剂海岛素水剂30ml进行滴灌，可连续滴灌2次，间隔7天左右。然后用0.5%小檗碱水剂100倍液+80%大蒜油1000倍液+植物诱抗剂海岛素水剂1000倍液喷淋，连续喷2~3次，间隔3天。

科学用药防治：预计临发病之前或发病初期，选用10%苯醚甲环唑水乳剂1000倍液喷淋或灌根保护性防治。其他防治方法和选用药技术参照“杜仲根腐病”。

（2）蛴螬

①为害状：属鞘翅目、金龟甲科。蛴螬为金龟甲的幼虫，主要在地下咬食管花肉苁蓉肉质茎，造成缺刻或孔洞。

②防治方法

农业防治：参照“厚朴金龟子（幼虫：蛴螬）”。

物理防治：参照“厚朴金龟子（幼虫：蛴螬）”。

生物防治：参照“厚朴金龟子（幼虫：蛴螬）”。

科学用药防治：参照“厚朴金龟子（幼虫：蛴螬）”。

（3）管花肉苁蓉种蝇

①为害状：属双翅目、花蝇科、地种蝇属。发生在肉苁蓉出土开花季节，幼虫危害嫩茎，钻隧道驻入地下茎基部，严重影响肉苁蓉质量。

②防治方法

物理防治：成虫发生期可规模化利用黑光灯诱杀成虫，消灭在产卵之前。

生物防治：运用性诱剂诱杀雄虫于交配之前。其他技术参照“肉苁蓉蛀蝇”。

科学用药防治：幼虫发生初期，可用20%氯虫苯甲酰胺悬浮剂1000倍液或50%辛硫磷乳油1000倍液喷淋或浇灌根部。其他防治方法和选用药技术参照“肉苁蓉蛀蝇”。

管花肉苁蓉如何留种？

根据管花肉苁蓉的接种深度，一般接种后2~3年出土开花。选取肉质茎粗壮、刚出土、花序轴直径5cm以上或开花后的花序长度在20cm以上的植株作为留种株，生产优质种子。研究表明：人工辅助授粉和初花期打顶是提高种子结实率和种子质量的有效措施。另外，肉质茎粗壮、露土的花序苞片和花序轴呈紫色者，一般产量和有效成分含量均较高，可作为优良种质材料进行选择。

如何进行管花肉苁蓉采收？

管花肉苁蓉在出土前采收，春、秋两季均可。春季采收一般于4月上中旬肉苁蓉出土前或刚顶土时及时采挖，截去茎端或花序，防止花序继续生长。秋季采收于11月上中旬土壤结冻前，地面出现拱土、裂隙部位或标记的接种穴进行采挖。

采挖时应采大留小，保留寄生盘。即每穴肉苁蓉只采挖较大的植株，保留较小的植株，从距肉质茎基部约5cm处切断，不要破坏寄生吸盘，第二年寄生吸盘还会继续发芽形成新的植株，实现连续采挖。采挖后及时回填沙土，否则易导致保留的肉苁蓉死亡，还会影响寄主柽柳生长。

管花肉苁蓉如何采后初加工？

传统加工方法是将管花肉苁蓉整个摆放在沙上晒干，该方法干燥时间长，活性成分含量降低。现代加工技术是将管花肉苁蓉洗净后，用不透钢刀或切片机切成4~6mm薄片，经蒸汽杀酶5分钟，或70℃热水中杀酶6分钟，然后晒干或烘干，得管花肉苁蓉片。该技术能显著提高管花肉苁蓉的松果菊苷和毛蕊花糖苷含量，且干燥时间短。

紫花地丁

紫花地丁有何药用价值？

紫花地丁为堇菜科植物紫花地丁 *Viola yedoensis* Makino 的干燥全草。春、秋二季采收，除去杂质，晒干即可。紫花地丁味苦、辛，性寒，归心、肝经。具有清热解毒，凉血消肿的功效，用于疔疮肿毒，痈疽发背，丹毒，毒蛇咬伤等。

紫花地丁的生物学特性有哪些？

紫花地丁为多年生草本植物，株高7~14cm，全株有短白毛，无地上茎，地下茎很短，主根较粗，黄白色。叶基生，狭披针形或卵状披针形，长1.5~6cm，宽1~2cm，顶端圆或钝，基部截形、宽楔形或微心形，稍下延于叶柄成翅状，边缘具浅圆齿；托叶膜质，离生部分线状披针形，边缘疏生流苏状细齿；花期后叶通常增大成三角状披针形。花两侧对称，具长梗，萼片5，卵状披针形，基部附器矩形或半圆形，顶端截形、圆形或有小齿；花瓣5、紫堇色或紫色，侧瓣无毛，下面的1片较大，基部延长成距，距细管状。蒴果椭圆形，长6~10mm，无毛，熟时3裂；种子呈卵球形，淡黄色，光滑，粒长约1.8mm。

紫花地丁喜阳、不耐阴，具有极强的耐寒性和恢复再生能力，同时，耐贫瘠、干旱、盐碱，根状茎及种子的自播繁殖能力强，但怕涝，一般在地势高排水良好处有自然群落分布。在河北省，一般3月上旬萌动，花期3月中旬~5月中旬，盛花期25天左右，单花开花持续6天，开花至种子成熟30天，4~5月中旬有大量的闭锁花可产生大量的种子，9月下旬又有少量的花出现，果期4~9月。

紫花地丁适合在我国哪些地方种植？

紫花地丁野生资源丰富，分布较广，多生于田间、路边、荒地、山坡草地或灌丛中，除青海、西藏外，我国其他省区都有分布。现主产于辽宁、河北、河南、山东、安徽、江苏、浙江、福建、江西、湖南、湖北等地。

种植紫花地丁如何选地、整地？

紫花地丁喜温暖、凉爽气候，怕涝，可选择背风向阳、光照良好的缓坡地或平地种植。土壤要求土层深厚、疏松、肥沃、排水良好的砂质壤土或黏壤土。播前，深翻20~30cm，结合整地亩施腐熟的有机肥1500~2500kg，整细耙平。

紫花地丁的繁殖方法有哪几种？

主要有种子繁殖和分株繁殖2种方法。

（1）种子繁殖

①穴盘育苗：紫花地丁种子细小，一般采用穴盘播种育苗方式。床土用2份园土，2份腐叶土和1份细沙混匀。播种前要进行土壤消毒，以达到培育壮苗的目的。紫花地丁种子放在通风干燥处保存。12月上旬在2~8℃的低温温室内播种，采用撒播，覆盖厚度以不见种子为宜，翌年2月出苗，3月即可下地定植。

②露地播种：应冬前或早春播种，亦可在5月采下种子，直接地播。先将土地平整浇透，待水渗下后，将种子与细沙土拌匀，撒至地面，稍加细土将种子盖严，一周即可出苗。苗出齐后，过密处可适当间苗。

（2）分株繁殖 于7月末进行，选择小紫花地丁进行分株，株行距为15cm×15cm，栽后适当遮阴，缓苗后去除遮阴部分。深秋追肥1次或第2年早春进行除草、松土时追肥（磷钾肥）。

紫花地丁如何进行定植？

一般3月下地定植，带土移植成活率高，如果选用叶片数15~20片的大、中苗移栽，密度40株/m^2；如果选用叶片数5~10片的中、小苗移栽，密度可为50株/m^2。

紫花地丁的田间管理措施有哪些？

（1）除草 紫花地丁苗期生长易受其他杂草的影响，因此封地前应注意及时除草。

（2）施肥 紫花地丁生长旺季，每隔7~10天追施1次腐熟的有机肥。在冬季封冻前施好越冬肥，而到了清明谷雨时节，亩追施尿素15kg，促进其新叶萌发。

（3）排灌 紫花地丁耐旱怕涝，通常不需灌溉，特别干旱时可适当浇水，但入夏后要停止浇水，以免茎叶腐烂。冬季封冻前浇封冻水。

如何防治紫花地丁病害?

紫花地丁主要病害为叶斑病，此类病害在蔬菜、瓜果、茶叶等绿色生产、控害减灾方面多采用如下措施。

（1）病原及症状 属半知菌亚门真菌。主要危害叶片，发病初期先在叶子上长出黄褐色的小型斑点，并逐渐的蔓延扩大，形成较大范围的黑斑，逐渐导致叶子发黄，严重时甚至枯死。

（2）防治方法

农业防治：参照“牡丹叶斑病”。

生物防治：发病初期用植病清（黄芩素≥2.3%，紫草素≥2.8%）水剂800倍液+植物诱抗剂海岛素1000倍液均匀喷施，7天左右喷1次，视病情把握用药次数。

科学用药防治：参照“牡丹叶斑病”。

如何防治紫花地丁虫害?

紫花地丁主要害虫为红蜘蛛，此类害虫在蔬菜、瓜果、茶叶等绿色生产、控害减灾方面多采用如下措施。

红蜘蛛属蛛形纲、蜱螨目、叶螨科。

（1）为害状 主要危害紫花地丁叶片。红蜘蛛繁殖力强，1年可发生多代，发生量大时，可在植株表面拉丝爬行，借风传播。

（2）防治方法

农业防治：参照“牛蒡子红蜘蛛”。

生物防治：卵期或若螨期用2.5%浏阳霉素悬浮剂1500倍液均匀喷雾防治。其他参照“牛蒡子红蜘蛛”。

科学用药防治：卵期喷施杀卵剂，用24%联苯肼酯悬浮剂1000倍液喷雾防治。成、若虫期选用1.8%阿维菌素乳油2000倍液等喷雾防治。具体防治方法和用药技术参照“牛蒡子红蜘蛛”。

紫花地丁如何进行采收和加工?

于春季或秋季，紫花地丁生长旺盛、开花时采收。一般采用人工收获，用镐刨或铁锹挖出，尽量深刨细挖，避免伤茎或伤根断根，同时注意保护地上部分，以免影响产量和商品质量。刨出后，轻抖掉根部泥土，运至晒场晾晒加工。

晾晒加工，除去杂质，选择向阳、通风、高燥处晾晒。晾晒过程中应避免水洗或雨淋，否则变黑腐烂，丧失药用价值。

青 蒿

青蒿有何药用价值?

青蒿为菊科植物黄花蒿 *Artemisia annua* L. 的干燥地上部分。秋季花盛开时采割，除去老茎，阴干。青蒿味苦、辛，寒。归肝、胆经。具有清虚热，除骨蒸，解暑热，截疟，退黄的功效。用于温邪伤阴，夜热早凉，阴虚发热，骨蒸劳热，暑邪发热，疟疾寒热，湿热黄疸。

青蒿的形态特征是什么?

一年生草本植物。主根单一。茎直立，茎高30~150cm，人工栽培超过250cm，上部多分枝，无毛。叶两面青绿色或淡绿色；基生叶与茎下部叶三回羽状分裂，有长叶柄，花期叶凋谢；中部叶长圆形、长圆状卵形或椭圆形。头状花呈黄绿色，直径1.5~2.5mm，极多数，密集成大型带叶的圆锥花序，总苞球状，苞片2~3层，萼片覆瓦状，头状花松散地排列在由许多两性花组成的圆锥花序中，边缘雌性花，柱头伸向位于中心的花，小花淡黄色，皆为管状，18~25朵。中央为两性花，30~40朵，均能结实。两性花和雌花花冠为筒状合瓣花，前者花冠顶端成5裂，后者2~3裂，花托光滑，非膜质，三角形。柱头二裂，5个雄蕊都具2室花药，朝向中央的小花并且与花冠底部相连，每个雄蕊顶部都长有披针形附属物，与花冠裂瓣相间排列。花粉粒相对光滑，风媒花。子房基生，单室，结一枚长1mm瘦果。瘦果长圆形至椭圆形，长约7mm，无毛，每克3万粒以上。花期7~10月，果期9~11月。

青蒿资源分布在哪里?

青蒿广泛分布于温带、寒温带及亚热带地区（主要为亚洲）。它源于中国，主要分布在欧洲的中部、东部、南部及亚洲北部、中部、东部，不过，地中海、北非、亚洲南部及西南部各国也有分布。此外，自亚洲北部传入北美洲之后，青蒿在加拿大和美国广泛分布。

我国野生青蒿分布于吉林、辽宁、河北、陕西、山东、江苏、安徽、浙江、江西、福建、河南、湖北、湖南、广东、广西、四川、贵州、云南等省区。生长于山坡、山地、林缘、草原、半荒漠及砾质坡地。

青蒿主要种植在哪里?

少数国家目前正大面积种植青蒿，如中国、肯尼亚、坦桑尼亚和越南。印度及非洲、南欧、南美一些国家有小面积的栽培。工业用青蒿主要来自野生青蒿。

目前我国南方不少省市在进行青蒿种植。据2014年资料，种植较多的市县有：重庆市酉阳县、丰都县青蒿种植基地，广西壮族自治区丰顺县，柳州市融安县，靖西县，广东省梅州市，湖北省恩施土家族苗族自治州，湖南省道县，四川省安岳县等。

我国青蒿中青蒿素含量从南到北呈递减趋势。广西、贵州、四川等省区青蒿资源丰富，植株中青蒿素含量也较高。

青蒿的生长发育具有什么特点?

青蒿的生育期大约240天左右。青蒿从播种到枯萎，可分为苗期、分枝期、现蕾期、花期、果实成熟期、枯萎期6个生育时期。春季播种，在气温适宜的情况下，盆播种子5~11天发芽，大田8~16天，发芽率为50%~70%。子叶小，圆形，绿色。发芽后8~15天，第一对真叶出现，16~22天第二对真叶出现。30天左右，叶层高约2cm，叶5~6片，基部两片匙形、卵形至椭圆形，顶端齿裂或全裂，上部叶呈1次羽状深裂或二次羽裂，以后呈2~3次羽状分裂。60~80天在茎生叶腋内开始长出侧枝，营养期呈一次总状分枝，花期呈二次分枝。

8月上旬花蕾开成，长势茂盛，株高生长停止，9月中下旬花盛开，叶逐渐变黄，茎基部枝叶干枯。9月下旬~10月上旬果实形成，大部分枝叶枯黄，茎生叶脱落，10月下旬~11月果实成熟。茎上部小枝叶及总苞黄绿色，其余枝叶干枯。11月为枯萎期。

青蒿的生育时期主要包含哪些?

从播种到枯萎，青蒿生长发育主要包括6个时期，即苗期、分枝期、现蕾期、花期、果期、枯萎期。青蒿各生育时期的长短因种源、栽培技术、产地和生长条件而异。

青蒿的播种期如何确定?

种子繁殖分直播和育苗移栽两种方式。因青蒿种子太小，生产上宜采取育苗移栽为好。

青蒿从10月下旬~11月上旬种子采收至次年3月中旬前都可播种，即春、秋两季均可播种。一般在2~3月播种，该时期发芽率高，出苗整齐，青蒿素含量高。播种后，盆播种子5~11天开始发芽；大田则要8~16天。

如何选择青蒿的育苗地？

选择背风向阳，土层深厚、土质肥沃疏松、透水性好、排水条件好、肥力中等以上，保水、保肥力较好的旱田或缓坡地作为育苗田。土质黏重地、瘠薄地、石砾地不宜选作育苗地。比例为育苗地:大田 =1：20。

如何准备青蒿的苗床？

选好育苗田后，进行深翻做畦。畦面宽1.1~1.2m，沟宽0.4~0.5m，沟深0.15~0.20m，畦长15~20m，畦沟要平直。播种前松土1次，达到畦面土细碎平整。

晴天育苗地犁翻耙碎，每亩施腐熟农家肥500kg或商品鸡粪肥250kg，再犁翻耙地，使肥料施入0~15cm土层中，土肥均匀混合。也可以每个苗床为单位施肥。施入土杂肥25~30kg，过磷酸钙1kg，草木灰5kg。

如何播种青蒿？

当日平均气温稳定在8℃以上时，即可播种。苗龄长的应播种少些，苗龄短的播种量可大些。一般60天苗龄，每亩苗床播种20~25g，45天苗龄播30~40g。

播种前先将苗床土浇透，撒细土或细沙，用木板稍用力压平，使床土湿透。由于青蒿种子细小，播种前按种子:草木灰（细泥或细沙）=1：10比例充分拌匀后，均匀撒播于苗床，宁稀勿密，每亩用种量25g。播后不覆土，用木板将床面压实，使种子与土壤紧密结合，再在苗床上覆盖稻草5cm，用喷壶淋透水，最后搭建塑料小拱棚。

如何进行青蒿的苗期管理？

播种后，用竹片作低拱覆盖地膜，膜的四周用土压紧压实。苗床要保持湿润，勤检查，温度超过25℃时，打开膜两头降温。种子发芽后，除去覆盖稻草，视温度变化适时揭开塑料棚膜通气透光，降低棚内空气温度。幼苗高3~5cm时，每隔10天施1次0.2%尿素溶液。还可以在5~6片叶子时，喷洒1000~1500倍芸苔素，以提高苗壮。注意透光炼苗及间除病、弱、密苗，苗高约10cm时即可移栽。出苗后需注意苗床灌溉，第7片真叶萌发后进行间苗，留苗数量依据栽培条件而定。移栽时间3月下旬至4月上旬，移栽前一天浇1次透水，以利起苗。

如何进行青蒿移栽?

采用畦作时，畦宽1~1.5m，长5m，畦以东西方向为佳。每亩再施入30kg复合肥，整平耙细。株行距25.5cm×26.5cm，畦内挖穴，每穴栽种1株，每亩用苗7500~12000株。

采用垄作时，按75cm行距做高15cm、宽25cm浅垄，在浅垄上按75cm株距，挖好深15cm、直径约15cm的穴，穴里加入0.5kg底肥，底肥上盖一层1~1.5cm厚细土，按照75cm×75cm株行距移栽，每亩移栽1185株。

不同地区确定移栽时间不同。一般在4月下旬~5月中旬进行。选择雨后阴天或晴天下午移栽，栽后浇透水。

移栽以苗龄50天，叶龄10~15叶，带有2个以上分枝幼苗为好。

如何进行田间管理?

移栽后应加强田间管理。做到科学施肥，合理排灌。可分三个阶段施肥。第一阶段：移栽一个星期左右轻施复合肥或腐熟的有机肥。亩用复合肥5~7.5kg或用0.3%的复合肥水淋施。第二阶段：移栽后15~20天，每亩开穴施复合肥15kg左右或腐熟农家肥，施肥后进行覆土。第三阶段：移栽35~45天后亩施25kg复合肥或腐熟的有机肥，结合培土。大田种植要防积水，在雨季注重排除积水，干旱时要及时灌水。

如何防治青蒿常见病害?

青蒿主要病害有茎腐病，此类病害在蔬菜、瓜果、茶叶等绿色生产、控害减灾方面多采用如下措施。

（1）病原及症状 属半知菌亚门、镰刀菌属真菌。茎腐病主要危害根茎部，发病后植株的下半部的叶片开始变黄干旱，逐渐根茎腐烂，茎基部出现黑色或褐色的病斑，稍凹陷，并逐渐腐烂，最后植株倒伏枯死。此病在高温高湿环境下极易发作，多雨季节往往发病重，而且发病极为突然、迅速。

（2）防治方法

农业防治：参照“荆芥茎腐病”。

生物防治：参照“紫花地丁叶斑病”。

科学用药防治：在发病时及时喷洒噁霉灵和代森锰锌混合液等控制发生与发展。其他防治方法和选用药技术参照“荆芥茎腐病”。

如何防治青蒿常见虫害?

青蒿主要害虫有蚜虫，此类害虫在蔬菜、瓜果、茶叶等绿色生产、控害减灾方面多采用如下措施。

蚜虫属同翅目、蚜科。

(1)为害状 青蒿蚜虫为害嫩梢，造成畸形、萎缩，影响正常生长。

(2)防治方法

农业防治：清除杂草和各种残株集中深埋或焚烧。

物理防治：参照“地榆蚜虫”。

生物防治：参照“山银花蚜虫”。

科学用药防治：把握在无翅蚜发生初期未扩散前用药，优先选用5%虱螨脲乳油1000倍液，或10%吡丙醚乳油1500倍液，或20%噻嗪酮可湿性粉剂(乳油)1000倍液浇灌防治，最大限度地保护天敌资源和传媒昆虫。其他药剂可用10%烯啶虫胺可溶性粉剂2000倍液，或92.5%双丙环虫酯可分散液剂15000倍液均匀喷雾。其他具体防治方法和选用药技术参照“地榆蚜虫”。

如何确定青蒿的采收期?

采收青蒿药材，一般在8月下旬~9月中旬青蒿现蕾期即可收获，因蕾期青蒿素含量高，为适宜收获期。由于各地青蒿生长情况不同，最好进行青蒿素含量测定，来确定最佳采收期。

采收宜选择晴天下午，在距地面约30cm处砍倒主茎，次日下午收回，自然晒干，打落叶片，包装。有试验表明，一天不同采集时间青蒿素含量不同，青蒿在中午12时及下午16时青蒿素含量最高，因此建议在晴天中午12~16点之间采集为宜。

青蒿适宜的干燥方法是什么?

不同的干燥方法对青蒿叶中青蒿素的含量影响较大。试验表明：晒干样品青蒿素含量高于烘干和阴干。产地加工青蒿时，应以晒干为最好。自然晾晒干燥或38℃以下人工干燥，至蒿叶含水量≤13%，去枝梗，收叶贮藏。

青蒿适宜的贮藏期是多长时间?

青蒿叶贮存时间过长，其中的青蒿素含量显著下降。贮存9个月以上，叶中的青蒿素含量下降20%以上。因此，在生产中，青蒿叶的贮存时间不宜超过9个月。

瞿 麦

瞿麦有哪些作用及功效?

瞿麦为石竹科植物瞿麦 *Dianthus superbus* L. 或石竹 *Dianthus chinensis* L. 的干燥地上部分。夏、秋二季花果期采割，除去杂质，干燥。

瞿麦别名石竹、野麦、面柱花、十样景花。有清热、破血、利尿、通淋、通经作用。还可治疗小便不顺畅，水肿等疾病。石竹味苦性寒，归心经和小肠经；利尿通淋、破血通经是它的主要功效，平时多用于小便不利和心火过重等不良症状的治疗，这种植物的皂苷和大量挥发油是天然的药物成分，也是石竹可以入药的重要原因。

瞿麦花色多样，花艳丽漂亮，可进行公园景观、行道绿化，景色美丽；亦可布置花坛或岩石园，也可盆栽或作切花。

有报道瞿麦也可作植物农药，能杀虫。

瞿麦的生物学特性有哪些?

瞿麦为多年生宿根草本植物。株高 30~60cm。茎簇生，节膨大无毛，上部有分枝。叶对生，线形或线状披针形，无柄，先端尖，基部狭窄成短鞘围抱节上，全缘。花单生或数朵集成聚伞花序，花紫红色、淡红色、白色、淡紫色或杂色。蒴果长圆形，包于宿存的萼管内。种子紫红色，扁平。全草入药。

瞿麦生长习性如何?

瞿麦喜温暖湿润环境、怕干旱。耐严寒，能在田间自然越冬。适应性很强，一般土壤都能种植，但以疏松肥沃的砂质壤土或黏质壤土中生长较好。

如何进行瞿麦种植?

用种子繁殖；春、夏、秋三季都能种植，但以春季种植较好。每亩约需种子 2.5kg 左右。

播种前先选地，施足基肥，翻耕后整地做畦，顺畦按行距 25~30cm 划 1cm 深的浅沟，将种子均匀撒入沟内，随后覆土，脚踩一遍，耧平浇水。气温 18~20℃，8 天左右即可出苗。

瞿麦如何进行田间管理？

瞿麦出苗后进行间苗，要间去拥挤苗，生长期间适时松土除草，浇水。苗高10~15cm时，可每亩追施一些充分腐熟的农家肥。开花前适当增加浇水次数，兼施一些尿素或三元素复合肥料，每亩追施15~25kg。如春季播种，一年能收割两次。收割前浇水，收割后2~3天内不要浇水，以免灌死。上冻前盖一层牲畜粪或圈肥，以利越冬，翌春化冻后将粪块砸碎，耧平，既可增加肥力，又能提高地温。

如何防治瞿麦病害？

瞿麦主要病害有黑粉病、根腐病等；此类病害在蔬菜、瓜果、茶叶等绿色生产、控害减灾方面多采用如下措施。

（1）黑粉病

①病原及症状：属担子菌亚门、黑粉菌目。主要危害花序和果树，造成畸形，长出瘤状物，内有黑粉。多在花期开始发生，导致花序和果实生长畸形。

②防治方法

农业防治：建立无病留种田并经常检查，发现病株立即拔除烧掉。施用充分腐熟的堆肥和厩肥，配方和平衡施肥，合理补微肥。有针对性地配合推广使用生物菌剂、生物有机肥；与非寄主植物实行3年以上轮作。

物理防治：先用凉水浸种6小时，再移入开水烫1~2秒，或在55~60℃的温热水中浸泡10~15分钟，然后将种子取出冲洗晾干播种。

科学用药防治：药剂处理种子可用3.5%满适金（1%精甲霜灵+2.5%咯菌腈）种衣剂（药种比1∶1000），或10%苯醚甲环唑水分散粒剂（药种比1∶800）等。拌种与植物诱抗剂海岛素（5%氨基寡糖素）水剂800倍液或6%24-表芸·寡糖水剂1000倍液混用安全增效，促芽生根。在温汤浸种的基础上再用药剂处理种子效果更佳。

（2）根腐病

①病原及症状：鞭毛菌亚门、卵菌纲、腐霉属真菌。发病后引起叶片发黄，瞿麦根部变黑、腐烂，严重的导致瞿麦整株死亡。

②防治方法

农业防治：高温多雨季节注意排水。在病株周围撒草木灰或石灰。发现病株及时拔除并集中烧毁，然后用5%石灰乳消毒病穴。增施腐熟的有机肥，合理补微肥，基肥施足，追肥为辅助，推广使用生物菌剂、生物有机肥，拮抗有害菌，增强植株抗病抗逆能力。

生物防治：预计临发病之前或发病初期用10亿活芽孢/克的枯草芽孢杆菌500

倍液淋灌根部和茎基部。

科学用药防治：种子处理可用2.5%咯菌腈悬浮种衣剂5ml+10ml水拌种1kg。淋灌，预计临发病前或初期及时用药，用10%苯醚甲环唑水乳剂1000倍液，或30%噁霉灵水剂+10%苯醚甲环唑水乳剂按1∶1复配1000倍液（或30%噁霉灵水剂800倍液等）淋灌根部和茎基部治疗性防治。以上每个用药环节与植物诱抗剂海岛素（5%氨基寡糖素）水剂800倍液或6% 24-表芸·寡糖水剂1000倍液混配使用，安全增效，促芽生根，抗逆壮株。视病情把握用药次数，一般10天左右喷灌1次。

如何防治瞿麦虫害？

瞿麦主要虫害有菜青虫、黏虫等；此类虫害在蔬菜、瓜果、茶叶等绿色生产、控害减灾方面多采用如下措施。

（1）菜青虫 属鳞翅目、粉蝶科。

①为害状：成虫产卵于叶子背面，似竖直的麦粒状，幼虫咬食寄主叶片，2龄前仅啃食叶肉，留下一层透明表皮，3龄后蚕食叶片孔洞或缺刻，严重时叶片全部被吃光，只残留粗叶脉和叶柄，影响植株生长发育，甚至造成绝产。

②防治方法

农业防治：避免与十字花科蔬菜周年连作。收获后应及时清理田间残株、落叶和杂草，并深翻土壤。

生物防治：产卵期或幼虫孵化期，每亩释放广赤眼蜂1万头，隔3~5天释放一次，连续放3~4次。使用生物源杀虫剂，于卵孵化期用100亿/克活芽孢Bt可湿性粉剂300~500倍液，或0.36%苦参碱水剂800倍液。视虫情把握防治次数，一般7天喷治1次。

科学用药防治：初孵期或幼虫低龄期优先选用5%氟铃脲乳油1000倍液，或5%氟啶脲乳油或25%灭幼脲悬浮剂2500倍液喷雾防治，最大限度地保护自然天敌和传媒昆虫，其他药剂可用20%氯虫苯甲酰胺悬浮剂1000倍液，或15%甲维盐·茚虫威悬浮剂3000倍液，或38%氰虫·氟铃脲（氰氟虫腙+氟铃脲）悬浮剂2000倍液，或50%辛硫磷乳油10000倍液等喷雾防治。加展透剂，视虫情把握防治次数，一般7天喷治1次。

（2）黏虫 属鳞翅目、夜蛾科。

①为害状：幼虫食叶，大发生时可将作物叶片全部食光，造成严重损失。

②防治方法：坚持“治早、治小、治了”的原则，抓住幼虫三龄暴食危害前关键时期，集中连片应急防治，控制暴发、遏制危害。

物理防治：成虫发生期大规模统一安装杀虫灯进行诱杀，50亩安装1台灯，消灭在成虫产卵之前，并控制再迁飞外逃。也可同时结合糖醋液（糖∶酒∶醋=1∶0.5∶2）诱杀，每亩放置5~6盆（器具），放在田间1m高处诱杀。

生物防治：规模化应用性诱剂诱杀雄蛾于交尾之前。在卵孵化盛期或幼虫2龄前，喷施6%乙基多杀菌素悬浮剂2000倍液。

科学用药防治：运用糖醋液诱杀成虫配加杀虫剂，提高杀伤效果（配方为糖:酒:醋:氯虫苯甲酰胺=1:0.5:2:0.2）。在幼虫3龄前及时防治，切实控制危害。喷粉防治可选用50%西维因可湿性粉剂等喷粉。喷雾防治优先选用5%氟铃脲乳油1000倍液，或5%氟啶脲乳油或25%灭幼脲悬浮剂1000倍液，或5%虱螨脲乳油2000倍液，或25%除虫脲悬浮剂3000倍液，最大限度地保护自然天敌和传媒昆虫。其他药剂可用50%辛硫磷乳剂，或10%溴氰虫酰胺可分散油悬浮剂2000倍液，或20%氯虫苯甲酰胺悬浮剂2000倍液，或10%虫螨腈悬浮剂1500倍液，或5%甲维盐·虫螨腈水乳剂1000倍液，或30%甲维盐·茚虫威悬浮剂4000倍液，或10.5%甲维盐·氟铃脲水分散剂4000倍液等喷雾防治。同时，为防止幼虫向邻近麦田、玉米田、谷子田等迁移，周围喷施4m宽药带进行封锁，或用西维因粉剂、二嗪磷等制成毒土撒施。

如何进行瞿麦的收获加工？

瞿麦为药用地上全草。春播的当年可收割两次，生长两年后每年可收割3次，当植株多数花开、少数长成果角后（半花半籽），为收割适期。过早产量低，过晚降低药效。收割时从地面1.5cm处割下晒干，晒干后，捆成小把入药。亩产200~300kg。

鱼腥草

鱼腥草有哪些药用价值？

鱼腥草为三白草科植物蕺菜 *Houttuynia cordata* Thunb. 的新鲜全草或干燥地上部分，属于药食两用中药材，性辛，微寒，归肺经。具有清热解毒、利尿消肿、化食顺气、镇痛、止咳、祛风、健胃等功效，用于肺痈吐脓，痰热咳喘，热痢，热淋，痈肿疮毒，并能预防流感、肺炎、湿疹等多种疾病。作为药物主治肺炎、百日咳、盆腔炎、气管炎、乳腺炎、中耳炎等症。

蕺菜的生物学特性有哪些？

蕺菜性喜温暖湿润气候，宜在年均日照时数1000~1600小时，年均气温12~20℃，≥10℃积温4000~7000℃，年均降水量1200mm以上，海拔500~1200m的地区种植，适宜土层深厚，疏松肥沃，排水良好的酸性或微酸性砂质壤土，pH 5.0~6.5为宜。野生蕺菜在海拔300~2600m的沟边、溪边或林下湿地长势较好。

蕺菜的生长适宜区与最适宜区?

蕺菜为适应性较强的广布种。在四川省内，除川西北高原区外，其余各地均有蕺菜的分布。主要产地有会理、通江、万源、南江、巴中、隆昌、泸县、古蔺、合江、平昌、宣汉、达州、渠县、简阳、安岳、威远、纳溪、江安、长宁、珙县、高县、石棉、名山、天全、雅安、峨眉、仁寿等地。其中盆地边缘山区及部分临近区域气候温和湿润、云雾多、日照少、雨量充沛，无霜期短，土壤质地适中，为蕺菜的适宜区。雅安属盆地边缘山区，年平均气温 14.1~17.1℃，月均温 3.3~25.9℃，七月均温 22.7~25.9℃. 年降雨量 741.9~1774.3mm，有降水多、绵雨多、夜雨多的特点，极适宜蕺菜生长，为蕺菜最适宜区。

蕺菜栽培如何选地、整地?

选择排水通畅、土壤有机质含量高的酸性或微酸性的壤土或砂壤土。忌选连作地。整地前，每亩撒施腐熟的有机肥 2000~3000kg 或油枯 100kg+ 复合肥 20kg。彻底清除杂草，深翻 30cm 左右，耙碎土块，整平地面，捡净杂物。

蕺菜如何进行选种?

10 月中下旬蕺菜栽种时采挖地下根茎，选择健康、无病虫害、新鲜、完整无损、质脆、易折断、芽头饱满壮实的地下茎作为种茎，每段种茎至少有 3~4 节。随挖随栽，不能及时栽种时湿沙保存，时间不能超过 7 天。

蕺菜的生长发育规律?

蕺菜地上部分生长可分为出苗期、旺长期、停滞期、衰老期和休眠期五个时期。地下部分生长发育过程与地上部分基本相似，但其旺长期几乎涵盖了地上部分的旺长期和停滞期两个时期，其生长停滞期发生在地上部分的衰老期，地下部分无衰老期。

（1）出苗期 从播种到齐苗，生长缓慢，其持续时间长短与播种时间有关，秋冬季播种持续时间较长，春节播种持续时间短，一般至 3 月下旬。

（2）旺长期 发生在齐苗到封行后的 20~30 天，时间大约在 4 月上旬 ~7 月间。

（3）停滞期 地上部分的生长停滞期是地下部分的第二个快速生长时期。停滞期持续时间长短与气温有较大的关系。低温来得早进入衰老期就早。

（4）衰老期 地上部分进入衰老期后，地下部分生长基本停止。气温 0℃左右，地上部分枯死后衰老期结束。

（5）休眠期 地上部分枯死后衰老期结束，整个植株便进入越冬休眠期（12月至翌年2月）。

蕺菜栽种方式有哪几种？

（1）开沟条播 在畦面横向开深5~8cm、宽20cm的栽植沟，在沟中摆放鱼腥草种根，每沟平行摆两行，连续摆放，头尾相连，用开第二沟的土覆盖前一沟，如此类推，覆土厚6~7cm即可。

（2）厢面直接摆放 将田块整细、整平后，按厢面120~200cm和沟宽25cm划线，先将厢面表土刨取一部分置于厢的一侧，将种根均匀摆放于厢面，将刨开的表土全部均匀地回覆于种根上；然后划线开沟，将沟中土也均匀覆盖于种根上。按同样操作播完为止。

蕺菜栽培如何进行水分管理？

（1）灌溉 蕺菜喜欢湿润的环境，怕干旱，整个生长期要保持土壤湿润。播种后如土面发白，应立即补浇水1次，以促进种茎发芽出苗。出苗后，如遇干旱，可采用浇灌或沟灌等方式灌溉。忌漫灌，以免土壤板结，根茎腐烂。

（2）排水 雨季来临前要注意理沟，以保持排水畅通。多雨季节要注意排水，忌厢面积水。整个生育期内适时排灌，保持土壤湿润而墒面不积水。整个生育期禁止浇灌被污染的脏水、生活污水，晴天中午和阴雨天禁止浇水。

蕺菜如何进行施肥？

（1）施肥原则 按NY/T 496执行。整个生育期禁止施用工业废弃物、生活垃圾和污泥，禁止使用未经发酵腐熟、未达到无害化指标、重金属超标、高生物富集性的人（畜）粪尿等有机肥料，禁止使用硝态氮（硝酸铵等）和以硝态氮为原料的复（混）化肥，采收前30天内禁施任何肥料。

（2）基肥 在栽种时，施足基肥。每亩撒施腐熟的农家肥（厩肥、堆肥或沤肥）2000~3000kg或油枯100kg+复合肥20kg。

（3）追肥 第1次，齐苗后（3月底~4月中旬）施1次稀薄腐熟人畜粪水提苗，每亩2000kg，另加3kg尿素溶入其中一并施入。第2次，4月中下旬每亩追施2000kg较浓腐熟人畜粪水，另加7kg尿素和5kg的硫酸钾溶入其中一并施入。

蕺菜如何进行中耕除草？

先用手扯掉蕺菜植株周围杂草，再用小锄轻轻除去杂草根茎。除草时应除去地中的杂草、病株、弱株及非蕺菜的作物，不能伤及蕺菜的地上部分与地下部分。除草时在蕺菜株行间松土，不宜过深，应浅耕表土。

如何有效防治蕺菜病害？

蕺菜主要病害有白绢病、轮斑病等，此类病害在蔬菜、瓜果、茶叶等绿色生产、控害减灾方面多采用如下措施。

（1）白绢病

①病原及症状：属半知菌亚门、小核菌属、齐整小核菌。多发生在作物生长后期，发病初期地上茎叶变黄，发病部位近地面根茎部，染病初期呈水渍状或黄褐色坏死，以后迅速腐烂，病部表面产生大量绢丝状白色菌丝，覆盖病部，然后菌丝层变浅褐，最后褐色。以后在布满菌丝的茎及附近土壤产生酷似油菜籽状的菌核。菌核初期为白色球形小颗粒，直径 0.1~1mm，老熟后为黄褐色至褐色，直径在 1~2mm，在连续阴雨条件下，病株地表周围也可见到明显的白色菌丝和菌核。到后期，整个植株枯黄而死。病菌在土壤内越冬。酸性土壤、高温高湿、连作地块、通透性好的砂壤土等有利于发病，暴晴、暴雨有利于此病流行。一般 5~9 月发病，6 月上旬至 8 月上旬为发病盛期。免耕地比浅耕地发病轻。

②防治方法

农业防治：避免连作。重病地宜与禾本科作物轮作，有条件的可实行水旱轮作。增施腐熟的有机肥，合理补微肥，基肥施足，追肥为辅助，推广使用生物菌剂、生物有机肥，拮抗有害菌，增强植株抗病抗逆能力。发病初期及时拔除病株，带土携出田外深埋或烧毁，并用石灰粉处理病穴。

生物防治：播种前可用 10 亿以上 / 克的枯草芽孢杆菌、蜡质芽孢杆菌、哈茨木霉菌等处理土壤，或用哈茨木霉菌的重寄生作用，制成木酶麸皮生物制品施入土壤。

科学用药防治：栽种前种苗消毒，种茎可用植物诱抗剂海岛素（5% 氨基寡糖素）水剂 600 倍液 +10% 苯醚甲环唑水乳剂 1000 倍液浸种 20~30 分钟。病株（穴）处理，带土移出销毁病株后，病穴撒施石灰粉消毒，同时四周植株浇灌 10% 苯醚甲环唑水乳剂 1000 倍液等。喷淋或灌根，预计临发病之前或发病初期，用 42% 寡糖·硫黄悬浮剂 500 倍液，或 50% 异菌脲可湿性粉剂 1000 倍液，或 24% 噻呋酰胺悬浮剂 600 倍液、25% 络氨铜水剂 500 倍液、47% 春雷·王铜（2% 春雷霉素 +45% 氧氯化铜）800 倍液、20% 噻唑锌悬浮剂 800 倍液，或唑类杀菌剂（25% 戊唑醇可湿性粉剂 1500 倍液、75% 肟菌·戊唑醇水分散剂 2000 倍液、10% 苯醚甲环唑水分散粒剂 1500 倍液、

25% 丙硫菌唑乳油 2000 倍液、10% 戊菌唑乳油 3000 倍液等）淋灌根茎部或茎基部。每次喷淋药剂与海岛素（5% 氨基寡糖素）水剂 800 倍液（或 6% 24–表芸·寡糖水剂 1000 倍液）混配使用，安全增效，强身壮棵，增强植株抗逆能力。视病情把握用药次数，10 天左右用药 1 次，一般连续淋灌用药 3 次左右。要交替轮换用药，淋透灌透。

其他防治方法和选用药剂技术参照“北苍术白绢病”。

（2）轮斑病

①病原及症状：属半知菌亚门真菌。主要危害叶片，被害叶片上产生圆形或半圆形病斑，直径 2~10mm，褐色至黄褐色或褐色至深褐色，有多数同心轮纹，边缘有时不明显，病斑上生淡色霉层，严重时整个叶面布满病斑而枯死。通过风雨、气流传播。病菌喜高温、多雨和露水较重的秋季环境，一般 8~10 月发病较重。

②防治方法

农业防治：选用抗病品种。与非寄主植物合理轮作。清洁田园，清除田间病株残体。雨季开沟排水，降低田间湿度。深翻土地。其他措施参照“白绢病”。

科学用药防治：浸种，可用植物诱抗剂海岛素（5% 氨基寡糖素）水剂 600 倍液 +10% 苯醚甲环唑水乳剂 1000 倍液浸种 20~30 分钟。预防，预计临发病前或发病初期，用 42% 寡糖·硫黄悬浮剂 600 倍液，或 80% 全络合态代森锰锌可湿性粉剂 100 倍液，或 25% 嘧菌酯可湿性粉剂 1000 倍液喷雾保护性防治。及时防治，发病初期及以后及时防治，可用 24% 噻呋酰胺悬浮剂 600 倍液或 47% 春雷·王铜（春雷霉素 + 氧氯化铜）800 倍液或 20% 噻唑锌悬浮剂 800 倍液，或唑类杀菌剂（25% 戊唑醇可湿性粉剂 1500 倍液、10% 苯醚甲环唑水分散粒剂 1500 倍液、25% 丙硫菌唑乳油 2000 倍液、10% 戊菌唑乳油 3000 倍液等）均匀喷雾防治。每次喷药与海岛素（5% 氨基寡糖素）水剂 800 倍液（或 6% 24–表芸·寡糖水剂 1000 倍液）混配使用，安全增效，强身壮棵，增强植株抗逆能力。视病情把握用药次数，一般每隔 7~10 天喷 1 次，连喷 2 次左右。

鱼腥草的采收时间及采收方法?

鱼腥草地上部分一般于 7 月上旬左右地上部植株生长旺盛期进行采收。地下部分采收在 10 月中下旬。

用清洁的刀在齐地面处割取地上部分植株或用手直接拔取地上部分。鱼腥草栽种时采挖地下根茎，用清洁的锄头挖取，应尽可能少带泥土。

鱼腥草的产地加工有哪些?

如以鲜草作为鱼腥草注射液等的原料药，采后直接成捆，运回生产厂进一步加工。

如要干燥作为商品，可将鲜草扎成小把阴干或低温烘干（30~40℃）。

石 斛

石斛有何药用价值？

石斛为兰科植物金钗石斛 *Dendrobium nobile* Lindl.、霍山石斛 *Dendrobium huoshanense* C. Z. Tang et S. J. Cheng.、鼓槌石斛 *Dendrobium chrysotoxum* Lindl. 或流苏石斛 *Dendrobium fimbriatum* Hook. 的栽培品及其同属植物近似种的新鲜或干燥茎。全年均可采收，鲜用者除去根和泥沙；干用者采收后，除去杂质，用开水略烫或烘软，再边搓边烘晒，至叶鞘搓净，干燥。石斛味甘，微寒。归胃、肾经。具有益胃生津，滋阴清热的功效。用于热病津伤，口干烦渴，胃阴不足，食少干呕，病后虚热不退，阴虚火旺，骨蒸劳热，目暗不明，筋骨痿软。

石斛的生物学特性有哪些？

石斛为多年生附生性草本植物，野生条件下常附生于密林树干或岩石上，并常与苔藓植物伴生。石斛的根一部分固着于附主，起固定和支持作用，并吸取附主的水分和养料；另一部分根裸露在空气中，吸取空气中的水分。石斛种子苗一般生长 3 年后开花，花于茎顶或侧枝单生或排成总状花序，植株下部的花发育较早而首先开放，花期 20~30 天，但花序顶端的花有 5%~10% 发育不正常。茎的基部或茎节在接触地面时或在适宜的条件下，均能产生不定根而形成新的个体，植株生长过程中，不断产生萌蘖和不定根，形成丛生状。石斛在春末夏初开始生长，夏季进入快速生长期，秋季生长速度减慢，秋末冬初进入休眠期。野生石斛植株于花后落叶，且一般不萌发新叶而于茎基萌发新枝。

石斛喜温暖、湿润及阴凉的环境，生长期年平均温度在 18~21℃之间，1 月平均气温在 8℃以上，无霜期 250~300 天；年降雨量 1000mm 以上，生长处的空气相对湿度 80% 以上最为适宜。

石斛主要在哪些地方有分布和种植？

石斛属植物主要分布在北纬 15°31′~ 南纬 25°12′ 之间的热带及亚热带地区；延伸穿过了整个亚洲，西起斯里兰卡，东至太平洋的塔西提岛，北至印度西北部，以及尼泊尔、锡金、不丹和喜马拉雅山一带，经缅甸向东北至我国华南地区并远至朝鲜南海屿、日本的九州岛、四国和沿海岛屿，南从马来西亚半岛和印度尼西亚至新几内亚岛、菲律宾、澳大利亚北部沿岸、新西兰北部沿岸。尤以东南亚为中心，中国、印度、泰国、缅甸、柬埔寨、越南及韩国、日本等地均有石斛广泛分布。石斛主产于我国云南、广西、贵州、四川、安徽、西藏、湖北、湖南、江西、浙江、福建、台湾、海南等省区。

石斛繁殖育苗的主要方法有哪几种？

石斛繁殖方法分为有性繁殖和无性繁殖两大类。有性繁殖即种子繁殖，由于石斛种子极小，在原生态环境下通常不发芽，故田间生产上多不采用。无性繁殖有分株繁殖、扦插繁殖、高芽繁殖和离体组织培养等繁殖方法。

如何进行石斛的分株繁殖？

在春季或秋季进行，以 3 月底或 4 月初石斛发芽前为好。选择长势良好、无病虫害、根系发达、萌芽多的 1~2 年生植株作为种株，将其连根拔起，除去枯枝和断技，剪掉过长的须根，老根保留 3cm 左右，按茎数的多少分成若干丛，每丛有茎 4~5 枝，即可作为种苗。

石斛的组培快繁技术要点有哪些？

石斛组培快繁的材料以种子为宜，对整个蒴果进行杀菌消毒，在超净台无菌环境下，将种子接种到 1/2 MS 培养基，培养温度 25℃ ±1℃，光照强度 1800lx，光照时间 10 小时 / 天。通过 3~4 次继代培养，当组培苗长出 4~5 片真叶，并具有 3~4 条 1~2cm 长的根时，可将组培苗进行炼苗后移栽。炼苗基质通常为腐熟锯木屑，水分含量控制在 45%~75% 为宜；炼苗基肥宜选择充分腐熟的有机肥，炼苗期根外追肥以多元素复合肥和磷酸二氢钾配施为宜。

石斛栽培方法有哪些？

根据石斛栽培基质和人工干预程度不同，可将石斛栽培方法分为大棚栽种法和石斛林下仿野生栽培法。林下仿野生栽培法又根据石斛附着基质的不同分为贴石栽种法和贴树栽种法。

石斛贴石栽种法如何操作？

选择阴湿林下的石缝、石槽有腐殖质处，将分成小丛的石斛种苗的根部，用牛粪泥浆包住，塞入岩石缝或槽内，塞时应力求稳固，以免掉落。或将小丛石斛种苗直接放入已打好的穴内，然后用打穴时的石花均匀的将基部压实，以风吹不倒为度，将基部和根牢固地固定在石穴内即可。若是在砾石上栽培，其办法是将种苗平放在砾石上，然后用石块压住种苗中下部，基部、顶部裸露在外，仍以风吹不动为度。如栽放种苗的地方有灰尘，应用水冲或湿布擦净，有利于提高成活率。在石面四周种植石斛，可用钻子打一小穴，事前应备好鲜牛粪，鲜牛粪中可加入磷肥，比例为牛粪:磷肥 =30：1，加水混匀，水分含量以手捏之手指缝中不流水为度，将石斛种苗紧紧贴住小穴，一手抓准备好的牛粪搭在石斛种苗茎的中下部，使种苗牢固地贴在石头上，种苗的顶部和基部都要裸露在外。

石斛贴树栽种法如何操作?

在阔叶林中，选择树干粗大、水分较多、树冠茂盛、树皮疏松、有纵裂沟的常绿树（如黄桐、乌桕、柿子、油桐、青杠、香樟、楠木、枫杨树等），在较平而粗的树干或树枝凹处或每隔 30~50cm 用刀砍一浅裂口，并剥去一些树皮，然后将已备好的石斛种苗，用竹钉或绳索将基部固定在树的裂口处，再用牛粪泥浆（用牛粪与泥浆拌匀）涂抹在其根部及周围树皮沟中。为防止风吹动和雨水冲刷，一般应用竹钉钉牢或用竹篾等绳索捆上几圈梆牢，以固定石斛须根和植株于树干或树丫上，使其新根长出后沿树体紧密攀缘生长。在树上栽种时，应从上而下进行。已枯朽的树皮不宜栽种。

石斛大棚栽种法如何操作?

（1）准备大棚 标准化大棚是指以阳光板大棚、钢架结构塑料大棚等栽培石斛的一种设施。其优点是寿命长、保温好和抗风能力强。缺点是造价高、维修难度大。其建造方法一般为：大棚可以根据选择的场地条件确定，一般长 20~30m，宽 6~8m，高 3m 比较合适；棚内设床宽约 1.5m，苗床间的操作道 40cm。苗床距离两侧边缘要个留 20cm 左右间距，每个棚一般安置 3 个苗床为宜。苗床宽 1.5m，苗床长度根据大棚的长度而定。苗床利用木材加工废料（如边板）、竹片、钢材等耐腐蚀性材料做成，离地面高 60~80cm。光照采用双层遮阳网系统来控制，可选择 70% 遮光率的黑色遮阳网，安装于棚架上端用于外遮阴，外遮阴网可分固定式或活动式，距离棚架顶端 30~50cm。选择 50% 遮光率的黑色遮阳网，安装于棚架内部用于内遮阴，内遮阴为活动式，遮阴网可人工自由收放。

（2）定植栽种 无论在标准化大棚、简易大棚，还是荫棚内进行石斛栽种定植时，都应先将经处理熟化好的树皮、锯木屑、小砾石等基质拌匀，在棚内的苗床作畦（亦可穴盘或盆栽），铺上苗床 3~5cm，将石斛驯化种苗以适宜密度（如株行距为 10cm × 15cm 或 20cm × 20cm）进行定植。若在荫棚（拱棚）下栽种时，于畦上搭 1.7m 的荫棚，向阳面挂一草帘，以利调节温湿度和通透新鲜空气，并经常保持畦面的湿润。石斛种苗定植时，温度宜控制在 25℃、空气相对湿度保持在 90% 左右。定植后用10%苯醚甲环唑水乳剂1000倍液进行叶面喷施消毒，这时期要拉好遮阳，并依靠遮阳保持湿度。移栽定植3天后喷施1次磷酸二氢钾500倍液，目的是促进小苗生根发芽，增加成活率；湿度控制在80%，水的控制要干透后浇透（或间干间湿），3~5天后再定期喷施浓度相对比较低的叶面肥。

石斛生长期如何进行施肥管理？

栽种石斛时不须施基肥，定植后可适当喷施磷酸二氢钾500倍液叶面肥促进生根。一般在石斛栽种成活后，第二年开始进行施追肥，每年1~2次，第1次为促芽肥，在春分至清明前后进行，以刺激幼芽发育；第2次为保暖肥，在立冬前后进行，使植株能够贮存养分，以安全越冬。施用的肥料，通常都是用油饼、豆渣、羊粪、牛粪、猪粪、肥泥加磷肥及少量氮肥，混合调匀后在其根部薄薄地施上一层。由于石斛的根部吸收营养的功能较差，为促进其生长，在其生长期内，常每隔1~2个月，用2%的过磷酸钙或1%的硫酸钾进行根外施肥。

怎样防治石斛病害？

石斛主要病害有软腐病、炭疽病等，此类病害在蔬菜、瓜果、茶叶等绿色生产、控害减灾方面多采用如下措施。

（1）软腐病

①病原及症状：属细菌性病害，随雨水或浇水传播。感染初期在叶上（特别是幼叶基部）出现水渍状小斑点，逐渐变为褐色或近黑色。斑点会迅速扩大，甚至覆盖整个叶面，成为柔软的、有臭味的腐烂块；感染假鳞茎（杆子）也会出现水渍状病斑，渐呈褐色至黑色，最终变柔软并皱缩，逐渐腐烂，如果空气湿度比较小，就会形成灰褐色的干杆，剪开看就会发现里面都空了。直观表现主要是植株茎秆水渍状由上往下软腐而腐烂，造成死苗，尤其幼苗生长期更为突出。

②防治方法

农业防治：平时要避免植株基质积水或者植株带水过夜。增施腐熟的有机肥和磷钾肥，合理控氮肥和补微肥，基肥施足，追肥为辅助，推广使用生物菌剂、生物有机肥，拮抗有害菌，增强植株抗病抗逆能力。发现病株和病叶及时将病处剪除和摘除，不要只剪发病部位，如果蔓延到杆子最好整枝剪除，该剪要剪，该扔要扔，伤口还需用波尔多液等杀菌剂消毒涂抹。剪刀和手要消毒，避免交叉传染。选用抗、耐病品种。新苗生长期浇水或叶面喷水后要及时通风，保持叶基干爽。

生物防治：预计临发病前开始，用植物诱抗剂海岛素（5%氨基寡糖素）水剂800倍液或6% 24-表芸·寡糖水剂1000倍液+3%中生菌素可湿性粉剂600倍液（或80%乙蒜素乳油1000倍液、2%春雷霉素水剂500倍液）喷淋全株渗透到根部。也可用海岛素（5% 氨基寡糖素）水剂 600 倍液 +0.5% 小檗碱水剂 100~150 倍 +80% 大蒜油乳油 1000 倍液喷雾处理，周围没有发病的也要做好预防；病情严重的配合灌根 7 天用药 1 次。连续 2~3 次。

科学用药防治：浸种，将全株在海岛素水剂 600 倍液 +0.1% 高锰酸钾溶液中浸泡 10 分钟，清洗后在阳光下晒 15 分钟再阴干种植，或用海岛素水剂 600 倍液 +0.5% 波尔多液（或 80% 盐酸土霉素可湿性粉剂 1000 倍液、3% 中生菌素可湿性粉剂 600 倍液、2% 春雷霉素水剂 500 倍液等）+50% 异菌脲可湿性粉剂 1000 倍液（或 24% 噻呋酰胺悬浮剂 600 倍液、25% 络氨铜水剂 500 倍液、30% 琥胶肥酸铜可湿性粉剂 800 倍液、77% 氢氧化铜可湿性粉剂 800 倍液等）混合均匀喷洒。突出以预防为主及早控害，预计临发病前或发病初期及时用药防治，可用海岛素（5% 氨基寡糖素）水剂 600 倍液（或 6% 24- 表芸 · 寡糖水剂 1000 倍液）+25% 络氨铜水剂 500 倍液（或 24% 噻呋酰胺悬浮剂 600 倍液、30% 琥胶肥酸铜可湿性粉剂 800 倍液、77% 氢氧化铜可湿性粉剂 800 倍液、38% 噁霜嘧铜菌酯 1000 倍液）喷淋或灌根，也可用 38% 噁霜嘧铜菌酯（30% 噁霜灵 +8% 嘧铜菌酯）800 倍液，或 20% 噻唑锌悬浮剂 600~800 倍液，或 40% 春雷 · 噻唑锌（5% 春雷霉素 +35% 噻唑锌）悬浮剂 3000 倍液喷淋或灌根，随配随用，精准用药。视病情 7~10 天用药 1 次。建议示范验证 50% 氯溴异氰尿酸可溶性粉剂 1000 倍液 + 海岛素水剂 800 倍液喷淋或灌根的效果。

（2）炭疽病

①病原及症状：属半知菌亚门、炭疽菌属真菌。又称褐腐病、斑点病等。主要通过风、雨传播，多从伤口处侵染。主要危害叶片，严重时可感染茎条。发病初期，叶上出现黄褐色稍凹陷小斑点，逐渐扩大为暗褐色圆形斑。叶尖端病斑可向下延伸造成叶片分段枯死；发病严重时导致落叶，叶基病斑连成一片可导致全叶迅速枯死。在植株上反复侵染，蚧壳虫危害更加重炭疽病的发生程度。

病菌在有病组织上过冬，适宜从气孔、伤口或直接穿透表皮侵入组织。1~5 月为主要发病期，6~9 月为发病高峰期。栽植过密、通风不良和环境闷热（高温多湿）利于发病。发病适温在 22~28℃，相对湿度 95% 以上。

②防治方法

农业防治：适当控制水分，加强光照，改善棚内通风条件。秋后清除枯枝、落叶等病株残体及时烧毁，减少菌源。选用优良抗病品种。加强栽培管理，注意整形修剪，通风透光。

科学用药防治：预计临发病之前或发病初期及时用药防治，可用植物诱抗剂海岛素（5% 氨基寡糖素）水剂 800 倍液 +10% 苯醚甲环唑水乳剂 1000 倍液（或 80% 全络合态代森锰锌可湿性粉剂、25% 嘧菌酯可湿性粉剂 1000 倍液）喷淋并渗到根部，10 天左右喷淋 1 次，连续 3 次左右，可预防性的控制发生和流行。发病初期或以后，选用治疗性的药剂为主，可用 10% 苯醚甲环唑水乳剂 1000 倍液 +20% 噻唑锌悬浮剂 600~800 倍液，或 30% 噁霉灵水剂 +10% 苯醚甲环唑水乳剂按 1∶1 复配 1000 倍液，或27%寡糖·吡唑醚菌酯水剂2000倍液，或植物诱抗剂海岛素（5%氨基寡糖素）水剂800倍液或6% 24-表芸·寡糖水剂1000倍液，或25%吡唑醚菌酯悬浮剂2000倍液（或25%络氨铜水剂500倍液、80%乙蒜素乳油1000倍液、75%肟菌·戊唑醇水分散粒剂2000倍液、30%噁霉灵水剂800倍液等）喷淋。视病情把握用药次数，一般10~15天喷治1次，相互合理复配和交替轮换用药。

（3）黑斑病

①病原及症状：属半知菌亚门、链格孢属真菌。主要危害叶片，在3~5月发生，发病时石斛嫩叶呈褐色斑点，病斑周围显黄色，逐渐扩散整片叶，严重时黑斑在叶片上互相连成片，最后叶片枯萎脱落。

②防治方法

农业防治：选用优良抗病品种。秋后清除枯枝、落叶，及时烧毁。加强栽培管理，注意整形修剪，通风透光。配方和平衡施肥，推广使用生物菌肥、生物有机肥。

科学用药防治：具体用药技术参照“炭疽病”。

（4）煤污病

①病原及症状：属半知菌亚门、枝孢菌和链格孢菌引起。煤污病又称煤烟病，在花木上发生普遍，黑色煤粉层多发生在石斛叶基部的背面，往往整个植株叶片表面覆盖一层灰黑色粉末状物，严重影响叶片的光合作用，造成植株发育不良。3~5月为本病害的主要发病期，严重的可引起死亡。

②防治方法

农业防治：合理密植，保持良好的通透性。增施腐熟的有机肥和磷、钾肥，合理补微肥，推广使用生物菌剂和生物有机肥，提高树体抗病抗逆能力。

科学用药防治：预计临发病之前或发病初期，可用海岛素水剂800倍液+10%苯醚甲环唑水乳剂1000倍液（或80%全络合态代森锰锌可湿性粉剂、25%嘧菌酯可湿性粉剂1000倍液、42%寡糖·硫黄悬浮剂600倍液等）均匀喷雾，可预防性的控制发生和流行。发病初期或以后，选用治疗性的药剂及时控制，可用27%寡糖·吡唑醚菌酯水乳剂2000倍液，或用植物诱抗剂海岛素（5%氨基寡糖素）水剂1000倍液或6% 24-表芸·寡糖水剂1000倍液+10%苯醚甲环唑水乳剂1000倍液或47%春雷·王铜（2%春雷霉素+45%氧氯化铜）可湿性粉剂1000倍液或25%吡唑醚菌酯悬浮剂2000倍液等均匀喷雾。视病情把握用药次数，一般每隔10~14天喷1次。连续2~3次。

（5）叶锈病

①病原及症状：属担子菌亚门、锈菌目。受害茎叶上出现淡黄色的斑点，后变成向外突出的粉黄色疙瘩，最后孢子囊破裂而散发出许多粉末状孢子，危害严重时，使茎叶枯萎死亡。7~8月为发病高峰期。

②防治方法

农业防治：种植地块不能过湿，雨后及时排水，根据情况减少覆盖物，促进根系通风透气。

生物防治：参照“射干锈病”。

科学用药防治：临发病之前或发病初期喷施42%寡糖·硫黄悬浮剂600倍液，或植物诱抗剂海岛素（5%氨基寡糖素）水剂800倍液+80%络合态代森锰锌可湿性粉剂等保护性防治。发病后可选用海岛素（5%氨基寡糖素）水剂800倍液+唑类杀菌剂（25%戊唑醇可湿性粉剂1500倍液、10%苯醚甲环唑水分散粒剂1500倍液、25%丙硫菌唑乳油2000倍液、10%戊菌唑乳油3000倍液等）均匀喷雾防治，安全性高，增强植株抗逆能力，强身壮棵。视病情把握用药次数，一般每隔7~10天喷1次，连喷2次左右。

（6）石斛疫病

①病原及症状：属鞭毛菌亚门、霜霉目、烟草疫霉菌。主要危害根部，造成变黑腐烂，外皮层脱落，导致石斛茎条变细、干枯甚至死亡。雨水和灌溉是病害传播流行的介质，根部积水24小时后就极易导致疫病发生。一般4~8月雨季往往病害流行。有些区域先危害叶片及地面处，叶片染病大多从叶尖或叶缘开始，初期为水浸状斑点，感病部位呈湿性腐烂状，在潮湿环境下迅速扩大，腐败变黑，造成落叶，雨后或有露水的早上，病斑边缘生出一圈浓霜状白霉，叶背特别显著。受害严重的叶片如开水烫过一样，最后一片焦黑腐烂，发出特殊的腐败臭味，在晴燥天气病叶干燥后呈黑色，无白霉产生。天气潮湿、多雨雾，最适宜病害的发生和流行。通常地势低洼，排水不良、湿度过大、偏施氮肥、植株徒长或基质瘠薄、营养不良、植株衰退，均会降低抗病力，容易招致疫病的发生。

②防治方法

农业防治：发病初期可清除其腐烂组织后及时晾根，或者立即拔除植株携出田外深埋或烧毁，病穴用石灰等消毒。保持适宜的土壤墒情，雨后及时排水防涝，苗床切勿积水，湿度控制在80%左右。实行轮作。深翻土地，清除田间残株病叶，集中烧毁。加强田间中耕，增强通透性，不要伤及根部。增施腐熟的有机肥和磷钾肥，合理控氮肥和补微肥。配合推广使用生物菌剂、生物有机肥，改善土壤团粒结构，拮抗有害菌，增强植株抗病抗逆能力。

生物防治：发病之前喷施植物诱抗剂海岛素（5%氨基寡糖素）水剂800倍液或6%24-表芸·寡糖水剂1000倍液，提质增效，生根壮苗，修复伤口。

科学用药防治：预计临发病之前或初期喷淋预防性保护药剂，特别要雨后补治，可选用植物诱抗剂海岛素（5%氨基寡糖素）水剂800倍液+80%全络合态代森锰锌可湿性粉剂1000倍液或10%苯醚甲环唑水乳剂1000倍液等，每7~10天喷洒1次，一般连喷2~3次。发病初期或发病后，用植物诱抗剂海岛素（5%氨基寡糖素）水剂800倍液或6%24-表芸·寡糖水剂1000倍液+唑类杀菌剂（25%戊唑醇可湿性粉剂1500倍液、10%苯醚甲环唑水分散粒剂1500倍液等）或50%氟吗·锰锌（6.5%氟吗啉+43.5%代森锰锌）可湿性粉剂600倍液、68%精甲霜·锰锌（4%精甲霜灵

+64%代森锰锌）水分散粒剂1000倍液、50%氟啶胺悬浮剂2000倍液、38%噁霜嘧铜菌酯（30%噁霜灵+8%嘧铜菌酯）1000倍液等均匀喷雾治疗性防治，视病情把握防治次数，一般间隔7天左右喷淋1次，连喷2次左右。

怎样防治石斛虫害?

石斛主要害虫有蛞蝓、蜗牛等，此类害虫在蔬菜、瓜果、茶叶等绿色生产、控害减灾方面多采用如下措施。

（1）蛞蝓（鼻涕虫）

①为害状：一是直接危害，啃食幼嫩根系，影响铁皮石斛植株正常生长和产量；啃食幼嫩新芽，导致叶芽缺损而影响光合作用，从而影响新生茎的肥大，甚至导致芽体萎缩无新茎的产生，等另一个新芽体继而产生，时间将推迟很多；啃食幼嫩花朵，几乎都是拦腰啃断或花瓣被咬成缺刻，严重影响花的商品价值。二是间接危害，蛞蝓爬过的地方通常留有光亮而透明的黏液痕迹，粘在叶片、枝条或花瓣上，影响植株的光合作用降低植株品质。还往往诱发细菌性软腐病，特别是多雨季节，嫩芽被啃食造成伤口借着喷灌水将加速细菌病害的发生和蔓延。

②防治方法：具体防治方法和选用药技术参照“黄连蛞蝓”和“黄柏蛞蝓”。

（2）蜗牛

①为害状：同“蛞蝓”。

②防治方法：具体防治方法和选用药技术参照“枸杞蜗牛”和“连翘蜗牛”。

（3）蚜虫

①为害状：成虫和若虫均群集于茎叶，吸食汁液，常使叶片、嫩茎、幼苗卷缩、变黄，花梗扭曲变形。蚜虫排泄物对石斛还会造成腐蚀并滋生霉菌诱发黑腐病，蚜虫啃食石斛造成的伤口还会导致病菌侵蚀和病毒传染等。

②防治方法：具体防治方法和选用药技术参照“青蒿蚜虫”和“地榆蚜虫”。

（4）地老虎

①为害状：在地下啃食萌发的种子、咬断幼苗根茎，致使全株死亡，严重时造成缺苗断垄。

②防治方法：具体防治方法和选用药技术参照“山药地老虎”和“薄荷小地老虎”。

（5）菲盾蚧 属同翅目、盾蚧科。

①为害状：菲盾蚧以雄成虫、若虫聚集固定于石斛叶片上吸取汁液为害，同时诱发煤污病，使植株叶片枯萎。严重的可导致整个植株死亡。菲盾蚧以雌成虫在植株叶片背面或边缘越冬，5月中下旬为孵化盛期，初孵若虫在植株叶片背面，以后陆续移到叶片边缘固定下来危害植株，5月下旬左右开始泌蜡并逐渐塑成盾壳，以后终身不再移动。

②防治方法

农业防治：选取健康植株进行繁殖。特别注意环境通风，避免过分潮湿。少量蚧虫发生时，及时用软刷轻轻清除虫体，再用水冲洗干净。

生物防治：参照“天麻蚧壳虫”。

科学用药防治：早春和初冬可用42%寡糖·硫黄悬浮剂600倍液，或2~3波美度石硫合剂或45%晶体石硫合剂30倍液，或20~25倍的机油乳剂喷施保护性预防。抓住卵刚刚孵化后，若虫尚未形成蜡质壳时的防治关键期及时用药防治，可喷施新烟碱制剂（60%烯啶虫胺·呋虫胺可湿性粉剂2000倍液），或16%甲维盐·茚虫威（4%甲氨基阿维菌素苯甲酸盐+12%茚虫威）悬浮剂2000倍液，或22.4%螺虫乙酯悬浮液4000倍液等喷雾防治。以上药剂相互合理复配并适量加入展透剂喷雾，防治效果更佳。交替轮换用药。视虫情把握用药次数，一般每隔10~15天喷1次，连续喷3次左右。

其他选用药剂技术和防治方法参照君迁子虫害项下的“柿绵蚧壳虫”和“草履蚧壳虫”。

如何采摘石斛？

石斛栽后2~3年即可采收，生长年限愈长，单株产量愈高。采收时间为11月至第二年的3月，主要采收叶片开始变黄落叶的两年生以上的茎枝。采收时，一般采用剪刀从茎基部将老植株剪割下来，留下嫩的植株，让其继续生长，来年再采。

如何对采摘的石斛进行加工？

在鲜石斛净选后，将其放入水中稍浸至叶鞘容易剥离时，用棕刷刷去或用糠壳搓掉茎秆上膜质，晾干水气；干燥时如是烘烤，则火力不宜过大，而且要均匀，烘至7~8成干时，再行搓揉1次再烘干；取出喷少许开水，然后顺序堆放，用竹席或草垫覆盖好，使颜色变成金黄，再烘干至全干即成。

益母草

益母草有何药用价值？

益母草药材为唇形科植物益母草 *Leonurus japonicus* Houtt. 的新鲜或干燥地上部分，味苦、辛，微寒；归肝、心包、膀胱经。益母草中主要有生物碱类、黄酮类、二萜类、苯丙醇苷类、脂肪酸类、挥发油类、环型多肽和微量元素等化学成分，具有活血调经，利尿消肿，清热解毒的功效，用于月经不调，痛经经闭，恶露不尽，水肿尿少，疮疡肿毒等症，为临床治疗妇产科疾病的“要药”之一，除此之外，益母草在心血管疾病、皮肤科疾病、泌尿科疾病等方面也有良效。

益母草的原植物有何特征?

一年生或二年生草本，茎直立，通常高30~120cm。茎钝四棱形，有倒向糙伏毛，基部有时近于无毛，多分枝。茎下部叶卵形，基部宽楔形，掌状3裂，裂片呈长圆状菱形至卵圆形，通常长2.5~6cm，宽1.5~4cm，裂片上再分裂，叶脉突出，叶柄纤细，长2~3cm；茎中部叶菱形，通常分裂成3个或多个长圆状线性的裂片，基部狭楔形，叶柄长0.5~2cm；花序最上部的苞叶近无柄，线形或线状披针形，长3~12cm，宽2~8mm，全缘或具稀齿。轮伞花序腋生，具花8~15朵；小苞片比萼筒短，长约5mm，有贴生的微柔毛；花萼管状钟形，长6~8mm，外被贴生微柔毛，具5齿；花冠粉红至淡紫红色，长1~1.2cm，冠筒长约6mm，檐部二唇形；花丝丝状；花药卵圆形。子房褐色，无毛；具小坚果。春播益母草花期为7~8月，果期为8月；秋播益母草花期为3~4月，果期为4~5月。

益母草适宜怎样的生态环境?

益母草生性喜温暖湿润的气候环境，对土壤要求不严，一般栽培农作物的平原及坡地均可生长，但以向阳、肥沃、疏松、排水良好的砂质壤土栽培为宜，在10~30℃的温度下生长良好。益母草喜光，充足的日照，有利于益母草叶片的光合作用和有效成分的积累。多生长于野荒地、路旁、田埂、山坡草地、河边等。人工栽培选择海拔600~2400m的砂壤土进行。

益母草的主要产地有哪些?

不同时期有关益母草产区的历史记载几乎一致，均产于全国各地，生长于野荒地、路旁、田埂、山坡草地、河边，这与当前益母草实际分布区域相符，因此在历史上，益母草没有道地产区一说。然而近年来，不少药学工作者对不同产地的益母草，从外观性状和内在品质等方面进行了详细的研究，发现不同产地的益母草，其药材质量和产量差异较大。随着对益母草的开发利用，在多年的流通过程中，逐渐形成了河南、浙江、四川等益母草主要产区。河南和四川产出的益母草，以其产量大，有效成分含量高著称，分别统称为“河南草”和“四川草”。浙江所产益母草统称为“浙江草”，多在益母草30~50cm高时采收，此时益母草刚长出方茎，被称为“童子益母草”。

益母草的生物学特性是什么?

益母草喜温暖湿润气候，喜阳光，以向阳、肥沃、排水良好的砂质壤土栽培为宜。生长适温15~30℃，15℃以下生长缓慢，0℃以下会受冷或被冻伤。益母草为喜光植物，在阳光充足的条件下生长良好，也较耐阴，但花期必须具有一定的光照和温度条件，籽粒才能发育良好，种子发芽的最低温度为10℃。益母草虽喜水喜肥，但喜湿怕涝，生长地块不宜积水。在我国南北方区域会有不同的生长特性，在北方地区益母草必须经过冬季的低温春化作用才能抽薹开花，春季播种当年不抽薹。但在偏南方地区益母草植株春季播种，当年就可以抽薹开花结子。

益母草的繁殖方法是什么?

益母草一般多采用种子繁殖，以直播方法种植，育苗移栽者亦有，但产量较低，仅为直播的60%，故多不采用。播种时可将种子与细土混合均匀后播种，也可直接播种，常根据地块情况采用穴播或条播的方式。播种后10~15天出苗。

益母草如何选地整地?

益母草选地时宜选择细腻疏松、蓄水力强、不易积水、肥沃的砂质土壤。整地前先挖好排水沟，排水沟应不低于15cm，地四周的排水沟稍深，宽度为20~35cm，同时还要留出进行田间管理的走道。结合整地每亩施复合肥（N∶P∶K=15∶5∶5）约20kg作为基肥，于整地前撒施于地表，再用农耕机浅耕20~30cm，于阳光下晾晒一天后即可播种。

益母草如何播种?

春播益母草在3月中旬左右播种；秋播益母草在8月下旬~9月中旬播种。播种时应避开连续阴雨和干旱天气。播种方式常采用穴播或条播。穴播每亩用种300~400g，条播每亩用种400~500g。穴播时每穴间隔约10cm，穴直径约10cm，深约5cm，穴底要平，播种后覆一层薄土盖住种子即可，不可覆土过多，否则影响出苗。在部分地区播种后不覆土，亦可正常出苗。条播时开一条深约5cm的沟，在沟内撒播种子，然后覆一层薄土即可。

益母草如何中耕除草？

春播和秋播益母草在生长过程中均需进行2~3次中耕除草。第1次在苗高5cm左右时进行，除去杂草以及过密、弱小和有病虫的幼苗，浅松土2~3cm。第二次及第三次在益母草出现方茎，开始进入拔节期时进行，除去杂草和多余的苗，松土3~5cm。中耕除草时不要过深，以免伤根；幼苗期中耕，要保护好幼苗，防止被土块压迫，更不可碰伤苗茎；最后1次中耕后，要注意培土护根。

益母草如何施肥？

益母草栽培过程中，一般每亩施用20kg复合肥（N：P：K=15：5：5）作为基肥，在整地前撒施于地表，然后浅翻。在益母草进入拔节期，植株出现方茎后结合中耕除草、间苗进行追肥，每亩使用尿素10~20kg，追肥一般在雨后或阴天的早晨或傍晚撒施，禁止在晴天中午施用，操作时避免肥料直接与植株接触，施肥后及时浇水。

益母草如何灌溉？

益母草喜湿怕涝，田间积水过多会抑制益母草的生长，还易引发立枯病的发生，一般情况下，只需保证在益母草生长期土壤湿润即可。在益母草进入拔节期时，若遇天气持续干旱，需及时进行灌溉，以满足益母草对水分的需求。雨季雨水集中时，要适时排水。

益母草的常见病害及防治方法？

益母草主要病害有白粉病、锈病等，此类病害在蔬菜、瓜果、茶叶等绿色生产、控害减灾方面多采用如下措施。

（1）白粉病

①病原及症状：属半知菌亚门、粉孢属。白粉病发生在谷雨至立夏期间，春末夏初时易出现，主要危害叶片，也危害茎部。叶片两面产生白色的粉状斑，后期粉状斑上产生黑色的小点，叶片变黄退绿，生有白色粉状物，重者可致叶片枯萎。

②防治方法

农业防治：实行轮作，与水稻、玉米等作物轮作；选用抗、耐病能力强的品种。增施腐熟的有机肥和磷钾肥，合理控氮肥和补微肥。配合推广使用生物菌剂、生物有机肥，改善土壤团粒结构，拮抗有害菌，增强植株抗病抗逆能力。

生物防治：80%乙蒜素乳油100ml+植病清（黄芩素≥2.3%，紫草素≥2.8%）

水剂100ml+植物诱抗剂海岛素水剂15ml，兑水15kg均匀喷雾，连用2~3次，间隔5天左右；病情控制后，转为预防。

科学用药防治：预计临发病前或发病初期，选用42%寡糖·硫黄悬浮剂600倍液，或10%苯醚甲环唑水乳剂1000倍液，或80%全络合态代森锰锌可湿性粉剂800倍液，或25%嘧菌酯可湿性粉剂1000倍液等保护性防治。发病后可选用唑类杀菌剂（25%戊唑醇可湿性粉剂1500倍液、10%苯醚甲环唑水分散粒剂1500倍液、25%丙硫菌唑乳油2000倍液、10%戊菌唑乳油3000倍液等），或40%醚菌酯·乙嘧酚（25%乙嘧酚+15%醚菌酯）悬浮剂1000倍液，或27%寡糖·吡唑醚菌酯水剂2000倍液，或25%吡唑醚菌酯悬浮剂2000倍液均匀喷雾治疗性防治。以上药剂与植物诱抗剂海岛素（5%氨基寡糖素）水剂800倍液或6%24-表芸·寡糖水剂1000倍液混配喷施，安全性高，增强植株抗逆能力，强身壮棵。视病情把握用药次数，一般间隔10天左右喷治1次。

（2）锈病

①病原及症状：属担子菌纲、锈菌目。多发生在清明至芒种期间（4~6月份），危害叶片。发病后，叶背出现赤褐色突起，叶面生有黄色斑点，导致全叶卷缩枯萎脱落。

②防治方法：各项具体防治方法和选用药技术参照“白粉病”。

（3）菌核病

①病原及症状：属子囊菌亚门、核盘菌科、核盘菌属。整个生长期内均可能会发生，春播益母草在谷雨至立夏期间，秋播益母草在霜降至立冬期间病害发生严重，多因多雨、气候潮湿而致。染病后，基部出现白色斑点，继而皮层腐烂，病部有白色丝绢状菌丝，幼苗染病时，患部腐烂死亡，若在抽茎期染病，表皮脱落，内部呈纤维状直至植株死亡。

②防治方法

农业防治：与禾本作物轮作2~3年为宜，有条件的实施水旱地轮作更佳。生长期间发现病株及时铲除，病穴撒生石灰粉等消毒处理。

生物防治：预计发病之前开始喷施植物诱抗剂海岛素（5%氨基寡糖素）水剂800倍液或6%24-表芸·寡糖水剂1000倍液，安全提质增效，增强植株抗病和抗逆能力，生根壮棵，健康增产。

科学用药防治：拌种，用海岛素（5%氨基寡糖素）水剂800倍液+50%异菌脲800倍液（10%苯醚甲环唑水乳剂1000倍液）拌种。预计临发病前或发病初期及时喷药，可用65%代森锌可湿性粉剂600倍液，或50%异菌脲1000倍液，或10%苯醚甲环唑水乳剂1000倍液，或40%菌核净可湿性粉剂1000倍液，或50%乙烯菌核利水分散粒剂3000倍液，或43%腐霉利悬浮剂1500倍液均匀喷雾防治。以上药剂使用中与植物诱抗剂海岛素（5%氨基寡糖素）水剂800倍液或6%24-表芸·寡糖水剂1000倍液混配喷施，安全提质增效，增强植株抗病和抗逆能力，生根壮棵，健康增产。

（4）根腐病

①病原及症状：属半知菌亚门、镰刀菌属。发病时侧根首先发生褐色干腐，并逐

渐蔓延至主根。根部横切，可见断面有明显褐色，后期根部腐烂，植株地上部分萎蔫枯死。植株茂密、通透性不良、田间湿度大，利于病害发生和蔓延。

②防治方法

农业防治：有条件的可采用水旱轮作。清洁田园、深耕翻，将病残体深埋和烧毁。发现病株及时拔除并集中烧毁，然后用5%石灰乳消毒病穴。增施腐熟的有机肥，合理补微肥，基肥施足，追肥为辅助，推广使用生物菌剂、生物有机肥，拮抗有害菌，增强植株抗病抗逆能力。

生物防治：预计临发病之前或发病初期用10亿活芽孢/克的枯草芽孢杆菌500倍液淋灌根部和茎基部。其他参照“苦参根腐病”。

科学用药防治：种子处理，用植物诱抗剂海岛素（5%氨基寡糖素）水剂800倍液或6% 24–表芸·寡糖水剂1000倍液+2.5%咯菌腈悬浮种衣剂5ml+10ml水拌种1kg，或用海岛素水剂800倍液+50%异菌脲800倍液（或10%苯醚甲环唑水乳剂1000倍液）拌种。淋灌，预计临发病前或初期及时用药，用海岛素（5%氨基寡糖素）水剂800倍液或6% 24–表芸·寡糖水剂1000倍液+10%苯醚甲环唑水乳剂1000倍液等，或30%噁霉灵水剂+10%苯醚甲环唑水乳剂1∶1复配1000倍液（或30%噁霉灵水剂800倍液等）淋灌根部和茎基部治疗性防治，视病情把握用药次数，一般10天左右喷灌1次。

怎样防治益母草虫害?

益母草主要害虫有地老虎、蚜虫等，此类害虫在蔬菜、瓜果、茶叶等绿色生产、控害减灾方面多采用如下措施。

（1）蚜虫 属同翅目、蚜科。

①为害状：成虫和幼虫主要为害叶片，此虫可使叶片皱缩、空洞、变黄。

②防治方法

物理防治：规模化黄板诱杀，有翅蚜初发期可用市场上出售的商品黄板；每亩挂30~40块。在高出益母草20cm处悬挂。

生物防治：前期蚜量少时保护利用瓢虫等天敌，进行自然控制。无翅蚜发生初期，用0.3%苦参碱乳剂800~1000倍液喷雾防治。

科学用药防治：无翅蚜发生初期未扩散之前进行防治，优先选用25%噻嗪酮可湿性粉剂2000倍液，或10%吡丙醚乳油2000倍液，或22.4%螺虫乙酯悬浮液4000倍液喷雾防治、最大限度地保护自然天敌和传媒昆虫。其他药剂可选用新烟碱制剂（10%烯啶虫胺可溶性粉剂2000倍液，或60%烯啶虫胺·呋虫胺可湿性粉剂2000倍液等），或92.5%双丙环虫酯可分散液剂15000倍液等喷雾防治，交替轮换用药。视虫情把握用药次数，一般7~10天防治1次。

（2）地老虎 属鳞翅目、夜蛾科。

①为害状：在地下啃食萌发的种子、咬断幼苗根茎，致使全株死亡，严重时造成

缺苗断垄。

②防治方法：各项具体防治方法和选用药技术参照“山药地老虎”和“薄荷小地老虎”。

（3）稻绿蝽 属半翅目、蝽科。

①为害状：以成虫、若虫刺吸顶部嫩叶、嫩茎等汁液，常在叶片被刺吸部位先出现水渍状萎蔫，随后干枯。严重时上部叶片或顶梢萎蔫。益母草上一般发生较轻。它们往往不固定附着于植株的某个部位，吸取叶片、嫩芽的汁液，影响植株生长。稻绿蝽以成虫在各种寄主上或背风荫蔽处越冬。在广东、广西和贵州一年发生3代。

②防治方法

农业防治：冬春期间，结合积肥清除田边附近杂草，减少越冬虫源。利用成虫在早晨和傍晚飞翔活动能力差的特点，进行人工捕杀。

科学用药防治：掌握在若虫盛发期，群集在卵壳附近尚未分散时及时用药防治，可选用20%氯虫苯甲酰胺悬浮剂1000倍液，或25%噻嗪酮可湿性粉剂1000倍液，或22.4%螺虫乙酯悬浮剂3000倍液等喷雾防治。还可用92.5%双丙环虫酯可分散液剂15000倍液，或20%氯虫苯甲酰胺1500倍液等喷雾。傍晚打药，并从周围向中央围歼式打药，防止成虫飞逃。

（4）红蜘蛛

①为害状：初期叶片上出现极小的黄褐色斑点，量大时红蜘蛛会在植株表面拉丝爬行，叶片背面出现大块红色斑块，之后叶片会卷缩、枯黄甚至脱落，严重影响益母草的长势。

②防治方法

农业防治：参照“牛蒡子红蜘蛛”。

生物防治：参照“牛蒡子红蜘蛛”。

科学用药防治：卵期或若螨期优先选用24%联苯肼酯悬浮剂1000倍液喷雾防治，最大限度地保护自然天敌和传媒昆虫，其他用药卵期喷施杀卵剂，成、若虫期选用73%克螨特乳油1000倍液，或1.8%阿维菌素乳油2000倍液等喷雾防治。具体防治方法和选用药技术参照“牛蒡子红蜘蛛”。

（5）蛴螬

①为害状：在地下咬食发芽的种子导致不能出苗，咬食幼苗的根茎导致幼苗倒伏甚至死亡而缺苗断垄，啃食植株根部影响长势。

②防治方法

农业防治：冬前将栽种地块深耕多耙、杀伤虫源，减少幼虫的越冬基数。

物理防治：成虫（金龟子）产卵前，成方连片规模化采用灯光诱杀，一般50亩安装一台。

生物防治：利用100亿/克的白僵菌或乳状菌等生物制剂防治幼虫，100亿/克的乳状菌每亩用1.5kg，卵孢白僵菌用量为每平方米用2.0×10^9孢子（针对有效含菌量折算实际使用剂量）。

科学用药防治：可采用毒土和喷灌综合运用。毒土防治每亩用3%辛硫磷颗粒剂3~4kg，混细沙土10kg制成的药土，在播种或栽植时顺沟撒施，施后灌水。喷灌防治用20%氯虫苯甲酰胺悬浮剂1000倍液，或50%辛硫磷乳油800倍液等灌根防治幼虫。其他用药和防治方法参照“芍药蛴螬”。

益母草药材如何采收?

春播益母草一般在7月前后采收；秋播益母草一般在次年3月前后采收，具体根据播种时间和生长情况确定，一般在益母草即将开花时或开花初期采收。并应选择在无雨的阴天和晴天进行，采收时用镰刀从基部割取地上部分，然后在田间或运至晾晒场晒至半干，在此过程中需避免堆积和雨淋受潮，以防其发酵或叶片变黄。加工后贮藏于阴凉干燥处，防止受潮、虫蛀和鼠害。

益母草种子如何采收?

益母草花期快结束时，花序底端开始先结出种子，待全株花谢，种子基本完全成熟。由于种子成熟后易脱落，收割后应立即在田间初步脱粒，及时集装，以免种子散失过多。采收时可在田间置打籽桶或大簸箩，将割下的全草放入，进行拍打，使易脱落的果实落下，将株粒分开后再分别运回，将未脱完的植株进行晾晒后拍打，然后与田间初步脱粒的种子混合，用簸箕筛掉多余残渣即得到干净的益母草种子。

益母草如何进行产地加工?

在药材采收时应首先剔除病虫危害的茎、叶以及非药用部位和其他异物，移出田外统一集中处理销毁。益母草药材产地加工是将已采收并晒至半干的益母草药材用铡刀或专用药材切割机切成长约2cm的短段，切制过程中也应该注意清除混入的非药用部位和其他杂物。切好的药材短段放置在晒场快速晒干，干燥程度以手捏时无柔软感即可（水分需要控制在13%以下），晾晒过程中注意防雨防虫。晒干后入库存储即可。

巫山淫羊藿

巫山淫羊藿有哪些药用价值?

巫山淫羊藿为小檗科植物巫山淫羊藿 *Epimedium wushanense* T. S. Ying 的干燥叶。夏、秋季茎叶茂盛时采收，除去杂质，晒干或明干。巫山淫羊藿味辛、甘，性温。归肝、肾经。具有补肾阳，强筋骨，祛风湿功能。用于阳痿遗精，筋骨痿软，风湿痹痛，麻木拘挛，绝经期眩晕。

巫山淫羊藿的生长发育特性有哪些?

巫山淫羊藿种子具有后熟特性，营养生长期较长（通常需 2~3 年才能进入生殖生长），花、果期较短（通常 3 月下旬 ~4 月中旬完成）。以贵州雷山县种植巫山淫羊藿为例，观察结果表明，多年生的巫山淫羊藿年生长发育可分为以下生育时期：①萌芽期：2~3 月，当气温稳定于 8~10℃时，地下芽苞膨大而出土萌芽；②花期：新芽萌芽后分化成茎叶和花枝，3~4 月，当气温稳定于 10~15℃时，花芽和茎芽开始分化生长，进入花期，至 4 月底茎叶不再生长；③果期：4~6 月是果实生长和成熟时期，即为巫山淫羊藿的果期；④展叶生长期：7~8 月是茎叶生长旺盛期，翌年芽苞开始形成；⑤芽苞（根茎）形成期：通常为 7 月至翌年的 2 月中旬，芽苞的形成和生长在地下完成。

淫羊藿属植物适合哪些地方种植?

淫羊藿属植物分布于北美、意大利北部至黑海、西喜马拉雅、中国、朝鲜和日本等地。我国淫羊藿属植物主要分布于西南、西北、东北、华中、华南等地，主要生长于林下、灌草丛、林缘、田埂或草坡等地，以北坡、东北坡、西北坡、东坡生长为主；以阴坡沟谷、坡度较陡的阴湿坡面分布较多，长势较好，年均日照时数为 1100~1500 小时，光照度 1030~3850lx，幼苗喜散射阳光，成年耐阴，在强烈的阳光和空旷的环境中，生长不良。生长土壤环境通常是腐殖土、富含腐殖质的潮湿壤土、黄壤、砂壤或岩层土，或着生于富含腐殖质而潮湿的石缝中，土壤 pH 为 4.5~7。

巫山淫羊藿繁殖育苗的主要方法有哪几种?

巫山淫羊藿有无性繁殖和有性繁殖两种方法，有性繁殖即种子繁殖，无性繁殖有分株繁殖、根茎繁殖和离体组织培养。

如何进行巫山淫羊藿种子繁殖育苗?

当果实由绿变黄，出现少量背裂时，立即将果序剪下，置于室内阴凉干燥处，放置 2~3 天，果实干燥裂开后，脱粒，除去杂质保留净种。取洁净湿润的河沙与巫山淫羊藿种子按照河沙∶种子 =2∶1 的比例混合，混合后的种子装入透气的麻袋内，置于阴凉处保湿沙藏，至 12 月底即可播种育苗。

一般选择土地平整，排灌方便，土层深厚，富含腐殖质的黑壤土或砂黄壤土地块作育苗地。播种前深翻 30cm 左右，捡去各种杂草根茎、石块等杂质，整平，每亩施 2000kg 腐熟的牛粪作底肥，均匀铺上肥料，按宽 1.2m 的，高 20cm 左右的起厢，掏厢沟的泥土均匀盖在底肥上，厚度约 5cm，整平苗床。12 月下旬 ~1 月上旬，取沙藏种子，每亩播种 1~1.5kg，按照种子:细土 =1：10 的比例与筛好的细土搅拌均匀，将拌好的种子和土均匀撒播于苗床上，再取筛好的腐殖质土、锯末或苔藓均匀盖上，覆盖厚度以不见种子为度，搭上遮阳网。播种后随时确保苗床土壤湿润，约 1 个月后开始发芽出苗。幼苗生长时期，需对其根部覆土，将处理好的细土均匀覆盖在苗床上盖住幼苗根部，并搭建棚遮阴，注意病虫草害的防控。

巫山淫羊藿分株繁殖如何进行？

选择阴天，从良种繁育基地挖取多年生健壮、无病虫害的巫山淫羊藿植株。按其地下根茎的自然生长状况及萌芽情况进行分株，每株带 1~2 个饱满芽头，地上部留长 5~10cm，须根留长 3~5cm，去掉干枯枝叶，捆成小把，妥善包装（一般每捆约 50 株），放于阴凉处保存，运往基地种植。供种植的无性繁殖苗采回分株后，应及时种植；如不能及时种植，可假植于阴湿富含腐殖质的土壤里保存，但从起苗到种植不应超过 7 天。

种植巫山淫羊藿如何选地、整地？

在巫山淫羊藿的适宜种植区，选择海拔 500~1700m，坡向为北坡、西北坡或东北坡的区域进行规范化种植。土壤为黑壤土或黄壤土，要求土层深厚而肥沃。种植前，深翻 30~40cm，捡去各种杂草根茎，石块等杂质。每亩施 2000~3000kg 腐熟的牛粪或农家肥作底肥，整平耙细，作畦或打垄。畦高 20~25cm，宽 120cm，作业道 30~40cm，畦长根据地块的地形而定，整平苗床。林下仿野生种植时，应当选择有林木遮阴条件的地块作为种植地，要保留乔木和灌木作为巫山淫羊藿生长的自然遮阴条件；如是无遮阴的裸露地，应适当搭棚遮阴。在整地时，依林地坡向及木本植物生长地实际情况适度翻土除草，剔除杂草根、部分树根及杂物石块，施入 2000kg 腐熟的有机肥或 15~20kg 复合肥作基肥，并依地形、坡向及林木郁闭度的不同而进行林下种植。

巫山淫羊藿如何进行移栽定植？

于 10 月中下旬至翌年 1 月上旬，选择阴天或雨后进行移栽定植。在较为平坦而面积较大的乔木林、果林或遮阴棚下，可穴栽定植，参考株行距 25cm×25cm，穴深 10~15cm，每穴 1 苗，覆土 5cm，用手压紧，定植当天必须浇透定根水；在林地或保护抚育地仿野生种植，应依其实际情况选空地开穴栽植或移密补稀，参考株行距 40cm×40cm。

巫山淫羊藿生长期如何进行田间管理?

(1)补苗 幼苗定植3~4个月后，观察种植地内幼苗的生长情况，除去种植地内的弱苗、病苗和死苗，在阴天或雨后补植健康的长势较好的幼苗，补苗后浇足定根水。

(2)松土除草 在4~8月一般地块应经常除草，在郁闭度较高的种植地内杂草相对较少，可适当减少除草次数，除草结合中耕进行。在秋冬季杂草生长缓慢，视田间情况而决定是否除草。采用手拔和锄头相结合的方式，连根除去，不可伤及周边巫山淫羊藿植株。

(3)搭建遮阴网 巫山淫羊藿为荫生植物，生育期忌阳光直射，宜于林下种植。如无自然遮阴条件，应搭棚遮阴。搭棚材料因地制宜选用，可选择木桩加铁丝或水泥桩加铁丝或其他绳索、木条等搭建荫棚，棚高度为1.2~1.8m。遮阴材料一般多选市售规格透光率为30%左右的遮阴网。

(4)合理施肥 巫山淫羊藿生长过程中，每年追施2次肥水。其追肥时间可分为2个时期。第一时期：3~4月新芽出土后是淫羊藿生长的关键时期，应结合除草松土，及时追施提苗肥。第二时期：9~11月收割后应结合清园松土补施促芽肥。施肥方法为结合松土将肥料施入根部周边。提苗肥以复合肥或沼液为主，复合肥每亩施15kg或沼液每亩施1500kg；采收后施促芽肥，每亩施腐熟有机肥1500~2000kg或每亩施有机复合肥15kg。

怎样防治巫山淫羊藿病害?

巫山淫羊藿主要病害有叶褐斑枯病、皱缩病毒病等，此类病害在蔬菜、瓜果、茶叶等绿色生产、控害减灾方面多采用如下措施。

(1)叶褐斑枯病

①病原及症状：属半知菌亚门、腔孢纲、球壳孢目、球壳孢科、茎点霉属真菌。为害叶片，叶片患病初期为褐色斑点，周围有黄色晕圈。扩展后病斑呈不规则状，边缘红褐色至褐色，中部呈灰褐色；后期病斑灰褐色，收缩，出现黑色粒状物。病菌在淫羊藿苗期和成株期均有发生，以幼苗期发生较多危害重。

②防治方法

农业防治： 选用抗病品种。重病田实行2年以上轮作。及时清除病残体并销毁，减少浸染源。增施腐熟的有机肥和磷钾肥，合理补微肥，推广使用生物菌剂、生物有机肥，增强植株抗病抗逆能力。

科学用药防治： 预计临发病前或发病初期，可用42%寡糖·硫黄悬浮剂600倍液，80%全络合态代森锰锌可湿性粉剂1000倍液等保护性防治。发病初期或发病后，可选用27%寡糖·吡唑醚菌酯水剂2000倍液，或植物诱抗剂海岛素（5%氨基寡糖素）水剂800倍液或6% 24-表芸·寡糖水剂1000倍液+唑类杀菌剂（25%戊唑醇可湿性粉剂1500倍液、10%苯醚甲环唑水分散粒剂1500倍液、25%丙硫菌唑乳油2000倍液、10%戊菌唑乳油3000倍液等）或25%吡唑醚菌酯悬浮剂2000倍液均匀喷雾治疗性防治，安全性高，增强植株抗逆能力，强身壮棵。视病情把握用药次数，一般间隔10天左右喷治1次。保护性和治疗性药剂相互合理复配喷施，交替轮换使用，安全高效，减量控害。

（2）皱缩病毒病

①病原及症状：巫山淫羊藿皱缩病毒病由病毒感染引起。该病害可通过虫媒（蚜虫、叶蝉、蓟马、飞虱等）、摩擦等方式传播。苗床幼苗期染病叶常表现为叶组织皱缩，不平，增厚，畸形呈反卷状。成苗期，田间常有2种症状：花叶斑驳状，病叶扭曲畸变皱缩不平增厚呈浓淡绿色不均匀的斑驳花叶状；黄色斑驳花叶状，染病叶组织褪绿呈黄色花叶斑状。

②防治方法

农业防治：选用无病毒病的种苗留种。及时灭杀传毒虫媒。配方和平衡施肥，施足基肥，适当追肥。增施腐熟的有机肥和磷钾肥，合理补微肥，推广使用生物菌剂、生物有机肥，增强植株抗病抗逆能力。不与其他早熟十字花科作物邻作，并及时清除田间杂草。

生物防治：突出主动出击防治，临发病前开始喷施植物诱抗剂海岛素（5%氨基寡糖素）水剂800倍液或6% 24-表芸·寡糖水剂1000倍液抵御皱缩病感染或发生，生根壮苗，增强抗病和抗逆能力。早期防治蚜虫、叶蝉、蓟马、飞虱等，消灭传毒介体，可用新鲜红辣椒0.5kg（越辣越好），捣烂加水5kg，加热煮1小时，取其滤液喷洒。用0.36%苦参碱水剂800倍液，或2.5%多杀霉素悬浮剂1500倍液等喷淋防治。

科学用药防治：作为病害预防或在发病初期可选用80%盐酸吗啉胍水分散粒剂600~1000倍液，或30%毒氟磷可湿性粉剂1000倍液，或宁南霉素水剂500~1000倍液，或20%吗胍·乙酸铜可湿性粉剂200~400倍液等药剂均匀喷雾。发病初期喷用85%三氯异氰尿酸可溶性粉剂1500倍水溶液（或30%毒氟磷可湿性粉剂或2%嘧肽霉素水剂800倍液）+海岛素（5%氨基寡糖素）水剂1000倍液茎叶喷雾。每隔7~10天1次，连续2~3次，并注意药剂的轮换使用。及时防治蚜虫，优先选用25%噻嗪酮可湿性粉剂或10%吡丙醚乳油2000倍液喷雾防治，最大限度地保护天敌资源和传媒昆虫。其他选用药剂和使用技术参照“地榆蚜虫”。严格遵照农药安全间隔期确定采收前停止用药时间，没有说明的采收前30天停止用药。

（3）锈病

①病原及症状：属担子菌亚门、担子菌纲、锈菌目、双孢菌属。病菌为害淫羊藿叶片，果实等。患病叶片上初期出现不明显的小点，后期叶背面变成橙黄色微突起的小疱斑，即为夏孢子堆。病斑破裂后散发锈黄色的夏孢子，严重时叶片枯死；患病果

实出现橙黄色微突起的小疮斑，严重时患病果实成僵果。

以冬孢子在病残体上越冬，以夏孢子辗转传播蔓延。高温、高湿条件利于发病。

②防治方法

农业防治：清洁田园，加强管理。清除转主寄主。

科学用药防治：发病期可选用10%苯醚甲环唑水乳剂1000倍液或唑类杀菌剂（25%戊唑醇可湿性粉剂1500倍液、10%苯醚甲环唑水分散粒剂1500倍液、25%丙硫菌唑乳油2000倍液、10%戊菌唑乳油3000倍液等）或25%吡唑醚菌酯悬浮剂2000倍液，或40%醚菌酯·乙嘧酚（25%乙嘧酚+15%醚菌酯）悬浮剂1000倍液等均匀喷雾治疗性防治，视病情把握用药次数，一般10天左右喷洒1次。

（4）白粉病

①病原及症状：无性阶段为半知菌亚门、粉孢属，有性阶段为子囊菌亚门、内丝白粉菌属。危害巫山淫羊藿的叶片，发病初期，叶片正面或背面产生白色近圆形的小粉斑，逐渐扩大成边缘不明显的大片白粉区，布满叶面，好像撒了层白粉。抹去白粉，可见叶面褪绿，枯黄变脆。发病严重时，叶面布满白粉，变成灰白色，直至整个叶片枯死。发病后无臭味，白粉是其明显病征。田间借风雨传播，一般在温暖、干燥或潮湿的环境易发病，降雨则不利于病害发生。施氮肥过多，土壤缺少钙或钾肥时易发病，植株过密，通风透光不良，发病严重。温度变化剧烈、土壤过干等，都将减弱植物的抗病能力，而有利于病害的发生。

②防治方法：参照“锈病”。

怎样防治巫山淫羊藿虫害?

巫山淫羊藿主要害虫有短额负蝗、中华稻蝗等，此类害虫在蔬菜、瓜果、茶叶等绿色生产、控害减灾方面多采用如下措施。

（1）短额负蝗　属直翅目、蝗总科。又称尖头蚱蜢、中华负蝗。

①为害状：以成虫、若虫食叶，影响植株生长、降低商品价值。

②防治方法

农业防治：秋季、春季铲除田埂、地边5cm以上的土及杂草，把卵块暴露在地面晒干或冻死，也可重新加厚地埂，增加盖土厚度，使孵化后的成虫不能出土。可进行人工捕杀初龄幼虫。

生物防治：保护利用麻雀等鸟类、青蛙、蟾蜍、大寄生蝇等天敌，增强自然控害能力。

科学用药防治：卵孵化盛期或幼龄蝗蝻未扩散前及时防治，可用25%氯虫苯甲酰胺悬浮剂2000倍液，或10%溴氰虫酰胺可分散油悬浮剂2000倍液，或10%虫螨腈悬浮剂1500倍液，或50%辛硫磷乳油1000倍液等喷雾防治。从周围向中央围歼式喷药。

（2）中华稻蝗　属直翅目、蝗科。

①为害状：以成、若虫咬食叶片，咬断茎秆和幼芽。严重时叶被吃光。

②防治方法

农业防治：早春结合修田埂，铲除田埂3~5cm深草皮，晒干或沤肥，以杀死蝗卵。

科学用药防治：参照“短额负蝗”。

（3）尺蠖 属鳞翅目、尺蠖蛾科。

①为害状：以幼虫食害叶片，严重时将叶吃光。

②防治方法

农业防治：成虫羽化前，在巫山淫羊藿基部挖蛹杀灭。人工扑杀幼虫。成虫产卵后孵化前集中摘除卵块。

物理防治：成虫发生初期未产卵之前规模化实施灯光诱杀，30~50亩地安装一盏杀虫灯。

生物防治：卵孵化盛期或低龄幼虫期，喷施100亿孢子/克Bt生物制剂300~500倍液，或0.36%苦参碱水剂800倍液，或2.5%多杀霉素悬浮剂1500倍液等喷雾防治。

科学用药防治：在卵基本孵化结束时及时喷药防治，优先选用5%氟虫脲乳油50~75ml或25%灭幼脲悬浮剂30~40ml或20%除虫脲悬浮剂10ml兑水50kg，或用5%虱螨脲乳油1500倍液均匀喷雾，可最大限度地保护和利用自然天敌资源和传媒昆虫。其他药剂可选用50%辛硫磷乳剂，或25%氯虫苯甲酰胺悬浮剂2500倍液，或10%虫螨腈悬浮剂1500倍液，或16%甲维盐·茚虫威（4%甲氨基阿维菌素苯甲酸盐+12%茚虫威）悬浮剂3000倍液等喷雾防治。

（4）舟形毛虫 属鳞翅目、舟蛾科、掌舟蛾属。

①为害状：初孵幼虫常群集为害，低龄幼虫啃食叶肉，仅留下表皮和叶脉呈网状，幼虫长大后多分散为害，严重时可吃光叶片仅留下叶柄。年发生1代。以蛹在树冠下1~18cm土中越冬。翌年7月上旬~8月上旬羽化，7月中、下旬为羽化盛期。成虫昼伏夜出，常产卵于叶背，单层排列，密集成块。8月上旬幼虫孵化，初孵幼虫群集叶背，啃食叶肉呈灰白色透明网状，长大后分散危害，白天不活动，早晚取食，常把整枝、整树的叶子蚕食光，仅留叶柄。幼虫受惊有吐丝下垂的习性。8月中旬~9月中旬为幼虫期。幼虫5龄，幼虫期平均40天，老熟后，陆续入土化蛹越冬。

②防治方法

农业防治：冬、春季结合深翻松土挖蛹，集中收集处理，减少虫源。利用初孵幼虫的群集性和受惊吐丝下垂的习性，少量树木且虫量不多，可摘除虫叶、虫枝或振动树冠杀死落地幼虫。

物理防治：成虫发生初期未产卵之前规模化实施灯光诱杀，30~50亩地安装一盏杀虫灯。特别在7、8月份成虫羽化期诱杀。

生物防治：运用性诱剂诱杀雄虫，消灭在交配之前。卵孵化盛期或低龄幼虫期，喷施100亿孢子/克的Bt生物制剂或白僵菌等800倍液，或0.36%苦参碱水剂800倍液，或2.5%多杀霉素悬浮剂1500倍液等均匀喷雾。

科学用药防治：卵孵化后低龄幼虫期之前及时防治，优先选用5%氟虫脲乳油50~75ml，或25%灭幼脲悬浮剂30~40ml或20%除虫脲悬浮剂10ml兑水50kg，或用5%虱螨脲乳油1500倍液均匀喷雾，可最大限度地保护和利用自然天敌资源和传媒昆虫。其他药剂可选用20%氯虫苯甲酰胺悬浮剂1000倍液，或50%辛硫磷乳油1000倍液等喷雾防治，加展透剂喷匀打透。其他选用药技术参照“尺蠖”。

如何采收巫山淫羊藿？

林下种植3年后的巫山淫羊藿，通常可在6~10月份，夏、秋季茎叶茂盛时采收，采收时齐地面用干净镰刀割取巫山淫羊藿地上部分。采收后及时护根固土及追施厩肥等，以确保割取地上茎叶时根茎和幼芽不被损伤，保证翌年植株的正常生长发育。

巫山淫羊藿采收后如何加工贮藏？

将采收的巫山淫羊藿药材及时除去杂质、泥土等，扎成小捆，装入箩筐，运至阴凉通风干燥处（或大棚内）阴干（晾干）或晒干，亦可60℃左右烘干。

巫山淫羊藿应放在避强光、通风、常温（30℃以下）、干燥（相对湿度60%以下）条件下贮藏。将巫山淫羊藿打好包后，应用无污染的转运工具将其运到库房，堆放于地面铺有厚10cm左右木架的通风、干燥，并具备温湿度计、防火防盗及防鼠、虫、禽畜为害等设施的库房中贮藏，整个库房要整洁卫生、无缝隙、易清洁。并随时做好定期检查记录等仓储管理工作。

艾 叶

艾叶有什么作用和功效？

艾叶为菊科，蒿属，别名祁艾、艾蒿叶、大艾叶。来源为菊科植物艾 *Artemisia argyi* Lévl. et Vant. 的干燥叶。艾草与人民的生活有着密切的关系，每至端午节之际，人们总是将艾置于家中以“避邪”；干枯后的艾草泡水熏蒸可消毒止痒，产妇多用艾水洗澡或熏蒸。

艾蒿有温经、去湿、散寒、止血、消炎、平喘、止咳、安胎、抗过敏等作用。历代医籍记载为“止血要药”，又是妇科常用药之一，治虚寒性的妇科疾患尤佳，又治老年慢性支气管炎与哮喘，煮水洗浴时可防治产褥期母婴感染疾病，或制药枕头、药背心，防治老年慢性支气管炎或哮喘及虚寒胃痛等；艾叶晒干捣碎得“艾绒”，制艾条供艾灸用，又可作“印泥”的原料。此外艾草具有一种特殊的香味，有驱蚊虫的功效，所以，古人常在门前挂艾草，一来用于避邪，二来用于赶走蚊虫。

艾草性味苦、辛、温，入脾、肝、肾。《本草纲目》记载：艾以叶入药，性温、味苦、无毒、纯阳之性、通十二经，具回阳、理气血、逐湿寒、止血安胎等功效，亦常用于针灸。故又被称为“医草”，台湾正流行的“药草浴”，大多就是选用艾草。关于艾叶的性能，《本草》载：“艾叶能灸百病。”《本草从新》说：“艾叶苦辛，生温，熟热，纯阳之性，能回垂绝之阳，通十二经，走三阴，理气血，逐寒湿，暖子宫……以之灸火，能透诸经而除百病。”说明用艾叶作施灸材料，有通经活络，祛除阴寒，消肿散结，回阳救逆等作用。现代药理发现，艾叶挥发油含量多，1,8- 桉叶素占50% 以上，其他有 α- 侧柏酮、倍半萜烯醇及其酯。风干叶含矿物质 10.13%，脂肪2.59%，蛋白质 25.85%，以及维生素 A、B_1、B_2、C 等。灸用艾叶，一般以越陈越好，故有“七年之病，求三年之艾”的说法。

艾草可以食用，是一种很好的食物，在中国南方传统食品中，有一种糍粑就是用艾草作为主要原料做成的。即用清明前后鲜嫩的艾草:糯米粉 =1∶2 的比例和在一起，包上花生、芝麻及白糖等馅料（部分地区会加上绿豆蓉），再将之蒸熟即可。在广东东江流域，当地人在冬季和春季采摘鲜嫩的艾草叶子和芽，作蔬菜食用。每逢立春时分赣州客家人有采集艾草做成艾米果的习俗。艾米果的形状与饺子有点像，但体积更大内有馅；艾草可作“艾叶茶”“艾叶汤”“艾叶粥”等，以增强人体对疾病的抵抗能力。嫩芽及幼苗作蔬菜食用。

艾叶的植物学特征有哪些?

艾草是多年生草本植物，植株有浓烈香气。主根明显，略粗长，直径达 1.5cm，侧根多；常有横卧地下根状茎及营养枝。茎单生或少数，高 80~150cm，有明显纵棱，褐色或灰黄褐色，基部稍木质化，上部草质，并有少数短的分枝，枝长 3~5cm；茎、枝均被灰色蛛丝状柔毛。

叶厚纸质，上面被灰白色短柔毛，并有白色腺点与小凹点，背面密被灰白色蛛丝状密绒毛；基生叶具长柄，花期萎谢；茎下部叶近圆形或宽卵形，羽状深裂，每侧具裂片 2~3 枚，裂片椭圆形或倒卵状长椭圆形，每裂片有 2~3 枚小裂齿，干后背面主、侧脉多为深褐色或锈色，叶柄长 0.5~0.8cm；中部叶卵形、三角状卵形或近菱形，长5~8cm，宽 4~7cm，一（至二）回羽状深裂至半裂，每侧裂片 2~3 枚，裂片卵形、卵状披针形或披针形，长 2.5~5cm，宽 1.5~2cm，不再分裂或每侧有 1~2 枚缺齿，叶基部宽楔形渐狭成短柄，叶脉明显，在背面突起，干时锈色，叶柄长 0.2~0.5cm，基部通常无假托叶或极小的假托叶；上部叶与苞片叶羽状半裂、浅裂或 3 深裂或 3 浅裂，或不分裂，为椭圆形、长椭圆状披针形、披针形或线状披针形。

头状花序椭圆形，直径 2.5~3（~3.5）mm，无梗或近无梗，每数枚至 10 余枚在分枝上排成小型的穗状花序或复穗状花序，并在茎上通常再组成狭窄、尖塔形的圆锥花序，花后头状花序下倾；总苞片3~4层，覆瓦状排列，外层总苞片小，草质，卵形或狭卵形，背面密被灰白色蛛丝状绵毛，边缘膜质，中层总苞片较外层长，长卵形，背面被蛛丝状绵毛，内层总苞片质薄，背面近无毛；花序托小；雌花6~10朵，花冠狭管状，檐部具2裂齿，紫色，花柱细长，伸出花冠外甚长，先端2叉；两性花8~12朵，花冠管状或高脚杯状，外面有腺点，檐部紫色，花药狭线形，先端附属物尖，长三角形，基部有不明显的小尖头，花柱与花冠近等长或略长于花冠，先端2叉，花后向外弯曲，叉端截形，并有睫毛。

瘦果长卵形或长圆形。无毛。花果期7~10月。根有白色根茎和须根。

艾叶的生长习性有哪些?

艾叶喜温暖湿润环境，耐寒，宿根能在田间越冬。对土壤、气候要求不严，一般土壤都可种植，但以肥沃、疏松、潮湿的土壤种植为佳。盐碱地生长不良。

如何种植艾叶?

艾叶的种植都是用根茎（或苗）繁殖。每亩需种秧50~75kg。

春季发芽前将根茎挖出，选取嫩根、新鲜根茎，去掉黑眼，截成6~10cm长的小段为种秧。按行距35~50cm，深12~15cm耠沟，将种秧均匀地撒在沟内，覆土浇水。过2~3天用铁耙将2~3个沟平成一个大畦。一般气温在20℃左右，半月可出苗。如冬前栽种（霜降前后），上冻前浇1次大水，翌春出苗。或春季艾叶出苗后，当苗高长到15cm左右时，将苗拔下；在整好的畦内，按行距45cm，株距15cm移栽，栽后浇水即可成活。

艾叶生长期间如何进行田间管理?

艾叶苗出土后要经常松土除草，小水勤浇。苗高30cm后，需水需肥量逐渐增多，可适当施些氮肥，每亩施用尿素15~20kg，以促使茎叶生长。施肥有讲究，播种前要施足底肥，一般每亩施用充分腐熟的农家肥2000~3000kg，深耕与土壤充分拌匀，耕后即浇1次充足的底水。每年3月初在地越冬的根茎开始萌发，5月下旬采收第一茬，一般每亩每茬采收鲜品800~1000kg，每年收获2~3茬。每采收一茬后都要施一定的追肥，追肥以腐熟的稀人畜粪为主，适当配以磷钾肥。生产中要保持土壤湿润。连续生长3~4年后，根茎衰老，更新重栽。

艾叶发生的病害有哪些？如何进行防治？

艾叶发生的主要病害有烂根病等，此类病害在蔬菜、瓜果、茶叶等绿色生产、控害减灾方面多采用如下措施。

（1）病原及症状 属半知菌亚门、尖镰孢菌属。高温多雨季节或低洼积水处，易发生烂根现象。主要通过灌水和雨水流动传播。病菌在病残体和土壤中越冬。

（2）防治方法

农业防治：清洁田园，将枯枝、烂叶集中烧毁或深埋。选择地势高燥、排水良好的地块进行种植，田间避免积水。配方和平衡施肥，施足基肥，适当追肥。增施腐熟的有机肥和磷钾肥，合理控氮肥和补微肥，推广使用生物菌剂、生物有机肥，改善土壤团粒结构，通透肥沃，拮抗有害菌，生根壮苗，增强植株抗病抗逆能力。

生物防治：临发病前开始喷施植物诱抗剂海岛素（5% 氨基寡糖素）水剂 800 倍液或 6% 24-表芸·寡糖水剂 1000 倍液 +80% 乙蒜素乳油 1000 倍液，抵御病害发生，生根壮苗，增强抗病和抗逆能力，阻止多种细菌、真菌等再次侵入，兼具调节作物生长作用，修复作物受损细胞，发挥保护、治疗、铲除、调节等功效。或用 27% 高脂膜（无毒高脂膜）乳剂 200 倍液，或新高脂膜（高级脂肪酸）粉剂 800 倍液喷施土壤表面，保墒防止水分蒸发、防晒抗旱、保温防冻、防土层板结，窒息和隔离病虫源，促苗壮发。其他防治技术参照“厚朴根腐病”。

科学用药防治：预计临发病前主动出击防治，可用 10% 苯醚甲环唑水乳剂 1000 倍液（或 80% 全络合态代森锰锌可湿性粉剂 1000 倍液、25% 嘧菌酯可湿性粉剂 1000 倍液）等喷淋渗透到根部。喷淋药剂与植物诱抗剂海岛素（5% 氨基寡糖素）水剂 800 倍液或 6% 24-表芸 · 寡糖水剂 1000 倍液混配使用，安全控害、减量增效、生根壮苗、增强抗病和抗逆能力。

艾叶发生的虫害有哪些？如何进行防治？

艾叶发生的主要虫害有蚜虫、红蜘蛛等，此类病害在蔬菜、瓜果、茶叶等绿色生产、控害减灾方面多采用如下措施。

（1）蚜虫 属同翅目、蚜科。

①为害状：春末夏初易发生蚜虫，危害叶子，吸食叶片的汁液，使被害叶卷曲变黄，幼苗长大后，蚜虫常聚生于嫩梢、花梗、叶背等处，使茎叶卷曲皱缩，严重时至全株干枯死亡。

一般在 6~9 月发生。

②防治方法

物理防治：规模化黄板诱杀，有翅蚜初发期可用市场上出售的商品黄板，每亩挂 40 块左右。可高出植株 20cm 处悬挂。

生物防治：前期蚜量少时保护利用瓢虫等天敌，进行自然控制。无翅蚜发生初期，用 0.3% 苦参碱乳剂 800~1000 倍液，或 2.5% 多杀霉素悬浮剂 3000 倍液，或 0.5% 藜芦碱可湿性粉剂 600 倍液喷雾防治。

科学用药防治：无翅蚜发生初期未扩散之前进行防治，可优先选用 25% 噻嗪酮可湿性粉剂或 10% 吡丙醚乳油 2000 倍液或 5% 虱螨脲水剂 2000 倍液，或 22.4% 螺虫乙酯悬浮液 4000 倍液均匀喷雾，最大限度地保护自然天敌和传媒昆虫。其他药剂可用 20% 呋虫胺悬浮剂 6000 倍液喷雾防治，加展透剂，交替轮换用药。视虫情把握用药次数，一般 10 天左右防治 1 次。

（2）红蜘蛛 属蛛形纲、蜱螨目。

①为害状：一般 5~8 月发生，危害嫩梢和嫩叶。若螨、成螨群聚于叶背吸取汁液，使叶片呈灰白色或枯黄色细斑，严重时叶片干枯脱落，并在叶上吐丝结网，严重的影响植物生长发育。

②防治方法

农业防治：清洁田园，将枯枝、烂叶集中烧毁或埋掉。

生物防治：田间点片出现预计发生态势上升时应立即防治，可用 0.36% 苦参碱水剂 800 倍液，或 0.5% 藜芦碱可湿性粉剂 600 倍液，或 2.5% 浏阳霉素悬浮剂 1000 倍液，或每亩用 1kg 韭菜榨汁 + 肥皂水（大蒜汁）100 倍液，或肥皂水 50 倍液，花椒水 100 倍液等均匀喷雾。

科学用药防治：把握灭卵关键期。当田间零星出现成、若螨时及时喷施杀卵剂，可优先选用 24% 联苯肼酯悬浮剂 1000 倍液均匀喷雾，最大限度地保护自然天敌和传媒昆虫。其他药剂可用 34% 螺螨酯悬浮剂 4000 倍液，或 27% 阿维·螺螨酯悬浮剂 3000 倍液。或 30% 乙唑螨腈悬浮剂 4000 倍液或 1.8% 阿维菌素乳油 2000 倍液，或 73% 炔螨特乳油 1000 倍液，或 57% 炔螨酯乳油 2500 倍液等喷雾防治。主张使用杀螨剂与阿维菌素复配喷施，提高对成、若螨的杀伤力。加展透剂和 1% 尿素水更佳。视情况把握防治次数，一般间隔 10 天左右喷 1 次。要喷匀打透。

艾叶如何进行收获加工？

（1）收获叶片 春、夏二季，当现蕾后尚未开花、叶片茂盛时采摘，晒干或阴干。据实地收割检测，河北地区第 1 次采收一般在 6 月以前采叶质量最好，随着采收期延后，艾叶的质量有所下降。

（2）全株收割 艾叶全株也可一年收获 2~3 次，第 1 次在 6 月份开花前收割，选晴天进行，晾晒时可摊薄一些，晒到八成干时，捆成小捆再晒干。第二次收割于秋分至寒露节进行。

第十四章 菌类

灵芝

灵芝有何药用价值?

灵芝为多孔菌科真菌赤芝 *Ganoderma lucidum*（Leyss. ex Fr.）Karst. 或紫芝 *Ganoderma sinense* Zhao，Xu et Zhang 的干燥子实体。灵芝性平，味甘。具有补气安神，止咳平喘之功效。用于除风湿、止咳、祛脓、生肌。可调节人体免疫功能、防癌抗癌、修复人体受伤细胞；另外，对肺结核、艾滋病也有一定的疗效。

灵芝如何保种?

保种即菌种保藏，是将菌种置于清洁、干燥、低温、冷冻或缺氧的环境中保存，使灵芝菌株新陈代谢速率减缓而处于休眠，避免菌种衰老死亡，从而保持菌种的优良性能。方法有低温保藏法、石蜡保藏法、砂土保藏法、冷冻法和冷冻干燥法等。

（1）试管斜面低温保藏法 该法是把菌丝放置在低温条件，在此条件下菌种几乎停止生长而处于“休眠”状态，代谢作用缓慢从而延长保存时间。方法是在母种试管外面包一层塑料薄膜或牛皮纸，以防水分蒸发，而后置于冰箱内冷藏室4℃条件下保存。该方法简单易行，设备要求低，广泛应用，但是该方法保藏时间短，每隔3~4个月须转管继代1次。经常转接试管，多次继代后菌种易退化，且费工费时，适用于短期保存。保存过程中要注意温度不能太低，否则斜面培养基易脱水结白而冻死菌种。保存期间要经常检查棉塞是否受潮，若受潮要及时更换无菌棉塞，以免感染杂菌。保存较长的菌种，使用前必须先把菌种放在适宜温度下让其“苏醒”，恢复菌丝的生命活力。

（2）石蜡油保藏法 此法是用无菌液体石蜡封住菌种，使与空气隔绝，抑制细胞代谢，防止培养基水分蒸发来延长菌种保藏时间。首先要制备无菌石蜡，选用纯的化学液体石蜡（不含水、不霉变），把石蜡分装于三角瓶中，占瓶体积的1/3~1/2，塞好棉塞，置灭菌器内，在1kg/cm^{2}压力下灭菌30分钟，然后放入40℃温箱中使水分蒸发，至石蜡完全透明；然后在无菌操作条件下，用无菌吸管吸取石蜡，将石蜡注入长满菌丝的试管中，注入量以高出培养基斜面顶端1cm为宜；最后加盖无菌橡皮塞，室温或冰箱冷藏下直立放置保藏。

灵芝需要什么样的生长发育条件?

灵芝在其生活史中，需要适宜的营养、温度、湿度、光照和酸碱度等条件才能生长发育良好。

（1）营养 灵芝营腐生生活，也属于兼性寄生菌，野生于腐朽的木桩旁。其营养以碳水化合物和含氮化合物为基础，碳氮比为 22：1。碳源如葡萄糖、蔗糖、淀粉、纤维素、半纤维素、木质素等；氮源如蛋白质、氨基酸、尿素、氨盐。还需要少量矿物质如钾、镁、钙、磷，维生素和水等。人工栽培需满足这些营养条件，大多数阔叶树及木屑、树叶、稻草粉、作物秸秆、棉籽壳等，加入麦麸均可作灵芝的培养料。

（2）温度 灵芝生长适宜温度为 12~32℃。为高温型真菌，在生长发育过程中，要求较高的温度，以 25~28℃为最佳。高于 35℃，菌丝体生长易衰老自溶，子实体死亡；低于 12℃，菌丝生长受到抑制，子实体也不能正常生长发育。温度不适，会产生畸形菌盖。

（3）湿度 包括基质含水量和空气相对湿度。灵芝生长需要较高的湿度，不同阶段要求不同。菌丝生长阶段，培养基含水量以 55%~65%，空气相对湿度以 65%~70% 为宜。水分过少，菌丝生长细弱，难以形成子实体；水分过多，菌丝生长受到抑制。子实体生长阶段，培养料含水量以 60%~65%，空气相对湿度以 85%~95% 为宜，低于 80% 会生长不良。

（4）空气 灵芝为好气性真菌，培养过程中，要加强通风换气，增加新鲜空气，减少有害气体，使灵芝正常生长发育，并减少霉菌和病虫害的发生与蔓延。若通风不良、二氧化碳积累过多（＞0.1%）的情况下，会造成菌柄长而长成鹿角状、不能形成菌盖、导致畸形或生长停顿。二氧化碳超过 1% 的情况下子实体发育极不正常。

（5）光照 菌丝生长阶段不需要光照，强光对生长有明显抑制作用，因此在黑暗或微弱光照下培养菌丝为宜，黑暗下菌丝生长迅速而洁白健壮。子实体生长阶段，需要适量的散射或反射光，忌直射光，特别是幼芝对光照最敏感，光照过强或过弱均不利于子实体生长。

（6）酸碱度 灵芝喜偏酸性环境，pH 在 3~7.5 之间。灵芝生长以 pH 5~6 最为适宜。条件控制不合适，会产生畸形灵芝。根据灵芝生长对光、气、水分等的响应，人们利用条件控制来获得造型不同的观赏灵芝。灵芝的营养条件和环境条件对灵芝子实体结构、外观形状、产量品质都会产生影响。

如何进行灵芝菌种培养?

灵芝菌种培养包括灵芝纯菌种的分离与母种（一级种）培养、原种（二级种）生产、栽培种（三级种）生产。各级菌种的培养或生产有培养基（料）的制备、灭菌、消毒、分离、接种、培养、保存等环节。所用器皿、工具要消毒，无菌环境操作。

（1）母种培养基配方及制备 母种培养基多采用马铃薯－琼脂培养基。其配方是：去皮马铃薯200g（切碎）、葡萄糖20g、琼脂20g、磷酸二氢钾3g、硫酸镁1.5g、维生素B_1 2片、水1000ml。可制120支试管培养基。

制备方法：去皮切碎马铃薯，加水煮沸0.5小时，用双层纱布过滤去渣，滤液加入琼脂，煮沸并搅拌使溶化，再加入其他成分。溶解后，补充水至1000ml，调pH至4~6，分装于试管中。以1.1kg/cm^{2}高压灭菌30分钟，稍冷后斜放，凝固后即成斜面培养基。

（2）组织分离法与母种培养 取新鲜、成熟的灵芝用清水洗净，然后用75%的乙醇或冷开水冲洗。无菌条件下，在菌盖或菌柄内部，切取1小片如黄豆大小的组织块。将器具和组织块一起放入接种箱内，用5∶1的甲醛及高锰酸钾熏蒸4小时，然后用接种刀将组织块切成小块，存放在无菌的培养皿中。接种于斜面培养基中央，置24~25℃温度下培养7~10天，菌丝长满斜面，便得母种。正常菌丝为白色，均匀，生长旺盛，布满斜面。淘汰生长缓慢、菌丝少、产生色素的试管。

（3）孢子分离法与母种培养 选优良的已开始释放孢子的灵芝子实体，消毒备用。收集孢子有多种方法，一般方法是将菌管朝下置于培养皿中，然后罩一玻璃罩，一段时间后，大量孢子散落在培养皿内。取孢子接种到培养基上，经过培养，可获得1层薄薄的菌苔状营养菌丝，即母种。所得母种应及时使用或在冰箱中冷藏备用，用于转接培养二级种和三级种，也可转接扩大培养母种。优良母种可用石蜡保藏法、液氮保藏法等长期保存。

如何进行原种和栽培种生产？

即把母种接种到培养料上，扩大培养原种，再由原种扩大培养栽培种，以满足栽培所需菌种的量。生产量不大时，可直接用母种或原种接种栽培。原种或栽培种生产方法相同，只是前者用母种接种培养，后者用原种接种培养。

（1）培养料配方 生产原种或栽培种的培养料配方与子实体袋（瓶）栽法的培养料配方相同，有多种配方。主要原料为木屑或棉籽壳，再加适当辅料制成混合培养料。如配方1：木屑78%，麸皮20%，石膏1%，黄豆粉1%；配方2：甘蔗渣77%，麸皮20%，蔗糖1%，石膏1%，黄豆粉1%；配方3：棉籽壳80%，麸皮16%，蔗糖1%，生石灰3%。

（2）接种培养 按配方每100kg干料加水140~160kg，把料拌匀配好，装入菌种瓶内，至2/3高，用尖木在中间打一孔至近瓶底，洗净污物，用牛皮纸封口。高压或常压高温灭菌。冷却后接上菌种，大约一试管母种接原种5瓶，一瓶原种接栽培种50~60瓶。接种后放入培养室黑暗25℃培养，注意控制条件。25~30天后菌丝长满瓶，便可进行接种栽培。所以，栽培种生产应比计划栽培时间提前约1个月进行。

培养料中可用植物诱抗剂海岛素（5%氨基寡糖素）水剂800倍液或6% 24-表芸·寡糖水剂1000倍液处理，同时，与生物菌剂（含枯草芽孢杆菌和解淀粉芽孢杆菌为宜）和氨基酸生物有机肥科学配用，加施亚磷酸钾+聚谷氨酸，拮抗有害菌，活化土壤，强根壮株，增强抗病和抗逆能力，提质增效，大大提升灵芝的健康增产潜力。

如何进行灵芝栽培？

灵芝栽培有段木培养法（熟料短段木法、生料段木法、树桩栽培法）、袋栽法和瓶栽法等。袋栽法为目前的主要生产方式，可以在室内、温室、大棚和露地栽培，该法成本低、产量高、占地少、省工省时、便于机械化操作；段木培养法主要是熟料短段木法、生料段木法和树桩栽培法。与袋栽法相比，段木法成本高、产量低、用工多、要求土壤好，一般认为段木灵芝质量优于袋栽灵芝。瓶栽法为最早采用的人工栽培法，现在多用于灵芝孢子粉的生产、原种或栽培种培养等，由于子实体产量较低，很少用于规模生产，基本方法同袋栽法。

灵芝袋栽法如何操作？

工艺流程：备料与配料→装袋与灭菌→接种→菌丝培养→出芝管理→采收加工。

若人工控制条件，可全年进行灵芝培养。生产中主要为春栽，即3~4月制种，4~5月接种栽培。秋栽则7月制种，8月接种栽培。

（1）备料与配料 见“原种和栽培种生产”部分。

（2）装袋与灭菌 常选用厚约0.04mm的聚氯乙烯或聚丙烯塑料袋，常见规格为长36cm，宽18cm，可根据需要选择合适规格的塑料袋。将配好的培养料用手工或装袋机装入袋中，装至离袋口约8cm，装料量合干料约500g。料要装实，略见空隙，松紧一致，将袋口空气排出后用绳子扎紧。袋放入灭菌锅中，在1.5kg/cm^{2}条件下灭菌1.5~2小时，或常压100℃下4小时，再停火焖5小时灭菌。冷却到25℃左右出锅。

（3）接种 在无菌条件下进行接种，菌种与培养料要接触紧密，把袋口及时扎好。不要接种老化的菌丝。每瓶菌种可接20~30袋。适当增加种量，有利发菌和减少杂菌。

（4）菌丝培养 把接种好的菌袋放入培养室或大棚，堆放在培养架上进行菌丝培养，也叫发菌。温度控制在22~30℃，最佳为24~28℃，避光培养，注意通风降温。1周左右检查1次，弃去污染菌袋。10天左右菌丝可长满袋。

（5）出芝管理 菌丝生长到一定程度（约30天）时，其表面会形成指头大小的白色疙瘩或突起物，即子实体原基，又叫芝蕾或菌蕾。这时要及时解开塑料袋口，让灵芝向外生长，芝蕾向外延长形成菌柄，约15天菌柄上长出菌盖，30~50天后成熟，菌盖开始散出孢子，可以采收。期间，要通过通风、向空中喷水等措施，控制温度在24~28℃，空气相对湿度90%~95%，保持空气新鲜，避免CO_2浓度过高，不要把水喷到子实体上。光线以散射光为宜，避免阳光直射。子实体培养也可以埋于土中进行，称室外栽培、露地栽培、埋土栽培或脱袋栽培。挖宽80~100cm、深40cm的菌床，长度视地块条件和培养量而定。将培养好菌丝的菌袋脱去塑料袋，竖放在菌床上，间距6cm左右，覆盖富含腐殖质的细土1cm厚，浇足水分。床上搭建塑料棚并遮阴，避免直射光，温度保持在22~28℃，空气新鲜，相对湿度85%~95%。10天后床面出现子实体原基，再经25天后陆续成熟，即可采收。该法比室内袋栽产量要高，质量要好。

灵芝段木培养法如何操作？

工艺流程：选料与制料→装袋与灭菌→接种→菌丝培养→培土→出芝管理→采收加工。

（1）选料与制料 用板栗、柞、楸、柳、杨、刺槐、枫等阔叶树作段木，直径8~20cm，不必剥皮。锯成长为15~20cm的段木。晾晒干燥3天左右，至用木楔打进段木内不见流液即可接种，段木含水35%~42%。$1m^3$可截500~800段。

（2）装袋与灭菌 将段木装入塑料袋内，若木料过干，可在袋内加水，袋口扎紧，高压高温灭菌2小时，或常压100℃灭菌6~8小时。

（3）接种 无菌条件下进行。可以打孔接种或段面接种。打孔接种用打孔器或电钻头在段木上打孔，直径1~1.2cm，深度1cm，行距约5cm，每行2~3孔，呈品字形错开排列。打孔后，立即接种，取出菌块，塞入孔内，稍压紧后，盖上木塞或树皮。段面接种需要一个袋中两段木料，将菌种用冷开水拌匀，然后将菌种均匀地涂在两段木间及上方段木表面，袋口塞一团无菌棉花，扎紧。应选择气温在20~26℃，空气相对湿度在70%时进行。$1m^3$段木需要菌种60~100瓶。$1m^3$可截段木500~800段，1亩地可埋段木25~30m^3。

（4）菌丝培养 将接好种的段木菌袋，搬入通风干燥处培养菌丝。温度控制在22~25℃，做好通风、降湿、防霉工作。30~60天长满菌丝，见有白色菌丝、菌穴四周变成白色或淡黄色，后逐渐变为浅棕色，木楔或树皮盖已被菌丝布满时即为接活，发菌结束。

（5）选地埋土 选择土质疏松偏酸性、排灌方便的地方作培养场地，翻土25cm，清除杂草石块，曝晒后作畦。畦宽1.5~1.8m，畦长以实际而定，一般南北走向，四周开好排水沟，并撒上灭蚁药。场地需要使用2~3年。畦上搭建塑料棚，覆盖草帘子，要求能保温、保湿、通气、遮阴。待日气温稳定在20℃，将长好菌丝的段木埋入土中培养。在整好的畦上开沟，沟底铺一层松土。根据段木大小、菌丝长势等分门别类，将段木接种端朝下立于沟中，间距6cm左右，填土覆盖1~2cm，再覆盖约厚1cm的谷壳，以防喷水时把泥土溅到子实体上。埋好后喷水1次。若天气干旱可喷水湿润土壤，遇雨天要注意排水，避免积水。此外，还要在栽培场周围撒一圈灭蚁灵毒土，诱杀白蚁，防止为害。

（6）出芝管理 埋土后 10~15 天可出现芝蕾。通过喷水、通气、遮阴、保温等措施，控制棚内温度在 24~28℃，相对湿度 85%~90%，光照 300~1000lx，空气新鲜，土壤疏松湿润。至芝体不再增大即可采收，从芝体出现到采收约 40 天，可连续采收 2~3 年。

如何进行灵芝病虫害综合防治？

在管理过程中，要注意防止杂菌感染，避免培养料变质导致灵芝生长受到抑制。主要有青霉菌、毛霉菌、根霉菌等杂菌感染为害。

防治方法：接种过程无菌操作要严格；培养料消毒要彻底；适当通风，降低湿度。轻度感染的可用烧过的刀片将局部杂菌和周围的树皮刮除，再涂抹浓石灰乳防治，或用蘸 75% 乙醇的脱脂棉填入孔穴中，严重污染的应及时淘汰。涂药和蘸药加入植物诱抗剂海岛素（5% 氨基寡糖素）水剂 400 倍液 +80% 乙蒜素乳油 500 倍液（或 2.5% 多杀霉素悬浮剂 1000 倍液），对真菌类、细菌类病害均有防治作用，能显著发挥提高药效、增强修复伤口、抗病抗逆、安全提质增产的综合作用。示范应用生物菌剂和生物有机肥，配施聚谷氨酸 + 亚磷酸钾有关产品添加到培养料中，发挥免疫抗病，安全无害，提质增产，抗逆解害，活化土壤等综合功效。

灵芝如何采收与产地加工？

（1）采收时间 从芝蕾出现到采收子实体需 40~50 天，这时，颜色已由淡黄转成红褐色，盖面颜色和菌柄相同，菌盖不再增大增厚，菌盖由软变硬，有孢子粉射出，芝体成熟。即应适时采收。采收过早或过晚灵芝多糖含量都会下降。

（2）采收方法 采收时可用果树剪子将芝体从菌柄基部剪下，也可用手摘下。采收后剩下的菌柄也应摘除，以免长出小芝体或畸形芝体。

灵芝采收后，再喷足水分，在适宜条件下 5~7 天又可长出芝蕾，新的子实体又可以形成。依据段木体积不同，可连续采收 2~3 年，1m^3 段木第一年可收灵芝 15~25kg 干品。袋栽可收 2~3 茬，生产周期 5~6 个月，1kg 培养料可产灵芝 20~70g。若收集孢子粉，多用瓶栽法或袋栽法，可用纸袋将菌盖罩住收集，子实体发散孢子可延续 1 个月左右。

（3）产地加工 采收灵芝后，去除泥砂和杂质，不要用水洗。阴干或在 40~50℃烘干，也可以晒干。晒干时要单个排列并经常翻动，夏季一般 4~7 天可以晒干。烘干时可以逐渐把温度升到 65~80℃，需 10~16 小时。也可以先日晒 2~3 天，然后集中烘干约 2 小时。以含水量 11%~12% 为宜。

猪 苓

猪苓有何药用价值?

猪苓为多孔菌科真菌猪苓 *Polyporus umbellatus*（Pers.）Fries 的干燥菌核。别名野猪苓、猪屎苓、鸡屎苓等。猪苓味甘、淡，性平；归肾、膀胱经。有利水渗湿的作用，用于小便不利，水肿，泄泻，淋浊，带下等病症。猪苓含有猪苓多糖和麦角甾醇等。近代药理和临床实验证明，其提取物猪苓多糖，是一种非特异性细胞免疫刺激剂，能显著增加网状内皮系统吞噬细胞的功能，从而使癌细胞的生长受到抑制，具有显著的抗癌作用。近年发现猪苓对乙型肝炎也有一定的疗效。

猪苓有何生长习性?

在我国，猪苓主要产于陕西、山西、河北、云南、四川、甘肃以及黑龙江、吉林等省。野生猪苓多分布在海拔 1000~2200m 的次生林中。东南及西南坡向分布较多。主要生长于柞、桦、榆、杨、柳、枫、女贞子等阔叶树，或针阔混交林、灌木林及竹林等林下树根周围。林中腐殖质土层、黄土层或砂壤土层中均有生长，但以疏松、肥沃、排水良好、微酸性的山地黄壤、砂质黄棕壤和森林腐殖质壤土，坡度 35°~60°，土壤较干燥，早晚都能照射太阳的地方为多。猪苓对温度的要求比较严格。地温 9.5℃时菌核开始萌发，14~20℃时新苓萌发最多，增长最快。22~25℃时，形成子实体，进入短期夏眠。温度降至 8℃以下时，则进入冬眠。猪苓对水分需求较少，适宜土壤含水量为 30%~50%。

猪苓如何生长发育?

猪苓可以用菌核无性繁殖。猪苓菌核从直观上可分为黑褐色、灰黄色和洁白色，习惯上称为黑苓、灰苓和白苓，一般认为黑苓是三年以上的老苓，灰苓是二年生的，白苓是当年的新生苓。用黑苓与灰苓作种，与蜜环菌伴栽，在适宜的温、湿条件下，从菌核的某一点突破黑皮，发出白色菌丝，每个萌发点可生长发育成包着一层白色皮的新生白苓。在适宜的环境下，白苓正常生长，秋冬白皮色渐深，翌春色变灰黄色，秋季皮色更深，逐次由灰变褐，再经过一个冬天完全变成黑色。

野生猪苓绝大多数生长在带有蜜环菌的树根周围和腐殖质土层中，依靠蜜环菌来吸取自己生活中所需要的养分；而蜜环菌则依靠鲜木、半朽木、腐殖质土层中的养分来供自己生存。猪苓离开蜜环菌不能正常生长发育。天然蜜环菌生长旺盛的地方，野生猪苓生长也较多。

猪苓也可用担孢子有性繁殖。猪苓的担孢子从成熟的子实体上弹射后，在适宜的条件下萌发成单核菌丝。单核菌丝配对后变成双核菌丝，继而形成菌核，再从菌核上产生有性繁殖器官——子实体。在此子实体上又形成新一代的担孢子。在人工培养基上，猪苓菌丝能产生白色粉末状的分生孢子。

猪苓菌核分为哪几种类型?

猪苓的菌核按颜色分为白苓（白头苓）、灰苓、黑苓和老苓。

白苓：一般为0.5~1年龄的猪苓菌核。白苓外表皮色洁白，质地虽然实，但挤压、碰撞或手捏易碎，用手掰开或切开可见白苓的断面菌丝嫩白。白苓含水量在87%左右，内含干物质较少，所以干燥后的白苓体轻。

灰苓：一般为1~2年龄的猪苓菌核。灰苓表皮灰色、黄色或黄褐色，体表不像黑苓那样有光泽，质地疏松而体轻，但韧性和弹性较大，挤压或手捏不易碎。含水量在72%左右，介于黑苓和白苓之间。切开后的断面为白色。

黑苓：一般为2~3年龄以上的猪苓菌核。黑苓外皮黑色，有光泽，质地致密，含水量在63%左右。黑苓断面菌丝白色或淡黄色，体表有蜜环菌菌索的侵染点，但侵染腔并不太大，解剖观察可看到蜜环菌侵入猪苓菌核后菌核菌丝为阻止蜜环菌菌索的侵染而形成的褐色隔离腔壁。

老苓：一般为4年龄以上的猪苓菌核，是由年久的黑苓变化而来。老苓皮墨黑，弹性小，断面菌丝黄色加深，菌核体内有一些被蜜环菌菌索反复侵染形成的空腔。随着年代的增加，空腔数量增多，体积增大，有时互相连在一起。老苓的含水量在58%左右。

如何合理选择猪苓的种植方式?

猪苓的种植方式分为箱栽、池栽、沟栽、坑栽等，按照栽培场地又可分为室内或设施栽培、室外栽培和山区仿野生栽培。室内或设施种植猪苓，又可选择池栽、箱栽或筐栽等方式。室外栽培猪苓常采用沟栽或坑栽的方法；山区仿野生栽培猪苓，常采用沟栽、坑栽和活树根（桩）栽培。生产中应因地制宜的选用。

如何池栽猪苓?

室内或设施种植猪苓，多采用池栽、箱栽等方式，箱栽灵活，池栽经济简便。室内池栽的方法是：在室内用砖垒池，长数米、宽1m左右、高30~40cm，也可根据房间或设施的形状和面积而定。在做好的池内，底部平铺5~10cm厚的湿中粗沙，其上放一薄层湿柞树叶，树叶上再按每10~15cm放直径4~6cm粗的木棒一根。每根木棒两侧各放3~5块猪苓菌种和蜜环菌种，放在木棒的鱼鳞口处。然后用湿砂填满空隙并超出菌棒或树棒5cm左右。再按第一层的步骤，完成第二层的播种，最上层覆沙超出菌棒或树棒5~10cm。再在沙子上面放置1~2cm厚的一层柞树叶以保湿。室内或设施箱栽法与筐栽法种植猪苓，方法与其相近。

室外如何种植猪苓?

室外栽培猪苓常采用沟栽或坑栽的方法，在温度较高、有较大空地条件的地区可选用遮阳坑栽法，具体方法是：在所选好排水良好的地上用双层遮阳网遮阳，双层遮阳网之间可相隔30~50cm，遮阳网距地面2m左右。地上挖长1m、宽0.5m、深0.3m左右的坑，每一坑间应留有走道，如该地区温度较高应将0.5m或更深的地表土铲掉后，在其上再挖坑种猪苓。栽培猪苓的具体操作步骤同室内池栽法。在温度较低、湿度较大的地区可选用遮阳半坑栽法，其方法基本同室外遮阳坑栽法，但所种猪苓菌核的第一层种在地下、第二层种在地表之上。在温度低、湿度较大的地区可选用堆栽法，其方法同前，但所种猪苓菌核的第一层、第二层均种在地表之上。栽培堆的表面自上而下、从左至右均用厚3~5cm的栽培基质覆盖。沟栽法与坑栽法相近，只是将坑改为更长的沟，具体种法相同。

山区仿野生猪苓如何种植?

山区仿野生栽培猪苓，常采用沟栽、坑栽和活树根（桩）栽培。一般选择海拔800~1500m的山区、半阴半阳、坡度小于40°、次生阔叶林或灌木丛中的树旁，选直径较粗、根部土层深厚的阔叶树，在根部刨开表土，找到1~2根较大根，沿根生长方向挖宽30cm，长1m左右种植坑，露出根部，切断须根及根梢，在距树干20cm处，将刨开的侧根根皮环剥3~5cm，坑底铺上5~10cm厚半腐烂树叶，沿根10cm左右处摆放预培好的菌棒，或者密环菌菌种及适量小树段。将猪苓菌核撒播在树叶中，用腐殖土填平并略高于地面，上盖适量树叶或杂草。坑栽法同室外栽培的坑栽法。

种植猪苓如何进行田间管理?

栽培猪苓从播种以后保持其野生生长状态，不需要特殊管理，自然雨水和温度条件及树棒、树根上生长的蜜环菌能不断供给营养，猪苓便可旺盛生长并获得较高产量。但每年春季应在栽培穴上面加盖一层树叶，以减少水分蒸发，保持土壤墒情，促进猪苓生长，提高猪苓产量。并及时除去顶部周围杂草，防止鼠害及其他动物践踏，并由专人看管苓场。在猪苓菌核的生长过程中，不可挖坑检查猪苓生长情况。三年以后长出子实体，除了一部分留作菌种外，其他子实体均应摘除。

如何防治猪苓病虫害？

猪苓病害主要是危害菌材的各种杂菌及危害猪苓的菌核病、线虫病及生理性干枯病等，害虫有蛴螬、金针虫、野蛞蝓、隐翅甲等，此类病虫害在蔬菜、瓜果、茶叶等绿色生产、控害减灾方面多采用如下措施。

（1）菌核病

农业防治：选半阴半阳的场地及排水通气良好的砂壤土地块。选用优质蜜环菌菌种，培育优良菌材。生长过程中严防穴内积水。菌材间隙用填充料填实。菌材一经杂菌感染一律予以剔除烧毁。

生物防治：喷淋或浇灌植物诱抗剂海岛素（5% 氨基寡糖素）水剂 800 倍液或 6% 24–表芸·寡糖水剂 1000 倍液 +80% 乙蒜素乳油 1000 倍液，使用生物菌剂、氨基酸生物有机肥，配施亚磷酸钾 + 聚谷氨酸，改善土壤团粒结构，拮抗有害菌，安全提质增效，增强抗病和抗逆能力，健康增产。同时控制多种病害侵染。

科学用药防治：具体选用药剂技术和防治方法参照“益母草菌核病”。同时，建议示范验证 50% 氯溴异氰尿酸可溶性粉剂 1000 倍液 + 海岛素水剂 800 倍液喷淋的效果。

（2）线虫病

生物防治：用植物诱抗剂海岛素水剂 600 倍液淋灌，杀线虫，提质增效、提高抗病抗逆能力。用海岛素（5% 氨基寡糖素）水剂 600 倍液 +1.8% 阿维菌素乳油 1000 倍液灌根，7 天灌 1 次，或每亩穴施淡紫拟青霉菌（2 亿孢子 / 克）2kg，或每亩用 10 亿活芽孢 / 克蜡质芽孢杆菌 4kg。

科学用药防治：亩用 5% 寡糖·噻唑膦（一方净土）颗粒剂 1.5kg，或海岛素（5% 氨基寡糖素）水剂 800 倍液 +10% 噻唑膦颗粒剂 1.5kg（或亩用 42% 威百亩水剂 5kg）处理土壤（严格遵照使用说明，严防药害），轮换或交替用药。示范应用氟吡菌酰胺、氟烯线砜等。

（3）蛴螬 各项具体防治技术和选用药技术参照“厚朴金龟子”。

（4）金针虫

农业防治：种植前深翻多耙，夏季翻耕暴晒、冬季耕后冷冻都能消灭部分虫蛹。人工捕杀金针虫，将土豆煮半熟，埋在行间或畦傍，每隔 2 天取出检查，发现土豆上有孔眼，里边定有金针虫，用镊子取出杀死，再将土豆埋回原位，可连埋 3~4 次，效果较好。注意每次取出金针虫后，用等同粗的小棍将眼孔封死，以便于下次检查。利用金针虫对新枯萎的杂草有极强趋性的特点，可采用堆草诱杀。

科学用药防治：药液浇灌，在幼虫发生期用 50% 辛硫磷乳油，或 25% 氯虫苯甲酰胺悬浮剂 2000 倍液，或 10% 溴氰虫酰胺可分散油悬浮剂 2000 倍液等浇灌。毒土（粪）闷杀，用 70% 吡虫啉水分散剂，或 60% 吡虫啉悬浮剂，或 25% 噻虫嗪水分散剂等，按“药:细土（沙）=1∶100”的比例配制成毒土或喷匀混入腐熟的粪肥中，均匀撒入畦底层或底肥上面覆土闷杀。

（5）野蛞蝓 各项具体防治技术和选用药技术参照“黄连蛞蝓”和“黄柏蛞蝓”。

（6）隐翅甲 属鞘翅目、隐翅甲科。隐翅甲的幼虫和成虫咬食菌体、菌丝，往往对猪苓造成损害。

生物防治： 适期早治，可用0.36%苦参碱水剂600倍液，或鲜榨大蒜汁200~300倍液等喷治并驱避，加展透剂。也可用2.5%多杀霉素悬浮剂3000倍液，或0.5%藜芦碱可湿性粉剂600倍液等均匀喷治。

科学用药防治： 优先选用5%虱螨脲乳油1500倍液，25%噻嗪酮可湿性粉剂1000倍液，或22.4%螺虫乙酯悬浮剂3000倍液等喷雾防治，可最大限度地保护多种自然天敌和传媒昆虫。其他药剂可选用10%烯啶虫胺可溶性粉剂2000倍液，或15%茚虫威悬浮剂3000倍液，或25%氯虫苯甲酰胺悬浮剂2000倍液等喷雾。相互合理复配用药，加展透剂，减量控害，高效安全。

（7）鼠妇 属甲壳纲、潮虫亚目。又称潮虫、西瓜虫、团子虫、地虱婆。

物理防治： 设陷阱诱杀。将一些玻璃瓶（弄成广口状）等容器埋在土里，瓶周围的土与瓶口平，压实，瓶内装入适量药液或油类物质，瓶口上遮挡一块树叶，可挡光又不影响鼠妇爬进去，待其晚上出来活动，爬进去就出不来。

生物防治： 鼠妇发生初期，及时喷施0.36%苦参碱水剂600倍液，或鲜榨大蒜汁200~300倍液等喷治并驱避，加展透剂。也可用2.5%多杀霉素悬浮剂3000倍液，或0.5%藜芦碱可湿性粉剂600倍液。

科学用药防治： 毒土保苗，用20%氯虫苯甲酰胺悬浮剂0.5kg加细土（沙）5kg制成的毒土（沙），保苗。选用5%虱螨脲乳油（保护天敌），或50%辛硫磷乳油1000倍液，或15%茚虫威悬浮剂3000倍液，或25%氯虫苯甲酰胺悬浮剂1000倍液，或10%溴氰虫酰胺可分散油悬浮剂2000倍液，或10%虫螨腈悬浮剂1500倍液等喷雾防治。

（8）蕈蚊 属双翅目、蕈蚊科。主有迟眼蕈蚊和尖眼蕈蚊科。

生物防治： 成虫羽化期喷植物源杀虫剂防治。用1%蛇床子素微乳剂600倍液，2.5%多杀霉素悬浮剂3000倍液，或0.5%藜芦碱可湿性粉剂600倍液等均匀喷雾。幼虫期除用以上生物源药剂喷淋以外，还可用昆虫病原线虫喷淋或浇灌，或是用1kg茶麸（茶籽饼）加1000kg水搅匀浸泡12小时，用澄清液浇灌。相互复配用药，减量控害。

科学用药防治： 用以上植物源药剂（或5%虱螨脲乳油1500倍液，或25%噻嗪酮可湿性粉剂1000倍液，或22.4%螺虫乙酯悬浮剂3000倍液）+新烟碱制剂（60%烯啶虫胺·呋虫胺可湿性粉剂2000倍液），或15%茚虫威悬浮剂1500倍液等1+1混配后喷淋或浇灌。

猪苓如何采收?

温室和大棚等设施种植的猪苓生长 2 年，室外和山区半野生栽培的猪苓生长 3~4 年就可以采挖。一般在春季 4~5 月或秋季 9~10 月猪苓休眠期采挖。挖出全部菌材和菌核，选灰褐色、核体松软的菌核，留作种苓。色黑变硬的老菌核，除去泥沙，干燥。

猪苓如何加工?

将挖出的猪苓除去砂土和蜜环菌索，但不能用水洗，然后置日光下或通风阴凉处干燥，或送入烘干室进行干燥，注意温度应控制在 50℃以下，干燥温度不宜过高。

猪苓以表皮黑色、苓块大、较实，而且无砂石和杂质者为佳。干燥的猪苓菌核为不规则长形块或近圆形块状，大小不等，长形的多弯曲或分枝如姜状，长 10~25cm，直径 3~8cm；圆块的直径 3~7cm，外表皮黑色或棕黑色，全体有瘤状突起及明显的皱纹，质坚而不实，轻如软木，断面细腻呈白色或淡棕色，略呈颗粒状，气无味淡，一般不分等级。